Hirschmann/Hauenstein Schaltnetzteile

Schaltnetzteile

Konzepte
Bauelemente
Anwendungen

Von Walter Hirschmann und Alfred Hauenstein

Siemens Aktiengesellschaft

CIP-Titelaufnahme der Deutschen Bibliothek

Hirschmann, Walter:
Schaltnetzteile : Konzepte, Bauelemente, Anwendungen / von Walter Hirschmann u. Alfred Hauenstein. – Berlin ; München : Siemens-Aktienges., [Abt. Verl.], 1990
ISBN 3-8009-1550-2
NE: Hauenstein, Alfred:

ISBN 3-8009-1550-2

Herausgeber und Verlag:
Siemens Aktiengesellschaft, Berlin und München.

Printed in the Federal Republic of Germany

Vorwort

Schaltnetzteile, d.h. getaktete Stromversorgungen, setzen sich zunehmend in vielen Gebieten der Elektronik und Elektrotechnik durch, so bei Fernsehempfängern, energiesparenden Leuchtstofflampen, Motorsteuerungen und in der Automatisierungs-, Daten- und Nachrichtentechnik.

Das Buch behandelt Bauelemente und neue SNT-Konzepte, u.a. für sinusförmige Netzstromaufnahme, sowie Anwendungen.

Die Bauelemente und deren Schaltverhalten werden eingehend beschrieben und Dimensionierungshinweise gegeben. Neben dem Betrieb von SNT mit Rechteckspannungen geht das Buch auch auf den Betrieb mit Trapez- und Sinusspannungen ein.

Die einzelnen Kapitel behandeln Funkentstörung, Überspannungsschutz, Gleichrichtung, Siebung, Elektrolyt- sowie Impuls-Kondensatoren, Power-MOS- und bipolare Transistoren und Steuer-IS. Für SNT-Transformatoren und SNT-Drosseln sind zur raschen Dimensionierung Diagramme angegeben. Aber auch Hinweise hinsichtlich Belastung von Platinen und Kühlung von Transistoren und Geräten sind enthalten. Im letzten Teil des Buches werden einige Steuer- und Regelschaltungen sowie Treiberschaltungen für Eintakt- und Brückenschaltungen – selbstschwingend und festfrequent gesteuert – mit modernen IS angegeben. Die modernen Steuer-IS erleichtern das Konzipieren und Entwickeln getakteter Stromversorgungen, wobei den Brückenschaltungen besondere Aufmerksamkeit gewidmet ist.

Für das Verständnis der folgenden Ausführungen ist die Kenntnis der Grundlagen der Elektrotechnik und Elektronik Voraussetzung. Das Buch soll den Leser in die Lage versetzen, ohne viel Rechenaufwand Schaltnetzteile schnell und ausreichend genau zu dimensionieren.

Für das Überlassen von Unterlagen wird den Fachkollegen an dieser Stelle besonders gedankt.

München, im Februar 1990

Siemens Aktiengesellschaft

Inhalt

1 Einführung

Schaltnetzteile (SNT) lösen in zunehmendem Maße herkömmliche Netzteile ab. Den grundsätzlichen Aufbau eines Schaltnetzteils veranschaulicht Bild 1.1. Ein SNT besteht aus den Funktionseinheiten Überspannungsschutz, Funkentstörung, Netzgleichrichter, Speicherkondensator, Schalter, Steuerung und Regelung, Transformator, Sekundärgleichrichter, Siebung und sekundäre Funkentstörung.

Für die einzelnen Funktionen werden alle wichtigen Bauelemente beschrieben. Die weiter unten gegebenen Hinweise ermöglichen einen Überblick, welche wesentlichen Daten und Eigenschaften man berücksichtigen muß. Sind darüber hinaus weitere Informationen von Interesse, dann stehen Datenbücher und Druckschriften zur Verfügung.

Schaltnetzteile „zerhacken" die gleichgerichtete und vorgesiebte Netzspannung. Spannungsschwankungen und Laständerungen werden entweder durch Veränderung der Tastzeit bei konstanter Frequenz oder durch Änderung der Frequenz bei konstanter Tastzeit ausgeregelt. Die zerhackte Spannung wird auf den gewünschten Wert transformiert und anschließend gleichgerichtet. Die Frequenz dieser Wechselspannung liegt in der Größenordnung von 20 bis 100 kHz (Tendenz steigend). Wegen der hohen Arbeitsfrequenzen können kleine Ferrittransformatoren Verwendung finden. Schaltnetzteile können sowohl im Eintakt- als auch im Gegentaktbetrieb arbeiten. Sie werden vorteilhaft eingesetzt, wenn Leistungen größer als 25 W umzusetzen sind und gut stabilisierte Ausgangsspannungen oder Ströme verlangt werden. Es finden aber auch ungeregelte einfache Schaltnetzteile zunehmend Interesse.

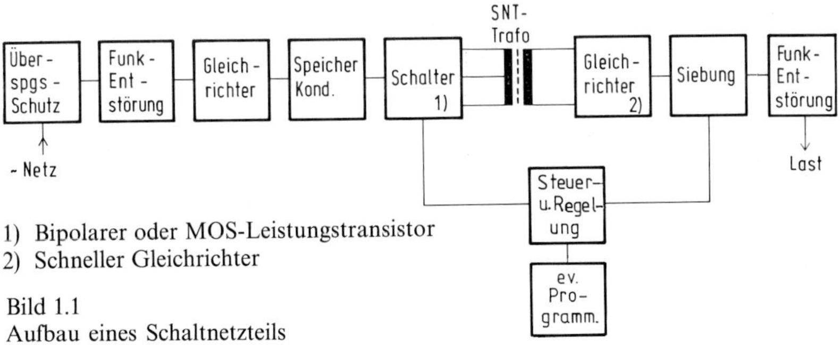

1) Bipolarer oder MOS-Leistungstransistor
2) Schneller Gleichrichter

Bild 1.1
Aufbau eines Schaltnetzteils

Die *Vorzüge von SNT* gegenüber herkömmlichen Netzteilen sind:

▷ Hoher Wirkungsgrad
▷ gute Spannungskonstanz
▷ geringer Siebmittelaufwand
▷ galvanische Trennung der Ausgänge vom Netz
▷ Leerlauffestigkeit
▷ keine hörbare Schwingung
▷ geringes Volumen
▷ geringes Gewicht.

Als *Einsatzgebiete* für Schaltnetzteile sind zu nennen:

▷ Fernsehempfänger
▷ Film- und Diaprojektoren, Videorecorder
▷ Buchungs-, Rechen- und Schreibmaschinen, Computer
▷ Ladegeräte
▷ Stromversorgung für Leuchtstoff- und Gashochdrucklampen
▷ Motorregelung und Drehzahlsteuerung
▷ Frequenzumformer
▷ Stromversorgungen mit sinusförmiger Stromaufnahme
▷ Niederspannungsversorgung
▷ NF- bzw. HF-Generatoren
▷ elektronische Transformatoren
▷ Stromversorgungsgeräte für Industrie und Labor
▷ Meßgeräte
▷ Leistungsverstärker.

Wandlerleistung

Der Wandler kann in Abhängigkeit von der Übertragungsleistung grob nach Tabelle 1.1 gewählt werden. Bei geringen Leistungen dominieren die Eintakt-Sperr- und Durchflußwandler, wenngleich die Gegentakt-Halbbrücke zunehmende Beliebtheit erfährt. Den mittleren Leistungsbereich bedient der Durchfluß-Eintaktwandler und die Halbbrücke. Für höhere Leistungen kommt die Vollbrücke, die asymmetrische Halbbrücke und evtl. die parallelgespeiste Gegentaktschaltung in Frage.

In Tabelle 1.2 sind die wichtigsten Kenngrößen der Grundkonzepte aufgeführt, wie z.B. die Spannungs- und Stromformen, die Anzahl der erforderlichen Leistungstransistoren, die erforderlichen Sperrspannungen, die Lastart (Gleich- oder Wechselstromlast); mit oder ohne Treibertrafo, HF-Welligkeit und Funkentstörung.

Tabelle 1.1 Wandlerwahl in Abhängigkeit von der Leistung

Leistung in W	1 bis 10	10 bis 100	100 bis 300	300 bis 1000	1000 bis 3000	>3000
Eintakt-Sperrwandler	×	×				
Eintakt-Durchflußwandler	×	×	×			
Gegentakt-Halbbrücke		×	×	×		
Gegentakt-Vollbrücke				×	×	×
Gegentakt-Parallelspeisung				×	×	×

Spannungsform, Stromform

Die im SNT zur Leistungsübertragung verwendbaren Spannungsformen am Kollektor sind meist rechteckig, können aber auch trapez-, halbsinus-, und in Ausnahmefällen sinusförmig sein. Reine Rechteckformen ergeben einen hohen Wirkungsgrad. Ihr Oberwellenspektrum ist jedoch sehr groß und ergibt entsprechende Funkstörungen.

Die Kollektorströme können dreieckförmig bis nahezu rechteckförmig gewählt werden.

Die Umschaltverluste kann man bei geeigneter Ansteuerung sehr klein und im unkritischen Teil des Kennlinienfeldes halten. Auch bei trapez- bzw. halbsinusförmigen Spannungen werden gute Wirkungsgrade erreicht. Die Ströme sind dreieckförmig und weisen bei einigen Schaltungsprinzipien einen lastabhängigen Inversanteil auf.

Das Störspektrum ist bei Trapez-, Halbsinus- und Sinusbetrieb wesentlich geringer als bei Rechteckbetrieb.

Festfrequenter oder freischwingender Betrieb

SNT mit freischwingender Frequenz sind bei geringeren Anforderungen meist verhältnismäßig einfach aufgebaut. Der Ansteuer- und Absicherungsaufwand ist geringer als bei festfrequent gesteuerten Lösungen. Der Haupteinsatz wird in unkritischen Massenanwendungen gesehen.

Festfrequent gesteuerte SNT erfordern einen frequenzstabilen Generator und verschiedene Sicherungs- und Funktionsaufwendungen, wie z.B. Überspannungs-, Unterspannungs-, Spitzenstrom-, Überlast-, Kurzschluß-, Leerlauf-Absicherungen, Einschalt- und Wiederanlaufmaßnahmen u.ä. mehr.

Der Haupteinsatz von festfrequenten SNT wird für den professionellen Bereich gesehen.

Wandlerart	Anzahl der Leistungs-Transistoren	Transistor-Sperrspannung $U_T \geqq U_E$	Mögliche Spannungsformen	Stromformen (Transistor)	Treiber-Trafo	Regelung vorwiegend über
Drosselwandler	1	U_E	Rechteck	Dreieck bis Rechteck	mit	Tastzeit
Eintakt-Sperrwandler	1	$(2 \ldots 3)\,U_E$	Rechteck (Halbsinus)		mit ohne	Tastzeit oder, und Frequenz
Eintakt-Durchflußwandler	1	$2\,U_E$	Rechteck (Halbsinus)		mit ohne	Tastzeit
Halbbrücke (Gegentakt)	2	U_E	Rechteck Trapez (Sinus)		mit mit	Tastzeit oder Frequenz
Vollbrücke (Gegentakt)	4	U_E	Rechteck Trapez (Sinus)		mit mit	Tastzeit oder Frequenz
Gegentakt (Klassische)	2	$(2 \ldots 3)\,U_E$	Rechteck Trapez		mit ohne	Tastzeit

Tabelle 1.2
Wichtige Merkmale der Grund-Wandlerarten

	Last-art	HF-Welligkeit von U_2	Grundschaltung
	=	mittel	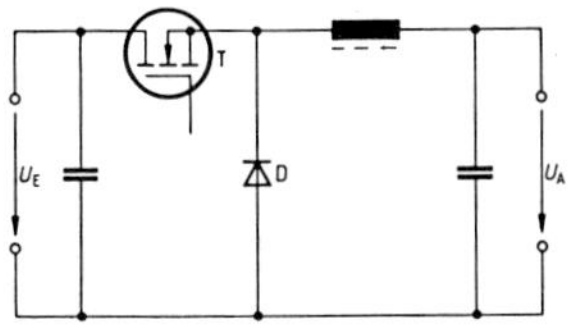
	=	groß	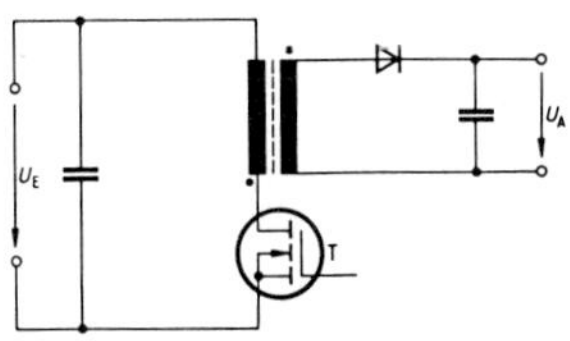
	=	mittel	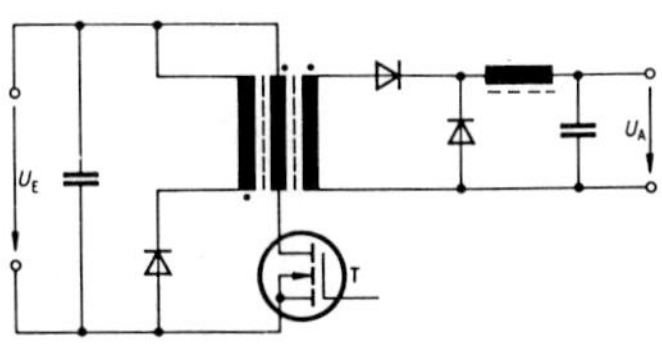
	=/~	klein	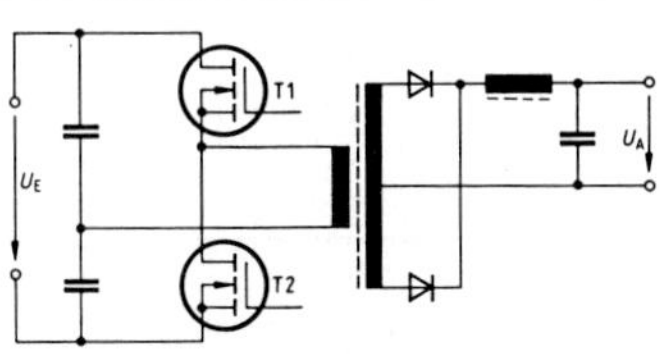
	=/~	klein	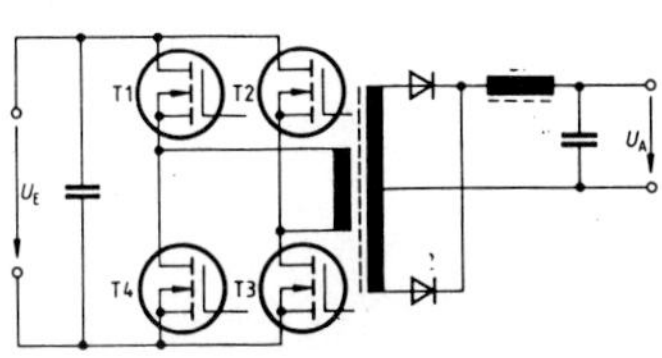
	=/~	klein	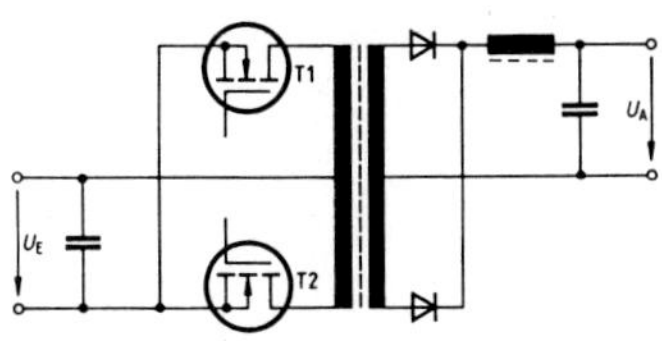

Regelung und Steuerung

Die Anordnung einer Steuer- und Regel-IS ist primär- oder sekundärseitig möglich. Das Regelsignal und eventuelle Absicherungssignale werden entweder mit Optokoppler oder mit einem kleinen Hilfstransformator übertragen.

Sind mehrere sekundäre Spannungen gefordert, so muß davon eine Spannung zur Gewinnung der Regelgröße gewählt werden. Diese Spannung ist dann am besten geregelt. Die Konstanz der anderen Spannungen ist in vielen Fällen ausreichend; sie kann ggf. durch eine Nachstabilisierung verbessert werden.

Schon bei der Entwicklung elektronischer Geräte sollte man darauf achten, daß diese von vornherein möglichst spannungsunempfindlich ausgelegt werden. Dadurch kann häufig ein preisgünstiges SNT-Konzept gewählt werden.

2 Ein- und Ausschaltvorgänge

Schaltvorgänge am ohmschen Widerstand, an der Induktivität oder der Kapazität, einzeln oder kombiniert, sind wichtige Vorgänge beim Betrieb von Schaltnetzteilen.

Ein- bzw. Ausschaltvorgänge können Spitzenspannungen und -ströme bewirken, welche Transistoren, Dioden und andere Bauelemente gefährden und außerdem starke Funkstörungen bewirken. Ihre Kenntnis ist daher für den Entwickler und Konstrukteur von Schaltnetzteilen und getakteten Motorsteuerungen unerläßlich. Ein- und Ausschwingvorgänge entstehen durch Zusammenwirken von *RLC*-Kombinationen; sie treten fast immer in Schaltnetzteilen mit Rechteckbetrieb auf und müssen auf ein tragbares Maß reduziert werden. Zunehmendes Interesse finden Schaltnetzteile mit Schwingkreisen zur Gewinnung sinusförmiger Spannungen. Daher sind auch Schwingkreise im Schaltverhalten und bei unterschiedlichen Ansteuerungen angesprochen.

Bei einer Änderung des Schaltzustands geht der ursprüngliche Zustand in den beabsichtigten Betriebszustand nicht sprunghaft über, sondern immer in Form von Ausgleichsvorgängen. Diese Vorgänge beanspruchen eine gewisse Übergangszeit.

2.1 Schaltverhalten am ohmschen Widerstand

Ein idealer ohmscher Widerstand besitzt keine Induktivität und keine Kapazität. Beim Einschalten im Zeitpunkt t_1 (Bild 2.1) steigt die Spannung mit dem Strom gleichzeitig sprunghaft auf den vollen Wert. Beim Ausschalten sinkt sie in t_2 mit dem Strom sprunghaft auf den Wert Null.

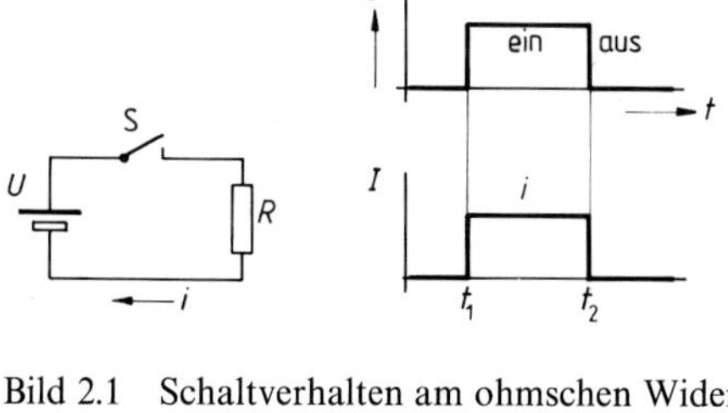

Bild 2.1 Schaltverhalten am ohmschen Widerstand

2.2 Schaltverhalten an einer Kapazität

Ein idealer Kondensator ist ein Energiespeicher und besitzt keinen ohmschen Verlustwiderstand.

Die in der Kapazität speicherbare Energie beträgt:

$$E = \frac{CU^2}{2}.$$

Ein Kondensator mit einer Kapazität von 1 F ergibt bei einer stetigen Spannungsänderung von 1 V/s an seinen Klemmen, einen konstanten Gleichstrom von 1 A. Die elektrische Ladung Q im Kondensator ist

$$Q = C \cdot U = I \cdot t.$$

Kapazität mit ohmschem Widerstand

Wird ein Kondensator mit ohmschem Widerstand in Reihe über den Schalter S (Bild 2.2) an eine Gleichspannung angelegt, dann steigt die Spannung am Kondensator entsprechend der Exponentialfunktion

$$u = U_S(1 - e^{-\frac{t}{\tau}}) \quad \text{an.}$$

Die Spannung ist mit der Zeitkonstante $\tau = C \cdot R$ auf den Wert $1 - \frac{1}{e}$ angestiegen und der Strom auf den Wert 1/e gesunken. Nach einer Zeit entsprechend 5τ hat die Kondensatorspannung U_C nahezu den Wert der Gleichspannung U_S erreicht.

In der Tabelle 2.1 sind die steigenden und fallenden e-Funktionen in Abhängigkeit der Vielfachen einer Zeitkonstante (1 bis 10τ) angegeben.

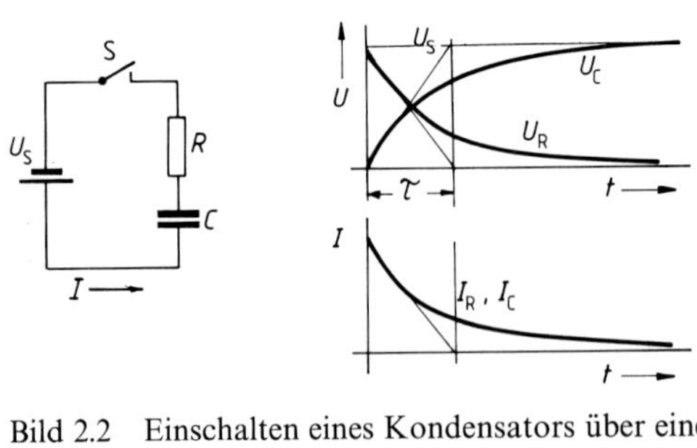

Bild 2.2 Einschalten eines Kondensators über einen Widerstand

Tabelle 2.1 Vielfache der Zeitkonstante τ; fallende und steigende Funktion

Funktion	τ	2τ	3τ	4τ	5τ	10τ
Fallende e-Funktion	0,368	0,135	0,05	0,018	0,007	0
Steigende e-Funktion	0,632	0,865	0,95	0,982	0,993	1

Der Strom durch den Widerstand und durch die Kapazität sinkt nach

$$i = \frac{U_S}{R} \cdot e^{-\frac{t}{\tau}}$$

und ist nach 5τ fast auf den Wert Null gesunken. Die Spannung am Kondensator ist im Einschaltmoment Null und nach 5τ nahezu auf U_S angestiegen.

Die Spannung am Widerstand R folgt der Differenz $U_S - U_C$ und ist dem Strom i_C proportional.

Kapazität mit Reihen- und Parallelwiderstand

Wird eine Kapazität mit Reihen- und Parallelwiderstand nach Bild 2.3 an eine Gleichspannung angeschaltet, dann steigt die Spannung an der Kapazität und am Widerstand R_2 bis auf den Wert des Teilerverhältnisses $R_1/(R_1+R_2)$ an. Der Strom durch die Kapazität sinkt dabei von U_S/R_1 bis auf Null. Im Endzustand fließt durch die Widerstände der Strom $i_R = U/(R_1+R_2)$. Die Abschaltfunktion ist durch die Zeitkonstante $\tau = C \cdot R_2$ bestimmt.

Die Einschaltfunktion folgt der Zeitkonstante, die durch R_1, R_2 und C bestimmt ist.

Kapazität an Sinusspannung

Wird die Kapazität über einen Widerstand an eine Sinusspannung gelegt, dann fließt über sie ein um 90° voreilender Strom (Bild 2.4). Der kapazitive Blindwi-

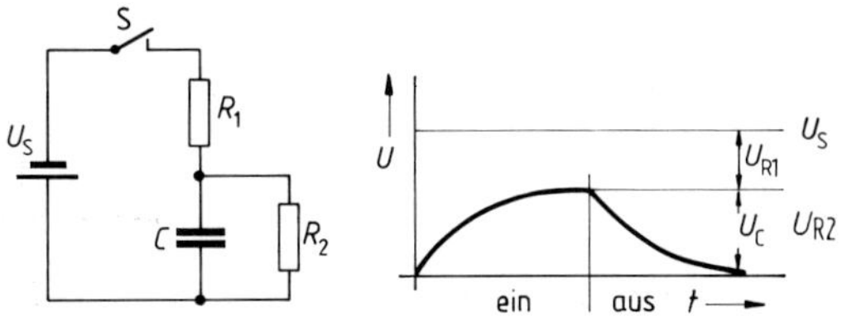

Bild 2.3 Ein- und Ausschalten einer Kondensator-Widerstandskombination

derstand der Kapazität ist

$$X_C = \frac{1}{\omega C} = \frac{1}{2\pi \cdot f C}.$$

Reale Kapazitäten besitzen auch einen ohmschen Verlustwiderstand. Sie erwärmen sich daher vor allem bei hohen Frequenzen. Der Verlustfaktor einer Kapazität ist definiert durch

$$\tan \delta = r \omega C = \frac{\omega C}{R}.$$

R Parallelwiderstand
r Serienwiderstand

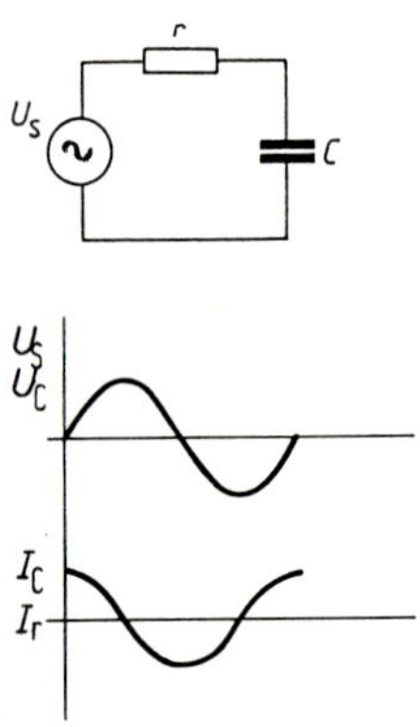

Bild 2.4
Kapazität über Widerstand an Sinusspannung

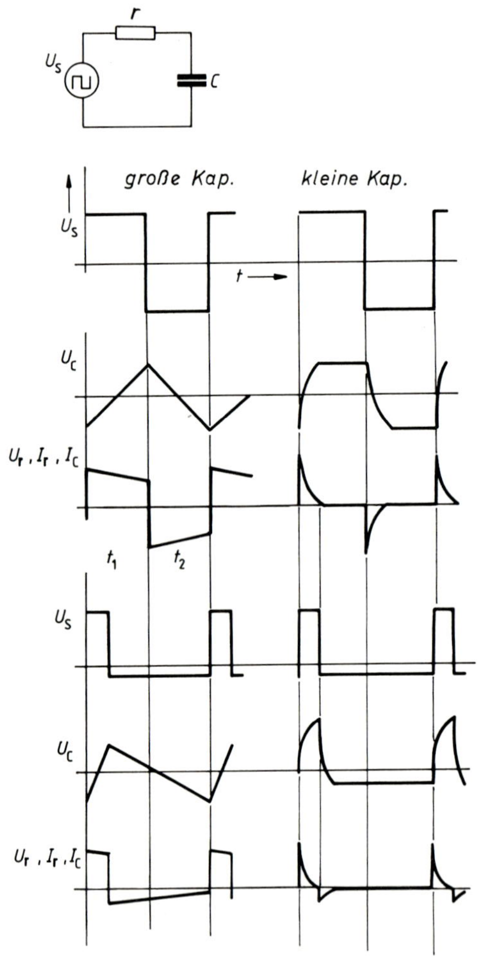

Bild 2.5 ▷
Kapazität mit Widerstand an gleichförmiger bzw. ungleichförmiger Rechteckspannung

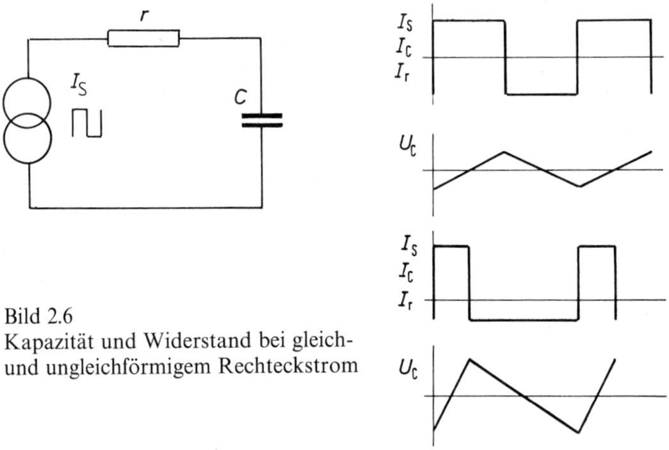

Bild 2.6
Kapazität und Widerstand bei gleich- und ungleichförmigem Rechteckstrom

Kapazität mit Widerstand an Rechteckspannung

In Bild 2.5 ist das Verhalten einer Kapazität mit ohmschem Widerstand an einer Rechteckspannung dargestellt. Große Kapazitäten ergeben nahezu lineare Kurvenzüge ($\tau \gg T$), kleine Kapazitäten hingegen ergeben verschliffene bzw. impulsförmige Kurven ($\tau < T$). Das Bild zeigt außerdem das Verhalten an einer ungleichen Rechteckspannung.

Kapazität mit Widerstand bei Rechteckstrom

Bei Einprägung eines gleichförmigen oder ungleichförmigen Rechteckstroms über die Kapazität und den Widerstand nach Bild 2.6 ergibt sich am Widerstand eine Rechteckspannung und am Kondensator eine Dreieckspannung, welche um so größer ausfällt, je kleiner die Kapazität ist, und umgekehrt.

2.3 Schaltverhalten an einer Induktivität

Die Induktivität ist – wie der Kondensator – ein Energiespeicher. Die in einer Induktivität speicherbare Energie (in Ws) ist abhängig von der Größe der Induktivität L (in H) und dem Quadrat des durch ihn fließenden Stromes I (in A).

$$E = \frac{L \cdot I^2}{2}.$$

Induktivität an Gleichspannung

Eine ideale Induktivität besitzt keinen ohmschen Serienwiderstand, keinen Parallelwiderstand sowie keine Kapazität.

Wird im Zeitpunkt t_1 eine ideale Induktivität an eine Gleichspannung U_S über den Schalter S angeschaltet (Bild 2.7), dann steigt der Strom mit der Zeit linear an – theoretisch bis ins Unendliche.

Bei kleinen Induktivitäten ist im Zeitpunkt t_2 der Strom entsprechend höher angestiegen als bei großen Induktivitäten. Spannung und Strom folgen dem Induktionsgesetz

$$U_L = -L \cdot \frac{di}{dt}.$$

Fließt durch eine konstante Induktivität von 1 H ein stetig ansteigender Strom von 1 A/S, so entsteht an ihren Klemmen eine Gleichspannung von 1 V.

Wird in eine Induktivität ein konstanter Gleichstrom eingespeist, dann sinkt die an der Induktivität auftretende Spannung mit der Zeit bis auf den Wert Null. Beim Öffnen des Schalters entsteht eine große umgekehrt gerichtete Stoßspannung (Bild 2.8).

Beim Einspeisen eines sich stetig bzw. in negativer Richtung ändernden Stroms ergibt sich an der Induktivität eine konstante positive Spannung, deren Höhe von der Größe der Induktivität und von der Änderungsgeschwindigkeit des Stromes abhängt. Schnelle Änderungen ergeben eine hohe, langsame Änderungen eine kleine Spannung.

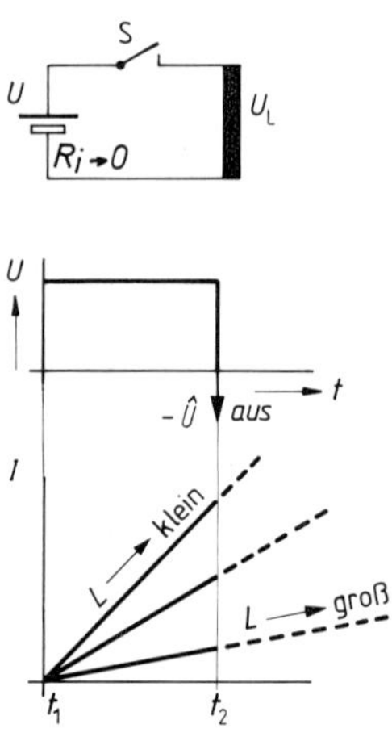

Bild 2.7
Schalten einer idealen Induktivität bei Spannungseinprägung

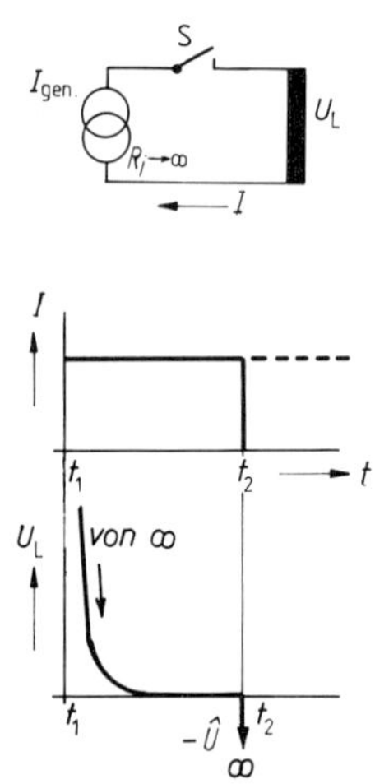

Bild 2.8
Schaltverhalten einer Induktivität bei Stromeinprägung

Induktivität mit ohmschem Widerstand

Wird eine Induktivität L in Reihe mit ohmschem Widerstand r an Gleichspannung geschaltet, dann ergeben sich die Spannungs- und Stromverläufe über die Zeit nach Bild 2.9. Die Spannung der Induktivität sinkt entsprechend der Exponential-Funktion

$$u = \boxed{U_S \cdot e^{-\frac{r}{L} \cdot t}}\,.$$

Im Einschaltmoment ist der induktive Widerstand unendlich. Nach der Zeit τ ist die Spannung an der Induktivität auf den Wert 1/e gesunken. Der Strom durch die Induktivität und die Spannung U_r am Reihenwiderstand r steigen entsprechend der Exponential-Funktion, wobei die induktive Zeitkonstante $\tau = \frac{L}{r}$ ist.

$$i = \frac{U_S}{r}(1 - e^{-\frac{r}{L} \cdot t}).$$

Der Strom steigt während der Zeit τ vom Wert 0 auf den Wert $1 - 1/e$ an.

Große Induktivitäten und *kleine* Widerstände ergeben *große* Zeitkonstanten, d.h. lange Entladezeiten für die Induktivität, bzw. umgekehrt.

Schaltet man nach Bild 2.10 der Induktivität einen ohmschen Widerstand R parallel, so fließt ein Teil des Stromes über diesen Widerstand. Die Spannung

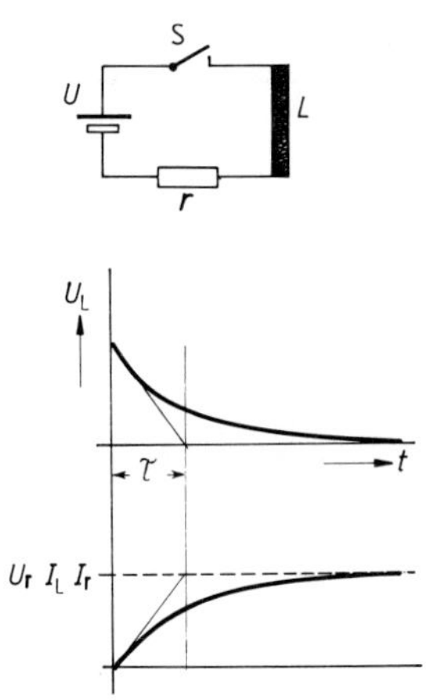

Bild 2.9
Schalten einer Induktivität über Widerstand

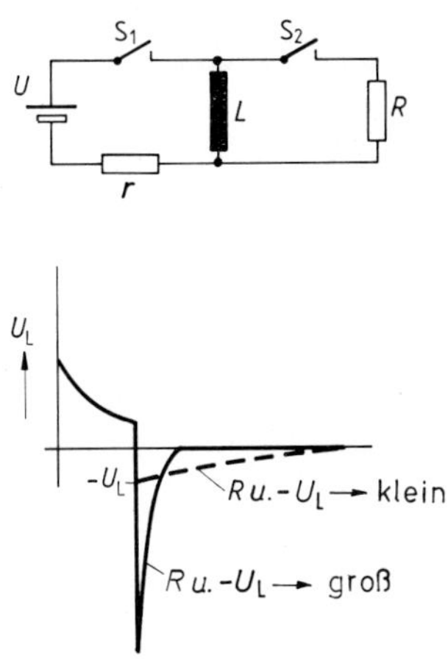

Bild 2.10
Schalten einer Induktivität mit Reihen und Parallelwiderstand

an ihm sinkt entsprechend mit der Spannung U_L. Beim Öffnen des Schalters S_1 entsteht an der Induktivität entsprechend der abrupten Stomänderung gegen Null eine entgegengesetzt gerichtete hohe Impulsspannung. Der Spitzenwert dieser Spannung ergibt sich zu:

$$-\hat{U}_L = I_L \cdot R$$

wobei $I_L = I_r$ ist. Diese Spannung sinkt nunmehr entsprechend der Zeitkonstante $\tau_L = L/R$ gegen Null. Der Wert 1% wird bei 5τ erreicht.

Induktivität an Sinusspannung bzw. Sinusstrom

Beim Anlegen einer Sinusspannung entsteht ein Sinusstrom, dessen Höchstwert beim Maximum der Spannungsänderung, also um die Nullage auftritt (Bild 2.11). Der Strom eilt nach. Bei Stromeinprägung sind die Verhältnisse umgekehrt.

Induktivität bei Rechteck- oder Dreieckstromspeisung

Beim Einspeisen eines konstanten Rechteckstroms nach Bild 2.12 in eine Induktivität mit ohmschem Widerstand in Reihe entsteht am ohmschen Widerstand eine Rechteck-Spannung und an der Induktivität hohe Spannungsspitzen. Bei Dreieckstromeinspeisung ergibt sich eine Rechteckspannung an der Induktivität und eine Dreieck-Spannung am Widerstand.

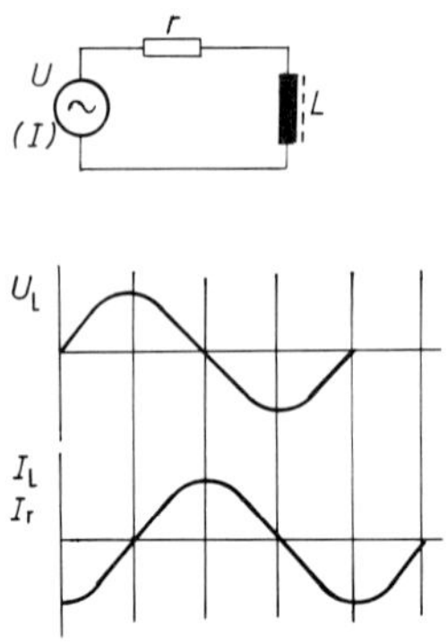

Bild 2.11
Induktivität bei Sinusstromeinprägung

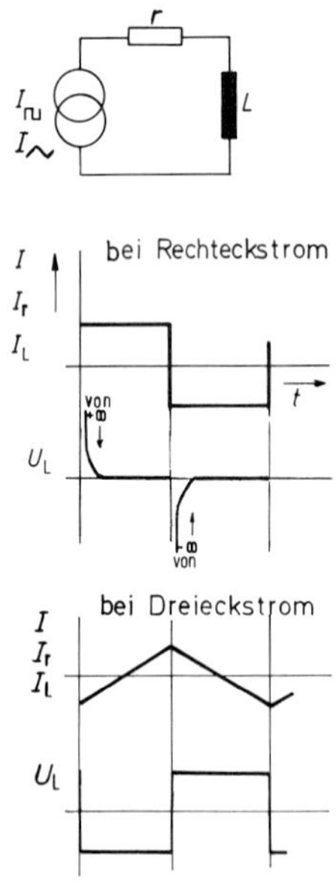

Bild 2.12 ▷
Induktivität mit Widerstand bei Rechteckstrom- bzw. Dreieckstromeinspeisung

Induktivität an Rechteckspannung

Wird nach Bild 2.13 über einen ohmschen Widerstand eine Induktivität an eine gleichförmige Rechteckspannung angelegt, dann entsteht bei großer Induktivität und kleinem Widerstand ein annähernd linear an- bzw. absteigender Strom. Die Spannung an der Induktivität zeigt eine abfallende Dachschräge. Die Spannung am Widerstand als auch der Strom durch ihn und die Induktivität folgen einer Dreieckform.

Bei verhältnismäßig kleinen Induktivitäten in Reihe mit dem ohmschen Widerstand ergeben sich entsprechend verschliffene Kurvenzüge. Ergänzend sind die Kurvenzüge auch für ein kleines Tastverhältnis angegeben.

Induktivität an Tastlückensignal

Bild 2.14 zeigt ein charakteristisches Tastlückensignal an einer Induktivität (Transformator), so wie es in Gegentaktwandlern bzw. in Gegentakt-Brücken SNT zur Ansteuerung verwendet wird.

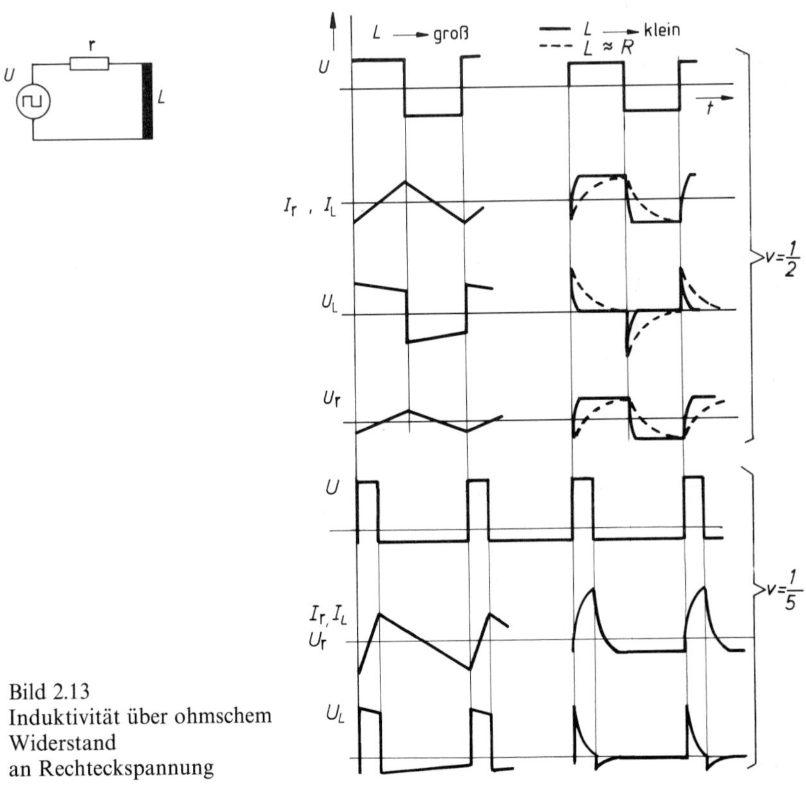

Bild 2.13
Induktivität über ohmschem Widerstand
an Rechteckspannung

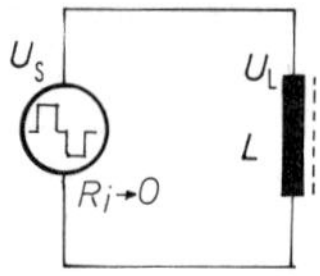

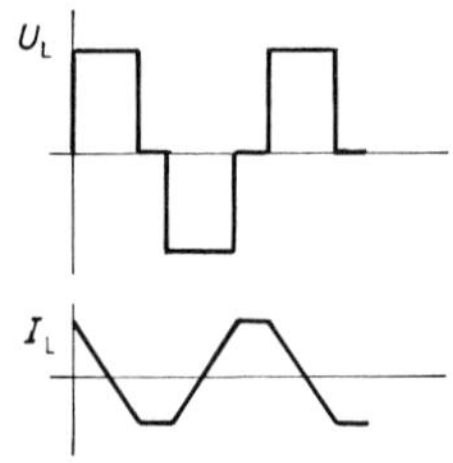

Bild 2.14
Induktivität am Rechteck-Tastlückensignal

Bei meist sehr kleinem Innenwiderstand – auch während der Tastlücken – hat der Magnetisierungsstrom die im Bild gezeigte Form.

Induktivität mit Eisenkern bei hoher Magnetisierung

Wird eine Induktivität mit Eisenkern an eine Rechteckspannung angelegt, dann wird ab einer bestimmten Amplitude der dreieckförmige Strom starke Spitzen aufweisen, d.h. die Magnetisierung reicht bis in die Sättigung des Kerns (Bild 2.15). Dabei verkleinert sich die Induktivität beträchtlich.

Die Magnetisierung bis in die Sättigung ist von der Zeit t_1 bzw. t_2 und der Höhe der angelegten Spannung abhängig und von der Strombegrenzung, die sich über die ohmschen Widerstände im Stromkreis ergibt (z.B. Strombegrenzung durch Transistor).

Wird in eine solche Induktivität ein Dreieckstrom eingeprägt, so groß, daß wiederum Kernsättigung eintritt, dann wird in ihr eine Spannung nach Bild 2.15 induziert. Eine Sinusstromeinprägung ergibt ähnliche Kurvenzüge für U_L und B.

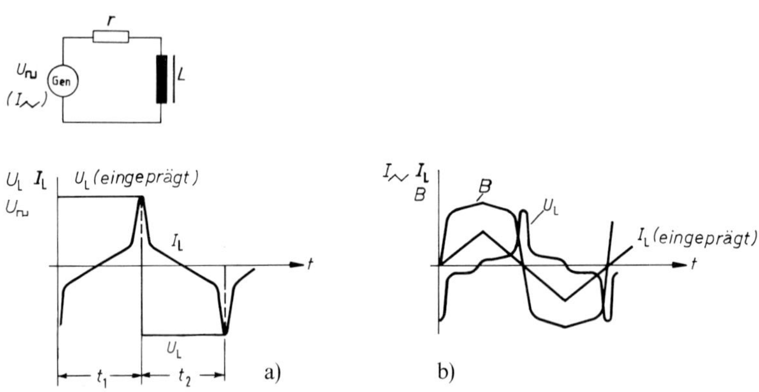

Bild 2.15
Verhalten einer eisengesättigten Induktivität
a) bei Rechteckspannung, b) bei Dreieckstrom

2.4 Schwingkreise

Schwingkreise finden zur Leistungsübertragung bei höheren Frequenzen in einigen Schaltnetzteilkonzepten Anwendung. Hierbei sind besonders die Funkstörungen von der Generatorseite her weitaus geringer als bei Konzepten mit Rechteckschwingungen. Aber auch beim Schalten in Stromkreisen aller Art treten immer *RLC*-Verhältnisse auf, so daß dabei Schwingungen z.T. mit sehr hohen Amplituden auftreten.

2.4.1 Reihenschwingkreis

Der Schwingkreis kann je nach Generatoransatz als Reihen- oder als Parallelschwingkreis angesehen werden. Die Reihenschaltung von Induktivität, Kapazität und ohmschem Widerstand (Bild 2.16) ergibt Resonanz bei einer bestimmten Frequenz, und zwar bekanntlich dann, wenn der induktive Widerstand gleich dem kapazitiven Widerstand wird. Dabei wird der verbleibende Scheinwiderstand gleich dem ohmschen Widerstand *r*.

$$Z_{\text{min}} = r.$$

Die Resonanzfrequenz errechnet sich aus

$$X_L = X_C = \omega L = \frac{1}{\omega C}$$

mit

$$f_{\text{res}} = \frac{1}{2 \cdot \pi \cdot \sqrt{L \cdot C}}.$$

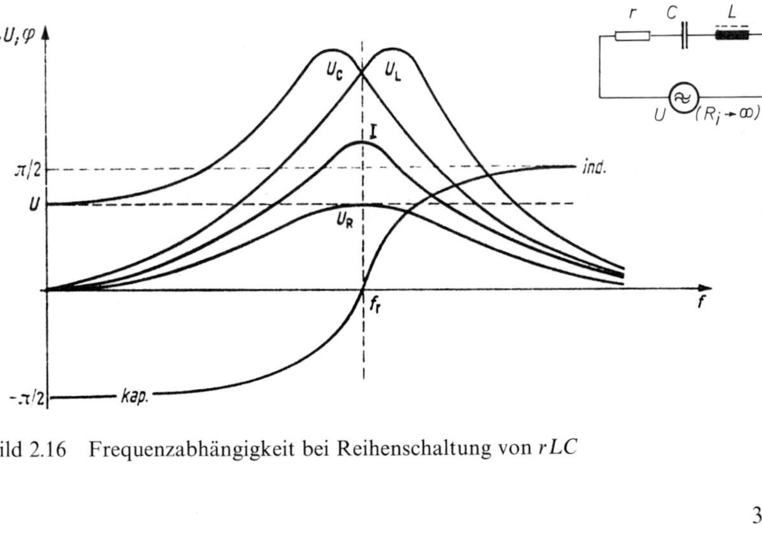

Bild 2.16 Frequenzabhängigkeit bei Reihenschaltung von *rLC*

Bei von Null ansteigender Frequenz zeigt sich der Reihenschwingkreis zunächst kapazitiv, dann bei Resonanz ohmisch mit seinem Kreiswiderstand r und darüber hinaus induktiv. Bei Resonanz ergibt sich eine Stromerhöhung mit dem Faktor der Kreisgüte $Q = X_0/r$ bzw. eine gleiche Spannungserhöhung am Teilkreiswiderstand X_L oder X_C.

Die Abhängigkeiten von I, U_r und U_C von der Frequenz f bei Annahme einer konstanten Spannung U zeigt ebenfalls Bild 2.16. Während I_{max} und $U_{r\,max}$ genau bei f_{res} auftreten, liegen $U_{L\,max}$ und $U_{C\,max}$ rechts bzw. links von der Resonanzfrequenz. Die Abweichung von der Resonanzfrequenz wird um so größer, je größer der Widerstand r ist. Bei $r = 0$ fallen $U_{C\,max}$ und $U_{L\,max}$ bei f_{res} zusammen, während $U_r = 0$ wird. Der Strom I geht dabei in Richtung ∞. Entsprechend der Kreisgüte ergibt sich die Resonanzüberhöhung U_C bzw. U_L.

Reihen-Schwingkreis an Rechteckspannung

Beim Betrieb eines Reihenschwingkreises nach Bild 2.17 an einer Rechteckspannung mit $R_i \rightarrow 0$ wird am kapazitiven Scheinwiderstand X_C eine Sinusspannung und am induktiven Scheinwiderstand X_L eine sinusförmige Spannung mit überlagerter Rechteckspannung auftreten.

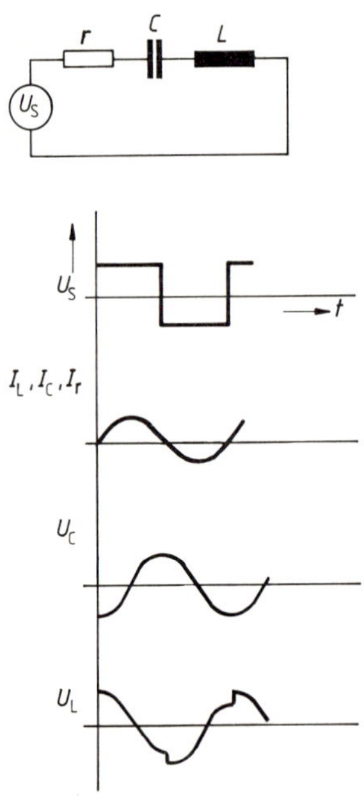

Bild 2.17
Reihenschwingkreis an einer Rechteckspannung

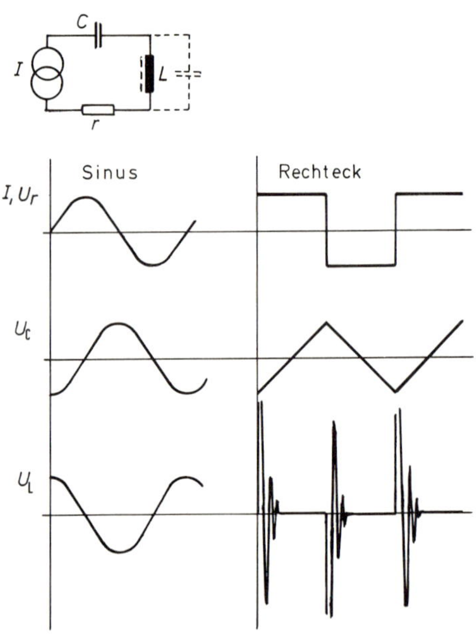

Bild 2.18
Reihenschwingkreis bei Rechteck- bzw. Sinusstromspeisung

Der Strom durch L, C und r ist bei kleinem ohmschen Widerstand r sinusförmig und phasengleich zur Rechteckspannung. Die Spannungen an der Kapazität und an der Induktivität erscheinen um $\pm 90°$ gegenüber der Rechteckspannung phasenverschoben. Die Rechteck-Oberschwingungen erscheinen an U_C stark reduziert.

Reihenschwingkreis an Sinus- bzw. Rechteckstrom

Wird in einen Reihenschwingkreis Rechteckstrom eingeprägt, so ergeben sich die in Bild 2.18 gezeigten Formen. So ist z.B. die Spannung U_r rechteckig, an U_C dreieckig und an U_L entsteht eine pulsförmige, danach ausklingende Schwingung. Bei Sinusstromeinprägung ergeben sich Sinusspannungen mit 180° Phasenverschiebung von U_C zu U_L.

2.4.2 Parallelschwingkreis

Parallelschwingkreis bei Stromeinspeisung

Bei von Null ansteigender Frequenz zeigt sich der Parallel-Schwingkreis zunächst induktiv, dann bei Resonanz ohmsch und darüber kapazitiv. Bei Resonanz ergibt sich eine Widerstandserhöhung mit dem Faktor der Kreisgüte Q (Bild 2.19).

Beim Parallelschwingkreis sowie beim Reihenschwingkreis ist die Kreisgüte durch das Verhältnis des ohmschen Widerstandes R bzw. r zum Blindwiderstand $X_0 = X_L = X_C$ bei Resonanzfrequenz gegeben:

Der Kehrwert der Güte $\frac{1}{Q}$ wird als Dämpfung d bezeichnet.

$$Q = \frac{1}{d} = \frac{X_0}{r} \quad \text{oder} \quad = \frac{R}{X_0},$$

worin r der Serienwiderstand in der Induktivität oder auch in der Kapazität, und R der parallel zur Induktivität und Kapazität liegende (große) ohmsch wirkende Widerstand ist. Die zwischen R und r bestehende „transformatorische" Beziehung ist

$$X_0^2 = R r;$$

d.h., der über X_0^2 transformierte Reihenwiderstand r erscheint als Parallelwiderstand R bzw. umgekehrt. Beispielsweise ist ein Serienwiderstand $r = 10\,\Omega$ bei $X_0 = 100\,\Omega$ gleichwertig in der Dämpfung wie $R = \frac{X_0^2}{r} = \frac{10^4}{10} = 1000\,\Omega$ als Paral-

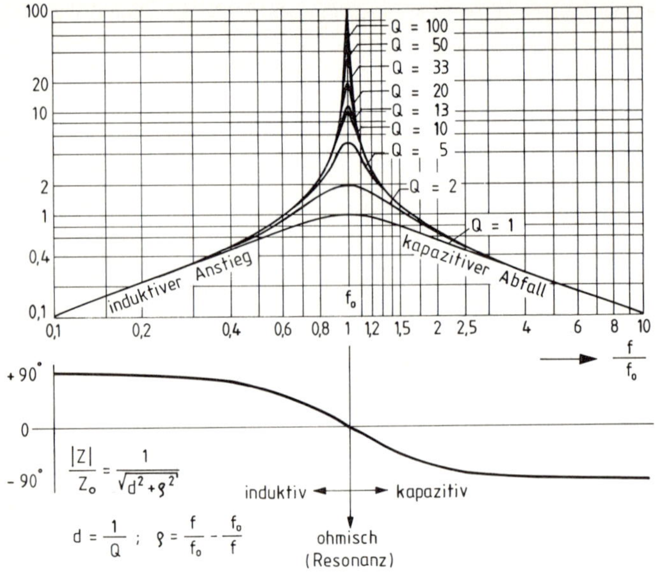

Bild 2.19
Resonanzüberhöhung $\frac{Z}{Z_0}$ bei unterschiedlicher Kreisgüte Q und Verstimmung $\frac{f}{f_0}$.
Darunter Phasengang

lelwiderstand ohne Reihenwiderstand ($r=0$). Bei Verstimmung des Kreises ergibt sich das Z/Z_0-Verhältnis ebenfalls aus der Kurve in Bild 2.19.

$$\frac{Z}{Z_0}=\frac{1}{\sqrt{d^2+\varrho^2}},$$

wobei sich die Verstimmung mit $\varrho=\frac{f}{f_0}=\frac{f_0}{f}$ ergibt.

Diese Verhältnisse sind bei getakteten Stromversorgungen mit Resonanzkreisen von Bedeutung, wobei die Arbeitsfrequenz zumeist nicht auf Resonanzfrequenz liegen darf.

Parallelschwingkreis an Sinus- bzw. Rechteckstrom

Beim Betrieb eines Parallelschwingkreises mit eingeprägtem Sinus- bzw. Rechteckstrom ergeben sich die in Bild 2.20 gezeigten Kurvenformen. Die Ströme I_C und I_L sind um $\pm 90°$ phasenverschoben gegenüber der Phasenlage des eingeprägten Speisestromes.

Dem kapazitiven Strom I_C ist der Speise-Sinus- bzw. Rechteckstrom überlagert, welcher einen um den Faktor Q höheren Schwingkreisstrom ergibt; er tritt im Kurvenbild kaum in Erscheinung, besonders wenn die Güte Q groß ist. Im induktiven Kreisstrom I_L ist der Speiserechteckstrom nicht zu erkennen.

Der Strom I_R erscheint sinusförmig. Die Speisestrom-Oberschwingungen werden weitgehend ausgefiltert.

Parallelschwingkreis an Rechteckspannung

Beim Betrieb einer Parallelschwingkreisanordnung an einer Rechteckspannung mit einem Innenwiderstand $R_i \to 0$ ergeben sich bei Resonanz und abseits davon die in Bild 2.21 gezeigten Kurvenzüge für Spannungen und Ströme. Über die Kapazität ergibt sich ein periodischer u.U. sehr großer Spitzenstrom, welcher den Generator (z.B. Transistor) stark belastet.

Ausschwingvorgänge beim Parallelschwingkreis

Ein von einer Gleichspannung oder von einer Rechteckspannung geschalteter Parallelschwingkreis nach Bild 2.22 ergibt ein Ausschwingen entsprechend der verbliebenen Dämpfung. Häufig treten dabei sehr hohe Anfangsamplituden auf. Eine geringe Dämpfung des abgeschalteten Schwingkreises ($R \to \infty$ bzw. $r \to 0$) ergibt ein langes Ausschwingen, eine große Dämpfung ($R \to 0$) ein rasches

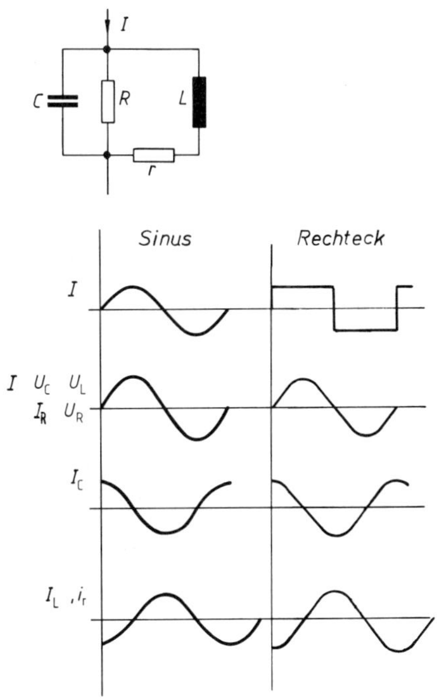

Bild 2.20
Parallelschwingkreis mit eingeprägtem Sinus- bzw. Rechteckstrom

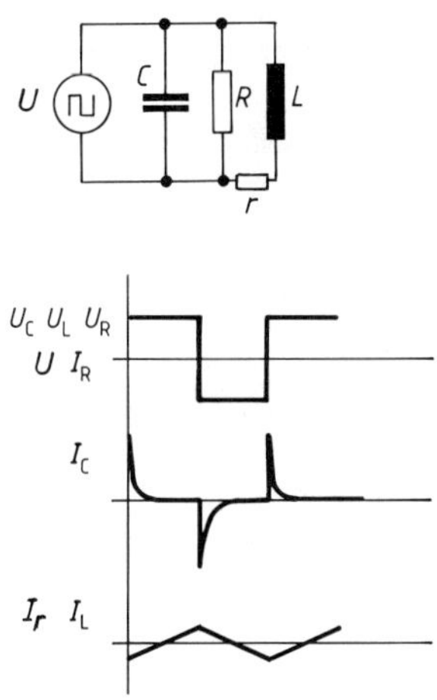

Bild 2.21
Parallelschwingkreis an einer Rechteckspannung mit kleinem R_i

Abklingen der Schwingung. Ab $R \leqq 2X_0$ ist die Abklingfunktion aperiodisch. In grober Näherung kann man annehmen, daß die Schwingung nach etwa Q-Schwingungen unter 10% der Anfangsamplitude abgeklungen ist. Aufgrund dieses Verhaltens von immer in irgendeiner Form vorhandenen RLC-Kreisen treten bei nahezu allen aufgeführten idealisierten Rechteckspeisungen abklingende Schwingungen auf (Bild 2.23). Dies führt bei Eintaktwandlern zu Maßnahmen mit Dämpfungsgliedern, welche Energie verbrauchen, oder zu Schaltungen, welche eine Energierückführung ermöglichen.

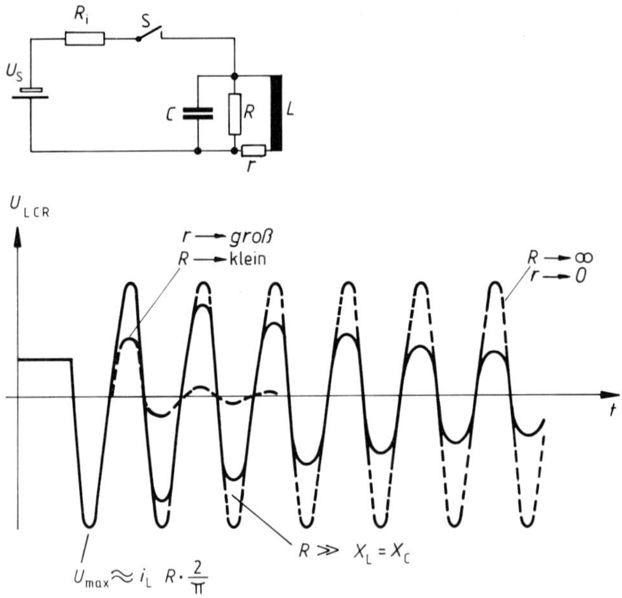

Bild 2.22
Abschalten eines Parallelschwingkreises von einer Gleichspannung oder einer Wechselspannung (rechteck- oder sinusförmig)

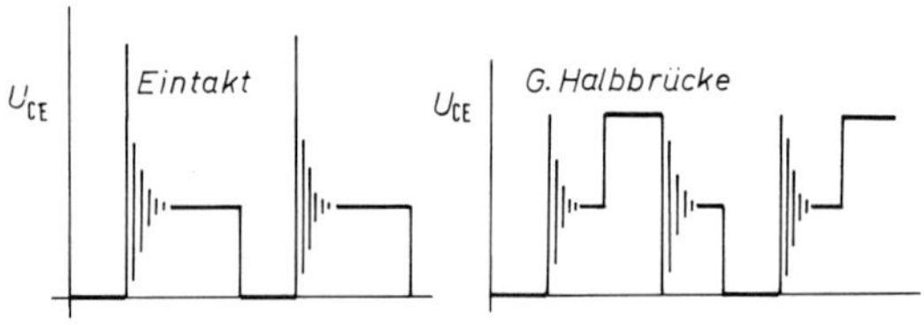

Bild 2.23
Ausschwingvorgänge bei Rechteckbetrieb in Schaltnetzteilen (Eintakt- und Brückengegentakt-Schaltungen)

2.5 Spektralfrequenzen häufiger Kurvenformen in Schaltnetzteilen

Für das Beurteilen charakteristischer Kurvenformen für Spannung und Strom in Schaltnetzteilen hinsichtlich zu erwartender Oberwellen (Klirrgrad) ist die Spektralverteilung in % der Amplitude der betreffenden Schwingung angegeben (Bild 2.24). Zu höheren Frequenzen hin sinken die Oberwellenamplituden.

So werden z.B. für eine rein gleichschenkelige dreieckförmige Netzstromaufnahme die Oberwellenforderungen des VDE 0712 Teil 2 bereits erfüllt. Durch Rechteck- oder Dreieckfunktionen angestoßene Sinuskreise ergeben eine zusätzliche Absenkung der Oberwellenamplituden, so daß z.B. für ein SNT mit sinusförmiger Übertragerspannung die Oberwellenamplituden so weit reduziert werden, daß die Funkentstörbedingungen leichter zu erfüllen sind.

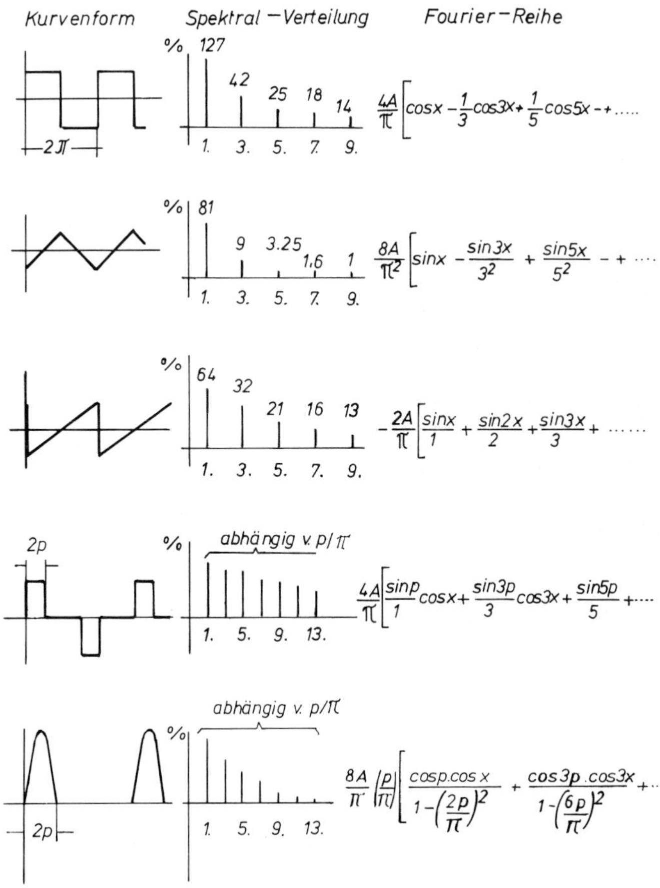

Bild 2.24 Spektralamplituden häufiger Kurvenformen in Schaltnetzteilen

2.6 Scheinwiderstands-Diagramm (HF-Tapete)

Das Scheinwiderstands-Diagramm (Bild 2.25) kann bei der Dimensionierung von Kapazitäten, Induktivitäten und Schwingkreisen gute Dienste leisten. Zeitraubende Berechnungen erübrigen sich weitgehend.

Beispiel 1

Welche Kapazität und Induktivität ist für einen Schwingkreis mit 100 kHz zu wählen wenn der Teilkreiswiderstand 300 Ω betragen soll?

Lösung:

530 µH, 4,7 nF

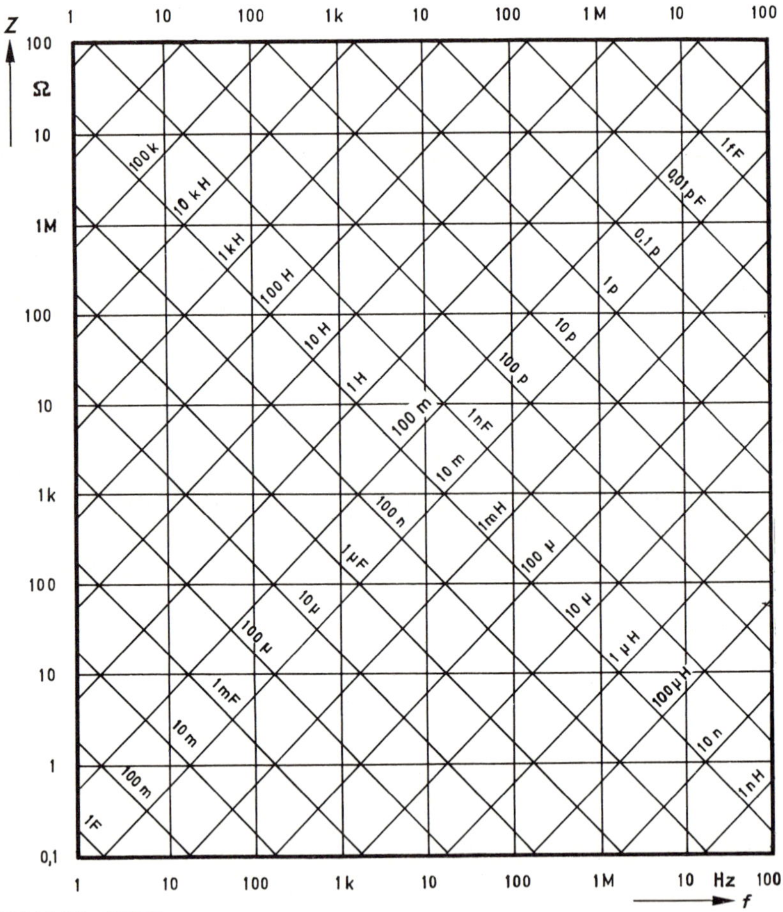

Bild 2.25 HF-Tapete

Beispiel 2

Für eine Leuchtstofflampe ist bei 35 kHz ein induktiver Strombegrenzungswiderstand von 200 Ω gewünscht. Welche Induktivität ist vorzusehen?

Lösung:

0,92 mH

Beispiel 3

Welchen Blindwiderstand stellt ein Kondensator mit 1 µF bei 50 kHz dar?

Lösung:

3,2 Ω

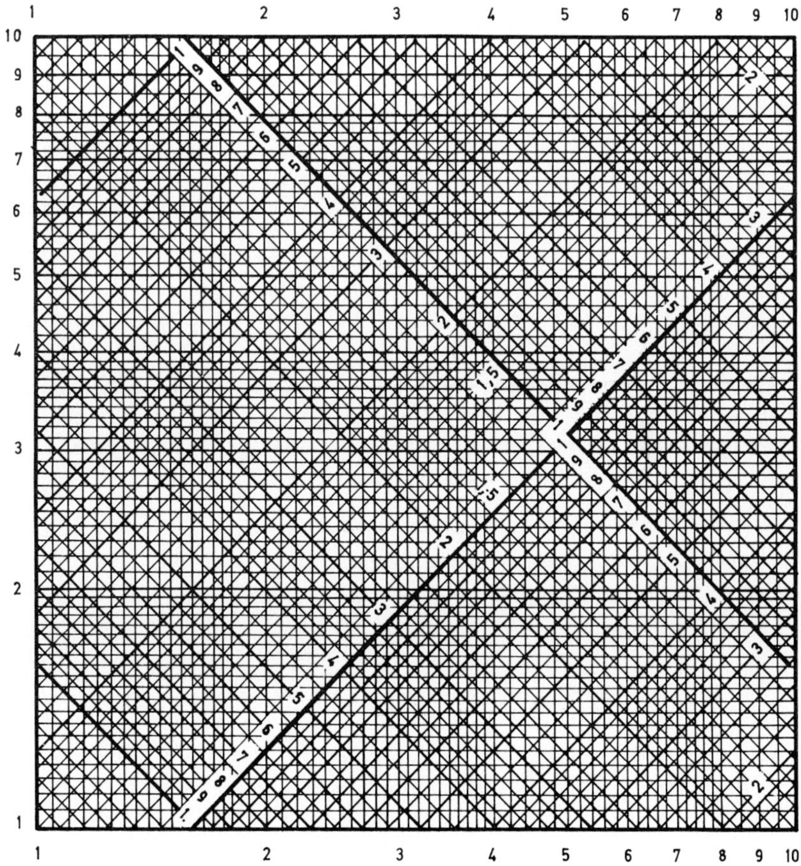

3 SNT-Grundschaltungen

Nachstehend werden die wichtigsten Grundschaltungen für Schaltnetzteile, wie Drosselwandler, Sperrwandler, Durchflußwandler und Gegentaktwandler-Arten mit ihren wesentlichen Vor- und Nachteilen kurz beschrieben. Die meisten angeführten Grundschaltungen sind sowohl mit Power-MOS-Transistoren oder mit bipolaren Leistungs-Transistoren ausführbar. Es sind Schaltungen mit festfrequentem bzw. variofrequentem Betrieb aufgeführt.

3.1 Drosselwandler

Die vier wichtigsten Arten des Drosselwandlers sind in den Bildern 3.1 bis 3.4 dargestellt.

Über den Transistor T wird die Eingangsspannung periodisch mit einer Frequenz von z.B. 50 kHz zerhackt. Die Induktivität als Energiespeicher wirkt als Spannungswandler und setzt die Eingangsspannung U_1 abhängig vom Tastverhältnis auf die Ausgangsspannung U_2 um.

Hauptanwendung ist bislang der leistungssparende Abwärtsregler als getakteter Längsregler. Als weitere Drosselwandler-Arten sind der Aufwärts-, der Auf-/Abwärtsregler und der Inverter zu nennen.

3.1.1 Abwärtsregler

Die Eingangsspannung wird beim Abwärtsregler (Tiefsetzer) entsprechend dem Tastverhältnis v auf die Ausgangsspannung geteilt (Bild 3.1):

$$U_2 = U_1 \cdot \frac{t_1}{t_1 + t_2} = U_1 \cdot v.$$

Während der Zeit t_1 leitet der Transistor; dabei werden L und C geladen und Energie an die Last R weitergeführt. Während der Zeit t_2 ist der Transistor gesperrt; es leitet die Freilaufdiode; sie klemmt die Rückschlagspannung auf Nullpotential. Die während t_1 in L gespeicherte Energie wird anschließend in t_2 an C entladen und an die Last abgegeben. Der Strom durch den Transistor ist dreieck- bis rechteckförmig, die Spannung rechteckförmig.

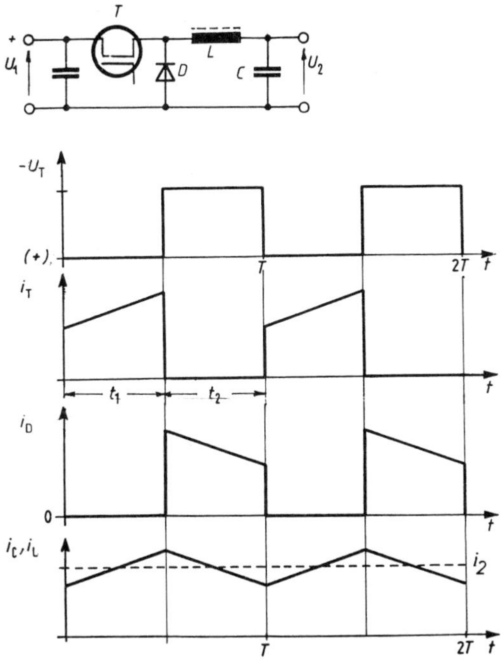

Bild 3.1 Abwärtsregler

Vorteile

▷ Sperrspannung $U_{DS} \approx U_1$
▷ Nur eine Drossel erforderlich
▷ Keine Probleme mit magnetischer Kopplung
▷ Geringe Beanspruchung des Ausgangskondensators
▷ Tastverhältnis $v = 0$ bis 1 möglich
▷ Geringe Funkstörung
▷ Sehr guter Wirkungsgrad

Nachteile

▷ Ansteuerung hochgesetzt
▷ Direkte Verbindung von U_1 nach U_2 bei Transistordefekt
▷ Freilaufdiode erforderlich

Einsatz

▷ Gewinnung einer kleineren konstanten Ausgangsspannung gegenüber der Eingangsspannung ohne Bezugspotentialtrennung
▷ Verlustarme Nachregelung vorwiegend im Durchflußwandler
▷ Langsame Hochführung der Versorgungsspannung in Leistungs-SNT.

3.1.2 Aufwärtsregler

Beim Aufwärtsregler (Hochsetzer) (Bild 3.2) wird die Eingangsspannung U_1 entsprechend der Tastung auf die Ausgangsspannung hochgesetzt:

$$U_2 = U_1 \cdot \left(1 + \frac{t_1}{t_2}\right).$$

Während t_1 leitet der Transistor, während t_2 ist er gesperrt. Die Induktivität L stützt sich gegen U_1 ab und liefert über die Diode die erhöhte Ausgangsspannung U_2. Die Drainströme können dreieck- bis trapezförmig sein. Die Spannung am Transistor ist rechteckförmig.

Vorteile

- ▷ Kleine Drossel
- ▷ Keine Probleme mit magnetischer Kopplung
- ▷ Ansteuerung masseseitig
- ▷ Sehr guter Wirkungsgrad
- ▷ Geringe Funkstörung

Nachteile

- ▷ Transistorsperrspannung $\geqq U_2$
- ▷ Höhere Spannung des Ausgangskondensators
- ▷ Direkte Verbindung $U_1 \rightarrow U_2$ bei Transistor- bzw. Diodendefekt

Einsatz

- ▷ Gewinnung einer höheren Ausgangsspannung als die Eingangsspannung
- ▷ Gewinnung einer sinusförmigen Netzstromaufnahme

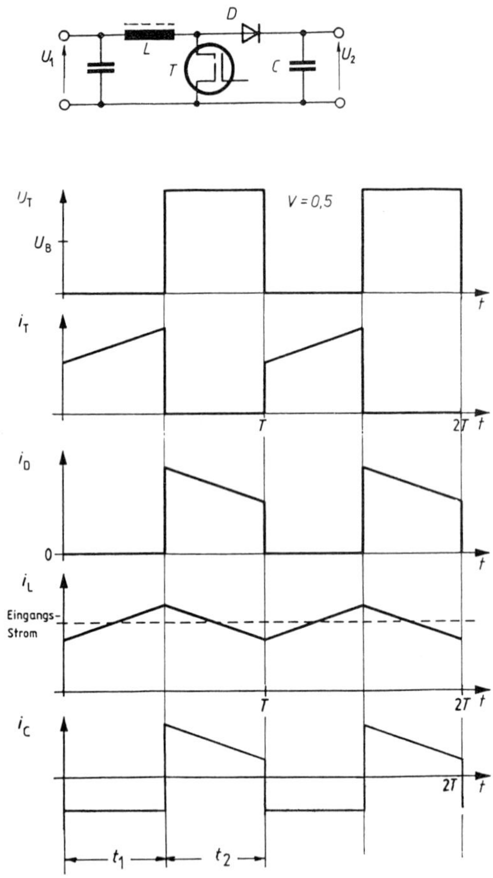

Bild 3.2 Aufwärtsregler (Hochsetzer)

3.1.3 Inverter

Beim Inverter (Polwender) wird die Eingangsspannung entsprechend den Tast-Pausezeiten auf die invertierte Ausgangsspannung umgesetzt:

$$U_2 = U_1 \cdot \frac{t_1}{t_2} = U_1 \cdot \frac{t_1}{T - t_1} = U_1 \left(\frac{1}{v} - 1\right)$$

Die Induktivität stützt sich gegen Nullpotential ab und liefert in der Sperrphase eine umgepolte Spannung an den Ausgang. Die Schaltung (Bild 3.3) entspricht einem Sperrwandler ohne Sekundärwicklung.

Die Arbeitsspannung am Transistor U_T ist rechteckförmig. Der Drainstrom ist dreieck- bis nahezu rechteckförmig. Die Steuerung ist festfrequent oder variofrequent möglich.

Vorteile

- ▷ Drossel als „Transformator"
- ▷ Keine Probleme mit magnetischer Kopplung
- ▷ Keine zerstörende Wirkung sekundärseitig bei Transistor- oder Diodendefekt
- ▷ Geringe Funkstörung
- ▷ Sehr guter Wirkungsgrad

Nachteile

- ▷ Keine galvanische Trennung von U_1 zu U_2
- ▷ Hochgesetzte Ansteuerung
- ▷ Transistorsperrspannung $U_{DS} = U_1 + U_2$

Einsatz

- ▷ Geregelte Spannungsinvertierung mit sehr gutem Wirkungsgrad
- ▷ Gewinnung einer sinusförmigen Stromaufnahme aus dem Netz

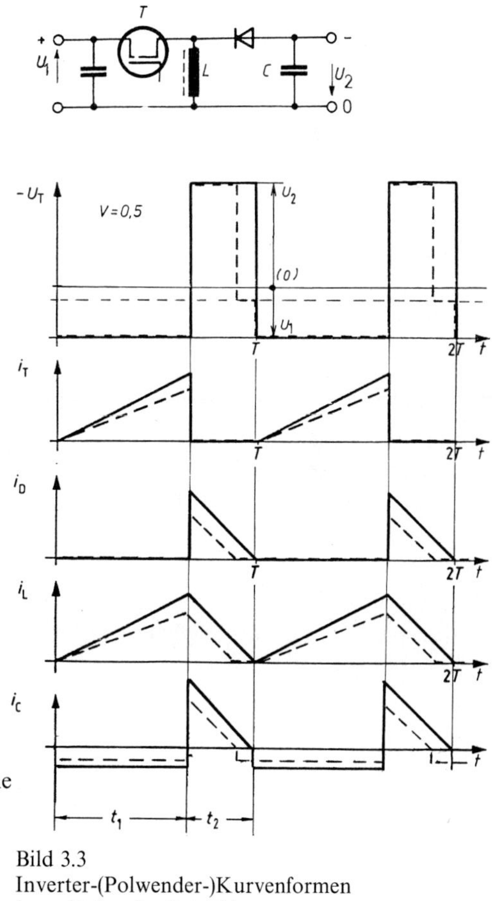

Bild 3.3
Inverter-(Polwender-)Kurvenformen
(– – – lückender Betrieb)

3.1.4 Aufwärts-Abwärts-Regler

Durch Kombinieren des Abwärtsreglers nach Bild 3.1 mit einem Aufwärtsregler (Bild 3.2) mit nur einem einzigen induktiven Bauelement erhält man einen in weiten Grenzen arbeitenden Aufwärts-Abwärts-Regler (Bild 3.4). Während der Zeit t_1 wird Energie in der Drossel L gespeichert, wobei beide Transistoren T_1 und T_2 gleichzeitig durchgeschaltet sind. Während t_2 sind beide Transistoren gesperrt und die Dioden D_1 und D_2 leiten, wobei die in L gespeicherte Energie an den Ausgang abgegeben wird.

Die Diode D_1 klemmt die Drossel auf Nullpotential. Dabei läßt sich die Ausgangsspannung U_2 nahezu auf jeden gewünschten Wert bringen, welcher gleich, kleiner oder größer als die Speisespannung U_1 sein kann. Somit ist es z.B. möglich, aus einer doppelweggleichgerichteten Netzspannung mit kleinem Ladekondensator eine Ausgangsgleichspannung zu gewinnen, bei einer sinusförmigen Netzstromaufnahme. Die Ausgangsspannung ergibt sich zu

$$U_2 = U_1 \cdot \frac{t_1}{t_2}.$$

Vorteile

- ▷ Weite Spannungsbereiche
- ▷ Sinusförmige Netzstromaufnahme möglich
- ▷ Transistorsperrspannung $U_{DS} = U_1$
- ▷ Nur ein induktives Bauelement
- ▷ Geringe Funkstörung

Nachteile

- ▷ Zwei Transistoren
- ▷ Getrennte Ansteuerung
- ▷ Sehr schnelle Leistungsdioden

Einsatz

- ▷ Weiter Netzspannungsbereich ohne Umschaltung
- ▷ Gewinnung einer sinusförmigen Netzstromaufnahme

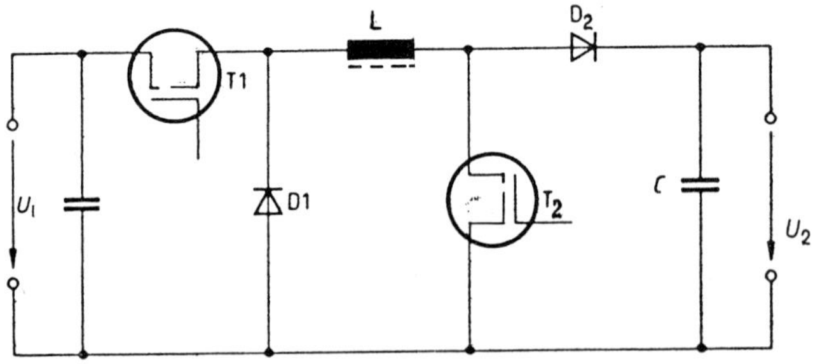

Bild 3.4 Aufwärts-Abwärts-Regler

3.2 Eintaktwandler

3.2.1 Sperrwandler mit Rechteckspannung

Bild 3.5 zeigt die Grundschaltung eines Sperrwandlers welcher mit Rechteckspannung arbeitet. Die Schaltung kann festfrequent oder variofrequent mit oder ohne Steuer-IS betrieben werden. Während der Sperrphase des Transistors fließt die in der Leitphase im Transformator gespeicherte Energie über die Diode und den Speicherkondensator an den Lastwiderstand. Die Streuinduktivität des Transformators muß sehr klein gehalten werden, damit keine Überschwinger mit zu großen Amplituden entstehen. Sie sind herkömmlich nur mit Verlusten wegzudämpfen.

Die Ausgangsspannung hängt ab vom Übersetzungsverhältnis und vom Tast-Pause-Verhältnis

$$U_2 = U_1 \cdot \frac{N_2}{N_1} \cdot \frac{t_1}{t_2}.$$

Während t_1 leitet der Transistor, während t_2 die Diode.

Der Kollektorstrom kann dreieck- bis nahezu rechteckförmig sein und hat keinen Inversanteil. Die Schwingung ist oberwellenreich, so daß verhältnismäßig große Funkstörspannungen entstehen, die entsprechend ausgefiltert werden müssen. Die Sekundärseite ist von der Primärseite galvanisch getrennt.

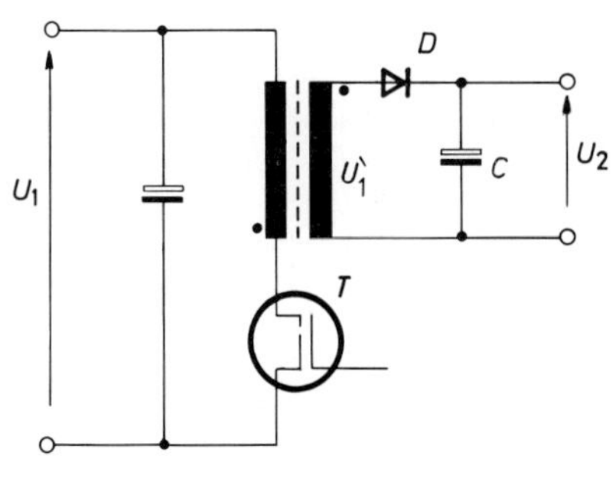

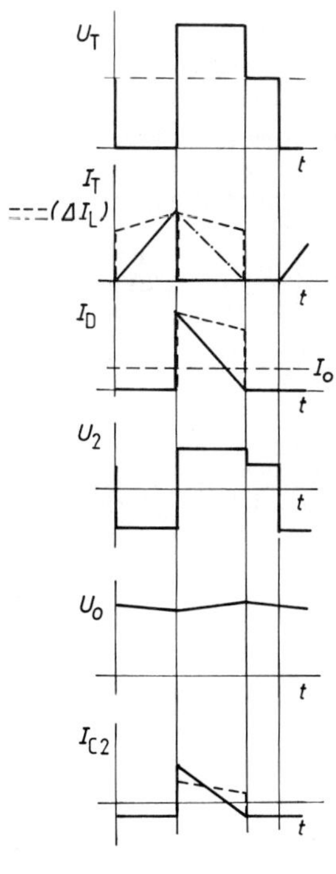

Bild 3.5 Eintakt-Sperrwandler

Die Schaltung nach Bild 3.6 zeigt ein Beispiel eines Wandlers für mehrere Ausgangsspannungen, die mit verhältnismäßig geringem Aufwand indirekt geregelt gewonnen werden können.

Vorteile

- ▷ Großer Regelbereich
- ▷ Netztrennung
- ▷ Festfrequente oder variofrequente Steuerung
- ▷ Rechteckförmiger Drain- bzw. Kollektorstrom
- ▷ Mehrere indirekt geregelte Ausgangsspannungen
- ▷ Guter Wirkungsgrad

Einsatz

- ▷ Schaltnetzteile mit einigen mitgeregelten Ausgangsspannungen
- ▷ Weiter Netzspannungsbereich
- ▷ Leistungsbereich bis etwa 150 W

Nachteile

- ▷ Sperrspannung $U_{DS} = (2 \text{ bis } 3)\ U_1$
- ▷ Starke Beanspruchung von Gleichrichter und Elko
- ▷ Feste magnetische Kopplung zwischen den Wicklungen
- ▷ Relativ großer Trafokern mit großem Luftspalt
- ▷ Überschwinger müssen bedämpft werden
- ▷ Wirbelstromverluste in den Kupferdrähten insbes. im Luftspaltbereich
- ▷ Große Übersetzungsverhältnisse sind problematisch
- ▷ Relativ große Tastvariation
- ▷ Weicher Anlauf
- ▷ Starke Funkstörung

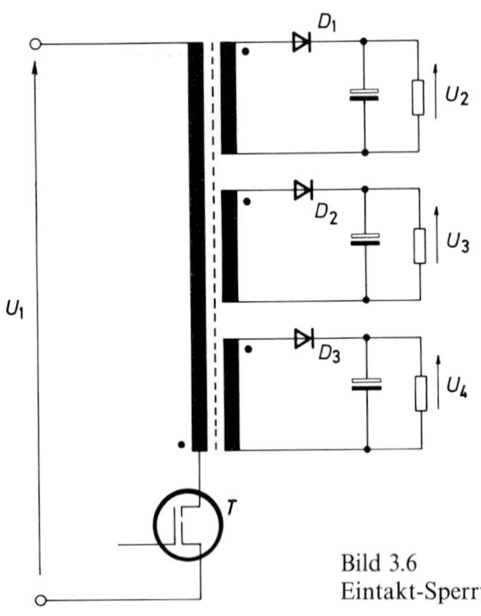

Bild 3.6
Eintakt-Sperrwandler für drei Ausgangsspannungen

3.2.2 Sperrwandler mit zwei Transistoren

Bei der Schaltung nach Bild 3.7 sind zur gleichen Zeit beide Transistoren leitend oder gesperrt. In der Sperrphase werden die Rückschlagspannungen durch die beiden Dioden auf die Versorgungsspannung $U_{DS} = U_1$ begrenzt. In der festen Begrenzung der Spannungen U_{DS} liegt der wesentliche Vorteil zur Sperrwandler-Grundschaltung nach Bild 3.5.

Die Sekundärspannung U_2 ist abhängig vom Übersetzungsverhältnis und vom Tast-Pause-Verhältnis:

$$U_2 = U_1 \frac{N_2}{N_1} \cdot \frac{t_1}{t_2}.$$

Die Kurvenzüge von Spannungen und Strömen im Wandler entsprechen den Bildern 3.5

Vorteile

- ▷ Geringe Transistor-Sperrspannung $U_{DS} \approx U_1$
- ▷ Zusätzliche indirekt geregelte Ausgangsspannungen
- ▷ Einfacher Übertrager
- ▷ Gute Netzüberspannungsfestigkeit
- ▷ Guter Wirkungsgrad

Einsatz

- ▷ Kommerzielle Geräte
- ▷ Mehrere indirekt geregelte Ausgangsspannungen möglich
- ▷ Weiter Leistungsbereich

Nachteile

- ▷ Zwei Transistoren
- ▷ Zwei schnelle Klemmdioden
- ▷ Großes Trafoübersetzungsverhältnis
- ▷ Galvanisch getrennte Ansteuerung
- ▷ Große Funkstörung

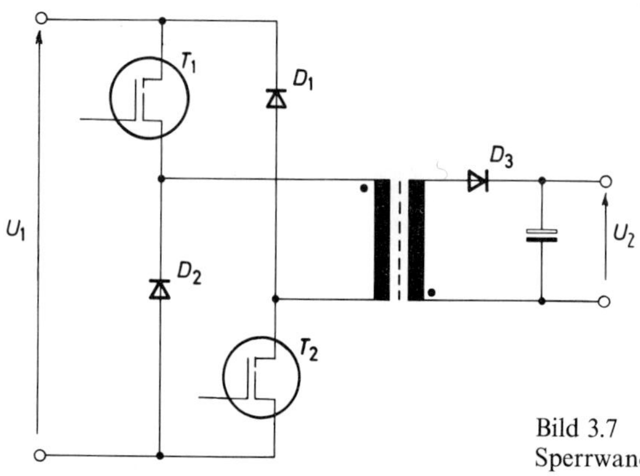

Bild 3.7
Sperrwandler mit zwei Transistoren

3.2.3 Sinus-/Trapez-Sperrwandler

In Schaltung nach Bild 3.8 entsteht eine Trapezspannung dadurch, daß der Kondensator C die Spannungsübergänge verzögert. Während der Sperrphase des Transistors ist der Transformator über die Diode D_2 belastet. Diese Schaltung kann nur freischwingend über Rückkopplung betrieben werden. Der Transistor kann mit einfachen Mitteln so gesteuert werden, daß keine oder nur kleine Flankenverluste auftreten. Überspannungsabschaltung und Kurzschlußsicherheit können ohne großen Aufwand erreicht werden. Der Regelbereich ist gering.

Die für den 220-V-Netzbetrieb erforderlichen Sperrspannungen der Transistoren liegen bei > 750 V. Der Transformatorstrom ist dreieckförmig und hat einen Inversanteil, der über die Rückstromdiode D_1 geführt wird. Bei Entlastung entsteht eine sinusförmige Transformatorspannung.

Vorteile

- ▷ Geringer Regelungs- und Steuerungsaufwand
- ▷ Keine Flankenverluste
- ▷ Geringe Frequenzänderung
- ▷ Kurzschlußsicherheit
- ▷ Überspannungssicherheit
- ▷ Befriedigender Wirkungsgrad
- ▷ Geringe Funkstörung

Nachteile

- ▷ Geringer Bereich der Netzausregelung
- ▷ Betrieb nur freischwingend
- ▷ Hohe Transistorsperrspannung $U_{CE} \approx (2 \text{ bis } 3)\ U_1$
- ▷ Großer Trafoblindstrom

Einsatz

- ▷ Geringe Leistungen (< 50 W)
- ▷ Geringe Anforderungen an Konstanz der Lastausregelung bei indirekter Regelung

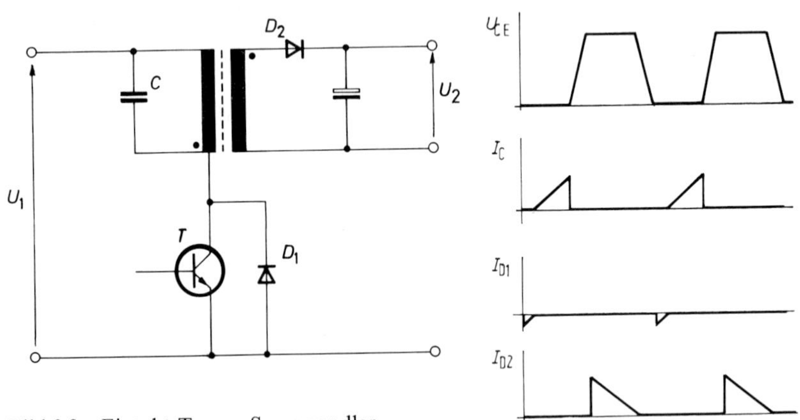

Bild 3.8 Eintakt-Trapez-Sperrwandler

3.2.4 Sinuswandler

Sind besonders geringe Funkstörungen gefordert, dann muß im Drainkreis ein Schwingkreis angeordnet werden (Bild 3.9). Für das Erzielen geringer Verluste im Transistor ist er über eine kleine Induktivität L_2 mit dreieck- oder rechteckförmigen Strömen zu speisen. Die Stromimpulse werden jeweils dann auf den Schwingkreis $C_1 - L_1$ geschaltet, wenn die Schwingspannung einen Drain-Source-Minimalwert erreicht hat (C-Betrieb). Die Induktivität L_2 begrenzt den Speisestrom für den Schwingkreis über die Tastzeit, wobei die Sinusspannung etwas verzerrt wird. Die in L_2 gespeicherte Energie gelangt nach der Tastzeit über die Diode D_1 über die Anzapfung an L_1. Die sekundäre Gleichrichtung erfolgt im Ein- oder Doppelweg mit Speicherdrossel L_3.

Vorteile

▷ Sinusspannung am Transformator
▷ Geringe Funkstörung
▷ Befriedigender Wirkungsgrad

Nachteile

▷ Blindleistungsverluste im Schwingkreis
▷ U_{DS} etwa $2\,U_1$
▷ Größere Drainströme infolge kurzer Tastzeiten

Einsatz

▷ Geringe konstante Leistungen
▷ Bei hohen Anforderungen an Funkentstörung

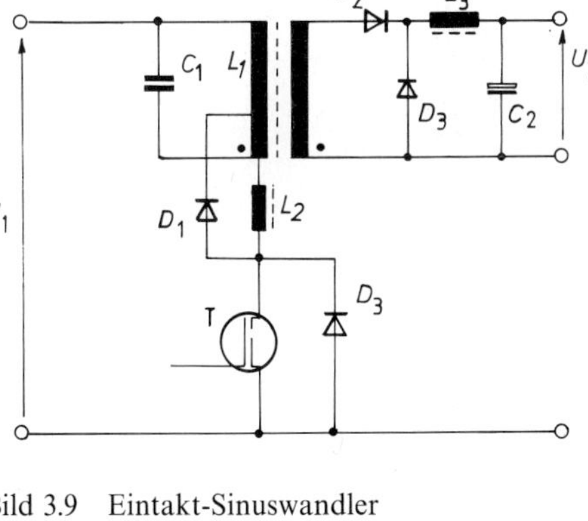

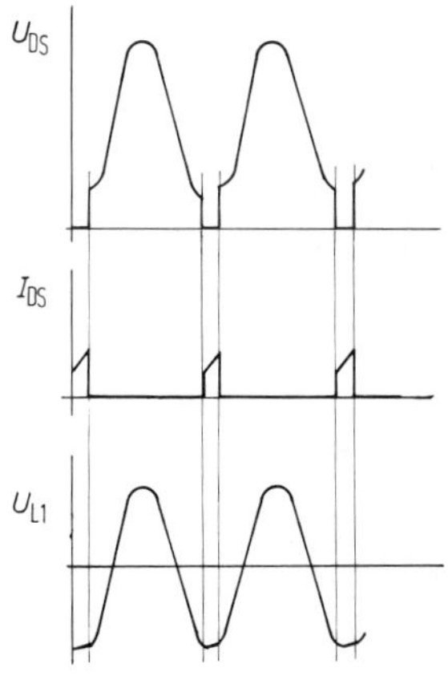

Bild 3.9 Eintakt-Sinuswandler

3.2.5 Sperrwandler mit konstanten Stromimpulsen

Durch eine Z-Diode D_3 im Basiskreis und den Emitterwiderstand R_2 wird der Schalttransistor T1 (Bild 3.10) mit konstanten Basisspannungsimpulsen angesteuert; diese bewirken konstante Kollektorstromimpulse in den Transformator. Der Transistor arbeitet ab einer bestimmten Spannung U_1 als Konstantstromgenerator im aktiven Teil des Kennlinienfeldes. Diese Anordnung besitzt damit einen sehr großen Innenwiderstand, so daß Netzspannungsänderungen automatisch ausgeregelt werden. Die an den Ausgang über den Transformator gelieferte Energie ist nur von der Tastzeit abhängig und nicht von der jeweiligen Netzspannung. Die Verlustleistung am Transistor ist verhältnismäßig groß. Ein RCD-Glied reduziert Überschwinger beim Hochschwingen der Rückschlagspannung.

Vorteile

▷ Netzausregelung automatisch
▷ Impulsbreitensteuerung nur für Laständerung
▷ Kurze Schaltzeiten an T

Einsatz

▷ Geringe Leistung (< 50 W)
▷ Konstante Lasten
▷ Z.B. kleine Fernsehgeräte

Nachteile

▷ Geringe Ausgangsleistung
▷ Verhältnismäßig große Verlustleistung
▷ Funkstörung
▷ Geringer Wirkungsgrad

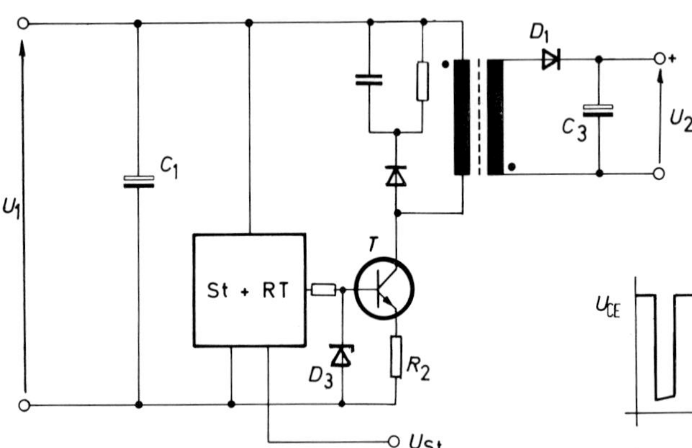

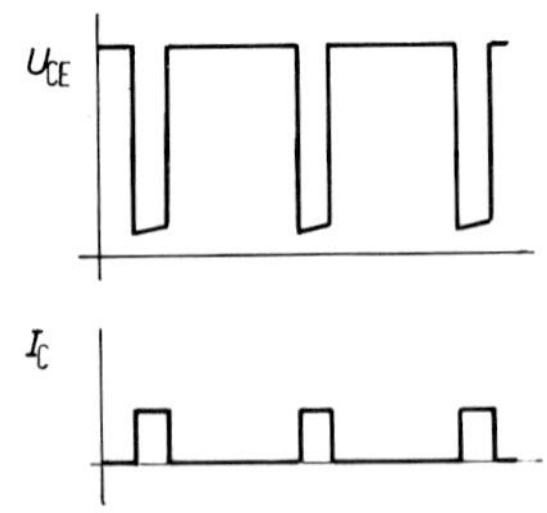

Bild 3.10
Eintakt-Sperrwandler mit konstanten Stromimpulsen

3.2.6 Sperr- oder Durchflußwandler mit begrenzter Sperrspannung (Klemmwandler)

Die bekannten Eintaktwandler nach dem Sperr- bzw. Durchflußwandlerprinzip benötigen Schaltertransistoren mit z.B. der 3- bis 4fachen Sperrspannungsfestigkeit. Dabei ist fast immer eine verlustbehaftete Dämpfung der Rückschwingimpulse erforderlich. Diese Dämpfung kann beim Sperrwandler Verlustleistungen von einigen Watt bedeuten.

Wird die Primärwicklung eines Sperr- oder Durchflußwandlers (Bild 3.11) mit einer Anzapfung versehen, die etwa dem maximalen Tastverhältnis entspricht,

$$N_{(2-3)}/N_{(1-3)} \approx t_1/T,$$

und die Anzapfung mit dem verhältnismäßig großen Kondensator C_2 verbunden, der wiederum über eine Diode D_1 mit dem Nullpotential und über eine weitere Diode D_2 mit dem Bezugspotential verbunden ist, dann wird hiermit jede Halbwelle der Wandlerschwingung an Null oder an Bezugspotential festgeklemmt. Damit können keine hohen Rückschlagspannungen entstehen.

Es verbleiben nur sehr kleine Überschwinger, welche von der Einschaltverzögerung der Diode herrühren und nur mehr geringe Verluste verursachen. Die rückschwingende Energie wird in den Elko der Versorgungsspannung zurückgeliefert. Entnimmt man z.B. während der folgenden Halbwelle sekundärseitig wenig Energie, dann wird mehr Energie zurückgeliefert, besonders dann, wenn das Tastverhältnis dabei nicht verkleinert wird. Dennoch bleiben die Spannungen am Transistor und Transformator stabil.

Die Vorteile dieser Anordnung zeigen sich bei Wandlern mit kleinem Tastverhältnis. Die Transformatorspannung kann mit Hilfe von C_3 trapezförmig gestaltet werden, wenn der Transistor nur während der Durchschaltphase angesteuert ist.

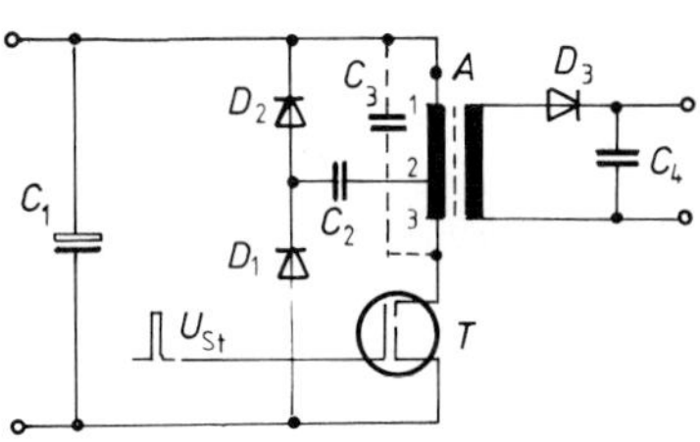

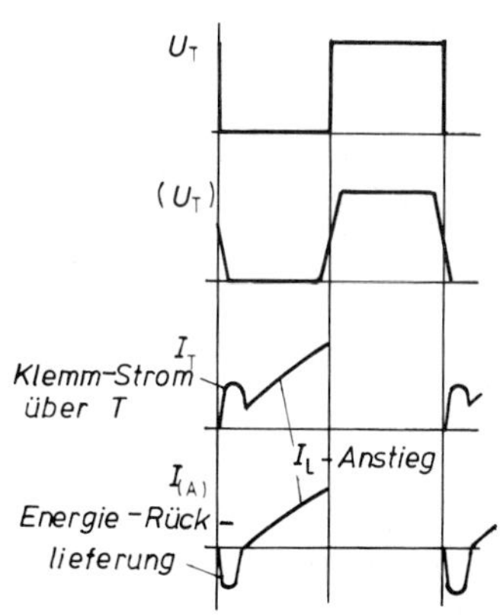

Bild 3.11
Eintakt-Sperr- oder Flußwandler mit begrenzter Sperrspannung für den Transitor

Es können Transistoren mit Sperrspannungen eingesetzt werden, welche nur etwa das 1,5fache der maximalen Versorgungsgleichspannung besitzen.

Vorteile

- ▷ Geringe Sperrspannung des Transistors
- ▷ Energierückführung mit Rückschlagbegrenzung
- ▷ Keine Entmagnetisierungswicklung mit hochsperrender Diode
- ▷ Stabile Ausgangsspannung auch ohne Regelung
- ▷ Guter Wirkungsgrad

Nachteile

- ▷ $N_{2-3}/N_{1-3} \geqq v$
- ▷ Sanftanlauf erforderlich
- ▷ Als Flußwandler Speicherdrossel und Freilaufdiode erforderlich
- ▷ Große Funkstörung

Einsatz

- ▷ Eintaktwandler mit verhältnismäßig kleiner Sperrspannung des Transistors
- ▷ Eintaktwandler mit kleinem Tastverhältnis
- ▷ Leistungen $\leqq 50$ W

3.2.7 Durchflußwandler

Das Bild 3.12 zeigt den typischen Rechteck-Durchflußwandler, bei dem die Durchflußphase über die Diode D_1 belastet ist. Dieser Wandler wird vorwiegend mit konstanter Frequenz betrieben. Der Transformator besitzt keinen Luftspalt. Die während der Flußphase t_1 in der Induktivität gespeicherte (geringe) magnetische Energie wird während der Sperrphase t_2 über die Entmagnetisierungswicklung N_3 und die Diode D_3 der Versorgungsspannung zurückgeliefert. Der Drainstrom kann Dreieck- bis nahezu Rechteckform erreichen. Bei letzterer wird eine bessere Transistorausnutzung möglich. Die Ausgangsseite mit D_1, L, D_2 und C_2 entspricht einem Drosselwandler.

Vorteile

- ▷ Rechteckförmiger Transistorstrom
- ▷ Geringe Rückschlagdämpfung bei fester Kopplung von N_1/N_3
- ▷ Geringe Tastvariation
- ▷ Guter Wirkungsgrad

Nachteile

- ▷ Entmagnetisierungswicklung mit guter Kopplung
- ▷ Speicherdrossel am Ausgang
- ▷ Sperrspannung etwa (2 bis 3) U_1
- ▷ Funkstörung
- ▷ Hochsperrende Diode D_2

Einsatz

- ▷ Netzteile mit geregelter Ausgangsspannung
- ▷ Leistungen bis etwa 500 W
- ▷ Mehrere indirekt geregelte Spannungen

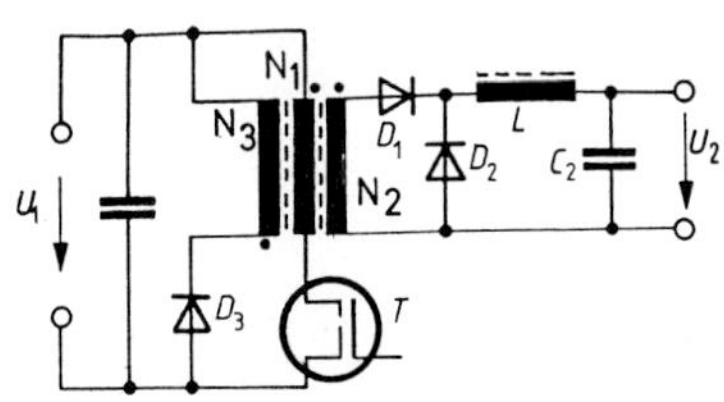

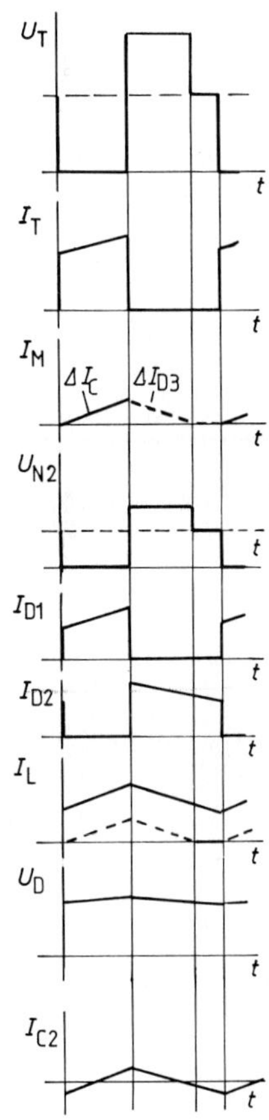

Bild 3.12 Eintakt-Rechteck-Flußwandler

3.2.8 Halbsinus-Durchflußwandler

Bild 3.13 zeigt die Schaltung eines Eintakt-Flußwandlers mit halbsinusförmiger Spannung am Transistor und Transformator. Während der Sperrphase des Transistors entsteht eine sinusförmige Rückschwingung und während der Flußphase wird Energie über die Diode D_2 an die Last geliefert. Die Streuinduktivität des Transformators darf verhältnismäßig groß sein. Dadurch kann die Schaltung kurzschlußsicher und überlastsicher gestaltet werden. Der Kollektorstrom hat Dreieckform; er enthält bei Entlastung Inversanteile.

Die Diode D_1 dient als primärseitige Freilaufdiode. Die Funkstörungen sind bei diesem Konzept geringer als bei Konzepten mit Rechteckspannungen. Die Tastzeiten werden nur wenig variiert, um Netz- und Laständerungen auszugleichen. Eine Speicherdrossel mit sekundärseitiger Freilaufdiode ist bei diesem Konzept nicht erforderlich.

Vorteile

▷ Einfacher Transformator
▷ Keine Speicherdrossel
▷ Geringe Tastvariation
▷ Überlast- und kurzschlußsicher
▷ Mäßige Funkstörungen

Nachteile

▷ Großer Blindstrom
▷ Dreieckförmiger Kollektorstrom mit Inversanteil
▷ Transistorsperrspannung $U_{CE} > 2\,U_1$

Einsatz

▷ Geräte mit geringen Funkstörungen
▷ Leistungen bis etwa 100 W

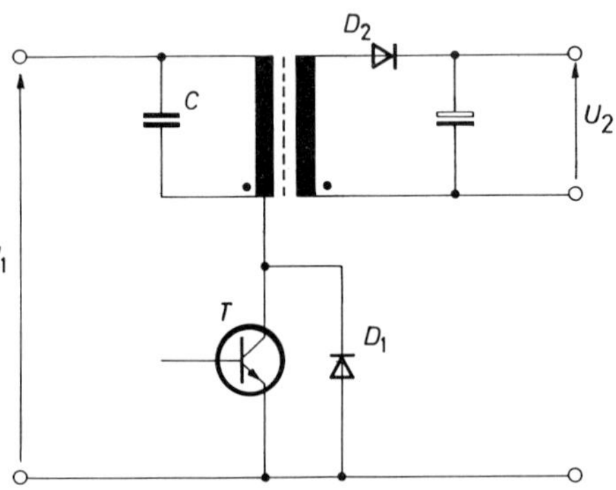

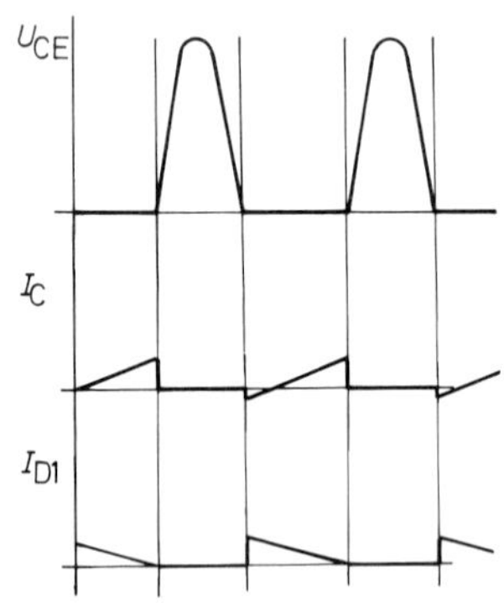

Bild 3.13 Eintakt-Halbsinus-Flußwandler

3.2.9 Durchflußwandler mit zwei Transistoren

Das in Bild 3.14 gezeigte Rechteck-Wandlerprinzip arbeitet mit zwei gleichzeitig gesteuerten Transistoren. Die zwei über Kreuz geschalteten Dioden D_3 und D_4 bewirken ein Festhalten der Transistorsperrspannungen auf die Größe der Versorgungsspannung. Die Transistorströme können dreieck- bis rechteckförmig sein. Die Kurvenzüge entsprechen im wesentlichen Bild 3.12. Die Dioden D_3, D_4 müssen sehr schnell sein, damit keine Überschwinger und Querströme entstehen. Die Diode D_1 ist während der Durchflußphase leitend, D_2 ist die Freilaufdiode, über die sich die induktive Energie während der Sperrphase abstützt.

Vorteile

▷ Transistor-Sperrspannung $U_{DS} = U_1$
▷ Entmagnetisierung des Kerns
▷ Einfacher Übertrager
▷ Kleine Dämpfungsverluste
▷ Große Überspannungsfestigkeit
▷ Geringe Tastvariation
▷ Guter Wirkungsgrad

Nachteile

▷ Zwei Transistoren erforderlich
▷ Galvanisch getrennte Ansteuerung
▷ Zwei schnelle Klemmdioden
▷ Ungünstige Trafo-Übersetzungsverhältnisse
▷ Freilaufdiode am Ausgang
▷ Funkstörung

Einsatz

▷ Geregelte Netzteile für kommerzielle Geräte
▷ Leistungen bis etwa 500 W

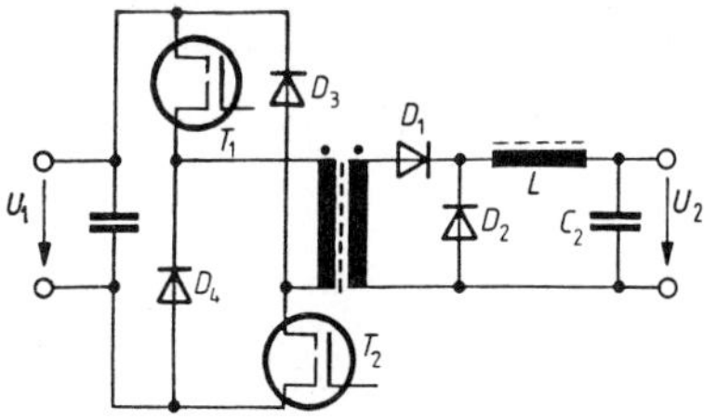

Bild 3.14 Eintakt-Durchflußwandler mit zwei Transistoren

3.3 Gegentaktwandler

Unter einem Gegentaktwandler versteht man einen Wandler, der auch als Zweitaktwandler bezeichnet werden könnte. Am bekanntesten ist die parallelgespeiste Gegentaktschaltung. Außerdem gibt es die Gegentakt-Brückenschaltung, welche als Voll- oder Halbbrücke ausgeführt werden kann; man nennt sie auch seriengespeiste Gegentaktschaltung – nachstehend „Halb- oder Vollbrücke". Die herkömmliche parallelgespeiste Gegentaktschaltung wird im folgenden kurz als Gegentaktschaltung bezeichnet.

3.3.1 Wandler mit Parallelspeisung

Die Schaltung nach Bild 3.15 ist die typische Gegentaktschaltung. Die Transistoren schalten abwechselnd auf die geteilte Primärwicklung des Transformators, so daß die Primär- und auch die Sekundärseite jeweils nur zur Hälfte arbeiten. Die Wickelraumnutzung des Transformators ist daher ungünstig. Die Transistoren müssen in der Sperrphase jeweils die doppelte Versorgungsspannung plus Überschwinger vertragen. Bei Betrieb an Netzspannung ergeben sich Drain-Sorce-Spannungen von $\geqq 700$ V. Diese Schaltung hat aber den Vorteil, daß bei gleichem Drainstrom wie bei der Schaltung nach Bild 3.16 die doppelte Leistung übertragen werden kann. Die Gleichrichtung erfolgt ebenfalls im Gegentakt. Die Spannungsformen können Rechteck-, Trapez- bis Sinusform annehmen. Bei ausreichendem Blindstrom und entsprechender Ansteuerung und Beschaltung mit C_2 werden Flankenverluste vermieden (siehe Kap. 5.2).

Vorteile

▷ Große Leistung
▷ Kollektorströme bis rechteckförmig
▷ Kleiner Innenwiderstand
▷ Ansteuerung auf gleichem Bezugspotential
▷ Selbstschwingender oder gesteuerter Betrieb
▷ Guter Wirkungsgrad

Nachteile

▷ Transistorsperrspannung $U_{DS} \geq 2\,U_1$
▷ Symmetrierungsprobleme
▷ Gute Kopplung zwischen den Primärwicklungen nötig
▷ Ungünstige Wickelraumausnutzung
▷ Zwei (evtl. drei) Ausgangsdioden

▷ Überschwinger am Transistor
▷ Tastlückensteuerung
▷ Funkstörung

Einsatz

▷ Geregelter Wandler für kleine und große Versorgungsspannungen
▷ Kleine bis große Leistungen
▷ Große Leistungen mit Trapez- oder Sinusspannung
▷ HF, MF-Generatoren

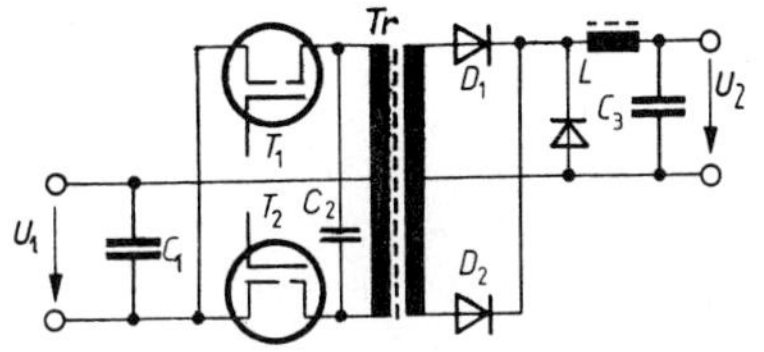

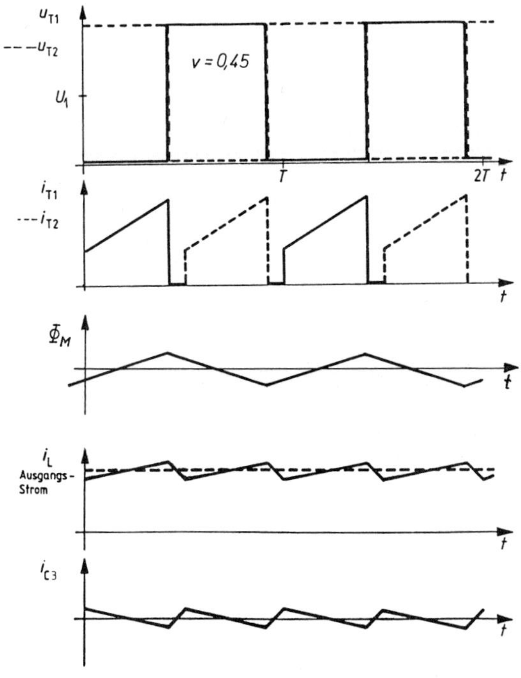

Bild 3.15
Gegentaktwandler
mit Parallelspeisung

3.3.2 Halbbrückenwandler mit Serienspeisung

Die Transistoren T1 und T2 sind in Serie geschaltet (Bild 3.16) und bilden mit den Kondensatoren C_1 und C_2 eine Brückenschaltung. An den Transistoren kann maximal nur die Versorgungsspannung als Sperrspannung auftreten. Die Gleichspannung wird bei v = 0.5 in eine Rechteckschwingung mit halber Größe von U_1 zerhackt, über den Transformator transformiert und gleichgerichtet. Mit dem Kondensator C_3 kann die Rechteckschwingung zu einer Trapezschwingung abgewandelt werden. Diese Ausführung hat den Vorteil, daß im selbstschwingenden Betrieb ein ideales Schalten (nur Strom oder nur Spannung) an den Transistoren möglich ist und keine gefährlichen Querströme entstehen (Siehe hierzu Kapitel 5.2.7).

Die Flanken werden flacher und damit die Funk-Störspannungen geringer. Für die Gleichrichtung ist eine Gegentaktgleichrichtung vorgesehen.

Die Rechteckschwingung muß gleiche Halbwellenform besitzen ($t_1 = t_2$), besonders dann, wenn der Trafo keinen Luftspalt besitzen soll. Die Drainströme können Dreieck- bis Rechteckform haben. Schnelle Rückstromdioden D_4 und D_5 sind erforderlich, wenn induktive Rückströme auftreten und die Transistoren keine integrierten Rückstromdioden haben.

D_3 dient als ausgangsseitige Freilaufdiode.

Vorteile

▷ Transistorsperrspannung $U_{DS} = U_1$
▷ Trafo mit Streuinduktivität zulässig
▷ Gute Trafowickelraumnutzung
▷ Drainströme bis Rechteckform
▷ Kleiner Innenwiderstand ohne Regelung
▷ Sehr guter Wirkungsgrad

Nachteile

▷ Maßnahmen gegen Querströme
▷ Galvanisch getrennte Ansteuerung
▷ Tastlückensteuerung notwendig
▷ Symmetrierprobleme
▷ Funkstörung

Einsatz

▷ Geregelte Netzteile für mehrere Spannungen
▷ Leistungen bis etwa 1 kW

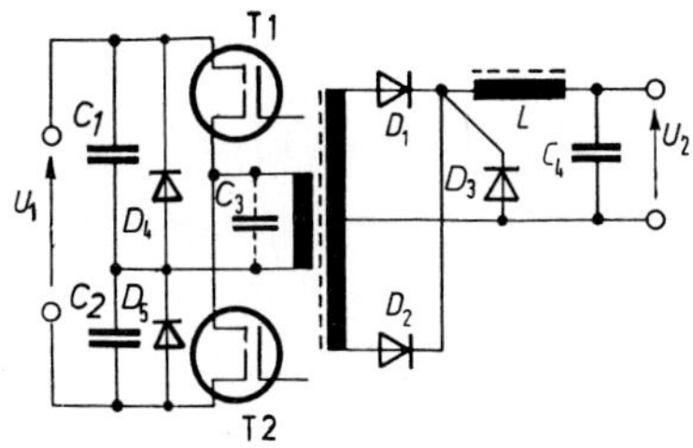

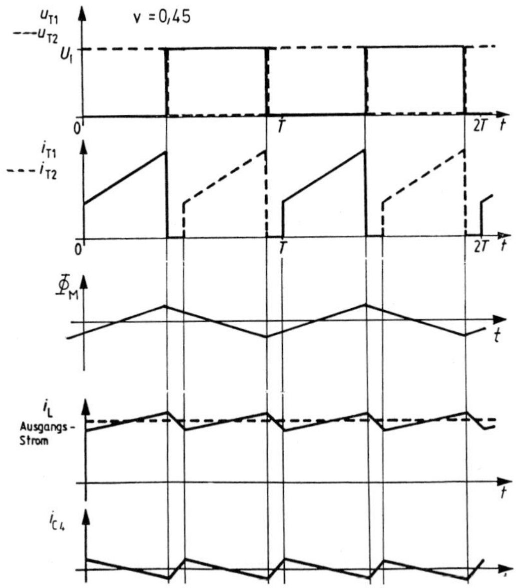

Bild 3.16
Halbbrückenwandler
mit Serienspeisung

3.3.3 Vollbrückenwandler

Die Vollbrückenschaltung nach Bild 3.17 liefert die doppelte Leistung wie die Halbbrückenschaltung nach Bild 3.16; die primäre Transformatoramplitude ist doppelt so groß. Die Sperrspannung der Transistoren ist jedoch nur so hoch wie die Versorgungsspannung U_1. Es werden jeweils zwei diagonal gegenüberliegende Transistoren gleichzeitig geschaltet. Die erforderlichen vier Ansteuerkreise sind galvanisch getrennt und relativ aufwendig. Der Ausgang wirkt wie ein Schaltregler, welcher über das Tastverhältnis geregelt wird. Die Arbeitsspannung ist rechteckförmig, der Drainstrom dreieck- bis rechteckförmig. Die Kurvenzüge enstprechen im wesentlichen dem Bild 3.16.

Vorteile

▷ Transistorsperrspannung $U_{DS} = U_1$
▷ Für große Leistungen geeignet
▷ Transformator-Streuinduktivität zulässig
▷ Ströme dreieck- bis rechteckförmig
▷ Kleiner Innenwiderstand
▷ Sehr guter Wirkungsgrad

Nachteile

▷ Maßnahmen gegen Querströme
▷ Galvanisch getrennte Ansteuerung
▷ Tastlückensteuerung erforderlich
▷ Trafo-Symmetrierprobleme
▷ Funkstörspannungen

Einsatz

▷ Geregelte Netzteile für große Leistungen $\gg 1$ kW
▷ Kommerzielle Geräte

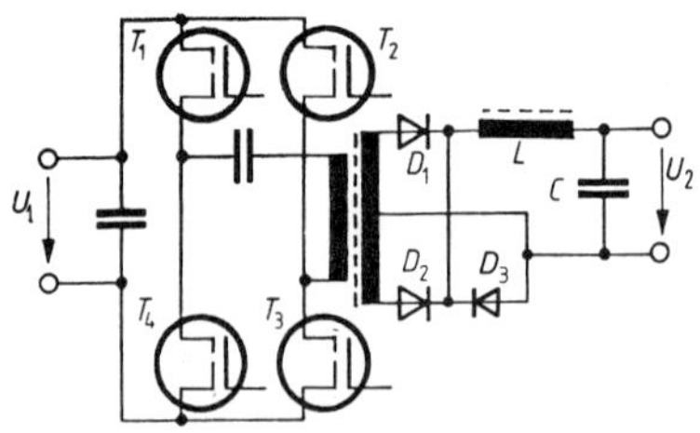

Bild 3.17 Gegentaktwandler in Vollbrückenschaltung

3.3.4 Halbbrückenwandler mit Eintaktgleichrichtung

Bild 3.18 zeigt die prinzipielle Anordnung eines Halbbrückenwandlers, der mit einer Eintaktgleichrichtung ausgerüstet ist. Im Normalfall werden Gegentaktwandler mit einer Gegentakt- oder Brückengleichrichtung ausgestattet. Die Gegentaktanordnung der Gleichrichtung bietet bei gleichen Halbwellenzeiten den Vorteil, daß der nachgeschaltete Siebaufwand extrem klein gehalten werden kann. Bei Halbwellenzeiten $t_1 : t_2 \neq 1:1$ wird bei Gegentaktgleichrichtung nur mehr eine Diode zur Gleichrichtung herangezogen. Damit kann die zweite Diode entfallen. Der Gegentaktbetrieb wird zum Eintaktbetrieb, wobei prinzipiell Durchfluß- oder Sperrbetrieb möglich ist. Durch die Änderung des Tast-Pause-Verhältnisses von z.B. 1:2 auf 1:20 kann die Ausgangsspannung im Verhältnis 1:10 variiert werden, wobei die Ausgangsspannung belastet oder unbelastet, abgesehen von den natürlichen Spannungsabfällen, konstant bleibt. Durch diese Kombination Gegentaktzerhacker mit Eintaktgleichrichtung ist es möglich, einstellbare Spannungskonstante in verlustleistungssparender Transistortechnik auszuführen. Eine zusätzliche Regelschaltung kann dann die jeweils eingestellte Ausgangsspannung konstant regeln.

Bei Entlastung der Ausgangsseite entstehen an den Transistoren keine höheren Spannungen, als die Speisespannung. Bei Verwendung bipolarer Transistoren ist eine entsprechende Tastlückensteuerung erforderlich.

Vorteile

- ▷ $U_{DS} \approx U_S$
- ▷ Sperr- oder Durchflußbetrieb
- ▷ Großer Bereich der Ausgangsspannung
- ▷ Kleiner Innenwiderstand auch ohne Regelung

Nachteile

- ▷ Gleichrichterdiode stark belastet
- ▷ Weicher Anlauf
- ▷ Spezielle Ansteuerung mit Tastlücken
- ▷ Funkstörung

Einsatz

- ▷ Einstellbare Konstantspannungsgeräte
- ▷ Großer Ausgangsspannungsbereich

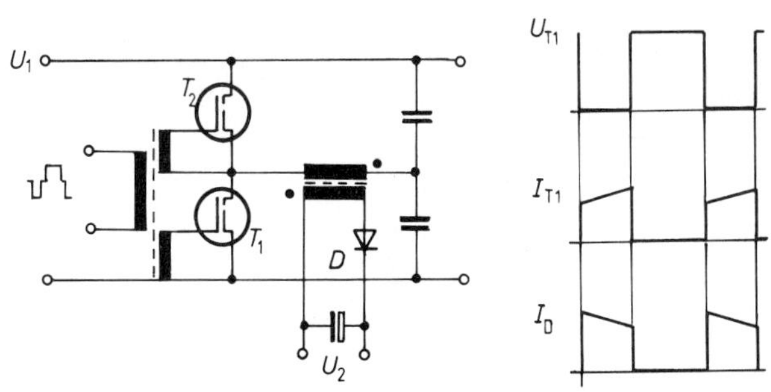

Bild 3.18 Gegentaktwandler mit Eintaktgleichrichter

3.3.5 Halbbrückenwandler mit *LC*-Reihenkreis

Mit Hilfe einer Halb- oder Vollbrückenschaltung kann mit einem *LC*-Reihenkreis am Ausgang eine Sinusspannung entsprechend der Steuerfrequenz erzeugt werden (Bild 3.19 a).

Die Steuerfrequenz muß dabei über der Resonanzfrequenz des Reihenkreises liegen, da andernfalls bei Resonanz oder unterhalb der Resonanz die Transistoren im Strombedarf überfordert werden können.

Am Hochpunkt H des Schwingkreises kann entsprechend der Kreisgüte eine sehr hohe Spannung (z.B. einige kV) gewonnen werden, wobei der Innenwiderstand allerdings hoch ist. Außerdem ist die Gewinnung einer höheren harmonischen Schwingung (z.B. 3. oder 5.) mit dem *LC*-Reihenkreis möglich.

Am Hochpunkt H kann ferner über einen Koppelkondensator C_K nach Bild 3.19 ein Transformator Tr angeschlossen werden, der nun mit Sinusspannung arbeitet und somit geringe Y-Funkstörungen produziert.

Die Mittenspannung am Punkt M ist rechteckförmig; der Strom durch die Transistoren dreieck- bis halbsinusförmig.

Vorteile

- ▷ Gewinnung einer Sinusspannung
- ▷ Hohe Kreisspannung möglich
- ▷ Regelung über Frequenz
- ▷ Transistorsperrspannung $U_{DS} \approx U_1$
- ▷ Schwingdrossel *L* als Trafo ausführbar
- ▷ Ausreichender Wirkungsgrad

Einsatz

- ▷ In Geräten mit geringer Funkstörung
- ▷ Generator für Gasentladungslampen
- ▷ Leistungen $\gtrless 100$ W

Nachteile

- ▷ Direkter Resonanzbetrieb nur bedingt möglich
- ▷ Hoher Innenwiderstand der Ausgangsspannung
- ▷ Blindleistungsverluste
- ▷ Frequenzsteuerung

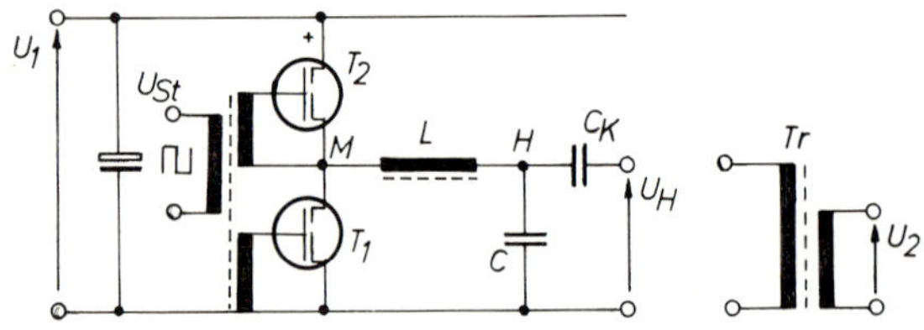

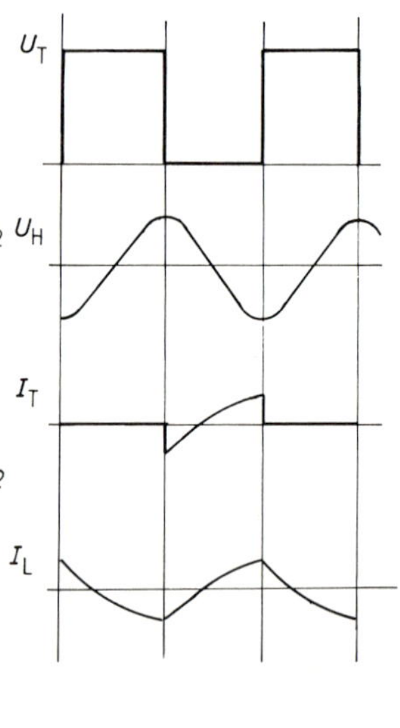

Bild 3.19
Brückenschaltung mit *LC*-Reihenkreis ohne bzw. mit Sinustransformator Tr

3.3.6 Selbstschwingender Halbbrückenwandler mit Stromrückkopplung

Der in Bild 3.20 gezeigte selbstschwingende Halbbrückenwandler ist häufig bei preisgünstigen Lösungen für SNT zu finden.

So ist z.B. keine Netz- und Lastausregelung gegeben. Mit dieser Prinziplösung können Niedervolt-Halogen- oder Leuchtstofflampen betrieben, aber auch Geräte mit sekundärer Gleichrichtung erstellt werden. Die Stromrückkopplung mit getrenntem Rückkopplungstrafo Tr 1 erlaubt in vielen Fällen eine Absicherung gegen Überlastung.

Wird die Kapazität $C_3 + C_4$ mit Tr 2 (n_1) als Reihenkreis ausgelegt, dann können sinusähnliche hohe Spannungen gewonnen werden (z.B. 3 kV_{ss}).

Vorteile

- ▷ Geringer Bauelemente-Aufwand
- ▷ Strombegrenzung
- ▷ Trapezform für Betriebsspannung
- ▷ Niedrige bis hohe Ausgangsspannungen
- ▷ Guter Wirkungsgrad

Einsatz

- ▷ Gasentladungslampen
- ▷ Hochspannungsgewinnung
- ▷ Niedervolt-Halogen-Lampen
- ▷ Hilfsspannungserzeugung

Nachteile

- ▷ Ungeregelter Ausgang
- ▷ Funkstörung

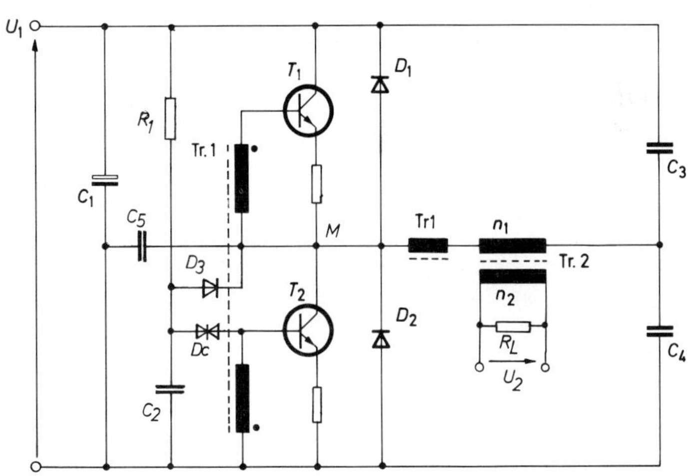

Bild 3.20
Selbstschwingender Halbbrückenwandler mit Stromrückkopplung

3.3.7 Weitbereich-Halbbrückenwandler

Durch Kombinieren eines Abwärtsreglers mit einer Brückenschaltung (T 2, T 3) wird es möglich, ohne Umschaltung einen weiten Netzspannungsbereich – z.B. 100 bis 270 V – zu erfassen (Bild 3.21). Der Halbbrückenwandler muß hierbei auf die unterste Netzspannung ausgelegt sein; der Abwärtswandler mit T 1 muß die Differenzspannung ausregeln. Die Ansteuerung der Brückentransistoren erfolgt entweder festfrequent über einen Steuergenerator oder selbstschwingend über Rückkopplung. Der Abwärtsregler bewirkt über eine geeignete Steuerspannung ($U_{St\,1}$) die Konstanthaltung der Brückenversorgungsspannung U_2; Dabei kann man mehrere indirekt stabilisierte Ausgangsspannungen mit relativ geringem Aufwand gewinnen, auch wenn die Halbbrücke selbstschwingend arbeitet.

Eine weitere Möglichkeit ist das langsame Hochführen von U_2 über $U_{St\,1}$ bei Hochleistungs-SNT.

Vorteile

▷ Mehrere indirekt geregelte Ausgangsspannungen
▷ Geringe Welligkeit
▷ $U_2 < U_1$
▷ Langsames Hochführen von U_2
▷ Geringe Beeinflussung
▷ Guter Wirkungsgrad

Einsatz

▷ Bei nicht umschaltbarem Netzspannungsbetrieb
▷ Mehrere indirekt geregelte Ausgangsspannungen mit mäßiger gegenseitiger Beeinflussung
▷ Langsames Hochführen von U_2

Nachteile

▷ Drei Transistoren
▷ Zwei induktive Bauelemente
▷ Absicherung bei T 1-Defekt
▷ Funkstörung

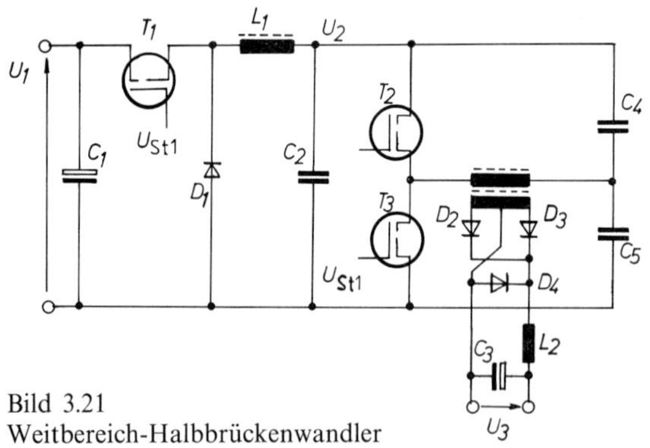

Bild 3.21
Weitbereich-Halbbrückenwandler

3.4 Steuerung und Regelung von Schaltnetzteilen

Die Steuerschaltung hat in Verbindung mit einem Regelverstärker den Schalttransistor so anzusteuern, daß die Ausgangsspannung unabhängig von Last- und Eingangsspannungsänderungen konstant bleibt.

Für die Steuerung wird entweder die Pulsdauermodulation oder Frequenzvariation angewendet. Über- und Unterspannungsabschaltung, Strombegrenzung des Schalttransistors etc. schützen das Schaltnetzteil vor Überlastung und ermöglichen hohe Zuverlässigkeit im Betrieb.

3.4.1 Steuer- und Regelschaltung auf der Primärseite

Durchflußwandler

Bei der gezeigten Anordnung (Bild 3.22) wird die Ausgangsspannung von der Drosselspannung mit Hilfe der Wicklung N_2 während der Impulspause abgeleitet. In dieser Phase liegt an der Drossel die Spannung

$$U_{Dr} = U_2 + U_{D2} \quad \text{und}$$

an der Regelschaltung die Meßspannung

$$U_M = U_2 + U_{D2} + U_{D3}.$$

Dieses Prinzip kann für alle Durchflußwandler wie Eintakt-, Gegentakt-, Halb- und Vollbrückenschaltungen verwendet werden.

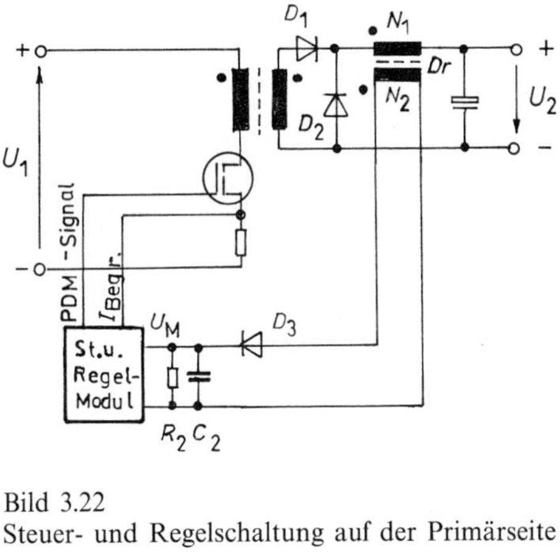

Bild 3.22
Steuer- und Regelschaltung auf der Primärseite: Durchflußwandler

Vorteile

▷ Schaltungsaufwand gering und
▷ „Vorsteuerung" des Tastverhältnisses in Abhängigkeit von der Eingangsspannung möglich.

Nachteile

▷ Hochgenaue Ausgangsspannungsregelung nicht möglich – besonders bei kleiner Ausgangsspannung – wegen der lastabhängigen Diodenflußspannung U_{D2};
▷ Dynamisches Verhalten relativ ungünstig; Totzeit in Höhe der Einschaltdauer des Schalttransistors; Entladezeitkonstante $\tau_2 = R_2 C_2$
▷ Einschalttastverhältnis des Schalttransistors begrenzt auf etwa 0,05 bis 0,95; Grundlast am Ausgang erforderlich.

Sperrwandler

Bei dem Prinzip nach Bild 3.23 wird mit Hilfe einer zusätzlichen Wicklung eine Meßspannung erzeugt, die etwa proportional der Ausgangsspannung ist. Die Meßspannung beträgt:

$$U_M = \frac{N_3}{N_2}(U_2 + U_{D1}) \cdot k - U_{D2}$$

mit dem Koppelfaktor k, der möglichst groß sein muß.

Die Vor- und Nachteile sind die gleichen wie beim Durchflußwandler.

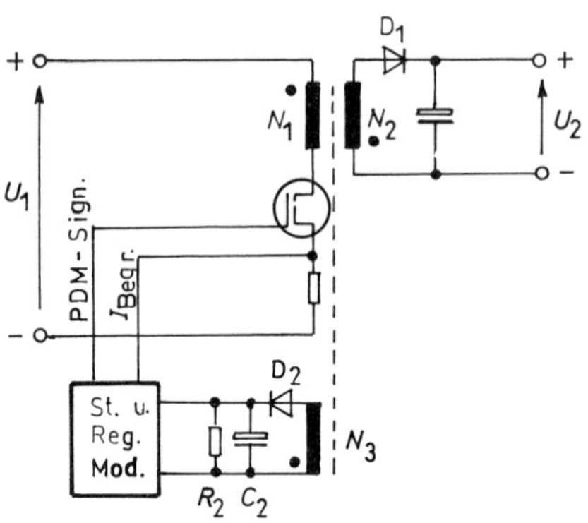

Bild 3.23
Steuer- und Regelschaltung auf der Primärseite: Sperrwandler

Übertragung der Ausgangsspannung mit einem Hilfswandler

Mit einem Hilfswandler wird die Ausgangsspannung mit möglichst hoher Frequenz, z.B. 1 MHz, übertragen und gleichgerichtet. Die am Siebkondensator stehende Spannung ist ein Abbild der Ausgangsspannung, wenn die Flußspan-

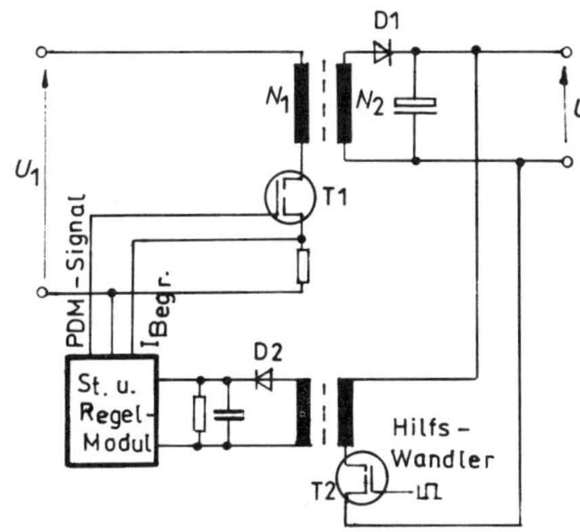

Bild 3.24
Steuer- und Regelschaltung auf der Primärseite: Übertragung der Ausgangsspannung mit Hilfswandler

nung der Diode D2 kompensiert wird, unabhängig vom Tastverhältnis des Schaltkondensators T1. Nachteilig ist der relativ hohe Schaltungsaufwand (Bild 3.24).

3.4.2 Steuer- und Regelschaltung auf der Sekundärseite

Mit der in Bild 3.25 gezeigten Schaltungsvariante können alle Wandlerarten gesteuert werden.

Vorteile

- ▷ Genaue Regelung der Ausgangsspannung,
- ▷ gutes dynamisches Verhalten,
- ▷ einfache Ausgangsstromregelung
- ▷ Steuer- und Regelschaltung galvanisch vom Netz getrennt.

Nachteile

- ▷ Hilfsstromversorgung mit 50-Hz-Trafo oder Hilfswandler bei Eingangsgleichspannung notwendig;
- ▷ Treibertrafo erforderlich und
- ▷ Vorsteuerung des Tastverhältnisses in Abhängigkeit von der Eingangsspannung nicht möglich.

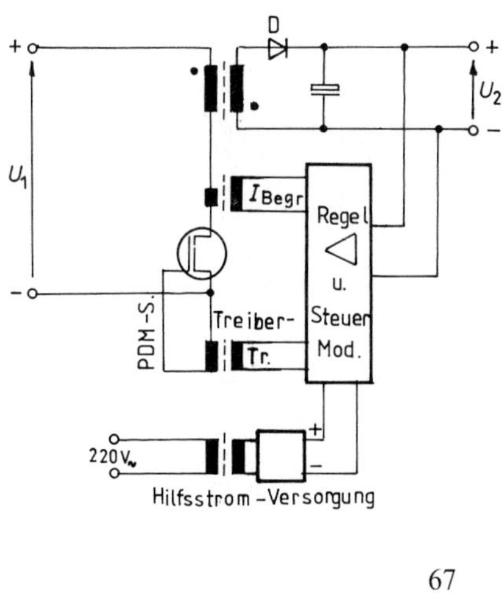

Bild 3.25
Steuer- und Regelschaltung auf der Sekundärseite für alle Wandlertypen

3.4.3 Aufgeteilte Steuer- und Regelschaltung mit Optokoppler

Bei der Schaltung nach Bild 3.26 überträgt die Regelabweichung ein Optokoppler, er bewirkt auch die Netztrennung.

Dieses Prinzip wird vor allem bei Eintakt- und Gegentaktwandlern bevorzugt, besonders seit Optokoppler mit sehr großer Halbwertszeit (200000 h) preisgünstig verfügbar sind.

Der Regelverstärker wird von der Ausgangsspannung versorgt und benötigt keine eigene Stromversorgung.

Vorteile

▷ Genaue Regelung der Ausgangsspannung,
▷ einfache Ausgangsstromregelung,
▷ gutes dynamisches Verhalten und
▷ relativ geringer Schaltungsaufwand.
▷ Einfache Netztrennung.

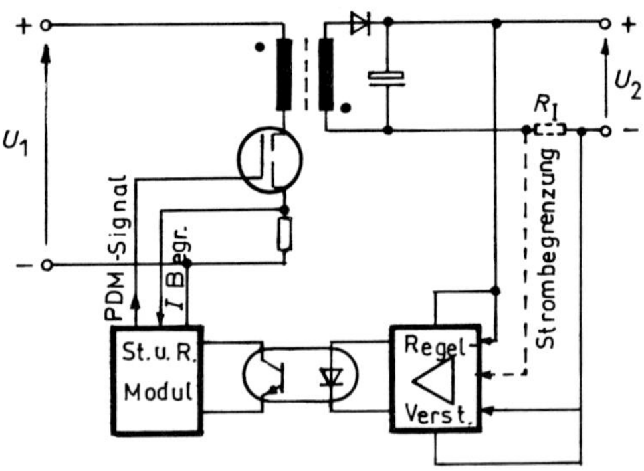

Bild 3.26
Aufgeteilte Steuer- und Regelschaltung: Übertragung der Regelabweichung mit Optokoppler

4 Bauelemente und Dimensionierung für getaktete Stromversorgungen

Entsprechend der Reihenfolge, dem Aufbau bzw. dem Funktionsfluß eines Schaltnetzteils (Bild 1.1) sind nachstehend wichtige Bauelemente aufgeführt, außerdem werden Dimensionierungshinweise gegeben. Dem Kapitel Transformatoren und Drosseln ist aufgrund der Komplexität des Themas besondere Aufmerksamkeit gewidmet.

An dieser Stelle sei besonders darauf hingewiesen, daß es für die beschriebenen Bauelemente Datenbücher bzw. technische Unterlagen [1] gibt, die weitergehende wichtige Informationen vermitteln.

4.1 Netz-Überspannungsschutz

Elektronische Geräte, darunter getaktete Stromversorgungen wie Schaltnetzteile und Motorsteuerungen sind i. allg. gegen Überspannungen aus dem Netz zu schützen.

Überspannungen können entstehen durch:

- ▷ Schalten von Induktivitäten (Motoren, Transformatoren, Drosseln)
- ▷ Kurzschlüsse, Schaltvorgänge
- ▷ starke elektromagnetische Felder
- ▷ induktive oder kapazitive Beeinflussung durch Überschläge
- ▷ Blitzeinschlag (bis zu 20 km im Umkreis kann noch Schaden entstehen).

In 220-V-Netzen ist mit Amplituden von einigen Volt bis zu mehreren Kilovolt mit einer Dauer von 0,1 bis 100 µs zu rechnen (Tab. 4.1).

4.1.1 Schutz vor kleineren Überspannungen

Zum Abfangen kleinerer Überspannungsspitzen ($\hat{U} < 250$ V) reicht häufig eine verhältnismäßig kleine Drossel aus, die dem Brückengleichrichter vorgeschaltet wird. In manchen Fällen kann diese Funktion die vorhandene Funkentstördrossel mit übernehmen.

[1] Siehe Literaturverzeichnis S. 454.

Tabelle 4.1
Der normalen Netzspannung überlagerte Überspannungsspitzen je Tag

Höhe der Überspannung (Spannungsspitze)	Dauer der Überspannung in µs	Hausanschluß an Erdkabel	Hausanschluß an Freileitung	Industrienetz
50 bis 100 V	0,1	240	–	4470
	1	174	–	3280
	10	65	–	2630
	100	0,5	–	1,0
100 bis 200 V	0,1	13	–	1960
	1	13	–	1890
	10	2,4	–	1290
	100	0,19	–	0,26
200 bis 400 V	0,1	0,38	394	509
	1	0,35	394	506
	10	0,10	94	5,6
	100	–	1,1	–
400 bis 600 V	0,1	0,02	15,2	2,0
	1	0,02	15,2	2,0
	10	–	2,5	–
	100	–	0,01	–
>600 V	0,1	–	0,06	–
	1	–	0,06	–
	10	–	0	–

Für die Bemessung der Vorschaltdrossel gilt:

$$L \approx \frac{\hat{U} \cdot \Delta t}{10 \cdot I_0}.$$

L Induktivität der Vorschaltdrossel in µH
U Spitzenwert des Überspannungsimpulses in V
Δt Zeitdauer des Impulses in µs
I_0 nach dem Gleichrichter fließender Gleichstrom in A.

Der Lade-Elko fängt kurzzeitige Stoßströme ab, welche noch nach der Begrenzerdrossel verbleiben, ohne daß eine unzulässige Spannungserhöhung am Elko entsteht.

In Geräten, welche höheren Stoßbelastungen ausgesetzt sind oder bei denen nur ein kleiner Ladekondensator vorhanden ist, muß nach der Drossel ein Varistor oder eine Begrenzerdiode eingesetzt werden.

4.1.2 Überspannungsschutz mit Metalloxid-Varistor

Metalloxid-Varistoren (SIOV) sind spannungsabhängige Widerstände mit symmetrischer Strom-Spannungs-Kennlinie (Bild 4.1). Ihre hohe Stoßstrombelastbarkeit wird durch das gleichmäßige Ausnutzen der gesamten Metalloxid-Keramik zur Energieabsorption ermöglicht. Ihr Widerstand ($> 1\ \text{M}\Omega$) bricht im Überspannungsfall in weniger als 25 ns zusammen, im Extremfall auf Werte unter 1 Ω.

Der fast universelle Einsatzbereich der SIOV findet seine Einschränkung nur in der HF-Anwendung, weil sich dort die relativ hohe Kapazität von Metalloxid-Varistoren störend auswirken kann.

Siemens bietet ein umfassendes Typenprogramm in Varistoren, auch in SMD-Technik (SIOV-CU) an.

Das nachstehende Beispiel behandelt den Überspannungsschutz mit einem Varistor. Für besonders hohe Ansprüche kann der Überspannungsschutz durch Anordnen eines zweiten Varistors (Bild 4.2) verbessert werden.

Bei der Auswahl geht man in drei Schritten vor:

- ▷ Feststellen des Varistortyps für die vorgesehene Betriebsspannung (Datenbuch).
- ▷ Berücksichtigen von Stoßstrom, Energieabsorption und Dauerbelastung;
- ▷ Ermitteln der höchstmöglichen Spannung im Überspannungsfall und Vergleichen mit der Spannungsfestigkeit der zu schützenden Bauelemente.

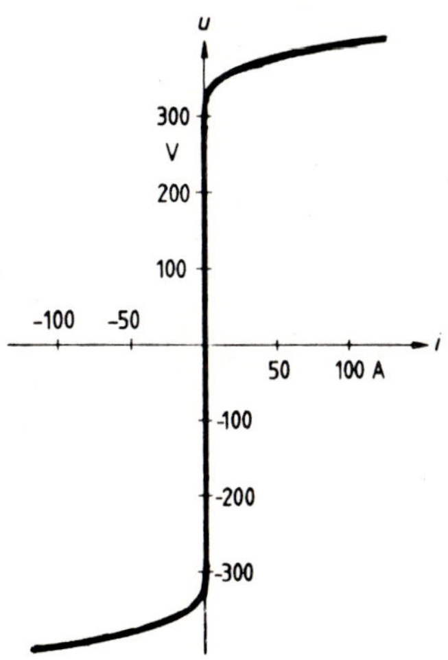

Bild 4.1 SIOV-Kennlinie

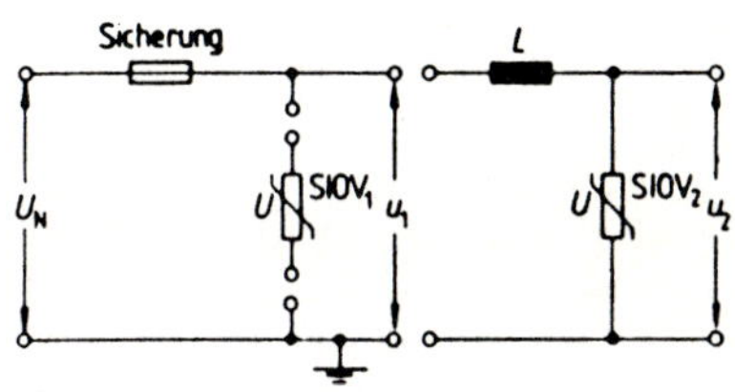

$U_N = 220\ \text{V}$ $\quad I = 1\ \text{mH}$
$\hat{U}_S = 20\ \text{kV}$ $\quad t_r = 40\ \mu\text{s}$
$Z_w = 25\ \Omega$

Bild 4.2
Überspannungsschutz mit einem bzw. zwei Varistoren (Staffelschutz)

Sind sehr große Stoßströme oder länger dauernde Überspannungen zu erwarten, so muß immer eine Sicherung vorgesehen werden, weil der Varistor nur kurz dauernde Stoßleistungen aufnehmen kann.

Die Amplitude der zur Stoßspannungswelle gehörigen Stromwelle errechnet sich über den Wellenwiderstand Z_W

$$i = \frac{\hat{U}_S}{Z_W} = \frac{20\ \text{kV}}{25\ \Omega} = 800\ \text{A}.$$

Für die Stromwelle soll eine solche Form und Dauer angenommen werden, daß sich nach Umformung in eine äquivalente Rechteckwelle eine Stromflußzeit t_r von 40 µs ergibt.

Überspannungswellen in der Größenordnung von 20 kV treten so selten auf, daß für den Varistor weniger als 100 Belastungen während der gesamten Lebensdauer angenommen werden können.

Da es sich um Belastungen im Zeitbereich von Mikrosekunden handelt, soll für eine Vorauswahl mit den höchstzulässigen Stoßstromwerten des Varistors verglichen werden, wobei zu beachten ist, daß den Tabellenwerten eine Stromflußzeit von nur 20 µs zugrunde liegt.

Hiernach könnte z.B. der Varistor S20K250 mit einem höchstzulässigen Stoßstrom von 1000 A für 100 Belastungen geeignet sein (aus Datenbuch).

4.2 Funkentstörung

Der Entwickler von getakteten Netzteilen ist gezwungen, sich an nationale und internationale Funk-Entstör-Vorschriften zu halten, muß aber aus wirtschaftlichen Gründen den Entstöraufwand so gering wie möglich halten.[1)]

Schaltznetzteile müssen im allgemeinen bezüglich der Funk-Entstörung der VDE-Bestimmung 0871 und den FCC-Verordnungen genügen.

In der VDE-Bestimmung 0871 sind drei Grenzwertklassen A, B und C genannt. Für Schaltnetzteile kommt nur die Grenzwertklasse B in Betracht, da unter dieser Klasse das Fernmeldetechnische Zentralamt in Darmstadt (FTZ) eine „Allgemeine Genehmigung“ erteilt, so daß eine „Einzelgenehmigung“ nicht notwendig ist.

Für hochfrequente Stör-Schwingungen ist der Netz-Innenwiderstand groß.

Es kommt zur Ausbreitung der Störungen über die Netzleiter.

[1)] Siehe auch Datenunterlagen über Funkentstörbauelemente (Literaturverzeichnis).

Werden zur Gleichrichtung der Netzspannung Siliziumgleichrichter verwendet, so erzeugen diese wegen des „Träger-Speicher-Effektes“ breitbandige Funkstörungen. Die vom Netzgleichrichter verursachten „breitbandigen“ Funkstörungen sind im Vergleich zu den Störungen des Schalttransistors vernachlässigbar.

Gleiches Verhalten zeigen die Ausgangs-, Freilauf-, Entmagnetisierungs- und Transistor-Schutz-Dioden. Hierbei ist der Träger-Speicher-Effekt schärfer ausgeprägt. Es empfehlen sich Dioden, bei denen die Rückstromspitzen sanft (soft-recovery) verlaufen.

Elektrolytkondensatoren sind wie auch andere Kondensatoren keine „idealen“ Bauelemente. Wird aus dem Elektrolytkondensator vom Wandler Strom entnommen, so entsteht an ihm ein Spannungsabfall. Da bei den Wandlerfrequenzen (< 100 kHz) meist der ohmsche Widerstand des Elektrolyten überwiegt, ist der Spannungsabfall daran ein Abbild des Wandler-Stromverlaufs (dreieck- bzw. rechteckförmig) mit gleichem Amplitudenverlauf.

4.2.1 Elektromagnetische Verträglichkeit

Wenn Störsignale Nutzsignale in störender Weise beeinflussen, spricht man von Funkstörung.

Der Begriff Elektromagnetische Verträglichkeit (EMV) entspricht im wesentlichen dem geläufigen Begriff „Funkstörung“ und umfaßt die elektromagnetische Aussendung (EMA) und die elektromagnetische Beeinflußbarkeit (EMB), Bild 4.3.

Die von einer Störquelle ausgehenden elektromagnetischen Energien können *leitungs-* oder *strahlungsgebunden* sein.

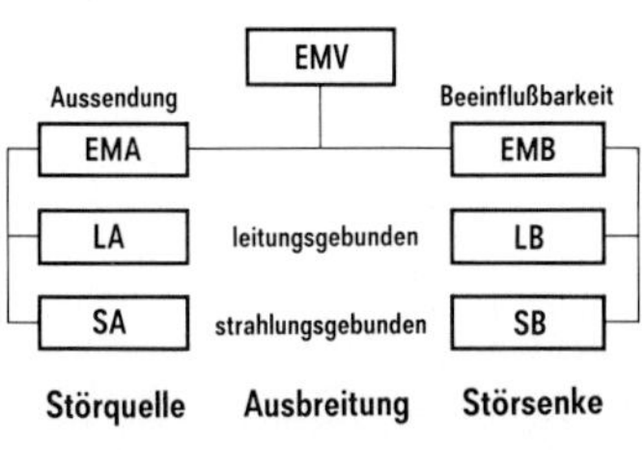

EMV Elektromagnetische Verträglichkeit
EMA Elektromagnetische Aussendung
EMB Elektromagnetische Beeinflußbarkeit
LA Leitungsgebundene Aussendung
LB Leitungsgebundene Beeinflußbarkeit
SA Strahlungsgebundene Aussendung
SB Strahlungsgebundene Beeinflußbarkeit

Bild 4.3 EMV-Begriffe

Um leitungsgebundene elektromagnetische Störungen auf festgelegte Pegelwerte zu begrenzen, werden Entstörfilter eingesetzt. Diese kann man bevorzugt der Störquelle aber auch dem Störempfänger (Störsenke) zuordnen.

Bei den Störquellen können zwei Hauptgruppen unterschieden werden:

1. Störquellen mit diskreten Frequenzen (z.B. Hochfrequenzgeneratoren) – geben die Störenergien auf schmalen Frequenzbändern ab

2. Schaltgeräte, Elektromotoren, Gasentladungslampen u. a. – verteilen ihre Störenergien auf breite Frequenzbänder.

Elektrische Geräte, die Störungen ausgesetzt und von diesen beeinflußbar sind, werden als *Störsenken* bezeichnet.

4.2.2 Leitungsgebundene Störungen

Leitungsgebundene Störungen können sogenannte *X-Störungen* oder *Y-Störungen* sein; sie können getrennt oder gemischt auftreten.

X-Störungen

X-Störspannungen U_{St} sind Querstörspannungen, weil sie quer zu den beiden Stromversorgungsleitungen gemessen werden; sie gelangen z.B. von einem Elko in einem SNT über den Gleichrichter in das Netz bzw. bei der Messung an die Netznachbildung (NNB). Die Störströme fließen in den beiden Leitern im Gegentakt. Die X-Störung wird daher auch als Gegentaktstörung bezeichnet (Bild 4.4).

Y-Störungen (Y-Störstrom)

Y-Störströme fließen längs beider Netzzuleitungen als Gleichtaktströme vom Störgenerator einmal gegen Masse oder über die Gerätekapazität gegen den Raum oder gegen eine Schirmung zur Masse und zum andern über die beiden Netzleiter – als ein Leiter wirksam – gegen das Netz, wo sie an einer Netznachbildung als Störspannung gemessen werden (Bilder 4.5a bis d).

Eine Netznachbildung ist erforderlich, um definierte Verhältnisse für vergleichbare Messungen zu erhalten.

Die heute gültigen Grenzwertklassen A und B sind im Bild 4.6 wiedergegeben.

X/Y-Störungen (Mischstörungen)

In den meisten Störspannung erzeugenden Geräten entstehen sowohl X- als auch Y-Störungen, welche sich über die Netzzuleitungen bzw. gegen den Raum ausbreiten, oder über eine Ableitkapazität gegen Erde geführt werden.

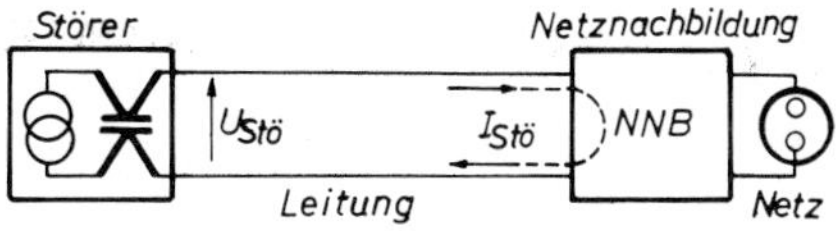

Bild 4.4
X-Störung mit Gegentaktströmen

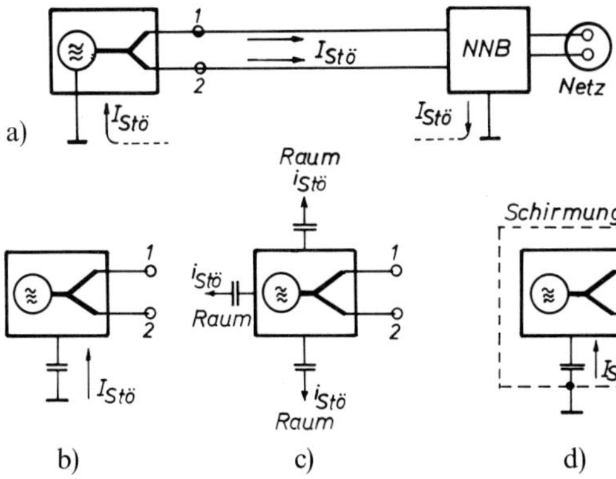

Bild 4.5
Y-Störströme

a) Y-Störstrom entlang beider Leiter (Gleichtaktströme)
b) Y-Störstrom über eine Ableit-Kapazität gegen Masse
c) Y-Störstrom über die Raumkapazitäten gegen den Raum (Masse, Erde)
d) Y-Störstrom über eine Kapazität gegen einen geerdeten Schirm

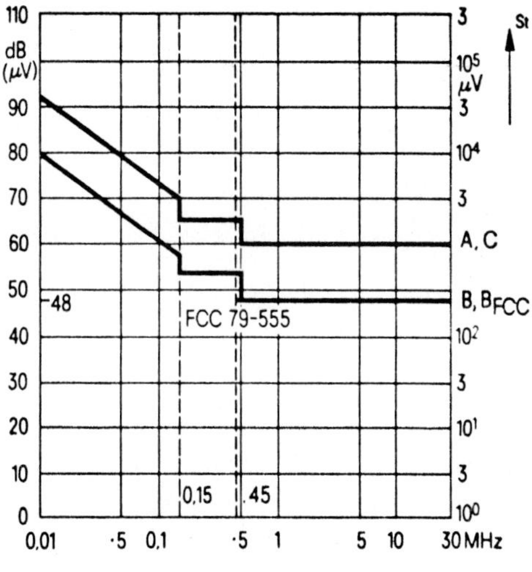

Bild 4.6
Grenzwertklassen A, B, C für Funkstörspannungen U_{St} und VDE 0871 bzw. FCC

Netznachbildung

Für Energieversorgungsnetze hat sich die Netznachbildung nach CISPR-Publ. 3 durchgesetzt, da sie den Betrag des Scheinwiderstands von Starkstromnetzen gut simuliert.

Freileitungsnetze haben höhere Scheinwiderstände als verkabelte Netze. Der Scheinwiderstandsverlauf entspricht im tiefen Frequenzbereich etwa dem einer Induktivität von 50µH und im hohen Frequenzbereich einem Widerstand von 50 Ω.

Bild 4.7 gibt die Schaltung der Netznachbildung für einen Stromzweig und den Frequenzbereich von 10 kHz bis 30 MHz wieder. Die Induktivität von 250 µH

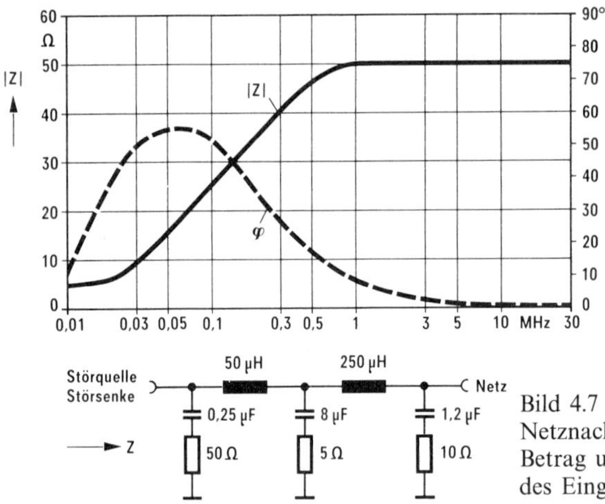

Bild 4.7
Netznachbildung nach CISPR.
Betrag und Phase
des Eingangswiderstands

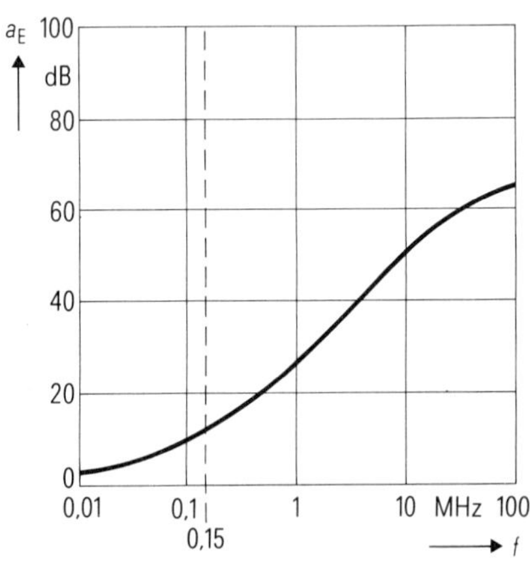

Bild 4.8
Leitungsdämpfung eines Netzkabels zwischen benachbarten Räumen in Abhängigkeit von der Frequenz 0 dB≙1 µV.

und das R-C-Glied 1,2 μF + 10 Ω dienen zur hochfrequenten Entkopplung des versorgenden Netzes. Zur Messung der Störströme und Störspannungen sind selektive Voltmeter, Spektrumanalysatoren und Transientenrekorder geeignet.

Mit steigender Frequenz ist die HF-Ausbreitung über die Anschlußleitungen nicht mehr relevant, weil das Kabel selbst wie ein Filter mit verteilter Induktivität und verteilter Kapazität wirkt und so dämpft. Bild 4.8 zeigt die beachtliche Leitungsdämpfung eines Netzkabels zwischen benachbarten Räumen.

Andererseits kann ein Teil des Kabels als Antenne die HF-Energie abstrahlen. Deswegen müssen die Filter auch in diesem Frequenzbereich wirksam sein.

4.2.3 Strahlungsgebundene Störungen

Störströme erzeugen besonders in Leiterschleifen und Spulen magnetische Störfelder $H_{Stö}$. Plötzliche Spannungsänderungen gegenüber dem Erdpotential sind die Ursache für elektrische Störfelder $E_{Stö}$. Der Einfluß von magnetischen und elektrischen Störfeldern auf die nächste Umgebung wird auch als induktive bzw. kapazitive Kopplung bezeichnet.

In genügend großer Entfernung von der Störquelle sind das magnetische und das elektrische Störfeld über den Wellenwiderstand des freien Raumes miteinander verknüpft. Man spricht dann vom elektromagnetischen Störfeld oder von der Störstrahlung $P_{Stö}$.

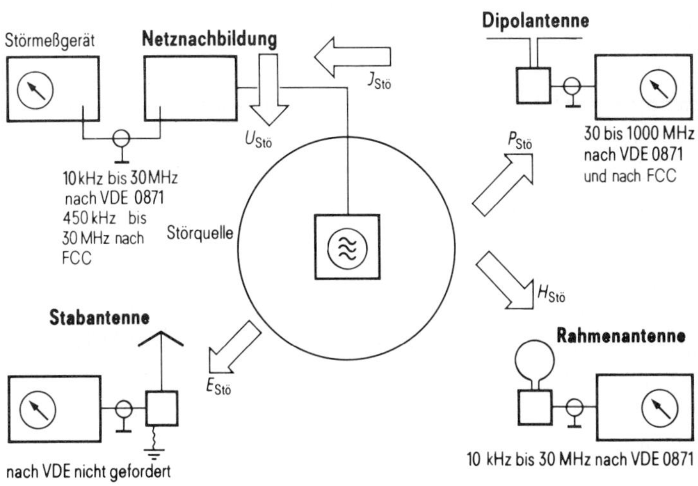

$H_{Stö}$ magnetische Störfelder
$E_{Stö}$ elektrische Störfelder
$P_{Stö}$ elektromagnetische Störfelder (Störstrahlung)

Bild 4.9 Ausbreitung elektromagnetischer Störungen

Für die Messung der magnetischen, elektrischen und elektromagnetischen Störfelder sind nur selektive Verfahren geeignet. Der wirkliche Beeinflussungsfall wird dadurch gut nachgebildet. Bild 4.9 zeigt die prinzipielle Ausbreitung elektromagnetischer Störungen.

Magnetische Störfelder

Zur Verringerung müssen magnetische Störfelder durch Schirmungsmaßnahmen in sich geschlossen werden.

Wichtig ist, daß in den Schirmungshüllen Wirbelströme fließen können, welche mit ihrem Gegenfeld das störende Feld vermindern. Die Schirmungsteile müssen deshalb großflächig und elektrisch gut leitend miteinander kontaktiert sein.

Eine große Leitfähigkeit des Schirmmaterials ergibt gute Schirmwirkung und ist hinsichtlich der Wirbelstromverluste günstig, während hohe Permeabilität des Schirmmaterials für die magnetische Schirmwirkung vorteilhaft ist, aber zu größeren Verlusten führt.

Bei sehr kompakter Bauweise des Gerätes kann es zur Verringerung der Wirbelstromverluste notwendig werden, zwei Schirmhüllen vorzusehen, eine innere Abschirmung mit Hilfe einer Kupferfolie und eine äußere durch ferromagnetisches Material.

Die beste Lösung ist immer, hohe magnetische Störfelder erst gar nicht entstehen zu lassen. Man muß sich beim Entwurf des Schaltungsaufbaus bereits fragen, von welchen elektrischen Stromkreisen hohe magnetische Störfelder ausgehen können.

Als Beispiel seien die primären und sekundären Stromkreise in einem SNT genannt.

Das magnetische Feld ist nicht nur vom Störstrom, sondern auch von der Fläche der Leiterschleifen abhängig. Je kleiner die umschlossenen Flächen sind, um so geringer ist das magnetische Feld.

Bild 4.10 gibt den Zusammenhang der magnetischen Feldstärke in Abhängigkeit vom Leiterabstand und vom Abstand zum Leiterpaar wieder, wobei vorausgesetzt wird, daß der Störstrom in beiden Leitern gleich groß und entgegengesetzt gerichtet ist.

Die Zahlenwerte der magnetischen Feldstärke geben nicht den Absolutwert an, sondern sind auf eine verdrillte Leitung bezogen. So ist beispielsweise die magnetische Feldstärke eines Leiterpaares mit 1 mm Leiterabstand 50mal größer als die einer verdrillten Leitung.

Weiterhin ist aus Diagramm Bild 4.10 zu ersehen, daß das magnetische Feld mit dem Quadrat des Abstands d zum Leiterpaar $L_1 - L_2$ abnimmt. Der Leiterabstand a geht proportional ein.

Durch das Verdrillen oder auch die Vergrößerung des Abstandes zwischen den unentstörten und entstörten Leitungspaaren kann ggf. mehr erreicht werden als durch aufwendige Schirmung.

Gleiches gilt auch für die Bauelementeanordnung auf Leiterplatten. Besonders beim Anschluß großvolumiger Bauelemente, wie Elektrolytkondensatoren (besonders axiale) oder Übertrager und Speicherdrosseln großer Leistung, werden Leiterschleifen gebildet.

Hohe magnetische Störfelder gehen meist von Spulen und Transformatoren aus.

Für geringe Störstrahlung haben sich schalenförmige Kerne mit innenliegendem Luftspalt bewährt. U- oder E-Kerne mit einem Luftspalt über alle Schenkel stellen bezüglich der magnetischen Störfelder eine ungünstige Lösung dar.

Um das Streufeld der Wicklungen klein zu halten, sind große Wicklungshöhen zu vermeiden.

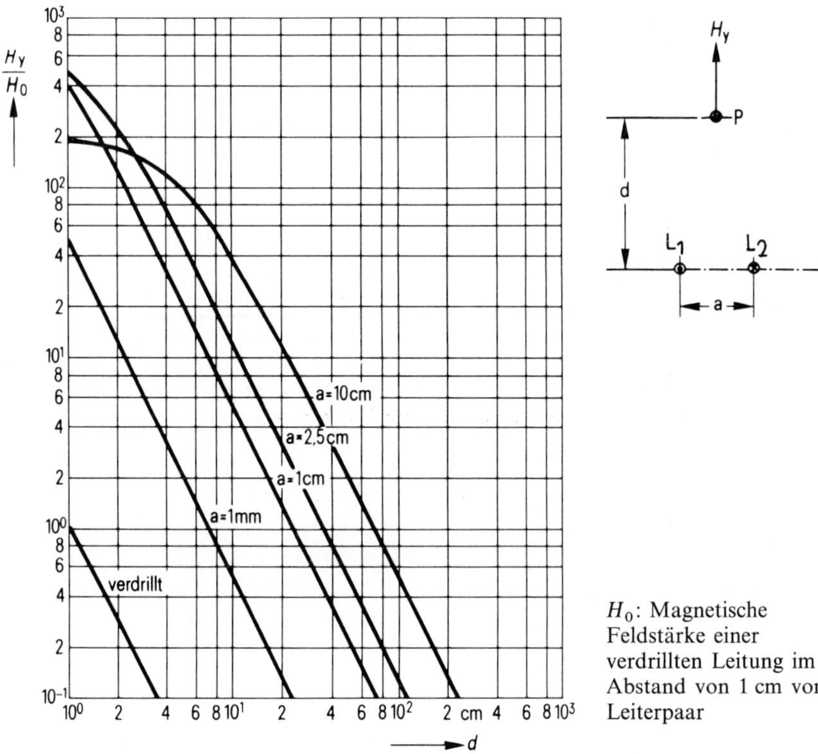

H_0: Magnetische Feldstärke einer verdrillten Leitung im Abstand von 1 cm vom Leiterpaar

Bild 4.10
Magnetische Feldstärke H_Y im Punkt P (normiert) in Abhängigkeit vom Leiterabstand a und vom Abstand d zum Leiterpaar.

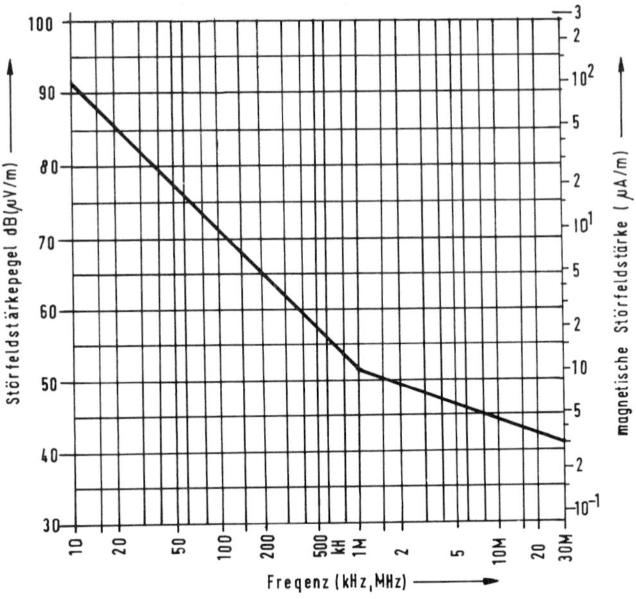

Bild 4.11
Funk-Störfeldstärke als Funktion der Frequenz (Meßabstand 3 m).

Als Grenzwerte für die Funkstörfeldstärke, verursacht durch diskrete Frequenzen bzw. Folgefrequenzen von 10 kHz bis 30 MHz, gelten nach VDE die als magnetische Feldstärke im Abstand von 3 m gemessenen Werte (Bild 4.11).

4.2.4 Elektrisches Störfeld im Transformator

Über die Kapazität zwischen den Wicklungen des Transformators Bild 4.12.a gelangen hochfrequente Störströme in die Netz- bzw. Verbraucher-Leitungen.

In Bild 4.12b ist die primäre und sekundäre Wicklung je als Rechteckgenerator eingezeichnet. Beide Generatoren sind über die Wicklungskapazität C miteinander verbunden und magnetisch verkoppelt. Die Kondensatoren C_1 und C_2 bewirken zwar einen Teilkurzschluß der primären und sekundären Störspannung, aber die Generatoren erzeugen auch eine gegen Masse und somit gegen Erde gerichtete Störspannung. Die Generatoren wirken über die Wicklungskapazität C additiv gegen das Netz und gegen die Last. Dadurch entsteht im Prinzip ein unsymmetrischer, frequenzabhängiger, offener Dipol (Bild 4.12c). Um die davon ausgehende „Antennenwirkung" zu mindern, kann man Primär- und Sekundärseite erden bzw. nullen, wenn dies zulässig ist. Damit wird der Störgenerator kurzgeschlossen.

Ist eine primäre und sekundäre Erdung nicht möglich, so erreicht man durch getrennte Schirmungen der Primär- und Sekundärwicklungen des Transformators eine bedeutende Verkleinerung der Störwirkung (Bild 4.12d).

Im wesentlichen schafft jede angeschlossene Schirmung für sich einen HF-Kurzschluß, so daß – auf die kapazitive Kopplung bezogen – die Schirmungen gegeneinander nur ein stark verringertes Störpotential aufweisen. Wird das „heiße“ Wicklungsende jeweils innen am Schirm angeordnet und das „kalte“ Ende vom Schirm entfernt, dann wird die Wirkung dieser Entstörung nochmals verbessert.

In den Schirmungen selbst wird nur die Spannung einer Windung induziert. Durch phasenrichtigen Anschluß des jeweiligen Schirmes oder durch Brücken-

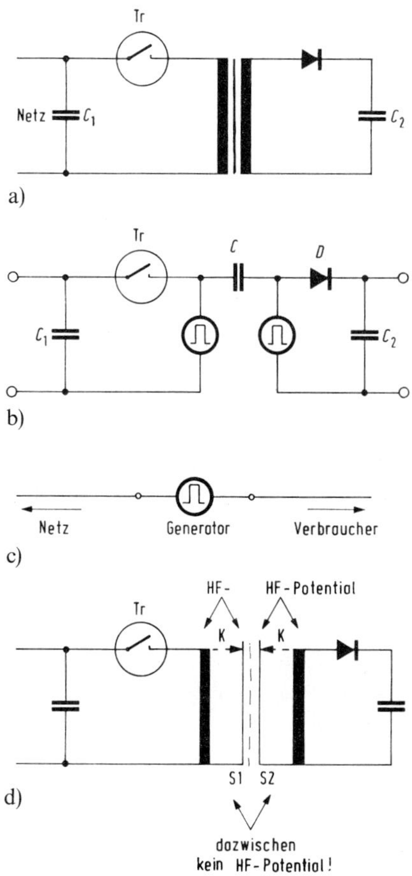

Bild 4.12a bis d
Entstehung von Störungen und deren Reduzierung durch getrennte Schirmungen der Primär- und Sekundärwicklungen des Transformators

bildung lassen sich die Störspannungen weitergehend reduzieren. Die Abschirmung wird mittels sehr dünner Kupferfolie oder Leitvlies vorgenommen, um die Wirbelstromverluste so gering wie möglich zu halten.

Bei großen Transformatoren ist auch der Kern mit der Schirmung der Primärwicklung zu verbinden, wenn diese zuunterst aufgebracht ist.

Nachteilig ist, daß in Schirmfolien bei höheren Betriebsfrequenzen Wirbelstromverluste auftreten. Außerdem erhöht sich die Streuinduktivität.

4.2.5 Filter

Entstörfilter sind Tiefpaß-Filter und erreichen ihre höchste Sperrdämpfung, wenn sie an die Impedanz der Störquelle oder Störsenke bzw. Leitung fehlangepaßt sind. Das einfachste „Tiefpaß-Filter" ist bei hohen Impedanzen der Entstör-Kondensator und bei niedrigen Impedanzen die Entstördrossel.

Der Scheinwiderstand von Kondensatoren nimmt bekanntlich mit wachsender Frequenz ab, der einer Drossel zu.

Die Anschlußleitungen von Kondensatoren verschlechtern durch ihre Induktivität, die in Reihe mit der Kapazität liegt, die Entstör- oder Filtereigenschaften bei hohen Frequenzen. Als Richtwert gilt: 1 mm Draht $\approx$ 1 nH. Das Eigenresonanzverhalten zeigt Bild 4.23 für stirnkontaktierte Kondensatoren. Höchste Anforderungen über breite Frequenzbereiche machen extrem induktivitätsarme koaxiale Durchführungs-Kondensatoren notwendig.

Bei kleinen Sekundärspannungen kann man mit nur einem primärseitigen Schirm den Störstrom *Y* beachtlich verringern. Der Schirm wird hierbei entweder an Plus- oder Minusbezug angeschlossen.

Bei einer einlagigen (Niedervolt-) Sekundärwicklung (3 – 4) nach Bild 4.13, kann man eine zweite gleichartige Sekundärwicklung (5 – 6) unterhalb der aktiven (3 – 4) anordnen, wobei das kalte Ende der Primärwicklung (1) mit dem kalten Ende der leerlaufenden Sekundärwicklung (5 – 6) verbunden und an Plus-Bezug angeschlossen wird. Mit dieser Maßnahme sind nahezu gleiche Entstörwirkungen erzielbar wie mit einer Schirmfolie, wobei ein Kondensator zwischen Primär-Bezug und Sekundärseite entfallen kann.

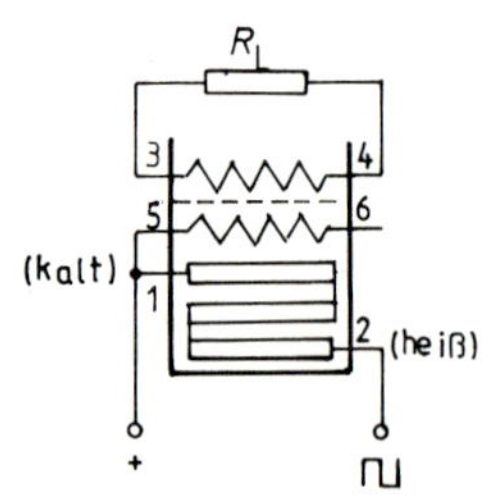

Bild 4.13
Transformator mit sekundärer Entstörwicklung

Bei einer Drossel ist es die parallel liegende Eigenkapazität, die die Filtereigenschaft bei hohen Frequenzen verschlechtert.

Durch Unterteilung der Wicklungen in Kammern oder durch einlagige Wicklungen versucht man, die Eigenkapazität C_E möglichst klein zu halten.

Die Parallelkapazität einer Drossel kann auch durch eine Kreuzwicklung bzw. durch ein Mitwickeln eines Fadens oder durch eine Seide-Umspinnung des Drahtes verringert werden.

Das Bild 4.14 zeigt die positiven Auswirkungen der Kammerunterteilung bei Entstördrosseln.

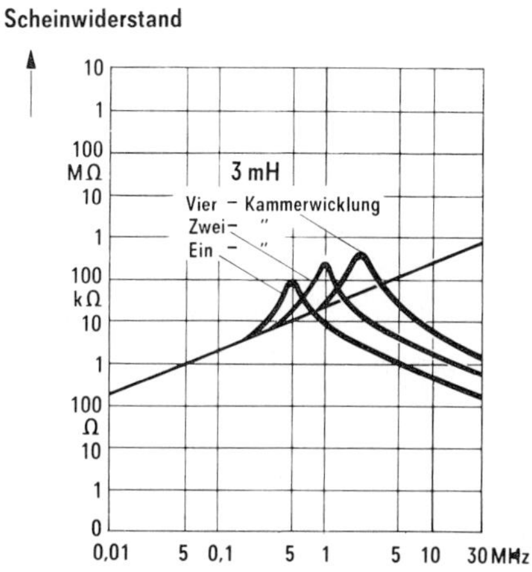

Bild 4.14
Scheinwiderstandsverlauf einer Drossel – Einfluß der Wicklungsunterteilung

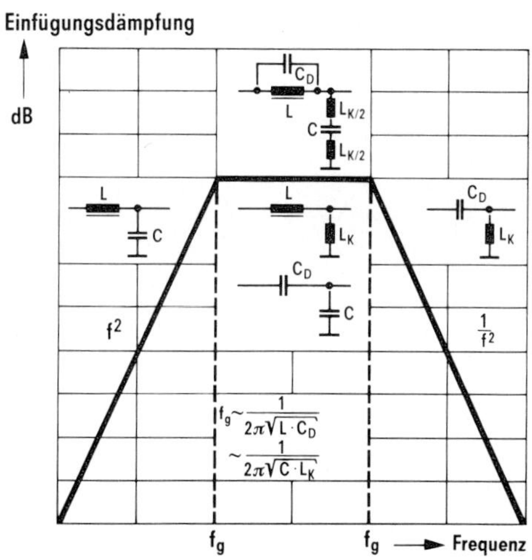

Bild 4.15
Schematischer Dämpfungsverlauf einer Bandsperre in Abhängigkeit von der Frequenz

Die Auswirkungen der Serieninduktivität L_K bei Kondensatoren und der Parallelkapazität C_D bei Drosseln auf die Filterwirkung eines *L-C*-Gliedes veranschaulicht Bild 4.15.

Bei tiefen Frequenzen steigt die Dämpfung des *L-C*-Gliedes mit f^2 an.

4.2.6 Entstördrosseln

X-Entstördrosseln

X-Funkentstördrosseln können zum Erhöhen der Induktivität mit Kernen aus Dynamoblech oder Ferriten aufgebaut werden.

Die durch den Betriebsstrom verursachte magnetische Induktion liegt bei luftspaltlosen Kernen schon bei kleinen Stromstärken im Gebiet der Sättigungsinduktion, so daß die Induktivität stark abnimmt. Durch Luftspalte oder die Verwendung von Kernen mit voneinander isolierten Eisenpartikeln (Karbonyleisen) läßt sich diese Stromabhängigkeit verringern.

Bei einer Stabkerndrossel ist die Abnahme der Induktivität sehr gering; nachteilig ist, daß Stabkerndrosseln bei großen Betriebsströmen voluminös sind. Um große Volumina zu vermeiden, gibt es nur die Möglichkeit, *X*-Drosseln mit E- oder M-Kernen mit Luftspalt vorzusehen.

Für die *X*-Funkentstörung sind im Bild 4.16 (a bis d) einige Schaltungsvarianten gezeigt.

Eine Drossel in nur einer Leitung eines Zweileitersystemes als Längsglied reduziert nur *X*-Störungen (Bild 4.16a). Eine Drossel mit Kondensator an Anzapfung kompensiert ebenfalls *X*-Störungen.

Wird in beiden Leitern je eine Drossel nach Bild 4.16b angeordnet, dann werden sowohl *X*- als auch *Y*-Störungen (Mischstörungen) reduziert.

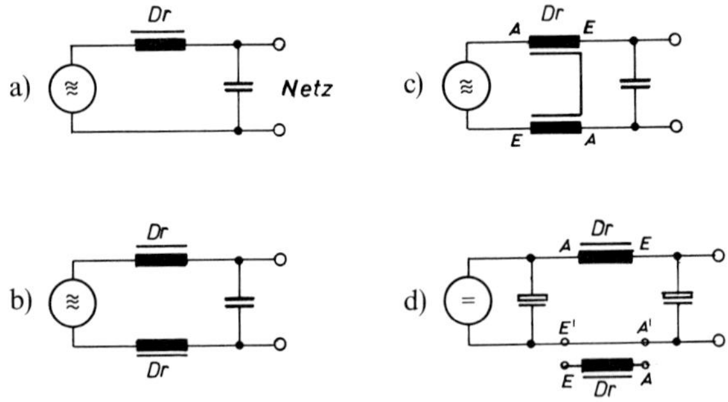

Bild 4.16 a bis d
Drosselanordnungen zur *X*- bzw. *X*- und *Y*-Entstörung

Setzt man hingegen eine nichtkompensierte Zweileiterdrossel nach Bild 4.16c mit gemeinsamem Kern und Luftspalt ein, so werden theoretisch nur X-Störungen gesenkt. Nur die verbleibende Streuinduktivität reduziert in geringem Maße auch Y-Störungen.

X-Entstördrosseln können mit Stabkernen für kleine Ströme und mit E- oder U-Kernen mit Luftspalt für höhere Ströme ausgeführt werden. Sollen keine verhältnismäßig großen Drosseln für die X-Entstörung zum Einsatz kommen, dann verbleibt noch die Möglichkeit, den Ladeelko in zwei Elkos aufzuteilen und dazwischen eine Stabdrossel, ggf. auch einen kleinen Widerstand, anzuordnen (Bild 4.16d). Die damit erzielbare X-Störabsenkung ist dabei sehr groß.

Fügt man zwischen dem Leiter A′ – E′ eine weitere Drossel ein, dann werden auch Y-Störungen reduziert.

Bei Einsatz einer stromkompensierten Drossel anstelle der beiden einzelnen Drosseln geht der Y-Störstrom stark zurück. Die X-Störung wird infolge der Rest-Streuinduktivität ebenfalls meist ausreichend gesenkt. Hierzu eignet sich z.B. eine stromkompensierte E-Kerndrossel, welche eine etwas größere Streuinduktivität besitzt als eine stromkompensierte Ringkerndrossel.

Y-Entstördrosseln

Y-Drosseln sind netzstromkompensierte Funkentstördrosseln, welche vielfach mit einem Ferrit-Ringkern ausgeführt werden. Auf dem Kern (Bild 4.17) sind zwei Wicklungen so aufgebracht, daß der Betriebsstrom im Kern zwei sich kompensierende Magnetfelder Φ_1 bzw. Φ_2 erzeugt. Gleiche Windungszahlen der Wicklungen und richtiger Wicklungssinn sind ausschlaggebend. Schon eine Windung mehr oder weniger kann die Kompensationswirkung beeinträchtigen.

Wegen der unvermeidlichen Streuinduktivität ist keine hundertprozentige Feldkompensation erreichbar: Die Induktivität sinkt trotz der Kompensation mit dem Betriebsstrom I etwas ab. Hochpermeable streuarme stromkompensierte Drosseln sind gegenüber symmetrischen (X)-Störungen fast wirkungslos. Auf unsymmetrische Y-Störungen wirkt jedoch die volle Induktivität.

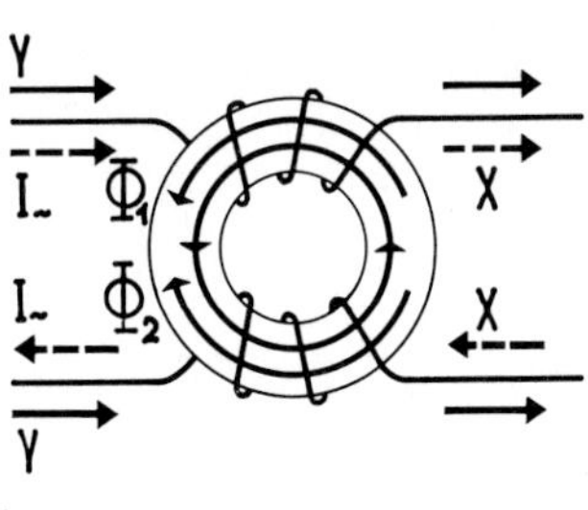

Bild 4.17 Stromkompensierte Drossel

A Anfang } der Wicklungen
E Ende } bei gleichem Wicklungssinn

a) Stromkompensierte *Y*-Drossel ohne Luftspalt (Kern geschlossen)

b) Nichtstromkompensierte *X*-Drossel mit Luftspalt (Kern einseitig offen gezeichnet)

Bild 4.18 Symbole für Entstördrosseln

Symbole für die stromkompensierte bzw. für die nichtkompensierte Entstördrosseln sind in Bild 4.18 angegeben.

Stromkompensierte Drosseln können mit Ringkernen, U- oder E-Kernen ausgeführt werden und erlauben höhere Betriebsstromstärken gegenüber nichtkompensierten Drosseln. Die luftspaltlosen Ringkerndrosseln mit hochpermeablen Ferritkern ergeben eine große Induktivität und haben geringe ohmsche Verluste wegen ihrer verhältnismäßig geringen Windungszahlen.

Die beiden Wicklungen ergeben beim Parallelschalten die gleiche Induktivität wie jede der beiden Teilwicklungen. Aus der Reihenschaltung der beiden Teilwicklungen resultiert eine geringe Differenzinduktivität ($L \to 0$). Die Streuinduktivität ist bei Ringkerndrosseln klein.

E- und U-Kerne besitzen einen Restluftspalt wegen der Klebung. Die Induktivitäten sind kleiner gegenüber Ringkerndrosseln.

Häufig verwendete Funkentstördrosseln der Bauform B 82722 (Siemens) sind mit ihren wichtigsten Daten in Tabelle 4.2 angegeben. Der zugehörige Schein-

Tabelle 4.2
Funkentstördrosseln der Baureihe B 82722

Typ	Nennstrom je Wicklung in A	Nenninduktivität je Wicklung in mH	Gleichstromwiderstand (Richtwert) in mΩ	Z-Verlauf-Kurve
B 82722	0,3	47	2100	1
	0,5	27	1400	2
	1	10	540	3
	2	2,2	140	4
	3	1,2	56	5

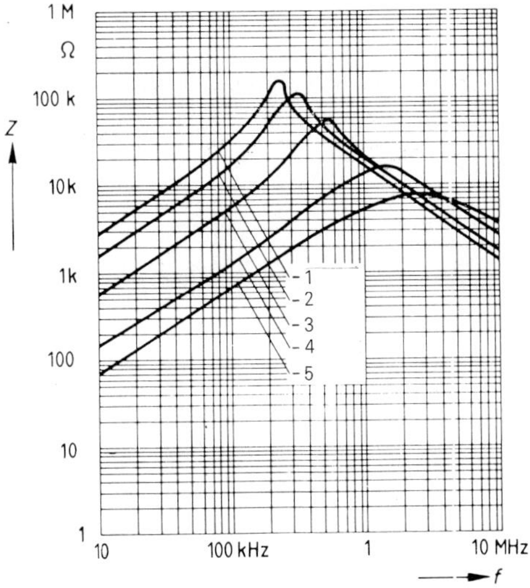

Bild 4.19
Scheinwiderstand der Funkentstör-
drossel (Beispiel B 82722)

widerstand über der Frequenz ist aus Bild 4.19 zu ersehen. Die Strombelastbarkeit nimmt mit der Temperatur ab. Der Nennstrom ist auf 60 °C Umgebungstemperatur bezogen.

4.2.7 Entstörkondensatoren

Nicht jeder handelsübliche Kondensator eignet sich als Funk-Entstörkondensator. An ihn stellt man zumindest die Anforderung eines induktionsarmen Aufbaus. Zu den Funk-Entstörkondensatoren zählen der Zweipol-, der Vierpol- und der koaxiale Durchführungs-Kondensator Bild 4.20. Sie haben für mindestens einen Belag zwei elektromagnetisch weitgehend entkoppelte Zuführungen, über die der Leitungsstrom fließt. Außen sind 3 oder 4 Anschlüsse vorhanden.

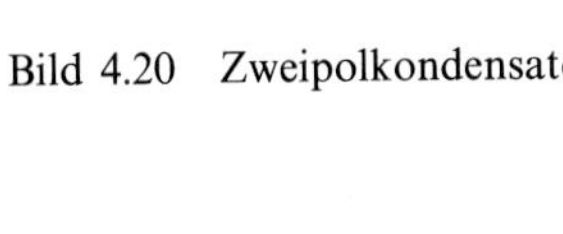

Bild 4.20 Zweipolkondensator a, Vierpolkondensatoren b, c, d.

Ein Kondensator von 0,1 μF erreicht als Zweipol-Kondensator eine Resonanzfrequenz von 2 MHz, als Vierpol-Kondensator über 5 MHz und als koaxialer Durchführungs-Kondensator bis 300 MHz. Beim Zweipol-Kondensator wird die erreichbare Resonanzfrequenz durch lange Anschlußdrähte weiter reduziert.

Wegen des Betriebes von Kondensatoren am Wechselstromnetz gehört die Ionisation seit langem zu den entscheidenden Kriterien. Ionisation tritt innerhalb von Luftschichten bei nichtimprägnierten Kunststoffolien auf. Die Dauerionisation bei Gleichspannung tritt erst beim acht- bis zehnfachen Wert auf, der sich bei Wechselspannung ergibt.

Der Ionisationseinsatz im interessierenden Bereich wird von der Frequenz wenig beeinflußt. Die Verhältnisse bei verschiedenen Impulsformen und bei unterschiedlichen Tast-Pause-Verhältnissen sind zwar etwas komplizierter, weichen aber von der reinen Sinusbelastung nicht entscheidend ab. Eine Forderung u.a. an Funkentstör-Kondensatoren ist: Der Ionisationseinsatz der Kondensatoren muß größer $U_{ss}/2$ sein. Das Glimmen selbst führt auch zur Funkstörung.

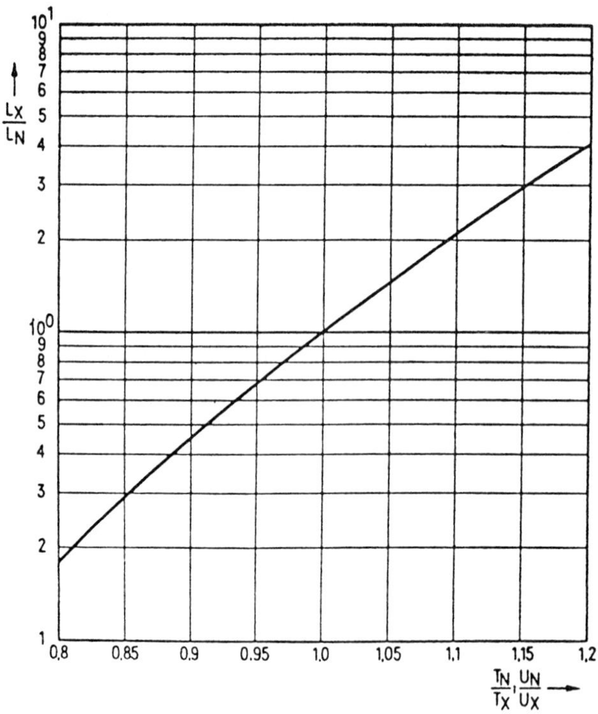

Bild 4.21
Abschätzung des Einflusses von Betriebsspannung U_X und Temperatur T_N auf die Lebensdauer L_X

Zum Ausfall infolge Durchschlags führen in komplizierter Weise Alterungsvorgänge. Die Erfahrung zeigt, daß die mittlere Lebensdauer von der Betriebsfeldstärke und der Betriebstemperatur abhängt. Eine Abschätzung der Einflüsse von Betriebsspannung U und Temperatur T auf die Lebensdauer L im Bereich von 60 bis 100 °C zeigt Bild 4.21.

Daraus ist abzulesen, daß einer Temperaturerhöhung eine Verringerung der Betriebsspannung gegenüberstehen muß, wenn die Lebensdauer konstant bleiben soll.

Entstörkondensatoren der Klasse X

sind Kondensatoren für Anwendungen, deren Ausfall durch Kurzschluß nicht zu einem gefährdenden elektrischen Schlag führen kann. Kondensatoren der Klasse X werden in zwei Unterklassen eingeteilt, entsprechend den Spitzenspannungen, denen sie zusätzlich zu der Netzspannung im Einsatz ausgesetzt sind (VDE 0565 T1).

Als Quelle für solche zusätzlichen Belastungen sind anzusehen:

a) Spitzenspannungen, die der Netzspannung überlagert sind $\leqq 1200$ V.
b) Spitzenspannungen, die beim An- und Abschalten von induktiven Bauelementen im zu entstörenden Gerät entstehen.

Unterklasse	Spitzenspannungsbelastung im Einsatz U_S in kV	Anwendung	Spitzenspannung, bis zu der die Sicherheitsanforderungen erfüllt werden U_S in kV
X1	$>1{,}2$	Einsatz mit hoher Spitzenspannung	4 für $C \leqq 0{,}33$ µF $4 \cdot e^{(0{,}33-C)}$ für $C > 0{,}33$ µF
X2	$\leqq 1{,}2$	normaler Einsatz	1,4

Entstörkondensatoren der Klasse Y

sind Kondensatoren für eine Isolierspannung (nach VDE 0550 Teil 1) von $U_{eff} = 250$ V mit erhöhter elektrischer und mechanischer Sicherheit und begrenzter Kapazität. Sie soll Kurzschlüsse im Kondensator möglichst ausschließen.

Durch die Beschaltung der Netzleitungen mit Y-Kondensatoren gegen Gerätemasse fließt bei Unterbrechung des Schutzleiters ein kapazitiver Ableitstrom bei Berührung der Gerätemasse zwischen Gerätemasse – Mensch – Erde. Dieser Strom muß begrenzt oder aber so abgeleitet werden, daß im Fehlerfalle keine gefährlichen Spannungen an berührbaren Metallteilen auftreten können (VDE 0875).

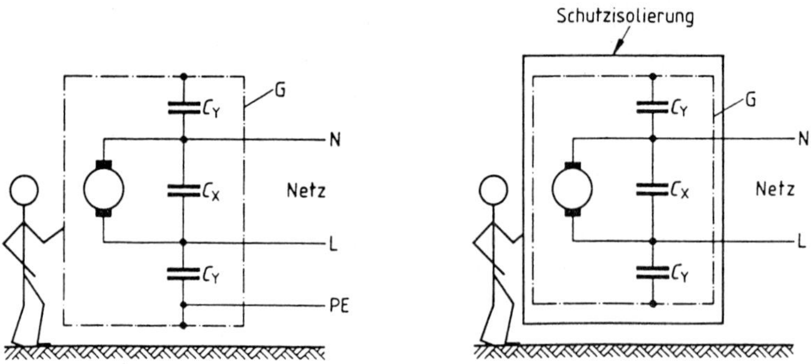

Bild 4.22
a) Bei einer Entstörung mit *X*- und *Y*-Kondensatoren bei einem Betriebsmittel der Schutzklasse I z.B. nach VDE 0730 Teil 1

b) Beispiel einer Entstörung mit *X*- und *Y*-Kondensatoren bei einem Betriebsmittel der Schutzklasse II z.B. nach VDE 0730 Teil 1

In Bild 4.22a ist die Funkentstörung eines elektrischen Betriebsmittels der Schutzklasse I gezeigt. Der Kondensator C_Y, der zum Verringern der unsymmetrischen Störspannung dient, liegt zwischen einem unter Spannung stehenden Leiter und dem berührbaren Metallgehäuse *G* des Betriebsmittels; er muß deshalb ein *Y*-Kondensator sein.

Bei einem Gerät der Schutzklasse II (Bild 4.22b) wird an das Metallgehäuse *G* kein Schutzleiter angeschlossen. Die unter Spannung stehenden, nicht zum Betriebsstromkreis gehörenden Teile sind durch eine Schutzisolierung der Berührung entzogen.

In beiden Fällen wird durch einen Kurzschluß des *Y*-Kondensators eine Person, die das Gerät berührt, erst dann gefährdet, wenn gleichzeitig entweder bei Schutzklasse I der Schutzleiter unterbrochen bzw. nicht vorhanden oder bei der Schutzklasse II die Gehäuse-Isolierung beschädigt ist.

Eigenresonanz f_0

Bei hohen Frequenzen tritt durch die Eigeninduktivität eine Eigenresonanz auf, die sich bei der Bemessung von Schaltungen auswirkt.

Stirnkontaktierte Kondensatoren haben besonders kleine Werte. Der Frequenzbereich der Eigenresonanz in Abhängigkeit von der Kapazität läßt sich aus dem Diagramm entnehmen (Bild 4.23).

Einbau von Filterbauelementen

Werden Filterschaltungen aus Einzelbauteilen aufgebaut, sind folgende Grundregeln zu beachten:

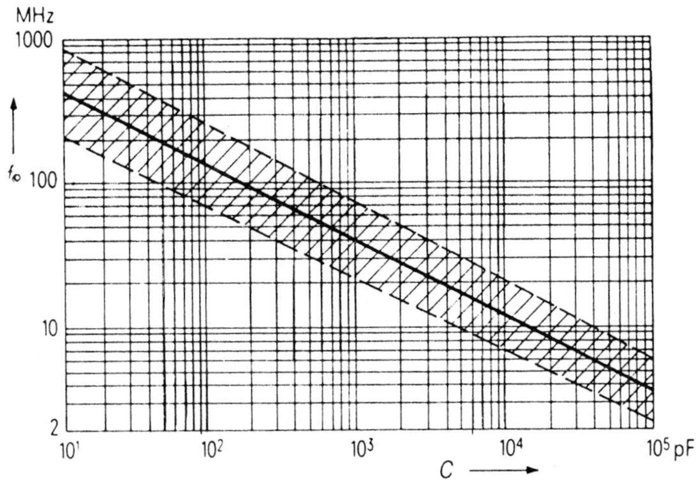

Bild 4.23 Eigenresonanz in Abhängigkeit von der Kapazität

Zur Vermeidung von kapazitiven und induktiven Verkopplungen zwischen den Bauteilen und zwischen Filter-Ein- und -Ausgängen sind die Bauteile im Zuge der Leitung anzuordnen (Bild 4.24).

Da die Dämpfung einer Filterschaltung im MHz-Bereich in erster Linie von den gegen Masse geschalteten Kondensatoren bestimmt wird, sind die Kondensator-Anschlußdrähte möglichst induktivitätsarm zu halten.

Filterschaltungen, die in Geräten mit geringem Platz untergebracht werden müssen, sind ggf. zu schirmen. Dazu ist das Herstellen einer elektrisch gut leitenden Verbindung zwischen dem Filtergehäuse bzw. der Filtermasse und dem metallischen Gehäuse der Störquelle bzw. Störsenke wichtig.

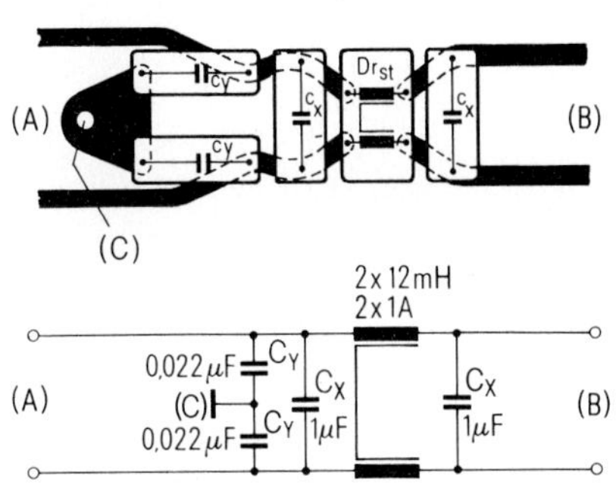

Bild 4.24
Richtige Anordnung von Filter-Bauelementen z.B. auf einer Leiterplatte (A Gerät, B Netz)

4.2.8 UKW-Entstörung

Zur Entstörung im UKW-Bereich müssen meistens zusätzlich UKW-Drosseln als Längsglieder zum Vergrößern des hochfrequenten Innenwiderstandes der Störquelle eingesetzt werden (Bild 4.25 a).

Bei vielen schutzisolierten Störquellen, aber auch bei geerdeten Geräten steigt die Störspannung beim Verwenden von UKW-Drosseln im Frequenzbereich zwischen 1 und 10 MHz an.

Das Ansteigen der Störspannung mit UKW-Drosseln erklärt sich aus der Wirkung des Resonanzkreises, gebildet von der Induktivität der UKW-Drosseln und der über den Raum gegen Erde oder Masse wirksamen Geräte-Kapazität der Störquelle. Diese „parasitären" Kapazitäten (Bild 4.25 b) lassen sich nicht vermeiden.

Der Frequenzgang des Scheinwiderstands der Induktivität einer bedämpften UKW-Drossel und deren Kapazitäten unterscheidet sich wesentlich von dem bei Einsatz einer unbedämpften Drossel (Bild 4.26).

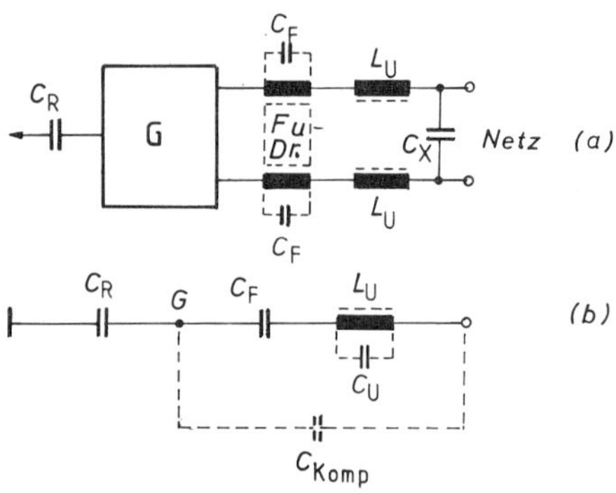

G	Vollisoliertes Gerät (Störquelle)
F_{uDr}	Stromkompensierte Funkentstördrossel
C_X	X-Kondensator (evtl. zusätzl. Y-Kondensator)
L_U	UKW-Drossel
C_R	(Parasitäre) Geräte-Kapazitäten gegen den Raum
C_F, C_U	Eigenkapazitäten

Bild 4.25
Funkentstörung mit UKW-Drossel L_U

a) Entstörung eines vollisolierten Gerätes

b) HF-Ersatzschaltung (Reihenresonanz welche im KW-Bereich die Störspannung erhöht!)

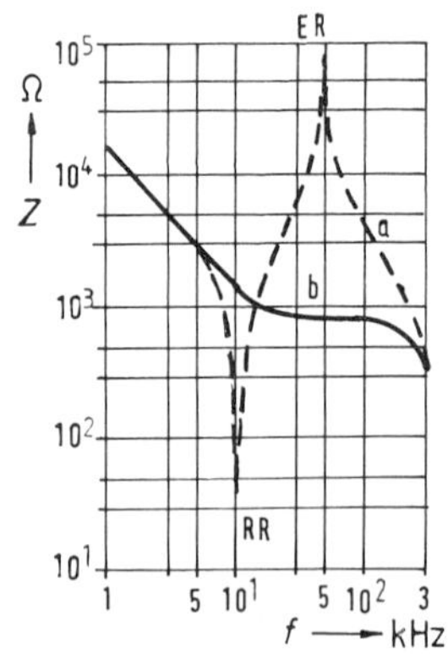

Bild 4.26
Scheinwiderstandsverlauf einer UKW-Drossel (25 µH) ungedämpft (a), gedämpft (b)

Je niedriger der Verlust-Widerstand ist, um so höher steigt die Störspannung U_{St} bei Reihenresonanz (z.B. 10 MHz) an.

Die filternde Eigenresonanz (ER) liegt z.B. bei 50 MHz. Bei tiefen Frequenzen darf dagegen der Verlustwiderstand der Drossel nicht in Erscheinung treten. Dieses Verhalten wird durch das Ferrit-Material bestimmt.

Mit Hilfe einer sehr kleinen Kapazität C_{Komp}(einige pF) kann in einigen Fällen eine Kompensation des Y-Störstroms im unteren Frequenzbereich (0,1 bis etwa 2 MHz) erreicht werden. Diese Maßnahme wirkt auch ohne UKW-Drosseln.

4.2.9 Einfügungsdämpfung

Zur Beurteilung der Hochfrequenzeigenschaften von Entstörbauelementen und Filtern wird die Einfügungsdämpfung a_E herangezogen.

Die Messung der symmetrischen Störspannung über ein X-Filter wird nach Bild 4.27 vorgenommen. X-Störspannungen sind i. allg. im unteren Frequenzgebiet (10 bis 300 kHz) wirksam. Bei hohen Frequenzen ab etwa 1 MHz ist die unsymmetrische Ausbreitung maßgeblich.

So müssen auch die Filter besonders im höheren Frequenzbereich unsymmetrisch dämpfen.

Im anglikanischen Raum wird die einfachere asymmetrische Messung angegeben (Bild 4.28). Dabei sind die beiden Filterzweige galvanisch verbunden.

Die Parallelschaltung einer 50-μH-Luftspule mit einem 50-Ω-Widerstand bildet den Scheinwiderstand des Netzes realistisch nach (CISPR-Publ. 3). Die Ausgangsspannung des Filters wird hochohmig gemessen.

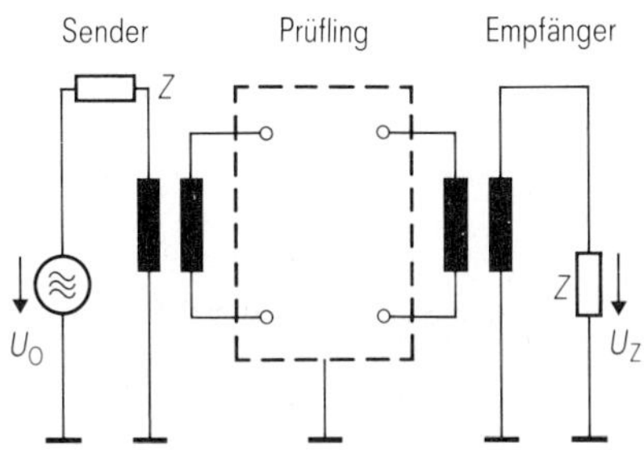

$$a_E = 20 \lg \frac{U_0}{2\,U_Z} \qquad Z = 50\ \Omega$$

Bild 4.27
Symmetrische Filtermessung
(Differential mode)
Einfügungsdämpfung

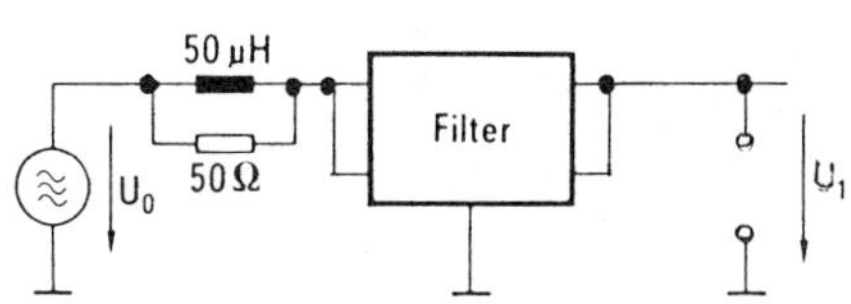

$$a_E = 20 \lg \frac{U_0}{U_1}$$

Bild 4.28
Asymmetrische Messung

4.2.10 Entstörfilter für 220 V/250 W-SNT

Ein Entstör-Beispiel zeigt Bild 4.29 für einen Wandler mit einer Leistung von 250 W. Das Gerät ist für Schutzleiteranschluß (Schutzklasse I) vorgesehen. Die Ringkerndrossel Dr mit Karbonyleisen- bzw. Pulverkern dient zur zusätzlichen Bedämpfung der symmetrischen X-Störspannung.

Um die asymmetrische (Y)-Störspannungskomponente des Durchflußwandlers ausreichend zu verringern, ist eine stromkompensierte Drossel mit 15 mH notwendig. Die beiden 2200-pF-Kondensatoren C_y am Netzeingang sind wegen der Y-Störspannung im Kurzwellenbereich erforderlich.

Die beiden X-Kondensatoren mit je 1 µF sind sehr groß und, bezogen auf die Dämpfungswirkung der Rundsteuersignale auf den Netzen, ungünstig. Die X-Entstörung kann – meist mit geringem Aufwand – durch Aufteilung des Elektrolytkondensators nach dem Netzgleichrichter und einer Stabdrossel, z.B. 220 µH/1 A, welche dazwischengeschaltet wird, erfolgen. Die X-Drossel mit 2,5 mH/2 A entfällt dabei. Die X-Kondensatoren können dann auf etwa 0,1 µF reduziert werden (siehe auch Kap. 4.2.6 und Bild 4.16d).

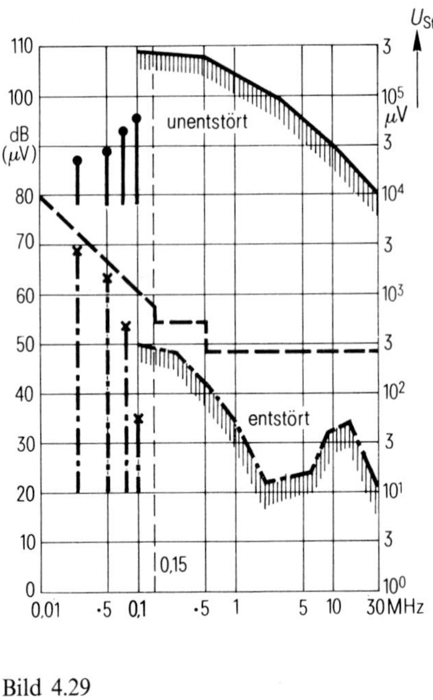

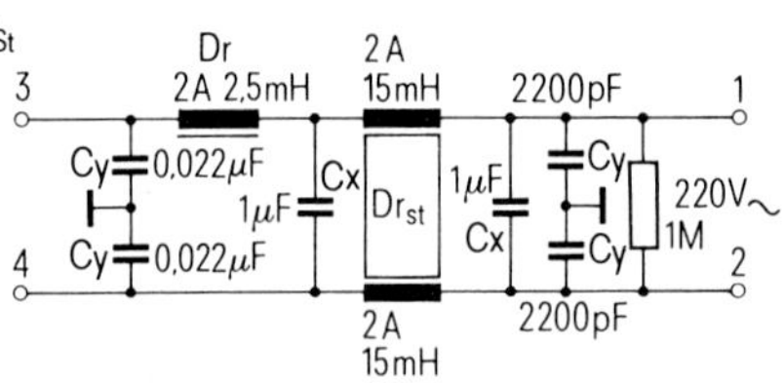

1, 2 Netzeingang;
3, 4 Wandlereingang,
Dr Ringkerndrossel mit Karbonyleisen;
Dr_{st} stromkompensierte Ringkern-Zweifachdrossel.

——— unentstört
· — · — · entstört
– – – – Grenzwertklasse B nach VDE 0871

Bild 4.29
Entstörschaltung und Funkentstörspannung U_{st} eines Eintakt-Durchflußwandlers, 250 VA, Schutzklasse I (mit Schutzleiter)

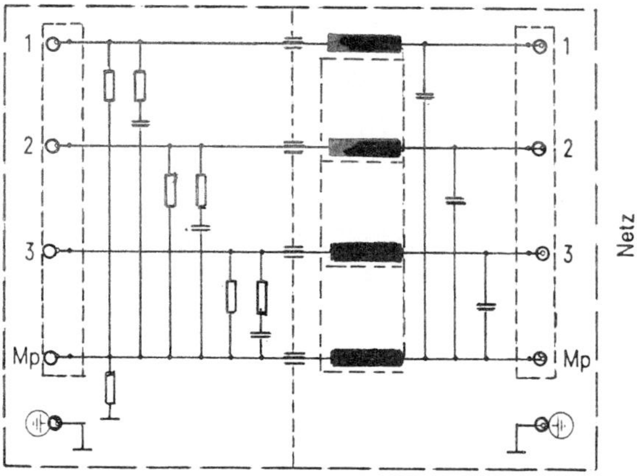

Bild 4.30
Vierleiterentstörfilter

4.2.11 Dreiphasen-Filter mit VHF-Entstörung

Bild 4.30 zeigt ein Entstörfilter für 3-Phasen-Systeme im Metallgehäuse, bei denen durch den Einsatz von Durchführungskondensatoren eine zusätzliche Entstörung im VHF-Bereich erzielt wird.

Durch den Einsatz einer stromkompensierten Ringkerndrossel mit vier Wicklungen ergeben sich kleine Ableitströme, so daß das Filter mit einem vorgeschalteten Fehlerstromschutzschalter mit 30 mA Ansprechstrom betrieben werden kann.

4.2.12 Kfz-Bordnetzentstörung

Die Festlegung des geeigneten Entstörgrades (0 bis 5) durch den Fahrzeughersteller oder Fahrzeugausrüster soll für Fahrzeuge eines Typs mit definiert angebrachter Antenne zufriedenstellenden Funkempfang garantieren (VDE 0879 u. 0876).

Entstör-grad	Zulässiger Funkstörspannungspegel in dB(μV) Frequenzbereich			
	LW 0,15 bis 0,3 MHz	MW 0,5 bis 1,65 MHz	KW 5,95 bis 26,1 MHz	UKW 87,5 bis 108 MHz
5	60	50	40	24
4	70	58	46	30
3	80	66	52	36
2	90	74	58	42
1	100	82	64	48
0	nicht begrenzt, nicht entstört			

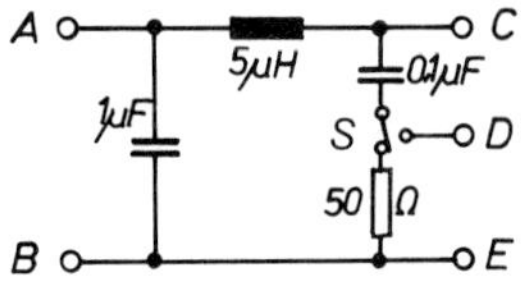

CE Anschluß Prüfling
AB Anschluß Stromversorgung
DE Anschluß Funkstörmeßempfänger, Eingangswiderstand 50 Ω
S Schalter. Der Schalter wird auf D geschaltet, wenn die Funkstörspannung mit einem Funkstörmeßempfänger mit 50-Ω-Eingangswiderstand gemessen wird.
E Bezugsmasse (Blechplatte, Schirmung der Netznachbildung)

Bild 4.31
Prinzipschaltplan der Kfz-Bordnetznachbildung

Für die Stromversorgung ist eine Kfz-Batterie zu verwenden. Wird mit Stromversorgungsgeräten gearbeitet, so ist ein Kondensator von mindestens 10 µF parallelzuschalten.

Die aufgrund der Festlegungen nach einem bestimmten Entstörgrad zu liefernden Fahrzeugausrüstungen dürfen die in der Tabelle angegebenen Störspannungspegel nicht überschreiten.

Die Funkstörspannung wird mit einer Bordnetznachbildung gegen Bezugsmasse gemessen (Bild 4.31).

4.3 Gleichrichtung

Für das schnelle, ausreichend genaue Dimensionieren von Gleichrichterschaltungen sind einige Diagramme angegeben. Die nachstehend behandelten Grundlagen gelten nicht nur für 50/60 Hz-Netze.

Die wichtigsten Gleichrichterarten sind:

▷ Einweggleichrichtung
▷ Zweiweggleichrichtung
▷ Verdoppler-Gleichrichtung
▷ Drehstrom-Gleichrichtung.

Um die Welligkeit der gleichgerichteten Spannungen möglichst klein zu halten, ist – außer bei der Drehstromgleichrichtung – eine verhältnismäßig große Speicher- bzw. Glättungs-Kapazität erforderlich.

Die Einweggleichrichtung hat den Vorteil der Einfachheit; nachteilig sind die große Welligkeit der Gleichspannung und die starke Belastung von Diode und Kondensator. Der Hauptnachteil ist jedoch die unzulässig hohe Vormagnetisierung des Netz-Transformators. Dies gilt auch für die 3-Phasen-Einweggleichrichtung.

Die Einweggleichrichtung sollte daher am Netz nicht zur Anwendung kommen. Die Zweiweg-Mittelpunktgleichrichtung arbeitet mit zwei Dioden; sie wird dort verwendet, wo nur geringe Spannungsverluste am Gleichrichter zulässig sind. Diese Schaltung ist auch in Gegentakt-Schaltnetzteilen sekundärseitig anzutreffen.

Die Brückenschaltung benützt vier Dioden. Je Halbwelle sind immer zwei Dioden in Reihe wirksam sowohl in Durchlaß- wie auch in Sperrichtung; sie wird heute bevorzugt bei der Netzgleichrichtung benutzt.

Bei der Gleichrichtung der Netzwechselspannung wird man bis zu etwa 1000 W die Einphasen-Brückengleichrichtung und über 1000 W die Dreiphasen-Doppelweggleichrichtung wählen. Die wichtigsten Gleichrichter-Grundschaltungen und Kenngrößen sind in Tabelle 4.3 angegeben.

Eine kleine Auswahl bewährter Standard-Netzdioden und kompakter Brückengleichrichter (250 V ~) ist in Tabelle 4.4 gegeben.

Am Beispiel der Diode 1 N 4007 sind die erzielbaren Gleichströme I_{FAV} abhängig von der Gehäusetemperatur und Kurvenform des Gleichrichtstromes dargestellt (Bild 4.32). Daraus ist ersichtlich, daß der erzielbare mittlere Gleichstrom bei *C*-Last am geringsten ist. Für eine Diodentemperatur von 100 °C ergibt sich beispielsweise ein zulässiger Gleichstrom $I_{FAV} = 0{,}4$ A.

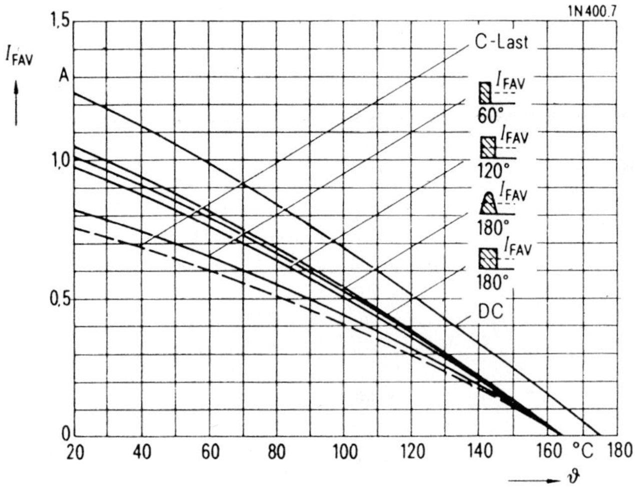

Bild 4.32
Grenzgleichströme I_{FAV} bei freiem Aufbau, in Abhängigkeit von der Gehäusetemperatur ϑ_G
Netzbetrieb 50/60 Hz
Parameter: Stromform

Tabelle 4.3 Gleichrichter-Grundschaltungen und Kenngrößen

Schaltung / Kenngrößen	Einphasen-EW	Einphasen-MP	Einphasen-Br	Dreiphasen-Br	
	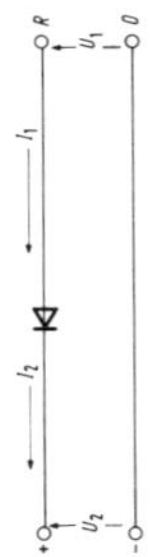	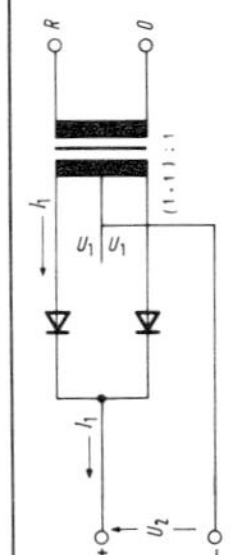	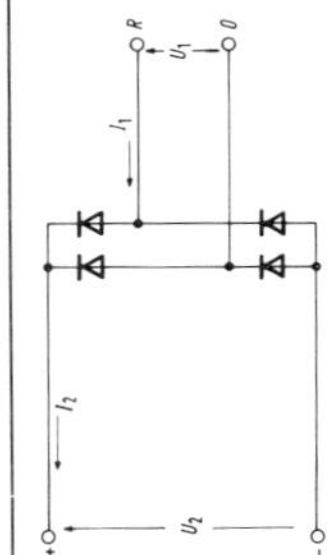	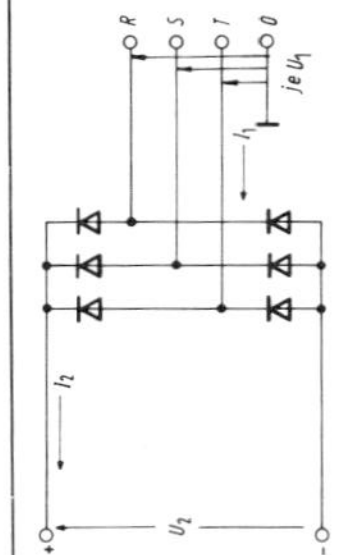	
Speisespannung $U_{1\,RMS}$	U_1	U_1	U_1	(3x) U_1	V
Speisespitzenspannung $U_{1\,M}$	$\sqrt{2}U_{1\,RMS}$	$\sqrt{2}U_{1\,RMS}$	$\sqrt{2}U_{1\,RMS}$	$\sqrt{2}U_{1\,RMS}$	V
Speisespitzenspannung bei $U_{1\,RMS}=220$ V $U_{1\,M}$	311	311	311	311(RST−0) 537(R−S) (S−T) (R−T)	V V
Mittlere gleichgerichtete Spannung $U_{2\,AV}$ bei $U_{1\,RMS}=220$ V	99	198	198	513	V
Spannungsverhältnis $U_{2\,AV}:U_{1\,RMS}$	0,54	0,9	0,9	2,33	–
Zweigsperrspannung bei *R*-Last (Scheitelwert)	3,14	3,14	1,57	1,05	V
Welligkeit $w_{eff}=u_{Br(eff)}:U_{2\,AV}$	121	48,2	48,2	4,2	%

Welligkeit $w_{SS} = \Delta U_2 / U_{2AV}$	318	155	155	14	%
Frequenz der Welligkeit f_{Br} Frequenz der Welligkeit bei 50/60 Hz Pulszahl n	f_1 50 1	$2f_1$ 100 2	$2f_1$ 100 2	$6f_1$ 300 6	Hz Hz
Gleichstrom der Schaltung als Vielfaches des Gleichstromes der E-Schaltung $I_{FAV(X)}: I_{FAV(E)}$	1	2	2	3	–
Diodenzweigstrom- Mittelwert $I_{FAV}: I_{2AV}$ Diodenzweigstrom- Effektivwert $I_{FRMS}: I_{2AV}$	1 1,57	0,5 0,71	0,5 0,71	0,33 0,58	 –
Stromform je Zweig Stromflußwinkel je Zweig ohne Lade-Kondensator	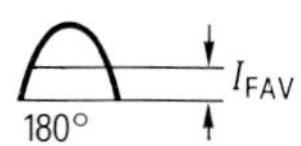		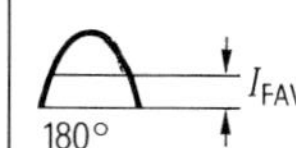	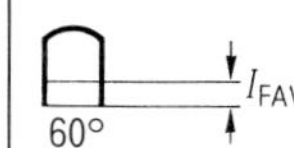	–
Spannungsform der gleichgerichteten Spannung bei R-Last		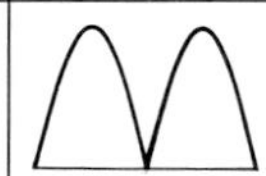		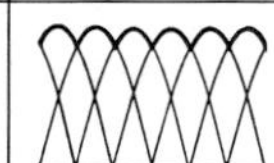	–
Transformator Typenleistung P_{Tr} bei R-Last	–	1,34	1,11	1,05	VA
Transformator- Typenleistung P_{Tr} bei C-Last	–	2,5	1,6		VA

Tabelle 4.4 Daten einiger Netzdioden und Brückengleichrichter

Kenndaten bei / Typ Benennung	U_{RRM} in V —	$I_{R<}$ in µA 25 °C	I_{FAV} in A 25 °C	I_{FSM} in A 25 °C	U_F in V (typ)	$\vartheta_{j\,max}$ in °C —	R_{th} in °C/W ca	Bauform
Netzdioden								
1N4001 bis 4007	50/1000	5	1	50	1,1	175	50	Plastik
BY251 bis 2	200/1300	10	3	100	1,1	175	28	Plastik
P600(A...K)	50/1000	25	6	300	1,1	175	10	Plastik
Brückengleichrichter								
B250C800 DF	600	4	0,8	45	2,2	150	80,5	Rechteck (klein)
A0540B250	600	5	1	25	2,2	150	60	Rechteck
B250C1500Y	600	10	1,5	50	2,2	150	60	rund
B1240–B250C1000	600	10	1,5	50	2,2	150	60	flach
B250–B250C1500	600	25	2,1	100	2,2	150	50	flach
B250C5000/3000	100/900	10	3,3	250	2,2	150	11 *)	flach
KBU4	50/1000	40	4	250	2,2	150	5 *)	flach
KB6	50/1000	10	6	250	2,2	150	3 *)	flach

*) bei Chassismontage

Einschaltstromstoß

Bei Gleichrichterschaltungen, die am Netz arbeiten, muß wegen des kleinen Netzinnenwiderstandes (z.B. $\leqq 0{,}5\ \Omega$) zum Schutz des Gleichrichters und des Elkos gegen einen zu großen Einschaltstromstoß bei ungeladenem Kondensator ein externer Schutzwiderstand R_V in Serie zum Gleichrichter geschaltet werden.

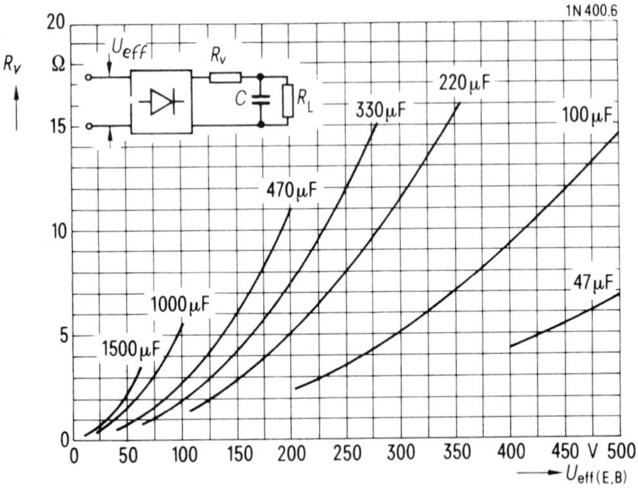

Bild 4.33
Vorwiderstand R bei C-Last in Abhängigkeit von der Anschlußspannung U_{eff}

Der Wert des Vorwiderstandes ergibt sich aus dem zulässigen Stoßstrom der Diode (z.B. 40 A) bei Netzüberspannung ($U_{1\,M}$).

$$R_V = \frac{U_{1\,M}}{I_{FSM}} - R_{i\,(Netz)}.$$

Bild 4.33 zeigt für unterschiedliche Kapazitäten die Mindestwerte für die Vorwiderstände R_V bei der angesetzten Netzwechselspannung.

Die zulässige Belastung der Diode beim Einschaltstromstoß wird durch das Grenzwert-Integral ausgedrückt:

$$\int_0^\infty i^2 \, dt = \frac{1}{2} \frac{C \hat{U}^2}{R_i}.$$

4.3.1 Einweggleichrichtung

Die Einweggleichrichtung wird heute meist bei höheren Betriebsfrequenzen eingesetzt. An dieser Stelle ist daher nur das Diagramm Bild 4.34 wiedergegeben, mit dessen Hilfe die Gleichrichtverhältnisse in Abhängigkeit vom Verhältnis R_1/R_2 und vom Filterfaktor $\omega \cdot R_2 \cdot C$ aufgezeigt sind. R_1 ist der gesamte Ladewiderstand ($R_{i\,Netz} + R_V$) und R_2 der Lastwiderstand. Eingeschränkt ist dieses Diagramm auch für Impulsspannungen nutzbar; denn auch beim reinen Sinusbetrieb ist in einem weiten Bereich die Aufladung des Ladekondensators impulsförmig.

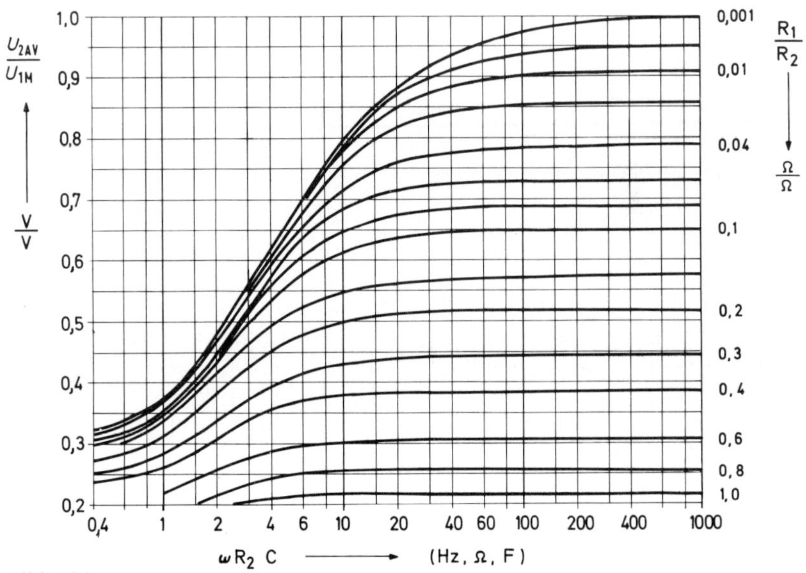

Bild 4.34
Spannungsverhältnis U_{2AV}/U_{1M} bei Einweggleichrichtung in Abhängigkeit vom Filterfaktor $\omega C R_2$ und Widerstandsverhältnis R_1/R_2

4.3.2 Zweiweggleichrichtung mit Speicherkondensator

Die Welligkeit bei der Zweiweggleichrichtung ohne Speicherkondensator beträgt 48% (zum Vergleich: Einwegschaltung 121%).

Selbst dieser Wert ist für die meisten Anwendungen viel zu hoch, so daß eine zusätzliche Siebung (Filterung) unerläßlich ist.

Die Zweiweggleichrichtung mit Speicherkondensator (Mittelpunkt- und Brückenschaltung Bild 4.35) bietet gegenüber der Einwegschaltung folgende Vorteile:

▷ Guter Wirkungsgrad
▷ Hoher Transformator-Nutzungsgrad
▷ Geringe Welligkeit
▷ Geringe Lastabhängigkeit der Ausgangsspannung.

Bei der Mittelpunktschaltung ist je Halbperiode nur eine Hälfte der Sekundärwicklung aktiv.

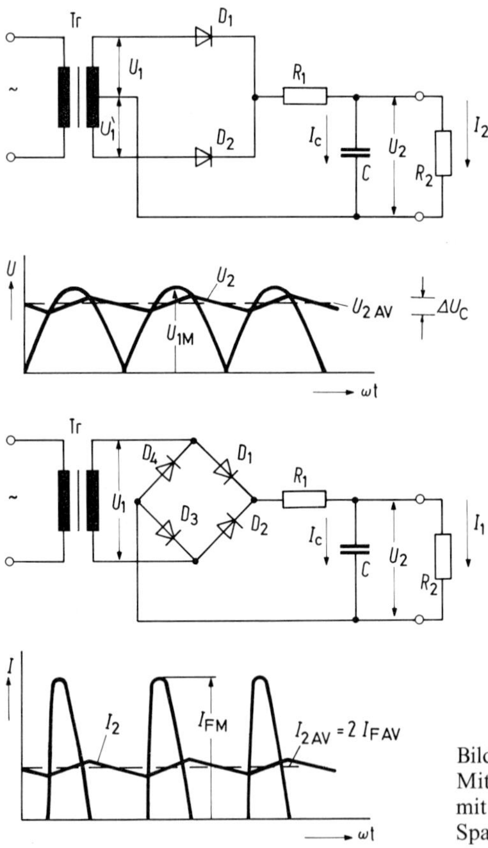

Bild 4.35
Mittelpunkt- und Brückenschaltung mit Speicherkondensator, Spannungs- und Stromverlauf

Die Sperrspannung der Dioden entspricht bei der Mittelpunktschaltung etwa der doppelten Spitzenspannung der Wechselspannung ($U_{RWM} = 2\,U_{1\,M}$).

Die Brückenschaltung erfordert nur eine Sekundärwicklung. Der Nutzungsgrad des Transformators ist somit merklich besser als bei der Mittelpunkt-Schaltung; die erforderliche Sperrspannung für die Dioden ist halbiert. Damit wird $U_{RWM} = U_{1\,M}$. Die Spannungs- und Stromformen für die Mittelpunkt- und Brückenschaltung sind gleich (Bild 4.35).

Die Grundfrequenz der Welligkeit ist bei beiden Schaltungen gleich der doppelten Speisefrequenz.

Effektiv- und Spitzenstrom

Aus Bild 4.36 kann das Verhältnis des Effektivwertes des Stromes I_{RMS} zum arithmetischen Mittelwert I_{FAV} und aus Bild 4.37 das Verhältnis des Scheitelwertes des Diodenstromes I_{FM} zum arithmetischen Mittelwert I_{FAV} für die Einweg-, die Brücken- und die Verdopplerschaltung (alle drei mit Ladekondensator!) ersehen werden.

Der Effektivwert des Stroms durch den Kondensator beträgt

$$I_{CRMS} = \sqrt{2\,I_{FRMS}^2 - I_{2\,AV}^2}.$$

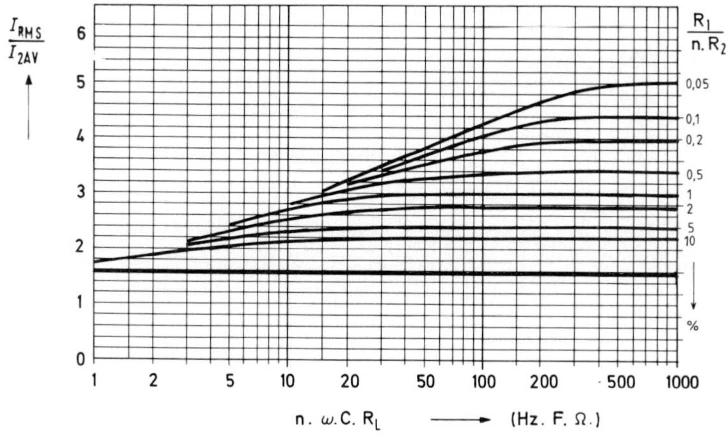

Bild 4.36
Verhältnis des Effektivwertes zum arithmetischen Mittelwert des Diodenstromes (I_{FRMS}/I_{FAV})

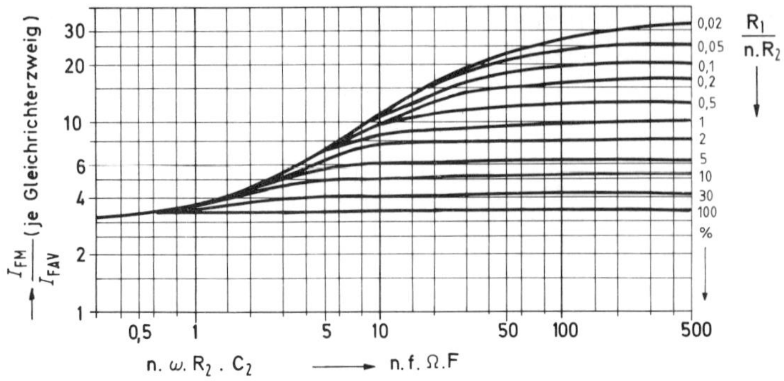

$n=1$ bei Einwegschaltung
$n=2$ bei Mittelpunkt- und Brückenschaltung
$n=0{,}5$ bei Spannungsverdoppler-Schaltung

Bild 4.37
Verhältnis des Scheitelwertes zum arithmetischen Mittelwert des Diodenstromes (I_{FM}/I_{FAV})

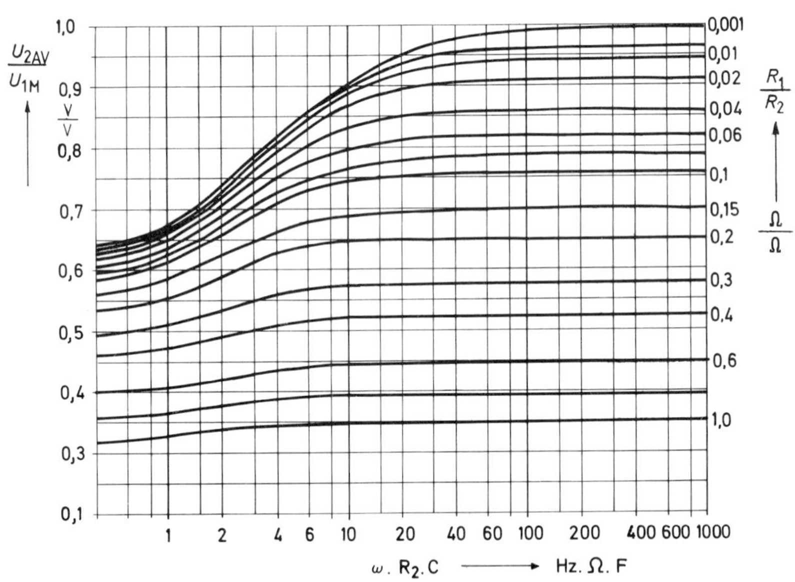

Bild 4.38
Spannungsverhältnis U_{2AV}/U_{1M} bei Mittelpunkt- und Brückenschaltung mit Speicherkondensator in Abhängigkeit vom Produkt $\omega C R_L$

RC-Filterfaktor

Die Welligkeit eines kapazitiven Filters ist abhängig vom Filterfaktor F, d.h. vom Verhältnis des ohmschen Lastwiderstands zum kapazitiven Blindwiderstand:

$$F = \omega C R_2.$$

Den Zusammenhang zwischen dem Filterfaktor $\omega R_2 C$, dem Quotienten R_1/R_2 und dem Verhältnis der Ausgangs-Gleichspannung zur Eingangs-Spitzenspannung $\frac{U_{2\,AV}}{U_{1\,M}}$ zeigt Bild 4.38. Die Lastabhängigkeit von $U_{2\,AV}$ kann ebenfalls aus dem Bild durch Einsetzen der oberen und unteren Grenze für R_2 ermittelt werden.

Bemerkenswert ist, daß ab einem bestimmten Wert des Produkts ωCR bei einem bestimmten Widerstandsverhältnis R_1/R_2 die zu gewinnende Gleichspannung $U_{2\,AV}$ nahezu konstant bleibt; d.h., daß Kapazitätserhöhungen keine höheren Gleichspannungen bringen, lediglich eine kleinere Welligkeit.

Aus den Diagrammen Bild 4.34 und 4.38 ist das Diagramm Bild 4.39 abgeleitet, aus dem die Minimalkapazität für die Einweg- und Zweiweggleichrichtung ermittelt werden kann.

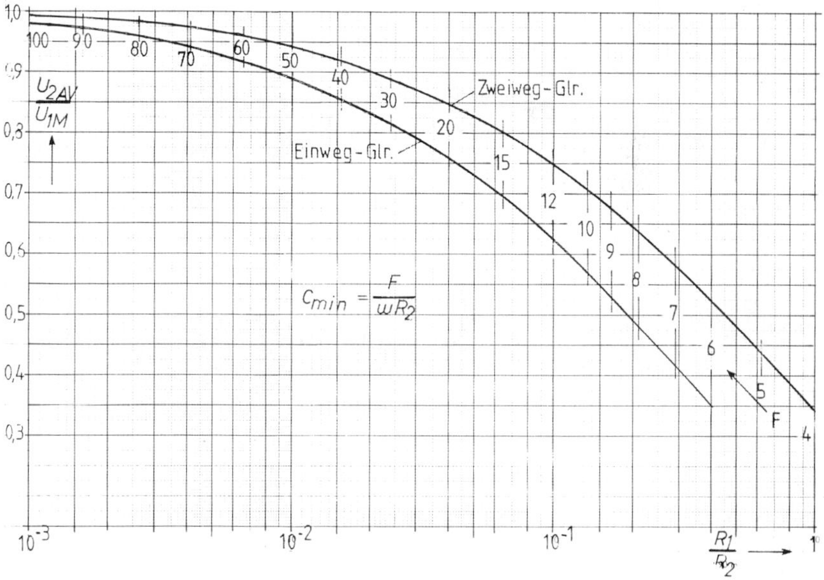

Bild 4.39 Minimalkapazität für Einweg- und Zweiweggleichrichtung

Beispiel

Wie groß sind die minimale Ladekapazität und der Ladewiderstand R_1 für eine 220 V/50 Hz-Brückenschaltung zu wählen, wenn die Last $R_2 = 1800\ \Omega$ ist, und für den Gleichrichter 40 A Stoßstrom zulässig ist?

Lösung

$$R_1 = 350\ \mathrm{V_s}/40\ \mathrm{A} \mathrel{\hat{=}} 8{,}5\ \Omega (8{,}2\ \Omega!) \qquad R_1/R_2 = 8{,}5/1800 \mathrel{\hat{=}} 0{,}5\%.$$

Aus dem Diagramm ergibt sich für $F = 65$; damit wird die geforderte Mindestkapazität

$$C_{\min} = \frac{F}{\omega R_2} = \frac{65}{628 \cdot 1800\,F} = 0{,}000057 = 57\ \mu\mathrm{F};$$

gewählt wird 47 µF oder 100 µF.

Die erzielbare Gleichspannung errechnet sich mit etwa

$$U_{2\,\mathrm{AV}} = 0{,}93 \cdot 220 \cdot \sqrt{2} - 2\ \mathrm{V} \approx 287\ \mathrm{V}.$$

Welligkeit bei RC-Last

Am Speicherelko C entsteht eine Welligkeit $w_{ss} = \Delta U_C / U_{2\,AV} = u_{wss}/U_{2\,AV}$, welche von der Art der Gleichrichtung, der Größe der Kapazität C und der Frequenz f sowie dem Lade-Lastwiderstands-Verhältnis R_1/R_2 abhängt (Bild 4.40).

Vielfach wird anstelle der Spitze-Spitze-Welligkeitsspannung u_{wss} die effektive Welligkeitsspannung u_{wRMS} angegeben; dabei ist $u_{wss} \approx 3\,u_{wRMS}$. In vielen Fällen interessiert jedoch nur $\Delta U_C = u_{wss}$.

Beispiel

Bestimmung der Speicherkapazität aufgrund der zulässigen Welligkeit.

Neben der Netzspannung und der gewünschten Gleichspannung ist die minimale bzw. noch zulässige Welligkeit eine wesentliche Ausgangsposition zur Bemessung einer Gleichrichterschaltung.

Gegeben

Netzspannung 220 V ± 10%, 50 Hz
Netzinnenwiderstand $R_i = 0{,}5\ \Omega$
Gleichrichter B250C3700 Stoßstrom 100 A
Lastwiderstand $R_2 = 270\ \Omega$
Welligkeit $w_{ss} = \Delta U_C$ (z.B. 10%)

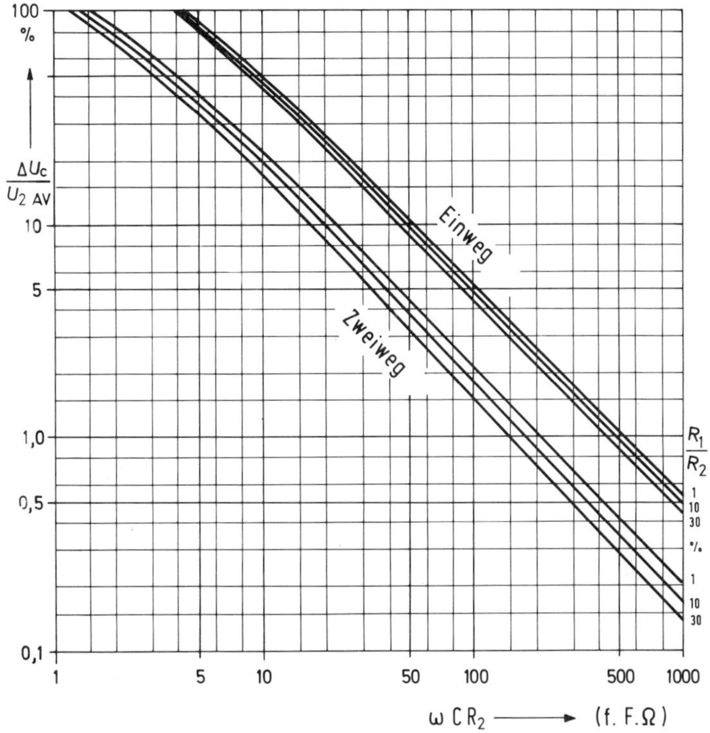

Bild 4.40
Spannungswelligkeit $\Delta U_C/U_{2\,AV}$ als Funktion von ωCR_2 und dem Widerstandsverhältnis R_1/R_2

Gesucht

Vorwiderstand R_V und minimale Kapazität C sowie Höhe der gleichgerichteten Spannung $U_{2\,AV}$.

Der Vorwiderstand ergibt sich nach

$$R_V = \frac{\hat{U}}{I_{\text{Stoß}}} - R_i = \frac{\sqrt{2} \cdot 242}{100} - 0{,}5\ \Omega = 3{,}42 - 0{,}5 = 2{,}92\ \Omega;$$

gewählt wird für $R_V = 3{,}3\ \Omega$; R_1 wird damit $3{,}8\ \Omega$.

Mit dem Lastwiderstand $R_2 = 270\ \Omega$ ist das Widerstandsverhältnis

$$R_1/R_2 = 3{,}8/270 = 0{,}0141, \quad \text{also } 1{,}4\%.$$

Für die geforderte Welligkeit von 10% ergibt sich aus dem Diagramm Bild 4.40 ein Filterfaktor

$$\omega CR_2 = 42.$$

Aus dem Diagramm Bild 4.38 läßt sich hierfür ein Spannungsfaktor ($U_{2\,AV}/U_{1\,M}$) von 0,92 ablesen. Für eine Netzspannung von 220 V ist dann die mittlere Gleichspannung

$$U_{2\,AV} = \sqrt{2} \cdot 220 \cdot 0{,}92 = 286\ \text{V}.$$

Der Laststrom ergibt sich zu

$$I_{2\,AV} = 286\ \text{V}/270\ \Omega = 1{,}06\ \text{A}.$$

Die erforderliche Kapazität errechnet sich aus dem Filterfaktor zu

$$C = \frac{42}{\omega R_2} = \frac{42}{628 \cdot 270}\ \mu\text{F} = 247\ \mu\text{F}.$$

Gewählt wird der um etwa 10% niedrigere, genormte Wert 220 µF.

Bestimmung der Ladekapazität bei Ausfall von Netzhalbwellen

Soll bei Ausfall von Netz-Halbperioden bzw. Netzspannungseinbrüchen die Speicherkapazität der Stromversorgung die Ausfallzeit überbrücken, ohne daß die Gleichspannung am Ladeelko unzulässig niedrige Werte erreicht, dann kann für das Festlegen der Mindestspeicherkapazität nachstehende Formel benutzt werden:

$$C = \frac{I_{AV} \cdot t_{LP}}{\Delta U_C}.$$

ΔU_C zugelassene Spannungsminderung in V
t_{LP} Ladepause in s
I_{AV} mittlerer Ausgangsgleichstrom in A
C Kapazität des Ladekondensators in F

In der folgenden Tabelle sind praxisnahe Richtwerte angegeben.

Halbperioden-Ausfall	0	1	2	3	$T/2$
Kapazität bei 220 V	1	2	3	4	µF/W
Kapazität bei 110 V	4	8	12	16	µF/W

Netzspannungseinbrüche entstehen bei Schaltvorgängen in Netzen, deren Innenwiderstand nicht klein genug ist, z.B. dann, wenn Motoren oder Transformatoren eingeschaltet werden, deren Einschaltstromstoß z.B. das 10- bis 100fache des Nennstroms beträgt.

4.3.3 Dreiphasen-Gleichrichtung

Bei höheren Leistungen ist der Übergang von Einphasen- auf Dreiphasenschaltungen erforderlich. Man kann dabei höhere Gleichspannungen erzielen, wobei die Welligkeitsspannung kleiner und deren Frequenz höher wird.

Drehstrom-Brückenschaltung (DB)

Die Drehstrom-Brückenschaltung und der Spannungs- und Stromverlauf sind in Bild 4.41 wiedergegeben.

Jede Diode ist während 120° einer Periode stromführend. Der Stromflußwinkel ist jedoch 60°, wobei z.B. D_1 Strom führt, und die Rückleitung über D_5 und anschließend über D_6 erfolgt.

Tabelle 4.5 ermöglicht den Vergleich der Drehstrom- und Einphasen-Brückenschaltung.

Die Welligkeit U_{weff} beträgt 4,2% (bzw. $U_{\mathrm{w_{ss}}} \approx 14\%$) bei einer Frequenz $f_{\mathrm{w}} = 6 f_1$.

Der Scheitelwert der Dioden-Sperrspannung ist, da sich die Sperrspannung auf jeweils zwei in Reihe liegende Dioden aufteilt, $U_{\mathrm{RWM}} = 1{,}05\ U_{2\,\mathrm{AV}} = 2{,}45\ U_{1\,\mathrm{RMS}}$.

Wird eine bestimmte Ausgangsspannung $U_{2\mathrm{M}}$ gefordert, so ergibt sich die effektive Transformator-Wechselspannung aus

$$U_{1\,\mathrm{RMS}} = \frac{U_{2\mathrm{M}}}{\sqrt{3} \cdot \sqrt{2}} = \frac{U_{2\mathrm{M}}}{\sqrt{6}}.$$

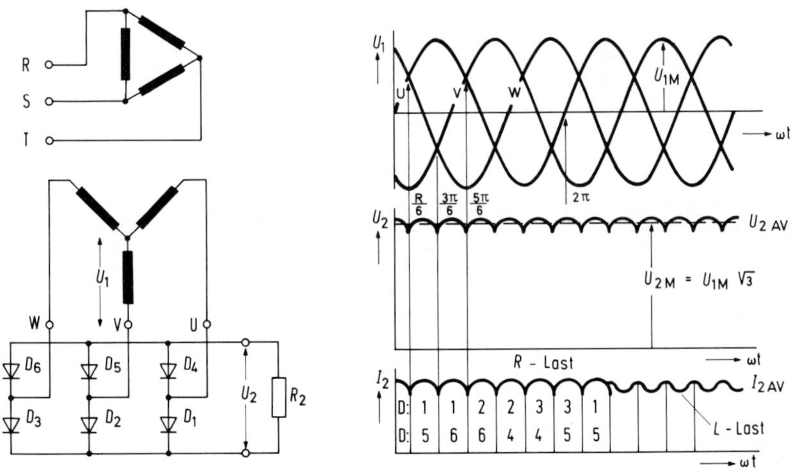

Bild 4.41 Drehstrom-Brückenschaltung, Spannungs- und Stromverlauf

Tabelle 4.5 Vergleich der Drehstrom- mit der Einphasen-Brückenschaltung

Schaltung	Kritische Induktivität in H		Welligkeit w_2 in %		Effektivwert des Kondensatorstromes I_{CRMS} in A	
	allgemein	für $f=50$ Hz	allgemein	für $f=50$ Hz	allgemein	für $f=50$ Hz
Drehstrom-Brückenschaltung	$\frac{R_{2\,max}}{35\pi f_w}$	$\frac{R_{2\,max}}{33000}$	$\frac{0{,}102}{f_w^2\,LC}$	$\frac{1m133}{LC}$ [1]	$\frac{U_{2AV}}{155 f_w\,L}$	$\frac{U_{2AV}}{46500\,L}$
Einphasen-Brückenschaltung	$\frac{R_{2\,max}}{3\pi f_w}$	$\frac{R_{2\,max}}{943}$	$\frac{1{,}215}{f_w^2\,LC}$	$\frac{121{,}5}{LC}$ [1]	$\frac{U_{2AV}}{13{,}3 f_w\,L}$	$\frac{U_{2AV}}{1330\,L}$

[1] C in μF

In Tabelle 4.5 sind die kritische Induktivität, Welligkeit am Ausgang und Effektivwert des Kondensatorstromes für die Drehstrom-Brückenschaltung angegeben. Zum Vergeleich sind auch die entsprechenden Werte für die Einphasen-Brückenschaltung aufgenommen.

Anmerkung

Ein Dreiphasen-Brückengleichrichter mit *RC*-Belastung führt je Sinuswelle zwei Ladestrom-Pulse, d.h. sechs Pulse auf die drei Phasen bezogen. Der Nulleiter erhält somit sechs Pulse und ist damit dreimal so stark belastet wie ein Phasenleiter. Eine Kompensation des Nulleiterstromes wie bei ohmscher Belastung ist nicht gegeben. Durch Einfügen einer Induktivität zwischen Gleichrichter und Kondensator kann man die Pulsbreite vergrößern, jedoch maximal nur auf 60°, wodurch die effektive Belastung des Nulleiters reduziert wird.

4.3.4 Gleichrichtung mit Speicherdrossel

Bild 4.42 zeigt eine Brückenschaltung mit Drosseleingang. Die Spannung U vor der Drossel ist näherungsweise:

$$U \approx \frac{2}{\pi} \cdot U_{1M} + \frac{4}{3\pi} \cdot U_{1M \cdot \cos 2\omega t} \cdot$$

Bei kurzgeschlossener Drossel ist der Stromfluß durch die Dioden sowie in den Kondensator pulsförmig und der Effektivwert des Stromes hoch (Bild 4.42). Mit einer kleinen Drossel verbreitern sich die Stromimpulse. Mit größer werden-

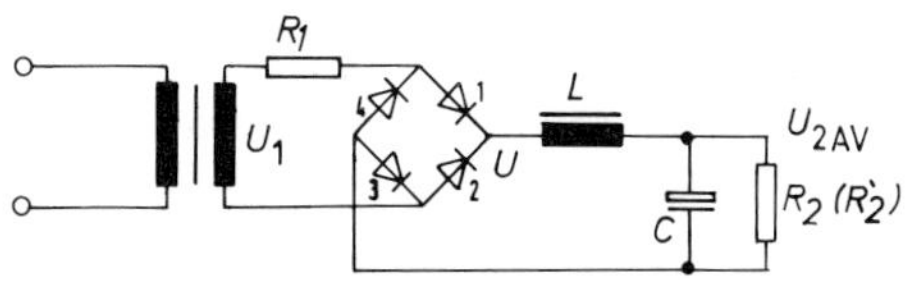

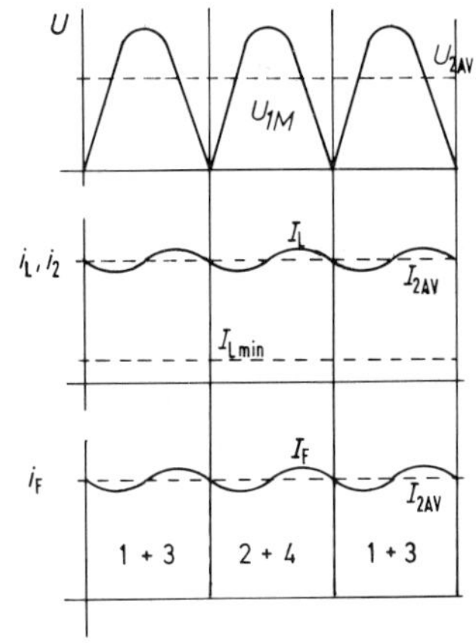

Bild 4.42
Gleichrichter in Brückenschaltung mit Drossel und Kondensator.
Spannungs- und Stromverlauf

der Induktivität verlängern sich die Stromflußzeiten so lange, bis dauernd Strom durch die Drossel fließt und der Effektivwert des aufgenommenen Stromes klein wird. Bei geringer Last muß die Induktivität L_{Krit} entsprechend große Werte haben, damit der Stromfluß auch hierbei nicht unterbricht (nichtlückender Betrieb) und die Ausgangsspannung nicht ansteigt.

Sollen die Gleichrichterdioden während einer ganzen Halbwelle stromführend bleiben, dann ergibt sich die hierfür erforderliche kritische Induktivität zu

$$L_{\mathrm{Krit}} = \frac{R_2'}{3\pi f_{\mathrm{W}}}.$$

Durch eine Minimallast R_2' wird der Mindeststrom $I_{\mathrm{L\,min}}$ festgelegt. Das starke Ansteigen der Ausgangsspannung bei fehlender Last wird hierdurch verhindert („horizontale" Lastkennlinie). Einen größeren Arbeitsbereich für nichtlückenden Betrieb erhält man bei Einsatz einer Drossel mit z.B. keilförmigem oder gestuftem Luftspalt. Die Welligkeitsspannung nach der Drossel hängt dann allerdings stärker von der Belastung ab.

LC-Siebung

Der Siebfaktor $s = U_1/U_2$ eines Siebglieds bzw. zweier gleichartiger Siebglieder ist aus dem Diagramm Bild 4.43 zu entnehmen.

So ergeben z.B. $L = 1$ H und $C = 100\ \mu$F einen Wert für $f^2 \cdot L \cdot C = 1$ und damit einen Siebfaktor von $s = 38$. Bei 220 V ergibt sich eine Spannung $U_{\mathrm{M}} = 2 \cdot 220$ V $= 311$ $\mathrm{V_{ss}}$. Es verbleibt ein Restbrumm von $u_{\mathrm{wss}} = 311$ V$/38 = 8$ V.

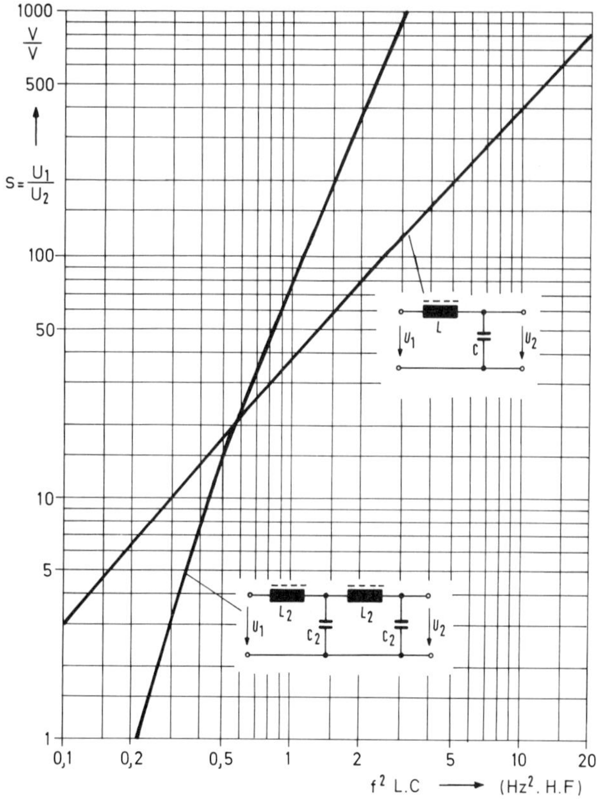

Bild 4.43
Siebfaktor *s* von
LC-Siebgliedern

4.3.5 Überspannungen an Dioden

Überspannungen, die an Gleichrichterdioden wirksam werden, können folgende Ursachen haben:

Bei Gleichrichterschaltungen mit induktiver Lastkomponente wird bei primärseitigem Abschalten des Transformators – besonders im Nulldurchgang der Spannung – und damit im Maximum des Magnetisierungsstromes ein Spannungsstoß erzeugt, der die Dioden in Sperrichtung hoch belastet.

Beim Einschalten eines Transformators im Spannungsmaximum ist durch den steilen Spannungsanstieg Erregung in Eigenresonanz möglich. Die Spannungsspitze kann dabei den doppelten Wert der normalen Wechselspannungsamplitude erreichen und die Dioden gefährden.

Wird von einer belasteten Gleichrichterschaltung die Last plötzlich weggenommen, so entsteht in der Streuinduktivität des Transformators bzw. in der Siebdrossel ein Spannungsstoß, der die Dioden in Sperrichtung beansprucht.

Hochfrequente Überspannungen, z.B. Impulse von 10 bis 100 μs, im Netz entstehen durch Gewitter oder durch das Abschalten netzseitiger großer Lasten und nach Kurzschlüssen.

Die heute verfügbaren Avalanchedioden können bis in das Durchbruchsgebiet hinein mit Spannungsspitzen belastet werden. Eine solche Diode für einen Dauergrenzstrom von z.B. 100 A und eine Durchbruchsspannung von > 1500 V kann in Sperrrichtung Energieimpulse bis zu 30 kW bei 10 μs Dauer aufnehmen.

4.4 Der Aluminium-Elektrolytkondensator

Die Miniaturisierung ist eine wichtige Aufgabe der Geräteentwicklung. Hierbei steigt jedoch meist die durchschnittliche Temperatur der Geräte. Von der Temperatur und der elektrischen Belastung der Bauelemente aber hängt die Lebensdauer ab, wobei die „nassen" Elektrolytkondensatoren häufig die Lebensdauer eines Geräts bestimmen.

Moderne Entwicklungen führten zu beachtlichen Fortschritten bei Aluminium-Elektrolytkondensatoren. So konnte man teilweise die Temperaturgrenzen hochsetzen und außerdem die Verlustwiderstände und die Restströme verkleinern. Hierdurch ergab sich die Möglichkeit, die Volumina zu reduzieren.

4.4.1 Allgemeines

Metalle, deren Oxide den Strom in einer Richtung sperren, nennt man Ventilmetalle. Praktische Bedeutung haben Aluminium und Tantal erreicht. Der Elektrolytkondensator (Elko) nimmt unter den Kondensatoren eine Sonderstellung ein.

Auch der Elko besteht aus zwei elektrisch leitenden Belägen mit einem Dielektrikum. Die eine Elektrode (Katode) ist aber kein Metallbelag, sondern eine leitende Flüssigkeit, der Betriebselektrolyt. Als Gegenelektrode (Anode) dient eine Al-Folie, auf deren Oberfläche eine Aluminiumoxydschicht erzeugt wird (Dielektrikum). Das nicht zur Oxidation verbrauchte Aluminium (Muttermetall) stellt den positiven Belag dar.

Die Dielektrizitätskonstante des Aluminiumoxids liegt mit etwa 10 relativ hoch. Vor allem hat das Aluminiumoxid den Vorzug, daß es wegen seiner ungewöhnlich hoch liegenden Betriebsfeldstärke (800 kV/mm) extrem dünn ausgebildet wird. Die Oxidschicht wird durch anodische Oxidation (Formierung) erzeugt. Dabei wächst die Schichtdicke proportional zur angelegten Formierspannung. Die Schichtdicke beträgt nur 1,2 nm/V, woraus sich schon ein Teil der großen Volumenkapazität erklärt.

Ein weiterer Faktor ist die durch Aufrauhung (Ätzung) um ein Vielfaches vergrößerte Oberfläche der Elektroden (Bild 4.44). Da der eine Belag des Elkos aus Elektrolyt besteht, paßt sich dessen Oberfläche optimal an die Anode an.

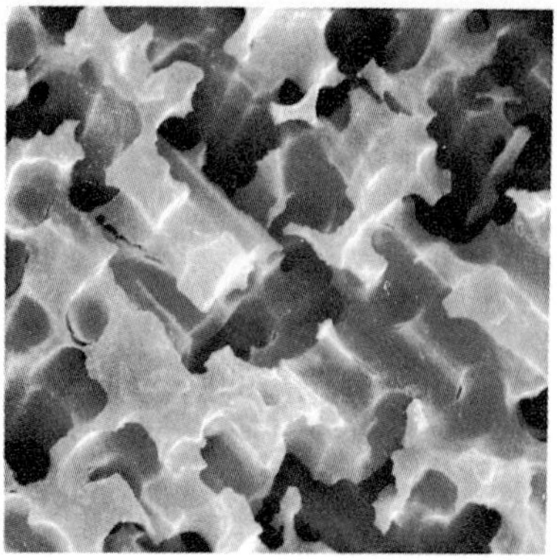

Bild 4.44
Aufgerauhte Al-Folie
Vergrößerung 2500fach

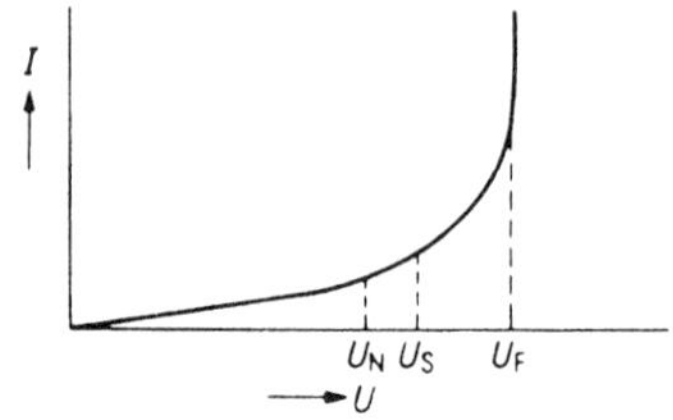

Bild 4.45
Spannungsabhängigkeit des Stroms beim Al-Elko

Durch unterschiedliche Ätzverfahren läßt sich die Porengröße der gewünschten Betriebsspannung angleichen.

Die Oxidschicht stellt einen spannungsabhängigen überproportional ansteigenden Widerstand dar (Bild 4.45).

Ist die Formierspannung U_F erreicht, setzt eine Weiterformierung ein, verbunden mit Gas- und Wärmeentwicklung. Die Differenz zwischen der Formier- und Betriebsspannung, die „Überformierung", bestimmt die Betriebssicherheit der Kondensatoren, z.B. für erhöhte Anforderungen (long life grade „LL" nach IEC 384-1).

Der Wickel enthält außer der Anode eine gleich große zweite Al-Folie, die jedoch nicht formiert ist. Sie dient als großflächige Stromzuführung für den Elektrolyten und wird als Katode bezeichnet, obgleich von der Funktion her die eigentliche Katode der Elektrolyt ist. Beide Folien sind durch Papierlagen voneinander getrennt, welche als Elektrolytträger und Abstandhalter dienen.

Der übliche Elektrolytkondensator funktioniert nur dann ordnungsgemäß, wenn an der formierten Al-Folie (Anode) der Pluspol und an der anderen Folie (Katode) der Minuspol angeschlossen ist. Bei umgekehrter Polung würde auf der Katodenfolie in gleicher Weise wie auf der Anode eine Dielektrikumschicht aufgebaut werden. Der Elektrolytkondensator ist daher in seinem Grundaufbau nur für Gleichspannung (auch wellig) geeignet.

Beim bipolaren Elko ist auch die zweite Folie formiert und zu einer gleich großen Kapazität wie die Anodenkapazität ausgebildet. Ein solcher Aufbau gestattet den Betrieb an Gleich- und Wechselspannung, wobei wegen der Erwärmung des Kondensators die Wechselspannung erheblich unter der Nenngleich-

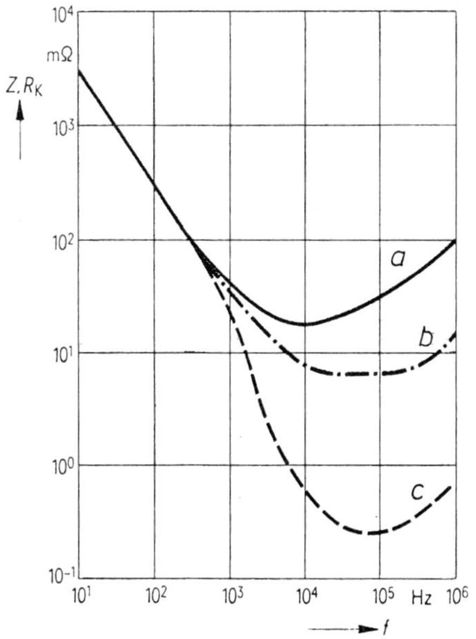

Bild 4.46
Schein- bzw. Kernwiderstand (Z, R_K) über der Frequenz f mit unterschiedlicher Belagskontaktierung am Beispiel eines Kondensators 4700 µF, 63 V, 20 °C

Ein Kontakt je Belag in Folienmitte, zweipolig

Zwei Kontakte je Belag in Folienmitte, vierpolig

Je ein Kontakt am Anfang und Ende beider Beläge, vierpolig

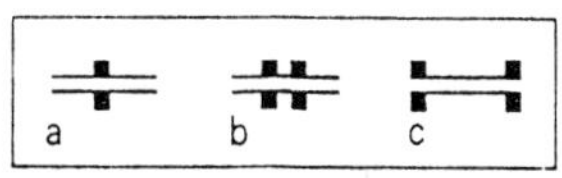

spannung bleiben muß. Bipolare Elkos beanspruchen demnach ein größeres Volumen gegenüber gepolten Elkos.

Al-Elkos für erhöhte Anforderungen haben eine höhere Zuverlässigkeit. Der für solche Kondensatoren benötigte Aufwand wirkt sich sowohl in der Gehäusegröße als auch auf den Preis aus. Für allgemeine Anforderungen werden aber vor allem kleine Abmessungen verlangt. Eine ständige Verkleinerung der Abmessungen läßt sich leider nicht beliebig fortsetzen, da hierbei die Verluste steigen.

Mehrfachkontaktierung verringert den „Kernwiderstand" (Bild 4.46).

4.4.2 Kenngrößen

Die „*Nennspannung*" U_N ist jene Gleichspannung, für die der Kondensator gebaut und benannt ist. Die hier genannte Spannungsreihe ist heutiger Standard.

	Niedervolt-(NV-)Spannungen							Hochvolt-(HV-)Spannungen				
U_N in V	6,3	10	16	25	40	63	100	160	250	350	385	450

Die „*Dauergrenzspannung*" U_g ist die höchste Spannung, mit der der Kondensator dauernd betrieben werden darf; sie hängt in gewissen Grenzen von der Umgebungstemperatur ab. Die Dauergrenzspannung ist gleich der Nennspannung und darf bis zur oberen „Kategorietemperatur“ des Kondensators zum Einsatz kommen. Bei einer Reihe von Al-Elkos der Kategorietemperatur 85 °C kann sie zeitlich begrenzt sogar bis 105 °C angelegt werden.

Beim Festlegen der im Betrieb auftretenden „*Betriebsspannung*“ U_B, die die Dauergrenzspannung U_g nicht überschreiten darf, sind alle ungünstigen Betriebsverhältnisse (Netzüberspannung, Toleranzen, hohe Umgebungstemperaturen, Überspannung beim Einschalten u.a.) zu berücksichtigen. Durch Spannungsminderung (Derating) werden die die Lebensdauer reduzierenden Vorgänge verlangsamt.

Die „*Spitzenspannung*“ U_s ist die höchste Spannung (Scheitelwert), die kurzzeitg (1 min/5 × je h) am Kondensator anliegen und nicht überschritten werden darf. Nach IEC gilt

$$\text{für } U_N \leqq 315\text{ V}: U_s = 1{,}15 \cdot U_N;$$

$$\text{für } U_N \geqq 315\text{ V}: U_s = 1{,}1 \cdot U_N.$$

Die „*überlagerte Wechselspannung*“ ist die effektive Wechselspannung, mit der der Kondensator zusätzlich zu einer Gleichspannung beaufschlagt werden darf. Der Scheitelwert darf die Nennspannung nicht überschreiten.

Unter dem „*überlagerten Wechselstrom*“ versteht man den Effektivwert des Wechselstroms, mit dem ein Kondensator belastet wird. Sein maximal zulässiger Wert hängt ab von der Umgebungstemperatur, der Kondensatoroberfläche (Kühlung), dem Verlustfaktor und von der Frequenz. Da die Lebensdauer eines Elkos sehr stark von seiner Temperaturbelastung abhängt, ist die Verlustwärme durch Wechselstrombelastung bei der Betrachtung der „Brauchbarkeitsdauer“ von Belang. Ggf. muß ein Kondensator aus einer höheren Spannungsklasse oder mit größerer Kapazität gewählt werden.

Bei Al-Elkos ist der *Verlustfaktor* bzw. der *äquivalente Serienwiderstand* frequenzabhängig. Daraus ergibt sich eine Frequenzabhängigkeit des überlagerten Wechselstroms. Die Wechselstrombelastbarkeit ist im allgemeinen auf 100 Hz, in einigen Fällen auf 20 kHz, bezogen (Bild 4.47).

Die Nennwechselstrombelastung ist bei der oberen Kategorietemperatur so festgelegt, daß durch die entstehende Verlustwärme die Kondensatoroberfläche eine Übertemperatur von 3 K erfährt.

Wird der Elko bei niedriger Temperatur betrieben, darf er mit höherem Wechselstrom belastet werden. Nach Normen-Empfehlung gelten die in Tabelle 4.6 angegebenen Richtwerte für Stromumrechnungsfaktoren.

Bei Belastung mit nicht eindeutig definierten Strömen oder Frequenzen darf an keinem Punkt des Gehäuses die Oberflächentemperatur höher sein, als dies für die obere Kategorietemperatur des Kondensators zugelassen ist.

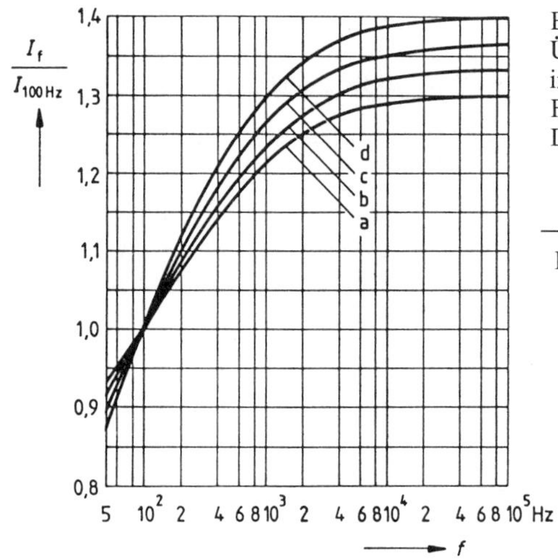

Bild 4.47
Überlagerter Wechselstrom in Abhängigkeit von der Frequenz f und Durchmesser d des Gehäuses

$d_{max.}$	35,7	51,6	64,3	76,9
Kurve	d	c	b	a

Tabelle 4.6 Richtwerte für Stromumrechnungsfaktoren

Umgebungstemperatur	Obere Kategorietemperatur							
	Erhöhte Anforderungen						Allg. Anforderungen	
	125 °C		105 °C		85 °C		85 °C	
ϑ_U(°C)	ϑ_O(°C)	F	ϑ_O(°C)	F	ϑ_O(°C)	F	ϑ_O(°C)	F
40	55	2,24	55	2,24	50	1,83	55	2,24
45	59	2,18	59	2,15	55	1,75	59	2,13
50	64	2,13	63	2,10	59	1,68	63	2,03
55	68	2,07	67	2,00	63	1,60	67	1,91
60	72	2,01	71	1,95	67	1,52	70	1,80
65	76	1,96	75	1,85	71	1,43	74	1,67
70	81	1,89	79	1,80	75	1,33	77	1,53
75	85	1,83	84	1,70	80	1,23	81	1,37
80	89	1,77	88	1,60	84	1,12	84	1,2
85	94	1,70	92	1,50	88	1,0	88	1,0
90	98	1,63	96	1,40		0,9		0,9
95	102	1,55	100	1,25		0,8		0,8
100	106	1,48	104	1,15		0,7		0,7
105	111	1,39	108	1,0		0,6		0,6
110	115	1,33						
115	119	1,21						
120	124	1,11						
125	128	1,0						

ϑ_O: Kondensator-Oberflächentemperatur
F: Multiplikations-Faktor des Wechselstroms bei oberer Kategorietemperatur

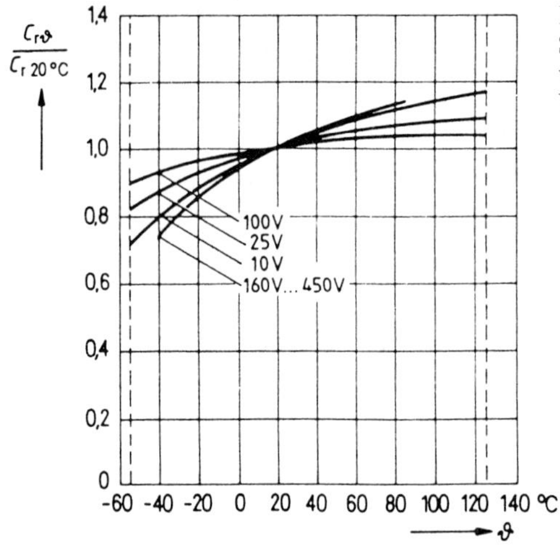

Bild 4.48
Serienkapazität C_r in Abhängigkeit von der Temperatur. Typisches Verhalten. 20 °C-Kapazität = 1

Temperaturabhängigkeit der Kapazität

Die Kapazität eines Elektrolytkondensators ist von der Temperatur verhältnismäßig stark abhängig, wie Bild 4.48 zeigt.

Je kleiner die Nennspannung und je höher die Aufrauhung ist, desto steiler verlaufen die Kurven.

Zeitliche Kapazitätsänderung

Die zeitliche Kapazitätsänderung (praktische Inkonstanz) innerhalb der Brauchbarkeitsdauer wird auf eine Temperatur von 40 °C bezogen. Die Inkonstanz ist bei niedrigen Nennspannungen größer als bei hohen. Mit zunehmender Betriebstemperatur steigt die Inkonstanz, ebenso bei dauernder voller Ausnutzung der zulässigen Wechselstrombelastung.

Verlustfaktor

Der Verlustfaktor tan ϑ ist das Verhältnis von Ersatzserienwiderstand R_{ESR} zum kapazitiven Widerstand X_C in der Ersatzserienschaltung.

Ersatzserienwiderstand

Der Ersatzserienwiderstand ist temperatur- und frequenzabhängig (Bilder 4.49 bzw. 4.51).

Für den auf 1 µF bezogenen Ersatzserienwiderstand bei 20 °C gelten die Richtwerte nach Tabelle 4.7.

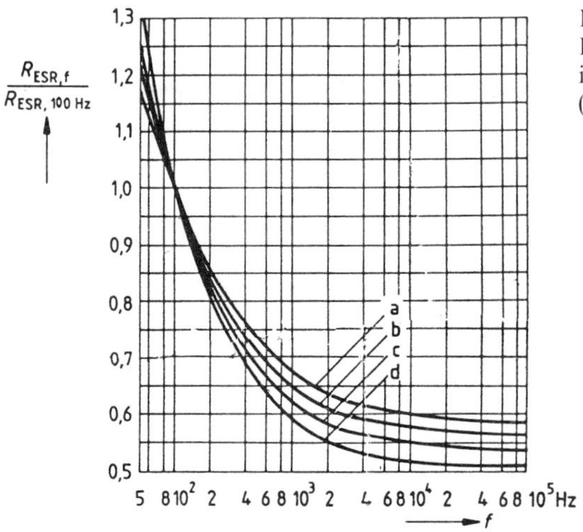

Bild 4.49
Ersatzserienwiderstand R_{ESR}
in Abhängigkeit von der Frequenz f
(Typisches Verhalten)

Tabelle 4.7 Bezogener Ersatzwiderstand je 1 µF

Nennspannung in V	>4 bis ≦10	>10 bis ≦25	>25 bis ≦63	63	100	160
Bezogener R_{ESR} bei 100 Hz in Ω·µF	500 bis 300	300 bis 220	220 bis 130	130	110	190

Der Ersatzwiderstand eines Al-Elkos ergibt sich aus der Teilung der Tabellenwerte durch seine Nennkapazität C_N. Der praktisch erreichbare R_{ESR} wird durch den ohmschen Anteil der Kontaktverbindungen und der Folienwiderstände nach unten begrenzt; daher sind errechnete Werte unter 0,05 Ω nicht in jedem Fall zu realisieren.

Scheinwiderstand

Der Scheinwiderstand eines Elektrolytkondensators ergibt sich aus der Reihenschaltung des kapazitiven Widerstands, des reellen Widerstandes des Elektrolyten und des induktiven Widerstandes des Wickels und der Zuleitungen (Bild 4.50). Die Blindwiderstände X_C und X_L sind frequenzabhängig, der Elek-

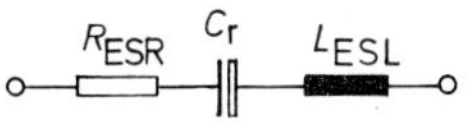

Bild 4.50 Serienersatzschaltung des Elektrolytkondensators

trolytwiderstand dagegen temperaturabhängig; er nimmt mit fallender Temperatur zu. Bild 4.51 zeigt Scheinwiderstandsverläufe eines Niedervolt-Elkos.

Wie ersichtlich, ist der Scheinwiderstand im Bereich von 20 bis 200 kHz sehr gering und nähert sich dem Ersatzserienwiderstand R_{ESR}. Eine hierbei verbleibende Welligkeit ist damit von diesem bestimmt.

Den Ersatzserienwiderstand ist ferner von der Frequenz und dem Elkodurchmesser abhängig.

Reststrom

Auch nach längerem Anliegen von Gleichspannung fließt ein Reststrom; dieser kann als Maß für die Güte des Elkos angesehen werden. Nach Anlegen der Nennspannung ist der Reststrom zunächst hoch – insbesondere nach längerer spannungsloser Lagerung – klingt dann aber mit zunehmender Betriebsdauer rasch ab und erreicht schließlich einen nahezu konstanten Wert. Die Temperaturabhängigkeit des Reststroms ist in Bild 4.52 gezeigt.

Normale Elkos können mindestens zwei Jahre und SIKOREL-Elkos zehn Jahre ohne Minderung der Zuverlässigkeit spannungslos gelagert werden. Man kann sie danach unmittelbar mit Nennspannung beaufschlagen.

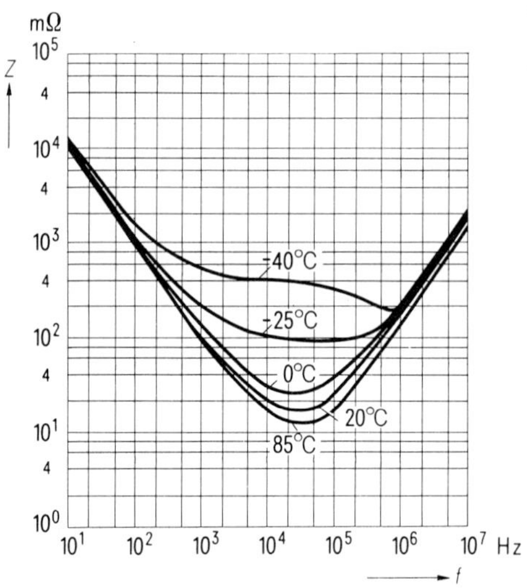

Bild 4.51
Scheinwiderstand Z in Abhängigkeit von Frequenz und Temperatur für 1000 µF/40 V. Typisches Verhalten

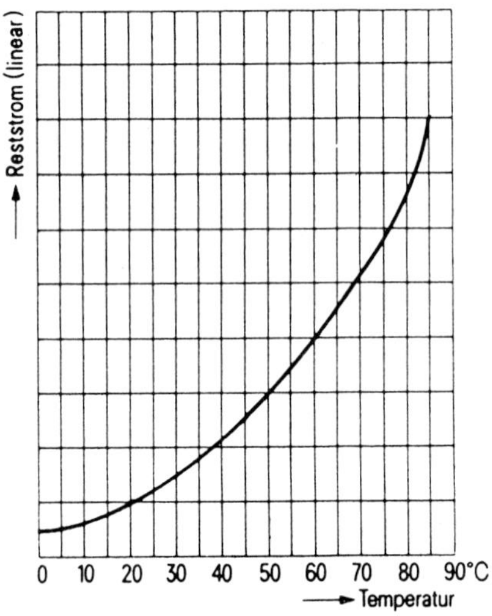

Bild 4.52
Abhängigkeit des Reststroms von der Temperatur

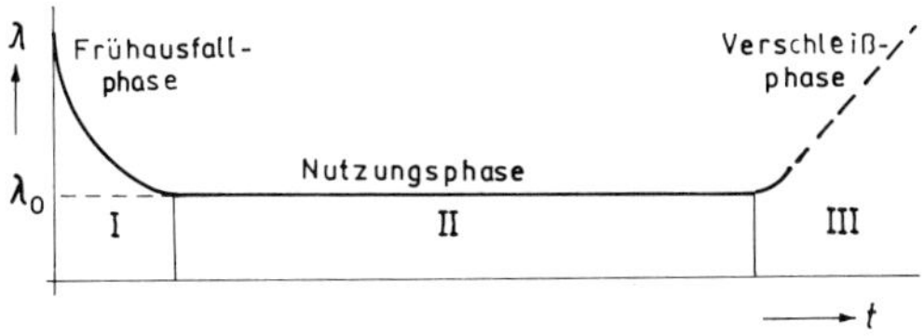

Bild 4.53 Ausfallphasen der Bauelemente als Funktion der Zeit

Ausfallrate

Die Angabe von Ausfallraten gibt dem Gerätehersteller die Basis für Zuverlässigkeitsprognosen.

Wenn aus einer großen Anzahl N gleichartiger Bauelemente der Anteil ΔN in der Zeitspanne Δt ausfällt, so bezeichnet $\lambda = \frac{\Delta N}{N \cdot \Delta t}$ die (über den Zeitraum Δt gemittelte) Ausfallrate. Sie hat die Dimension einer reziproken Zeit mit der Einheit $10^{-9}/\mathrm{h} = 1$ fit (**f**ailure **i**n **t**ime).

Üblicherweise unterscheidet man bei Bauelemente-Ausfällen drei Phasen (nach Bild 4.53).

Bei Al-Elkos liegt die Nutzungsphase im wesentlichen im Bereich II. Daher genügt in der Regel die Angabe der in diesem Bereich (annähernd) konstanten Ausfallrate λ.

4.4.3 Lebensdauer

Die Lebensdauer (Brauchbarkeitsdauer) eines Elkos ist im wesentlichen durch den Elektrolyten bestimmt. Schon bei Raumtemperatur gehen Teile des Elektrolyten in den gasförmigen Zustand über.

Über Diffusionsvorgänge verliert auch ein verschlossener Behälter langsam Gasanteile. Dies gilt auch für den Elko, dessen Elektrolytverlust direkt proportional zur Kondensatortemperatur und umgekehrt proportional zur Verschlußqualität ist. Mit abnehmender Elektrolyt-Menge ändern sich aber die elektrischen Parameter des Elkos. Der äquivalente Serienwiderstand nimmt zu, wobei die Kapazität kleiner wird.

Die Lebensdauer eines Elektrolytkondensators gilt als beendet, wenn die Kapazität um etwa 30% gesunken, Verlustwinkel und Scheinwiderstand um den Faktor 3 angestiegen sind. Diese Abweichungen der elektrischen Werte vom Nennwert führen allerdings noch nicht zu Funktionsausfällen.

Die zu erwartende Brauchbarkeitsdauer in Stunden läßt sich nach dem „10-Grad-Gesetz" gut abschätzen; hiernach halbiert sich je 10 Grad höherer Arbeitstemperatur die Lebensdauer L_X. Das Gesetz gilt für die Nennspezifikationen und läßt sich wie folgt angeben:

$$L_X = L_{oK} \cdot 2^n;\ \text{z.B. } 2000 \cdot 2^7 = 256000\ \text{h.}$$

L_X gesuchte Lebensdauer (Nutzungsdauer) in Stunden

L_{oK} angegebene Nutzungsdauer bei der oberen Kategorietemperatur und spezifiziertem Wechselstrom (z.B. 2000 h bei 125 °C)

$$n = \frac{t_{oK} - t_{Umg}}{10};\ \text{z.B. } \frac{125-55}{10} = 7.$$

Für eine von der Spezifikation abweichende Wechselstrombelastung ermöglicht das Diagramm 4.54 das Ermitteln der zu erwartenden Nutzungsdauer.

Um aus den Kurven bei gegebener Wechselstrombelastung und Umgebungstemperatur die Brauchbarkeitsdauer zu ermitteln, ist wie folgt vorzugehen:

Ermittlung des Quotienten $\frac{I\sim}{I\sim_{\text{Nenn oK}}}$ aufgrund des verlangten Wechselstromes bei bestimmter Umgebungstemperatur und des Nennwechselstromes bei der oberen Kategorietemperatur (oK). Die gesuchte Brauchbarkeitsdauer liegt im Schnittpunkt Umgebungstemperatur und Stromquotienten. Die Frequenzabhängigkeit des Wechselstromes ist hierbei noch nicht berücksichtigt. Umrechnungsfaktoren hierzu sind in der folgenden Tabelle angegeben.

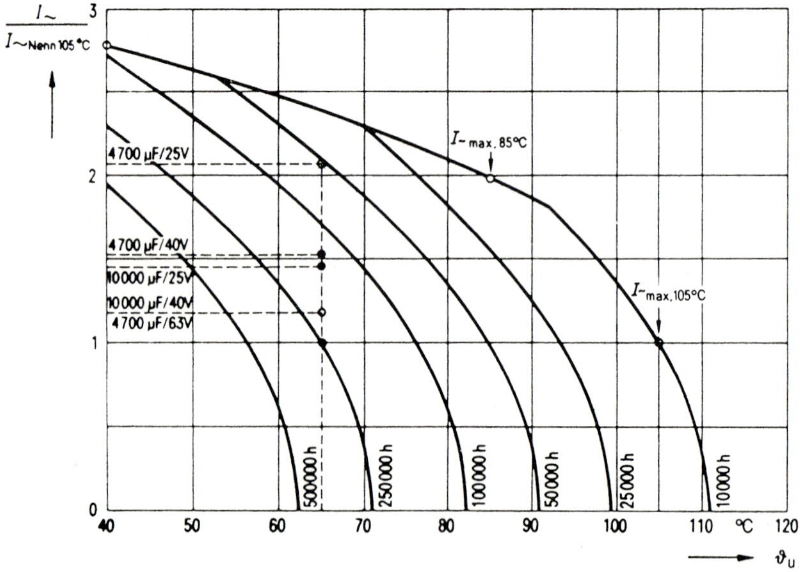

Bild 4.54
Brauchbarkeitsdauer bei Betrieb mit Wechselstrom, Bauform B 41 550, B 41 570, SIKOREL 105, kleine Durchmesser

Frequenz in Hz	50	100	400	800	1000	$\geqq$2000
Umrechnungsfaktor	0,8	1,0	1,2	1,3	1,35	1,4

Beispiel

Für eine getaktete Batterieladestation mit 50 A Nennausgangsstrom bei 24 V sei die Ausgangskapazität festzulegen mit den Bedingungen

▷ $C_N \geqq 4700\ \mu F$ und $U_N \geqq 24$ V
▷ Wechselstrombelastung 12 A bei 20 kHz
▷ Umgebungstemperatur $\leqq 65\ °C$
▷ Brauchbarkeitsdauer mindestens 5 Jahre, entsprechend 43000 h

Um abzuschätzen, ob diese Anforderungen mit einem Einzelkondensator überhaupt zu erfüllen sind, betrachten wir die Bauform der Stromversorgungs-Elektrolyt-Kondensatoren aus der Qualitätsstufe „SIKOREL 105" näher.

Aus Diagramm (Bild 4.54) ist ersichtlich, daß bei $\vartheta_U = 65\ °C$ die Brauchbarkeitsdauer-„Reserve" voll ausreicht. Mit Stromfaktor $\frac{I_{\sim 65\,°C}}{I_{\sim \mathrm{Nenn},\,105\,°C}} = 2{,}1$ sind etwa 50000 h, also mehr als 5 Jahre, mit Stromfaktor $\frac{I_{\sim 65\,°C}}{I_{\sim \mathrm{Nenn},\,105\,°C}} = 1{,}0$ etwa 250000 h, also ≈ 30 Jahre zu erwarten.

Standard-Typenreihe

Die Tabelle 4.8 gibt eine Datenübersicht für die Bauformreihen B 41293 und B 43293.

Hochvolt-Typ Sikorel

Tabelle 4.9 gibt die wichtigsten Daten für die Sikorel-Baureihe B 43590/43592 wieder. Nähere Daten können dem Datenbuch über Elektrolyt-Kondensatoren entnommen werden.

Hochleistungs-Elkos

Hohe Zuverlässigkeit, weiter Temperaturbereich und ausgezeichnete elektrische Daten empfehlen diese Bauformen (Tab. 4.10) für den Einsatz in hochprofessionellen Geräten. Massive Schraubanschlüsse und vollgeschweißte Ausführung garantieren beste Kontaktsicherheit. Die hohe Brauchbarkeitsdauer vermindert zudem den Wartungsaufwand in Stromversorgungsgeräten.

Die Kondensatoren sind in ein Aluminium-Gehäuse mit Isolierhülle eingebaut.

Tabelle 4.8 Elko-Bauformreihen B41293 und B 43293 (Siemens)

C_N in µF	U_N in V–	$\tan \delta_{max}$ 100 Hz 20 °C	$R_{ESR, typ}$ 100 Hz 20 °C in Ω	$R_{ESR, max}$ 100 Hz 20 °C in Ω	Z_{max} 10 kHz 20 °C in Ω	$I_{R, max}$ 5 min 20 °C in µA	$I\sim_{max}$ 100 Hz 40 °C in mA	$I\sim_{Nenn}$ 100 Hz 85 °C in mA	L_{ESL} etwa in nH
1000	10	0,18	0,21	0,32	0,16	60	1,56	0,53	23
2200		0,22	0,11	0,18	0,08	108	2,30	0,79	38
4700		0,26	0,06	0,10	0,05	210	4,10	1,35	37
1000	16	0,16	0,21	0,28	0,13	84	1,65	0,57	37
2200		0,20	0,11	0,16	0,06	160	2,53	0,87	38
4700		0,24	0,06	0,09	0,05	320	4,45	1,53	17
470	25	0,14	0,27	0,53	0,19	67	1,37	0,47	23
1000		0,14	0,16	0,25	0,09	120	1,91	0,65	38
2200		0,18	0,09	0,14	0,05	240	3,37	1,16	37
4700		0,22	0,05	0,09	0,05	490	5,30	1,75	17
470	40	0,10	0,20	0,38	0,15	95	1,59	0,55	37
1000		0,10	0,13	0,18	0,05	180	2,38	0,82	38
2200		0,10	0,07	0,11	0,05	370	4,06	1,39	17
220	63	0,08	0,38	0,64	0,25	75	1,16	0,40	37
470		0,08	0,18	0,30	0,12	140	1,95	0,67	38
1000		0,08	0,10	0,14	0,06	270	3,57	1,22	17
100	100	0,07	0,72	1,20	0,45	60	0,84	0,29	23
220		0,07	0,33	0,56	0,20	110	1,44	0,49	38
470		0,07	0,15	0,26	0,10	210	2,82	0,97	17
22	160	0,11	4,00	8,80	6,80	34	0,36	0,12	23
47		0,11	1,90	4,10	3,30	50	0,55	0,19	37
100		0,11	0,95	1,90	1,50	84	1,02	0,35	37
220		0,11	0,43	0,88	0,68	160	1,81	0,62	17
22	250	0,11	3,30	8,80	6,80	42	0,39	0,13	23
47		0,11	1,50	4,10	3,30	67	0,67	0,23	38
100		0,11	0,72	1,90	1,50	120	1,29	0,44	17
10	350	0,11	5,60	19,00	15,00	34	0,30	0,10	23
22		0,11	2,50	8,80	6,80	51	0,48	0,17	37
47		0,11	1,20	4,10	3,30	86	0,91	0,31	37
100		0,11	0,56	1,90	1,50	160	1,58	0,54	17
100	385	0,11	0,56	1,90	1,50	174	1,58	0,54	34
150		0,11	0,37	1,30	1,00	250	2,04	0,70	40

Tabelle 4.9 Elektrische Daten für die Bauform Sikorel B 43590 und B 43592

C_N	U_N	$R_{ESR,typ}$ 100 Hz 20 °C	$R_{ESR,max}$ 100 Hz 20 °C	Z_{max} 10 kHz 20 °C	$I_{R,max}$ 5 min 20 °C	$I_{\sim max}$ 100 Hz 40 °C	$I_{\sim max}$ 100 Hz 85 °C	$I_{\sim Nenn}$ 100 Hz 105 °C	L_{ESL} etwa in nH	
									B 43 590	B 43 592
in µF	in V–	in Ω	in Ω	in Ω	in µA	in mA	in mA	in mA	axial	einseitig
2,2		22	56	28	6	120	73	35	20	–
4,7		10	26	13	7	220	130	64	30	–
10	350	4,8	12	6,1	11	380	230	110	40	20
22		2,2	5,6	2,8	19	660	400	190	40	40
47		1,0	2,6	1,3	37	1200	710	340	60	40
100		0,48	1,2	0,64	74	2000	1200	590	60	20

Tabelle 4.10
Hochleistungs-Elkos 150 bis 6000 µF – 350 V, Bauform B 43550/B 43570 (Siemens)

C_N[1]	U_N[2][3]	$R_{ESR,typ}$ 100 Hz 20 °C	$R_{ESR,max}$ 100 Hz 20 °C	Z_{max} 10 kHz 20 °C	$I_{R,max}$ 5 min 20 °C	$I_{\sim max}$ 100 Hz 40 °C	$I_{\sim max}$ 100 Hz 85 °C	$I_{\sim Nenn}$ 100 Hz 105 °C	L_{ESL} etwa	Abmessungen (mit Isolierhülle)	
										d_{max}	l_{max}
in µF	in V–	in mΩ	in mΩ	in mΩ	in mA	in A	in A	in A	in nH	in mm	in mm
150		300	600	410	0,11	3,4	2,1	1,0	10	35,7	56,7
220		210	420	280	0,16	4,8	2,9	1,4	10	35,7	82,1
330		140	280	190	0,24	6,5	4,0	1,9	10	35,7	107,5
470		95	190	140	0,33	8,1	4,9	2,4	15	51,6	82,1
680		65	130	100	0,48	11,0	6,6	3,2	15	51,6	107,5
1000	350	45	90	72	0,70	14,0	8,4	4,0	20	64,3	107,5
1500		30	60	52	1,05	17,0	10,0	4,9	20	64,3	107,5
2200		22	45	40	1,54	20,0	12,0	5,9	20	76,9	107,5
3300		15	30	29	2,31	28,0	17,0	8,1	20	76,9	145,6
4700		12	24	23	3,29	37,0	22,0	11,0	20	76,9	221,8
6000		10	20	19	4,20	40,0	24,0	12,0	20	76,9	221,8

1) Kapazitätstoleranz +30/–10%
2) Höhere Nennspannungen auf Anfrage
3) Spitzenspannung $U_s = 1{,}15\ U_N$(160, 250 V); $1{,}1\ U_N$(350 V)

4.5 Impulskondensatoren

Durch Einführung neuer Halbleiterbauelemente und Erhöhung der Betriebsfrequenzen in dem Bereich von 10 bis 500 kHz ergaben sich neue Einsatzkriterien, die sich mit dem Dielektrikum Papier nicht mehr erfüllen lassen, so daß Kunststoff-Folien erforderlich wurden.

Diese haben gegenüber Papier folgende Vorteile:

▷ Hoher Isolationswiderstand
▷ Hohe Durchschlagsfestigkeit
▷ Herstellbar in dünneren Folienstärken
▷ Weitgehende Fehlstellenfreiheit
▷ Geringe Feuchteaufnahme.

Tabelle 4.11 Die wesentlichen Eigenschaften der wichtigsten Kunststoffolien

	Polyester	Polycarbonat	Polypropylen
Dielektrizitätszahl 1 kHz/23 °C (TKC)	3,3 (mit steigender Temperatur positiv)	2,8 (weitgehend konstant über die Temperatur)	2,2 (mit steigender Temperatur negativ)
Dielektrischer Verlustfaktor tan δ 1000 Hz/23 °C 10 kHz/23 °C 100 kHz/23 °C 1 MHz/23 °C	$5{,}2 \cdot 10^{-3}$ $11{,}3 \cdot 10^{-2}$ $1{,}8 \cdot 10^{-2}$ $2{,}0 \cdot 10^{-2}$ (mit steigender Temperatur fallend und ab +70 °C wieder steigend)	$1{,}2 \cdot 10^{-3}$ $5 \cdot 10^{-3}$ $1 \cdot 10^{-2}$ $1 \cdot 10^{-2}$ (weitgehend konstant über die Temperatur)	$1 \cdot 10^{-4}$ $1 \cdot 10^{-4}$ $1 \cdot 10^{-4}$ $1 \cdot 10^{-3}$ (mit der Temperatur abfallend)
Spez. Durchgangswiderstand $\Omega \cdot$cm/23 °C	10^{18}	$2 \cdot 10^{17}$	$6 \cdot 10^{18}$
Durchschlagfestigkeit in V/µm bei 23 °C	580 V – 410 V ~ 50 Hz	400 V – 350 V ~ 50 Hz	670 V – 380 V ~ 50 Hz
Bevorzugter Temperaturbereich	−55 … +100 °C	−55 … +100 °C (+125 °C)	−55 … +85 °C
Geringste Folienstärke z.Z.	1,5 µm	1,5 µm	4 µm
Metallisierbarkeit	sehr gut	gut	nur nach Vorbehandlung

Die Verlustleistung, die sich näherungsweise nach der Formel

$$N_v = U_{eff}^2 \cdot \omega \cdot C \cdot \tan\delta$$

berechnet, bestimmt die Erwärmung des Kondensators. Die wesentlichste Einflußgröße auf der Materialseite ist der Verlustfaktor tan δ. Zusätzlich beeinflußt die Frequenz die Durchschlagsfestigkeit.

In Tabelle 4.11 sind die Eigenschaften der drei wichtigsten Kunststoffdielektrika Polyester, Polycarbonat und Polypropylen zusammengefaßt.

Neben der Dimensionierung des Dielektrikums sind Spannungsbelastung, Frequenz- und Temperaturbeanspruchung, und auch der Ionisationseinsatz zu beachten. Beim Einsatz in einem Schaltnetzteil lösen die steilen Impulsspannungen augenblicklich hohe Ströme aus. Auch die Kontaktierung muß dieser Belastung standhalten.

Der Film/Folien-Kondensator ist impulsfest, wenn die Metallfolienbeläge stirnseitig mit geringem Übergangswiderstand kontaktiert sind. Nachteilig ist, daß ein Durchschlag im Betrieb zu einem irreversiblen Totalausfall führt. Die elektromechanische Arbeit der Beläge im Wechselfeld bringt die Gefahr einer Beschädigung des Dielektrikums durch die Metallfolienkanten mit sich.

Das erhöhte Betriebsrisiko kann durch Überdimensionierung kompensiert werden.

Kondensatoren mit metallisierten Kunststoff-Folien (MKT, MKP) benutzen infolge der geringen Stärke der Metallisierung eine begrenzte Strombelastbarkeit.

4.5.1 Metallisierte Kunststoff-Kondensatoren MKT

Neben den bekannten stirnkontaktierten MKT-Kondensatoren sind MKT-Chip-Kondensatoren für die Oberflächenmontage (automatisch bestückter SMD), ferner MPF-Kondensatoren für spezielle Anwendungen in der Energie-, Hochspannungs- und SNT-Technik mit extrem hohen Spannungssteilheiten verfügbar [1)].

Auf das Dielektrikum dieser Kondensatoren werden im Vakuum Metallschichten aufgedampft; diese sind sehr dünn, etwa 0,02 bis 0,05 µm. Durch Stirnkontaktierung werden alle Kondensatoren sehr induktivitäts- und dämpfungsarm. Der bei einem Durchschlag entstehende Lichtbogen verdampft den Metallbelag, ohne das Dielektrikum zu beschädigen. Dieser Selbstheilvorgang dauert weniger als 10 µs. Die Kapazität ändert sich nach 10^3 Durchschlägen um weniger als 1%.

[1)] Metallisierte Kunststoff-Kondensatoren, Datenbuch, Siemens

Bauformen und technische Daten

MK-Kondensatoren werden nach Art ihres Dielektrikums unterteilt:

MKT-Kondensatoren

Folie aus Polyethylenterephtalat, sehr gutes Regenerierverhalten, hohe Impulsfestigkeit, geringes Volumen, preisgünstig.

MKC-Kondensatoren

Dielektrikum Polycarbonat, gutes Regenerierverhalten, hohe Impulsfestigkeit, niedrige Verlustfaktoren, geringe Temperaturabhängigkeit der Kapazität.

MFP-Kondensatoren

Polypropylen-Dielektrikum, sehr gutes Regenerierverhalten, höchste Impulsfestigkeit wegen Metallfolien, sehr niedrige Verlustfaktoren, negativer Temperaturkoeffizient der Kapazität.

MKP-Kondensatoren

Polypropylen-Dielektrikum, sehr gutes Regenerierverhalten, hohe Impulsfestigkeit, sehr niedrige Verlustfaktoren, negativer Temperaturkoeffizient der Kapazität.

In der Tabelle 4.12 sind einige Daten der MK-Kondensatoren MKT, MKC, MFP und MKP wiedergegeben.

Chip-MKT-Kondensatoren (Tabelle 4.13) haben hohe Impulsbelastbarkeit und sicheres Selbstheilvermögen. Flexible Anschlußelemente vermeiden Probleme, die aus den unterschiedlichen Ausdehnungskoeffizienten bei den Lötvorgängen entstehen. Temperaturbelastungen wie mit Lötbad bei 260 °C und 5 s, Reflow-Löten bei 235 °C und 10 s und Vapour-Phase-Löten bei 215 °C und 300 s sind zulässig.

Der Kondensator ist umspritzt mit flammhemmendem Kunststoff (schwarz). Die Bestempelung der Oberseite ermöglicht leichte Identifizierung im Gerät.

Die großflächige Metallisierung der Wickelstirnseite gewährleistet eine kontaktsichere Verbindung zwischen den Belägen und den Anschlußelementen. Dadurch wird der Kondensator induktivitäts- und dämpfungsarm.

Temperaturabhängigkeit

Die Kapazität im zulässigen Temperaturbereich verläuft nicht linear, ist aber reversibel. Im Bereich von etwa -20 bis $+70$ °C kann jedoch mit einem angenähert linearen Temperaturverlauf gerechnet werden (Bild 4.55).

Tabelle 4.12 MK- und MF-Kondensatoren

Bauform Kenndaten	MKT	MKC	MFP	MKP
Dielektrikum Beläge	Polyethylen-terephthalat (PETP) Al-Metallisierung	Polycarbonat (PC) Al-Metallisierung	Polypropylen (PPN) Al-Folien und Al-Metallisierung	Polypropylen (PPN) Al-Metallisierung
Kapazitäts-Bereich	1000 pF bis 10 μF	1000 pF bis 1,0 μF	100 pF bis 0,022 μF	1500 pF bis 4,7 μF
Nennspannung bzw. zulässige Wechselspannung	50 V– 32 V~ 63 V– 40 V~ 100 V– 63 V~ 250 V– 160 V~ 400 V– 200 V~ 630 V– 220 V~	100 V– 63 V~ 160 V– 80 V~ 250 V– 160 V~	1600 V– 500 V~ 2000 V– 600 V~	250 V– bis 1500 V– 300 V_{ss} bis 1500 V_{ss} 250 V~ 630 V– 400 V~ 1000 V–
Temperatur-Bereich (Grenzwerte)	−55 bis +100 °C	−55 bis +100 °C	−55 bis +85 °C	−55 bis +85 °C −40 bis +85 °C
Zeitliche Inkonstanz $\Delta C/C$ der Kapazität	±3%	±3%	±2%	±2%
Verlustfaktor $\tan\delta$ (Mittelwerte) 1 kHz 10 kHz	 $6 \cdot 10^{-3}$ $12 \cdot 10^{-3}$	 $3 \cdot 10^{-3}$ $4 \cdot 10^{-3}$	 $<0{,}3 \cdot 10^{-3}$ $<0{,}4 \cdot 10^{-3}$	 $0{,}25 \cdot 10^{-3}$ $0{,}5 \cdot 10^{-3}$
Isolations-widerstand R_{is}	>30000 MΩ	>75000 MΩ	>75000 MΩ	>75000 MΩ
Impulsbelastbarkeit (Flankensteilheit U_{ss}/τ bei vollem Spannungshub)	1,5 bis 250 V/μs	3 bis 100 V/μs	2700 bis 10000 V/μs	20 bis 430 V/μs

Tabelle 4.13 MKT-Chip-Kondensatoren

Gehäuse-größe	l max	b max	h max	Gewicht je 1000 St.	C μF	U_{ss}/τ v/μs	ϑ °C
C	7,3	5,0	3,2	235	0,01 bis 0,22	80	−55 bis 100
D	8,8	5,9	4,0	405	0,33 bis 0,47	50	−55 bis 100
E	9,4	8,0	4,7	650	0,68	50	−55 bis 100
F	9,4	8,0	6,0	830	1	50	−55 bis 100

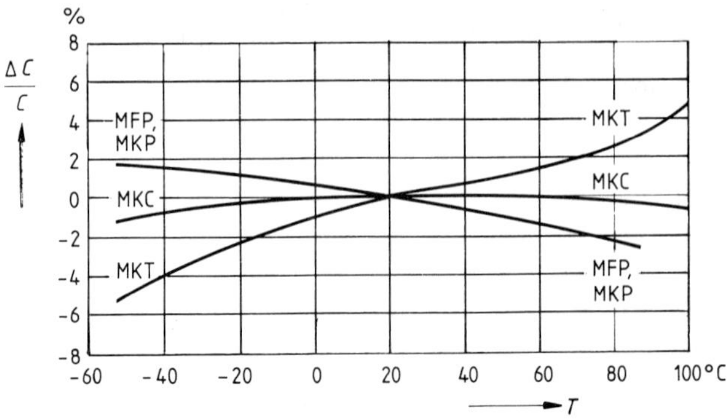

Bild 4.55
Relative Kapazitätsänderung $\frac{\Delta C}{C}$ in Abhängigkeit von der Temperatur T für $f = 1$ kHz (Richtwerte)

Feuchteabhängigkeit

Die Kapazität dichtgelöteter Kondensatoren unterliegt keinen Feuchteeinflüssen. Bei nicht dichtgelöteten Kondensatoren bewirkt der Betrieb bei hohen relativen Feuchten eine Kapazitätszunahme und Isolationsabfall.

Frequenzabhängigkeit

Durch die Frequenzabhängigkeit der Dielektrizitätskonstante der Kunststofffolien nimmt die Kapazität mit steigender Frequenz ab. Bild 4.56 zeigt die typische Abhängigkeit eines MKT-Kondensators als Beispiel.

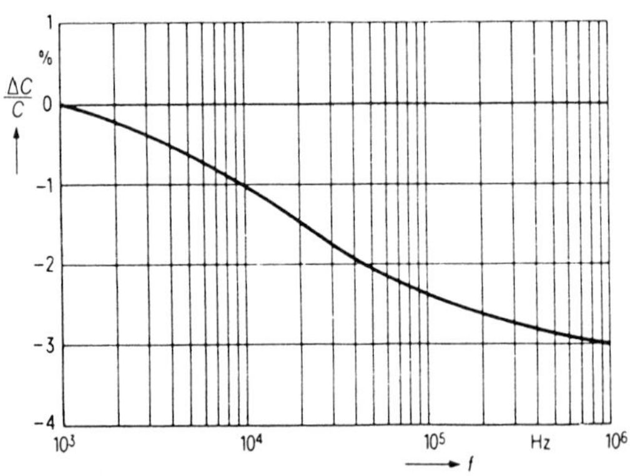

Bild 4.56
Relative Kapazitätsänderung $\frac{\Delta C}{C}$ in Abhängigkeit von der Frequenz f, bei 20 °C

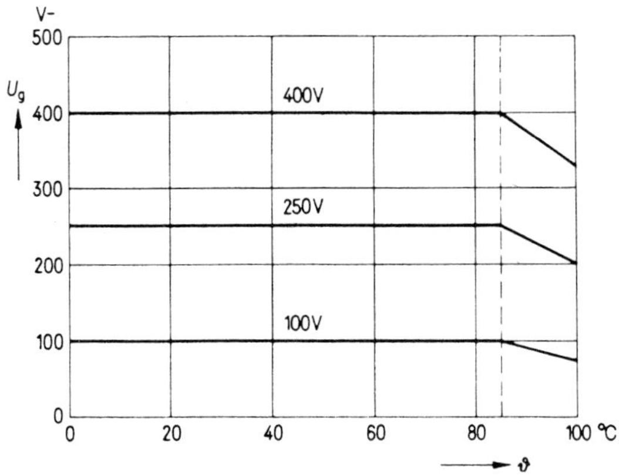

Bild 4.57
Dauergrenzspannung U_g
Betrieb mit Gleichspannung in Abhängigkeit von der Temperatur ϑ

max. 2000 h
$1{,}25 \cdot U_g$
für Millisekunden
(z.B. Schaltvorgänge)
$1{,}50 \cdot U_g$

Betriebsspannungen

Die Nennspannung, nach der der Kondensator benannt ist, ist eine Gleichspannung und bezieht sich auf eine Umgebungstemperatur von 40 °C.

Die Dauergrenzspannung U_g ist die höchste Gleichspannung, mit der der Kondensator dauernd betrieben werden darf (Bild 4.57).

Die Dauergrenzspannung U_W ist auf 50 Hz bezogen. Mit ihr darf der Kondensator dauernd betrieben werden.

Bei Überlagerung der Wechselspannung mit einer Gleichspannung darf die Summe aus Gleichspannung und Amplitude der Wechselspannung die Dauergrenzspannung U_g nicht überschreiten.

MK-Kondensatoren sind im allgemeinen für die netzseitige Funkentstörung nicht zugelassen.

Die Spitzenspannung ist der höchste Scheitelwert der Spannung, die am Kondensator kurzzeitig auftreten darf, z.B. bei nichtperiodischen Schaltvorgängen.

Eigenerwärmung

Werden Kondensatoren mit Sinusspannungen höherer Frequenz oder mit nichtsinusförmigen Wechselspannungen belastet, so ist die Eigenerwärmung und die Impulsbelastbarkeit zu berücksichtigen.

Die Eigenerwärmung $\Delta\vartheta$ eines Kondensators hängt ab von der Spannungsamplitude $U_s = \hat{U} = U_{eff} \cdot \sqrt{2}$ und bei impulsförmigen Wechselspannungen vom Spitze-Spitze-Wert U_{ss}, vom Verlauf der Steilflanken und von der Frequenz f.

Bei Sinusspannungen und bei Impulsfolgen, die annähernd sägezahnförmig (eine Steilflanke pro Periode) oder trapezförmig (zwei etwa gleiche Steilflanken pro Periode) verlaufen, können die zulässigen Spannungsgrenzwerte für eine Eigenerwärmung um 10 K aus den im Datenbuch angegebenen Diagrammen abgelesen werden (Beispiel Bild 4.58).

Impulsbelastbarkeit (Strombelastbarkeit)

Spannungsimpulse mit hohen Werten der Spannungssteilheit $\frac{du}{dt} \approx \frac{U_{ss}}{\tau}$ bewirken nach der Formel $i = C\,\frac{du}{dt}$ im Kondensator hohe Ströme. Die von diesen Strömen erzeugte Wärmeenergie ist proportional zu $\int i^2\,dt$ bzw. zu $\int \left(\frac{du}{dt}\right)^2 dt$.

Die Impulsbelastbarkeit (Flankensteilheit U_{ss}/τ und Impulskennwert K_0) am Beispiel der MKT-Kondensatoren zeigt die Tabelle 4.14.

Tabelle 4.14 Impulsbelastbarkeit der MKT-Kondensatoren

Nennspannung U_N		RM 7,5	RM 10	RM 15	RM 22,5
100 V –	U_{ss}/τ in V/µs k_0 in V²/µs	100 20000	75 15000	50 10000	50 10000
250 V –	U_{ss}/τ in V/µs k_0 in V²/µs	200 100000	150 75000	100 50000	100 50000
400 V –	U_{ss}/τ in V/µs k_0 in V²/µs	250 200000	175 150000	125 100000	125 100000

Für einen Spannungshub $U_{ss} < U_N$ kann der Wert der zulässigen Flankensteilheit U_{ss}/τ mit dem Faktor U_N/U_{ss} multipliziert werden. Bei periodischer Impulsbelastung sind die Angaben des Nomogramms zu berücksichtigen.

Wechselspannungsbelastbarkeit bei höheren Frequenzen

Folgende Grenzwerte dürfen nicht überschritten werden:

Nennspannung U_N	100 V	250 V	400 V
Grenzspannung $\hat{U}_g$	85 V	140 V	224 V

Beispiel

MKT-Kondensator (B 32560, RM 7,5 mm)

Nomogramm zur Ermittlung der zulässigen Scheitelspannung $\hat{U}$.

Schnittpunkte P_1 und P_2 gemäß eingezeichnetem Beispiel Bild 4.58 ermitteln. Die Verbindungslinie P_1, P_2 liefert die maximal zulässige Scheitelspannung.

Bei trapezförmiger Spannung mit zwei Steilflanken ist die doppelte Wiederholfrequenz zu berücksichtigen. Bei sinusförmiger Spannung gilt die Kurve „sinus“. Daraus ergibt sich entsprechend dem Verlauf der gestrichelten Linie eine maximale Scheitelspannung $\hat{U} \approx 65$ V.

Bei impulsförmigen Spannungen mit geradlinigen Impulsflanken (Trapez, Sägezahn) gilt:

$$k_0' = 2 \cdot U_{ss}^2/\tau\,[\mathrm{V}^2/\mu\mathrm{s}]$$

Der unter Benutzung der Schaltungsdaten ermittelte k_0'-Wert muß kleiner oder höchstens gleich dem für die spezielle Bauform angegebenen k_0-Wert sein.

Die k_0-Werte beziehen sich auf eine Bauelemente-Umgebungstemperatur bis 50 °C.

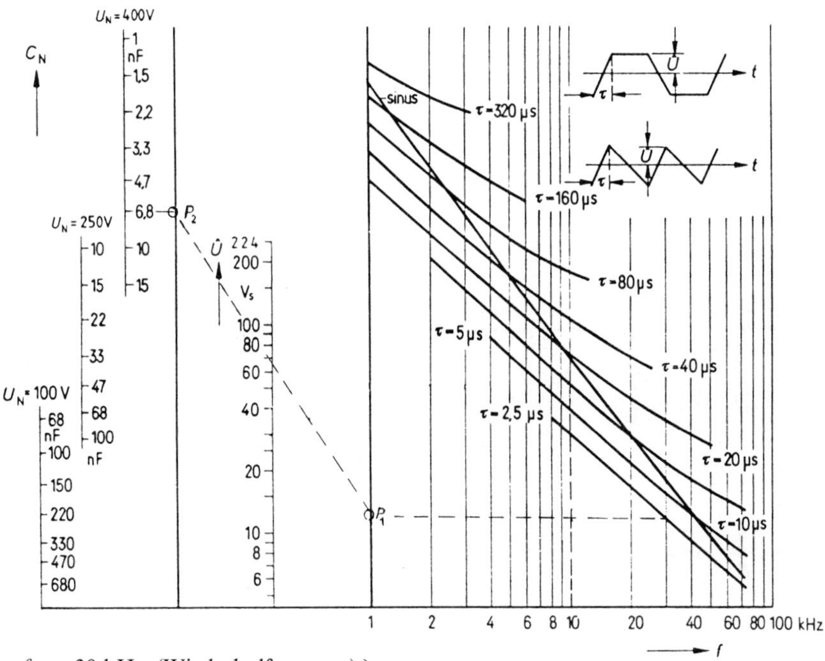

f = 30 kHz (Wiederholfrequenz) } Schnittpunkt P_1
τ = 2,5 µs (Anstiegszeit)

C_N = 6,8 nF (Kapazität) } Schnittpunkt P_2
U_N = 400 V (Nennspannung)

Bild 4.58 Nomogramm zur Ermittlung der zulässigen Scheitelspannung $\hat{U}$

Beispiel

Gegeben:

MKT-Kondensator B 32520, RM 7,5, $U_N = 250$ V –.

Hierfür ist der entsprechende Wert $k_0 = 50000\ V^2/\mu s$ (siehe Siemens Datenbuch). Bei einem Spannungshub von $U_{SS} = 100$ V folgt daraus die zulässige Flankensteilheit

$$\left(\frac{U_{SS}}{\tau}\right) = \frac{k_0}{2 \cdot U_{SS}} = \frac{50000\ V^2/\mu s}{2 \cdot 100\ V} = 250\ V/\mu s$$

Die weitere Miniaturisierung von MKT-Kondensatoren führte zur Kondensatorreihe (1 nF bis 3,3 µF) im Rastermaß 5 mm. Ein besonderer Vorteil ist in den höheren Spannungssteilheiten zu sehen. Die Eigeninduktivität liegt bei 5 nH. Die nachstehende Tabelle gibt für die vier Spannungsreihen die entsprechenden Spannungssteilheiten wieder. Für einen Spannungshub von $U_{ss} < U_N$ kann U_{ss}/τ mit U_N/U_{ss} multipliziert werden.

U_N V	$\frac{U_{ss}}{\tau}$ V/µS
63	160
100	200
250	250
400	400

Verlustfaktor

Jeder Kondensator hat außer der gewünschten Kapazität weitere elektrische Eigenschaften, die sich als Komponenten in einem Ersatzschaltbild (Bild 4.59) wie folgt darstellen lassen:

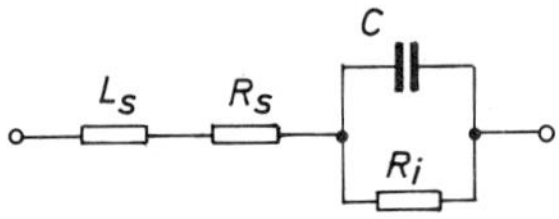

Bild 4.59

Es bedeuten:

L_s Serieninduktivität, R_s Serienwiderstand, R_i Isolationswiderstand (Parallel-Widerstand) und C die Kapazität.

Unter Vernachlässigung der Induktivität L_s gilt für den Verlustfaktor bei der Frequenz f

$$\tan \delta = \frac{1}{2\pi \cdot f \cdot C \cdot R_i} + 2\pi \cdot f \cdot C \cdot R_s$$

Tabelle 4.15 Verlustfaktoren von MKT-Kondensatoren

Verlustfaktor tan δ gemessen bei 20 °C	Obere Grenzwerte/Mittlere Fertigungswerte $C_N < 0{,}1\ \mu F$	$C_N \geqq 0{,}1\ \mu F$	$C_N > 1\ \mu F$
bei 1 kHz	$8/5 \cdot 10^{-3}$	$8/5 \cdot 10^{-3}$	$10/6 \cdot 10^{-3}$
10 kHz	$15/12 \cdot 10^{-3}$	$15/12 \cdot 10^{-3}$	–
100 kHz	$30/18 \cdot 10^{-3}$	–	–

dabei ist berücksichtigt: $R_i \gg R_s$ und $f \ll f_r$, wobei $f_r = \frac{1}{2\pi\sqrt{L_s C}}$ die Eigenresonanzfrequenz von L_s und C ist.

Für den unteren Frequenzbereich ($f < 1$ kHz) gilt:

$$\tan \delta_u = \frac{1}{2\pi \cdot f \cdot C \cdot R_i}$$

Für den oberen Frequenzbereich ($f \gg 1$ kHz) gilt:

$$\tan \delta_0 = 2\pi \cdot f \cdot C \cdot R_s$$

Der Wert wird bestimmt durch Zuleitungs- und Übergangswiderstände und entspricht weitgehend dem Ersatzserienwiderstand.

Tabelle 4.15 gibt einen Überblick über Verlustfaktoren von MKT-Kondensatoren.

Isolation

Die Isolation eines Kondensators wird entweder als Widerstandswert R_{is} in MΩ oder als Zeitkonstante τ in Sekunden = MΩ · µF angegeben. Sie setzt sich aus dem Isolationswiderstand des Dielektrikums (Belag/Belag) und dem Isolationswiderstand zwischen Belag und Gehäuse zusammen.

Der beim Anlegen einer konstanten Gleichspannung fließende Strom ist temperatur-, spannungs- und zeitabhängig. Er setzt sich zusammen aus dem Lade-, Nachlade- und Reststrom.

Während der Betriebszeit kann der Isolationswiderstand zeitweise bis auf etwa 10% der Anlieferungswerte zurückgehen, insbesondere dann, wenn die maximal zulässige Luftfeuchte (lt. Anwendungsklasse) über längere Zeit voll beansprucht wird, oder wenn der Kondensator dauernd in der Nähe der oberen Betriebstemperaturgrenze eingesetzt wird.

Bild 4.60 zeigt die Temperaturabhängigkeit des Isolationswiderstandes R_{is} am Beispiel eines MKT-Kondensators.

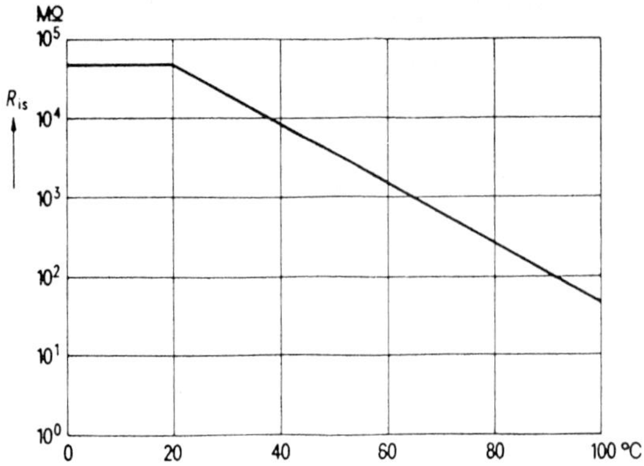

Bild 4.60
Isolationswiderstand R_{is} in Abhängigkeit von der Temperatur ϑ

Eigeninduktivität

Die Eigeninduktivität eines MK-Kondensators besteht aus der Induktivität der Anschlußdrähte und des Wickels. Wegen der großflächigen Kontaktierung ist die Eigeninduktivität gering. Aus Eigeninduktivität und Kapazität ergibt sich die Eigenresonanz.

Rastermaß in mm	7,5	10	15	22,5
Eigeninduktivität in nH	≈ 5	≈ 6	≈ 7	≈ 9

4.5.1.1 MKK-Kondensatoren

MKK-Kondensatoren sind für den Einsatz in Filter-Kreisen in der Energietechnik geeignet.

In den Kondensatoren sind jeweils drei Teil-Kapazitäten integriert, welche wahlweise in Serien-, Stern-, oder Dreieckschaltung ausgeführt werden können, z.B. zur direkten Verschaltung in einem Drehstromnetz (Tabelle 4.16).

Tabelle 4.16 Grundspektrum der MKK[1]-Baureihe

Nennspannung U_N		325 V	565 V	620 V	
Wechselspannung U_{eff}		230 V	400 V	440 V	
Nennkapazität in µF	Toleranz in %				Abm. in mm $d \times 1$
3 × 30,8	20%			×	121 × 164
3 × 33,2			×		
3 × 46,2				×	
3 × 49,8			×		
3 × 57,1				×	
3 × 61,6				×	
3 × 66,3			×		
3 × 82,9			×		
3 × 150		×			
1 × 400		×			

[1] MKK Metallisierte Kunststoffolien Kompaktbauweise

4.5.2 Styroflex-Kondensatoren

Styroflex-Kondensatoren sind Wickelkondensatoren mit Aluminiumfolien. Als Dielektrikum dienen flexible, biaxial orientierte Kunststoff-Isolierfolien. Die Kurzbezeichnungen sind:

KS-Kondensatoren mit dem Dielektrikum Polystyrol und
KP-Kondensatoren mit dem Dielektrikum Polypropylen.

Nach dem Wickeln werden die Kondensatoren einer Temperaturbehandlung unterzogen. Diese führt zu einem Schrumpfen der gereckten Kunststoff-Folie. Hierdurch werden die Kondensatoren „abgedichtet".

Durch die kleinen dielektrischen Verluste und den konstanten negativen Temperaturbeiwert sind die Kondensatoren besonders geeignet als Schwingkreiskondensatoren. Styroflex-Kondensatoren haben gegenüber Polypropylen einen etwas niedrigeren Verlustfaktor und eine bessere Konstanz. Die Vorzüge der Polypropylen-Kondensatoren sind: das Selbstheilvermögen, das bessere Temperaturverhalten, sehr hohe Spannungssteilheiten, die geringe Lötempfindlichkeit und die gute Lösungsmittelbeständigkeit.

Zusammen mit Ferritspulen mit entsprechendem positivem Temperaturbeiwert kann die Resonanzfrequenz eines Schwingkreises von der Temperatur weitgehend unabhängig gehalten werden.

4.5.3 MKP-Kondensatoren für hohe Impulsbelastung

MKP-Kondensatoren besitzen als Dielektrikum Polypropylen. Die Beläge sind aufgedampft. Die Kondensatoren haben daher ein sehr gutes Regeneriervermögen. Die hohe Impulsfestigkeit ergibt sich aus den hohen Spannungssteilheiten, welche zwischen 20 und 430 V/μS liegen. Die Verlustfaktoren liegen sehr niedrig ($0{,}25 \cdot 10^{-3}$). Der negative Temperaturkoeffizient der Kapazität wirkt in Schwingkreisen kompensierend auf den Frequenzgang.

Tabelle 4.17 Impulsbelastbarkeit (Flankensteilheit U_{SS}/τ und Impulskennwert k_0)

Nenn-spannung			Impulsbelastbarkeit		
			Kondensatorlänge		
U_N	$U_{SS\,zul}$		15 mm	22,5 mm	27,5 mm
Bauform B32650					
250 V–	300 V_{SS}	U_{SS}/τ	50 V/μs	25 V/μs	20 V/μs
		k_0	$0{,}3 \cdot 10^5$ V²/μs	$0{,}15 \cdot 10^5$ V²/μs	$0{,}12 \cdot 10^5$ V²/μs
400 V–	500 V_{SS}	U_{SS}/τ	50 V/μs	30 V/μs	20 V/μs
		k_0	$0{,}5 \cdot 10^5$ V²/μs	$0{,}3 \cdot 10^5$ V²/μs	$0{,}2 \cdot 10^5$ V²/μs
1000 V–	700 V_{SS}	U_{SS}/τ	215 V/μs	115 V/μs	90 V/μs
		k_0	$3 \cdot 10^5$ V²/μs	$1{,}6 \cdot 10^5$ V²/μs	$1{,}25 \cdot 10^5$ V²/μs
1200 V–	1200 V_{SS}	U_{SS}/τ	–	250 V/μs	165 V/μs
		k_0	–	$6 \cdot 10^5$ V²/μs	$4 \cdot 10^5$ V²/μs
1500 V–	1500 V_{SS}	U_{SS}/τ	–	430 V/μs	330 V/μs
		k_0	–	$13 \cdot 10^5$ V²/μs	$10 \cdot 10^5$ V²/μF
Bauform B32655					
250 V ~	700 V_{SS}	U_{SS}/τ	70 V/μs	43 V/μs	36 V/μs
		k_0	$1 \cdot 10^5$ V²/μs	$0{,}6 \cdot 10^5$ V²/μs	$0{,}5 \cdot 10^5$ V²/μs
Bauform B32656					
400 V ~	1130 V_{SS}	U_{SS}/τ	–	350 V/μs	175 V/μs
		k_0	–	$8 \cdot 10^5$ V²/μs	$4 \cdot 10^5$ V²/μs

Für einen Spannungshub $U_{SS} < U_{SS\,zul}$ kann der Wert der zulässigen Flankensteilheit U_{SS}/τ mit dem Faktor $U_{SS\,zul}/U_{SS}$ multipliziert werden.

Der Kondensator ist in Kunststoffbecher (flammhemmend) eingebaut und feuchtesicher verschlossen. Einige wichtige Daten von MKP-Kondensatoren (Siemens) sind aus Tabelle 4.17 zu entnehmen. Die Spannungssteilheiten sind für unterschiedliche Rastermaße angegeben.

4.5.4 MFP-Impulskondensatoren

MFP-Kondensatoren sind Wickelkondensatoren mit Metallfolie und Polypropylenfolie mit aufgedampften Metallbelägen und „innerer Reihenschaltung". Sie sind in Kunststoffgehäuse flammhemmend eingebaut und feuchtesicher verschlossen und geeignet für Temperaturen von −50 °C bis 85 °C bei einer relativen Feuchte von ≦80%.

MFP-Kondensatoren zeichnen sich vor allem durch ihre sehr hohe Impulsfestigkeit aus und finden deshalb bei hohen Flankensteilheiten (10000 V/μs) Verwendung. Daher und wegen der sehr geringen Verluste über einen weiten Frequenzbereich eignen sich diese Kondensatoren besonders für den Einsatz in der Energieelektronik, für die Zeilenablenkung in Fernsehempfängern und für Schaltnetzteile mit höheren Betriebsfrequenzen (100 bis 300 kHz) wie z.B. in elektronischen Vorschaltgeräten (EVG) für Leuchtstofflampen und Gashochdrucklampen.

Die nachstehende Tabelle gibt einen Überblick über die Flankensteilheiten V/μs der MFP-Kondensatoren.

U_N	RM 15	RM 22,5	RM 27,5
1600 V–	10000 V/μs	5400 V/μs	2700 V/μs
2000 V–	10000 V/μs	7000 V/μs	6000 V/μs

4.5.5 Keramikkondensatoren

Je nach Zusammensetzung ihrer keramischen Dielektrika werden Keramikkondensatoren wie folgt klassifiziert:

Klasse-1-Kondensatoren

Das Dielektrikum ($\varepsilon < 100$) ist hauptsächlich eine Mischung von Metalloxiden (z.B. Oxide der Lanthanide und Titandioxid).

Definierter linearer Temperaturbeiwert mit reversibler Temperaturabhängigkeit, keine Spannungsabhängigkeit der Kapazität. Kleine Verluste bis in den UHF-Bereich, hoher Isolationswiderstand. Anwendungen: Schwingkreise, Filter, Zeitglieder, SNT.

Klasse-2-Kondensatoren

Das Dielektrikum besteht vorwiegend aus Titanaten (Barium, Calzium, Strontium) und Zirkonaten mit Perovskitstruktur ($\varepsilon = 1000$ bis 10000).

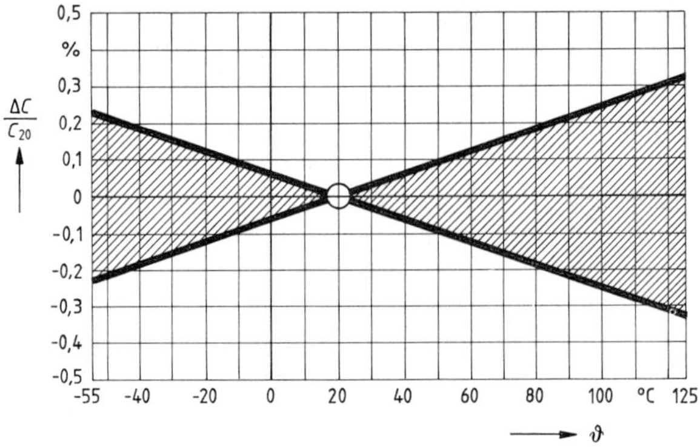

a) COG-, X7R-, 2C1-Kondensatoren (Richtwerte)

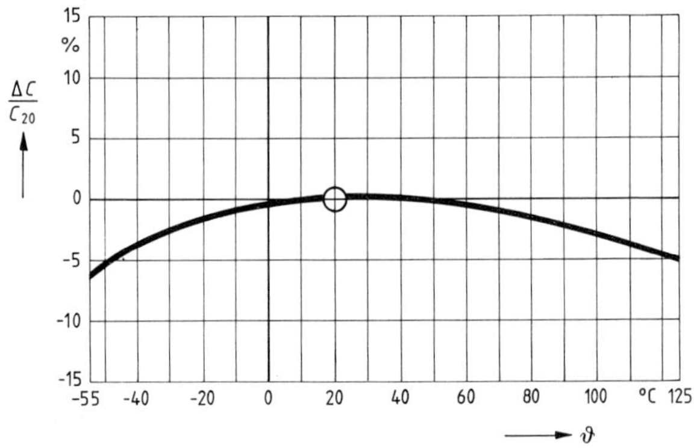

b) Kapazitätsänderung von SIBATIT-50000-Kondensatoren in Abhängigkeit von der Temperatur (Nach EIA-Norm: Bezugstemperatur 25 °C)

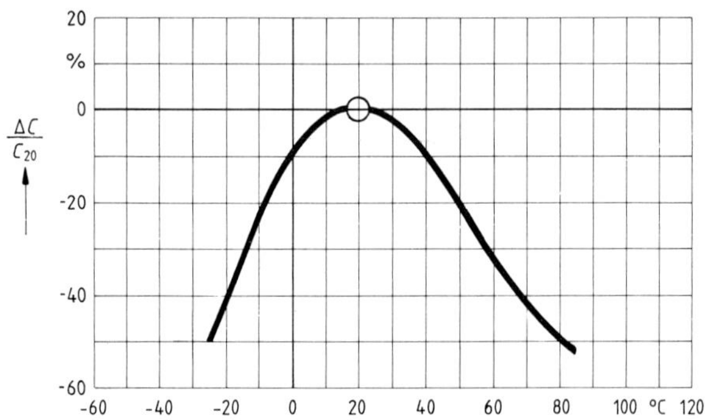

c) Kapazitätsänderung von 2F4-Kondensatoren in Abhängigkeit von der Temperatur (Richtwerte)

Bild 4.61
Kenndaten von Keramikkondensatoren (COG, X7R, 2C1, Z5U und 2F4)

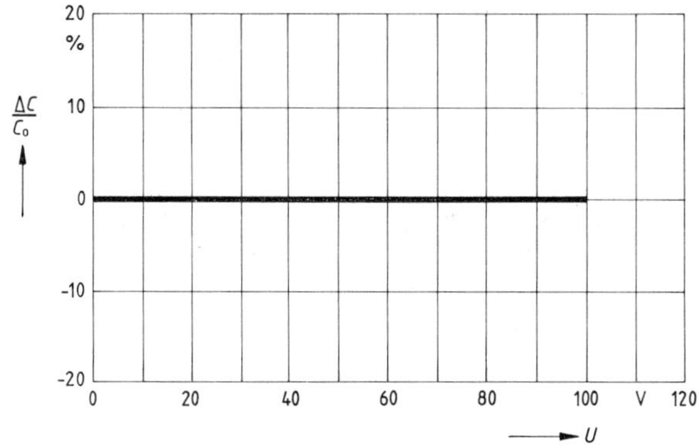

d) Z5U-, 2F4-
Kondensatoren
(Richtwerte)

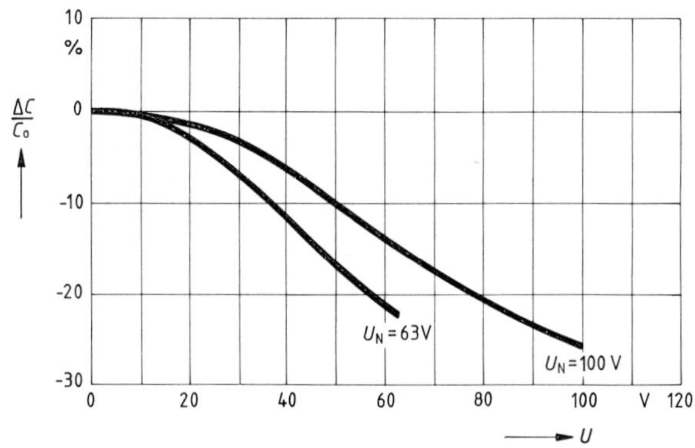

e) X7R-, 2C1-
Kondensatoren

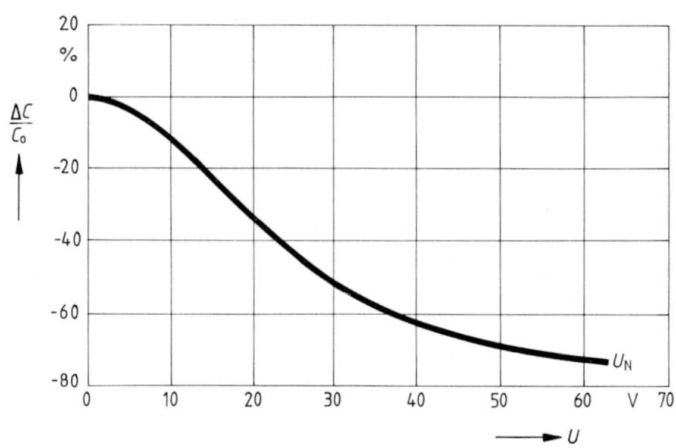

f) Z5U-, 2F4-
Kondensatoren

Tabelle 4.18 Kurzdaten

Keramikart IEC-/CECC-Bezeichnung EIA-Bezeichnung[1]		CG COG	– X7R	2C1 –	– Z5U	2F4 –
Dielektrikum		Klasse 1	Klasse 2			
Temperaturbereich		$-55 \ldots +125$ °C	-55 bis 125 °C		$+10$ bis $+85$ °C	-25 bis $+85$ °C
Max. Kapazitätsänderung $\Delta C/C_{20}$[1] im Temperaturbereich	mit $U_{\text{Meß}}$	$\pm 30 \cdot 10^{-6}$/K	±15%	±20%	+22/−56%	+30/−80%
	mit U_N		–	+20/−30%	–	+30/−90%
Spannungstest		$2{,}5 \cdot U_N$				
Verlustfaktor tan δ in 10^{-3} (Grenzwert)	>50 pF	<1,5	<25		<30	
	≤50 pF	$<1{,}5 \cdot \left(\frac{15}{C}+0{,}7\right)$				
Isolationswiderstand[2] R_{is}	bei 25 °C	$>10^5$ MΩ	$>10^5$ MΩ		$>10^4$ MΩ	
	bei 125 °C	$>10^4$ MΩ	$>10^4$ MΩ		–	
Zeitkonstante τ[2] (MΩ·µF)	bei 25 °C	>1000 s	>1000 s		>500 s	
	bei 125 °C	> 100 s	> 100 s		–	

[1] Die Bezugstemperatur nach EIA-Norm beträgt 25 °C
[2] Es gilt der kleinere Wert

Tabelle 4.19
Vielschicht-Kondensatoren. Spannungs- und Kapazitätswerte

Abmessungen in mm *h* (max.) *b* (max.) *s* (max.)	5,5 5,0 2,5		6,5 5,0 3,1		5,5 5,0 2,5		6,5 5,0 3,1		9,0 7,5 3,8		11,5 10,0 5,0	
Rastermaß	2,54 mm				5,08 mm							
Ausführung											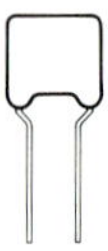	
Nennspannung in V–	63	100	63	100	63	100	63	100	63	100	63	100
Spannungs-kennziffer	5	1	5	1	5	1	5	1	5	1	5	1
Nennkapazität in pF	100 bis 560	4,7 bis 180	680 bis 4700	220 bis 1500	100 bis 560	4,7 bis 180	680 bis 4700	220 bis 1500	5600 bis 27000	1800 bis 10000	33000 bis 47000	12000 bis 22000

Nichtlineare Abhängigkeit der Kapazität von Temperatur und Spannung. Etwas höhere Verluste und etwas kleinerer Isolationswiderstand als Klasse-1-Kondensatoren. Die Kapazität vermindert sich nach einem logarithmischen Zeitgesetz (Alterung). Relativ große Kapazitätswerte bei kleinen Abmessungen. Größere Toleranzen. Anwendungen: Kopplung, Abblocken, Siebung. Funkentstörung (sekundär), SNT.

Wichtige Daten von Keramikkondensatoren sind in Tabelle 4.18 angegeben. Die Bilder 4.61 a bis f geben Aufschluß über das charakteristische Verhalten dieser Kondensatoren.

Die Bauformen von Vielschicht-Kondensatoren (COG, radial) sind Tabelle 4.19 zu entnehmen.

Vielschicht-Chip-Kondensatoren

Die Vielschicht-Chip-Kondensatoren haben wegen ihrer hohen Volumenkapazität sehr kleine Abmessungen, eine besonders sichere und langlebige Kontaktierung und eine gute Lötbarkeit; sie sind polungsunabhängig, klebbar, automatisch bestückbar (SMD), besonders zuverlässig und klimabeständig (Tabelle 4.20). Diese Kondensatoren werden zunehmend in Steuermodulen für getaktete Stromversorgungen (Schaltnetzteile) und Motorsteuerungen eingesetzt; sie finden ferner Anwendung in der Datentechnik, Nachrichtentechnik, Kfz- und medizinischen Technik.

Den Verlauf der Serienresonanzfrequenz, abhängig von der Kapazität, für Vielschicht-Chip-Kondensatoren zeigt Bild 4.62.

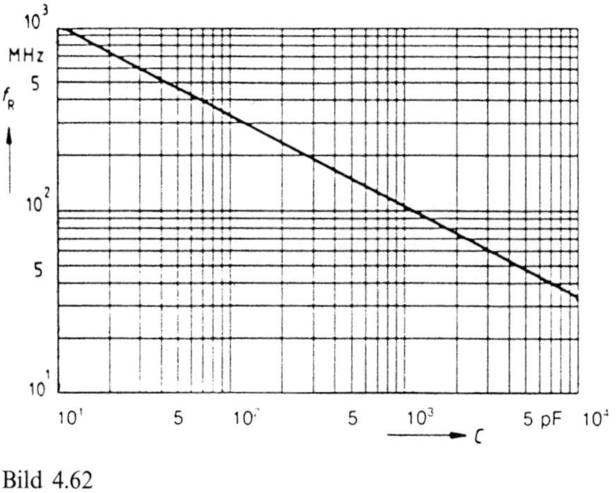

Bild 4.62
Serienresonanzfrequenz in Abhängigkeit von der Kapazität bei Vielschicht-Chip-Kondensatoren

Tabelle 4.20 Vielschicht-Chip-Kondensatoren, Abmessungen und Kapazitätswerte (vgl. Siemens-Datenbuch)

Keramikart	Kapazitätsbereich					Kapazitäts-Toleranz	Nenn-spannung	Temperatur-Bereich
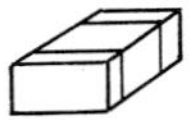 l mm b mm h mm	2,0 ±0,3 1,25±0,2 1,25 max	3,2±0,3 1,6±0,2 1,3 max	3,2±0,4 2,5±0,3 1,7 max	4,5±0,5 3,2±0,4 1,7 max	5,7±0,5 5,0±0,5 1,7 max			
COG CG	1 pF bis 560 pF	1 pF bis 1000 pF	330 pF bis 3300 pF	1000 pF bis 6800 pF	1500 pF bis 15000 pF	±0,25 pF ±0,5 pF ±5% ±10%	63 V– 100 V–	−55 bis +125 °C
X7R 2C1	470 pF bis 15000 pF	1000 pF bis 33000 pF	8200 pF bis 0,12 µF	33000 pF bis 0,27 µF	47000 pF bis 0,68 µF	±10% ±20%	63 V– 100 V–	−55 bis +125 °C
Z5U	10000 pF bis 47000 pF	10000 pF bis 0,10 µF	0,10 µF bis 0,22 µF	0,22 µF bis 0,47 µF	0,47 µF bis 1,5 µF	±20%	63 V–	+10 bis +85 °C
2F4								−25 +85 °C

SIBATIT-50000-Sperrschichtkondensatoren

SIBATIT®-Sperrschichtkondensatoren haben ein Dielektrikum mit Bariumtitanat ($\varepsilon = 35000$ bis 50000).

Die Abhängigkeit der Kapazität von Spannung und Temperatur ist nicht linear. Der Isolationswiderstand ist verhältnismäßig niedrig, die Spannungsfestigkeit groß.

Häufige Anwendungen für SIBATIT-Kondensatoren sind das Sieben hochfrequenter Störungen („HF-Rauschen") von Niederspannungen aus Schaltnetzteilen und der Einsatz als „Stützkondensator" zur Überbrückung kurzzeitiger Spannungseinbrüche.

Weitere Anwendungen finden sich in der Datentechnik, Nachrichtentechnik, Entertainment-Elektronik, Kfz-Elektronik und Funkentstörung. Die Tabelle 4.21 gibt einige charakteristische Daten wieder. Die Diagramme in Bild 4.63 zeigen die Abhängigkeit von Spannung und Temperatur (a) und den Scheinwiderstandsverlauf über der Frequenz.

Tabelle 4.21 Kenndaten SIBATIT-50000-Kondensatoren

Keramikart	S 50000
Temperaturbereich	−40 °C bis +85 °C
Kapazitätsänderung $\Delta C/C_{20}$ im Temperaturbereich	+20/−50%
Spannungstest 1 s (max)	$2 \cdot U_N$
Verlustfaktor tan δ bei $f_m = 1$ kHz; $U_m \leq 0{,}2$ V− (0,022 bis 0,22 µF) bei $f_m = 100$ kHz; $U_m \leq 0{,}2$ V− (0,010 µF)	$\leq 60 \cdot 10^{-3}$
Zeitkonstante τ bei $t_m = 1$ Min.; $U_m = 10$ V−	≥ 50 s

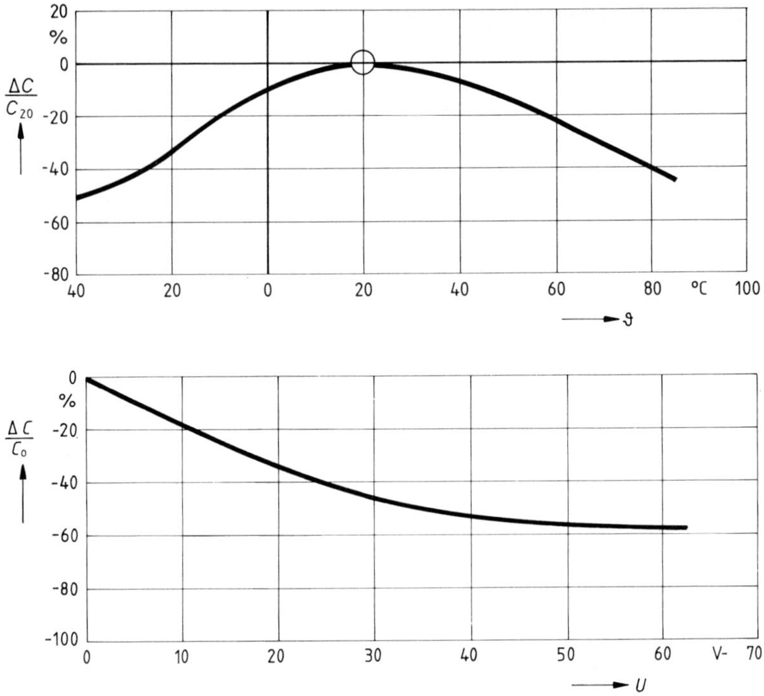

a) Kapazitätsänderung in
Abhängigkeit von Temperatur und
Spannung

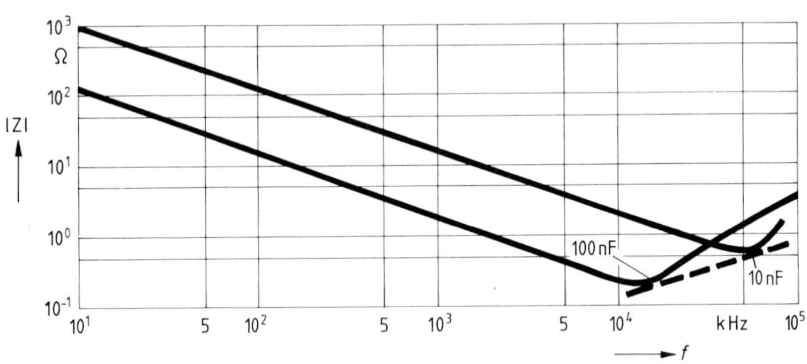

b) Scheinwiderstand in Abhängigkeit
von der Frequenz

Bild 4.63
Kapazitäts- und Scheinwiderstandsänderung von SIBATIT-50000-Kondensatoren

4.6 Der bipolare Leistungstransistor

Der häufig eingesetzte bipolare Leistungstransistor ist meist ein dreifachdiffundierter (schneller) Transistor. Es gibt bereits ein breites Typenspektrum. So sind niedrig- bis hochsperrende Transistoren mit kleinen bis hohen Strömen und mit für Schaltnetzteile ausreichend kleinen Schalt- und Speicherzeiten vorhanden. Der dreifachdiffundierte Leistungstransistor erlaubt i. allg. Schaltfrequenzen bis etwa 50 kHz. Für höhere Betriebsfrequenzen ist der schnellere MOS-Leistungs-Feldeffekttransistor besser geeignet.

4.6.1 Sperrverhalten

„Kollektordurchbruchspannungen" hängen von der Basisbeschaltung bzw. vom Betrag des negativen Basistroms ab. Der Zusammenhang zwischen I_C und U_{CE} ist durch zwei Mechanismen begrenzt:

▷ Diodendurchbruch mit $I_E = 0$,
▷ Injektions- oder Stromdurchbrüche mit $I_E > 0$.

Die höchsten Kollektorspannungen (U_{CBO}) dürfen angelegt werden, wenn nur der Reststrom fließen kann. Wenn der äußere Widerstand zwischen Basis und Emitter klein ist, stimmen die Sperrspannungen U_{CER}, U_{CES} und U_{CEV} mit der Diodendurchbruchspannung U_{CBO} überein (Bild 4.64).

U_{CBO} ändert sich durch einen fließenden Durchbruchstrom wenig. Alle übrigen Durchbruchspannungen werden als Injektionsdurchbrüche oberhalb einer Stromschwelle rückläufig.

Die geringste Sperrfähigkeit U_{CEO} wird bei offener Basis an der Grenze zum aktiven Arbeitsbereich eines Transistors erreicht. Für NPN-Siliziumtransistoren gilt angenähert

$$U_{CEO} \approx \frac{U_{CBO}}{\sqrt[4]{B}}.$$

Die übrigen Durchbruchspannungen bei fließendem Strom liegen zwischen U_{CEO} und U_{CBO} und nähern sich bei großen Strömen asymptotisch dem Wert U_{CEO}.

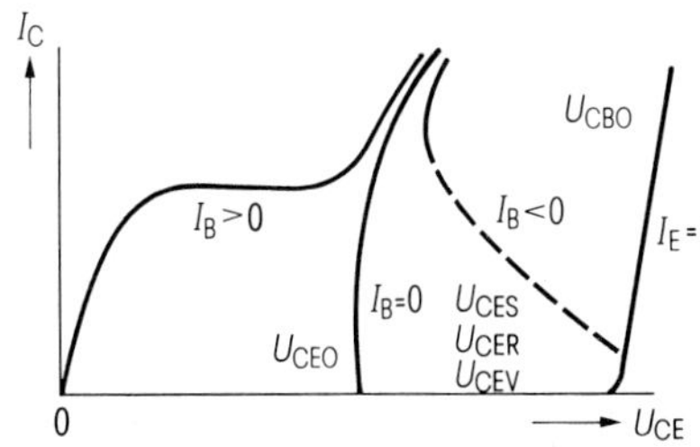

Bild 4.64
Strom- und Spannungsverläufe im Lawinendurchbruch mit verschiedenen Basis-Emitter-Beschaltungen

Stromdurchbrüche werden nur mit Stromimpulsen $<300\,\mu s$ untersucht. Bei der üblichen induktiven Prüfmethode wird eine Drossel über den Prüfling abgeschaltet. Die U_{CEO}-Messung wird mit $L = 25$ mH und einem Maximalstrom von 300 mA bei 50 Hz Wiederholfrequenz durchgeführt.

4.6.2 Kollektor-Emitter-Restspannung

Im Ersatzschaltbild (Bild 4.65) stellt R_C einen Bahnwiderstand dar, der die Spannung U_{CEsat} zwischen Kollektor und Emitter festlegt. Es gilt:

$$U_{CEsat} \approx R_C \cdot I_C.$$

Der Bahnwiderstand R_C hängt von den fließenden Strömen (I_C, I_B) ab.

Eine Absenkung von U_{CEsat} durch Vergrößerung von I_B ist nicht unbegrenzt möglich, da ein nicht beeinflußbarer Anteil des Widerstandes (R_{Cmin}) übrig bleibt.

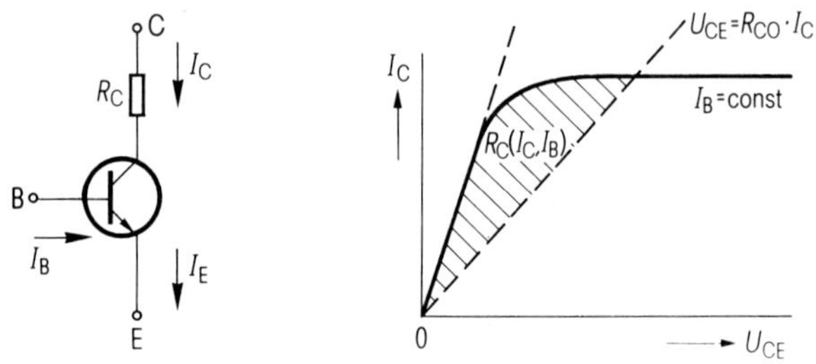

R_{Cmin} Bahnwiderstand (N-Zone)
$R_C(I_C, I_B)$ Bahnwiderstand mit beeinflußbarer Leitfähigkeit (Modulation)

Bild 4.65
Ersatzschaltbild und Sättigungskennlinie
Ausgangskennlinie $I_C = f(U_{CE}, I_B)$

4.6.3 SOAR-Diagramm und Ausfallmechanismen

Die erlaubten Betriebsdaten eines Transistors sind in einem SOAR-Diagramm festgelegt (safe operation area). Die maximal zulässige Verlustleistung P_{zul} liegt auf einer Grenzkurve, deren Teilstücke durch unterschiedliche Ausfallmechanismen bedingt sind, Bild 4.66.

Teilstück AB:

I_C = konstant, Begrenzung durch den maximalen Kollektorstrom.

Der zugelassene Dauerstrom I_C bzw. Spitzenstrom I_{Cm} ist durch den mechanischen Aufbau begrenzt, z.B. durch den Kontaktdraht.

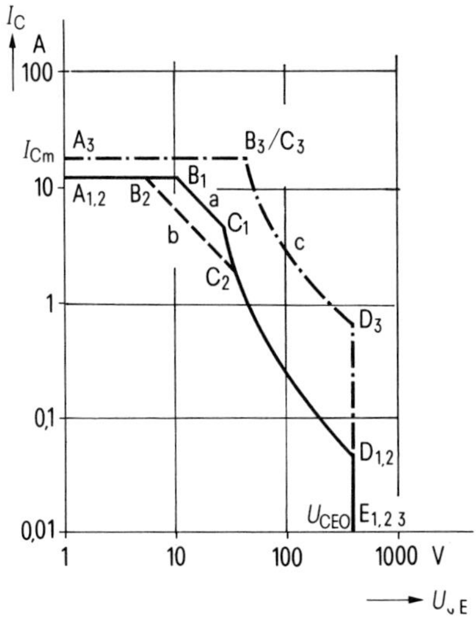

Bild 4.66
SOAR-Diagramm eines dreifachdiffundierten Transistors
a) Statischer Betrieb bei 25 °C
b) Statischer Betrieb bei 100 °C
c) Impulsbetrieb

Teilstück BC:

P_{zul} = konstant, Begrenzung durch die maximale Sperrschichttemperatur T_{Jmax} (z.B. 175 °C).

Teilstück CD:

$P_{zul} = f(U_{CE})$, Begrenzung durch den zweiten Durchbruch für $U_{CE} < U_{CEO}$.

Mit zunehmender Kollektor-Emitter-Spannung U_{CE} wird P_{zul} durch den zweiten Durchbruch herabgesetzt, der dadurch entsteht, daß sich der Kollektorstrom auf kleine Transistorgebiete konzentriert (hot spots).

U_{CE} bricht meistens irreversibel zusammen. (Vergleiche Bild 4.67, Kurve a).

Oberhalb von 250 °C wird die Mitkopplung durch thermisch erzeugte Ladungsträger vergrößert. Schließlich kommt es zur Ausbildung eines Schmelzkanals zwischen Kollektor und Emitter.

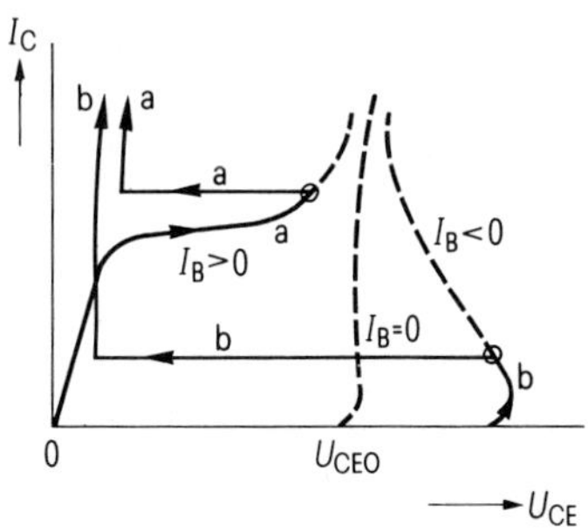

Bild 4.67
Strom-Spannungs-Verläufe im zweiten Durchbruch
a) Im aktiven Bereich $U_{CE} < U_{CEO}$, $I_B > 0$
b) Im Sperrbereich, $U_{CE} > U_{CEO}$, $I_B < 0$

Teilstücke DE:

U_{CE} = konstant, Begrenzung durch den zweiten Durchbruch für $U_{CE} \geq U_{CEO}$.

Bei Spannungen oberhalb von U_{CEO} kommt es zu einer Stromeinschnürung und dadurch zum zweiten Durchbruch bei gesperrtem Transistoreingang (Bild 4.67, Kurve b).

Ein Stromdurchbruch, in dem sich Lawinenstoßprozesse und Emitterinjektionsstromdichten wechselseitig verstärken, ist lokal begrenzt.

Der gleiche Mechanismus, der die Durchbruchspannungen U_{CES}, U_{CEV} oder U_{CER} gegen U_{CEO} erhöht, begünstigt andererseits den zweiten Durchbruch. Die Spannungserhöhung darf nicht ausgenutzt werden. Das SOAR-Diagramm endet bei fließendem Kollektorstrom mit U_{CEO}. Auch kurzzeitige Spannungsspitzen dürfen nicht über die Durchbruchkennlinie des Transistors reichen.

4.6.4 Zulässige Verlustleistung

Die zulässige Verlustleistung P_{zul} muß sowohl bei höheren Temperaturen als auch bei höheren Spannungen gegenüber P_{tot} reduziert werden. Bei impulsförmiger Belastung ist dagegen P_{zul} erhöht.

Im Bereich der Grenzkurve $T_J = 175\,°C$ beträgt die zulässige Verlustleistung

$$P_{zul}(T_G) = \frac{T_{Jmax} - T_G}{R_{thJG}} = k_T \cdot P_{tot} \qquad (k_T < 1)$$

K_T ist der Reduktionsfaktor bei erhöhter Gehäusetemperatur T_G (Bild 4.68).

Bei geänderten Temperaturen T_G verschieben sich im SOAR-Diagramm (Bild 4.66) nur die Geraden BC. Im Bereich des zweiten Durchbruchs, Kurve CD, ist P_{zul} in erster Näherung unabhängig von T_G.

Im Bereich der Grenze BC ist P_{zul} unabhängig von U_{CE}. Im Teilstück CD der Grenzkurve in Bild 4.66 muß P_{zul} wegen des zweiten Durchbruchs mit steigender Kollektorspannung reduziert werden (Bild 4.69).

$$P_{zul}(U) = k_U \cdot P_{tot}$$

Kurzzeitig dürfen Impulse größerer Leistung auf den Transistor geschaltet werden, da der Temperaturanstieg während der Impulsdauer langsam erfolgt.

Die Aufheiz- und Abkühlzeitkonstanten eines Transistors im TO-3-Gehäuse liegen im Millisekundenbereich.

Je nach Impulsdauer t_P und Wiederholfrequenz f_P kann ein Erweiterungsfaktor $m \geq 1$ ermittelt werden, bei dem weder die mittlere Sperrschichttemperatur überschritten wird noch eine Stromkonzentration im zweiten Durchbruch eintritt.

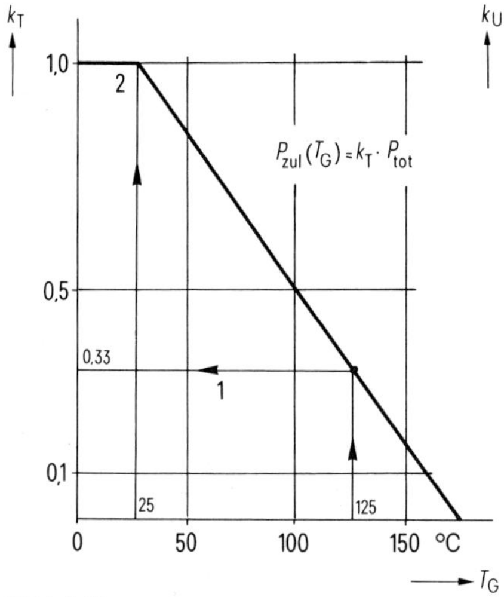

Bild 4.68
Temperaturabhängigkeit der zulässigen Verlustleistung

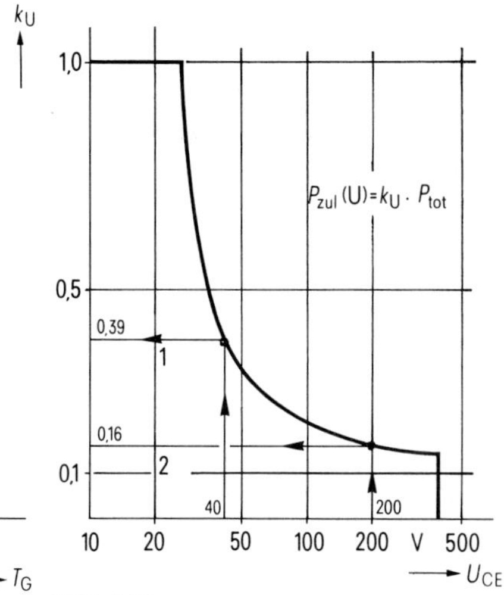

Bild 4.69
Spannungsabhängigkeit der zulässigen Verlustleistung. Begrenzung durch den zweiten Durchbruch mit $U_{CE} < U_{CEO}$

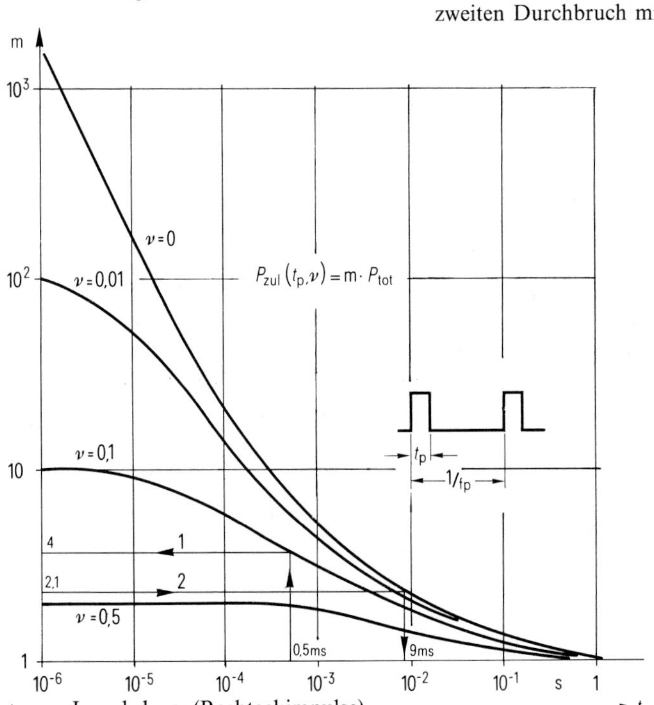

t_p = Impulsdauer (Rechteckimpulse)
f_p = $1/T_p$ Impulsfrequenz
$t_p \cdot f_p$ = Taktverhältnis

Bild 4.70 Zulässige Impulsbelastbarkeit (Beispiel)

Damit erhöht sich die zulässige Verlustleistung gegenüber dem statischen Wert auf

$$P_{zul} = m \cdot P_{tot} \qquad (m \geq 1)$$

Mit Hilfe der Diagramme, Bilder 4.68 bis 4.70, läßt sich für jeden Betriebszustand eines Transistors die zulässige Verlustleistung ermitteln:

$$P_{zul} = k \cdot m \cdot P_{tot}.$$

Für k ist der kleinere der beiden Reduktionsfaktoren k_T bzw. k_U einzusetzen.

4.6.5 Schaltverhalten

Ein Schalttransistor ist entweder durchgesteuert oder gesperrt; dazwischen wird das Ausgangskennlinienfeld innerhalb der Schaltzeiten durchlaufen. Der Zusammenhang zwischen Kollektorstrom I_C und Kollektorspannung U_{CE} während des Umschaltens ist unter verschiedenen Lastbedingungen in Bild 4.71 gezeichnet.

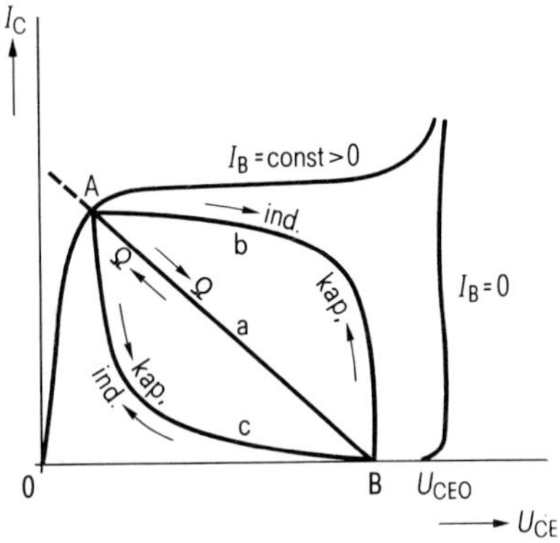

Bild 4.71
Schaltkurven im Ausgangskennlinienfeld
a) Ohmsche Last (ein/aus)
b) Induktive Last (aus)
   Kapazitive Last (ein)
c) Induktive Last (ein)
   Kapazitive Last (aus)

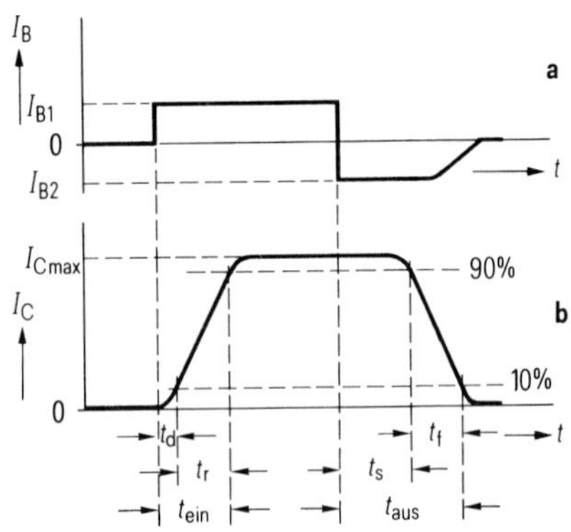

t_d Verzögerungszeit (delay time)
t_r Anstiegszeit (rise time)
t_s Speicherzeit (storage time)
t_f Fallzeit (fall time)
$t_{ein} = t_d + t_r$
$t_{aus} = t_s + t_f$

Bild 4.72
Schaltverhalten von Transistoren
a) Eingangssignal,
   Basiseinschaltstrom I_{B1}
   Basisausräumstrom I_{B2}
b) Ausgangssignal, Kollektorstrom I_C

Das zeitliche Verhalten, ist in Bild 4.72 dargestellt. Die Schaltzeiten sind aus meßtechnischen Gründen bei 10% bzw. 90% des Maximalstromes I_{Cmax} definiert.

4.6.6 Kollektorstromverlauf, Abhängigkeit der Einschaltzeit

In Bild 4.73 ist der Stromverlauf von I_C während des Einschaltens für zwei verschiedene Basis-Übersteuerungen gezeichnet. Die Stromzunahme erfolgt exponentiell. Mit größerem Einschaltstrom wird der Endwert schneller erreicht; eine große Stromverstärkung verringert demnach die Einschaltzeit.

Hochsperrende Transistoren erreichen den Endwert asymptotisch nach einigen Mikrosekunden.

Einschaltstrom I_{B1}

Die Abhängigkeit der Einschaltzeit von I_{B1} ist in Bild 4.74 dargestellt.

Kollektorstrom I_C

Ausgehend von einem Minimum bei kleinen Kollektorströmen nimmt t_{ein} bei vorgegebenem Stromverhältnis I_C: I_{B1} mit I_C zu (Bild 4.75).

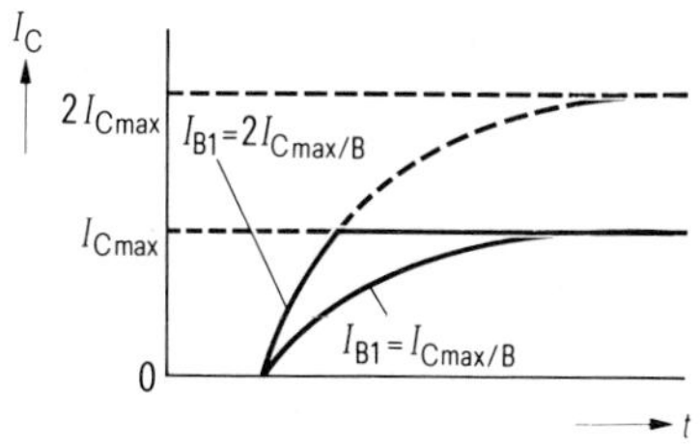

Bild 4.73
Zeitlicher Verlauf des Kollektorstroms I_C beim Einschalten mit zwei unterschiedlichen Basisströmen

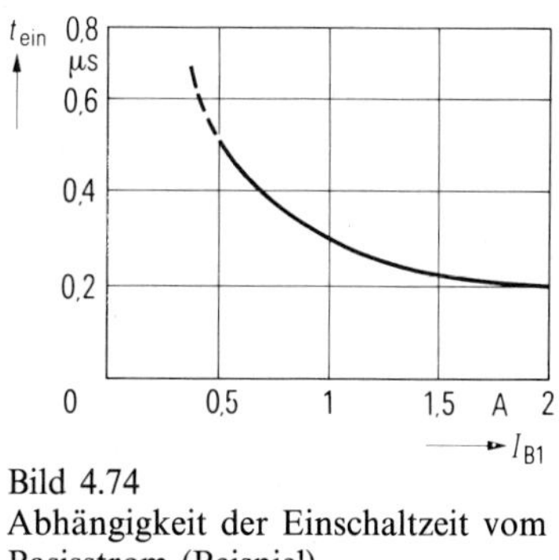

Bild 4.74
Abhängigkeit der Einschaltzeit vom Basisstrom (Beispiel)

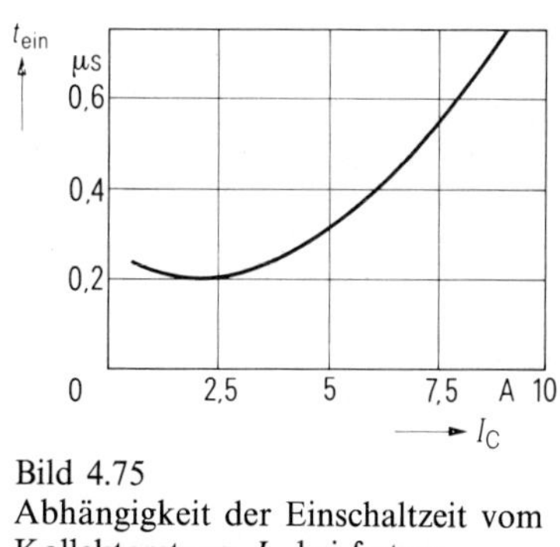

Bild 4.75
Abhängigkeit der Einschaltzeit vom Kollektorstrom I_C bei festem Ansteuerverhältnis I_C/I_B (Beispiel)

Kollektorspannung U_{CE}

Bei großen Meßspannungen U_{CE} wirken sich erhöhte Restspannungen relativ wenig aus. Die formal gemessenen Zeiten t_{ein} können sich bei hochsperrenden Exemplaren beträchtlich verkürzen (Bild 4.76).

Temperatur T

Die Temperaturabhängigkeit der Einschaltzeit wird durch die Zunahme der Stromverstärkung und Restspannung mit der Temperatur T bestimmt. Beide Einflüsse kompensieren sich nur teilweise, so daß sich in der Praxis eine vom Arbeitspunkt abhängige Zunahme von t_{ein} mit T ergibt (Bild 4.77).

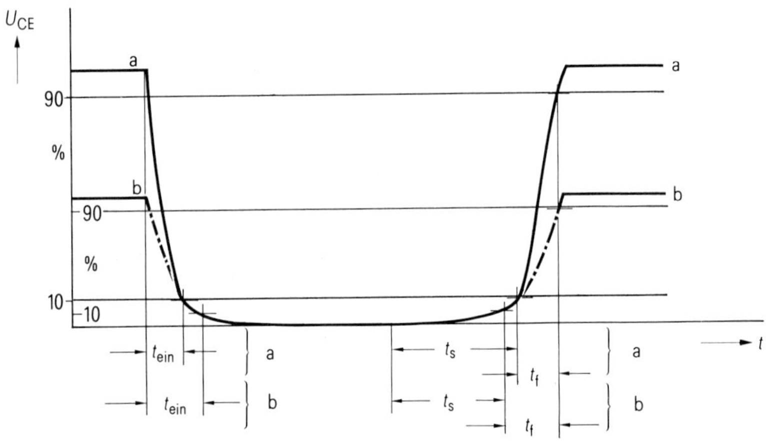

a) Große Spannung U_{CE} b) Kleine Spannung U_{CE}

Bild 4.76 Einfluß der Kollektorspannung U_{CE} auf die Schaltzeiten

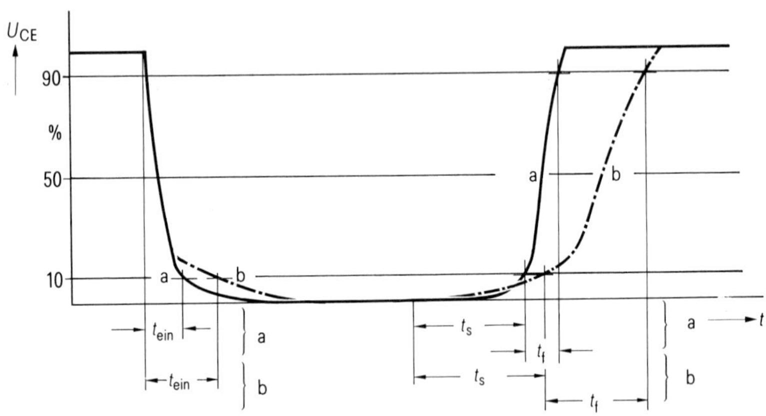

a) Spannungsverlauf bei niedriger Temperatur ($T_J = 25$ °C)
b) Spannungsverlauf bei hoher Temperatur ($T_J = 100$ °C)

Bild 4.77 Einfluß der Temperatur auf das Schaltverhalten

4.6.7 Kollektorstromverlauf und Ausräumung

Der theoretische Verlauf des Stromes während t_f ist in Bild 4.78 für zwei Ausräumströme I_{B2} gezeichnet. Für dreifachdiffundierte Transistoren beobachtet man jedoch die Kurvenverläufe aus Bild 4.79.

Kurve a

Diesen optimalen Verlauf von I_C findet man bei niedrig sperrenden, dreifachdiffundierten Transistoren.

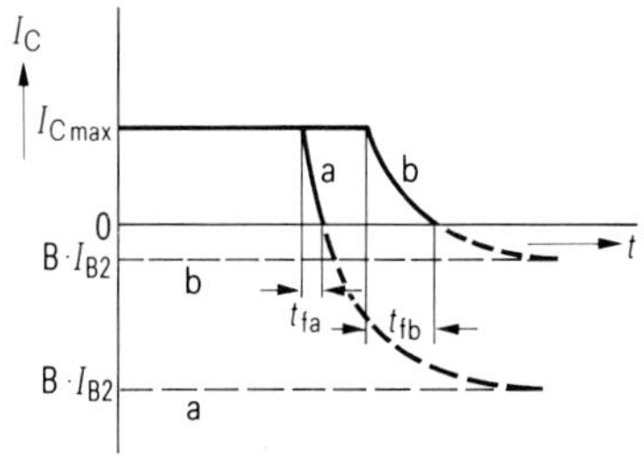

Bild 4.78
Zeitlicher Verlauf des Kollektorstroms I_C beim Abschalten für zwei verschiedene Ausräumströme I_{B2}

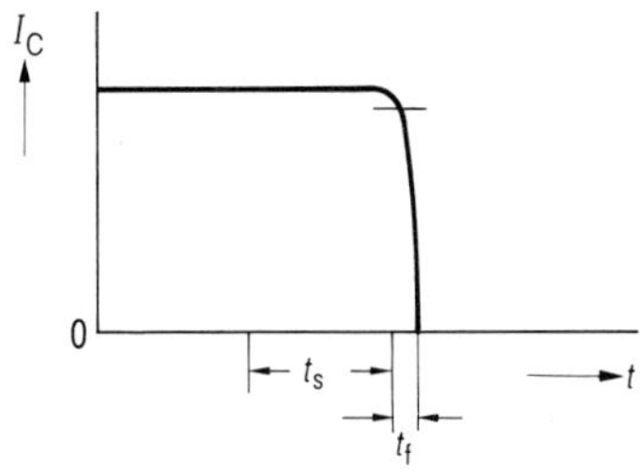

a) Optimaler Verlauf (niedersperrender Transistor, gute Basisansteuerung)

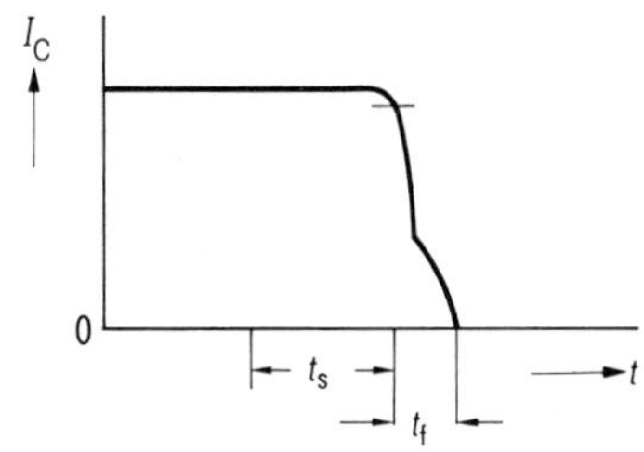

c) Stufenförmiger Verlauf bei inhomogenem Abschalten (hochsperrende, hochverstärkende Transistoren, hoher Ausräumstrom während t_s)

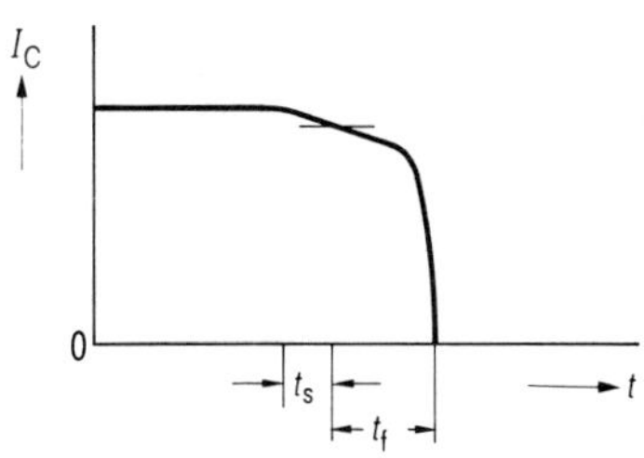

b) Einfluß der Restspannung (zu schwache Basisausräumung)

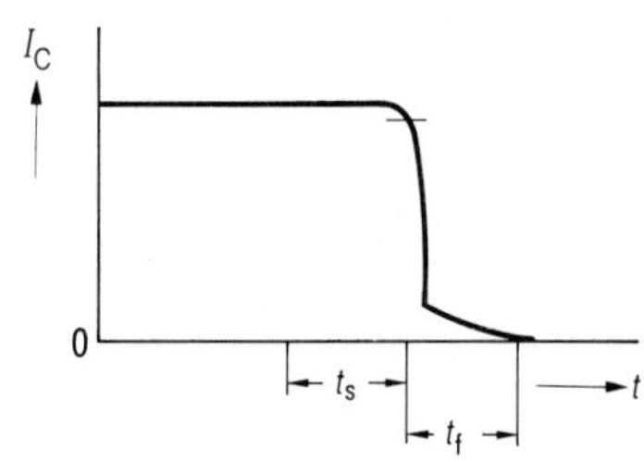

d) Inversstromschwanz (zu großer Ausräumstrom)

Bild 4.79
Charakteristische Kurvenformen des Kollektorstromes I_C bei dreifachdiffundierten Transistoren während des Abschaltens

Kurve b

Bei hochsperrenden dreifachdiffundierten Transistoren muß man bereits während der Speicherzeit t_s mit einem Anstieg der Kollektor-Emitter-Restspannung rechnen.

Wegen der Restspannungseffekte ist die Grenze zwischen Speicherzeit und Fallzeit unscharf und in Richtung erhöhter Fallzeit verschoben.

Über einen größeren Ausräumbasisstrom wird t_s verkürzt. Am Ende der Speicherzeit verbleibt mehr Speicherladung im Kollektor, und die Sättigungsspannung U_{CEsat} ist erhöht.

Kurve c

Bei hochsperrenden Transistoren beobachtet man während t_f einen unregelmäßigen Stromverlauf.

Diese unerwünschten Kurvenverläufe machen sich oft erst bei höheren Temperaturen bemerkbar, sind bei hochverstärkenden Exemplaren häufiger anzutreffen und über die Basisbeschaltung zu beeinflussen.

Kurve d

Wird der Ausräumbasisstrom I_{B2} zu groß, so hat der Kollektorstrom während der Fallzeit einen Verlauf, wie er vom Abschalten langsamer Dioden bekannt ist. Die Basisladung wird zu schnell entfernt und die Injektion des Emitterstroms zu früh unterbrochen. Ein großer Teil der Kollektorladung überdauert die eigentliche Fallzeit. Diese Restladung muß als Inversstrom über die gesperrte Kollektor-Basis-Diode entfernt werden. Die Abschaltkurve erhält einen Schwanz.

4.6.8 Abhängigkeit der Speicherzeit

Stromverstärkung B

Bei vergleichbaren technischen Daten und vorgegebenen Strömen ist die Speicherzeit von Transistoren hoher Stromverstärkung größer als bei niederverstärkenden Exemplaren.

Einschaltstrom I_{B1}

Die Speicherzeit erhöht sich mit dem Basisstrom I_{B1}, wie Bild 4.80 zeigt.

Ausräumstrom I_{B2}

Durch Vergrößerung von I_{B2} sinkt t_s, Bild 4.81. Diese Abnahme ist über den rascheren Abbau der Sättigungsladungen verständlich. Bei großem I_{B2} muß überdies ein Teil der gesamten Sättigungsladung abgebaut werden, um die Sperrfähigkeit des Transistors zu erreichen.

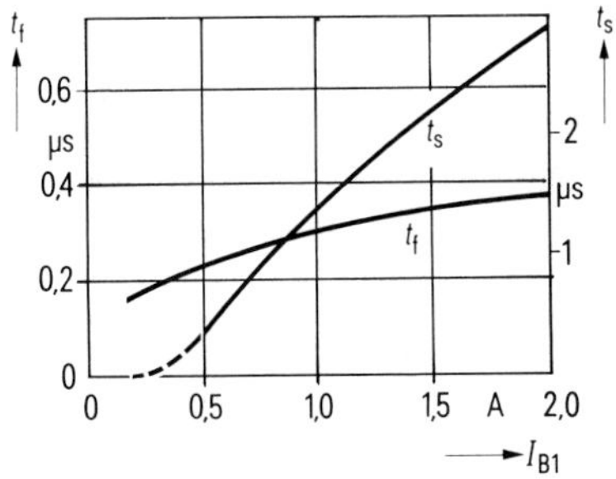

Bild 4.80
Speicherzeit t_s und Fallzeit t_f in Abhängigkeit vom Einschaltbasisstrom I_{B1} (Beispiel)

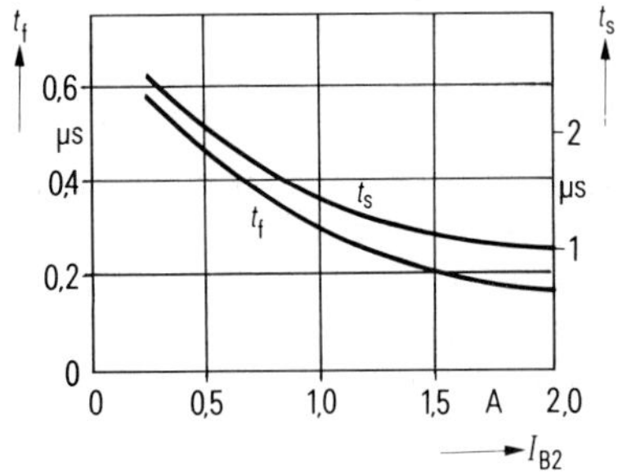

Bild 4.81
Speicherzeit t_s und Fallzeit t_f in Abhängigkeit vom Ausräumstrom t_{B2} (Beispiel)

Basisstrom

Unter der Bedingung $I_{B1} = I_{B2}$ erhöht sich die Speicherzeit mit dem Basisstrom, da der Einfluß der größeren Sättigungsladung den Effekt des rascheren Ausräumens übertrifft.

Kollektorstrom I_C

Bei vorgegebenem Stromverhältnis $I_C : I_{B1} : I_{B2}$ nimmt t_s zu größeren Kollektorströmen entsprechend der abnehmenden Stromverstärkung ebenfalls ab, weil die Übersteuerung sich verringert (Bild 4.82).

Kollektorspannung U_{CE}

In erster Näherung besteht keine Abhängigkeit. Indirekt erhöht sich t_s mit U_{CE} da sich die Bewertungsgrenze etwas zugunsten der Fallzeit verschiebt (Bild 4.76).

Temperatur T

Die Temperaturabhängigkeit von t_s ist durch die Zunahme von B mit T bedingt, aber auch durch Abnahme der Speicherzeitkonstante. Zwischen 25 °C und 100 °C Sperrschichttemperatur muß – abhängig von den Betriebsbedingungen – mit einer Zunahme von $\approx 30\%$ gerechnet werden.

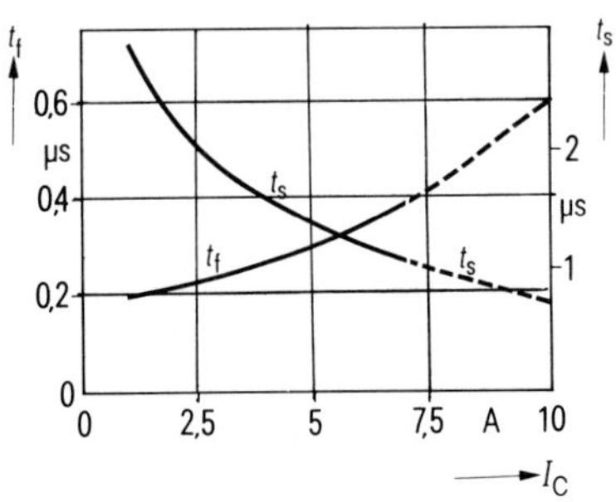

Bild 4.82
Speicherzeit t_s und Fallzeit t_f in Abhängigkeit vom Kollektorstrom I_C bei festem Ansteuerverhältnis $I_C : I_{B1} : I_{B2}$ (Beispiel)

4.6.9 Abhängigkeit der Fallzeit

Stromverstärkung

Die Fallzeit sollte sich theoretisch beim hochverstärkenden Transistor verkürzen. In der Praxis wird aber mit hochsperrenden Typen eine Zunahme von t_f beobachtet, die von der Basissteuerung abhängt. Ursache ist das inhomogene Abschalten aufgrund der größeren Kollektorladung und des erhöhten inneren Basiswiderstandes.

Einschaltstrom I_{B1}

Bild 4.80 zeigt, daß sich t_f mit dem positiven Basisstrom vergrößert. Mit der Erhöhung der gesamten Speicherladung muß auch während t_f ein größerer Anteil aus dem Kollektor abfließen.

Ausräumstrom I_{B2}

Ein größerer Ausräumstrom I_{B2} während t_f verkürzt die Fallzeit, weil Basis- und Kollektorladungen rascher entfernt werden (Bild 4.81). Dagegen kann ein zu großes I_{B2} während der vorangehenden Speicherzeit die Fallzeit vergrößern. Der Sperrzustand und der Beginn der Fallzeit werden erreicht, obwohl noch viel Sättigungsladung im Kollektor gespeichert ist, die während t_f zusätzlich entfernt werden muß.

Kollektorstrom I_C

In Bild 4.82 ist die Abhängigkeit der Fallzeit von I_C bei vorgegebenem Ansteuerungsverhältnis $I_C : I_{B1} : I_{B2}$ dargestellt. Die Zunahme ist nicht nur auf die Abnahme der Stromverstärkung, sondern auch auf die höheren Restspannungen bei größeren Strömen zurückzuführen, die durch inhomogene Abschaltvorgänge zusätzlich ansteigen.

Kollektorspannung U_{CE}

Wie beim Einschalten wirken sich auch während der Fallzeit die Restspannungen bei höheren Betriebsspannungen weniger aus (Bild 4.76). So gehen z.B. die Meßwerte t_f mit ohmscher Last bei Erhöhung der Spannung von 60 auf 240 V auf die Hälfte zurück.

Temperaturabhängigkeit

Wegen der Zunahme der Stromverstärkung vergrößern sich Übersteuerung und die Kollektorladung, die während t_f ausgeräumt werden muß. Die Zunahme des inneren Basiswiderstandes mit der Temperatur verschlechtert andererseits die Ausräumbedingungen. Auch bei optimierter Basisansteuerung ist mit einer Verdoppelung von t_f zwischen 25 °C und 100 °C Sperrschichttemperatur zu rechnen (Bild 4.77).

$U_{CE} > U_{CEO}$ beim Einschalten

Ein stationärer Betrieb mit $I_C > 0$ und $U_{CE} \geq U_{CEO}$ ist bei positivem Basisstrom nicht möglich. Auch ein Schaltbetrieb ohne Strombegrenzung ist nicht erlaubt. Eine eingeschränkte Ausnutzung des Bereichs $U_{CE} > U_{CEO}$ ist beim Einschalten zulässig.

Der gefährliche Lawinenmechanismus ist beendet, sobald die Kollektorspannung den Wert U_{CEO} unterschreitet.

Da ein positiver Basisstrom fließt, fehlt während des Lawinenprozesses eine wichtige Voraussetzung des instabilen Betriebszustandes.

$U_{CE} < U_{CEO}$ beim Abschalten

Man geht davon aus, daß die lokalen Stromdichten während des Abschaltens unter ungünstigsten Bedingungen um maximal eine Größenordnung erhöht sein können.

Um den instabilen Zustand eines zweiten Durchbruchs zu erreichen, müssen die Stromdichten um Größenordnungen ansteigen. Die Abschaltzeiten liegen für dreifachdiffundierte Transistoren aber im Mikrosekundenbereich. Diese Zeiten sind zu kurz, um im aktiven Bereich des Transistors einen von thermischen Vorgängen abhängenden zweiten Durchbruch auszulösen. Zu berücksichtigen ist, daß die größten lokalen Stromdichten kurz nach Beendingung der Speicherzeit auftreten, wenn die Kollektorspannung noch niedrig ist.

$U_{CE} > U_{CEO}$ beim Abschalten

Wird bei ansteigender Kollektorspannung der Durchbruch erreicht, bevor der Kollektorstrom zu Null abgenommen hat, kann sich die Emitterstromdichte durch Lawinenmultiplikation von I_C erhöhen. Der Strom schnürt sich unter dem Einfluß des negativen Basisstroms innerhalb von Mikrosekunden im zweiten Durchbruch punktförmig zusammen. Ein Schaltbetrieb mit $I_C > 0$ für $U_{CE} > U_{CEO}$ ist deshalb unzulässig.

Die Durchbruchspannung ist erhöht, wenn ein negativer Basisstrom fließt. Während t_f fließt aber I_{B2} nur aus den Transistorgebieten heraus, die dem Basiskontakt am nächsten liegen. Die Emittermitte bleibt im aktiven Arbeitsbereich. Eine gegenüber U_{CEO} erhöhte Durchbruchspannung U_{CER} oder U_{CEV} kann bei rasch veränderlichen Abschaltvorgängen nicht ohne Einbuße an Zuverlässigkeit ausgenutzt werden.

Ein Kollektorstrom $I_C > 0$ für $U_{CEO} < U_{CE} < U_{CBO}$ ist nur zulässig, wenn der Emitter nicht injiziert und I_C als Diodenstrom über die Basis abfließt. Zulässig ist unter diesen Bedingungen auch der kapazitive Ladestrom der Kollektorsperrschichtkapazität während des Spannungsanstiegs dU/dt.

Sicherer Arbeitsbereich für $U_{CE} < U_{CEO}$

Solange die Kollektor-Emitter-Spannung bei Schaltvorgängen unterhalb des Datenblattgrenzwertes U_{CEO} bleibt, ist das SOAR-Diagramm (Bild 4.66) ohne Einschränkung auch für dynamische Vorgänge gültig und darf bis zu den Grenzkurven ausgefahren werden. Die Basisbeschaltung, ein negativer Basisstrom und eine negative Basisspannung, haben keinen Einfluß auf die Zuverlässigkeit, sofern andere Grenzdaten nicht überschritten werden.

Der Bereich bis zur Temperatur $T_J = 175\,°C$ darf grundsätzlich auch bei Schaltvorgängen ausgenutzt werden. Wegen der Temperaturabhängigkeit der Schaltzeiten liegt allerdings eine praktische sinnvolle Grenze der Anwendung bei $T_J \approx 125\,°C$.

4.6.10 Einflüsse der Schaltung

Die Gesamtverlustleistung setzt sich zusammen aus Verlusten im durchgeschalteten Zustand und Verlusten während Ein- und Ausschaltvorgängen.

Für die Summe läßt sich ein Minimum finden, das von der Übersteuerung des Transistors abhängt. Im Hinblick auf die Zuverlässigkeit liegt das Optimum außerhalb des Verlustminimums zur Seite schwächerer Sättigung des Transistors hin verschoben. Kollektor-Restspannung und -Verluste sind hierbei erhöht. Die kritischen Fallzeitverluste sind jedoch herabgesetzt. Für diese Schaltungsauslegung sprechen folgende Fakten:

Die Durchfluß-Verluste werden bei kleinen Spannungen erzeugt. Sie stellen für den Transistor kein Sicherheitsrisiko dar.

Der dynamische Anteil der Verlustleistung ist wegen der Temperaturabhängigkeit von t_f in einer Schaltung thermisch weniger stabil. Eine Verdopplung von t_f bedeutet mehrfach erhöhte Verlustleistung und Spannungen während t_f.

Abschaltverluste werden durch unregelmäßige Stromverläufe, wie Bild 4.79 zeigt, erhöht. Verbesserung ist über einen Basisstromverlauf zu erreichen, dessen Übergang von I_{B1} nach I_{B2} verhältnismäßig langsam verläuft und der sein Maximum I_{B2} erst während t_f erreicht.

Die Speicherzeit ist verlängert. Dafür sind sowohl das Restspannungs- als auch das Ausräumverhalten während t_f verbessert (Bild 4.83).

Ein entsprechender Basisstromverlauf ist z.B. mit einer kleinen Induktivität in der Basiszuleitung des Transistors zu erzielen.

Hohe Kollektor-Emitter-Spannungen, die während des Abschaltens den Transistor in Gefahr bringen können, sind im Falle induktiver Lasten während t_f meist schwer zu vermeiden. Man kann aber den Spannungsanstieg am Kollektor durch kapazitive Beschaltung verlangsamen.

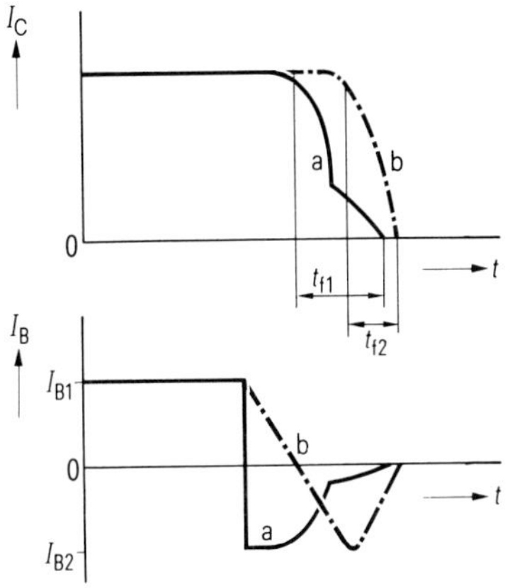

Bild 4.83
Optimierung des Abschaltverhaltens über die Basisansteuerung, Kollektorstrom I_C und Basisstrom I_B in Abhängigkeit von der Zeit
a) Schnelles dI_B/dt beim Abschalten
b) Optimales dI_B/dt beim Abschalten mit Basisdrossel Dr

Spannungssteilheit

In Schaltungen mit induktiver Last treten u.U. sehr hohe Spannungsanstiegsgeschwindigkeiten (z.B. 2000 V/μs) an der Kollektor-Emitter-Strecke der Schalttransistoren auf. Ihre Folge ist ein zum Teil erheblicher kapazitiver Strom durch den Transistor, welcher meist ungefährlich ist.

In Schaltkreisen, in denen die Transistorbasis bei Auftreten der hohen Spannungssteilheit nicht genügend niederohmig negativ vorgespannt ist, wird dieser kapazitive Strom verstärkt. Liegt die Kollektor-Emitter-Spannung bei Auftreten dieses so verstärkten Stromes unter dem Wert U_{CEO}, so entsteht im Transistor eine zusätzliche Verlustleistung, die im allgemeinen ungefährlich ist.

Diese zusätzliche Verlustleistung steigt allerdings mit zunehmender Schaltfrequenz. Treten diese verstärkten Ströme jedoch bei Kollektor-Emitter-Spannungen > U_{CEO} auf, so können sie den Transistor zerstören.

Bei Darlingtontransistoren liegen die Verhältnisse wesentlich ungünstiger, da der auftretende kapazitive Strom mehrfach verstärkt wird ($h_{fe1} \cdot h_{fe2}$).

Antisättigung

Die Speicherzeit t_s eines Transistors kann verkleinert werden, indem der Transistor nicht zu stark bzw. nicht in die Sättigung gesteuert wird. Nach der Speicherzeit t_s beginnt die Fallzeit t_f. Die Basis-Emitter-Diode soll zur gleichen Zeit wie die Kollektordiode gesperrt werden. Nur so läßt sich der verlustbringende

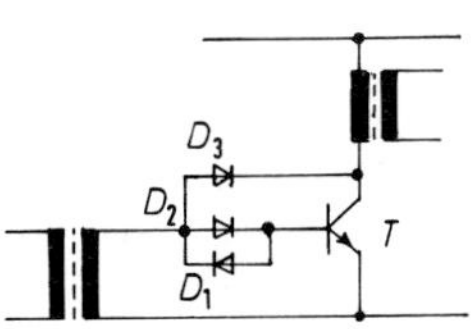

Bild 4.84

Tabelle 4.22 NPN-Schaltertransistoren

Kenngröße Typ	U_{CES} in V	U_{CEO} in V	$-U_{EBO}$ in V	U_{CESRt} bei I_C V/A	I_{CM} in A	I_C in A	I_B in A	h_{Fe} bei I_C 1/A	f_T in MHz	t_S ≈ µS	t_{on} < µS	t_f < µS	T_j °C	R_{thG} K/W	R_{thA} K/W	Gehäuse
BUX 86	800	400	5	1,5/0,1	1,5	1,0	0,3	10/0,2	20	3,5	0,5	0,4	150	4,5	100	TO 126
BUV 63	600	350	7	1,0/1	2	1,5	0,3	8/0,5	20	3,5	0,5	0,7	150	9	80	TO 202
BUV 95	1000	450	7	1,0/2	3	2	1	12/1	12	3,5	0,5	0,4	150	8,3	80	TO 202
BUT 93	800	350	5	1/3	6	4	2	10/1	9	3	0,5	0,4	150	2,5	80	TO 220
BU 426 A	900	400	7	5/5	10	8	4	5/4	15	3,5	0,5	1	150	1,5	–	TOP 3
BU 508 A	1500	700	5	5/4,5	15	8	4	2/5	7	8	0,5	0,7	150	1,0	–	TOP 3
BUT 76 A	1000	450	7	1,5/5	20	12	6	3/8	7	2,5	1,0	0,5	150	1,25	80	TO 220
BUV 48 A	1000	450	7	1,5/10	20	15	5	5/12	5	2,7	0,8	0,5	200	1,0	–	TOP 3

Kollektorschwanzstrom vermeiden. Dazu muß der negative Basisstrom an den Abschaltvorgang angepaßt werden. Die Antisättigungs-Schaltung nach Bild 4.84 sorgt dafür, daß die sich einstellende Kollektor-Emitter-Spannung etwas größer als seine Kollektor-Emitter-Sättigungsspannung ist.

Abhängig von den Transistoreigenschaften (Restspannung) können anstelle einer Diode D_2 zwei Dioden in Reihe erforderlich sein.

D_1 ist eine langsame Diode, D_2 und D_3 je eine schnelle Diode.

4.6.11 Auswahl des Schaltertransistors

Für Eintakt- bzw. Gegentakt-Schaltnetzteile muß die zulässige Kollektorspannung des Schaltertransistors alle auftretenden Spannungen aushalten, wie z.B. die maximale Betriebsspannung U_1, und deren Schwankung ΔU, die Rückschwingamplitude U_1' und evtl. Puls-Spitzenspannungen U_P mit ausreichender Sicherheit $S = 1{,}3$.

$$U_{CEV} \geqq 1{,}3 \cdot (U_{1\,max} + \Delta U_1 + U_1' + U_P);$$

z.B. $$U_{CEV} = 1{,}3 \cdot (240 + 24 + 200 + 100) = 1{,}3 \cdot 564 = 733 \text{ V}.$$

Der Transistor muß für den maximal auftretenden Strom I_C gut geeignet sein und eine geringe Sättigungsspannung I_{CEsat} besitzen (z.B. $\leqq 1{,}5$ V). Vorteilhaft wählt man den auftretenden höchsten Betriebs-Kollektorstrom halb so groß wie den lt. Datenblatt genannten Kollektorstrom.

Transistoren mit unterer Stromverstärkung müssen noch einwandfrei durchsteuern. Die erforderliche Stromverstärkung ergibt sich zu

$$h_{FE\,min} = \frac{I_C}{I_B}.$$

Die Schaltzeiten t_r und t_f sollten z.B. $\leqq 0{,}5$ µs und die Speicherzeit $t_s \leqq 2{,}5$ µs sein.

Tabelle 4.22 gibt eine Übersicht über einige bewährte bipolare Schaltertransistoren und deren Daten; sie sind nach Kollektorströmen geordnet und enthalten Transistoren mit Sperrspannungen U_{CES} von 600 bis 1500 V.

4.6.12 Parallelschaltung von Leistungstransistoren

Bei der Parallelschaltung von Leistungstransistoren (Bild 4.85) müssen die Transistoren gleichen Types sein und möglichst die gleiche Verstärkungsgruppe aufweisen.

Jedem Transistor ist ein eigener Emitterwiderstand mit gleichem Wert zuzuordnen. An den Emitterwiderständen R_E sollte eine Spannung von mindestens 0,2 V anstehen, welche als Stromgegenkopplung wirkt und so gleichmäßigere Kollektorströme zur Folge hat.

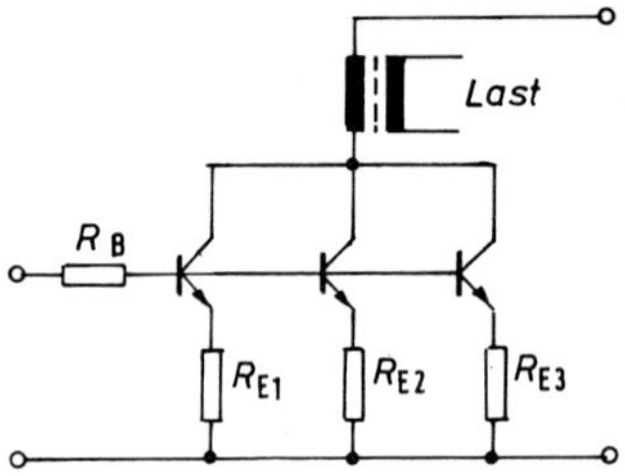

Bild 4.85
Parallelschalten von bipolaren Leistungstransistoren

Die Basen und Kollektoren werden induktionsarm direkt verbunden. Bei Auftreten parasitärer sehr hochfrequenter Schwingungen kann man auch einzelne dämpfende (gleiche) Basiswiderstände R_B anordnen. Die Transistoren müssen etwa gleiche Schalt- und Speicherzeiten haben.

4.7 Leistungs-MOS-Feldeffekt-Transistoren

Während bei einem bipolaren Transistor ein Strom zwischen Basis und Emitter fließen muß, um Stromfluß zwischen Kollektor und Emitter zu erhalten, wird beim MOSFET der zwischen Drain und Source fließende Strom durch die „Gate-Source-Spannung“ gesteuert. Im Gegensatz zum „stromgesteuerten“ Bipolar-Transistor ist der Feldeffekt-Transistor ein „spannungsgesteuertes“ Bauelement, ähnlich der Elektronenröhre.

Schaltet man einen bipolaren Leistungs-Transistor durch entsprechende Basissteuerung ab, dann vergeht erst eine gewisse Zeit – wenige Mikrosekunden – bis die überschüssigen Minoritätsträger aus der Basiszone ausgeräumt sind. Erst danach kann der Kollektorstrom kleiner werden.

Feldeffekttransistoren (FET) dagegen sind reine Majoritätsträger-Bauelemente, welche auf jede Änderung des Gatefeldes sofort ansprechen. Die erzielbaren Schaltzeiten hängen lediglich von zwei Effekten ab, nämlich von der Auflade- und Entladezeit der Eingangskapazität und der Diffusionsgeschwindigkeit der Majoritätsträger.

Die sehr kurzen Schaltzeiten der MOSFET lassen das Realisieren von SNT zu, welche bei höheren Frequenzen arbeiten können, als dies mit bipolaren Transistoren möglich ist.

Wie beim herkömmlichen bipolaren Transistor hängt auch beim FET die höchste zu verarbeitende Verlustleistung von der zulässigen Kristalltemperatur, der Gehäusetemperatur sowie vom Wärmewiderstand zwischen Halbleiter und Gehäuse ab. Außerdem begrenzen die höchstzulässigen Werte für Spannung und Strom den Arbeitsbereich. Ein Sekundärdurchbruch, der beim bipolaren Transistor den Arbeitsbereich begrenzt, ist beim FET nicht zu befürchten.

Bei Impulsbetrieb lassen sich die zulässigen Spannungen und Ströme in den durch die Verlustleistung gegebenen Grenzen voll ausnutzen.

Bei induktiver Last ist dafür zu sorgen, daß die Induktionsspannungsspitzen die zulässigen Werte nicht übersteigen.

4.7.1 Aufbau

Auf einem niederohmigen n^+-Kristall befindet sich eine schwachleitende n-Schicht. In der Oberfläche sind mehrere tausend zellenförmige n^+-leitende Sourcegebiete in p-leitende Wannen angeordnet. Eine in Quarz isoliert eingebettete Polysizilium-Gateelektrode bedeckt die Oberfläche zwischen den Sourcezellen, die untereinander durch die ganzflächige Source-Metallisierung verbunden sind. Die Gateelektrode hat spezifisch profilierte Flanken, die bei der Herstellung der extrem kurzen Kanalzone als Maske für die Implantation von n- und p-Dotierionen dienen. Die Ionenimplantation und der dadurch erzielte kurze Kanal sind neben der optimalen geometrischen Anordnung die Ursachen für die guten Eigenschaften, wie große Steilheit, kleine Einsatzspannung und niedriger Einschaltwiderstand.

Die Sourcemetallisierung bildet einen sicheren Kurzschluß zwischen dem n^+- und p-Sourcegebiet (Bild 4.86). Dadurch wird die Basis-Emitter-Strecke des parasitären vertikalen n^+pn^--Bipolartransistors kurzgeschlossen. Das ist unbedingt notwendig, um sein Einschalten bei dynamischen Vorgängen zu vermeiden. Selbst durch hohe Spannungssteilheiten zwischen Drain und Source, z.B. in der Größenordnung $> 2 \times 10^4$ V/µs, werden die parasitären npn-Transistoren bei reinem Transistorbetrieb durch Ströme über die Drain-Source-Kapazität nicht eingeschaltet. Dieser Effekt muß allerdings dann beachtet werden, wenn in der Inversdiode hohe Kommutierungssteilheiten auftreten. Die Basis-Kollektor-Diode (pn-Übergang) entspricht dabei der MOS-Inversdiode.

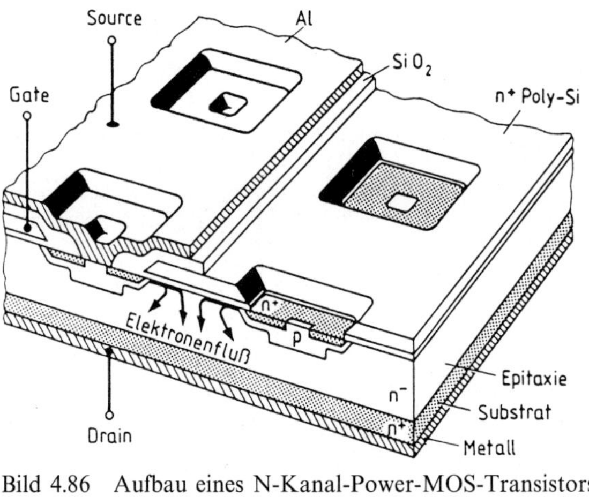

Bild 4.86 Aufbau eines N-Kanal-Power-MOS-Transistors

4.7.2 Eigenschaften

Steuerkennlinie

Zwischen dem Gate und dem übrigen Teil des MOSFET ist eine elektrisch fast vollkommene Isolierung vorhanden (Bild 4.87). Innerhalb der Grenzwerte ±20 V können dem Gate sowohl positive als auch negative Spannungen zugeführt werden, ohne daß ein nennenswerter Gatestrom fließt: Man kann also leistungslos ansteuern.

Ohne Gate-Ansteuerung fließt bei einem selbstsperrenden MOSFET kein Strom zwischen Drain und Source. Erst, wenn die Gate-Source-Spannung die „Schwellenspannung" von typisch +3 V überschreitet, kann Strom zwischen Drain und Source fließen (Bild 4.88). Die Schwellenspannung reduziert sich zu höheren Betriebstemperaturen hin.

Ausgangskennlinienfeld

Bild 4.89 zeigt das Ausgangskennlinienfeld (a) des MOS-Transistors und die Inversdioden-Kennlinie (b).

Im *ohmschen Bereich* bei niedriger Drain-Source-Spannung verhält sich die Drain-Source-Strecke eines FET praktisch wie ein ohmscher Widerstand, dessen Wert von der angelegten Gate-Source-Spannung abhängt.

Oberhalb einer bestimmten Drain-Source-Spannung – der Abschnürspannung – zeigen alle Kennlinien dann einen fast horizontalen Verlauf. In diesem

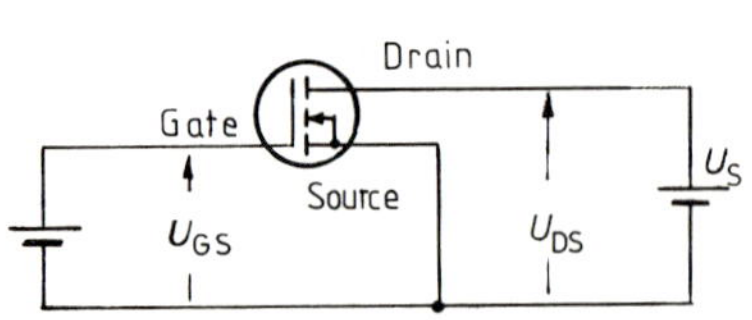

Bild 4.87
Steuerschaltung eines selbstsperrenden N-Kanal-MOSFET

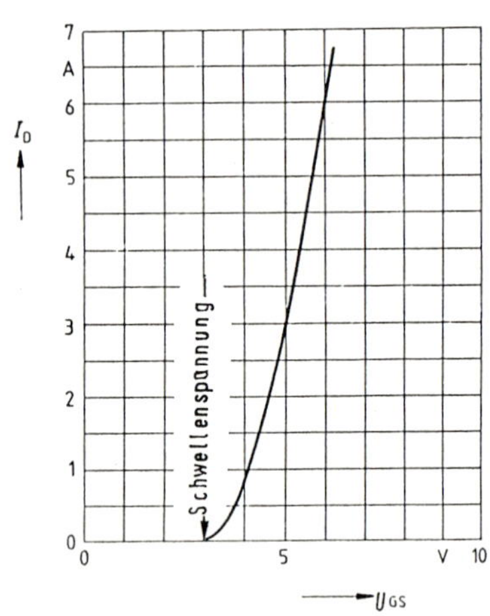

Bild 4.88
Typische Übertragungscharakteristik (80-µs-Puls-Test, $U_{DS} = 25$ V, $T_j = 25$ °C)

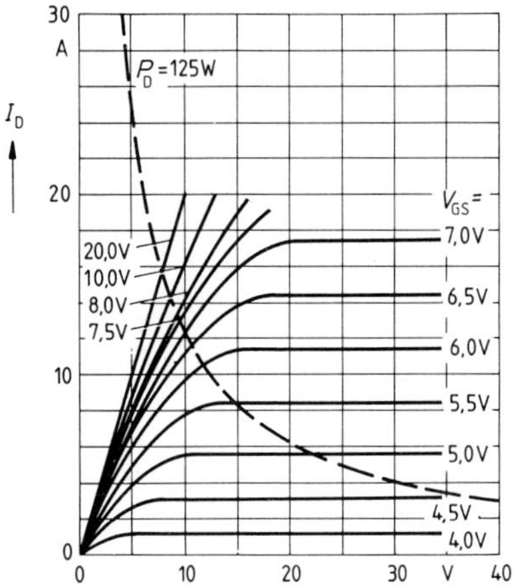

a) Typ. Ausgangscharakteristik (Parameter: 80 µs Pulstest, $T_C = 25$ °C)

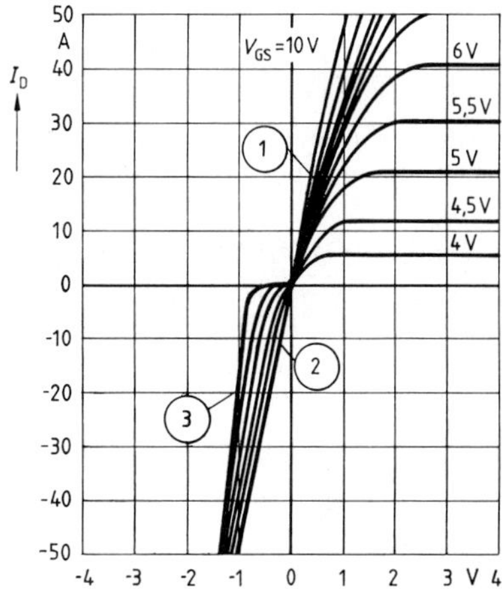

b) Ausgangscharakteristik mit Inversdioden-Verhalten
① Transistor-Ausgangskennlinien
② Inverstransistor-Ausgangskennlinien
③ Inversdioden-Durchlaßkennlinie

Bild 4.89
Kennlinien eines MOS-Transistors am Beispiel des BUZ45

Bereich verhält sich der N-Kanal-MOSFET ausgangsseitig wie eine sehr hochohmige Stromsenke, deren Stromstärke über U_{GS} steuerbar ist; die Größe I_D hängt hier kaum noch von U_{DS}, sondern nur noch von U_{GS} ab.

Zulässiger Arbeitsbereich

Wie beim bipolaren Transistor hängt auch beim FET die höchste zu verarbeitende Verlustleistung von der zulässigen Kristalltemperatur ab. Außerdem begrenzen die höchstzulässigen Werte für Spannung und Strom den Arbeitsbereich (Bild 4.90).

Für kurz dauernde Leistungsspitzen kann dieser Bereich über den unter „Grenzdaten" angegebenen zulässigen statischen Wert ausgedehnt werden, ohne andererseits durch den Bereich des Lawinendurchbruchs (zweiter Durchbruch) derart eingeschränkt zu werden, wie dies bei bipolaren Transistoren der Fall ist.

Hält man nämlich beim FET die Betriebsspannungen konstant und erhöht die Temperatur, dann wird der Drainstrom kleiner. Dieses Verhalten kennzeichnet nicht nur den gesamten FET, sondern auch jede Stelle seines Drain-Source-Kanals. Eine aus irgendwelchen Gründen ausgelöste Erhitzung einer Kanalstelle vermindert auf diese Weise automatisch den durch diese Stelle fließenden Strom,

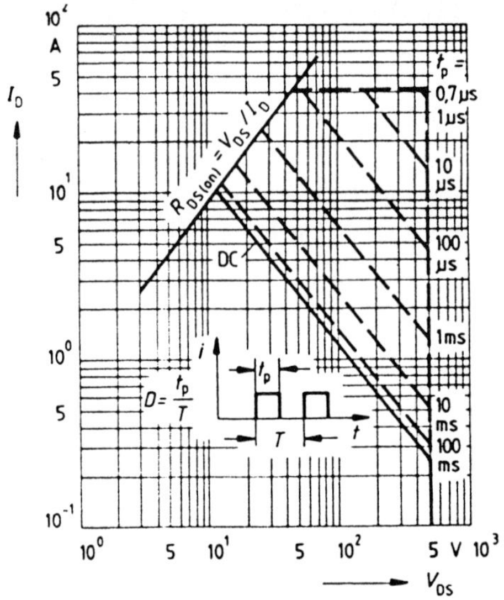

Bild 4.90
Soar-Diagramm
FREDFET BUZ 384 ($I_D = f(U_{DS})$
Parameter $D = 0{,}01$, $T_C = 25\,°C$)

so daß er sich auf den übrigen Kanal verteilen muß. Eine thermische Rückkopplung an der überhitzten Stelle ist deshalb unmöglich, und ein Sekundärdurchbruch kann nicht auftreten.

Einschaltwiderstand

Der „Einschaltwiderstand" $R_{DS(on)}$ gibt den kleinsten Widerstandswert an, den die Drain-Source-Strecke bei völliger Durchsteuerung annehmen kann. Je niedriger der Wert für $R_{DS(on)}$ ist, desto kleiner ist der Spannungsabfall zwischen Drain und Source, und desto geringer ist die damit verbundene Verlustleistung.

Der Wert für $R_{DS(on)}$ steigt mit der Temperatur um etwa 0,6 bis 0,8%/K an, was zu größerer Verlustleistung bei höheren Temperaturen führt, andererseits die erwähnte gleichmäßige Stromverteilung im Chip wie auch bei Parallelschaltung mehrerer Transistoren gewährleistet.

4.7.3 Inversdiode

Bedingt durch den Transistoraufbau fließt bei negativer Drain-Source-Spannung ein Strom über den PN-Übergang von Source zu Drain. Diese Diodenfunktion ist ein integraler Bestandteil des SIPMOS-Transistors. Die Durchlaßspannung der Inversdiode beträgt 1 bis 1,5 V. Die Sperrverzögerungszeit ist typabhängig und beträgt bei 50-V-Typen etwa 150 ns und steigt mit höher werdender Transistor-Sperrspannung bis etwa 1800 ns an. Bei Power-MOS-Transistoren mit induktiver Last übernimmt die Inversdiode die Funktion der Freilaufdiode. Das kann bei Sperrspannungen > 200 V auf Grund der relativ hohen Sperrverzögerungszeiten während der Kommutierung zu Problemen führen.

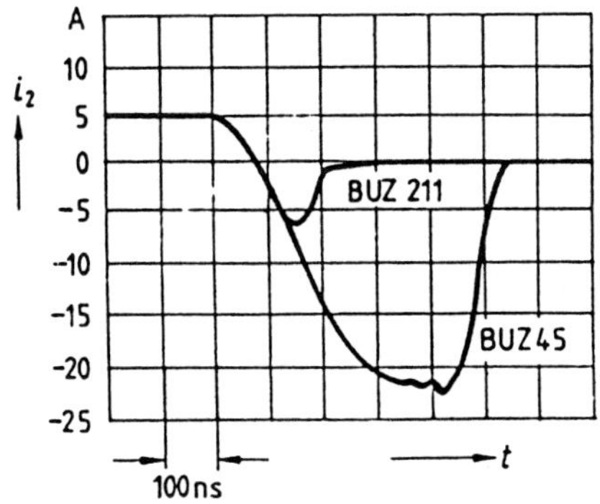

Bild 4.91
Rückstromverlauf am Beispiel des FREDFET BUZ 211
verglichen mit einem BUZ 45

FREDFET

Halb- und Vollbrückenschaltungen mit FREDFET (Fast-Recovery-Epitaxial-Dioden-Feldeffekt-Transistor) sind ohne zusätzliche Schutzbauelemente voll funktionsfähig.

Durch die superschnelle Inversdiode wird die Rückstromladung um Größenordnungen reduziert. Damit verringert sich der maximale Rückstrom i_2 während der Kommutierung entsprechend (Bild 4.91).

4.7.4 Schaltverhalten des MOS-Transistors

Die bei FET auftretenden Schaltverzögerungen werden ausschließlich von den internen Kapazitäten verursacht und lassen sich durch niederohmige Gateansteuerung ohne großen Aufwand in der Größenordnung einiger zehn ns halten. Solche Werte gelten für das Ein- wie für das Abschalten.

Kurze Schaltzeiten der Transistoren stellen eine wesentliche Voraussetzung dar für das Erhöhen der Schaltfrequenz von Schaltnetzteilen. Die geringeren Umschaltverluste des FET ermöglichen eine höhere Schaltfrequenz, die kleinere Induktivitäten und Kapazitäten für Transformation und Filterung zuläßt.

Die Miller-Kapazität C_{Mi} und die Drain-Source-Kapazität C_{DS} sind von der Drain-Source-Spannung abhängige Größen. Die Größe C_{Mi} erreicht ihren max. Wert, bei $U_{DS} < U_{GS}$. Die Gate-Source-Kapazität C_{GS} ist eine spannungsunabhängige Größe. R_G ist der durch den inneren Aufbau des Transistors bedingte Gate-Widerstand mit einem typischen Wert von etwa 10 Ω (Bilder 4.92 und 4.93).

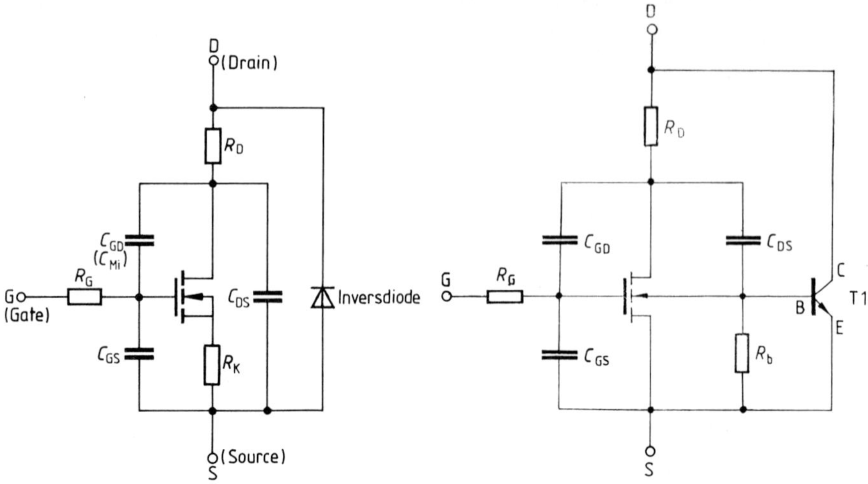

Bild 4.92
Ersatzschaltbild des Power-MOS-FET mit Inversdiode bzw. parasitärem Transistor

Zwischen den Kapazitäten besteht bei Vernachlässigung von R_G und R_{DS} der Zusammenhang:

Eingangskapazität $C_{iss} \approx C_{GS} + C_{Mi}$ und
Ausgangskapazität $C_{oss} \approx C_{DS} + C_{Mi}$.

Die Eingangskapazität wird von der relativ großen Millerkapazität mit bestimmt.

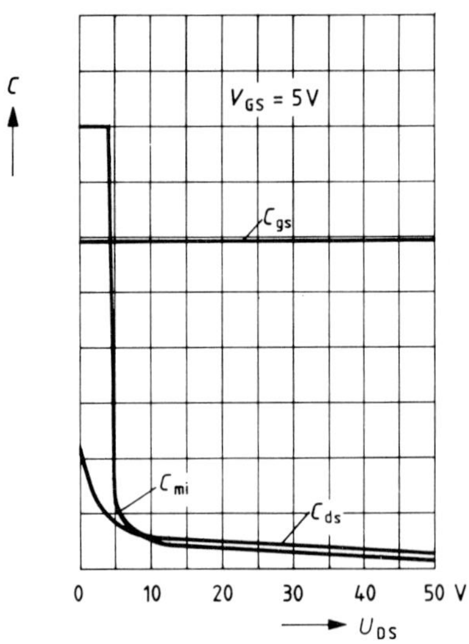

Bild 4.93
Kapazitäten des Power-MOS-FET in Abhängigkeit von U_{DS}

Die Eingangs- und Ausgangskapazitäten nehmen mit zunehmender Drain-Spannung ab und sind unabhängig von der Temperatur.

Der Einschaltvorgang kann in vier gut erkennbare Bereiche eingeteilt werden (Bild 4.94):

$0 \ldots t_1$ Die Eingangskapazität ($C_{GS} + C_{Mi}$) wird bis auf die Einsatzspannung aufgeladen. Der Transistor ist noch gesperrt.

$t_1 \ldots t_2$ Der Transistor wird leitend und wirkt als Miller-Integrator. Die Ausgangsspannung fällt schnell, da die Miller-Kapazität klein ist. Die Gate-Spannung ist nahezu konstant.

$t_2 \ldots t_3$ Der Transistor wirkt weiterhin als Miller-Integrator, aber mit der maximalen Miller-Kapazität. Der Einschaltwiderstand sinkt langsamer. Der Strom erreicht nahezu seinen Höchstwert, aber der Durchlaßverlust ist noch größer als im voll eingeschalteten Zustand.

$t_3 \ldots t_4$ Der Transistor ist fast voll eingeschaltet, aber die Miller-Kapazität wird weiter aufgeladen, bis die Spannung U_{DSmin} erreicht wird. Damit ist der Einschaltvorgang beendet; danach fließt kein Eingangsstrom mehr.

Für den *Ausschaltvorgang* gilt:

$t_5 \ldots t_6$ Der Transistor ist voll eingeschaltet und wirkt noch nicht als Miller-Integrator, aber der überfüllte C_{Mimax} wird bereits entladen.

$t_6 \ldots t_7$ Die Struktur fängt an, als Miller-Integrator zu arbeiten mit der maximalen Miller-Kapazität. Die Ausgangsspannung steigt langsam, der Ausgangsstrom ändert sich dagegen nur unwesentlich.

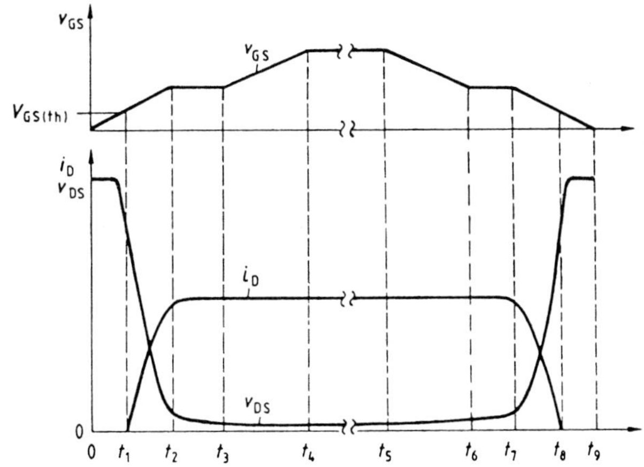

Bild 4.94 Schaltverhalten des Power-MOS-Transistors

$t_7 \ldots t_8$ $U_{GS} < U_{DS}$. Die Miller-Kapazität ist bereits klein, der Strom fällt, die Ausgangsspannung steigt rasch. Der Transistor geht in seinen ausgeschalteten Zustand über.

$t_8 \ldots t_9$ Der Transistor ist abgeschaltet, die Eingangskapazität wird aber weiterhin entladen. Damit ist der Schaltvorgang beendet.

Zwischen den üblicherweise verwendeten Schaltzeitangaben und den vorhergehenden Definitionen besteht der Zusammenhang:

$t_{d(on)}$ Einschalt-Verzögerungszeit $(0 \ldots t_1)$
t_r Anstiegszeit
$t_{d(off)}$ Ausschalt-Verzögerungszeit $(t_5 \ldots t_7)$
t_f Fallzeit

Bild 4.95 zeigt eine einfache Meßschaltung für das Ermitteln der Schaltzeiten.

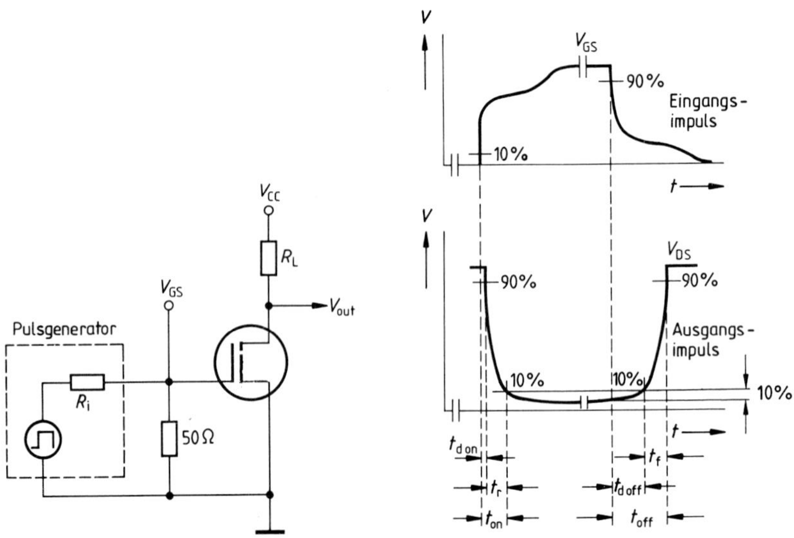

t	Zeitachse	t_{off}	Ausschaltzeit
$t_{d(off)}$	Ausschaltverzögerungszeit	t_r	Anstiegszeit
$t_{d(on)}$	Einschaltverzögerungszeit	V	Spannungsachse
t_1	Fallzeit	V_{DS}	Drain-Source-Spannung
t_{on}	Einschaltzeit	V_{GS}	Gate-Source-Spannung

Bild 4.95 Meßschaltung zum Bestimmen der Schaltzeiten

4.7.5 Steuerleistung von Power-MOS-Transistoren im Schalterbetrieb

Im Schaltbetrieb muß eine Treiberschaltung die Eingangskapazitäten des Power-MOS-Transistors laden und entladen im Rhythmus der Schaltfrequenz. Dabei wird der Treiberstromversorgung Leistung entnommen, die der Schaltfrequenz proportional ist.

Der Treiberstromversorgung wird nur während des Einschaltvorgangs Strom entnommen. Beim Ausschalten entladen sich die Transistorkapazitäten gegen Masse.

Die Energieaufnahme ändert sich nicht, auch wenn die Transistorkapazitäten über einen Widerstand geladen werden.

Bild 4.96 zeigt die Verläufe der Spannungen U_{DS}, U_{GS}, sowie den Gatestrom I_G, der so lange fließt, bis die Eingangskapazität auf die Treiberspannung U_T geladen ist.

Die Schaltgeschwindigkeit wird überwiegend von der Millerkapazität bestimmt, besonders wenn sie im Bereich $U_{DS} \leq U_{GS}$ stark ansteigt auf den Wert C_{Mi2}.

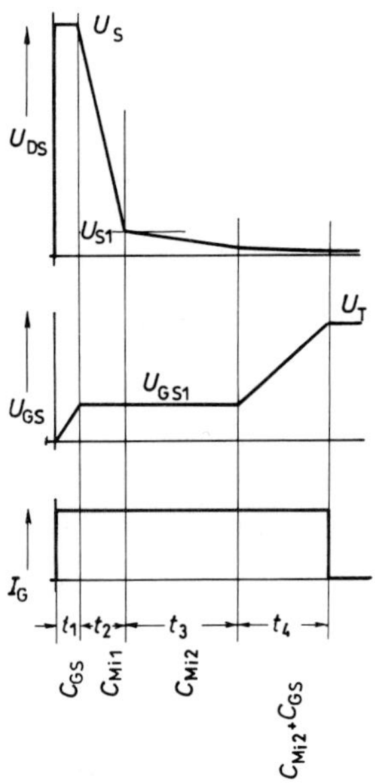

Bild 4.96
Strom- und Spannungsverlauf beim Einschalten des Power-MOS-Transistors

4.7.6 Berechnung der Einschaltenergie

Der Einschaltvorgang ist in vier Bereiche (t_1 bis t_4) eingeteilt (Bild 4.94).

Bereich $0 \ldots t_1$

In diesem Bereich wird die Gate-Source-Kapazität C_{GS} bis zur Einsatzspannung U_{GS1} von etwa 3 V aufgeladen. Die der Treiberstromversorgung entnommene Energie ist:

$$E_1 = U_T \cdot i_G \cdot t_1;$$

mit $t_1 = \dfrac{C_{GS} \cdot U_{GS1}}{i_G} \qquad (C_{GS} + C_{Mi1})$

wird $E_1 = U_T \cdot U_{GS1} \cdot C_{GS}$

Bereich $t_1 \ldots t_2$

$$E_2 = C_{Mi1}(U_S - U_{GS1}) \cdot U_T$$

Bereich $t_2 \ldots t_3$

$$E_3 = C_{Mi2} \cdot U_{GS1} \cdot U_T$$

Bereich $t_3 \ldots t_4$

$$E_4 = (C_{Mi2} + C_{GS}) \cdot (U_T - U_{GS1}) \cdot U_T$$

Gesamte Einschaltenergie:

$$E_{EIN} = E_1 + E_2 + E_3 + E_4$$

$$E_{EIN} = C_{Mi1} \cdot U_T \cdot (U_S - U_{GS1}) + (C_{GS} + C_{Mi2}) \cdot U_T^2$$

Steuerleistung

$$P_{EIN} = E_{EIN} \cdot f_{Schalt}$$

Die Steuerleistung ist proportional zur Schaltfrequenz. Im statischen Betrieb ist die Steuerleistung etwa Null, von den geringfügigen Leckströmen des Transistors abgesehen.

Beispiel
Berechnung der Steuerleistung

Für ein 220 V ~-Schaltnetzteil mit dem Schalttransistor BUZ 80, Schaltfrequenz 50 kHz, ist die Steuerleistung zu berechnen.

$$\begin{aligned}
U_S &= 300\ \text{V};\ U_T = 12\ \text{V};\ U_{GS1} = 3\ \text{V};\\
C_{GS} &= 1{,}3\ \text{nF};\ C_{Mi1} = 30\ \text{pF};\ C_{Mi2} = 1{,}6\ \text{nF};\\
E_{EIN} &= E_1 + E_2 + E_3 + E_4\\
&\approx 47\cdot 10^{-9}\ \text{Ws} + 107\cdot 10^{-9}\ \text{Ws} + 58\cdot 10^{-9}\ \text{Ws} + 313\cdot 10^{-9}\ \text{Ws}\\
&\approx 0{,}5\ \mu\text{Ws}.\\
P_{EIN} &\approx 0{,}5\cdot 10^{-6}\ \text{Ws}\cdot 50\cdot 10^{3}\ \frac{1}{\text{s}} = 25\ \text{mW}.
\end{aligned}$$

Das Beispiel zeigt, daß der Energiebedarf (0,5 μWs) für das Einschalten eines Power-MOS-Transistors sehr gering ist. Selbst bei der relativ hohen Schaltfrequenz von 50 kHz beträgt die Leistungsentnahme aus der Treiberstromversorgung nur etwa 25 mW.

Der größte Energieanteil wird im Zeitabschnitt t_4 (Bild 4.96) benötigt, um den Transistor auf minimalen R_{ON} zu steuern. Schaltungen, in denen geringste Treiberstromaufnahme gefordert ist, sollten deshalb mit möglichst kleiner Treiberspannung arbeiten.

Je kleiner der Innenwiderstand des Treibers ist, desto schneller ist der Auf- und Entladevorgang und damit die Anstiegs- und Fallzeit.

4.7.7 Parallelschalten von Power-MOS-Transistoren

Stationärer Betrieb

Der positive Temperaturkoeffizient des Einschaltwiderstandes $R_{DS(on)}$ ermöglicht im stationären Betrieb das Parallelschalten von Power-MOS-Transistoren ohne zusätzliche Symmetriebeschaltung. Um Überlastung eines Transistors durch Exemplarsteuungen im Einschaltwiderstand zu verhindern, sollte mit einem maximalen Drainstrom je Transistor von ca. 50% seines Grenzwertes gerechnet werden.

Dynamischer Betrieb

Bei Schaltvorgängen ist dafür zu sorgen, daß die Änderung des Betriebszustands gleichzeitig von allen parallelgeschalteten Transistoren vollzogen wird.

Toleranzen in den Einsatzspannungen, den Steilheiten und den internen Kapazitäten, aber auch verschiedene Leitungslängen im Steuerkreis können zu unterschiedlichen Laufzeiten und Einschwingvorgängen führen.

Nach Schaltung gemäß Bild 4.97 ist für eine weitgehend gleichmäßige Belastung der Transistoren gesorgt. Die jedem Gate vorgeschalteten Widerstände R verhindern parasitäre Schwingungen der einzelnen Transistoren und führen zu einem langsameren Anstieg der Gatespannung.

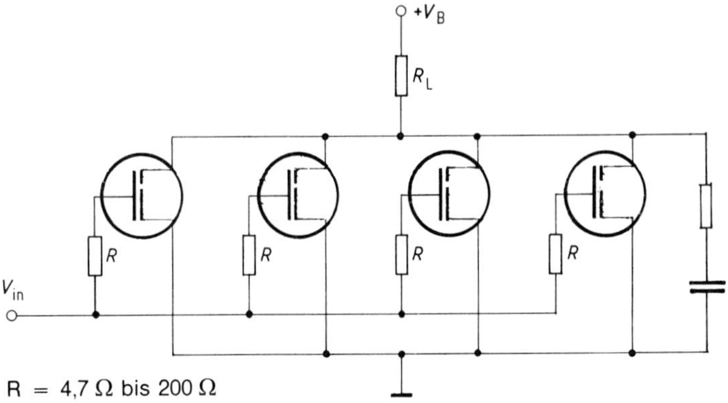

R = 4,7 Ω bis 200 Ω

Bild 4.97 Parallelschalten von Power-MOS-Transistoren

Die so verringerte Schaltgeschwindigkeit reduziert auch die in der Zuleitungsinduktivität entstehende Abschaltspannungsspitze.

Um bei parallelgeschalteten Transistoren eine weitgehend gleiche Belastung sicherzustellen, ist eine gute thermische Kopplung anzustreben (gemeinsamer Kühlkörper!).

4.7.8 Gate-Beschaltungen

Bild 4.98(a) zeigt eine einfache Gate-Ansteuerung, welche nur einen Widerstand R besitzt. Sind steile Kommutierungsflanken vom Drain her zu erwarten, dann darf der Widerstand nur kleine Werte besitzen, damit die Miller-Kapazität C_{DG} keine Aufsteuerung am Gate bewirkt. Bild 4.98(b) zeigt eine Möglichkeit, mit einem RC-Glied die Kommutierungsaufsteuerung zu verhindern. Die Kapazität des RC-Glieds wird so gewählt, daß die RC-Konstante etwa gleich oder etwas größer ist als die Umschaltzeit der Drainflanke.

Die Schaltung nach Bild 4.98(c) besitzt am Gate zwei Z-Dioden, welche z.B. die Gate-Spannungen auf ± 15 V begrenzen. Der Z-Vorwärts- bzw. Rückwärtsstrom bestimmt den Wert des Vorwiderstandes R.

Die Schaltung Bild 4.98(d) zeigt die Anordnung eines Treibers, welcher eine extrem niederohmige Ansteuerung ermöglicht. Der Widerstand R muß klein gewählt werden. Die strichliert eingezeichnete Diode bewirkt eine besonders schnelle Ausräumung der Gate-Ladung. Der Generatorwiderstand vor den Transistoren kann bei dieser Anordnung größere Werte besitzen. Die Schaltung eignet sich für den Betrieb bei höheren Frequenzen (z.B. 200 bis 500 kHz).

Die Schaltung nach Bild 4.98(e) zeigt, wie ebenfalls die Ausräumung der Gate-Kapazität mit dem R_1-D-Glied beschleunigt werden kann. Der Widerstand

R_1 wird dabei mit z.B. 10 Ω und R_2 mit 100 Ω gewählt. Der Generatorwiderstand muß dabei gegen Null tendieren.

Bild 4.98(f) ermöglicht den Einsatz eines Generators mit einem Innenwiderstand ($R_i < 100$ Ω). Der Transistor T 1 steuert bei negativem Steuersignal auf niederohmigen Durchlaßwiderstand, z.B. < 10 Ω. Bei positivem Steuersignal ist der Transistor gesperrt. Die Diode muß eine kleine Sperrkapazität besitzen, damit der Transistor T 1 schnell ausräumen kann.

Bild 4.98(g) zeigt eine Gatebeschaltung, welche eine negative Spannung während der Sperrphase ermöglicht. Dies kann bei Gegentaktendstufen erforderlich sein, wenn bei Übertragung der Nullage-Überschwinger bzw. Null-Potential-Verschiebungen über einen Treibertrafo entstehen, die einige Volt betragen können, und wenn bei höheren Temperaturen die Schwellenspannung des MOS-Leistungstransistors sich von z.B. 3 V gegen 0 V verringert. Dabei ist zu beachten, daß sich bei Betrieb mit negativer Vorspannung die negative Sperramplitude am Gate erhöht. (Für die Schaltung (g) gilt etwa $R_1 \approx 47$ Ω, $R_2 \approx 330$ Ω, $R_3 \approx 1$ kΩ, $C \approx 1$ µF.) Bezüglich Steuer- und Treiberschaltungen wird auf Kapitel 5.1 hingewiesen.

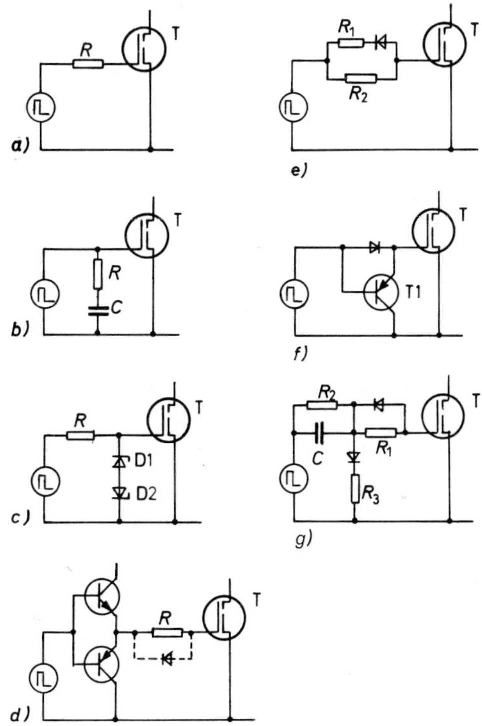

Bild 4.98(a – g)
Gate-Beschaltungen

Tabelle 4.23 Daten einiger Power-MOS-Transistoren[1)]

Kenndaten		BUZ 15	BUZ 32	BUZ 41 A	BUZ 384	BUZ 90 G	BUZ 88
Drain-Source-Spannung	U_{DS} in V	50	200	500	500	600	800
Drain-Gleichstrom bei $T_c = 25\ °C$	I_D in A	45	9,5	4,5	10,5	4	4,3
Drain-Strom gepulst bei $T_c = 25\ °C$	I_{Dpuls} in A	180	38	18	42	16	12
Einschaltwiderstand	$R_{DS(on)}$	0,03	0,4	1,5	0,6	2	2,0
Max. Verlustleistung	P_D in W	125	75	75	125	75	75
Betriebstemperaturbereich	T_j in °C	−55 bis +150					
Wärmewiderstand	R_{thJC} in $\frac{K}{W}$	1,0	1,67	1,67	1,0	1,67	1,67
Einschaltzeit	t_{on} in ns	140	70	70	130	70	70
Ausschaltzeit	t_{off} in ns	580	170	160	440	160	170
Eingangskapazität	C_{iss} in nF	1,6	1,5	1,5	3,9	1,5	1,6
Rückwirkungskapazität	C_{rss} in pF	500	70	40	100	40	30
Gehäuse		TO 3	TO 220	TO 220	TO 218	TO 220 AB	TO 238

[1)] Siehe hierzu Datenbücher (Literaturhinweise)

4.7.9 Auszug aus Typenspektrum charakteristischer Power-MOS-Transistoren

In der Tabelle 4.23 sind aus einem großen Typenspektrum einige Power-MOS-Transistoren in ihren wichtigen Kenndaten wiedergegeben. Sie umfassen Drain-Spannungen von 50 bis 800 V und Drainströme von 45 bis 4,3 A. Der neue Typ BUZ 90G besitzt gegen Überspannungsspitzen eine Avalanche-Begrenzerdiode zum Schutz gegen den Drain-Spannungs-Durchbruch. Bild 4.90 zeigt den zulässigen Arbeitsbereich des Transistors BUZ 384.

4.8 Integrierte Steuer- und Regelschaltungen für SNT

Die Steuer- und Regelschaltung ist für die einwandfreie Funktion eines Schaltnetzteiles entscheidend.

Drei Möglichkeiten für die Steuerung und Regelung bieten sich an:

▷ Konstante Frequenz und variable Einschaltdauer des Schalttransistors,
▷ konstante Einschaltdauer und variable Frequenz und
▷ variable Frequenz und variable Einschaltdauer.

Letztere Möglichkeit kann bei Sperr- und Drosselwandlern angewandt werden.

Integrierte Steuerschaltungen umfassen neben den Basisfunktionen zur Pulsdauermodulation diverse Schutz- und Überwachungsfunktionen.

Mit den integrierten Steuerbausteinen der Familien TDA 47xx und TDA 49xx lassen sich alle üblichen Schaltnetzteilprinzipien wie Eintaktwandler (Sperr-, Durchfluß-, Drosselwandler), Gegentaktwandler, Halb- und Vollbrückenwandler mit geringem externen Schaltungsaufwand realisieren (Bild 4.99).

Die Typen TDA 4718, TDA 4716 und TDA 4714 in 18-, 16- und 14poligen Gehäusen haben gegenüber dem Typ TDA 4700 einen etwas eingeschränkten Funktionsumfang und ermöglichen in den unterschiedlichen Wandlerarten besonders ökonomische Lösungen.

Für die direkte Ansteuerung von Power-MOS-Transistoren sind die Bausteine TDA 4918 und TDA 4919 vorgesehen.

4.8.1 Integrierte Steuerschaltung TDA 4700

Das Blockschaltbild mit allen Funktionsteilen zeigt Bild 4.99.

Spannungsgesteuerter Generator (VCO)

Der VCO (voltage controlled oscillator) erzeugt eine sägezahnförmige Spannung an C_T. Durch Wahl des Wertes von C_T wird die Dauer der fallenden Flanke

Bild 4.99
Blockschaltbild TDA 4700

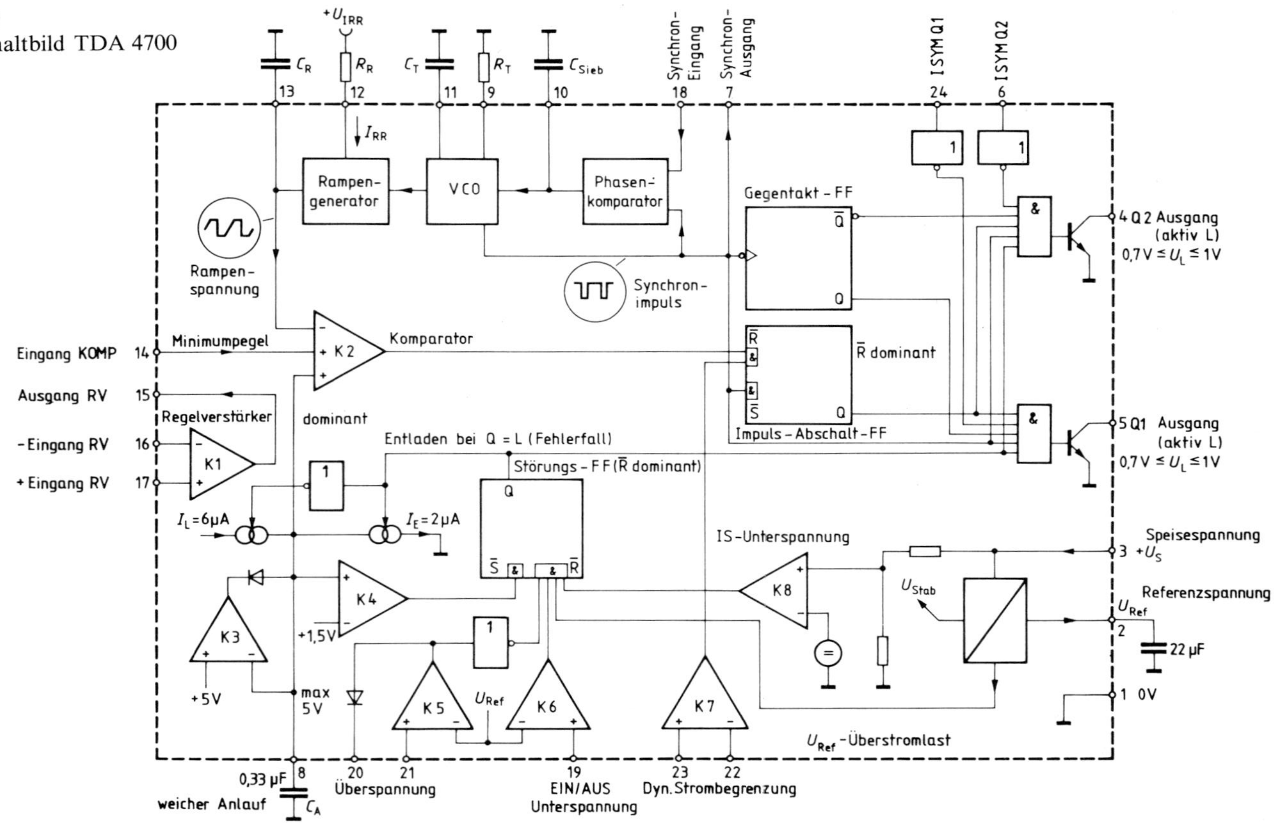

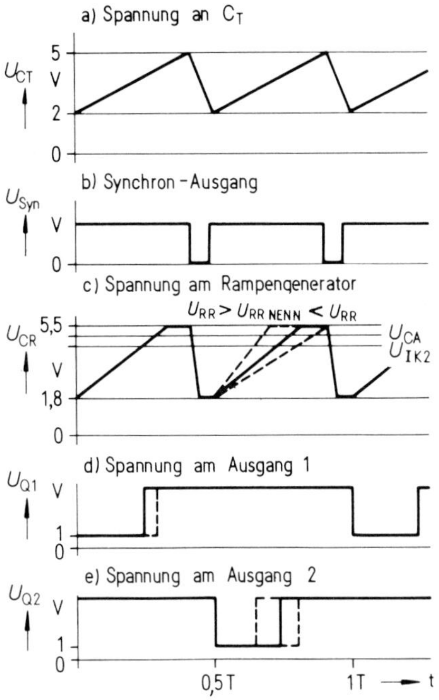

Bild 4.100
Impulsdiagramm der
IS TDA 4700

festgelegt. Die Werte von R_T und C_T bestimmen die Dauer der steigenden Flanke und damit die Frequenz.

Der Oszillator schwingt mit einer Frequenz bis zu 250 kHz. Zur Frequenzsynchronisation kann die Oszillatorfrequenz um ihren Nennwert durch Variieren der Spannung an C_{Sieb} verändert werden. Während der fallenden Flanke erzeugt der VCO den Synchronimpuls und triggert den Rampengenerator sowie mehrere zu steuernde Teile des Bausteins (Bild 4.100).

Rampengenerator-Vorsteuerung

Der Rampengenerator wird vom Frequenzgenerator getriggert und arbeitet mit der gleichen Frequenz wie dieser. Die Dauer der fallenden Flanke des Rampengenerators muß kürzer sein als die Fallzeit des Frequenzgenerators. Nur dann haben der obere und untere Schaltpegel des Rampengenerators ihre Nennwerte. Zur Impulsbreitensteuerung am Ausgang werden die steigende Flanke des Rampengenerators und eine extern einstellbare Gleichspannung am Komparator K2 verglichen. Die Neigung der steigenden Flanke wird über den Strom durch R_R eingestellt. Dadurch ergibt sich die Möglichkeit einer zusätzlichen überlagerten Steuerung des Tastverhältnisses in Abhängigkeit von der Eingangsspannung des SNT. Änderungen der Eingangsspannung und vor allem die Netzbrummspannung haben dann kaum Einfluß auf die Ausgangsspannung. Aber auch eine überlagerte Laststromregelung läßt sich verwirklichen.

Phasenkomparator-Synchronisation

Falls der Baustein ohne Fremdsynchronisation betrieben wird, muß der Synchron-Eingang mit dem Synchron-Ausgang verbunden werden, damit der Phasenkomparator die Nennspannung an C_{Sieb} einstellt. Der VCO schwingt dann mit Nennfrequenz f_0. Mit dem Synchron-Ausgang können andere Bausteine synchronisiert werden. Synchron-Eingang und -Ausgang sind TTL-kompatibel.

Gegentakt-Flipflop

Mit der fallenden Flanke des VCO wird das Gegentakt-Flipflop umgeschaltet; es gewährleistet, daß immer nur ein Ausgang der beiden Gegentakt-Ausgänge freigegeben werden kann.

Komparator-K2-Pulsdauermodulation

Die beiden Plus-Eingänge des Komparators sind so geschaltet, daß immer der niedrigere Plus-Pegel mit dem Pegel des Minus-Eingangs verglichen wird. Sobald die Spannung der steigenden Sägezahnflanke an C_R den niedrigeren der beiden Plus-Pegel übersteigt, werden die beiden Ausgänge über das Abschalt-Flipflop gesperrt.

Regelverstärker K1

Der hochwertige Regelverstärker kann dazu benutzt werden, um im Regelkreis die Schwankungen der zu regelnden Spannung verstärkt auf den freien Plus-Eingang des Komparators K2 zu übertragen. Eine Spannungsänderung wird dadurch in eine Tastverhältnisänderung umgesetzt. Der Eingangs-Gleichtaktbereich des Regelverstärkers reicht von 0 bis +5 V. Sein niederohmiger Ausgang ermöglicht das Einstellen beliebiger Regelverstärkung mit der Hilfe der Gegenkopplung.

Impuls-Abschalt-Flipflop

Dieses Flipflop gibt am Beginn jeder Halbperiode die Ausgänge frei und schaltet bei Fehlersignal von K7 oder bei Abschaltsignal von K2 die Ausgänge für den Rest der Halbperiode ab. Doppelimpulse am Ausgang können nicht entstehen.

Komparator K3

K3 begrenzt die Spannung am Kondensator C_A auf 5 V. Die Spannung am Rampengenerator kann 5,5 V erreichen. Bei entsprechender Steilheit der steigenden Rampengenerator-Flanke läßt sich das Tastverhältnis auf einen gewünschten maximalen Wert begrenzen. Das ist häufig bei Eintaktbetrieb erforderlich.

Komparator K4

Der Komparator hat die Schaltschwelle bei 1,5 V und setzt mit seinem Ausgang das Störungs-Flipflop, wenn die Spannung am Kondensator C_A unter 1,5 V liegt. Das Störungs-Flipflop nimmt den Setzimpuls jedoch nur an, wenn kein Rücksetzimpuls (Fehler) anliegt. Dadurch wird das Wiedereinschalten des Ausganges verhindert, solange ein Fehlersignal vorhanden ist.

Weicher Anlauf

Die kleinere der beiden Spannungen an den Plus-Eingängen von K2 ist ein Maß für das Tastverhältnis am Ausgang. Im Einschaltzeitpunkt des Bausteins ist die Spannung am Kondensator C_A gleich 0 V. Dieser Kondensator wird, solange kein Fehler anliegt, mit einem Strom von 6 μA auf den Maximalwert von 5 V aufgeladen. Bei einem Fehler wird C_A mit einem Strom von 2 μA entladen. Unterhalb der Ladespannung von 1,5 V liegt Setzsignal am Störungs-Flipflop und die Ausgänge sind freigegeben, wenn nicht gleichzeitig Rücksetzsignal anliegt. Weil die minimale Rampengeneratorspannung aber 1,8 V beträgt, wird das Tastverhältnis an den Ausgängen tatsächlich erst dann langsam und kontinuierlich aufgesteuert, wenn die Spannung an C_A den Wert 1,8 V übersteigt (siehe Bild 4.101).

Störungs-Flipflop

Fehlersignale, welche an den Eingang *R* des Störungs-Flipflops geleitet werden, bewirken, daß die Ausgänge sofort sperren, und daß nach Wegfall des Fehlers über den weichen Anlauf wieder eingeschaltet wird.

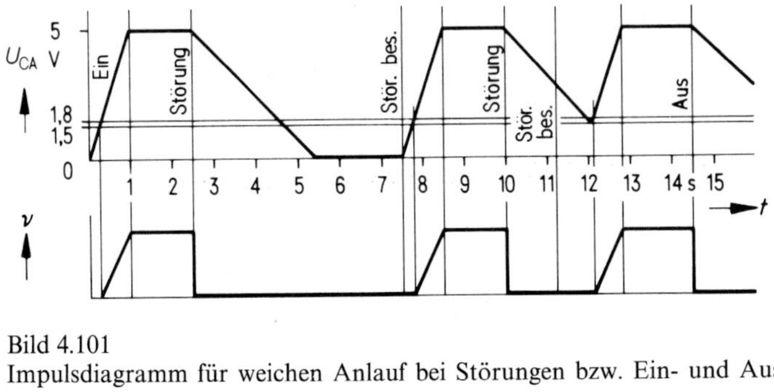

Bild 4.101
Impulsdiagramm für weichen Anlauf bei Störungen bzw. Ein- und Ausschalten

Komparator K 5 (Überspannung)

Mit K 5 können die Eingangs- oder Ausgangsspannungen eines SNT überwacht werden. Bei Überspannung sperrt das Störungs-Flipflop sofort die Ausgänge der IS. Nach dem Abbau der Überspannung läuft das SNT wieder weich an, wenn die Versorgungsspannung der IS anliegt.

Der Ausgang von K 3 kann auf den Eingang zurückgekoppelt werden. Als Folge bleibt die IS-Ausgangsstufe auch nach Wegfall der Überspannung so lange gesperrt, bis die Versorgungsspannung kurz ausgeschaltet oder der Überspannungs-Eingang kurz auf Masse gelegt wird. Die zu überwachende Spannung muß dabei hochohmig (≥ 5 kΩ) an den Überspannungskomparator angekoppelt werden.

Komparator K 6 (Unterspannung)

Der Komparator K 6 schaltet bei Unterspannung die IS-Ausgänge ab. Überwacht werden kann z.B. die Eingangs- oder Treiberspannung des SNT. Eingeschaltet wird wieder über den weichen Anlauf.

Komparator K 7 (Dynamische Strombegrenzung)

K 7 dient der Erkennung von Überströmen am Schalttransistor. Beide Eingänge des Komparators sind herausgeführt. Das Freigeben des Ausganges nach Wegfall des Fehlers erfolgt mit dem Triggerimpuls des Frequenzgenerators am Abschalt-Flipflop. Die Verzögerungszeit vom Auftreten eines Fehlers bis zum Sperren des Ausganges beträgt 250 ns. Der Gleichtaktbereich des Komparators erstreckt sich von 0 bis +4 V, so daß kleinste Spannungsabfälle erfaßt werden.

Interne Versorgung

Undefinierte Betriebszustände der IS-Ausgänge bei zu kleiner Versorgungsspannung U_s verhindert die interne Versorgung. Bei $U_s \leq 9$ V wird die Ausgangsstufe gesperrt. Dieser Zustand bleibt bis $U_s = 0$ V gewährleistet. Eine Hysterese verhindert permanentes Schalten an der Schaltschwelle. Mit weichem Anlauf schaltet das SNT bei Versorgungsspannungen $U_s \geq 9{,}6$ V ein.

Referenzspannung

Mit der Referenzspannungsquelle steht eine im Temperaturverhalten hochkonstante Spannungsquelle zur Verfügung. Sie kann Verwendung finden bei der Außenbeschaltung des Operationsverstärkers, der Fehlerkomparatoren, des Rampengenerators oder weiterer externer Komponenten.

Symmetrie

Bei Gegentaktwandlern muß die Sättigung des Transformatorkerns bekanntlich verhindert werden. Dies ist möglich mit einer externen Schaltung, mit der sich der Sättigungsgrad des Transformators bestimmen läßt; abhängig vom Sättigungsgrad werden an den Symmetrieeingängen die Aktivzeiten der Ausgänge unsymmetrisch verkürzt.

Ist die Symmetrieschaltung nicht erforderlich, dann sind die Symmetrieeingänge auf Masse zu legen.

Die Eingangspegel sind TTL-kompatibel.

Ausgänge, Totzeit

Die beiden Ausgänge Q_1 und Q_2 sind Transistoren mit offenem Kollektor. Ihre minimale Low-Spannung beträgt 0,7 V; sie sind im Gegentakt geschaltet und können zum Ansteuern von Eintaktwandlern parallel geschaltet werden, um ein Tastverhältnis von $> 50\%$ zu erzielen. Die Zeit, in der jeweils einer der beiden Ausgänge durchgeschaltet ist, kann stufenlos verändert werden. Die Dauer der fallenden Flanke an VCO ist gleich der Minimalzeit (Totzeit) während der die beiden Ausgänge gleichzeitig gesperrt sind. In Gegentakt-SNT verhindert die Totzeit, daß die Leistungstransistoren gleichzeitig leiten.

Dimensionierung der IS-Beschaltung

Oszillatorbeschaltung

Die externe Beschaltung des spannungsgesteuerten Oszillators VCO besteht aus den drei Bauteilen R_T, C_T und C_{Sieb} (Bild 4.99). Der Wert von C_{Sieb} richtet sich nach der Oszillatorfrequenz. Im allgemeinen genügen für den gesamten Frequenzbereich der IS drei Abstufungen:

f_0 in kHz	C_{Sieb} in nF
1	470
1 bis 10	47
10 bis 100	4,7

Ohne externe Synchronisierung wird der Synchroneingang mit dem Synchronausgang verbunden, so daß der VCO frei läuft. In diesem Fall kann C_{Sieb} ganz entfallen.

Oszillatorfrequenz

Die Oszillatorfrequenz f_0 wird mit R_T und C_T gemäß Diagramm Bild 4.102 festgelegt.

Totzeit

Die Totzeit t_T ist diejenige Zeit, während der beide Ausgangstransistoren sicher gesperrt sind; sie muß bei Gegentaktschaltstufen mindestens so groß wie die Summe aus Schaltverzögerung und Speicherzeit der Treiber- und Schalttransistoren gewählt werden, um Querströme durch gleichzeitiges Leiten beider Schalttransistoren zu vermeiden. Mit C_T wird neben der Frequenz auch die Totzeit t_T bestimmt, wie Bild 4.103 zeigt.

Die Zeitdauer, in welcher der Synchron-Ausgangsimpuls $U_{SYN} = 0{,}6$ V ist, legt die Totzeit fest. Dies ist näherungsweise während der fallenden Flanke der

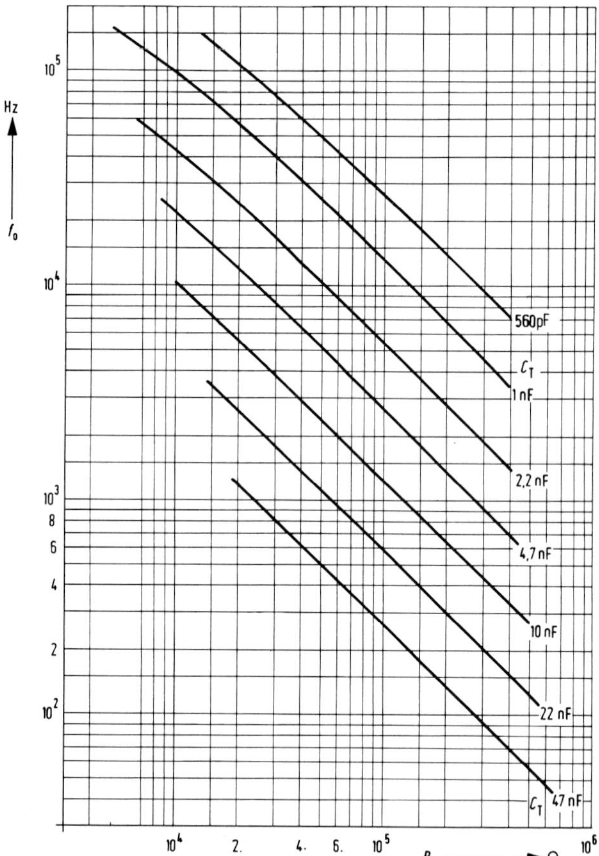

Bild 4.102 Oszillator-Nennfrequenz f_0 in Abhängigkeit von R_T und C_T

Spannung am Kondensator C_T der Fall. Die Kurven a und b (Bild 4.100) veranschaulichen die Verläufe der Spannungen U_{CT} und U_{SYN}. Ein Blick auf Bild 4.99 zeigt die Wirkung von U_{SYN} auf die Ausgangstransistoren: Über die UND-Glieder an den Basen von Q_1 und Q_2 sperrt der Low-Pegel von U_{SYN} beide Transistoren.

Maximales Tastverhältnis

Für steigende Werte von R_T nähert sich das maximale Tastverhältnis v_{max} theoretisch dem Wert 0,5. In Eintakt-SNT können die IS-Ausgänge parallel geschaltet werden. Dabei verdoppelt sich das Tastverhältnis. Das maximale Tastverhältnis eines IS-Ausgangs ist ausschließlich von R_T abhängig, wie Bild 4.104 zeigt.

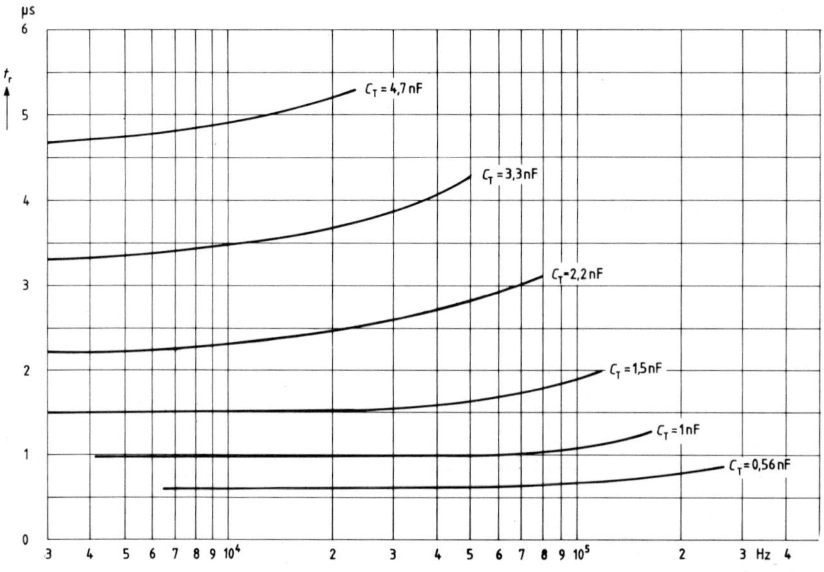

Bild 4.103 Totzeit t_T als Funktion von C_T und f_0

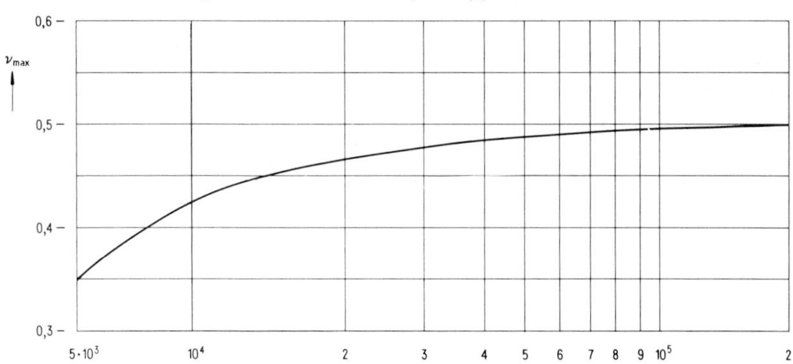

Bild 4.104 Maximales Tastverhältnis v_{max} als Funktion von R_T

Anwendung der Diagramme in den Bildern 4.102 *bis* 4.104

Aus Bild 103 ermittelt man den Wert von C_T, bei Vorgabe von t_T und f_0. Der Wert für R_T läßt sich dann aus Bild 102 entnehmen. Bild 104 liefert den Wert von R_T bei Vorgabe von v_{max}.

Rampengenerator-Beschaltung

Die Steigung der Ausgangsspannung am Rampengenerator U_{CR} läßt sich mit R_R und C_R einstellen und mit U_{RR} verändern. Dadurch können zwei Funktionen realisiert werden:

▷ die Vorsteuerung (feed forward)

▷ eine Reduzierung des maximalen Tastverhältnisses auf $v^*_{max} < v_{max}$ (falls erforderlich).

Der Wert von C_R richtet sich nach der Forderung, daß die Entladezeit von C_R kürzer sein muß als die von C_T. Dieses ist gewährleistet, wenn $C_R = C_T$ gewählt wird.

Vorsteuerung

Die Vorsteuerung verhindert, daß sich Eingangsspannungsschwankungen auf die Ausgangsspannung auswirken. Da diese Kompensation unter Umgehung der Dynamik des geschlossenen Regelkreises verzögerungsfrei arbeitet, kann sie auch schnelle Störungen der Eingangsspannung ausgleichen. Aus der Leistungsbilanz eines Flußwandler-SNT läßt sich die Formel für die Ausgangsspannung U_0 ableiten:

$$U_0 \sim U_I \cdot v.$$

U_I SNT-Eingangsspannung
v Tastverhältnis der Leistungstransistoren

Aus der Beziehung geht hervor, daß U_I-Schwankungen dann kompensiert werden, wenn sich v umgekehrt proportional zu U_I verhält. Diese umgekehrte Proportionalität läßt sich erreichen, wenn die Eingangsspannung U_I an R_R anliegt ($U_{RR} = U_I$).

Analog dem durch R_R fließenden Strom wird die Steigung der Rampenspannung U_{CR} und damit das Tastverhältnis verändert. Über eine Stromspiegelschaltung wird C_R mit dem etwa 3,9fachen Strom durch R_R geladen. Aus dieser und anderen Gegebenheiten der Innenschaltung, wie z.B. den Schaltschwellen des Rampengenerators, ergibt sich die Gleichung:

$$R_R \approx \frac{3 \cdot R_T \cdot C_T \cdot (U_{RR\,min} - 0.7)}{C_R \cdot \Delta U_{CR}} - 4 \cdot 10^3$$

Damit kann bei gegebenem R_T, C_T, C_R und $U_{RR\,min}$ dimensioniert werden.

ΔU_{CR} beträgt typ. 3,2 V. Mit $\Delta U_{CR} \approx 2{,}6$ V können alle Toleranzen ohne Abgleich aufgefangen werden.

In einem SNT wurde der stationäre Zusammenhang der Ausgangsspannung U_0 mit der Eingangsspannung U_I gemessen. Dabei war der Regelverstärker außer Funktion. Bei $\pm 20\%$ U_I-Änderung beträgt die Änderung von U_0 ohne Vorsteuerung 20%, mit Vorsteuerung dagegen nur 1%.

Reduzierung des maximalen Tastverhältnisses

Die Steuerung des maximalen Tastverhältnisses abhängig von der Eingangsspannung verhindert die Sättigung des Trafokerns bei hoher Eingangsspannung und erlaubt bei der minimalen Eingangsspannung das volle Tastverhältnis.

Neben der dynamischen Strombegrenzung ist dies eine weitere Schutzfunktion für den Leistungsteil des Wandlers.

Die Bilder 4.100c, d, e veranschaulichen die Funktion der Tastverhältnisreduzierung. Das maximale Tastverhältnis hängt vom Schnittpunkt der Rampenspannung U_{CR} mit $U_{CA} = 5$ V ab. Je steiler die Rampe verläuft, desto kleiner stellt sich das maximale Tastverhältnis $v^*_{max} \leq v_{max}$ ein.

Die Rampensteigung hat dagegen keinen Einfluß auf das *maximale* Tastverhältnis, wenn der Rampenhub ΔU_{CR} kleiner als 3,2 V ist, U_{CR} also unterhalb 5 V bleibt.

Falls die Eingangsspannung U_I an R_R gelegt wird ($U_{RR} = U_I$), ist neben der Tastverhältnisreduzierung auch die Vorsteuerung wirksam.

Synchronisation

Bei Parallelbetrieb von Schaltnetzteilen werden die Oszillatorfrequenzen häufig (extern) synchronisiert, um Schwebungen im Hörbereich zu vermeiden, die durch Toleranzen der Schaltfrequenz der Einzelgeräte entstehen können.

Für diese Maßnahme enthalten die integrierten Schaltungen TDA 4700 und TDA 4718 eine komfortable PLL-Synchronisierschaltung; der Fangbereich beträgt $\pm 30\%$ der Oszillator-Nennfrequenz.

Nach Auftrennen der Verbindung zwischen Synchronausgang und Synchroneingang kann ein unipolares Rechtecksignal $U_{SYNext.}$ mit der Frequenz f_{SYN} am Synchroneingang eingespeist werden. Das Synchronsignal kann man entweder einem Impulsgenerator (z.B. Oszillator mit nachgeschaltetem Frequenzteiler) entnehmen, oder ein Master-Schaltnetzteil mit TDA 4700 (oder TDA 4718) steuert mit seinem Synchronausgang nachgeschaltete Einheiten.

Innerhalb des Fangbereiches zieht die Synchronisierschaltung die Oszillatorfrequenz auf die Synchronfrequenz hin. Die Synchronisierung erfolgt nicht phasenstarr. Die Phasenverschiebung zwischen Synchroneingang und Synchronausgang steht in linearem Zusammenhang zu der Frequenzablage $\Delta f = f_{SYN} - f_0$.

4.8.2 Integrierte Steuerschaltungen TDA 4718, TDA 4716 und TDA 4714

IS-TDA 4718

Mit Ausnahme des Regelverstärkers, der Symmetrieeingänge und des Überspannungskomparator-Ausgangs verfügt die IS TDA 4718 über alle Funktionen der Universal-IS TDA 4700 und hat die gleichen technischen Daten.

Ein Anwendungsschwerpunkt dieser 18poligen IS liegt bei SNT, die auf der Primärseite gesteuert werden, und deren Regelverstärker potentialgetrennt auf der Sekundärseite liegt. Das Regelverstärker-Ausgangssignal wird über einen Optokoppler auf die Primärseite übertragen.

IS-TDA 4716

SNT-Konzepte, die keine Synchronisation benötigen, können mit dieser 16poligen Version wirtschaftlich aufgebaut werden. Die IS beinhaltet einen Regelverstärker, so daß ihr Einsatzbereich in Drosselwandlern und auf der Sekundärseite von SNT liegt. Die Funktion der internen Schaltung und die Dimensionierung der externen Bauteile entsprechen dem Basistyp TDA 4700.

IS-TDA 4714

Die IS im 14poligen Gehäuse entspricht bis auf die fehlende Synchronisierschaltung und den Unterspannungseingang dem Typ TDA 4718.

Wichtige Daten

Speisespannung	U_S	10,5 bis 30 V
Stromaufnahme	$I_S \leq$	20 mA
Ausgangsstrom ($U_{QL} \leq 1{,}1$ V)	I_Q	20 mA
Umgebungstemperatur	T_U	−25 bis 85 °C
VCO-Frequenz (Nennarbeitsbereich)	f_{VCO}	40 Hz bis 100 kHz
Referenzspannung	U_{Ref}	2,5 V
Ausschaltverzögerung der dyn. Strombegrenzung	t	250 nS

Anschlußbelegungen

Anschlußanordnung
TDA 4700, TDA 4700A
(Ansicht von oben)

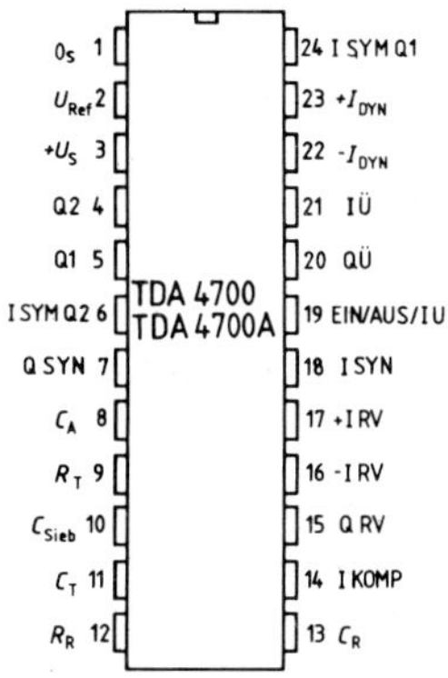

1 O_S
2 Referenzspannung U_{Ref}
3 Versorgungsspannung U_S
4 Ausgang Q 2
5 Ausgang Q 1
6 Eingang Symmetrie Q 2
7 Synchron Ausgang Q
8 weicher Anlauf C_A
9 VCO R_T
10 Kapazität C_{Sieb}
11 VCO C_T
12 Rampengenerator R_R
13 Rampengenerator C_R
14 Eingang Komparator
15 Ausgang Regelverstärker
16 Eingang Regelverstärker (−)
17 Eingang Regelverstärker (+)
18 Synchroneingang
19 Ein/Aus, Unterspannung
20 Ausgang Überspannung
21 Eingang Überspannung
22 Dyn. Strombegrenzung (−)
23 Dyn. Strombegrenzung (+)
24 Eingang Symmetrie Q 1

Anschlußanordnung
TDA 4718, TDA 4718 A
(Ansicht von oben)

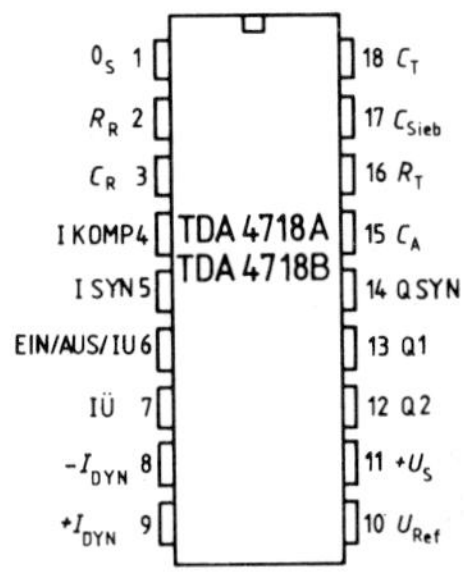

1 O_S
2 Rampengenerator R_R
3 Rampengenerator C_R
4 + Eingang Komparator K 2
5 Synchroneingang
6 Eingang Unterspannung, Ein/Aus
7 Eingang Überspannung
8 Eingang dyn. Strombegrenzung (−)
9 Eingang dyn. Strombegrenzung (+)
10 Referenzspannung U_{Ref}
11 Speisespannung U_S
12 Ausgang Q 2
13 Ausgang Q 1
14 Synchronausgang
15 weicher Anlauf C_A
16 VCO R_T
17 Kapazität C_{Sieb}
18 VCO C_T

Anschlußanordnung **TDA 4716 A** und **TDA 4716 B** (Ansicht von oben)

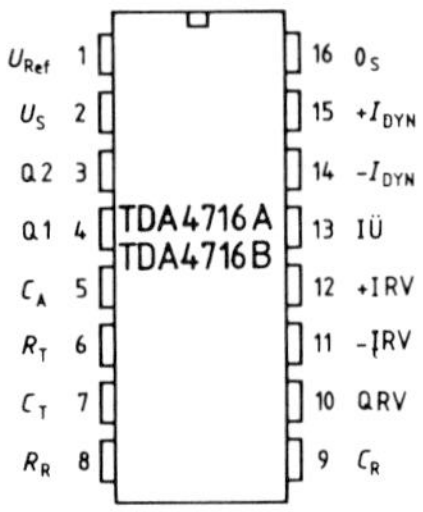

1 Referenzspannung U_{Ref}
2 Versorgungsspannung U_S
3 Ausgang Q2
4 Ausgang Q1
5 Weicher Anlauf C_A
6 VCO R_T
7 VCO C_T
8 Rampengenerator R_R
9 Rampengenerator C_R
10 Ausgang Regelverstärker
11 Eingang Regelverstärker (−)
12 Eingang Regelverstärker (+)
13 Eingang Überspannung
14 Dynamische Strombegrenzung (−)
15 Dynamische Strombegrenzung (+)
16 O_S

Anschlußanordnung **TDA 4714 A** und **TDA 4714 B** (Ansicht von oben)

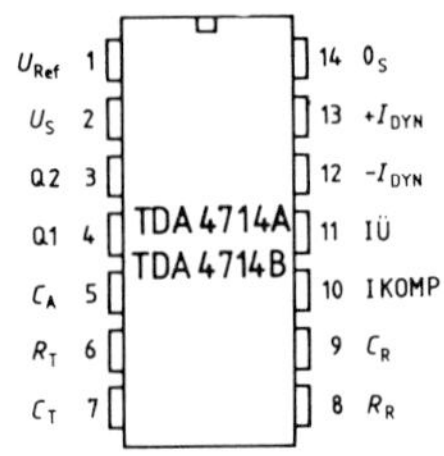

1 Referenzspannung U_{Ref}
2 Versorgungsspannung U_S
3 Ausgang Q2
4 Ausgang Q1
5 Weicher Anlauf C_A
6 VCO R_T
7 VCO C_T
8 Rampengenerator R_R
9 Rampengenerator C_R
10 Eingang Komparator
11 Eingang Überspannung
12 Dynamische Strombegrenzung (−)
13 Dynamische Strombegrenzung (+)
14 O_S

4.8.3 Gegentakt-IS TDA 4918 und Eintakt-IS TDA 4919 für direkte Ansteuerung von Power-MOS-Transistoren

Aus dem Grundtyp TDA 4700 wurden für die direkte Ansteuerung von MOS-Transistoren die Bausteine TDA 4918 für Gegentaktwandler und TDA 4919 für Eintaktwandler entwickelt. Sie beinhalten alle notwendigen Steuer-, Regel- und Schutzfunktionen zum Aufbau hochwertiger Sperr- und Flußwandler für Eintakt- und Gegentaktbetrieb.

Beim Eintakt-SNT-IS sind alle Funktionen des TDA 4918, bis auf den zweiten Ausgang und das Gegentakt-Flipflop, identisch (Bild 4.105).

Nachstehend werden die vom Typ TDA 4700 abweichenden Funktionen beschrieben. Bild 4.106 zeigt das Impulsdiagramm der IS.

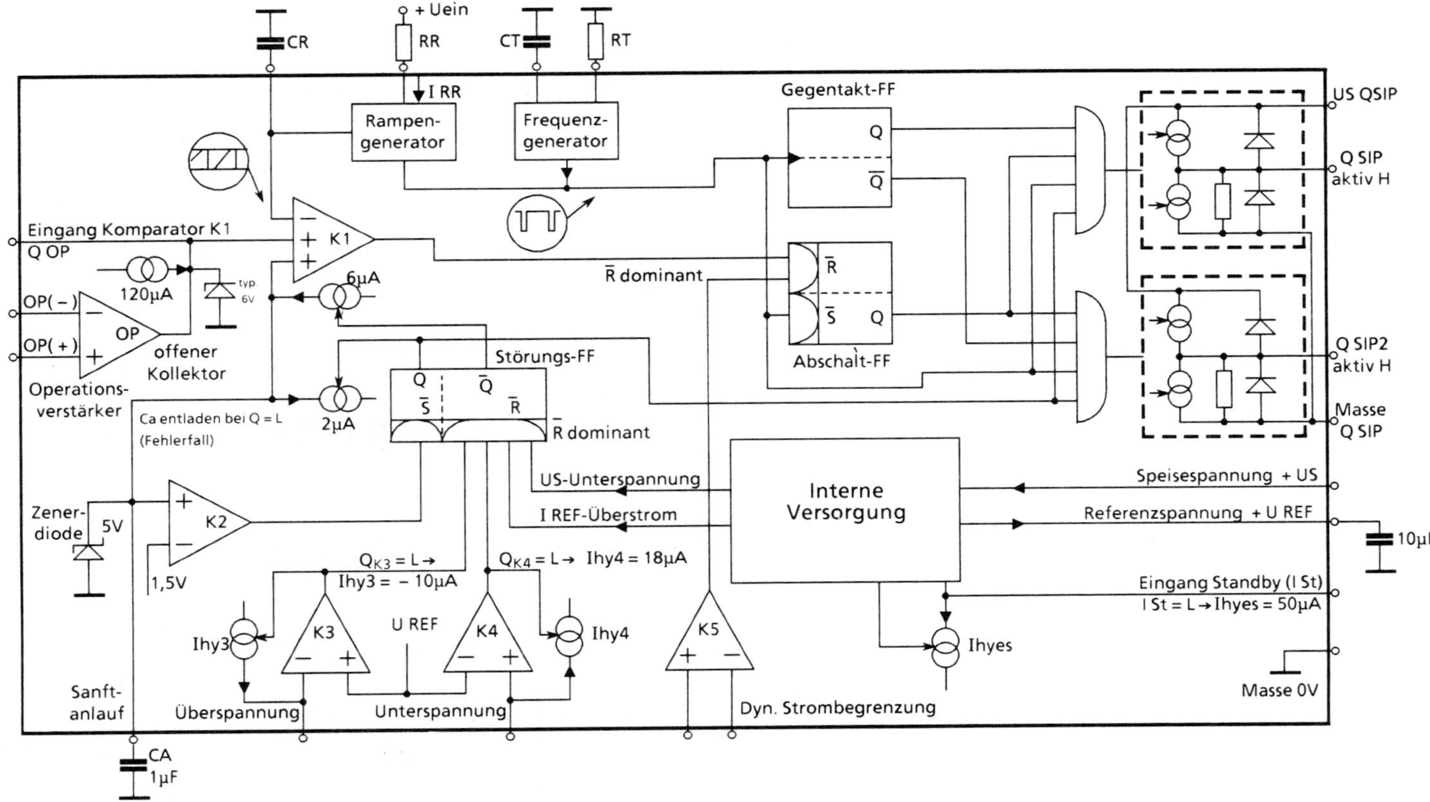

Bild 4.105 Blockschaltbild TDA 4918 (TDA 4919)*

*) Bei TDA 4919 entfällt im Blockbild der Ausgang $Q_{sip\,2}$ und das Gegentakt-Flipflop

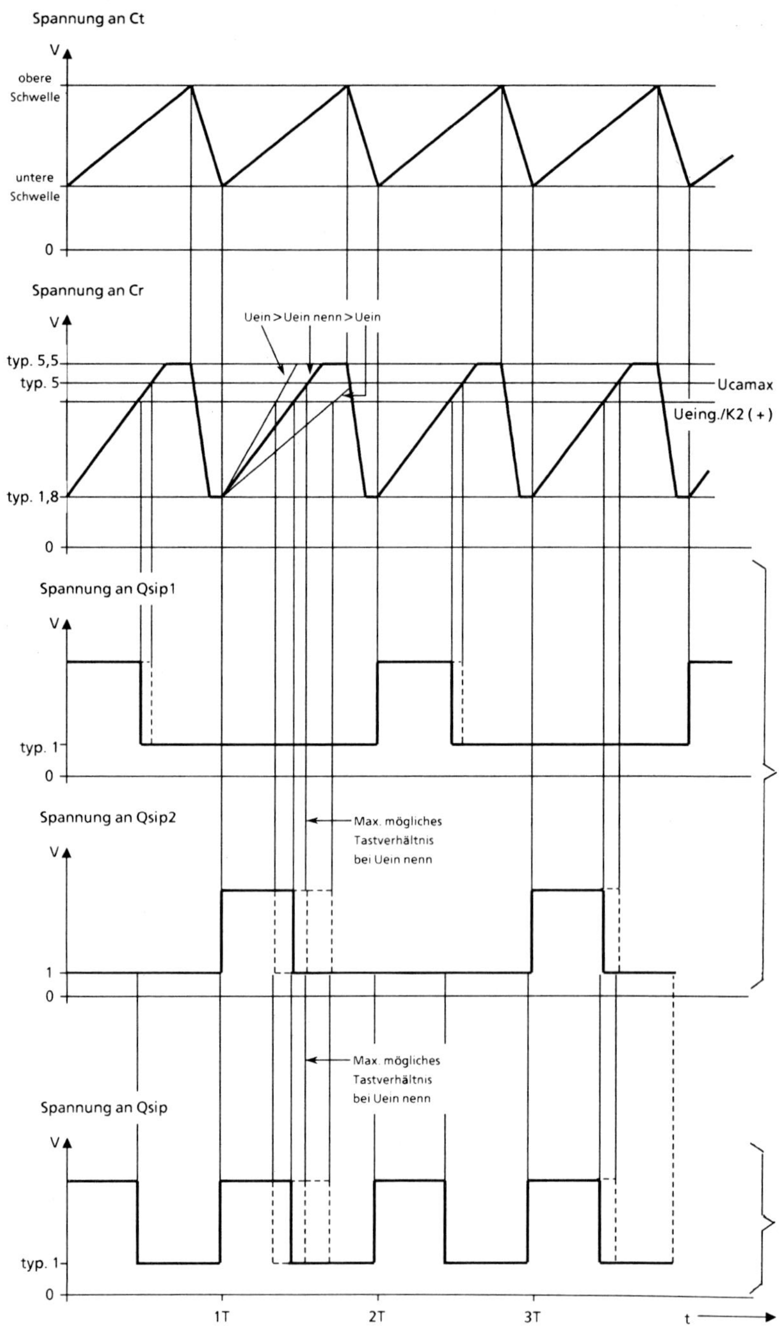
Spannung an Ct
V
obere Schwelle
untere Schwelle
0
Spannung an Cr
V
Uein > Uein nenn > Uein
typ. 5,5
typ. 5
Ucamax
Ueing./K2 (+)
typ. 1,8
0
Spannung an Qsip1
V
typ. 1
0
Spannung an Qsip2
V
Max. mögliches Tastverhältnis bei Uein nenn
1
0
TDA 4918
Max. mögliches Tastverhältnis bei Uein nenn
Spannung an Qsip
V
typ. 1
0
1T
2T
3T
t
TDA 4919

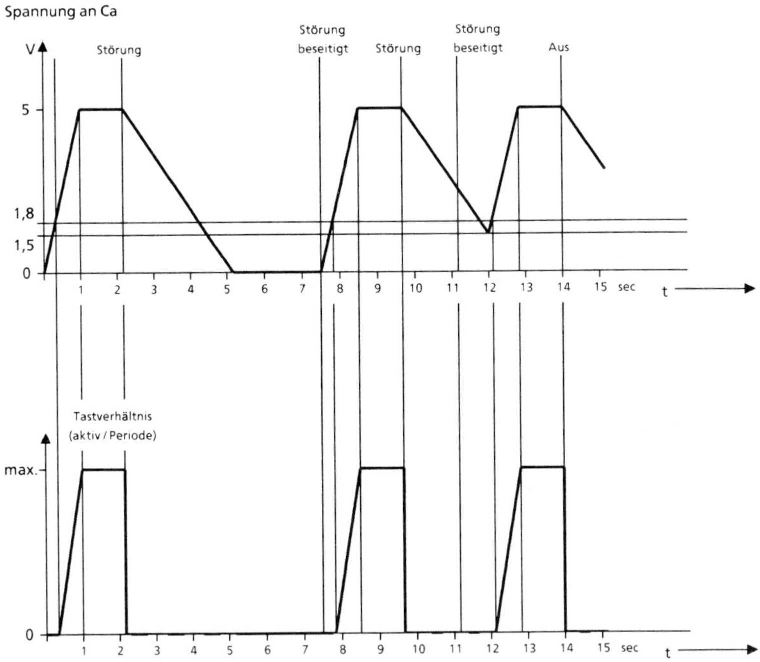

Bild 4.106 Impulsdiagramm TDA 4918 und TDA 4919

Power-MOS-Treiberausgang (Qsip)

Die Ausgänge der IS sind sehr stromergiebig und können Power-MOS-Transistoren direkt ansteuern; sie sind als Push-Pull-Stufen aufgebaut.

Ein Widerstand von 10 kΩ liegt zwischen jedem Ausgang und Masse. Diese Widerstände halten während des Standby-Betriebes (Unterspannung an I_{ST}) die Power-MOS-Transistoren sicher gesperrt.

Die Dioden gegen U_S leiten beim Einschalten der Versorgung des Schaltnetzteiles die kapazitiven Verschiebungsströme aus den Gates der Power-MOS-Transistoren in den Siebkondensator an U_S. Die Spannung an U_S darf dabei etwa 2 V erreichen, ohne daß der Power-MOS-Transistor aufgesteuert wird. Die Dioden gegen Masse klemmen negative Spannungen an Qsip auf −0,7 V. Kapazitive Ströme, welche bei Spannungseinbruch am Drain-Anschluß der SIPMOS-Transistoren entstehen, können dann ungehindert abfließen.

Die maximale Ausgangsspannung wird begrenzt vom jeweils niedrigsten der Werte von US, US QSIP oder einer internen Zenerdiode. Die interne Zenerdiode begrenzt die Spannung an Q SIP auf typ. 20 V.

Bei Speisespannungen ab etwa 2 V sind die Ausgänge im gesperrten Zustand aktiv Low.

Stromversorgung der IS

Der „Standby“-Betrieb ermöglicht eine einfache Stromversorgung der IS über einen Vorwiderstand aus einer höheren Versorgungsspannung, z.B. der gleichgerichteten 220-V∼-Netzspannung. Im Betriebszustand „Standby“ hat der Baustein eine stark verminderte Stromaufnahme von maximal 3,5 mA.

Die Umschaltspannung von „Standby“ auf aktiven Betrieb und ihre Hysterese kann mit einem externen Spannungsteiler zwischen U_S und dem Eingang Standby eingestellt werden. Während des aktiven Betriebes erfolgt dann durch Rückspeisung aus dem Schaltnetzteil die Stromversorgung mit etwa 20 mA.

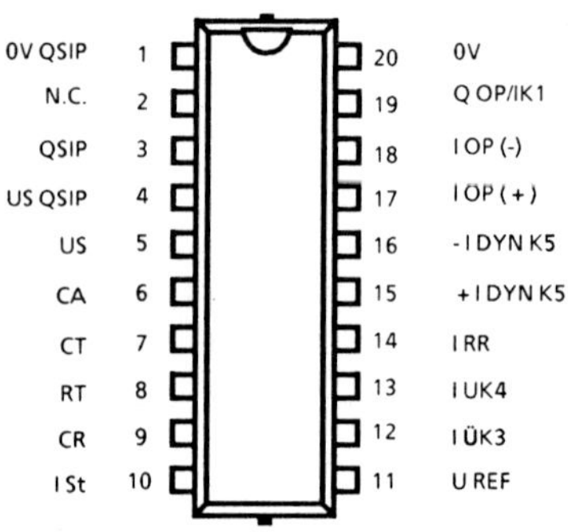

Anschlußbelegung TDA 4918 A; G
(Ansicht von oben)

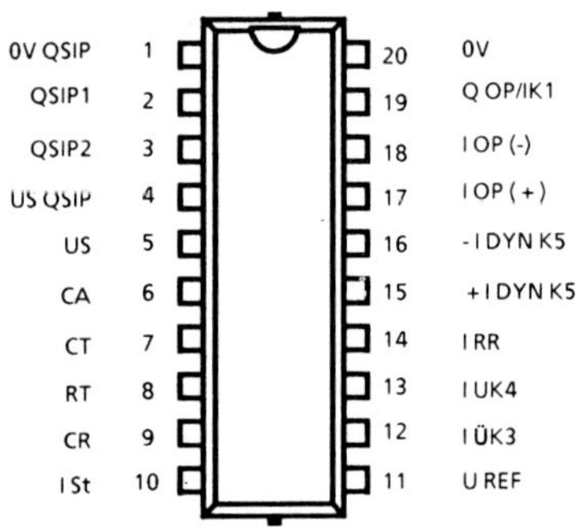

Anschlußbelegung TDA 4919 A; G
(Ansicht von oben)

Anschluß	Symbol	Funktion
1	0V Q SIP	Masse Treiber
2	Q SIP1	SIPMOS-Treiber 1
3	Q SIP2	SIPMOS-Treiber 2
4	US QSIP	Speisespannung Treiber
5	US	Speisespannung
6	CA	Sanftanlauf
7	CT	Frequenzgenerator
8	RT	Frequenzgenerator
9	CR	Rampengenerator
10	I St	Eingang Standby
11	U REF	Referenzspannung
12	I ÜK3	Eingang Überspannung
13	I UK4	Eingang Unterspannung
14	I RR	Rampengenerator
15	+I DYN K5	Dyn. Strombegrenzung
16	−I DYN K5	Dyn. Strombegrenzung
17	I OP(+)	Eingang Operationsverstärker
18	I OP(−)	Eingang Operationsverstärker
19	Q OP/IK1	Ausgang Operationsverstärker QOP/Eingang Komparator
20	0V	Masse

Anschluß	Symbol	Funktion
1	0V Q SIP	Masse Treiber
2		N.C.
3	Q SIP	SIPMOS-Treiber
4	US QSIP	Speisespannung Treiber
5	US	Speisespannung
6	CA	Sanftanlauf
7	CT	Frequenzgenerator
8	RT	Frequenzgenerator
9	CR	Rampengenerator
10	I St	Eingang Standby
11	U REF	Referenzspannung
12	I ÜK3	Eingang Überspannung
13	I UK4	Eingang Unterspannung
14	I RR	Rampengenerator
15	+I DYN K5	Dyn. Strombegrenzung
16	−I DYN K5	Dyn. Strombegrenzung
17	I OP(+)	Eingang Operationsverstärker
18	I OP(−)	Eingang Operationsverstärker
19	Q OP/K1	Ausgang Operationsverstärker Q OP/Eingang Komparator
20	0V	Masse

Wichtige Daten der Bausteine TDA 4918 und TDA 4919

Speisespannung	U_S, U_{SQsip}	9,6 bis 30 V
Ausgangsstrom	I_{Qsip}	±500 mA
Oszillatorfrequenz	f	max. 300 kHz
Stromaufnahme	I_S	20 mA
Stromaufnahme Standby	I_S	3,5 mA

4.8.4 Ansteuer-IS für freischwingende Schaltnetzteile

Steuerbaustein TDA 4601 mit variabler Frequenz und Einschaltdauer

Die integrierte Schaltung TDA 4601 übernimmt in freischwingenden Sperrwandlernetzteilen sowohl die direkte Ansteuerung, Regelung und Überwachung des bipolaren Schalttransistors als auch den Schutz des gesamten Netzteils. Bei einer Störung wird ein Ansteigen der Sekundärspannung verhindert.

Wichtige Daten der IS TDA 4601

Speisespannung	U_9	7,8 bis 18	V
Basisstromabschalter	I_{q7}	−1 bis +1,5	A
Basisstromverstärkerausgang	I_{q8}	−1,5 bis 0	A
Stromaufnahme Anlaufbetrieb	I_9	≤3,2	mA
Normalbetrieb	I_9	≤160	mA
Referenzspannung	U_1	4,0 bis 4,5	V

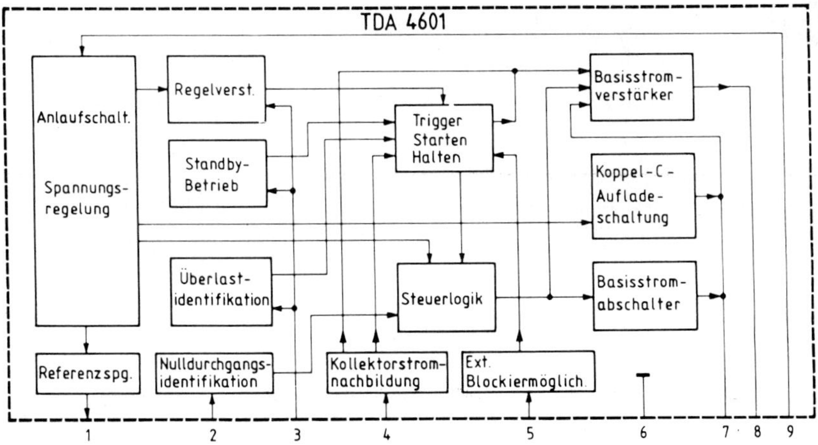

Bild 4.107 Blockschaltbild TDA 4601

Funktionsbeschreibung

Die automatische Anpassung von Frequenz und Tastverhältnis an die primären Spannungs- und sekundären Belastungsverhältnisse ist schematisch in Bild 4.108 dargestellt. Der Lade- und Entladestrom des Sperrwandlers ist dreieckförmig gesteuert. Die gezeichnete Darstellung stellt jeweils den eingeschwungenen Zustand dar.

Die Funktion der IS wird am einfachsten in der Anwendungs- und Meßschaltung eines freischwingenden Sperrwandlers erläutert (Bild 4.109).

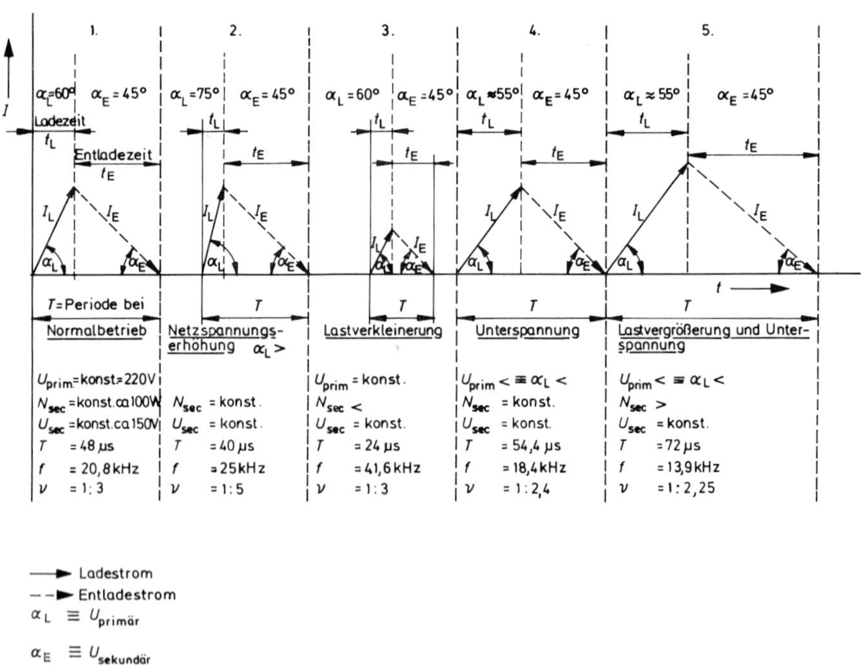

Bild 4.108 Lade- und Entladeströme im Sperrwandler

Anlaufverhalten

Während des Anlaufs (Einschaltens) werden nacheinander drei Betriebszustände durchlaufen.

Aufbau einer internen Referenzspannung

Sie versorgt den Spannungsregler und bewirkt die Aufladung des Koppelelkos zum Schalttransistor. Bis zu einer Speisespannung von $U_9 \approx 12$ V bleibt die Stromaufnahme $I_9 < 3{,}2$ mA.

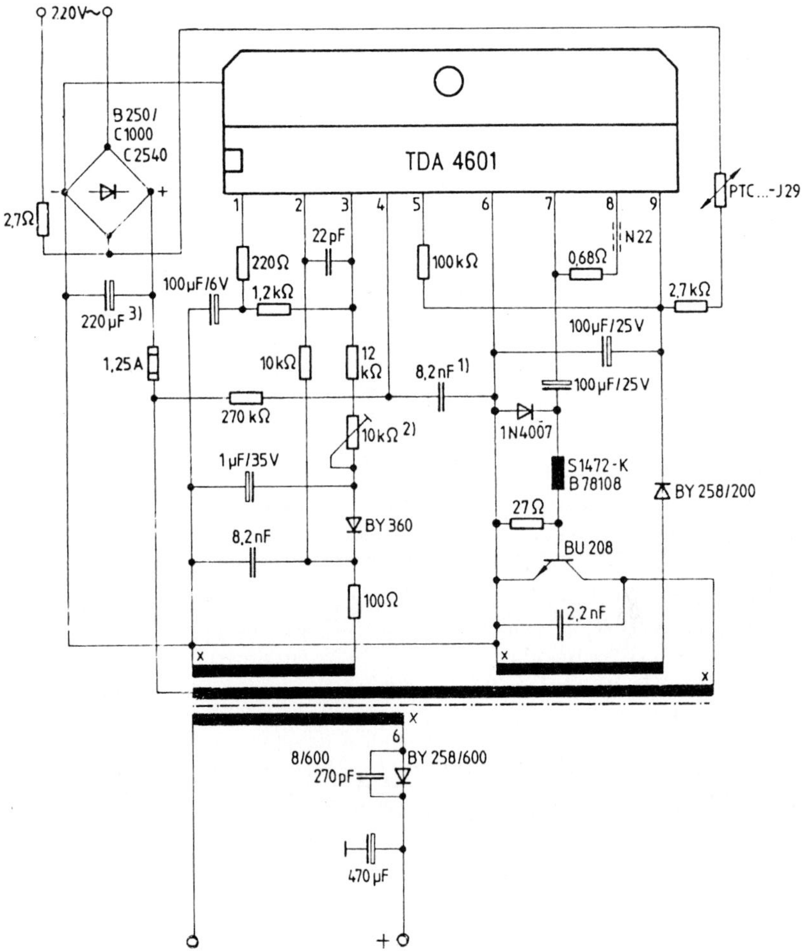

1) Begrenzt $I_{C\max}$ beim Überschreiten der zulässigen Ausgangsleistung.
2) Einstellung der Sekundärspannung.
3) Muß vor IC-Wechsel entladen werden.

Bild 4.109 Anwendungs- und Meßschaltung TDA 4601 und TDA 4602

Freigabe der internen Spannungsversorgung

Diese Spannung wird schlagartig bei $U_9 \approx 12$ V eingeschaltet und bildet für alle internen Baugruppen der IS bis auf die Steuerlogik eine thermisch stabile und überlastfeste Stromversorgung.

Freigabe der Steuerlogik

Unmittelbar mit der Referenzspannung wird über ein weiteres Stabilisierungsglied die Stromversorgung der Steuerlogik eingeschaltet; damit ist die IS betriebsbereit.

Diese Anlauffolge ist notwendig, um die Ladung des Koppelelkos zum Schalttransistor zu garantieren. Dann erst ist ein exaktes Schalten des Transistors gewährleistet.

Normalbetrieb/Regelbetrieb

Am Eingang Anschluß 2 werden die Nulldurchgänge der von der Rückkoppelspule eingespeisten Frequenz registriert und an die Steuerlogik weitergeben. Anschluß 3 (Regeleingang, Überlast und „Standby"-Kennung) nimmt die gleichgerichteten Amplitudenänderungen der Rückkoppelspule auf. Der Regelverstärker arbeitet mit einer Eingangsspannung von angenähert 2 V und einem Querstrom von $\approx 1{,}4$ mA. Die Überlastkennung begrenzt in Verbindung mit dem Kollektorstromnachbildner Anschluß 4 den Regelbereich des Regelverstärkers abhängig von der internen Spannungsreferenz. Die Nachbildung des Kollektorstromes übernimmt ein externes *RC*-Glied am Anschluß 4 und intern festgelegten Schwellspannungen. Bei Vergrößerung der Kapazität (10 nF) vergrößert sich der größtmögliche Kollektorstrom des Schalttransistors (Umkehrpunkt). Damit ist der gewünschte Regelbereich festgelegt. Der Regelumfang liegt zwischen einer auf 2 V geklemmten Gleichspannung und einer sägezahnförmig ansteigenden Wechselspannung, die bis auf eine maximale Amplitude von 4 V (Referenzspannung) sich verändern kann. Bei sekundärer Lastminderung bis etwa 20 W wird die Schaltfrequenz erhöht (≈ 50 kHz) mit fast konstantem Tastverhältnis (1:3). Bei weiterer sekundärer Lastverkleinerung bis etwa 1 W ändert sich neben der Schaltfrequenz (≈ 70 kHz) zusätzlich das Tastverhältnis auf etwa 1:11. Gleichzeitig nimmt der Kollektorspitzenstrom auf < 1 A ab.

Im Trigger werden die Ausgangspegel des Regelverstärkers, der Überlastkennung und des Kollektorstromnachbilders verglichen und an die Steuerlogik weitergegeben. Mit Anschluß 5 besteht eine zusätzliche Blockiermöglichkeit. Bei Spannungen am Anschluß 5 von $\leq \frac{U_{ref}}{2} - 0{,}1$ V wird der Ausgang Anschluß 8 gesperrt.

Abhängig von der Anlaufschaltung, der Nulldurchgangsidentifikation und der Freigabe durch den Trigger werden in der Steuerlogik „Flipflops" gesetzt, die den Basisstromverstärker und den Basisstromabschalter steuern. Der Basisstromverstärker gibt den sägezahnförmigen U_4-Spannungsverlauf an den Ausgang Anschluß 8 weiter. Zwischen Anschluß 8 und Anschluß 7 wurde eine Stromgegenkopplung mit einem (externen) Widerstand (0,68 Ω) eingeführt. Der Widerstandswert bestimmt die maximale Amplitude des Basisansteuerstromes für den Schalttransistor.

Schutzbetrieb

Der Basisstromabschalter, durch die Steuerlogik veranlaßt, klemmt den Ausgang Anschluß 7 auf 1,6 V und sperrt somit die Ansteuerung des Schalttransistors. Diese Schutzmaßnahme wird ausgelöst, wenn entweder die Speisespannung am Anschluß 9 einen Wert $\leq 6{,}7$ V annimmt, oder wenn am Anschluß 5 Spannungen $\leq \frac{U_{Ref}}{2} - 0{,}1$ V auftreten.

Bei Kurzschluß der sekundären Wicklungen des Schaltnetzteiles regelt die IS auf einen sich wiederholenden Abfrage-Zustand hin. Bei sekundär völlig lastfreiem Betrieb wird die IS auf ein kleines Tastverhältnis gesetzt. Die Gesamtleistungsaufnahme des Schaltnetzteiles wird somit in beiden Betriebszuständen auf 6 bis 10 W gehalten. Nach dem Sperren des Ausgangs – bei einer Speisespannung von $\leq 6{,}7$ V – wird bei weiterem Verkleinern um $\Delta U_9 = 0{,}6$ V die Referenzspannung (4 V) abgeschaltet.

Schutzbetrieb im Störfall an Pin 5

Der Schutz gegen Störungen wie primäre Unterspannungen und/oder sekundäre Überspannung (z.B. durch Parameteränderungen von Bauelementen des Schaltnetzteils) wird wie folgt realisiert: Bei einer Störung werden durch Unterschreiten der Schutzschwelle U_5 von typisch $U_1/2$ die Ausgangsimpulse an Pin 8 gesperrt. Die Stromaufnahme der IS reduziert sich ($I_9 \geq 14$ mA bei $U_9 = 10$ V).

Bei entsprechendem Anlaufwiderstand sinkt die Versorgungsspannung U_9 unter die minimale Abschaltwelle (5,7 V) für die Referenzspannung U_1. Als Folge wird U_1 abgeschaltet.

Wegen der nochmals reduzierten Stromaufnahme der IS ($I_9 \leq 3{,}2$ mA bei $U_9 \leq 10$ V) kann die Versorgungsspannung wieder bis zur Einschaltschwelle $U_0 \geq 12{,}3$ V ansteigen, die Schutzschwelle an Pin 5 wird freigegeben und das Schaltnetzteil versucht einzuschalten.

Bei noch oder wieder anliegender Störung ($U_5 \leq U_1/2 - 0{,}1$ V) wird das Einschalten durch obigen periodischen Schutzbetrieb unterbrochen, d.h. Pin 8 sperrt, U_9 sinkt usw.

4.8.4.1 Eintakt-Steuerbaustein TDA 4605 für Power-MOS-Transistoren

Der Baustein übernimmt in freischwingenden Sperrwandlernetzteilen die Ansteuerung eines MOS-Leistungs-Transistors und alle notwendigen Regelungs- und Überwachungsfunktionen. Das Blockschaltbild zeigt den inneren Aufbau der Steuer-IS TDA 4605 (Bild 4.110). Vgl. auch Bild 4.111.

Bedeutung der Pins:

Pin 1

Regelspannung: Informationseingang hinsichtlich Sekundärspannung. Durch Vergleich der aus der Regelwicklung des Transformators gewonnenen Regelspannung mit der internen Referenz-Spannung wird die Ausgangsimpulsbreite an Pin 5 der Last der Sekundärseite angepaßt.

Pin 2

Mit der externen *RC*-Kombination wird in Verbindung mit dem *Primärstrom-Spannungswandler* eine dem Drainstrom des Schalt-Transistors proportionale Spannung nachgebildet. Gesteuert durch die Logik und bezogen auf die interne stabile Spannung U_{2B} arbeitet der Ausgang dieses Wandlers auf den *Stopkomparator*. Übersteigt die Spannung U_2 die Ausgangsspannung des Regelverstärkers, wird die *Logik* durch den Stopkomparator zurückgesetzt und der Ausgangsim-

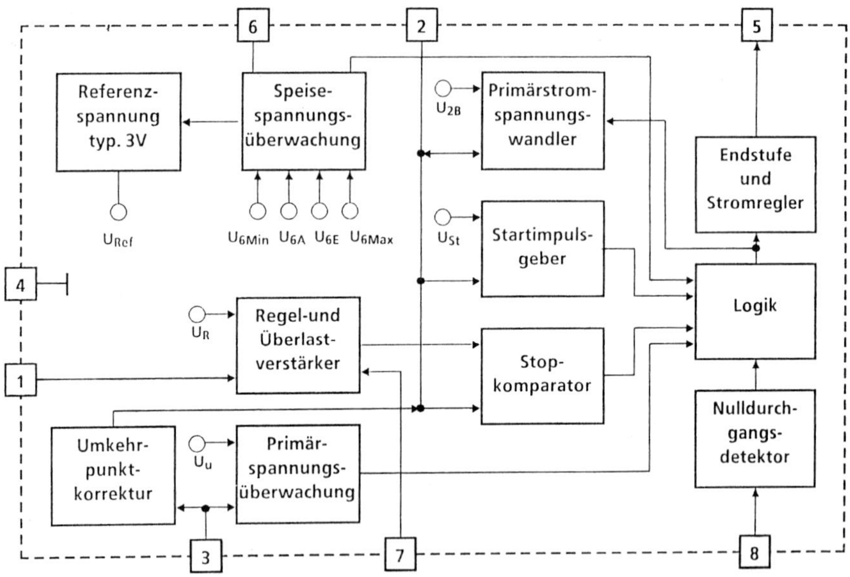

Bild 4.110 Steuer-IS TDA 4605, Pin-Bedeutung

puls an Pin 5 beendet. Weitere Eingänge für die Logikstufe sind der Ausgang für den *Startimpulsgeber* mit dem stabilen Bezugspotential U_{St}, die *Speisespannungs-* und die *Primärspannungsüberwachung*. Mit dem *RC*-Glied wird die maximale Leistung im Umkehrpunkt eingestellt.

Pin 3

Die anliegende, heruntergeteilte Primärspannung stabilisiert den *Umkehrpunkt*. Ferner wird durch Vergleich mit der internen stabilen Spannung U_u im Block *Primärspannungsüberwachung* im Fall von Unterspannung die Logik blockiert.

Pin 4

Masse

Pin 5

Die von der Logik erzeugten Ausgangssignale werden in der *Endstufe* in die für MOS-Leistungs-Transistoren passende Ansteuerung umgewandelt.

Pin 6

Von der zugeführten Versorgungsspannung U_6 werden eine stabile interne Referenz U_{Ref} und die Schaltschwellen U_{6A}, U_{6E}, U_{6Max} und U_{6Min} für die *Speisespannungsüberwachung* abgeleitet. Aus U_{Ref} sind alle Bezugsgrößen (U_R, U_{2B}, U_{St}, und U_u) gebildet. Ist $U_6 > U_{6E}$, wird U_{Ref} eingeschaltet und bei $U_6 < U_{6A}$ abgeschaltet. Ferner wird die Logik nur für $U_{6Min} < U_6 < U_{6Max}$ freigegeben.

Pin 7

Der Ausgang des Überlastverstärkers ist mit Pin 7 verbunden. Eine Belastung dieses Ausgangs bewirkt eine Verringerung der maximalen Impulsdauer. Diese Eigenschaft kann zur Realisierung eines Soft-Starts benutzt werden, indem Pin 7 mit einem Kondensator nach Masse beschaltet wird.

Pin 8

Der den Logikblock ansteuernde *Nulldurchgangsdetektor* erkennt mit dem Nulldurchgang der Spannung U_8 von positiven nach negativen Werten, daß der Transformator entladen ist und gibt die Logik für den Impulsstart frei. Die bei Impulsende auftretenden parasitären Schwingungen am Pin 8 (Trafoklingeln) können zu keinem erneuten Impulsstart (Doppelpuls) führen, weil eine interne Schaltung den Nulldurchgangsdetektor für eine endliche Zeit T_{UL} nach Impulsstop inaktiv macht (Klingelunterdrückung).

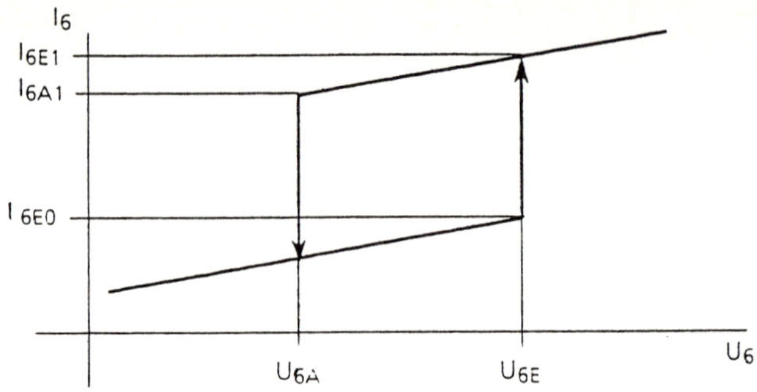

Bild 4.111 Anlaufhysterese TDA 4605

Funktionsbereich

Innerhalb des Funktionsbereiches werden die angegebenen Funktionen erfüllt.

Funktionsbereich	Symbol	Untere Grenze	Obere Grenze	Einheit
Speisespannung	U_6	8	14	V
Speisestrom	I_{6E}	7	12	mA
Gehäusetemperatur	T_G	−20	+85	°C
Wärmewiderstand Sperrschicht-Umgebung	R_{thSU}		100	K/W

4.8.5 Eintakt-Steuerbaustein TDA 4814 für sinusförmige Netzstromaufnahme

Schaltnetzteile mit Wechselstrom-Anschluß besitzen i. allg. am Eingang einen Brückengleichrichter und Siebkondensator. Diese Schaltung entnimmt dem Wechselstromnetz hohe impulsförmige Ströme mit geringen Stromflußzeiten.

Bei hoher Leistungsaufnahme aus dem Netz, aber auch bei elektronischen Vorschaltgeräten für Leuchtstoffröhren (EVG) ist eine sinusförmige Stromaufnahme vorgeschrieben.

Mit dem Steuerbaustein TDA 4814 wird dies sichergestellt (Bild 4.112). Die Ausgangsspannungsregelung erlaubt darüber hinaus den Betrieb bei unterschiedlichen Netzspannungen ohne Umschaltung. Außerdem steuert eine Überwachungsschaltung die Einschalt- und Ausschalt- bzw. Sicherungsfunktionen.

Einige technische Daten (TDA 4814)

Speiseschaltung	$U_S = U_Z$	13 bis 17 V
Stromaufnahme (ohne externe Belastung)	I_S	$\leq$6,5 mA
Treiberstrom	I_Q	$\pm$300 mA
Umgebungstemperatur	T_U	-25 bis $+85$ °C
Referenzspannung	U_{Ref}	2 V
Verzögerungszeit (Komparator → Ausgang Q)		$\leq$500 ns

Wirkungsweise

Nach dem Überschreiten der Einschaltschwelle an U_S schaltet die IS von Standby auf volle Stromaufnahme. Das Abschalten geschieht über eine Hysterese. Bei Speisung mit eingeprägtem Strom begrenzt die Z-Diode die Spannung an U_S.

Der Operationsverstärker (OP) kann als Regelverstärker beschaltet werden; er vergleicht dann die geteilte Ausgangsspannung mit einer temperaturstabilen Referenzspannung. Die so erzeugte Ausgangsspannung des OP wird im Multiplizierer (Mult.) mit einer Sinus-Betrag-Spannung multipliziert. Am Ausgang des Multiplizierers steht damit eine in der Amplitude variable Sinus-Betrag-Spannung zur Verfügung. Diese Soll-Spannung wird dann an den Puls-Eingang des Komparators (Komp.) geführt. Die Soll-Spannung am Multiplizierer-Ausgang kann nun über den Komparator mit einer aus dem Netz-Ist-Strom abgeleiteten Spannung verglichen werden: Der Ausgang des Komparators gibt über eine logische Schaltung das Taktsignal an den Treiber, welcher den SIPMOS-Transistor steuert. In der Drossel dürfen keine Stromlücken auftreten, weil sonst der Netzstrom nicht mehr sinusförmig wäre. Daher wird über den Eingang $I_{Detektor}$ gefühlt, wann nach dem Abschalten des SIPMOS-Transistors der Drosselstrom auf Null abgesunken ist. Damit ist sichergestellt, daß der SIPMOS-Transistor nicht zu früh eingeschaltet wird und daß keine Stromlücken entstehen.

Wenn der Eingang $I_{Detektor}$ auf H liegt, ist der Treiber Q gesperrt. Gleichzeitig kann das Flipflop vom Komparator gesetzt werden. Bei *L*-Potential an $I_{Detektor}$ ist der Ausgang Q freigegeben und dieser kann vom Komparator durch Rücksetzen des Flipflop wieder gesperrt werden. Die Drossel ist also beim Einschalten des Power-Transistors immer stromlos, und es entstehen keine Stromlücken in der Drossel.

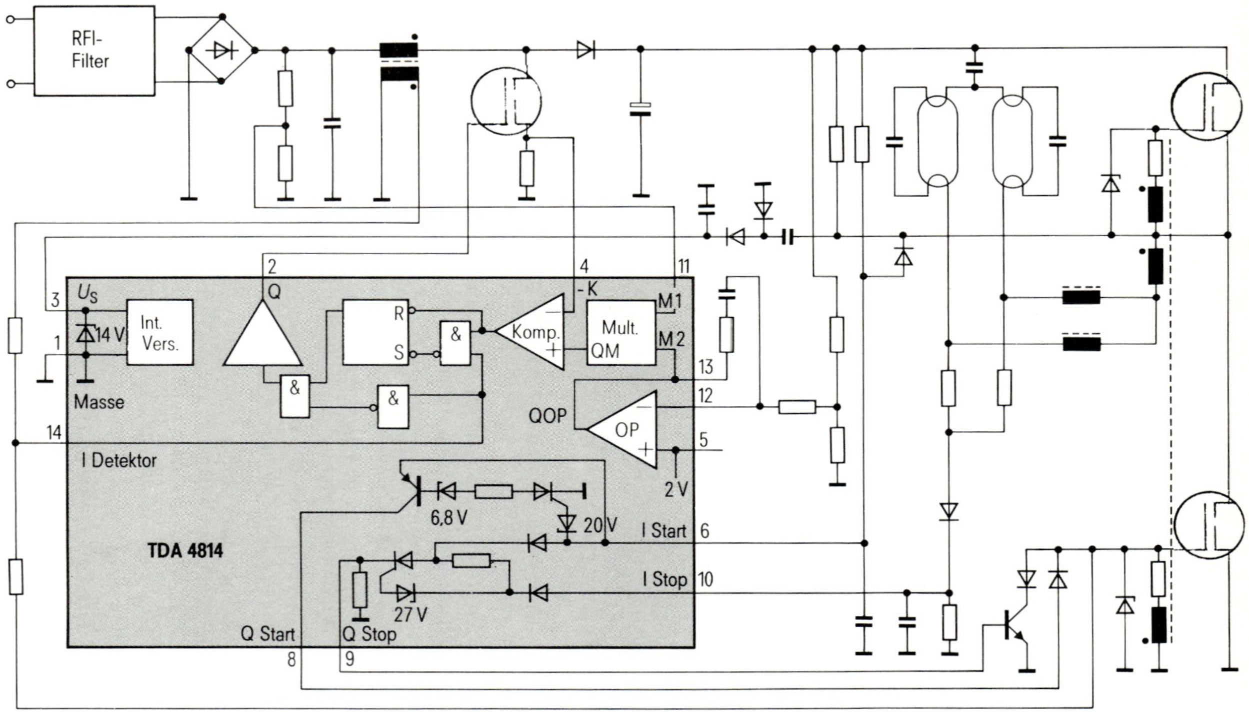

Bild 4.112 Blockschaltung für TDA 4814 und Anwendungsschaltung

Treiberausgang Q für Power-MOS-Transistoren

Der Ausgangstreiber ist als Push-Pull-Stufe gebaut. Zur Strombegrenzung liegt ein Widerstand von 10 Ω in Serie zum Ausgang. Ein Widerstand von 10 kΩ liegt zwischen Q und Masse; er hält während des Standby-Betriebes den Power-MOS-Transistor sicher gesperrt.

Der Ausgang Q ist außerdem über Dioden an die Versorgung U_S und Masse geklemmt.

Die Diode gegen U_S leitet beim Einschalten der Versorgung des Schaltnetzteiles die kapazitiven Verschiebungsströme aus dem Gate des Power-MOS-Transistors in den Glättungskondendator an U_S. Die Spannung an U_S darf dabei 0,7 V nicht überschreiten, wenn der Power-MOS-Transistor gesperrt bleiben soll.

Die Diode gegen Masse klemmt negative Spannungen an Q auf −0,7 V. Kapazitive Ströme, welche bei Spannungseinbruch am Drain-Anschluß des Power-MOS-Transistors entstehen, können dann ungehindert abfließen.

Referenzspannung U_{Ref}

Mit der Referenzspannungsquelle steht eine im Temperaturverhalten hochkonstante Quelle zur Verfügung; sie kann bei der Beschaltung zusätzlicher externer Komponenten Verwendung finden.

Überwachungs-Schaltung (I_{Start}, I_{Stop}, Q_{Start}, Q_{Stop})

Die Überwachungs-Schaltung gewährleistet den sicheren Betrieb des nachgeschalteten Geräts. Ein durch Störung stillgelegter Schaltungsteil kann z.B. erst neu gestartet werden, nachdem der Überwachungs-Start (I_{Start}/Q_{Start}) gezündet hat und ein positiver Spannungsimpuls an Q_{Start} eingeprägt wurde.

Bei einem Defekt zündet der Überwachungs-Stop (I_{Stop}/Q_{Stop}) und legt das ganze Gerät oder nur einen zu schützenden Schaltungsteil still. Start ist erst dann wieder möglich, wenn ein an I_{Start} bzw. I_{Stop} eingeprägter Haltestrom unterbrochen wurde (z.B. durch Netzabschaltung).

IC für aktive Netzfilter TDA 4814 A

Anschlußbelegung
(Ansicht von oben)

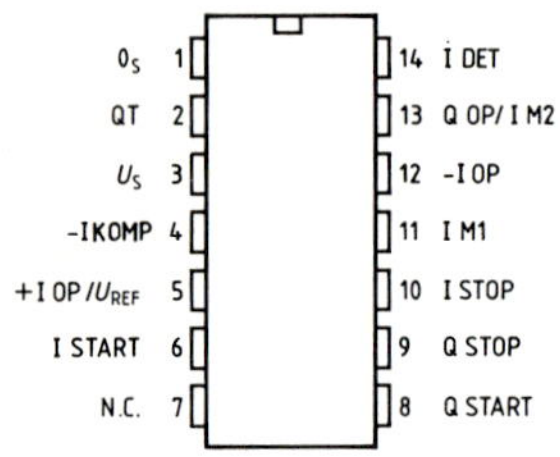

1	O_S	Masse
2	Q_T	Treiberausgang
3	U_S	Versorgungs-spannung
4	−I KOMP	Komparator-eingang
5	+I OP/U_{REF}	+Eingang OP/U_{REF}
6	I START	Starteingang
7	N.C.	Nicht belegt
8	Q START	Startausgang
9	Q STOP	Stopausgang
10	I STOP	Stopeingang
11	I M1	Multiplizier-eingang M1
12	−I OP	−Eingang OP
13	Q OP/I M2	OP-Ausgang/ Multiplizier-eingang M2
14	I DET	Detektoreingang

4.8.6 Überwachungs-IC für Stromversorgungen TDA 4917

Mit der integrierten Schaltung TDA 4917 A; G lassen sich je nach gewünschter Funktionsqualität maximal 5+2 voneinander unabhängige Spannungen überwachen. Die Überwachung stellt fest, ob vorgegebene Grenzwerte über- oder unterschritten werden.

▷ Überwacht werden 5+2 unabhängige Spannungen
▷ Frei wählbare Toleranzbreite von 5 Eingangsspannungen
▷ Überspannungs- und Unterspannungsmeldung
▷ Power Fail Signal
▷ drei voneinander unabhängige, variable Zeitglieder für die drei Meldeausgänge
▷ US-Unterspannungs-Überwachung
▷ AC-Überwachung
▷ Abgeglichene Referenzspannungsquelle 2,5 V ± 1%

Anhand des Blockschaltbildes (Bild 4.113) und eines Zeitablaufdiagramms (Bild 4.114) kann die folgende Schaltungsbeschreibung vertieft werden.

Die pnp-Komparatoren K 1 bis K 12 liegen intern mit dem einen Eingang an $U_{REF\,1}$, oder $U_{REF\,2}$ oder an Masse. Der andere Eingang ist jeweils an einen Pin herausgeführt. K 11 dient zur Überwachung der Versorgungsspannung des Schaltkreises selbst.

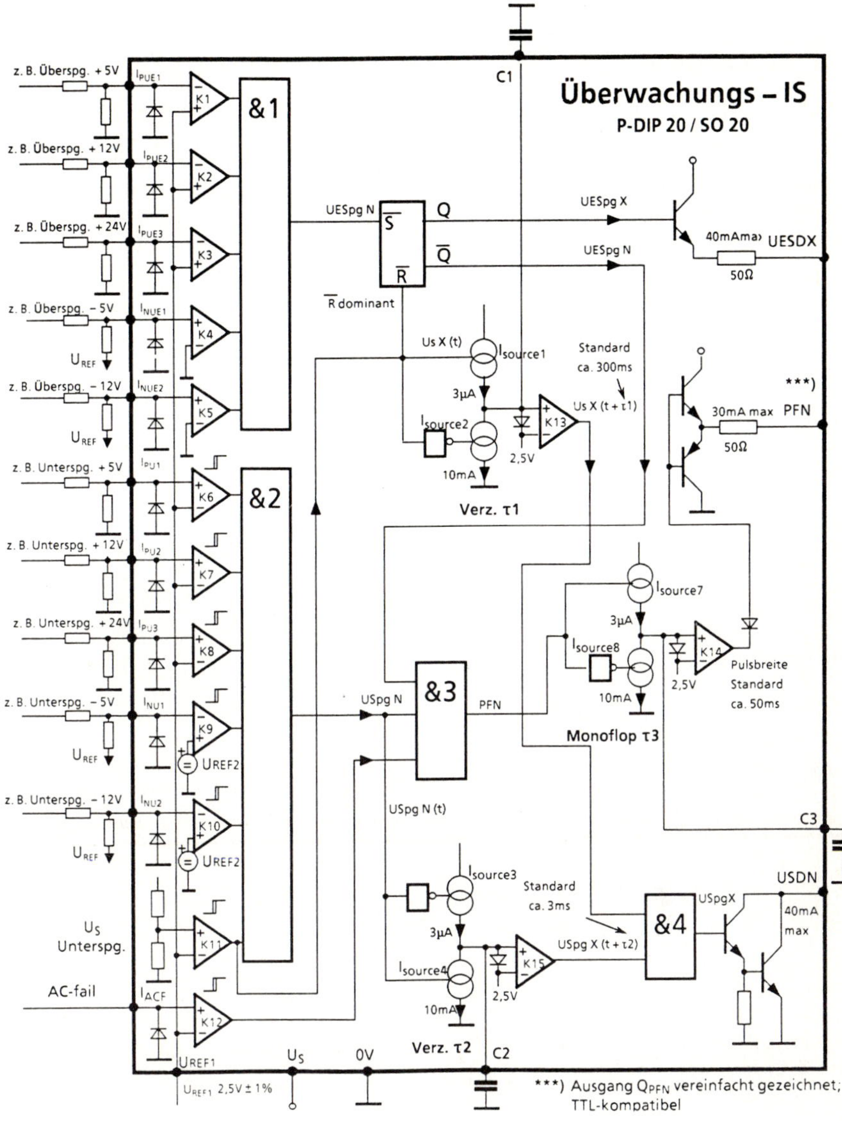

Bild 4.113 Blockschaltbild TDA 4917 A

Da Überspannungen andere Funktionen auslösen sollen als Unterspannungen, führen die Komparatoren über unterschiedliche logische Verknüpfungen zu den drei Ausgängen.

Es können drei gegen Masse positive Spannungspegel mit Beträgen > 2,5 V auf Überspannung detektiert werden. Desgleichen lassen sich zwei gegen Masse negative Spannungen auf Überspannung überwachen.

Von den auf Unterspannung zu überwachenden Spannungen können ebenfalls drei positiv (Schaltschwelle > 2,5 V) und zwei negativ gegen Masse sein.

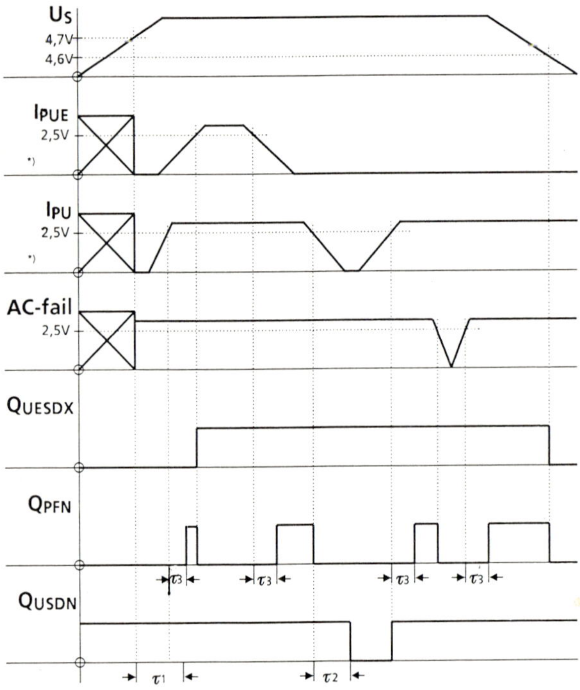

*) I_{NUE} und I_{NU} sind jeweils logisch gleich wie I_{PUE} und I_{PU}, haben jedoch die Schaltpegel 0V

Während τ_1 kann Q_{USDN} nicht low werden (Einschaltvorgang).
τ_2 unterdrückt Unterspannungs-Spikes.
τ_3 sorgt für Mindestdauer eines Power-fail-Signales (Q_{PFN}).

Bild 4.114 Zeitdiagramm TDA 4917 A

Die Komparatoren K 6 bis K 12 besitzen eine Schalt-Hysterese an den Eingängen. Die Werte für die Hysterese lassen sich über den Summenwiderstand des externen Spannungsteilers der jeweiligen Überwachungsfunktion anpassen.

Drei Signalverzögerungszeiten sind mit Hilfe dreier externer Kondensatoren in weiten Grenzen frei wählbar. Die minimal möglichen Verzögerungszeiten erhält man, wenn die Anschlüsse „*C* 1" bis „*C* 3" unbeschaltet bleiben. Wenn die Stromquellen $I_{source2}$, $I_{source4}$, oder $I_{source8}$ aktiv sind, sinkt die Spannung am *C* 1, *C* 2, oder *C* 3 auf etwa 50 mV.

Es stehen die Ausgänge „Überspannungs-shut-down" (Q_{UESDX}), „Unterspannungs-shut-down" (Q_{USDN}), und „Power-fail" (Q_{PFN}) zur Verfügung. Der Ausgang „Power-fail" (Q_{PFN}) ist bei Versorgungsunterspannung am Baustein auf Low-Pegel.

Bei den Befehlsbezeichnungen im Blockschaltbild gilt die folgende Festlegung:

▷ Endbuchstabe X bedeutet Wirkung mit High-Pegel.
▷ Endbuchstabe N bedeutet Wirkung mit Low-Pegel.
▷ Die Stromquellen liefern bei High-Ansteuerung Strom.

Funktionsbereich

Innerhalb des Funktionsbereiches werden die in der Schaltungsbeschreibung angegebenen Funktionen erfüllt.

Funktionsbereich	Symbol	Untere Grenze	Obere Grenze	Dim	Anmerkungen
Speisespannung	U_S	4,5	+30	V	
Eingangsspannung K 1 bis K 12	U_{IKn}	−0,3	+30	V	
Umgebungstemperatur	T_U	−40	+85	°C	
Sperrschichttemperatur	T_J		125	°C	
			150	°C	1)
Lagertemperatur	T_S	−60	125	°C	
Wärmewiderstand System-Umgebung	R_{thSU}		60	K/W	P-DIP 20
	R_{thSU}		90	K/W	SO 20

1) Zulässig bei Begrenzung der Lebensdauer auf 70000 h.

Anschlußbelegung
(Ansicht von oben)

1	Masse	0V
2	Versorgungsspannung	U_S
3	Eingang positive Unterspannung 1	I_{PU1}
4	Eingang positive Überspannung 1	I_{PUE1}
5	Eingang negative Unterspannung 1	I_{NU1}
6	Eingang negative Überspannung 1	I_{NUE1}
7	Eingang positive Unterspannung 2	I_{PU2}
8	Eingang positive Überspannung 2	I_{PUE2}
9	AC-fail	I_{ACF}
10	Kapazität C1	$C1$
11	Kapazität C2	$C2$
12	Kapazität C3	$C3$
13	Ausgang Power-fail	Q_{PFN}
14	Ausgang Unterspannung Shut-down	Q_{USDN}
15	Ausgang Überspannung Shut-down	Q_{UESDX}
16	Eingang positive Überspannung 3	I_{PUE3}
17	Eingang positive Unterspannung 3	I_{PU3}
18	Eingang negative Überspannung 2	I_{NUE2}
19	Eingang negative Unterspannung 2	I_{NU2}
20	Referenzspannung	U_{REF} 2,5 V

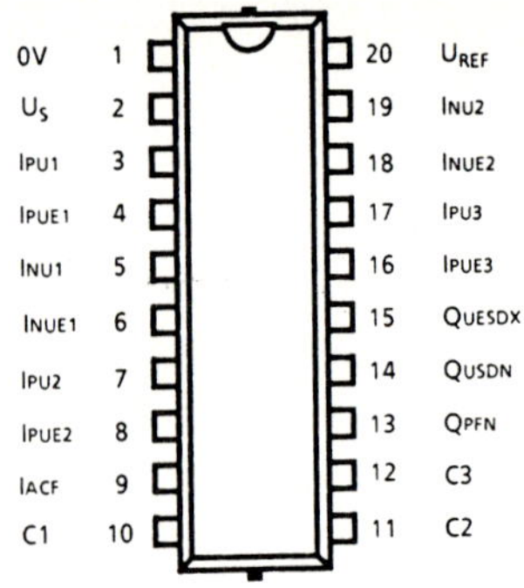

Bild 4.115

Bild 4.115 zeigt eine prinzipielle Anwendungsschaltung für den IS TDA 4917

Anwendungsschaltung
(Beispiel)

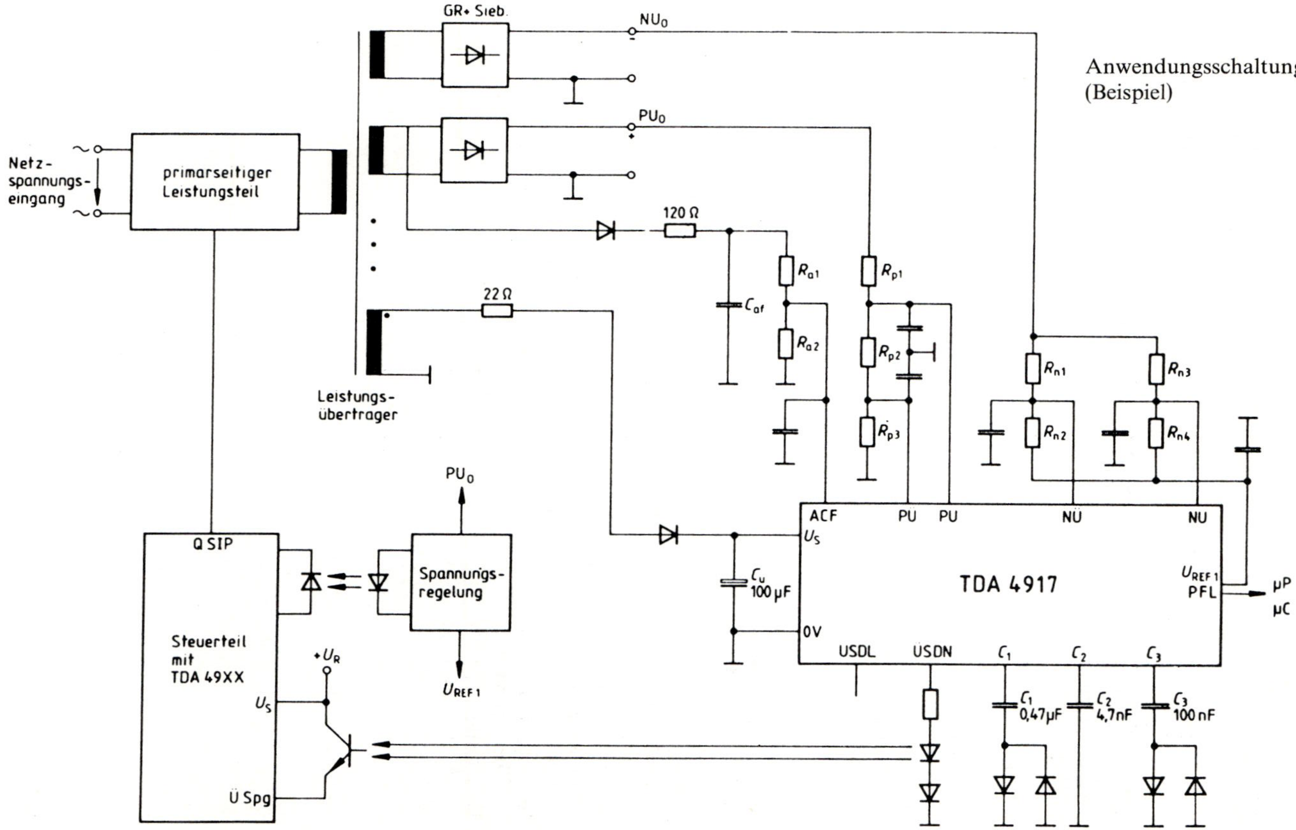

Beschaltung der Überwachungsanschlüsse

Funktion	Anschluß	Beschaltung	Schaltschwelle an E	Schalthysterese an E
Positive Überspannung	IPÜ1 IPÜ2 IPÜ3	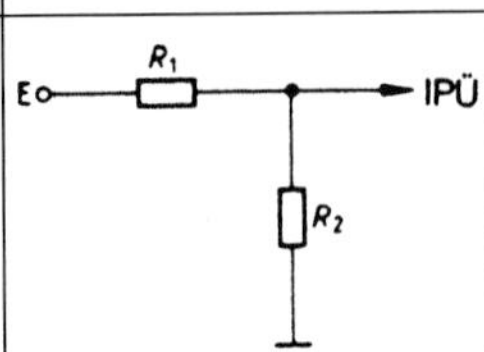	$\left(1+\frac{R_1}{R_2}\right)\times 2{,}5\ \mathrm{V}$	Keine Hysterese
Negative Überspannung	INÜ1 INÜ2	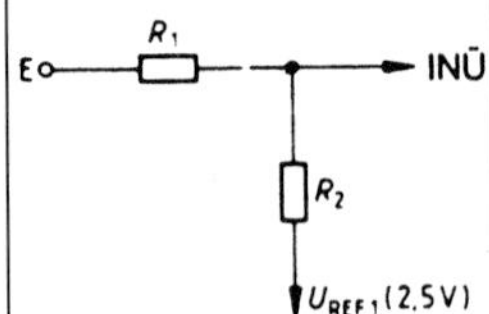	$-\frac{R_1}{R_2}\times 2{,}5\ \mathrm{V}$	Keine Hysterese
Positive Unterspannung	IPU1 IPU2 IPU3 IACF	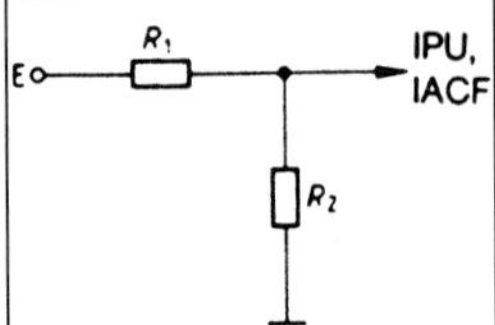	untere Schaltschwelle $\left(1+\frac{R_1}{R_2}\right)\times 2{,}5\ \mathrm{V}$	$\frac{R_1\times R_2}{R_1+R_2}$ $\times 10\ \mu\mathrm{A}$
Negative Unterspannung	INU1 INU2	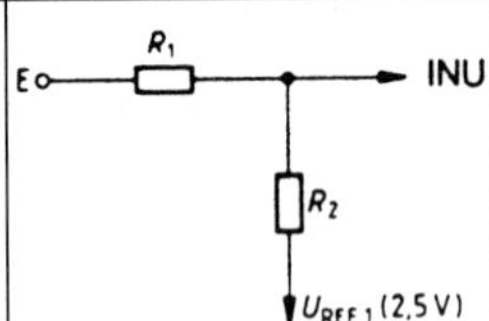	obere Schaltschwelle $-\left(2{,}4\times\frac{R_1}{R_2}-0{,}1\right)$	$\frac{R_1\times R_2}{R_1+R_2}$ $\times 10\ \mu\mathrm{A}$

Berechnung der Zeitkonstanten

1. Verzögerungszeiten $\tau_{1,2}$ und Monoflopzeit τ_3

$$\tau_{1,2,3}=C_{1,2,3}\times\frac{U_{SCH}-U_{CL}}{I_{CL}}.$$

Bei Einsetzen der typischen Werte ergibt sich

$$\tau_{1,2,3}=C_{1,2,3}\times 0{,}6\ (\mathrm{ms, nF}).$$

2. Wiederbereitschaftszeiten für die Verzögerungsglieder und für das Monoflop:

$$t_{W\,1,2,3}=C_{1,2,3}\times\frac{U_{CH}-U_{CL}}{I_{CE}}$$

Bei Einsetzen der typischen Werte ergibt sich $t_{W\,1,2,3}=C_{1,2,3}\times 0{,}36\ (\mu\mathrm{s, nF})$.

4.8.7 Phasenanschnitt-Steuerbaustein TCA 785

Die IS TCA 785 ist eine Phasenanschnittschaltung zur Steuerung von Thyristoren, Triacs und Transistoren. Die Steuerimpulse lassen sich zwischen 0° und 180° Phasenwinkel verschieben. Typische Anwendungen sind Stromrichterschaltungen, Wechselstromsteller, Drehstromsteller und Nullpunktschalter.

So sind z.B. für die SNT-Technik Nullspannungsschalter zum Hochführen der Versorgungsspannung am Elko innerhalb der Anstiegszeit der Wechselspannung 0 bis $\hat{U}$ einsetzbar; damit lassen sich die Stromspitzen beim Einschalten des Netzes stark verringern.

Außerdem sind Stromrichterschaltungen für Einphasen- und Drehstrombetrieb von Interesse. Hiermit lassen sich Gleichspannungen hochführen und einstellen. Als steuerbare Ventile werden Thyristoren eingesetzt.

Das Blockschaltbild (Bild 4.116) zeigt die wesentlichen Funktionen. Der überwiegende Teil der Schaltung wird von einer intern auf 3,1 V geregelten Spannungsquelle versorgt. Dadurch werden die wesentlichen Parameter von der Versorgungsspannung U_S (8 bis 18 V) unabhängig. An Pin 16 liegt $+U_S$, an Pin 1 das Bezugspotential (Masse).

Die Stromaufnahme bleibt über den gesamten Bereich der Versorgungsspannung nahezu konstant. Die geregelte Spannung von 3,1 V ist über einen Entkopplungswiderstand herausgeführt (Pin 8), um in Dreiphasenschaltungen durch Parallelschalten gleiche Voraussetzungen für die Steuerung zu schaffen. Zur Erhöhung der Störfestigkeit kann dieser Punkt mit einem Stützkondensator gegen Masse (Bezugspotential) beschaltet werden.

Die Synchronisation erfolgt über einen hochempfindlichen Nulldetektor (Pin 5), dem ein Synchronisierspeicher nachgeschaltet ist. Der von diesem gesteuerte Rampengenerator (im Block „Logik") besteht im wesentlichen aus einer steuerbaren Konstantstromquelle, die einen extern (Pin 10) anzuschaltenden Kondensator ($C_{10\,max} < 1\ \mu F$) zeitlinear auflädt. Der Strom, den diese Stromquelle liefert, kann durch einen extern anzuschaltenden Widerstand (Pin 9) eingestellt werden ($R_9 = 20$ bis 500 kΩ).

Die Verknüpfungsschaltung des Synchronisierspeichers sorgt beim Betrieb als Nullspannungsschalter, daß die am Ausgang des Nulldetektors anstehende Information erst dann auf die Folgeschaltung durchgreifen kann, wenn der Rampenkondensator C10 nach dem Rückbefehl auch wirklich entladen (Entladetransistor) ist.

Der Steuerkomparator vergleicht die Rampenspannung mit der an Pin 11 anzulegenden Steuerspannung U_{11} und bildet über Verknüpfungsschaltungen die jeweiligen Ausgangszündimpulse. An den Ausgängen Q_1 (Pin 14) und Q_2 (Pin 15) erscheinen positive Impulse von etwa 30 µs Dauer, die sich jedoch durch einen externen Kondensator an Pin 12 nahezu beliebig verlängern lassen. Wird Pin 12 nach Masse geschaltet, ergeben sich Impulse mit einer Breite bis

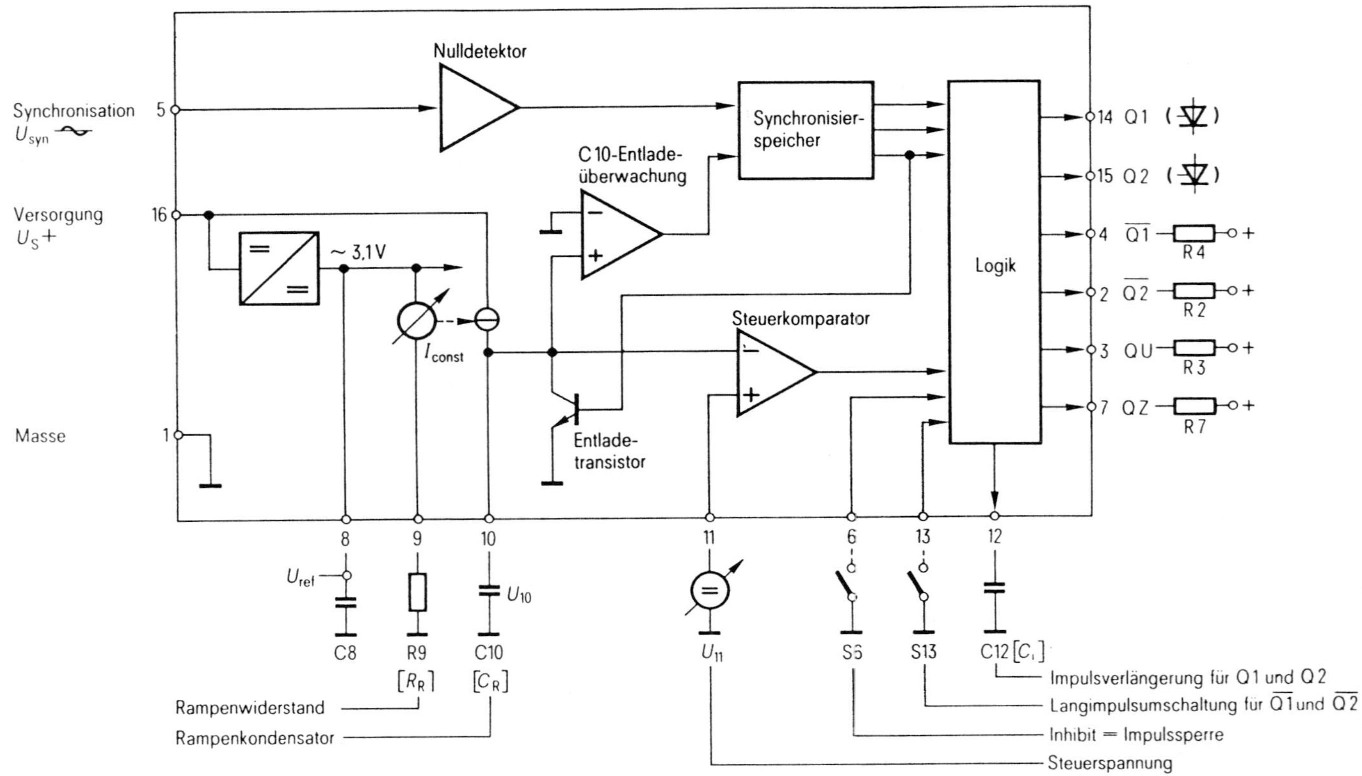

Bild 4.116 Blockschaltbild der integrierten Phasenanschnittsteuerung TCA 785

zu 180° (siehe Impulsdiagramm). Die Ausgänge Q_1 und Q_2 sind den Halbwellen gleicher Polarität zugeordnet, d.h. der Ausgang Q_2 liefert die Zündimpulse nur bei positiver, der Ausgang Q_1 nur bei negativer Synchronisierspannung. Diese Ausgänge sind als Emitterfolger aufgebaut und mit 250 mA belastbar.

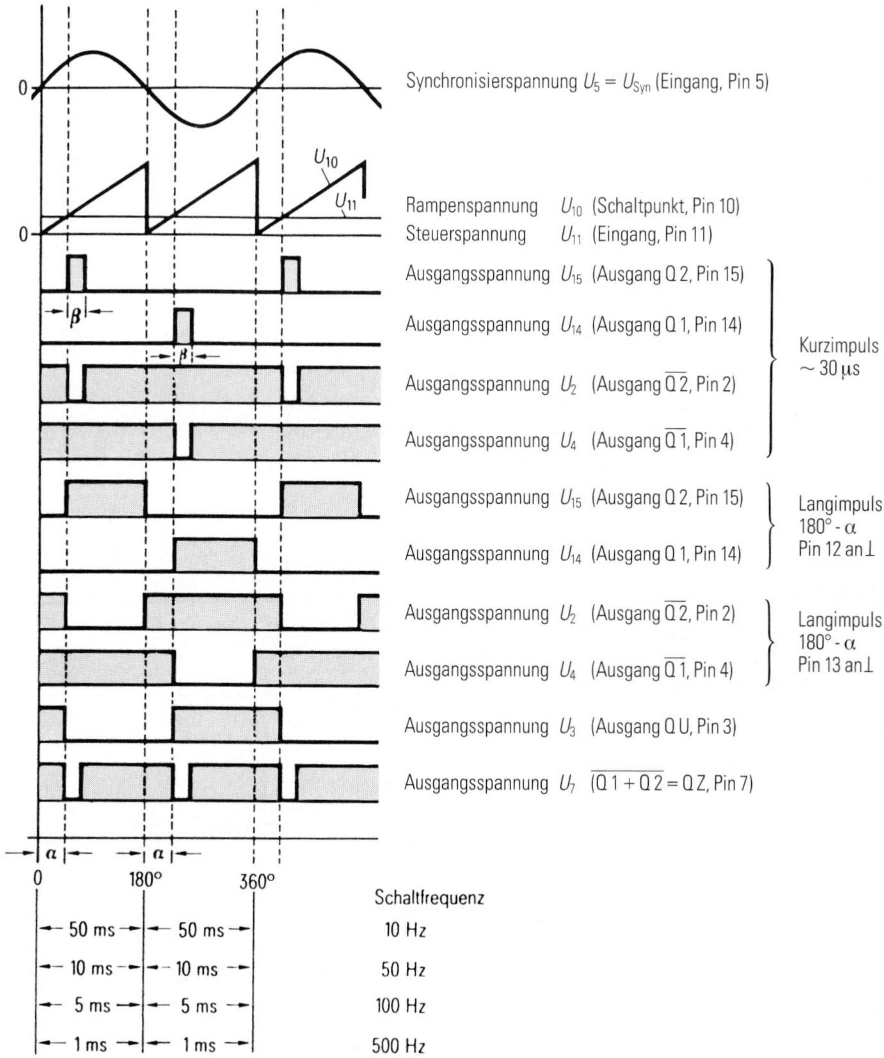

Bild 4.117 Impulsdiagramme des TCA 785

Tabelle 4.24 Kennwerte der Phasenanschnittsteuerung TCA 785

Kennwerte		Einheit	Kennwerte		Einheit	Gehäuse
I_S	5 bis 10	mA	U_{sat}	2	V	
I_5	100	µA	$U_{14/15H}$	U_s-2,5	V	
ΔU_5	30	mV	$U_{14/15L}$	<2	V	
U_{11}	0,2 bis −2	V	t_{imp}	<30	µs	DIL 16
I_{10}	10/1000	µA	U_{ref}	3,1	V	
C_{10}	1	µF	I_{ref}	2	mA	
t_1	<25	µs	T_u	−25 bis 85	°C	
U_{13H}	3,5	V	f	10 bis 500	Hz	
U_{13L}	2	V				

Die entsprechenden inversen Ausgänge $\bar{Q}_1$ (Pin 4) und $\bar{Q}_2$ (Pin 2) haben offenen Kollektor und sind mit maximal 1,5 mA belastbar. Wird Pin 13 an Masse geschaltet, so erhält man ebenfalls Impulse mit einer Länge bis zu 180°.

Alle Ausgänge können über Inhibit, Pin 6, gesperrt werden. Das Sperren wird durch Verbinden von Pin 6 mit Masse erreicht. Die Impulssperre kann durch einen Relaiskontakt, Schalter oder NPN-Transistor ausgelöst werden. Für bestimmte Anwendungsfälle ist noch ein Z-Ausgang mit offenem Kollektor, Pin 7, vorgesehen. Am Ausgang Q_7 liegt ein Signal an, das der NOR-Verknüpfung von Q_1 und Q_2 entspricht.

Das Impulsdiagramm zeigt Bild 4.117. Die Kennwerte gehen aus Tabelle 4.24 hervor.

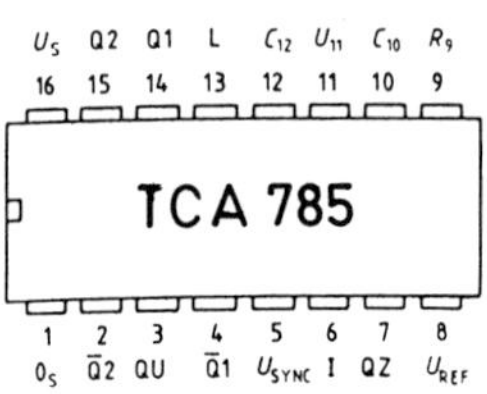

Anschlußbelegung
(Ansicht von oben)

1	0_S	Masse
2	$\bar{Q}2$	Ausgang 2 invertiert
3	QU	Ausgang U
4	$\bar{Q}1$	Ausgang 1 invertiert
5	U_{SYNC}	Synchronspannung
6	I	Inhibit
7	QZ	Ausgang Z
8	U_{REF}	Stabilisierte Spannung
9	R_9	Rampenwiderstand
10	C_{10}	Rampenkapazität
11	U_{11}	Steuerspannung
12	C_{12}	Impulsverlängerung
13	L	Langimpuls
14	Q1	Ausgang 1
15	Q2	Ausgang 2
16	U_S	Speisespannung

4.8.8 Regelkreisstabilität

Schaltnetzteile können am einfachsten mit einem P- oder PI-Regler geregelt werden. Die Proportional-Kreisverstärkung kann dabei relativ hoch sein. Gelegentlich tritt bei der Regelung Schwingneigung auf. Elkos mit sehr niedrigem R_{ESR} verschärfen das Problem. Durch Anwendung des Frequenzlinienverfahrens (Bode-Diagramm) kann Abhilfe geschaffen werden. Werden mehrere Ausgangsspannungen benötigt (z.B. 5 V, $\pm$12 V, 24 V), so läßt sich das Prinzip der gemeinsamen Speicherdrossel anwenden. Regelungstechnisch handelt es sich um ein Verzögerungsglied höherer Ordnung, d.h. mit mehr als zwei Polstellen in der komplexen Ebene. Dadurch wird die Phase um mehr als 180 Grad gedreht. Ein solches Gebilde ist mit einem P-Regler nicht zufriedenstellend zu regeln, da die Verstärkung so weit reduziert werden muß, daß keine ausreichende Spannungsstabilität zu erzielen ist. Für ein gutes dynamisches Verhalten gilt, daß die Durchtrittsfrequenz f_{krit} (bei Verstärkung 0 dB) mindestens um den Faktor 10 über der resultierenden Resonanzfrequenz liegen muß. Bild 4.118 zeigt als Beispiel einen solchen Fall. Es handelt sich um ein Durchfluß-SNT 220 V_{AC}/5 V/10 A, $\pm$12 V/2 A.

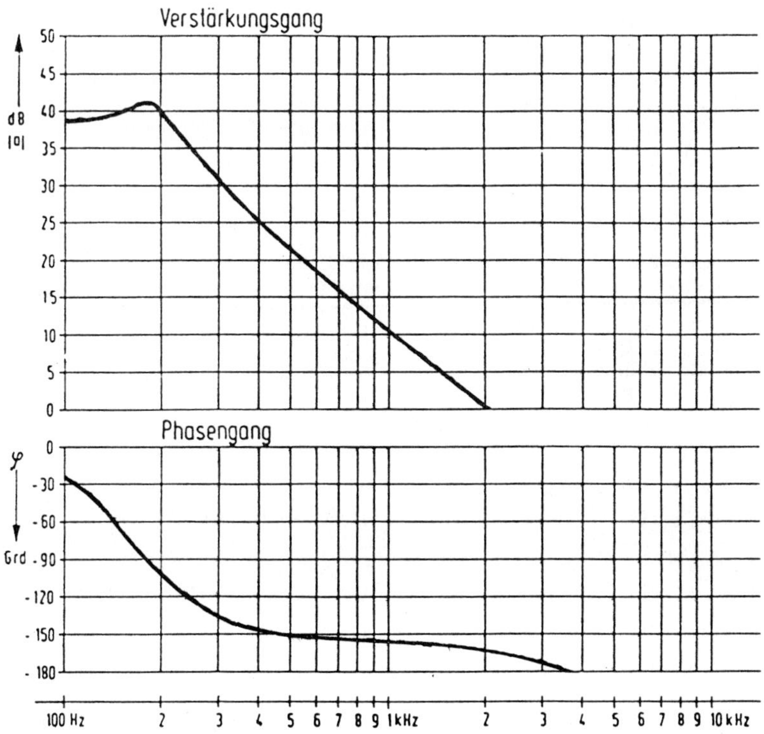

Bild 4.118
Bode-Diagramm bei SNT mit gemeinsamer Ausgangsdrossel
(ohne Kompensation)

Die Resonanzfrequenz beträgt 180 Hz ($\varphi = -90$ Grad). Die Verstärkung wurde so weit reduziert, daß $f_{krit} = 2$ kHz ist. Die verbleibende Phasenreserve ist mit $\approx 15°$ zu klein für eine stabile Arbeitsweise. Das SNT schwingt in bestimmten Arbeitspunkten.

Zur Kompensation des Frequenzganges muß ein differenzierendes Verhalten (D-Anteil = Nullstelle in der komplexen Ebene) eingeführt werden, das im Bereich der Durchtrittsfrequenz die Phase anhebt. Die Eckfrequenz f_D des D-Anteils wird auf 3 kHz gelegt.

Damit beginnt die Phasenanhebung ab 300 Hz und erreicht bei 3 kHz den Wert von $+45°$. Da sich die Durchtrittsfrequenz auf ≈ 3 kHz verschiebt, erhält man eine Phasenreserve von ebenfalls $\approx 45°$. Wegen der niedrigen Proportionalverstärkung von 40 dB ist ein zusätzlicher I-Anteil für eine gute stationäre Stabilität notwendig. Die Eckfrequenz f_I des PI-Anteils wird so gelegt, daß sich keine Störung der Phasenkompensation ergibt, im Beispiel auf $f_I = 30$ Hz.

Zur Aufhebung der differenzierenden Wirkung des D-Anteils für höhere Frequenzen (Unterdrückung der Schaltfrequenz) muß nun noch ein T_1-Glied (Tiefpaß 1. Ordnung) eingeführt werden. Die Eckfrequenz f_{T1} ist so zu wählen, daß bei der Durchtrittsfrequenz keine nennenswerte Phasenabsenkung entsteht; z.B. $f_{T1} = 30$ kHz.

Der Regler (Bild 4.119) hat nunmehr eine $PIDT_1$-Charakteristik. Die Kompensation des Frequenzganges ist hiermit abgeschlossen. Der Regelkreis ist stabil, und die Dynamik ist bei der vorgegebenen Trägheit des *LC*-Ausgangsfilters optimal.

Um die beschriebene Frequenzgangkompensation nachzuvollziehen, muß das Bode-Diagramm des aufgetrennten Regelkreises aufgenommen werden. Am zweckmäßigsten geschieht die Auftrennung am Tastverhältnis-Steuereingang

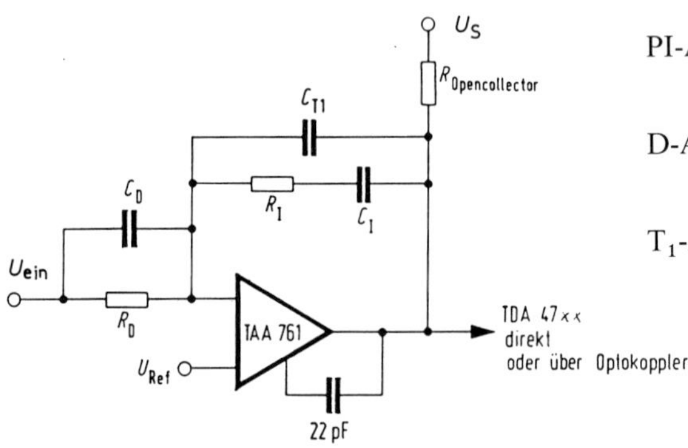

$$\text{PI-Anteil: } f_I = \frac{1}{R_I C_I \cdot 2\pi}$$

$$\text{D-Anteil: } f_D = \frac{1}{R_D C_D \cdot 2\pi}$$

$$T_1\text{-Anteil: } f_{T1} = \frac{1}{R_I \cdot C_{T1} \cdot 2\pi}$$

Bild 4.119 Beschaltung des Regelverstärkers ($PIDT_1$-Verhalten)

der Regel-IS. Hier wird eine Gleichspannung von ≈ 4 V mit überlagerter Wechselamplitude von ≈ 20 mV eingespeist.

Die Verwendung der Schaltregler-IS-Familie TDA 47xx/TDA 49xx hat den besonderen Vorteil, daß dank der Eingangsspannungsvorsteuerung der Leistungsteil des Flußwandlers als lineares Regelkreisglied aufgefaßt werden kann, was die Erstellung der Frequenzkennlinien stark vereinfacht.

Das Bode-Diagramm wird bei der niedrigsten zulässigen Eingangsspannung ($\triangleq$ höchste Proportionalverstärkung) und bei Vollast aller Ausgänge ($\triangleq$ niedrigste effektive Resonanzfrequenz) aufgenommen. Die hierbei ermittelte Kompensation garantiert Stabilität in allen Betriebszuständen. Die Steilheit der Phasenabsenkung nimmt mit der Anzahl der gemeinsamen Drosselwicklungen zu. Das bedeutet eine bessere Stabilisierbarkeit bei Verwendung von Kondensatoren mit nicht zu kleinem ESR (Serien-Widerstand). Dies betrifft jedoch nicht den Elko zur Siebung des Ausgangs mit größtem Strom. Für eine gute Stabilisierbarkeit des Regelkreises ist die Verwendung eines Kopplers anzustreben, dessen Eckfrequenz deutlich oberhalb der Durchtrittsfrequenz liegt.

4.9 Optokoppler

Als Optokoppler bezeichnet man optoelektronische Koppelelemente zur Signalübertragung bei galvanischer Trennung von Eingang und Ausgang; sie unterscheiden sich im wesentlichen in den Isolationseigenschaften und im Stromübertragungsverhältnis. Für die Übertragung mehrerer Signale wurden Zweifach- und Vierfach-Optokoppler entwickelt mit Isolationsspannungen von 5,3 und 7,5 kV.

Am Beispiel des Standard-Optokopplers CNY 17 werden die Wirkungsweise und die technischen Daten erläutert.

Das elektrische Signal wird im Optokoppler von einem Sender in ein optisches verwandelt, auf optischem Weg weitergeleitet und von einem Empfänger in ein elektrisches rückgewandelt. Als Sender dient eine infrarotstrahlende Gallium-Arsenid-Lumineszenzdiode, als Empfänger ein Silizium-Fototransistor. Auf der Eingangsseite des Bauteils erzeugt die Lumineszenzdiode bei Stromfluß in Durchlaßrichtung eine Strahlung von etwa 950 nm Wellenlänge. Diese Strahlung wird über ein lichtleitendes Medium dem Fototransistor zugeführt, dessen Strom von der auftretenden Strahlungsleistung abhängt. Dabei dürfen zwischen Eingangs- und Ausgangsseite Potentialdifferenzen, je nach Bauform, bis zu einigen kV bestehen (Bild 4.120).

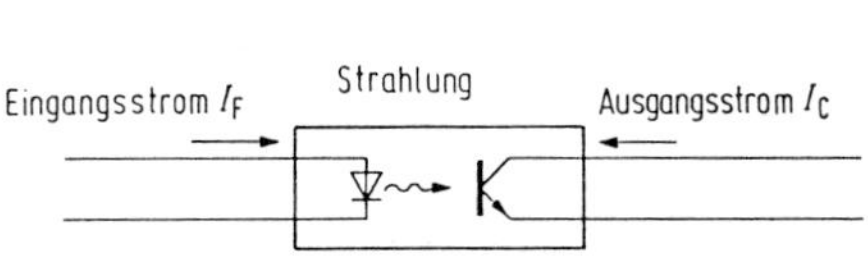

Bild 4.120
Grundschaltung eines Optokopplers

Aufbau

Bei der Bauform CNY 17 strahlt die IR-Diode über einen Lichtleiter direkt auf den Fototransistor. Dadurch sind große Koppelfaktoren realisierbar (Bild 4.121).

Der Basisanschluß des Transistors ist herausgeführt und kann extern beschaltet werden. Die Isolationsspannung beträgt 5,3 kV.

Die pn-Übergänge des Silizium-Fototransistors sind vor den Einflüssen des elektrischen Feldes durch eine TRIOS-Schicht[1] geschützt, so daß die Kopplerfunktion nicht beeinträchtigt wird.

Stromübertragungsverhältnis

Als Übertragungsgröße dient das Verhältnis des Fototransistor-Kollektorstromes zum Diodenstrom der Lumineszenzdiode I_C/I_F. Das Stromübertragungsverhältnis ist nur geringfügig temperaturabhängig (Bild 4.122). Zwischen I_C und I_F besteht kein streng linearer Zusammenhang (Bild 4.123). Bei einer Aussteuerungsänderung $\frac{\Delta I_F}{I_F} \leq 50\%$ kann jedoch in erster Näherung Linearität angenommen werden. Die Optokoppler werden nach dem Stromübertragungsverhältnis in vier Gruppen selektiert und mit arabischen Ziffern gekennzeichnet.

Die IR-Sendediode verhält sich in Vorwärtsspannung, Vorwärtsstrom und Temperatur entsprechend Bild 4.124. Das Ausgangskennlinienfeld eines Fototransistors im Optokoppler zeigt Bild 4.125. Als Parameter ist der IR-Sendediodenstrom I_F angegeben.

Isolationsspannung

Die Isolationsspannung ist die maximal zulässige Spannung, die zwischen Eingang und Ausgang des Optokopplers kurzzeitig anliegen darf.

Die Nennisolationsspannung gibt an, mit welchen maximalen Spannungen das Bauelement dauernd belastet werden darf. Die Isolationsspannung ist, bedingt durch die Kriechstrecken und Luftstrecken, sehr stark bauformabhängig.

[1] TRIOS®: TRansparenter IOnen-Schirm

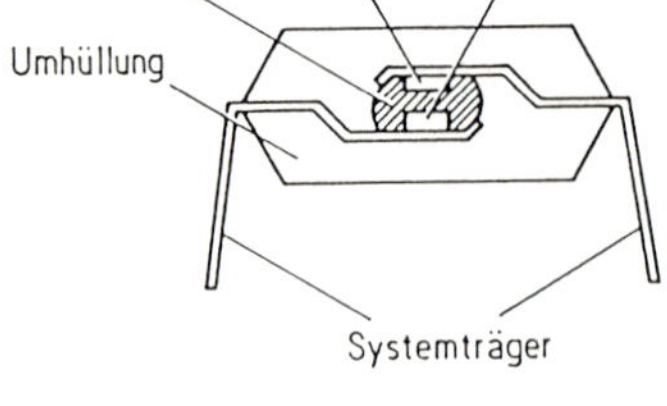

Bild 4.121 Optokoppler in DIL-6-Gehäuse

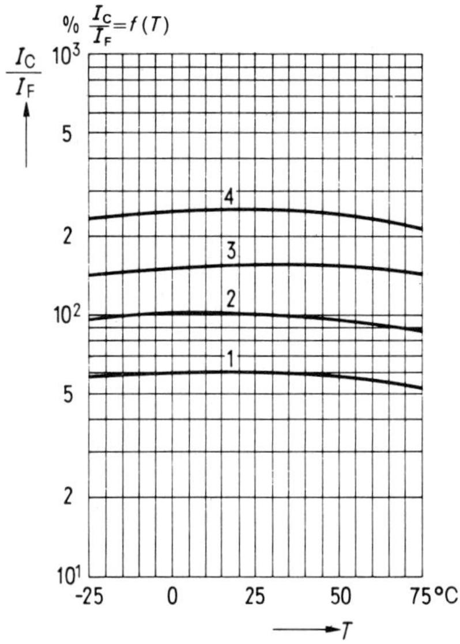

Bild 4.122
Stromübertragungsverhältnis (CNY 17) (typisch) als Funktion von der Temperatur ($I_F = 10$ mA, $U_{CE} = 5$ V)

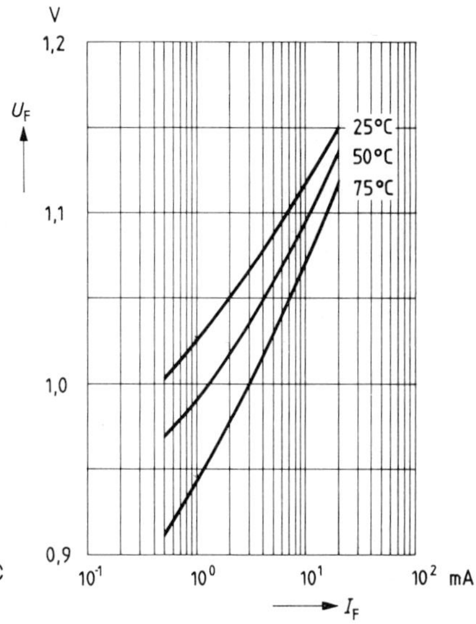

Bild 4.124
Vorwärtsspannung (typisch) (CNY 17) der Diode $U_F = f(I_F)$

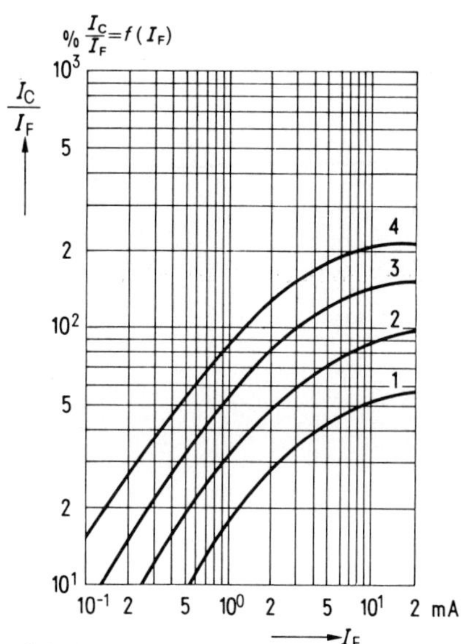

Bild 4.123
Stromübertragungsverhältnis (CNY 17) (typisch) als Funktion vom Diodenstrom ($T_U = 75$ °C; $U_{CE} = 5$ V)

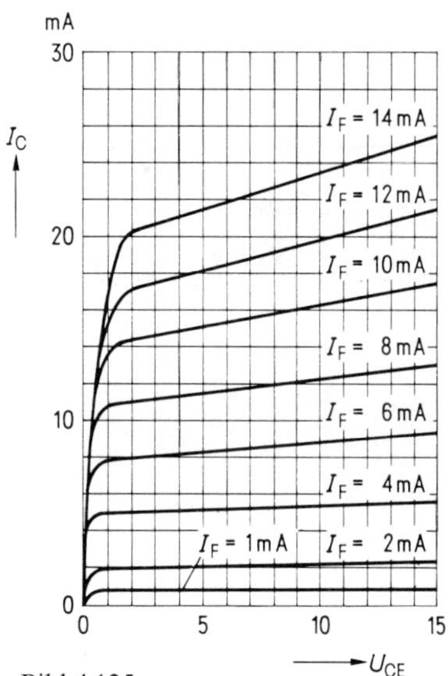

Bild 4.125
Ausgangskennlinien (typisch) (CNY 17) ($T_U = 25$ °C) $I_C = f(U_{CE})$ Basis nicht beschaltet

Koppelkapazität

Die Systemträger sowie die Sendediode und der Fototransistor bilden eine Kapazität, die bauformabhängig ist; sie beträgt z.B. 0,3 pF und wird bei kurzgeschlossenem Eingang und Ausgang gemessen. Schnelle Änderung der Hochspannung (500 V/μs) zwischen Eingang und Ausgang wird durch die Koppelkapazität übertragen und kann eine Störung der Funktion der Schaltung vor allem über die Basis hervorrufen. Für empfindliche Schaltungen steht der Typ CNY 17F zur Verfügung. Bei ihm ist die Basis nicht kontaktiert, wodurch eine geringe Koppelkapazität erreicht wurde.

Tabelle 4.25 Optokoppler

Typ TRIOS® = Transparenter Ionenschirm	Beschreibung	Isolationsprüfspannung nach DIN 50014 V_{IO} (kV)	Stromübertragungsverhältnis ($I_F = 10$ mA) ($V_{CE} = 5$ V) I_C/I_F (%)	Kollektor-Emitter-Spannung V_{CEO} (V)	Kollektor-Emitter-Reststrom ($V_{CE} = 10$ V) I_{CEO} (nA)	Schaltbild Gehäuse
Optokoppler für höchste Anforderungen Bis zu 1000 Betriebsstunden mit einer Ausfallrate < 100 FIT. Nach 1000 Stunden mit einer Ausfallrate < 10 FIT. (1 FIT ≙ 1 Ausfall pro 10^9 Bauelementestunden) FIT = FAILURE IN TIME						
SFH 6011 G TRIOS	VDE 0883 Transistorausgang	5,3	53 bis 200	70	5 (≤ 100)	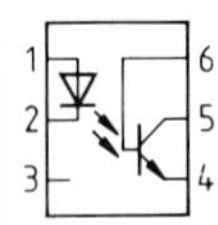 DIP6
Optokoppler für hohe Anforderungen						
CNY 17	VDE 0883					
1 TRIOS	Transistorausgang	5,3	40 bis 80	70	2 (≤ 50)	
2 TRIOS	mit Basisanschluß	5,3	63 bis 125	70	2 (≤ 50)	
3 TRIOS		5,3	100 bis 200	70	5 (≤ 100)	
4 TRIOS		5,3	160 bis 320	70	5 (≤ 100)	
CNY 17G	VDE 0883					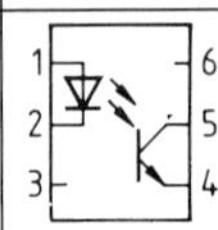 DIP6
F1 TRIOS	(VDE 0805/0806)	5,3	40 bis 80	70	2 (≤ 50)	
F2 TRIOS	Transistorausgang	5,3	63 bis 125	70	2 (≤ 50)	
F3 TRIOS	ohne Basisanschluß	5,3	100 bis 200	70	5 (≤ 100)	
F4 TRIOS		5,3	160 bis 320	70	5 (≤ 100)	
ILD 610	Zweifach					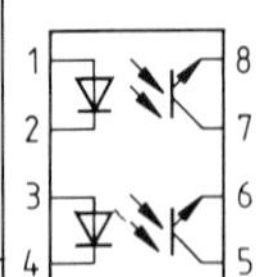 DIP8
1	Optokoppler	2,8	40 bis 80	70	2 (≤ 50)	
2	Version des	2,8	63 bis 125	70	2 (≤ 50)	
3	SFH 610	2,8	100 bis 200	70	5 (≤ 100)	
4	Transistorausgang	2,8	160 bis 320	70	5 (≤ 100)	
IL CT-6	Zweifach	7,5	50 (≥ 20)	30	1 (≤ 100)	
ILD-1	Optokoppler	7,5	35 (≥ 20)	30	5 (≤ 50)	
-74	Transistorausgang	7,5	35 (≥ 12,5)	20	5 (≤ 500)	

Isolationswiderstand

Als Isolationswiderstand bezeichnet man den Gleichstromwiderstand zwischen Eingang und Ausgang des Optokopplers; er beträgt 10^{11} Ω und ist somit größer als in den meisten Anwendungen (z.B. Montage auf einer Druckplatte) erreicht werden kann. Bei der Auswahl sowie beim Herstellungsprozeß von Leiterplatten sollte unbedingt darauf geachtet werden, daß bereits Ströme im nA-Bereich – die besonders bei der Trennung von großen Potentialunterschieden auftreten können – u.U. die Funktion der Schaltung beeinflussen. Abhilfe kann ein Schlitz in der Leiterplatte oder eine auf Massepotential liegende Leiterbahn zwischen Eingang und Ausgang bringen.

Tabelle 4.25 (Fortsetzung)

Typ TRIOS® = Trans- parenter Ionenschirm	Beschreibung	Isolations- prüf- spannung nach DIN 50014 V_{IO} (kV)	Stromüber- tragungs- verhältnis ($I_F = 10$ mA) ($V_{CE} = 5$ V) I_C/I_F (%)	Kollektor- Emitter- Spannung V_{CEO} (V)	Kollektor- Emitter- Reststrom ($V_{CE} = 10$ V) I_{CEO} (nA)	Schaltbild Gehäuse
ILQ-1 -74	Vierfach- Optokoppler Transistorausgang	7,5	35 (≥20) 35 (≥12,5)	30 20	5 (≤50) 5 (≤500)	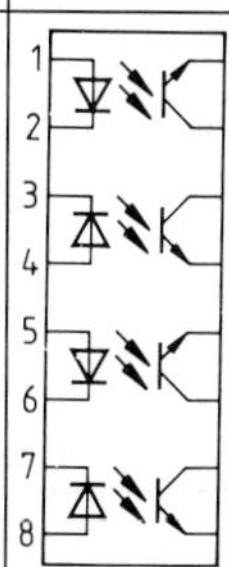 DIP 16
Wechselspannungs-Optokoppler						
IL-250 H11AA1	Bidirektionaler Eingang und Transistorausgang	7,5 7,5	150 (≥50) 80 (≥20)	30 30	5 (≤50) 5 (≤100)	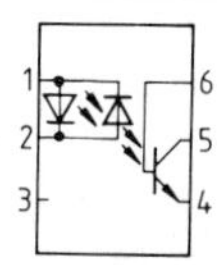 DIP 6
SITAC-Optokoppler						
Typ	Spannungs- steilheit d_v/d_t (V/µs)	Isolations- prüf- spannung V_{IO} (kV)	Zündstrom I_{FT} (mA)	Spitzen- sperr- spannung $V_{DRM/RRM}$ (V)	Sperrstrom I_R (µA)	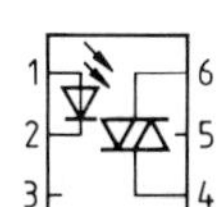 DIP 6
BRT 11M	10000	5,3	5	400	100	
BRT 12H	10000	5,3	2	600	100	

Die speziellen DIN-Normen/VDE-Bestimmungen für Geräte sind zu beachten. Beim Einbau in gedruckte Schaltungen sind gegebenenfalls vom Anwender Maßnahmen zu ergreifen, damit die Isolationseigenschaften des Bauelements hierdurch nicht verschlechtert werden.

Halbwertszeit

Unter Halbwertszeit versteht man die Zeit, in der das Stromübertragungsverhältnis auf 50% seines ursprünglichen Wertes abgefallen ist. Hochwertige Optokoppler, wie der Typ CNY 17, haben eine Halbwertszeit von mehr als 200000 Stunden. Bild 4.126 gibt den Verlauf dieser Alterung für eine größere Anzahl untersuchter Bauelemente.

Optokoppler mit zwei Kopplersystemen sind für die Übertragung zweier unterschiedlicher Signale (z.B. für Spannungsstabilisierung und Strombegrenzung in einem SNT) geeignet.

Das Koppelelement IL 250 besitzt als Sender zwei antiparallel-geschaltete GaAs-Lumineszenzdioden, die optisch und galvanisch getrennt mit einem Silizium-Planar-Fototransistor als Empfänger gekoppelt sind. Durch den bidirektionalen Eingang ist auch die Übertragung einer genügend großen Wechselspannung ohne Gleichstromanteil möglich.

SITAC sind optische Koppelelemente, die als Sender eine GaAs-Lumineszenzdiode und – galvanisch getrennt – einen Triac als Empfänger besitzen.

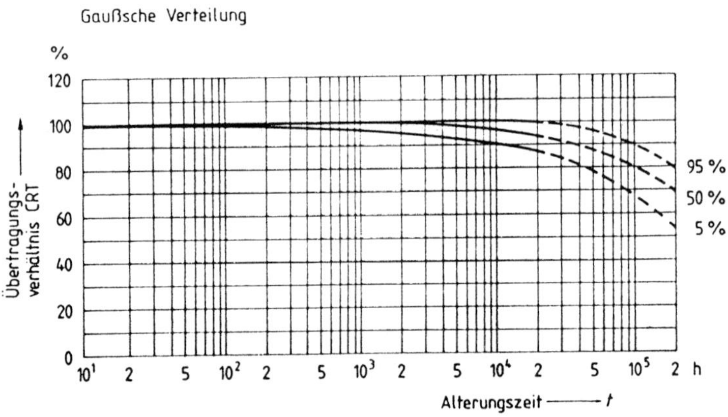

Bild 4.126
Relative Abnahme des Stromübertragungsverhältnisses CTR
(Current Transfer Ratio) bei Flußbelastung der Kopplerdiode mit $I_F = 60$ mA
(gemessen bei $T_A = 25$ °C, $I_F = 10$ mA, $V_{CE} = 5$ V)

Datenblattauszug des 5,3-kV-TRIOS-Optokopplers CNY 17 für hohe Anforderungen

Grenzdaten

Sender (GaAs-Diode)			
Sperrspannung	U_R	in V	6
Vorwärtsgleichstrom	I_F	in mA	60
Empfänger (Si-Fototransistor)			
Kollektor-Emitter-Spannung	U_{CEO}	in V	70
Emitter-Basis-Spannung	U_{EBO}	in V	7
Kollektorstrom	I_C	in mA	50
Umgebungstemperatur	T_U	in °C	−40 bis +100
Optokoppler			
Isolationsprüfspannung	S/E	in V_	5300
Kriechstrecke		in mm	min 8,2
Kenndaten ($T_U = 25$ °C)			
Kollektor-Emitter-Sättigungsspannung ($I_F = 10$ mA; $I_C = 2{,}5$ mA)	$U_{CE\,sat}$	in V	0,25 (≤0,4)
Koppelkapazität	C_K	in pF	0,55

4.10 Transformator und Drossel

4.10.1 Magnetische Begriffe

SI-Einheiten

Die wichtigsten Beziehungen zwischen den neuen SI- und den älteren Einheiten sind in Tabelle 4.26 wiedergegeben.

Die *statischen Magnetisierungskurven* $B = f(H)$ sind bei Raumtemperatur und bei 100 °C gemessen (Bild 4.130). Die Sättigungsinduktion B_S ist dann erreicht, wenn die Induktion B bei hohen Feldstärken nur mehr geringfügig ansteigt: $\Delta B/\Delta H \rightarrow 0$. Bei der Koerzitivfeldstärke H_c schneidet die Magnetisierungskurve die Abszisse, die Remanenz B_r schneidet die Ordinate.

Die *magnetische Flußdichte B* (Induktion) im Innern einer Spule mit magnetisierbarem Kern ist mit der relativen Permeabilität μ_r und der Feldstärke H definiert

$$B = \mu_r \cdot \mu_0 \cdot H.$$

Tabelle 4.26 SI-Einheiten

Benennung	SI-Einheit	Alte Einheit
Magnetische Flußdichte *B* (Induktion)	1 T (Tesla) = 1 Vs/m²	10^4 G (Gauß)
Magnetische Feldstärke *H* (Magnetisierung)	$1\ \mathrm{A/m} = 10^{-2}\ \mathrm{A/cm}$	$1{,}257 \cdot 10^{-2}$ Oe (Oersted)
Energiedichte	$1\ \mathrm{J/m^3} = 1\ \mathrm{T} \cdot 1\ \mathrm{A/m} = 1\ \mathrm{mT} \cdot 1\ \mathrm{kA/m}$	125,7 GOe
Magnetischer Fluß Φ	$1\ \mathrm{Wb}\ (\mathrm{Weber}) = 1\ \mathrm{Vs} = 1\ \mathrm{T} \cdot \mathrm{m}^2$	$10^8\ \mathrm{G} \cdot \mathrm{cm}^2 = 10^8$ M (Maxwell)
Magnetische Feldkonstante (Induktionskonstante)	$\mu_0 = 1{,}257 \cdot 10^{-6} \frac{\mathrm{T}}{\mathrm{A/m}} = 1{,}257 \cdot 10^{-6} \frac{\mathrm{V \cdot s}}{\mathrm{A \cdot m}}$	$1{,}257 \cdot 10^{-8} \frac{\mathrm{V \cdot s}}{\mathrm{A \cdot cm}}$ $1{,}257 \cdot 10^{-8} \frac{\mathrm{H}}{\mathrm{m}} = 1 \frac{\mathrm{G}}{\mathrm{Oe}}$
Wärmeleitfähigkeit	$1 \frac{\mathrm{J}}{\mathrm{mm \cdot s \cdot K}} = \frac{\mathrm{W}}{\mathrm{mm \cdot K}}$	$2{,}39 \frac{\mathrm{cal}}{\mathrm{cm \cdot s \cdot {}^\circ C}}$

Das Verhältnis der Induktionsänderung ΔB zur Feldstärkeänderung ΔH bei sehr kleinen Wechselfeldern für ein Kernmaterial ohne Luftspalt (Ringkern) bezeichnet man als *Anfangspermeabilität*

$$\mu_i = \frac{1}{\mu_0} \cdot \frac{\Delta B}{\Delta H} \cdot (\Delta H \to 0)$$

Die *magnetische Feldkonstante* μ_0 beschreibt die magnetische Leitfähigkeit des Vakuums, und auch etwa die der Luft

$$\mu_0 = 1{,}257 \cdot 10^{-6} \frac{T \cdot m}{A}.$$

In einem Kern mit Luftspalt ermittelt man eine geringere *effektive Permeabilität* μ_e als mit einem Kern ohne Luftspalt (*s*). Sie ist vom Luftspalt und vom Werkstoff und den Abmessungen des Kerns abhängig:

$$\mu_e \simeq \frac{1}{\mu_0} \cdot \frac{L}{N^2} \cdot \sum \frac{l_E}{A_E} = \frac{A_L}{\mu_0} \cdot \sum \frac{l_E}{A_E}$$

$\sum \frac{l_E}{A_E}$ und $\sum \frac{l_E}{A_E^2}$ nennt man Formfaktoren oder Kernkonstanten.

Daraus ergeben sich:

Eff. magn. Weglänge $l_E = \left(\sum \frac{l_E}{A_E}\right)^2 \Big/ \sum \frac{l_E}{A_E^2}$,

Eff. magn. Querschnitt $A_E = l_E \Big/ \sum \frac{l_E}{A_E}$,

Eff. magn. Volumen $V_E = l_E \cdot A_E$.

Die *Induktivität* errechnet sich aus

$$L = \mu_0 \cdot \mu_e \cdot N^2 \Big/ \sum \frac{l_E}{A_E}.$$

Für einen Luftspalt $s \ll l_E$ gilt für die *effektive Permeabilität* näherungsweise

$$\mu_e = \frac{\mu_i}{1 + \frac{s}{l_E}\mu_i}.$$

Bezieht man die Induktivität L_K einer Spule mit magnetisierbarem Kern auf die Induktivität L_0 der gleichen Spule ohne Kern, so erhält man die *wirksame Permeabilität*

$$\mu_{app} = \frac{L_K}{L_0}.$$

Die *reversible Permeabilität* μ_{rev} ist von der Gleichstrom-Vormagnetisierung abhängig. Den größten Wert erreicht μ_{rev} im allgemeinen bei der Gleichfeldstärke $H_- = 0$.

Die *reversible Permeabilität* μ_{rev} kann bis zum Sättigungseinsatz mit μ_e gleichgesetzt werden (Bild 4.132).

$$\mu_{rev} = \frac{1}{\mu_0} \lim \left[\frac{\Delta B}{\Delta H}\right] H_- \qquad \Delta H \to 0$$

Für den *Verlustfaktor* des Kerns erhält man

$$\tan \delta = \frac{r}{\omega L}.$$

r Serienverlustwiderstand aus Impedanzmessung
L als verlustfrei angenommene Induktivität.

Der *Induktivitätsfaktor* A_L ergibt sich aus der auf die Windungszahl $N = 1$ bezogenen Induktivität L:

$$A_L = \frac{L}{N^2} \approx \frac{\mu_e \cdot \mu_0}{\sum l_E/A_E}.$$

A_L wird meist in $\mathrm{nH} = 10^{-9}$ H angegeben.

Der *Widerstandsfaktor* A_R is der auf die Windungszahl $N = 1$ bezogene Gleichstrom-Widerstand R_{Cu} bei einem Cu-Füllfaktor von $f_{Cu} = 0{,}5$.

Die *Zeitkonstante* τ ergibt sich aus dem Verhältnis der Induktivität L zu r.

$$\tau = L/r.$$

Der *Serien-Kernverlustwiderstand* r_K bei kleinen Feldern (bis 2 A/m) wird im wesentlichen durch den Rest-Verlustwiderstand r_R sowie durch den Hysterese-Verlustwiderstand r_H verursacht. Die Wirbelströme spielen bei geringer Leitfähigkeit erst bei höheren Frequenzen eine zunehmende Rolle.

Der *Serien-Hysterese-Verlustwiderstand* r_H einer Spule mit magnetisierbarem Kern nimmt wegen der Hysterese mit wachsender Induktion und Frequenz zu.

Die *Spulengüte* Q wird durch das Verhältnis des Blindwiderstandes ωL zum gesamten Wirkwiderstand r_W (aus Impedanzmessung bei Betriebsfrequenz) ausgedrückt

$$Q = \frac{\omega L}{r_W} = \frac{1}{\tan \vartheta_L}.$$

Aus r_W und dem Effektivstrom I einer Spule kann die Verlustleistung $P_V = I^2 r_W$ errechnet werden.

Für Leistungsanwendungen ist die bezogene (spezifische) Kernverlustleistung P_V bei höheren Magnetisierungen $\hat{B}$ und Betriebsfrequenzen f eine wichtige Größe (Bild 4.131).

Für die Dimensionierung von Leistungsübertragern sind die Grundgleichungen für die Induktion B und die magnetische Feldstärke H von besonderer Bedeutung

$$\Delta B = \frac{\bar{U} \cdot t}{N \cdot A_E}; \qquad \Delta H = \frac{\Delta I \cdot N}{l_E}.$$

$\bar{U}$	in V	A_E	in m^2
t	in s	l_E	in m

Die *Curietemperatur* ist jene Temperatur, bei der Magnetwerkstoffe ihre magnetischen Eigenschaften verlieren. Der Übergang erfolgt innerhalb eines kleinen Temperaturbereichs. Bei Abkühlung unter die Curietemperatur wird das Material wieder magnetisch leitfähig.

Ferrite und Blechkerne zeigen *Magnetostriktion*; sie ist die relative Längenänderung $R = \Delta l/l$ bei Sättigungsmagnetisierung. Magnetostriktive Effekte können ein hörbares Pfeifen bewirken. Bei sehr starken Wechselfeldern ist Bruch des Ferritkerns nicht auszuschließen.

4.10.2 Der niederfrequente Transformator

Wegen des höheren Komforts getakteter Stromversorgungen geht die Bedeutung der 50-Hz-Netzteile mit Blechkern-Übertragern zurück. Als Hilfsspannungsversorgung kann der Netztransformator allerdings in Schaltnetzteilen mit größeren Leistungen seinen Platz finden. Daher soll nachstehend das Grundlegende über den niederfrequenten Netztransformator mitgeteilt werden.

Mit Hilfe einiger Diagramme und Tabellen kann man z.B. einen 50-Hz- oder einen 400-Hz-Transformator dimensionieren.

Leistung und Wirkungsgrad von 50-Hz-Kleintransformatoren

Mit Kleintransformatoren werden folgende Wirkungsgrade erzielt:

P_2 in VA	η in %
3 bis 10	60 bis 70
10 bis 25	70 bis 80
25 bis 50	80 bis 85
50 bis 100	82 bis 90
100 bis 1000	>90

Transformatorgleichung

Die Transformatorgleichung für effektive Sinusspannungen lautet:

$$U_{\text{eff}} = 4{,}44 \cdot f \cdot A_{\text{E}} \cdot B_{\text{M}} \cdot N \cdot 10^{-4}.$$

U_{eff}	in V	B_{M}	in T	N	Windungszahl
A_{E}	in cm²	f	in Hz		

Eisenverluste

Für die wichtigsten Transformator-Kernbleche sind die Eisen-Verluste, abhängig von Frequenz und Induktion, in Bild 4.127 dargestellt. Die Eisenverluste P_{VE} setzen sich zusammen aus den Hysterese- und Wirbelstromverlusten im Eisen

$$P_{\text{VE}} = P_{\text{H}} + P_{\text{W}}.$$

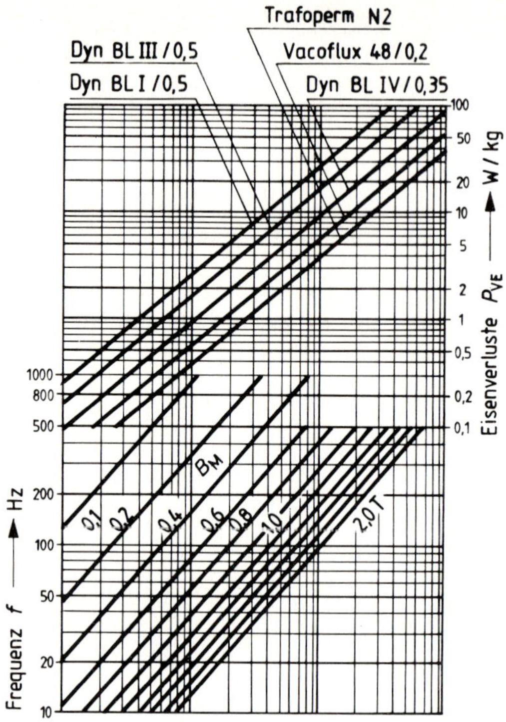

Bild 4.127
Eisenverluste in Abhängigkeit von Kernmaterial, Frequenz, und Magnetisierung

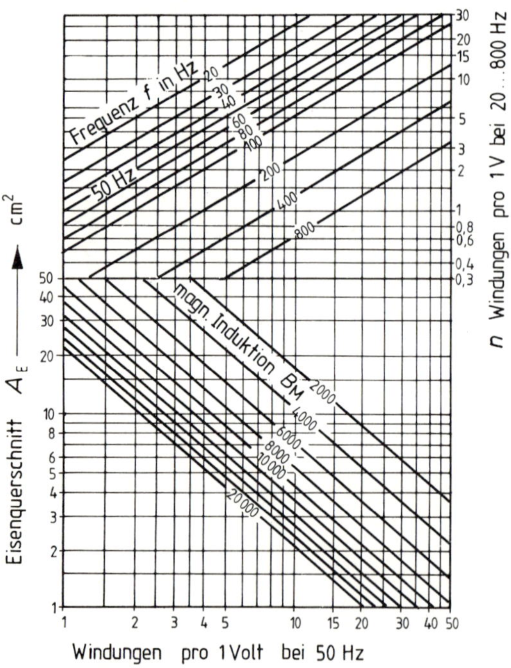

Bild 4.127a
Spezifische Windungszahl n als Funktion von A_E, f, und B_M

Kupferverluste

Außer den Eisenverlusten sind im Transformator die primären und sekundären Kupferverluste P_{Cu} zu berücksichtigen:

$$P_{Cu} = I_1^2 \cdot R_1 + I_2^2 \cdot R_2.$$

Primärleistung

Aus obiger η-Tabelle wird die erforderliche Primärleistung abgeschätzt:

$$P_1 = \frac{P_2}{\eta}.$$

Spezifische Windungszahl

Die spezifische Windungszahl n (Wdg/1 V) für unterschiedliche Frequenzen, Eisenquerschnitte und Induktionen läßt sich aus dem Diagramm (Bild 4.127a) entnehmen.

Kerngröße, Eisenquerschnitt

Entsprechend der nachstehenden Näherungsformel ergibt sich ein Kernquerschnitt A_E abhängig von der geforderten Sekundärleistung P_2 für die gebräuchlichen Blech-Kernschnitte EI, M, UI, und P mit dem Faktor C.

$$A_E \approx C \cdot \sqrt{\frac{P_2}{f}}$$

Kern	C
EI-/M-Schnitte	≈ 7
UI-Schnitte	≈ 5
P-Schnitte	$\approx 4{,}7$

In Bild 4.128 sind für einige Kernformen die gesuchten Eisenquerschnitte A_E als Funktion der Sekundärleistung P_2 dargestellt. Das Diagramm gilt für eine Betriebsfrequenz von 50 Hz. Für große 50-Hz-Transformatoren mit Dynamoblech wählt man Magnetisierungen B_M bis etwa 1,5 T (bei Überspannung!) und für kleine Transformatoren 1,0 bis 1,2 T.

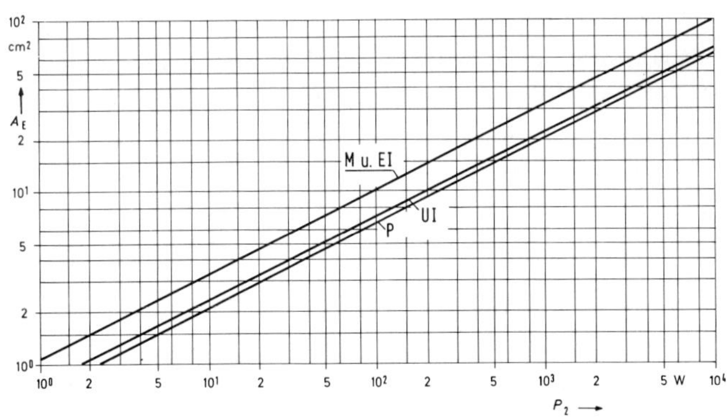

Bild 4.128
Kernquerschnitt als Funktion der Leistung

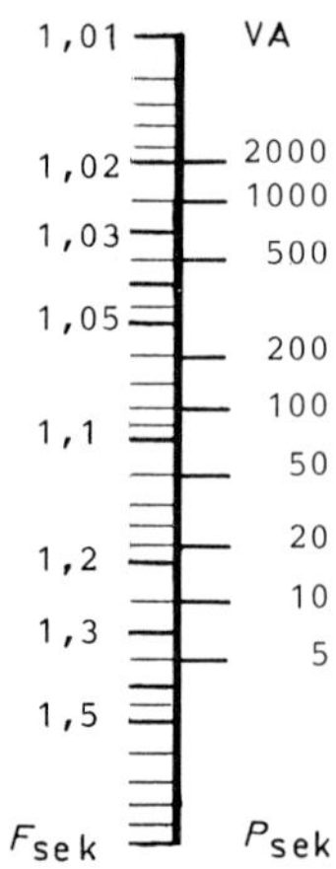

Bild 4.129
Spannungsverlustfaktor F der Sekundärspannung als Funktion der Sekundär-Leistung P_2

Spannungsverlustfaktor

Auf der Sekundärseite sind die durch Kupfer- und Streuungs-Verluste bedingten Spannungsabfälle zu berücksichtigen; sie betragen bei größeren Leistungen nur wenige Prozent. Die Spannungsverluste der Primär- und Sekundärwicklung sind auf die Sekundärseite bezogen und durch den Spannungsverlustfaktor F in Abhängigkeit von der Sekundärleistung der Darstellung in Bild 4.129 zu entnehmen.

Wicklung, Drahtdurchmesser, Stromdichte

Die Auslegung der Wicklung mit Ermittlung der Stromdichte und der Drahtstärke etc. ist in Kapitel 4.10.8 behandelt.

Die Tabellen 4.27 und 4.28 geben einen Überblick über gebräuchliche EI- und SM-Netztransformatoren und deren wichtige Daten.

Transformator mit Gleichrichtung und Kondensatorbelastung

Da ein ungesiebter pulsierender Gleichstrom für die meisten elektronischen Geräte nicht brauchbar ist, muß nach dem Gleichrichter ein Ladekondensator geschaltet werden. Hierbei fließt ein höherer effektiver Strom durch den Transformator, welcher bei der Dimensionierung berücksichtigt werden muß (siehe Kap. 4.3.2).

Die Brückengleichrichtung ermöglicht im Vergleich zu anderen Gleichrichterarten für den Transformator den besten Wirkungsgrad. Die Typenleistung für einen Transformator mit nachfolgender Brückengleichrichtung ergibt sich mit

$$P_{Typ} \approx 1{,}6 \cdot P_{Gl},$$

wobei P_{Gl} die gewünschte gleichgerichtete (geglättete) Leistung darstellt. In der Praxis bedeutet dies, daß der Transformator etwa um eine Typengröße größer

Tabelle 4.27 Transformatordaten für EI-Kerne (220 V ~ 50 Hz, 1,2 T)

Kern			E/I-Schnitte (abfallarm)							E/I-Schnitte							Einheit
			42	48	54	60	66	78	84		106		130		150		
Leistung	P	N_{sek}	3	5	10	15	20	35	50	80	100	175	230	280	350	450	550	VA
Pakethöhe		b	1,40	1,60	1,80	2,00	2,20	2,60	2,80	4,20	3,20	4,50	3,50	4,50	4,00	5,00	6,00	cm
Blech-zahl	$d_{Bl} = 0{,}50$ mm	z_{Bl}	26	30	33	37	40	48	51	77	59	82	66	84	73	91	110	Stck.
	$d_{Bl} = 0{,}35$ mm	z_{Bl}	37	42	47	52	58	68	73	109	84	117	94	120	104	130	156	Stck.
Kernquerschnitt		A_E	1,78	2,32	2,94	3,63	4,40	6,14	7,12	10,80	8,56	11,80	11,60	14,70	14,60	18,20	22,00	cm²
Eisenweglänge		l_{Fe}	8,40	9,60	10,80	12,00	13,20	15,60	16,80	16,80	21,80	21,80	27,00	27,00	31,00	31,00	31,00	cm
mittlere Windungs-länge		l_{m1}	7,06	8,02	9,34	10,30	11,26	13,17	14,13	14,93	14,60	17,20	17,70	19,70	21,30	23,30	25,30	cm
		l_{m2}	7,93	9,04	10,29	11,40	12,52	14,74	15,86	16,65	17,90	20,50	21,70	23,70	25,60	27,60	29,60	cm
		l_{m2}	8,79	10,06	11,23	12,50	13,77	16,31	17,59	18,38	21,50	23,80	25,70	27,70	30,00	32,00	44,00	cm
Wickellänge abs.		l_w	1,89	2,19	2,45	2,70	3,00	3,50	3,80	3,80	4,90	4,90	6,50	6,50	7,10	7,10	7,10	cm
Wickelhöhe abs.		h_w	0,54	0,64	0,72	0,81	0,91	1,11	1,21	1,21	2,17	2,17	2,65	2,65	3,05	3,05	3,05	cm
Verluste ≈ Näherungswert	Kupfer	P_{Cu}	1,50	2,00	1,80	2,30	2,80	4,20	4,50	8,00	9,00	12,00	14,00	17,00	18,00	19,00	21,00	W
	Dyn. Bl. III	P_E	0,42	0,58	0,88	1,20	1,50	2,60	3,20	4,80	4,80	6,20	8,10	10,40	11,80	15,10	18,00	W
	Dyn. Bl. IV	P_E	0,25	0,35	0,48	0,70	0,90	1,60	1,90	3,50	3,50	4,50	5,90	7,50	8,60	10,80	13,00	W
Gewicht	Kupfer	G_{Cu}	0,04	0,07	0,07	0,10	0,14	0,26	0,33	0,55	0,70	1,30	1,70	2,00	2,90	3,20	3,50	kg
	Dyn. Bl.	G_F	0,12	0,17	0,24	0,34	0,45	0,74	0,92	1,40	1,40	1,80	2,40	3,00	3,40	4,40	5,20	kg
Strom-dichte	$\vartheta = 60$ °C	i	6,00	5,80	5,20	4,60	4,20	4,00	3,60	3,40	3,20	3,00	2,20	2,10	1,80	1,70	1,60	A/mm²
Windungen/Volt		n	21,10	16,22	12,78	9,66	8,86	6,13	5,27	3,47	4,38	3,18	3,25	2,56	2,58	2,06	1,71	Wdg/V
Windungen	f. 220 V	N	4642	3568	2812	2125	1950	1349	1160	763	964	700	715	564	567	453	376	Wdg.
Drahtdurchmesser	f. 220 V	d_{Cu}	0,05	0,06	0,09	0,12	0,15	0,21	0,26	0,36	0,42	0,60	0,75	0,90	1,00	1,20	1,40	mm
Spannungsabfall		U_v	50	35	25	20	18	13	12	10	7,50	6,00	6,00	5,00	5,00	4,00	3,50	%
Wirkungsgrad		η	50	64	75	78	81	82	84	86	89	90	91	91	91	93	93	%
Leerlaufstrom ≈ 220 V		I_0	7	10	14	21	25	43	52	81	84	114	139	174	200	252	310	mA
Trafo-Oberfläche	≈	O_{Tr}	64	82	104	127	155	217	252	317	385	465	570	616	–	–	–	cm²

Tabelle 4.28 Daten für SM-Netztransformatoren (220 V/50 Hz)

Benennung / Typ		SM 30 a/7	SM 30 b/11	SM 42/15	SM 55/20	SM 65/27	SM 74/32	SM 85 a/35	SM 85 b/46	SM 102 a/36	SM 102 b/52	Einheit
Eisenquerschnitt eff.	A_E	0,45	0,77	1,48	2,94	4,76	6,54	9,1	13,15	10,8	16,0	cm^2
Eisenverlust	P_{VE}	0,04	0,06	0,18	0,46	0,9	1,4	2,2	3,7	3,1	4,7	W
Max. Leistung bei 15000 G	P_{sek}	0,42	1,06	6,4	19,2	41	75	113	225	189	290	VA
Ges. Verlustleistung	P_{VTr}	–	–	2,8	5,5	7,0	10,5	11,5	14,5	17	22	W
Windungen pro 1 V bei 15000 G	n	59	38	20,85	10,2	6,3	4,59	3,3	2,38	2,78	1,88	Wdg/1 V
Mittlere Windungslänge	L_{mit}	5,4	7,5	9	11,5	14	16,7	17,8	20	20,5	24	cm
Wirkungsgrad etwa	η	–	–	69	80	86	88	89	90	91	93	%
Mittl. Kraftlinienlänge	L_E	7,2	7,2	9,9	12,9	15,4	17,4	19,4	19,4	23,3	23,3	cm
Kerngewicht	G	0,025	0,04	0,114	0,3	0,53	0,83	1,26	1,6	1,86	2,8	kg
Innenwiderstands-Konstante	k_{Ri}	–	–	44,5	10	3,25	1,43	0,8	0,52	0,45	0,25	$\frac{\Omega}{V^2} \cdot 10^{-3}$
Kühlende Oberfläche des Trafos	O_{Tr}	30	38	75	135	195	265	320	395	445	535	cm^2

gewählt werden muß als ein Transformator für rein ohmsche Belastung (z.B. Glühlampe).

Beispiel 1

Welche Eisenverluste in W/kg sind bei Sinusbetrieb mit einer Frequenz von 100 Hz und einer Magnetisierung $B_M = 1{,}0$ T für Dynamoblech IV/0,35 zu erwarten?

Lösung aus Diagramm Bild 4.127 ca. 3 W/kg.

Beispiel 2

Welche Induktion B_M ist für Dyn Blech IV zu wählen bei einer Betriebsfrequenz $f = 400$ Hz für eine spezifische Kernverlustleistung von $P_{Fe} = 3$ W/kg?

Lösung aus Diagramm Bild 4.127 $B_M = 420$ mT.

Beispiel 3

Wie groß ist die spezifische Windungszahl n für einen Transformator nach Beispiel 2 mit einem Kernquerschnitt von $A_E = 10\ \text{cm}^2$ und für eine Betriebsfrequenz $f = 400$ Hz bei einer Magnetisierung von $B_M = 420$ mT?

Lösung aus Diagramm Bild 4.127a n/1 V = 1,3 Wdg/V
(Bei 50 Hz und $B_M = 1{,}2$ T und gleichem Kernquerschnitt $A_E = 10\ \text{cm}^2$ würden sich 3,7 Wdg/V ergeben.)

4.10.3 Ferrit-Werkstoffe

Vergleich von Blech- und Ferritwerkstoffen

Kernquerschnitt A_E und die Windungszahl N ist nach dem Induktionsgesetz mit dem Spitzenwert der Induktion B, der Frequenz f und der angelegten Rechteckspannung $\bar{U}$ verknüpft:

$$N \cdot A_E \sim \frac{\bar{U}}{B \cdot f}.$$

Um kleine Werte für N und A_E zu erhalten, ist bei gegebener Spannung $\bar{U}$ das Produkt $\hat{B} \cdot f$ möglichst groß zu wählen. Soll ein Transformator mit niedriger Frequenz, z.B. 50 Hz, betrieben werden, so müssen Blechkerne mit besonders hoher Sättigungsinduktion (kornorientiert) eingesetzt werden.

Transformatoren für Schaltnetzteile arbeiten mit Frequenzen von über 20 kHz. Würde man auch hierbei Blechkerne verwenden, so dürften die Bleche nicht stärker als einige hundertstel Millimeter sein, um die Wirbelstromverluste klein zu halten. Zweckmäßiger ist es, bei höheren Frequenzen Ferritkerne mit geringen Ummagnetisierungsverlusten einzusetzen, wobei deren hoher spezifischer Widerstand die Wirbelstromverluste klein hält.

Die gegenüber Dynamoblechen um den Faktor 1/4 kleinere Sättigungsinduktion kann bei hohen Frequenzen hingenommen werden, wie der folgende Vergleich zeigt:

▷ Dynamoblech (50-Hz-Netztransformator)

$$\hat{B} \cdot f = 1{,}5\ \mathrm{T} \cdot 50\ \mathrm{s}^{-1} = 75\ \mathrm{Ts}^{-1};$$

▷ Ferrit (Schaltnetzteil-Transformator, 30 kHz)

$$\hat{B} \cdot f = 0{,}3\ \mathrm{T} \cdot 30 \cdot 10^3\ \mathrm{s}^{-1} = 9000\ \mathrm{Ts}^{-1}.$$

Diese einfache Darstellung zeigt, daß sich der Kern- und Kupferaufwand durch den Übergang zu hohen Betriebsfrequenzen unter Verwendung von Ferritmaterial erheblich senken läßt.

Ferrit-Eigenschaften

Ferrite sind Mischkristalle bzw. Verbindungen aus Eisenoxid Fe_2O_3 und einem oder mehreren Oxiden zweiwertiger Metalle, wie z.B. NiO, MnO, MgO u.a. Der spezifische Widerstand kann bei 10^0 bis $10^5\ \Omega \cdot \mathrm{m}$ liegen gegenüber 10^{-7} bis $10^{-6}\ \Omega \cdot \mathrm{m}$ bei Metallen.

Ferrite sind beständig gegen hohe Luftfeuchte, Süß- und Seewasser.

Ferrit-Werkstoffe können ohne nennenswerte Veränderung folgender Strahlung ausgesetzt werden:

Gamma-Quanten:	10^9 rad
Schnelle Neutronen:	$2 \cdot 10^{20}$ Neutronen/m^2
Thermische Neutronen:	$2 \cdot 10^{22}$ Neutronen/m^2

Unter der vielfältigen Auswahl von Ferritwerkstoffen (Tab. 4.29) für unterschiedliche Anwendungen sind die Werkstoffe N27, N41, N47 und besonders der Werkstoff N67 für Leistungstransformatoren mit höheren Betriebsfrequenzen geeignet.

Das Ferritmaterial N67 kommt für den Einsatz im Frequenzbereich 50 kHz bis 500 kHz in Frage, da es etwa die halben spezifischen Kernverluste im Vergleich zu N27 besitzt. In der Tabelle 4.29 sind auch Kenndaten weiterer Kernwerkstoffe und die gängigen Bauformen zu entnehmen.

Ferrit-Werkstoff N 27

Der Ferrit-Werkstoff N 27 eignet sich für Transformatoren und Speicherdrosseln im Frequenzbereich 20 bis 100 kHz. Sowohl die Hysterese wie auch die Wirbelstromverluste sind klein. Zu beachten ist, daß die Aussteuerfähigkeit des Materials N 27 von 400 mT bei 20 °C auf etwa 320 mT bei 100 °C, also um etwa 20% sinkt (Bild 4.130); die Permeabilität μ_{tot} ändert sich nur unbedeutend mit der Temperatur.

Die spezifischen Kernverluste P_V des Ferrit-Materials N 27 abhängig von der Frequenz und der magnetischen Aussteuerung sind in Bild 4.131 wiedergegeben und auf mW/g bezogen. Die Verluste haben bei 60 bis 100 °C ein Minimum.

Manche Angaben beziehen sich auf mW/cm³. Diese auf das Volumen bezogenen Verluste P_{VVol} ergeben sich über das spezifische Gewicht mit etwa 4,8 g/cm³ zu

$$P_{VVol}\left(\frac{\text{mW}}{\text{cm}^3}\right) = 4{,}8\left(\frac{\text{g}}{\text{cm}^3}\right) \cdot P_V\left(\frac{\text{mW}}{\text{g}}\right).$$

Die hohe Curietemperatur > 220 °C und die verhältnismäßig hohe Sättigungsmagnetisierung bieten Gewähr für eine hohe „Amplitudenpermeabilität". Durch die niedere Remanenzinduktion ist der Induktionshub bis zur Sättigung hoch; dies ist besonders bei unipolarem Betrieb, wie in Eintakt-Sperr- und Durchflußwandlern, vorteilhaft.

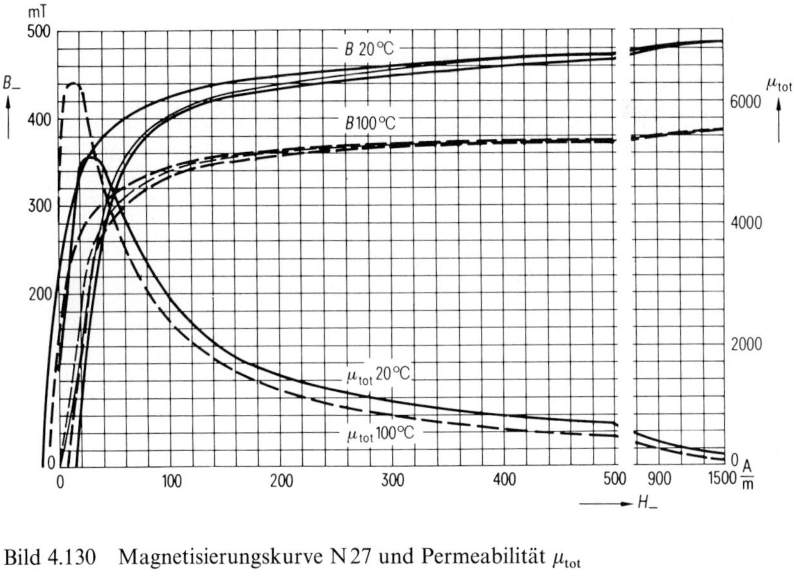

Bild 4.130 Magnetisierungskurve N 27 und Permeabilität μ_{tot}

Ferrit-Werkstoffe		K 1	M 33	N 27	N 30	N 41	N 47
Anfangspermeabilität		80 ±20%	750 ±20%	2000 ±20%	4300 ±20%	3000 ±20%	1400 ±20%
Günstigstes f_{min} Frequenzgebiet f_{max}	MHz MHz	1,5 12	0,2 1,0	0,01 0,15	– –	0,01 0,15	0,01 1,0
Bezog. Verlustfaktor f_{min} $\tan \delta/\mu$ f_{max}	10^{-6} 10^{-6}	< 40 < 100	< 12 < 20	– –	– –	– –	– –
Curietemperatur	°C	> 350	> 200	> 220	> 140	> 220	> 200
Koerzitivfeldstärke	A/m	500	100	20	13	20	35
Induktion $\hat{B}$ bei $\hat{H} = 3000$ A/m	mT	360	450	510	380	510	430
Spezifischer Gleichstromwiderstand ρ	Ωm	10^5	5	3	0,5	2	4
Hysteresematerial- konstante η_8	$\frac{10^{-6}}{mT}$	< 36	< 1,8	< 1,5	< 1,4	< 1,4	< 0,8
Bezogener Temperaturbeiwert α/μ_i bei 20 bis 55 °C bei 20 bis 5 °C bei 20 bis 25 °C	 10^{-6}/K 10^{-6}/K 10^{-6}/K	 2 bis 6 1 bis 6 1 bis 6	 0,5 bis 2,3 0,5 bis 2,5 0,5 bis 3,0	 3 – –	 – – –	 – – –	 – – –
Schwerpunkt von α/μ_i bei 20 bis 55 °C	10^{-6}/K	4	1,6	3	1	4	1
Desakkommodations- faktor DF bei 60 °C bei 20 °C	 10^{-6} 10^{-6}	 < 35 20	 < 12 8	 – –	 – –	 < 6 –	 – –
Dichte	kg/m³	4400	4500	4800	4800	4800	4700
Kernformen		RM, Schalen Zylinder Rohr Gewinde Ring Doppel- loch	Anten- nenstäbe	Schalen RM TT PM CC, EC E, ETD U Ring	RM, EP Schalen Q, X, TT Ring Doppel- loch	Schalen RM	Schalen RM

Tabelle 4.29 Ferrit-Werkstoffe

N 48	N 58	N 67	T 35	T 38
2000 ±20%	1300 ±20%	2300 ±25%	6000 ±20%	10000 ±30%
0,001 0,2	0,005 0,8	0,05 0,5	– –	– –
<0,5 <2,5	<1,6 <8	– –	– –	– –
>150	200	>220	>130	>130
20	45	18	6	4
390	420	505	380	380
1	3	4	0,2	0,1
<0,4	<0,5	<1,4	<1,4	<1,4
0,4 bis 1,0 0,4 bis 1,0 0,4 bis 1,5	0,5 bis 1,2 0,5 bis 1,2 0,3 bis 2,0	4 – –	– – –	– – –
0,7	0,9	4	0,7	0,5
<4 2	<6 –	– –	– –	– –
4700	4500	4800	4900	4900
RM, Schalen X TT Q EP		E, RM EC, ER ETD	RM, EP	RM, EP Schalen Q Ring

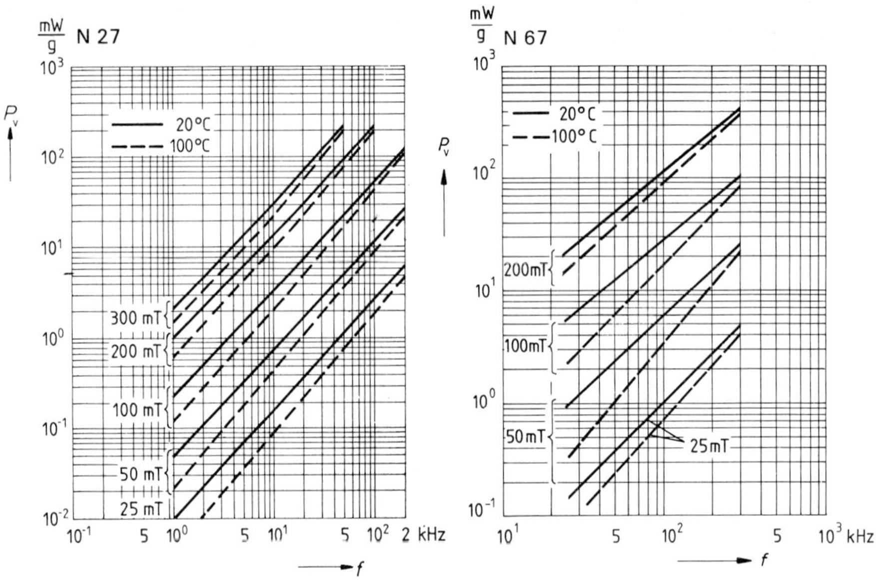

Bild 4.131
Gewichtsbezogene Verlustleistung P_V in Abhängigkeit von der Frequenz f, Temperatur als Parameter für die Kernmaterialien N 27 und N 67

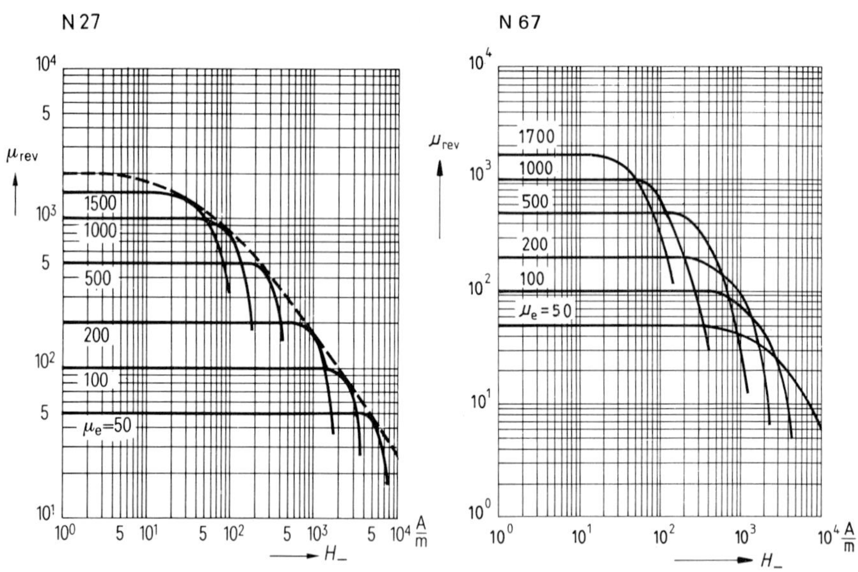

Bild 4.132
Gleichstrom-Vormagnetisierung $\mu_{rev} = f(H, \mu_e)$ für die Kernmaterialien N 27 und N 67

Für Kerne, die mit Gleichstromvormagnetisierung arbeiten, ist in Bild 4.132 die Abhängigkeit der reversiblen Permeabilität μ_{rev} von der vormagnetisierenden Gleichfeldstärke H_- wiedergegeben.

Ferrit-Werkstoffe N 41 und N 47

Das Ferritmaterial N41 ist aufgrund seiner hohen Permeabilität vor allem für Anwendungen mit Vormagnetisierung wie in Speicherdrosseln und Speicher-Übertragern gut geeignet. Der Einsatz ist bis etwa 150 kHz vorteilhaft.

Für Anwendungen bei Frequenzen von 200 kHz bis 1 MHz ist das Ferritmaterial N47 vorzuziehen, wenn keine großen Leistungen übertragen werden sollen. Bei Frequenzerhöhung nimmt die übertragbare Leistung etwa mit $\sqrt{f_2/f_1}$ zu, bzw. wenn man den jeweils günstigeren Werkstoff benutzt. Bei höheren Frequenzen und Aussteuerungen um 50 mT ist N47 verlustärmer, als N27 oder N41.

Ferrit-Werkstoff N 67

Der Werkstoff N67 ist ein Kernwerkstoff, dessen Ummagnetisierungsverluste im Hauptanwendungstemperaturbereich, 80 bis 100 °C, etwa die Hälfte der des Standardmaterials N27 betragen. Somit erscheint N67 für Frequenzen von 50 bis 500 kHz gut geeignet.

Die Curietemperatur liegt wie bei N27 bei 220 °C.

Die für N27 geltenden Grenzwerte für μ_a als Funktion der Induktion werden vom Werkstoff N67 für gepaarte Teile auch eingehalten.

In Tabelle 4.29 sind u.a. auch die Daten von N67 angegeben. Der spezifische elektrische Widerstand ist gegenüber N27 erhöht – eine wichtige Voraussetzung für einen möglichst geringen Anstieg der Verluste mit der Frequenz.

In Bild 4.131 sind die auf das Gewicht bezogenen Verlustleistungswerte (mW/g) in Abhängigkeit von der Frequenz f, der Induktion B und der Temperatur ϑ angegeben.

Mit dem Werkstoff N67 kann man bei gleichem Bauteilevolumen etwa 20% mehr Leistung übertragen. Mit dem Kern ETD 49 ist es möglich, bei einer Taktfrequenz von 100 kHz eine Leistung von etwa 600 W zu übertragen.

4.10.4 Ferrit-Kernformen und Daten

Für Übertragerleistungen von etwa 10 W bis 10 kW sind unterschiedliche Kernformen in Tabellenform mit den wichtigsten Daten [1] angegeben. Für das Ermitteln der übertragbaren Leistung ist die zulässige thermische Belastung als Gesamtverlustleistung P_V für $\vartheta_Ü \approx 30$ K und das Gewicht des Kernpaares angegeben.

[1] Weitere Daten sind Ferrit-Datenbüchern zu entnehmen.

Diese leichten Transformatoren können direkt auf Leiterplatten befestigt werden. Hierzu genügen die zahlreichen Lötstifte an den Spulenkörpern, die ausreichend kräftig ausgeführt sind.

Die neueren Kernformen besitzen runde wickelfreundliche Mittelschenkel; sie ermöglichen ein leichtes Aufbringen auch von dicken Drähten bzw. HF-Litzen.

Für große Leistungen sind UI- bzw. UU-Kerne vorgesehen, welche zu größeren Einheiten zusammengesetzt werden können. Hiermit sind Leistungen im kW-Bereich realisierbar.

Für die Funkentstörung mit stromkompensierten Drosseln und für Impuls-Treibertrafos etc. sind Ringkerne mit hohem μ_i aufgeführt.

E-, EF- und ER-Kerne

Kernformen (Bild 4.133) mit eckigem Querschnitt bieten sich für Übertrager mit einfachen Wicklungen an, bei denen dünnere Drähte (z.B. <0,5 mm) verwendet, ein kleinerer Füllfaktor und ggf. eine gewisse Streuinduktivität in Kauf genommen werden können.

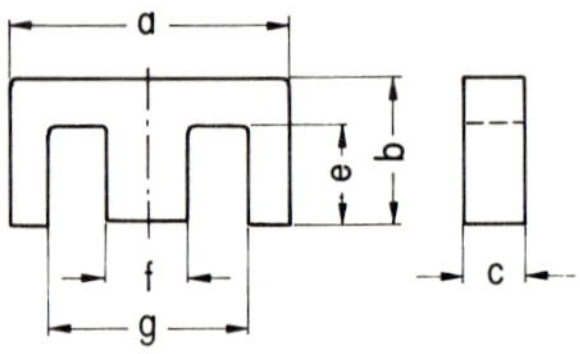

Bild 4.133 Abmessungen von E-Kernen

Tabelle 4.30 E-Kerne

Bauform	Abmessungen in mm						$P_{N(G)}$ [1] in W	$P_{V\,ges}$ [2] in W	G in g
	a	*b*	*c*	*e*	*f*	*g*			
EF 20/5,9	20,8	10,2	5,9	7,0	5,9	14,1	25	0,45	8,2
EF 25/7,5	25,8	12,8	7,5	8,7	7,5	17,5	45	0,7	16
E 30/7,5	30,8	15,2	7,3	9,7	7,2	19,5	65	0,9	22
E 42/15	43,0	21,2	15,2	14,8	12,2	29,5	200	2,3	88
E 42/20	43,0	21,2	20	14,8	12,2 ϕ	29,5	250	2,9	116
E 55/21	56,2	27,8	21	18,5	17,2 ϕ	37,5	400	5,1	216
ER 42/22/15	42	21,8	15	15,6	15	30	180	2,3	84
ER 48/21/21	48	21,2	21	14,7	18	38	270	3,1	130

[1] Richtwert für Gegentakt-Brückenbetrieb bei 25 kHz
[2] Trafo-Verlustleistung bei $\vartheta_{Ü} \approx 30$ K

In Tabelle 4.30 sind neben den Abmessungen das Kern-Satz-Gewicht *G*, die zulässige Verlustleistung, sowie die erzielbare Leistung für den Brückenbetrieb bei 25 kHz angegeben. Ferner wurden auch ER-Kerne mit rundem Mittelschenkel aufgenommen.

EC-Kerne

EC-Kerne sind E-Kerne mit rundem Mittelschenkel. Diese Kernform (Bild 4.134) eignet sich für Wicklungen mit dicken Drähten und Litzen.

Der runde Querschnitt ermöglicht gleichmäßige Lagen aufzubringen und ergibt einen guten Füllfaktor. Die Kerne bieten ferner viel Wickelraum und eine bequeme Herausführung der Drahtenden. Die große Wickelbreite begünstigt eine gute Kopplung zwischen den Wicklungen, so daß geringe Streuinduktivitäten erzielt werden. Die EC-Kerne kann man horizontal oder vertikal einbauen.

Tabelle 4.31 enthält u.a. die Nennleistung für den Brückenbetrieb $P_{N(G)}$ bei einer Taktfrequenz von 25 kHz und einer Übertemperatur von etwa 30 K. Sie enthält ferner die zulässige Verlustbelastung $P_{V_{ges}}$ und das Kern-Satz-Gewicht *G*.

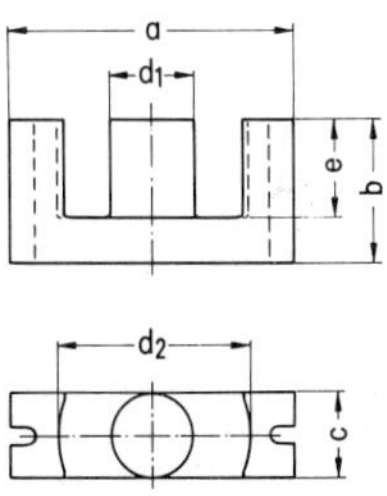

Bild 4.134 EC-Kern-Abmessungen

Tabelle 4.31 EC-Kerne

Bauform	Abmessungen in mm						$P_{N(G)}$ [1] in W	$P_{V_{ges}}$ [2] in W	*G* in g
	a	*b*	*c*	d_1	d_2	e_-			
EC 35	35,3	17,45	9,8	9,8	22,2	11,9	90	1,4	36
EC 41	41,6	19,65	11,9	11,9	26,3	13,5	130	1,9	52
EC 52	53,5	24,35	13,75	13,75	30,3	15,5	230	2,9	110
EC 70	71,7	34,65	16,8	16,8	43,3	22,3	470	5,2	252

[1] Richtwert für Brückenbetrieb bei 25 kHz
[2] Trafo-Verlustleistung bei $\vartheta_Ü \approx 30$ K

ETD-Kerne

Die ETD-(Economic Transformer Design-)Ferritkerne (Bild 4.135) sind in besonderem Maße den spezifischen Anforderungen von Schaltnetzteilen angepaßt (Tab. 4.32).

Je nach Betriebsfrequenz und Schaltung sind Leistungen bis etwa 1000 W übertragbar.

Die kompakte Bauform bietet eine gewichtsbezogen optimierte Leistungsübertragung. Die großen Fensteröffnungen werden unterschiedlichen Anforderungen gerecht.

Die beiden Kernhälften und der bewickelte Spulenkörper werden von zwei einrastenden Metallklammern zusammengehalten. Der Übertrager ist mit wenigen Handgriffen montierbar.

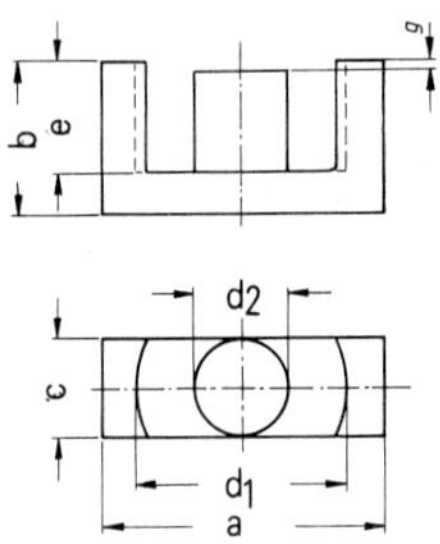

Bild 4.135 ETD-Kernabmessungen

Tabelle 4.32 ETD-Kerne

Bauform	Abmessungen in mm						$P_{N(G)}$ [1] in W	$P_{V\,ges}$ [2] in W	G in g
	a	b	c	d_1	d_2	e_{min}			
ETD 34/17/11	30,6	16	9,8	22	9,8	10,7	75	1,0	28
ETD 34/17/11	34,2	17,5	11,1	25,6	11,1	11,8	100	1,6	40
ETD 39/20/13	39,1	20	12,8	29,3	12,8	14,2	140	2,2	60
ETD 44/22/15	44,0	22,5	15,2	32,5	15,2	16,1	210	2,7	95
ETD 49/25/16	48,7	24,9	16,7	36,1	16,7	17,7	270	3,3	125

[1] Richtwert für Brückenbetrieb bei 25 kHz

[2] Trafo-Verlustleistung bei $\vartheta_{Ü} \approx 30$ K

RM- und PM-Kerne (Power Modul)

RM- und PM-Kerne (Bild 4.136) ermöglichen eine flache Bauweise; sie haben im Vergleich zu den EC-Kernen einen größeren Kernquerschnitt, aber einen kleineren Wickelquerschnitt.

Durch die großen Öffnungen im Mantel lassen sich mehrere Wicklungsenden auch für höhere Spannungen problemlos herausführen. Die geschlossene Kernform ergibt ein kleines magnetisches Störfeld. Die kompakte Kernform bietet Vorteile bei eventuellem Verguß. Die Transformatoren mit RM- und PM-Kernen (Tab. 4.33) zeichnen sich durch besonders gute Wirkungsgrade aus.

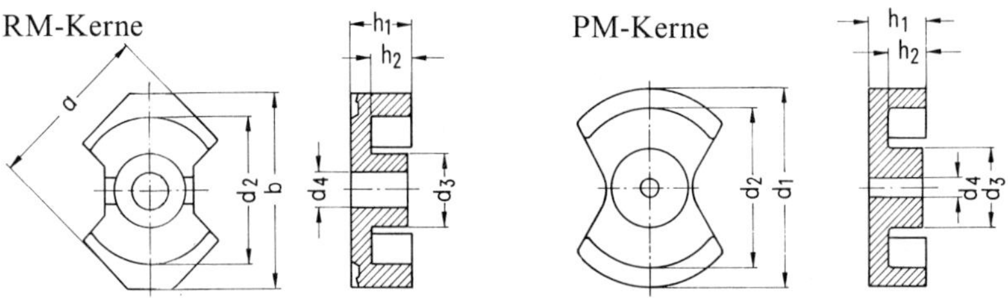

Bild 4.136 RM- bzw. PM-Kernmaße

Tabelle 4.33 RM- und PM-Kerne

Bauform	Abmessungen in mm							$P_{N(G)}$ [1] in W	P_{VTr} [2] in W	G in g
	a	b	d	d	d_3	h_1	h_2			
RM 8	19,7	23,2	–	17	8,55	8,25	5,4	40	0,6	13
RM 10	24,7	28,5	–	21,2	10,9	9,35	6,2	60	0,9	23
RM 12	29,8	37,4	–	25	12,8	11,8	8,4	110	1,3	42
RM 14	34,8	42,2	–	29	15	14,5	10,4	160	1,7	65
∅ 50 × 39	–	–	50	39	20	19,5	13,2	270	3	140
∅ 62 × 49	–	–	62	48,8	25,5	24,5	16,7	500	4,7	280
∅ 74 × 59	–	–	74	57,5	29,5	29,5	20,35	950	6,8	460
∅ 87 × 70	–	–	87	67,1	31,7	35,0	24,0	1300	10	770
∅ 114 × 93	–	–	114	88	43	46,5	31,5	2200	16	1940

[1] Richtwerte für Brückenbetrieb und 25 kHz

[2] Trafoverlustleistung bei $\vartheta_{Ü} \approx 30$ K

CC-Kerne

Die CC-Kerne eignen sich für Speicherdrosseln und Filterspulen.
Das glockenförmige Unterteil Bild 4.137 hat einen runden Mittelbutzen, der günstige Zylinderwicklungen ermöglicht.

Als Deckel dient eine Ferritscheibe mit zwei gegenüberliegenden Schlitzen zur Herausführung der Spulenanschlüsse.

Das Kernmittelloch kann zur Aufnahme eines Haltebolzens dienen, mit dem gleichzeitig der Deckel auf das Unterteil gepreßt wird.

Ein Luftspalt wird durch eine entsprechende Höhenabstufung des Mittelbutzens erreicht oder durch Beilage einer Isolierscheibe.

Tabelle 4.34 enthält neben magnetischen Daten und Wickeldaten Abmessungen.

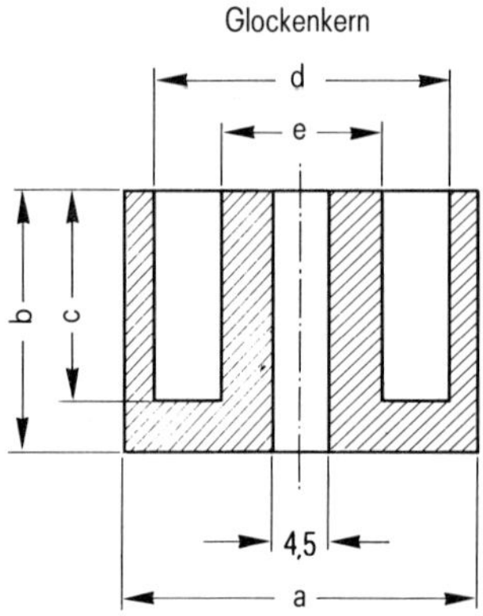

Bild 4.137 CC-Kernabmessungen

Tabelle 4.34 CC-Kerne

Bauform	Abmessungen in mm						Gewicht in g	P_{VTV} in W
	a	*b*	*c*	*d*	*e*	*f*		
CC 26	26	18,7	15,1	21,5	11,5	3	29	1
CC 36	36	26,5	22	30	17	3,9	80	2,3
CC 50	52	34	27	44	24	6,2	220	4,2

Bauform	Magnetische Daten				Wickeldaten		
	l_E in mm	A_E in mm²	Σ/A in mm^{-1}	V_E in mm³	A_N in mm²	l_N in mm	A_R in μΩ
CC 26	47,7	103	0,463	4906	50	54	37
CC 36	70,2	230	0,304	16170	97	76	27
CC 50	93,3	479	0,195	44730	190	110	20

UI- und UU-Kerne

Diese Kernformen werden für Übertrager im Brückenbetrieb bis in den Kilowattbereich verwendet. Aus den Bauformen U und I lassen sich unterschiedliche Kernformen aufbauen, z.B. UI, UU, EI. Der wirksame Querschnitt kann auf diese Weise einfach variiert werden.

Abmessungen und magnetische Kennwerte der UI- und UU-Kerne sind in Bild 4.138 und Tabelle 4.35 angegeben.

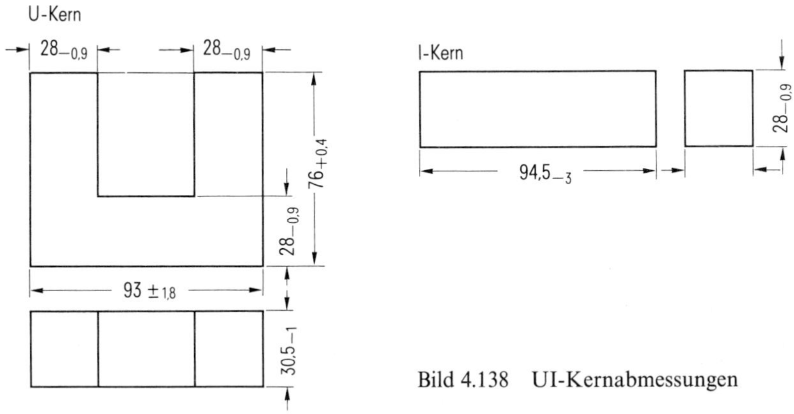

Bild 4.138 UI-Kernabmessungen

Tabelle 4.35 Abmessungen und magnetische Kennwerte der UI- und UU-Kerne

Typ	*a*	Spez. Gewicht	Eff. magn. Weglänge	Eff. magn. Querschnitt	Eff. magn. Volumen	Stückgewicht
	mm	g/cm³	l_E mm	A_E mm²	V_E mm³	*G* g
U-Kern U93/76/30 I -Kern I 93/28/30	30±0,6	4,8	–	–	–	–
U-Kern U93/76/16 I -Kern I 93/28/16	16±0,5	4,8	–	–	–	–
UU93/152/30 UI 93/104/30	–	–	345 259	826 826	285000 214000	1500 1100
UU93/152/16 UI 93/104/16	–	–	345 259	441 441	152000 114000	800 600

Ringkerne

Ringkerne werden für Impuls-, Breitband-, Symmetrier-, Leistungsübertrager und Drosseln verwendet.

Durch die hohe Permeabilität des magnetisch geschlossenen Kreises kann man große Induktivitäten bei kleinen Volumen erzielen.

Da Übertrager mit Ringkernen eine sehr geringe Streuinduktivität haben, werden sie häufig in Steuerstufen für Gegentaktschaltnetzteile eingesetzt. Sehr vorteilhaft verwendet man Ringkerne für stromkompensierte Funkentstördrosseln mit verhältnismäßig wenigen Windungen.

Tabelle 4.36 Ringkern-Daten

SIFERRIT-Werkstoffe	Anfangspermeabilität μ_i	Kerntyp	A_L-Wert in nH	A_L-Wert Toleranz
K 1[1]	80	R 4/1,6	13	±25%
		R 6,3/2,5	20	
		R 10/4	33	
M 33	750	R 4/1,6	123	±25%
		R 6,3/2,5	190	
		R 10/4	308	
N 47	1400	R 6,3/2,5	> 270	–
		R 10/4	> 430	
		R 12,5/5	> 540	
		R 16/6,3	> 670	
N 27	2000	R 12,5/5	> 770	–
		R 16/6,3	> 970	
		R 20/7	>1450	
		R 23/9	>1180	
		R 25/10	>1520	
		R 25/15	>2270	
		R 25/20	>3040	
		R 34/10	>1520	
		R 34/12,5	>1900	
N 30	4300	R 2,5/1	440	±25%
		R 4/1,6	710	
		R 6,3/2,5	1090	
		R 10/4	1760	
		R 12,5/5	2210	
N 30	4300	R 16/6,3	2770	±25%
		R 20/7	4100	
		R 23/9	3400	
		R 25/10	4600	
		R 25/15	7000	
		R 25/20	9400	
		R 34/10	4700	
		R 34/12,5	5300	
		R 42/12,5	5000	
		R 58/17,6	5400	
T 35	6000	R 2,5/1	620	±25%
		R 4/1,6	980	
		R 6,3/2,5	1520	
		R 10/4	2470	
		R 12,5/5	3080	
		R 16/6,3	3870	
		R 20/7	5800	
		R 23/9	4720	
		R 25/10	6100	
T 38	10000	R 2,5/1	1030	±30%
		R 4/1,6	1640	
		R 6,3/2,5	2540	
		R 10/4	4100	
		R 12,5/5	5130	
		R 16/6,3	6440	

[1] Bei der kunststoffbeschichteten Ausführung liegen die A_L-Werte um ca. 20% niedriger.

Tabelle 4.37 Übersicht Ferritkern-Daten

Kern-Typ	G in g	V_E in cm³	A_E in mm²	l_E in mm	l_E/A_E in mm⁻¹	A_N in mm²	A_R in µΩ	$l_{N\,mitt}$ in mm	b_W in mm	h_W in mm	S_{mitt} [3] in A/mm² [2]	O_{Tr} [4] in cm²	P_{VEopt} [3] in mW/g	P_{VTr} [2] in W
EF 16	4,5	0,75	20	37,6	1,87	22	52	34	9,5	2,5	6,0	9	34	0,3
EF 20	8,2	1,5	33,5	45	1,34	34	42	41	12	3	5,5	15	27	0,45
EF 25	16	3,0	52	57,5	1,1	56	32	52	15	4,5	5,0	24	22	0,7
EF 32	34	6,2	83	74	0,89	80	–	65	19	4,5	4,8	37	18	1,0
E 30/7	22	4,0	50	67	1,12	77	20	44	17	4,9	4,8	31	20	0,9
E 30/12 [1]	36	7,0	91	67	0,62	85	15	60	17	4,9	4,8	37	18	1,2
E 36/11 [1]	50	9,6	120	80	0,67	92	–	70	19	5	5,0	46	16	1,6
E 42/15	88	17,6	180	97	0,53	175	17	87	26	6,5	3,6	75	13	2,3
E 42/20	116	23,3	240	97	0,4	175	19	100	26	6,5	3,2	84	11	2,9
E 55/21	216	42,5	350	120	0,35	280	14	113	33	8,5	2,8	130	9,5	5,1
E 65/27 [1]	390	79,6	535	148	0,275	380	–	144	37	9,5	2,2	160	8,7	8,5
E 70/95	514	102	683	149	0,22	380	–	160	38	10	2,0	190	7,0	10,0
EC 35	36	6,5	66	77	0,92	97	19	53	21	5	5,2	44	19,5	1,4
EC 41	56	10,8	100	89	0,74	134	16	62	24	5,5	4,5	61	17	1,9
EC 52	110	18,8	134	105	0,58	212	12	74	28	7,5	3,8	92	13	2,9
EC 70	256	40,1	201	144	0,52	470	7	97	41	11,5	2,7	152	11	5,2
ER 42	84	16,8	170	99	0,58	140	18,8	67	26	5,5	3,6	73,5	13,5	2,3
ER 48	130	25,4	254	105	0,39	210	15	91	26	7,5	3,2	100	12	3,1
ETD 29	28	5,4	76	71	0,92	97	18,7	53	19,5	4,8	5,1	35	22	1,0
ETD 34	40	7,6	92	78,5	0,81	100	19	56	20,5	5	4,9	51	20	1,6
ETD 39	60	11,5	123	92	0,74	162	15	63	25,5	6,5	4,4	73	18,5	2,2
ETD 44	95	17,8	172	103	0,6	196	13	76	29	7	3,9	85	14	2,7
ETD 49	125	24,0	209	114	0,54	256	11	83	32,5	8	3,5	105	13	3,3
RM 8	13	2,4	55	38	0,6	30	47	42	9	3,4	5,4	17,9	20	0,6
RM 10	23	4,4	90	44	0,45	41	43	52	10	4	5,2	24,2	16	0,9
RM 12	42	8,0	125	57	0,4	73	29	61	15	5	4,9	39,5	14,4	1,3
RM 14	65	12,6	147	70	0,4	107	23	72	20	6	4,7	56	12,4	1,7
PM 50/39	140	29,6	280	87	0,26	154	21,6	97	22	7,5	2,8	102	10,8	3,0
PM 62/49	280	62,2	470	113	0,205	270	15,4	120	30	9,5	2,2	156	8,4	4,7
PM 74/59	460	98	630	133	0,18	442	10,9	140	37	12	1,8	226	7,4	6,8
PM 87/70	770	140	700	153	0,17	657	8,27	158	46	14	1,5	312	6,4	10,0
PM 114/93	1940	360	1380	208	0,12	1070	6,75	210	56	19	1,2	540	4,3	16,0

[1] Kerne von Fa. Vogt AG Erlau/Passau
[2] Richtwerte für $\Delta\vartheta \approx 30$ K
[3] Richtwerte für Gegentakt-Brückenbetrieb
[4] Oberfläche des bewickelten Transformators (etwa)

Übersicht-Ferritkern-Daten

Die Tabelle 4.37 gibt für ein weitreichendes Typenspektrum wesentliche magnetische und elektrische Daten wieder, welche zur Dimensionierung von SNT-Transformatoren und Drosseln wichtig sind.

Für das schnelle richtunggebende Ermitteln der Kerngröße und Magnetisierung für beliebige Leistungen und Betriebsfrequenzen wird das „Rhombusdiagramm" (Kap. 4.10.7) empfohlen.

4.10.5 Bemessungskriterien des getakteten Transformators

Nachstehend wird der SNT-Transformator näher behandelt; es werden Dimensionierungshinweise und Diagramme angegeben.

Die Induktivität als Spannungswandler

Bild 4.139 (oben) zeigt schematisch die Schaltung eines Eintakt-Spannungswandlers ohne Sekundärwicklung.

Prinzipiell wird die Induktivität während der Leitphase (t_1) des Transistors mit Energie geladen und in der Öffnungsphase bzw. umgepolten Phase (Rückschlag) (t_2) entladen.

Die Gesamtperiode der Schwingung ist $T = 1/f = t_1 + t_2$.

Beim Anlegen einer Spannung an eine Induktivität, entsteht ein entsprechend dem Induktionsgesetz $-U = \frac{\Delta i}{\Delta t} L$ sich ändernder Strom $\Delta i = \frac{-U \cdot \Delta t}{L}$.

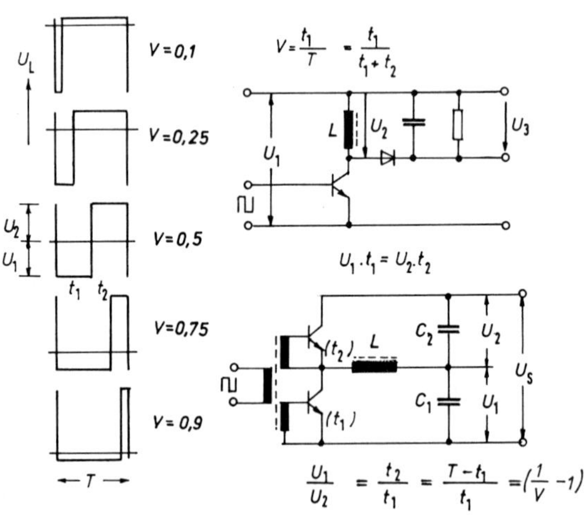

Bild 4.139
Spannungsverhältnisse an einer getakteten Induktivität.

Die Spannung während t_1 an der Drossel U_1 bedingt einen der Zeitkonstante $\tau = L/R$ entsprechend ansteigenden bzw. während t_2 abklingenden Strom, der jeweils nach t_1 bzw. t_2 seine Richtung ändert.

Die Stromänderungen sind als linear anzusehen, da $\tau \gg T$ ist. Die während t_1 eingespeiste Energie ist gleich der während t_2 entnommenen Energie

$$U_1 \cdot \Delta i_1 \cdot t_1 = U_2 \cdot \Delta i_2 \cdot t_2.$$

Da die Stromänderungen $\Delta i_1 = \Delta i_2$ gleich groß sind, sind auch die Spannungs-Zeitflächen $U_1 \cdot t_1 = U_2 \cdot t_2$ gleich groß. Daraus ergibt sich das Amplitudenverhältnis der Spannungen mit

$$\frac{U_1}{U_2} = \frac{t_2}{t_1} = \frac{T - t_1}{t_1}.$$

Wird das Tastverhältnis $V = t_1/T$ eingeführt, dann ist

$$\frac{U_1}{U_2} = \frac{T}{t_1} - 1 = \frac{1}{V} - 1.$$

Wahl des Tastverhältnisses

Das Tastverhältnis $V = \frac{t_1}{T} = \frac{t_1}{t_1 + t_2}$ bestimmt die Spannungsverhältnisse U_2/U_1 bzw. $(U_1 + U_2)/U_1$ bei sekundärer Gleichrichtung. Bild 4.140 ermöglicht die schnelle Ermittlung des Tastverhältnisses V bzw. die zu erwartenden Spannungsamplituden an einer Wicklung eines Sperr- oder Durchflußwandlers, aber auch eines asymmetrischen Gegentaktwandlers oder eines Drosselwandlers.

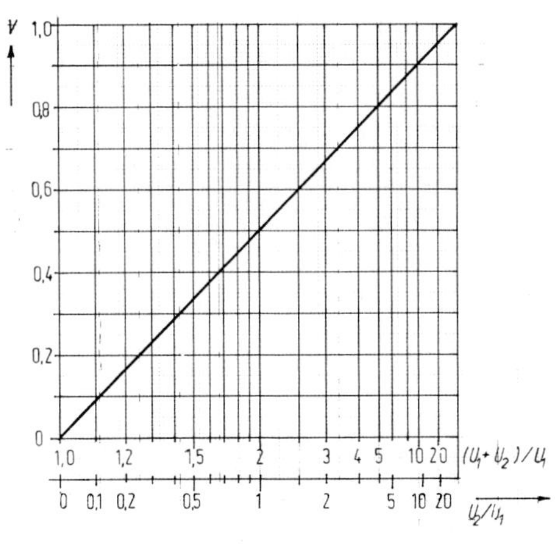

Bild 4.140
Spannungsverhältnisse als Funktion des Tastverhältnisses

Zu beachten ist, daß sich die positive wie die negative sekundäre Amplitude eines Treibertransformators über die Tastvariation stark ändert (Bild 4.139). Dabei kann sich die Aussteuerung des Endstufen-Transistors so ändern, daß diese nicht mehr ausreicht und zu dessen Zerstörung führt.

Beispiel 1

Für einen Sperr- oder Durchflußwandler mit einer Versorgungsgleichspannung $U_1 = 300$ V soll die Transistor-Betriebs-Sperrspannung 600 V nicht übersteigen, also $U_2 = 300$ V betragen. Dann ist das Verhältnis $(U_1 + U_2)/U_1 = 2$; dies ergibt aus dem Diagramm (Bild 4.134) ein Tastverhältnis $V = 0{,}5$. Überschwinger sind hierbei noch nicht berücksichtigt.

Beispiel 2

Für eine Ausgangsgleichspannung von $U_2 = 100$ V wird bei der Versorgungsspannung $U_1 = 12$ V ein Überhöhungsfaktor von $100/12 = 8{,}33$ erforderlich. Dafür ist nach Bild 4.140 ein Tastverhältnis von $V = 0{,}86$ zu wählen.

Beispiel 3

Bei einer Versorgungsspannung von $U_1 = 300$ V soll die Rückschlagspannung U_2 (bei Gleichrichtung) nur 100 V betragen. Damit ist $U_2/U_1 = 100/300 = 0{,}33$. Das Tastverhältnis hierzu beträgt dann $V = 0{,}25$.

Zu beachten ist, daß für Überschwinger – je nach Dämpfungsmaßnahmen 10 bis 25% mehr Sperrspannung für den Transistor anzusetzen ist. Auf die Sekundärseite bezogen ist das normale Wicklungsübersetzungsverhältnis wirksam.

Beispiel 4

Welche Spannung U_2 stellt sich an dem Brückenkondensator C_2 (Bild 4.139) in einer Halbbrückenschaltung ein, wenn diese am Transistor T1 mit einem Tastverhältnis $V = 0{,}2$ getaktet wird? Es ergibt sich nach Bild 4.140:

$$V = 0{,}2 \mathrel{\hat{=}} \frac{U_2}{U_1} = 0{,}25,\ \text{d.h.}\ U_1 = 4\,U_2 .$$

Überschwinger treten bei dieser Schaltung nahezu nicht auf.

Beispiel 5

Ein Tiefsetzer wird mit einem Tastverhältnis von $V = 0{,}1$ getaktet. Der Mittelwert der Impuls-Ausgangsspannung liegt dabei mit $U_2 = V \cdot U_1$ fest, d.i., $0{,}1 \cdot U_1$, also z.B. $50\ \text{V} \cdot 0{,}1 = 5$ V.

Wahl der Frequenz

Die Wahl einer geeigneten Frequenz wird von einigen Gegebenheiten beeinflußt. Prinzipiell wird bei gleicher Transformatorgröße die übertragbare Leistung bei höherer Frequenz größer. Hohe Frequenzen mit rechteckigen Spannungen ergeben aber bei der Funkentstörung beachtliche Schwierigkeiten. Die kritischen Bauelemente wie Halbleiter, Kondensatoren und Ferrite werden teurer. Die spezifischen Verlustleistungen von Ferritmaterialien und Volldrahtwicklungen werden größer und HF-Litzen sind erforderlich. Sollen die Entwicklungskosten und die Bauelemente-Kosten gering bleiben, dann ist zu empfehlen, daß die Betriebsfrequenzen nicht zu hoch angesetzt werden, obwohl die Tendenz zur Miniaturisierung mit zwangsläufig höheren Betriebsfrequenzen weiterhin besteht.

Im allgemeinen wird man bei kleinen Leistungen und kleinem Bau-Volumen höhere Frequenzen wählen ($\geqq 50$ kHz) und für die Übertragung großer Leistungen niedrigere Frequenzen ($\leqq 50$ kHz) ansetzen.

Für die Frequenzwahl können auch die Diagramme in Kap. 4.10.7 gute Dienste leisten.

Die Funkvorschriften zwingen besonders bei vollisolierten Geräten, bei denen keine Verbindung der Sekundärseite zur Primärseite, galvanisch oder auch kapazitiv zugelassen ist, zum Übergang auf niedrige Betriebsfrequenzen, weil nur damit die Y-Störungen einigermaßen reduziert werden können.

Magnetische Arbeitsbereiche

Die Bilder 4.141 a und b zeigen Hysteresekurven eines Trafokerns.

Bei unsymmetrischem Betrieb (a) wird das Kernmaterial nur nach einer Seite (unipolar) magnetisiert. Zu dieser Betriebsart gehören alle Eintakt-Sperr- und

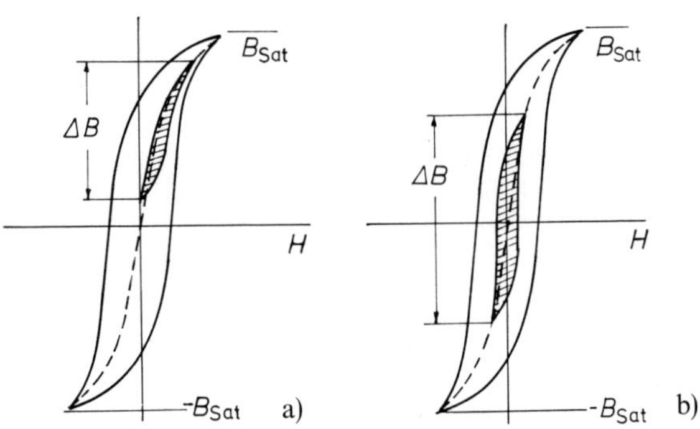

Bild 4.141
a) Unipolare Magnetisierung im Eintaktwandler
b) Bipolare Magnetisierung im Gegentaktwandler

Durchflußwandler. Hierbei kann maximal nur der halbe magnetische Aussteuerbereich ΔB genutzt werden.

Beim bipolaren Betrieb (b) wird der Kern nach beiden Magnetisierungs-Richtungen ausgesteuert, wie dies auch beim netzbetriebenen Transformator immer der Fall ist. Zu dieser Betriebsart gehören alle Transformatoren in Gegentakt-Schaltnetzteilen. Beim Gegentaktbetrieb ist der mögliche Induktionshub doppelt so groß wie beim Eintaktwandler, so daß theoretisch die doppelte Leistung übertragen werden kann. Die Ummagnetisierungsverluste sind aber entsprechend höher, so daß meist eine geringere Frequenz anzusetzen ist oder der magnetische Hub kleiner gewählt werden muß.

Bei Steuerung bis in die Sättigung wird die Induktivität des Transformators stark verringert – dabei wird der Magnetisierungsstrom stark ansteigen und verzerrt. Es kann zu Störungen in der Funktion der Schaltung und zur Überlastung des Schalttransistors kommen. Im Gegentaktbetrieb kann durch eine unsymmetrische Aussteuerung eine unzulässig hohe Gleichfeld-Vormagnetisierung im Transformator entstehen. Eine einfache Abhilfe schafft hier ein ausreichend großer Luftspalt bzw. das Herabsetzen der magnetischen Induktion.

Wahl der Induktion

Bei gleicher bipolarer Aussteuerung mit dem Induktionshub ΔB übertragen alle Kernformen bei gleichem Einbauvolumen (umschriebenes Bauteilvolumen) annähernd die gleiche Leistung. Bei gleichem Gewicht ist die übertragbare Leistung der E-Kerne etwas größer als die gedrungener schalenähnlicher Kernformen. Bei einseitiger Aussteuerung mit ΔB_{zul} übertragen die RM-Kerne bei gleichem Einbauvolumen im Mittel etwas mehr Leistung als die E-Kerne. Bei gleichem Gewicht jedoch sind hierbei alle Kernformen etwa gleichwertig.

Die übertragbare Leistung eines Transformators steigt i. allg. linear mit der Aussteuerung, d.h. mit dem Induktionshub ΔB. Daher wäre eine möglichst hohe Aussteuerung anzustreben; ihre Höhe ist jedoch abhängig von der zulässigen Erwärmung durch die Kernverluste, wenn $P_{\mathrm{VE}} \approx P_{\mathrm{VCu}}$ gewählt wird, oder von der noch zulässigen Induktion $\hat{B}_{\mathrm{zul}}$, wobei die Transformatorkernverluste $P_{\mathrm{VK}} \leqq P_{\mathrm{VCu}}$ sein können. Die Induktion $\hat{B}_{\mathrm{zul}}$ ist durch die Aussteuerungsgrenze bei hoher Temperatur (verminderte Hysterese-Sättigung) bestimmt.

Optimale Induktion B_{opt}

Als optimal gilt der Induktionshub ΔB, bei dem die zulässige Transformator-Übertemperatur mit einer Kernverlustleistung P_{VE} gleich der Wicklungsverlustleistung P_{VCu} erreicht wird. Bild 4.147 zeigt die übertragbare Leistung P über der optimalen Induktion ΔB_{opt} für Übertrager bei rechteckförmiger Wechselspannung, einer Übertemperatur $\vartheta_{\mathrm{Ü}} = 30$ K und einer Verlustdichte entsprechend dem Ferritmaterial N27 bei 100 °C, jedoch für den theoretischen Fall ohne Sättigungserscheinung. Parameter sind Kerngewicht und Frequenz.

Die Kernverluste verhalten sich nach der Formel

$$P_{\mathrm{VE}} = p_{\mathrm{vo}} \cdot \left(\frac{f}{f_0}\right)^m \cdot \left(\frac{\hat{B}}{\hat{B}_0}\right)^n,$$

worin $p_{\mathrm{vo}} = 2{,}3$ mW/g bei $f_0 = 10$ kHz und $\hat{B}_0 = 100$ mT, $m = 1{,}3$ und $n = 2{,}3$, entsprechend dem Ferritmaterial N27 eingesetzt sind.

Der Exponent n kennzeichnet die Abhängigkeit der Kernverluste von Material und Induktion – der Exponent m die Abhängigkeit von der Frequenz.

Bei großen Kernen und hohen Frequenzen sowie niedrigen Übertemperaturen und hohen Kernverlustdichten ergibt sich eine niedrige optimale Induktion. Bei kleinen Kernen und niedrigen Frequenzen sowie hohen Übertemperaturen und niedrigen Kernverlustdichten nimmt die optimale Induktion dagegen hohe Werte an, die jedoch nicht immer realisierbar sind wegen der gegebenen Aussteuergrenzen vom Ferritmaterial ($\hat{B}_{\mathrm{zul}}$).

Zulässige Induktion B_{zul}

Für das Übertragen möglichst großer Leistungen sollte die optimale Induktion B_{opt} gewählt werden; sie ist jedoch nicht immer zu erreichen. So ergibt sich z.B. nach Bild 4.147 für einen Kern mit einem Gewicht von 5 g bei einer Frequenz von 10 kHz ein ΔB_{opt} von 800 mT, also ein bei 100 °C bereits zu großer Wert. Die bei noch höheren Temperaturen (z.B. 130 °C) um $\approx 30\%$ niedriger liegende Sättigungsinduktion reduziert die Induktion B_{zul} entsprechend. Bei symmetrischer Aussteuerung liegt der Induktionshub ΔB_{zul} bei etwa 600 mT; bei einseitiger (unipolarer) Aussteuerung mit z.B. einem Verhältnis Remanenzinduktion zur zulässigen Induktion $B_{\mathrm{Rem}}/B_{\mathrm{zul}} = 0{,}3$ ergibt sich ein Induktionshub von $\Delta B_{\mathrm{zul}} \approx 200$ mT.

Bei bipolarer Aussteuerung kann i.allg. die optimale Induktion ΔB_{opt} bei $\leqq B_{\mathrm{zul}}$ und Frequenzen ab 20 kHz aufwärts und Kernen mit einem Gewicht von 5 g erreicht werden.

Bei unipolarer Aussteuerung liegt der zulässige Induktionshub $\Delta B_{\mathrm{zul}} = 200$ mT für Kerne mit einem Gewicht von etwa 70 g und einer Frequenz von 50 kHz noch unterhalb des optimalen Induktionshubes ΔB_{opt}.

Transformatorverlustleistung

Die Kernform übt einen Einfluß auf die übertragbare Leistung aus, indem sie bei vorgegebener Übertemperatur $\vartheta_{\mathrm{Ü}}$ nur eine bestimmte Gesamtverlustleistung P_{VTr} und damit einen Höchstwert für die Induktion und die Stromdichte zuläßt.

Dabei ist die Induktion mit den Kernverlusten P_{VE} und die Stromdichte S mit den Wicklungsverlusten $I^2 \cdot R$ gekoppelt.

In erster Näherung kann der Wärmewiderstand R_{th} umgekehrt proportional zur Übertrager-Oberfläche O angesetzt werden

$$R_{th} = \frac{\vartheta_Ü}{P_{VTr}} = \frac{1}{\alpha \cdot O}$$

mit der Wärmeübergangszahl $\alpha \approx 1\ \mathrm{mW/K \cdot cm^2}$.

Die Kernverluste setzen sich aus Hysterese- und Wirbelstromverlusten zusammen.

Die Wicklungsverluste bestehen aus Widerstandsverlusten des Cu-Drahtes und aus Wirbelstromverlusten im Cu-Draht und evtl. Skinverlusten. Die spezifischen Kernverluste p_{VE} sind für die Materialien N27 und N67 den Diagrammen Bild 4.131 zu entnehmen.

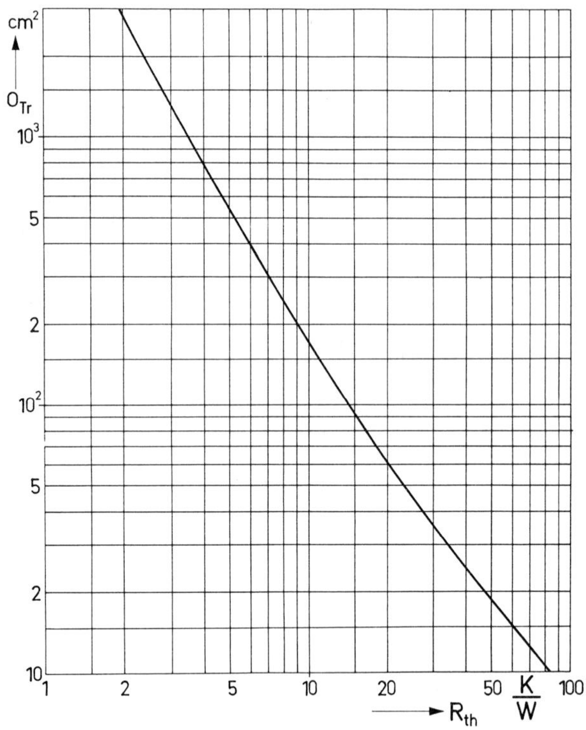

Bild 4.142
Thermischer Widerstand R_{th} als Funktion der gesamten Transformator- oder Drosseloberfläche O_{Tr}

An dieser Stelle wird darauf hingewiesen, daß beim Eintaktwandler wegen der einseitigen und geringeren Aussteuerung die Kernverluste geringer sind als die Hälfte der Verluste beim Gegentaktwandler.

Das Diagramm Bild 4.142 zeigt den Zusammenhang der Transformator- bzw. Drosseloberfläche und des thermischen Widerstandes R_{th}.

Beispiel

Ein Transformator mit einer Oberfläche von etwa 100 cm^2 besitzt einen thermischen Widerstand von etwa 14 K/W. Damit kann für eine Übertemperatur von 30 K eine Verlustleistung von $\approx$2,2 W zugelassen werden. Dies entspricht nach Tabelle 4.37 einem Kern ETD 39. Die so ermittelbaren Verlustleistungen sind grobe Richtwerte.

Die für einen Transformator zulässige Verlustleistung für eine bestimmte Übertemperatur ($\vartheta_Ü = 30$ K) kann auch auf das Kerngewicht bezogen werden, welches i. allg. schneller zu ermitteln ist als die Oberfläche eines Transformators. Für E-, RM- und PM-Kerne sind aus Bild 4.143 Wärmewiderstand und Verlustleistung zu entnehmen.

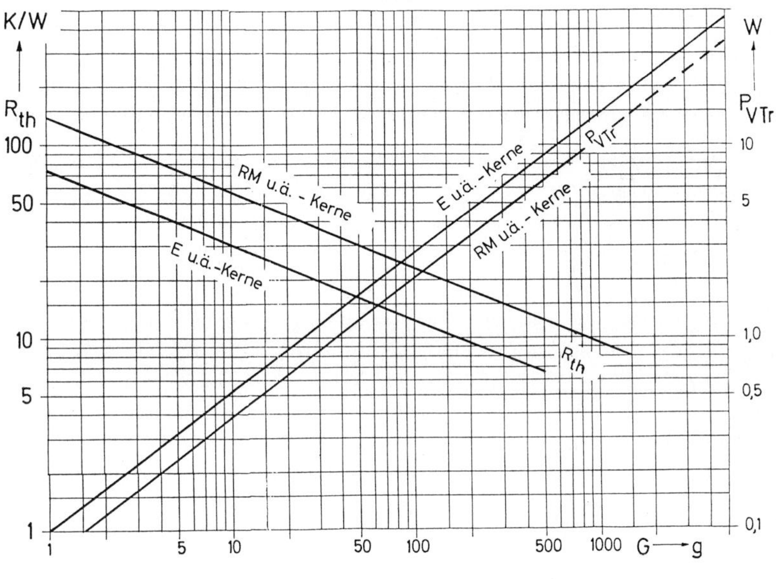

Bild 4.143
Wärmewiderstand und Verlustleistung für unterschiedliche Kerne

Wärmewiderstand bei Verguß des Transformators

Durch Vergießen eines Übertragers werden die inneren Wärmewiderstände verkleinert u. ggf. die Oberfläche vergrößert. Der urspüngliche Wärmewiderstand R_{th} läßt sich somit senken auf R'_{th}:

$$R'_{th} = k \cdot R_{th} = 0{,}5 \text{ bis } 0{,}7 \cdot R_{th}.$$

Die kleineren Werte k gelten für kleine Übertrager und kantige Formen.

Beispiel

Für einen Übertrager RM 14 mit einem Kerngewicht von 65 g beträgt die Gesamtverlustleistung $P_{VTr} = 1{,}6$ W.

Welche Übertemperatur ist ohne bzw. mit Verguß zu erwarten?

Lösung

R_{th} ohne Vergießen: 27 K/W;
R'_{th} mit Verguß: $0{,}7 \cdot 27 = 18{,}9$ K/W

Die übertragbare Leistung steigt hierbei um den Faktor 1,4.

Vergießen verbessert außerdem die Spannungsfestigkeit und kann schon aus diesem Grund nötig werden. Nachteilig ist die dabei steigende Primär-/Sekundär-Kapazität (Y-Funkstörung).

Transformator-Grenztemperatur

Nachdem Ferritkerne über 100 °C wieder ansteigende Verluste haben, sollte die Grenztemperatur nicht höher als 130 °C angesetzt werden. Für die Kupferwicklung ist etwa die gleiche Grenztemperatur zulässig (siehe Drahttabelle 4.42).

Die Temperatur der Wicklung eines Transformators oder einer Drossel wird im Innern, nahe am Kern, am höchsten sein; sie hängt ab von der Wickelhöhe und der eingearbeiteten Isolation. Die inneren Temperaturen sind i. allg. um 10 bis 20 K höher als die am Kern über dem Mittelschenkel gemessene Temperatur.

Geht man von einer inneren Wicklungsgrenztemperatur von 130 °C aus, dann ist eine außen zu messende Grenztemperatur von 110 °C anzunehmen. Bei einer Transformator-Übertemperatur von 30 K bedeutet dies eine max. zulässige stationäre Umgebungstemperatur von 80 °C. Bei einer Transformator-Umgebungstemperatur von 60 °C ergibt sich eine maximale Trafotemperatur von 90 °C, oder es ist eine höhere thermische Belastung des Transformators möglich, nämlich $\vartheta_{Ü} = 50$ K, wenn wieder die (innere) Grenztemperatur erreicht werden darf. Sie darf außerdem nur bei der Grenzbelastung (Überspannung und Verlust) zugelassen werden. Hier soll auch erwähnt sein, daß die Kupferverluste P_{VCu} bei einer Temperaturerhöhung um 100 K um den Faktor 1,4 ansteigen (Bild 4.156).

Wahl des Kerns

Für einen zu projektierenden Ferritkern-Übertrager die geeignete Größe, die beste Kernform, den günstigsten Ferritwerkstoff usw. aus dem bestehenden Angebot auszuwählen, ist mit Hilfe einer universell gültigen Formel nicht zu lösen.

Für die Dimensionierung können nämlich mannigfaltige Gesichtspunkte mitentscheidend sein, wie Leistung, Lastart, Spannung, Spannungs- und Stromform, Frequenz, Blindstromanteil, Verlustleistung, Wärmeableitung, Stromdichte, Induktion, Induktivität, Streuinduktivität, Gleichstromvormagnetisierung, Anschlüsse, Einbaulage, Funkstörung, VDE- und Fertigungs-Vorschriften.

Allgemeine Transformator-Gleichungen

Die Transformatorgleichungen sind entsprechend den Kurvenformen der zu übertragenden Spannungen unterschiedlich; sie beruhen aber alle auf der Grundgleichung

$$U = -N \cdot \frac{\mathrm{d}\Phi}{\mathrm{d}t}.$$

Für die drei wichtigsten Spannungsformen, nämlich Sinusspannung, zeitgleiche Rechteckspannung und zeitungleiche Impulsspannung sind die Formeln im einzelnen angegeben.

1. Transformatorgleichung für Sinusspannungen

$$U_{\mathrm{eff}} = 4{,}44\,\hat{B} \cdot A_{\mathrm{E}} \cdot N \cdot f \cdot 10^{-6}$$

oder mit ΔB dem ges. Induktionshub

$$U_{\mathrm{eff}} = 2{,}22\,\Delta B \cdot A_{\mathrm{E}} \cdot N \cdot f \cdot 10^{-6},$$

wobei $\hat{B}$ bzw. ΔB in T, A_{E} in mm^2, f in Hz und N in Windungen einzusetzen ist.

2. Transformatorgleichung für zeitgleiche Rechteckspannungen

Bei Rechteckspannungen tritt an die Stelle der Feldstärke H die Impulsmagnetisierung ΔH und anstelle der Induktion $\hat{B}$ der Induktionshub ΔB.

Für zeitgleiche Rechteckspannungen gilt damit die Gleichung

$$\bar{U} = 2\,\Delta B \cdot A_{\mathrm{E}} \cdot N \cdot f \cdot 10^{-6},$$

wobei $\bar{U}$ den positiven bzw. negativen horizontalen Dachwert in V, f die Frequenz in Hz, A_{E} den effektiven magnetischen Querschnitt in mm^2; ΔB den gesamten Induktionshub in T und N die Windungszahl bedeuten.

Für das rasche Dimensionieren eines SNT-Ferritransformators ist die Gleichung in Diagrammform Bild 4.144 wiedergegeben. Hierin ist die Spannung je Windung bei 1 cm² Kernquerschnitt in Abhängigkeit von der Frequenz f und dem Induktionshub ΔB angegeben.

3. *Transformatorgleichung für zeitungleiche Impulsspannung mit den Amplituden $\bar{U}_1$ und $\bar{U}_2$*

Die positive Amplitude sei z.B. $\bar{U}_1$ und die negative $\bar{U}_2$:

$$\bar{U}_1 = \Delta B \cdot A_E \cdot \frac{1}{t_1} \cdot N \cdot 10^{-6};$$

$$\bar{U}_2 = \Delta B \cdot A_E \cdot \frac{1}{t_2} \cdot N \cdot 10^{-6}.$$

t_1 Einschaltzeit des Transistors in s
t_2 Ausschaltzeit des Transistors in s

$$t_1 + t_2 = T = \frac{1}{f}$$

ΔB in T
A_E in mm²
N Windungszahl
f Frequenz

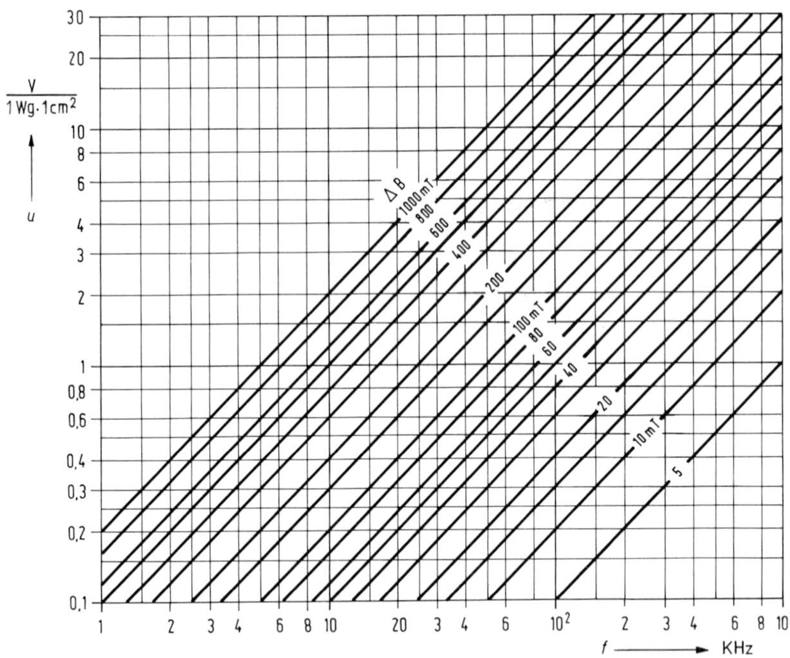

Bild 4.144
Transformator-Diagramm für Rechteckspannungen u je Wdg. bei 1 cm² Kernquerschnitt, abhängig von f und ΔB

Diese Gleichungen gelten im Prinzip für Transformatoren mit und ohne Vormagnetisierung, solange die Wechselmagnetisierung nicht in den Sättigungsbereich gelangt.

Für die Dimensionierung reicht es jedoch, nur eine der beiden Gleichungen heranzuziehen, weil sich die Ein-/Aus-Zeiten umgekehrt zu den Spannungen verhalten und somit beide Gleichungen das gleiche Ergebnis bringen.

Es verhalten sich also $\frac{t_1}{t_2} = \frac{U_2}{U_1}$.

Das normierte Transformatordiagramm Bild 4.144 ist für den bipolaren und unipolaren Rechteckbetrieb gültig. Für den Sinusbetrieb ist mit $U_{\text{eff}} = 1{,}11\,\bar{U}$ zu rechnen, wenn für $\Delta B = 2\hat{B}$ gesetzt wird; d.h. bei Sinusspannungen ergeben sich um 11% höhere Werte für die Ordinate.

4.10.6 Bemessung getakteter Transformatoren

Leistungstransformatoren für den Gegentaktbetrieb, den Eintakt-Durchfluß- oder Sperrbetrieb können im Prinzip gleich behandelt werden.

Die Erweiterung der Rechteck-Transformatorgleichung

$$\bar{U} = 2 \cdot \Delta B \cdot A_E \cdot f \cdot N \cdot 10^{-6}\ \text{V} \tag{1}$$

mit dem Strom I ergibt die übertragbare Leisung P_{Tr} mit einem Korrekturfaktor C für die unterschiedlichen Betriebsarten

$$P_{Tr} = U \cdot I = C \cdot 2 \cdot \Delta B \cdot A_E \cdot I \cdot N \cdot 10^{-6}. \tag{2}$$

Die Windungszahl N der Primärwicklung belegt im Transformator etwa den halben Wickelraum. Der Cu-Füllfaktor ist vom Drahtquerschnitt q_{Dr} und der Drahtart (Voll- oder Litzendraht) abhängig; er wird hier mit $f_{Cu} = 0{,}4$ angenommen. Daraus ergibt sich die Windungszahl

$$N = \frac{A_N}{2} \cdot \frac{f_{Cu}}{q_{Dr}} = \frac{A_N}{2} \cdot \frac{0{,}4}{q_{Dr}} = \frac{A_N}{5 q_{Dr}}. \tag{3}$$

In die Leistungsformel (2) eingebracht, ergibt sich

$$P_{Tr} = C 2 \cdot \Delta B \cdot A_E \cdot f \cdot \frac{A_N \cdot f_{Cu}}{2} \cdot \frac{I}{q_{Dr}} \cdot 10^{-6}; \tag{4}$$

$$P_{Tr} = C \cdot \Delta B \cdot f \cdot A_E \cdot A_N \cdot f_{Cu} \cdot S \cdot 10^{-6}\ \text{W}. \tag{5}$$

ΔB Gesamthub in T,
A_E Eisenquerschnitt in mm^2,
A_N Wicklungsquerschnitt gesamt in mm^2,
f Frequenz in Hz,
S Stromdichte in A/qmm,
f_{Cu} Kupferfüllfaktor $= 0{,}4$.

Wird die Frequenz in kHz und die Magnetisierung ΔB in mT angegeben, dann ändert sich die Transformatorgleichung (5) nicht.

Beispiel

Welche Leistung ist bei Gegentakt-Brückenbetrieb mit dem Kern EC 70 bei $f = 20$ kHz, $\Delta B = 230$ mT, Cu-Füllfaktor $f_{\mathrm{Cu}} = 0{,}4$, Stromdichte $S = 2{,}7$ A/mm², Wickelquerschnitt $A_{\mathrm{N}} = 470$ mm² und Eisenquerschnitt $A_{\mathrm{E}} = 201$ mm² erzielbar?

Lösung

$P_{\mathrm{Tr}} = 1 \cdot 20 \cdot 230 \cdot 2{,}7 \cdot 0{,}4 \cdot 470 \cdot 201 \cdot 10^{-6} \approx 470$ W

Formel (4) vernachlässigt die Spannungsabfälle an den Wicklungswiderständen, Streuinduktivitäten sowie den Magnetisierungsstrom. Die Konstante C berücksichtigt die Betriebsart. In der Praxis ergeben sich die nachstehenden Werte.

$C = 1$ im Gegentaktdurchflußbetrieb (Brückenschaltungen),
$C = 0{,}4$ bis 0,67
mit $V = 0{,}5$; für den Eintaktdurchflußbetrieb [1];
$C = 0{,}35$ bis 0,63
mit $V = 0{,}5$ für den Eintakt-Speicherbetrieb [1].

Für den Induktionshub ΔB gibt es zwei Arten von Begrenzungen, einmal durch die zulässige Erwärmung $\Delta \vartheta_{\mathrm{Fe}}$ des Kerns infolge von Kernverlusten, zum anderen durch materialbedingte Sättigungserscheinungen. Im ersten Fall gilt

$$\Delta B = C_{\mathrm{B}} \sqrt[n]{\frac{\Delta \vartheta_{\mathrm{Fe}}}{V_{\mathrm{e}} R_{\mathrm{th}}}} \tag{6}$$

mit der Konstanten C_{B} und dem Exponenten n, die relevante Eigenschaften des Kernmaterials beschreiben, dem effektiven magnetischen Volumen V_{e} und dem Wärmewiderstand R_{th} des Bauteils.

Stellt p_{Feo} die auf das Gewicht bezogenen Ferritverluste bei Sinusspannung, der Frequenz f_0 und dem Induktionshub ΔB_0 dar, so gilt angenähert für die Kernverluste P_{Fe} bei Rechteckspannung, einer anderen Frequenz f und einem anderen Induktionshub ΔB

$$P_{\mathrm{Fe}} = p_{\mathrm{Feo}} \cdot \left(\frac{f}{f_0}\right)^m \cdot \left(\frac{\Delta B}{\Delta B_0}\right)^n \cdot V_{\mathrm{e}} \cdot \gamma \cdot r \tag{7}$$

mit den Exponenten m der Frequenz- und n der Induktionsabhängigkeit, ($m \approx 1{,}3$; $n \approx 2{,}3$ bei Ferrit), der Ferritdichte $\gamma (= 4{,}8$ g/cm³ bei N27) und $r = 0{,}8$.

---

[1] Die größeren Werte sind den größeren Kernen zuzuordnen.

Die Kernverluste betragen jedoch auch

$$P_{\mathrm{Fe}}=\frac{\Delta \vartheta_{\mathrm{Fe}}}{R_{\mathrm{th}}} \tag{8}$$

Aus den Gleichungen (7) und (8) ergibt sich

$$\Delta B=\Delta B_0 \sqrt[n]{\frac{f_0^{\mathrm{m}}\cdot \Delta \vartheta_{\mathrm{Fe}}}{p_{\mathrm{Feo}}\cdot f^{\mathrm{m}}\cdot \gamma \cdot r\cdot V_{\mathrm{e}}\cdot R_{\mathrm{th}}}} \quad \text{oder} \tag{9}$$

$$\Delta B=C_{\mathrm{B}} \sqrt[n]{\frac{\Delta \vartheta_{\mathrm{Fe}}}{V_{\mathrm{e}}\cdot R_{\mathrm{th}}}} \quad \text{mit} \tag{10}$$

$$C_{\mathrm{B}}=\Delta B_0 \sqrt[n]{\frac{f_0^{\mathrm{m}}}{p_{\mathrm{Feo}}\cdot f^{\mathrm{m}}\cdot \gamma \cdot r}}. \tag{11}$$

Der Einfluß der unsymmetrischen Magnetisierung bei Eintaktbetrieb auf die Kernverluste ist unter der Voraussetzung mäßiger Magnetisierungen ohne störende Sättigungserscheinungen vernachlässigt.

Ergibt sich nach Gleichung (6) ein zu hoher Induktionshub, vor allem bei kleinen Ferritkernen, dann gilt der zweite Fall, daß ΔB auf einen material- und anwendungsspezifischen Wert ΔB_{zul} zu begrenzen ist.

Dabei ist zu beachten, daß in einem Kern mit ungleichen Querschnitten die Induktion nach dem kleinsten Querschnitt Δ_{Emin} bemessen werden muß, weil sie hier wegen der Flußzusammendrängung am höchsten ist. Außerdem ist die Verringerung von B_{sat} bei hohen Kerntemperaturen zu berücksichtigen. Es gilt dann

$$\Delta B=\Delta B_{\mathrm{zul}}\frac{A_{\mathrm{Emin}}}{A_{\mathrm{E}}}\cdot\frac{B_{\mathrm{sat}\ \vartheta_{\max}}}{B_{\mathrm{sat}\ 20\,^{\circ}\mathrm{C}}} \tag{12}$$

Der kleinere der nach den Gleichungen (10) und (12) ermittelten Induktionshübe stellt den für Gleichung (5) gesuchten Induktionshub ΔB dar.

Die Stromdichte S wird durch Erwärmung der Wicklung infolge von Kupferverlusten begrenzt. Wenn hier $\Delta \vartheta_{\mathrm{Cu}}$ die zulässige Übertemperatur ist, gilt

$$S=\sqrt{\frac{\Delta \vartheta_{\mathrm{Cu}}}{\rho \cdot f_{\mathrm{Cu}}\cdot V_{\mathrm{N}}\cdot R_{\mathrm{th}}}} \tag{13}$$

mit dem spezifischen Widerstand ρ des Kupfers und dem Wickelvolumen V_{N}.

Die Stromdichte

$$S=\frac{\Sigma I\cdot N}{A_{\mathrm{N}}\cdot f_{\mathrm{Cu}}} \tag{14}$$

wird begrenzt durch die vorgegebene Übertemperatur $\Delta\vartheta_{Cu}$ (Erwärmung infolge von Kupferverlusten), es gilt

$$P_{Cu} = (\Sigma IN)^2 \cdot A_R = \frac{\Delta\vartheta_{Cu}}{R_{th}} \tag{15}$$

Darin ist ΣIN die Gesamtdurchflutung. Mit dem Widerstandsfaktor

$$A_R = \frac{\rho \cdot l_N^2}{f_{Cu} \cdot V_N} \tag{16}$$

erhält man aus den Gleichungen (12) und (13)

$$S = \sqrt{\frac{\Delta\vartheta_{Cu}}{\rho \cdot f_{Cu} \cdot V_N \cdot R_{th}}} \tag{17}$$

Um eine maximale Leistungsübertragung zu erhalten, teilt man die zulässige Übertemperatur im allgemeinen in zwei gleich große Teile: in die Übertemperatur $\Delta\vartheta_{Fe}$ der Kernverluste und $\Delta\vartheta_{Cu}$ der Kupferverluste. Eine höhere Erwärmung durch Kupferverluste $\Delta\vartheta_{Cu\,2}$ wird man dann zulassen, wenn zu hohe Induktionshübe ΔB nach Gleichung (10) auf kleinere Hübe ΔB_2 nach Gleichung (12) begrenzt werden müssen und die Übertemperatur $\Delta\vartheta_{Fe}$ dadurch wesentlich kleiner wird (Abnahme mit der n-ten Potenz der Induktion). Man korrigiert nach folgender Formel:

$$\Delta\vartheta_{Cu\,2} = \Delta\vartheta_{Cu} + \left[1 - \left(\frac{\Delta B_2}{\Delta B}\right)^n\right] \Delta\vartheta_{Fe} \tag{18}$$

und erhält mit $\Delta\vartheta_{Cu\,2}$ in (17) höhere Stromdichten und Leistungen.

Die übertragbaren Leistungen P nach Gleichung (4) stellen aufgrund der angegebenen Vernachlässigungen maximal erreichbare Werte für die genannten Bedingungen dar. Rechnet man jedoch zum Ausgleich mit ungünstigsten Wärmewiderständen R_{th} (d.i. bei freier Konvektion, ohne Kühlkörper und Verguß), erhält man Werte für die übertragbaren Leistungen, wie sie sich für den „Modelltransformator" und etwa 25 kHz als realisierbar erwiesen haben (Bild 4.145).

Zur Berechnung des Wärmewiderstands R_{th} gilt näherungsweise

$$R_{th} = \frac{1}{A} \cdot \left(\frac{1}{\alpha} + \frac{d}{\lambda}\right) \tag{19}$$

A Oberfläche des Bauteils
d kleinste Totalabmessung des Bauteils
α Maß für den Wärmeübergang an der Oberfläche
λ Maß für die Wärmeleitung im Innern des Bauteils

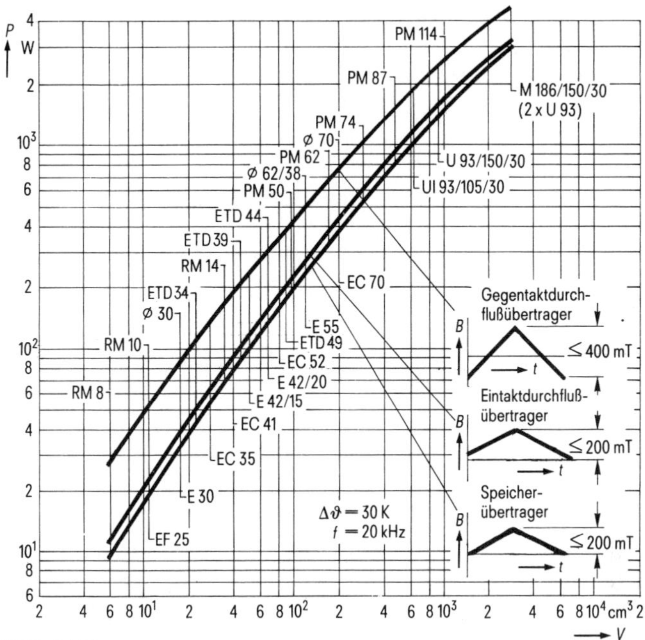

Bild 4.145
Übertragbare Leistung P_{max} als Funktion des Transformatorvolumens V und einer Betriebsfrequenz von etwa 25 kHz.

Tabelle 4.38
Kenngrößen von Leistungsübertragern mit Rechteckspannungen
Windungsspannung U/N, Effektivstrom I, Spitzenstrom $\hat{I}$, Feldstärke $\hat{H}$, Permeabilität μ_e, Tastverhältnis $V = t_1 \cdot f$

			$I = \frac{A_N \cdot f_{Cu} \cdot S^*}{2N}$		
	$\frac{U_1}{N_1}$	$\frac{U_2}{N_2}$	$\hat{I}$	$\hat{H}$	μ_e
Gegentaktdurchflußübertrager	$2f \cdot A_e \cdot \Delta B$		I	–	–
Eintaktdurchflußübertrager	$\frac{f \cdot A_e \cdot \Delta B}{V}$		$\frac{I}{\sqrt{V}}$	–	–
Speicherübertrager	$\frac{f \cdot A_e \cdot \Delta B}{V}$	$\frac{f \cdot A_e \cdot \Delta B}{1 - V}$	$\sqrt{6} \cdot I$	$\frac{\sqrt{6} \cdot I \cdot N^{**}}{l_e}$	$\frac{\Delta B}{\mu_0 \cdot \hat{H}}$

* gilt für Übertrager mit je einer Primär- und Sekundärwicklung des Querschnitts $A_N/2$. Teilen sich mehrere Wicklungen in diesen Querschnitten, so ist jeweils nur der anteilige Querschnitt einzusetzen.

** Hier ist über sämtliche primären oder sekundären Amperewindungen IN zu summieren.

Bei freier Konvektion, ohne Kühlkörper und Verguß kann im allgemeinen eingesetzt werden $\alpha = 0{,}029 \cdot 10^{-3}$ W K^{-1} mm^{-2} und $\lambda = 0{,}35 \cdot 10^{-3}$ W K^{-1} mm^{-1}.
Den Berechnungen liegen weiter folgende Daten zugrunde:
$C_B = 24{,}6$; $n = 2{,}3$; $\rho = 21$ μΩmm für Kupfer; $f_{Cu} = 0{,}4$.

Mit dem Induktionshub ΔB und der Stromdichte S sind auch die Windungszahlen N für gegebene Spannungen U und Tastverhältnisse V bzw. die effektive Permeabilität μ_e für die bei Speicherübertragern erforderliche Scherung über einfache Beziehungen festgelegt (Tabelle 4.38).

Die in Bild 4.145 angegebenen Daten sind auf eine Betriebsfrequenz von etwa 25 kHz und auf das umschlossene Transformatorvolumen bezogen, das ist ein Quader, der den Kern und die Wicklung ohne die Anschlüsse umschließt. Die Transformatoren haben nur eine Primär- und eine Sekundärwicklung (Kernmaterial N27).
Aus Bild 4.146 sind die maximal übertragbaren Leistungen von RM-Kernen aus N 67 bei etwa 300 und 600 kHz zu entnehmen.

Die aus den Diagrammen ablesbaren Leistungen sind als maximal erzielbare Leistungen anzusehen, welche ggf. durch Vorschriften besonders bei kleinen Transformatoren nicht erreicht werden können. Die Transformatorübertemperatur $\vartheta_Ü$ bei der betreffenden Leistung ist mit etwa 30 K angesetzt.

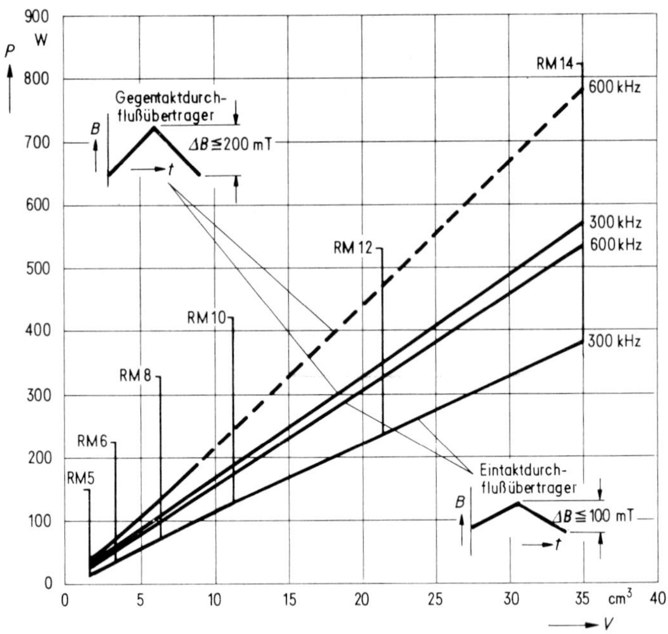

Bild 4.146
Übertragbare Leistung P (Richtwerte) in Abhängigkeit vom Bauteilvolumen V von Übertragern mit RM-Kernen aus N67.

4.10.7 Ermittlung der Kerngröße für Transformator und Drossel

Mit der Transformatorformel (5) in Kap. 4.10.6 ist das Berechnen der übertragbaren Leistung eines bestimmten Ferritkernes möglich, wenn die einzelnen Faktoren, wie Kernquerschnitt A_E, Wicklungsquerschnitt A_N, Frequenz f, der Induktionshub ΔB, Kupferfüllfaktor f_{Cu} und die Stromdichte S bekannt bzw.

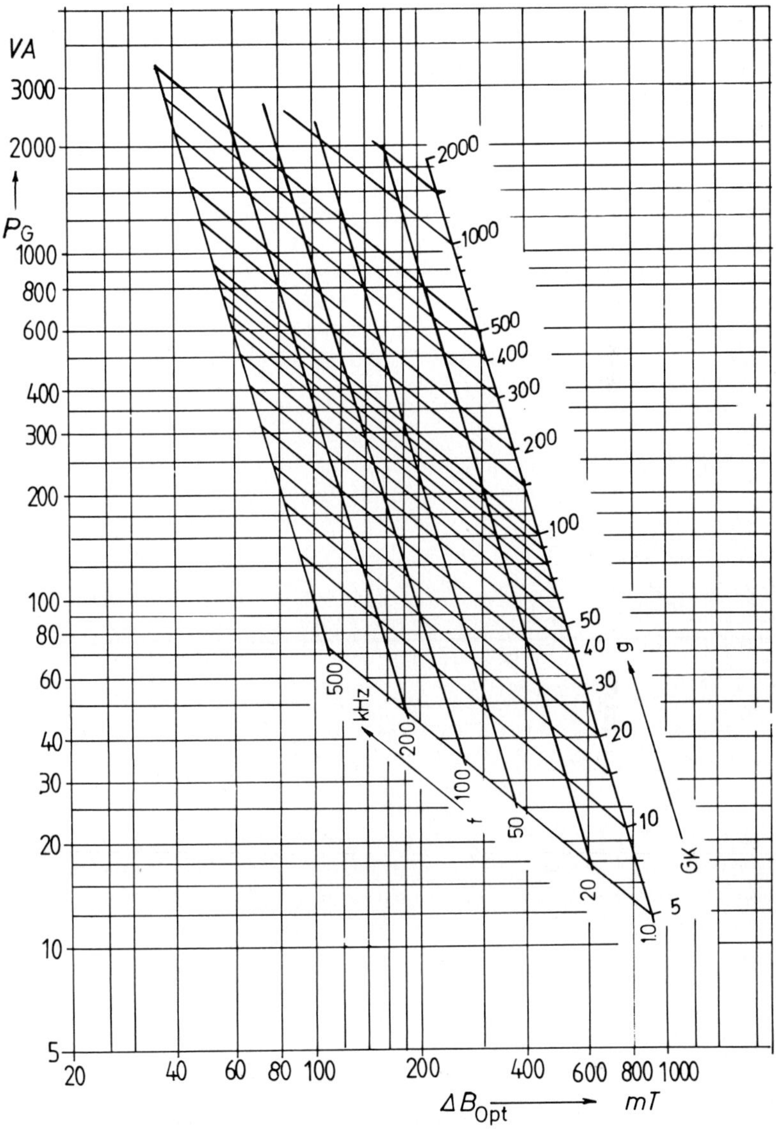

Bild 4.147 Rhombusdiagramm $G_K = f(P_G, f, \Delta B_{opt})$

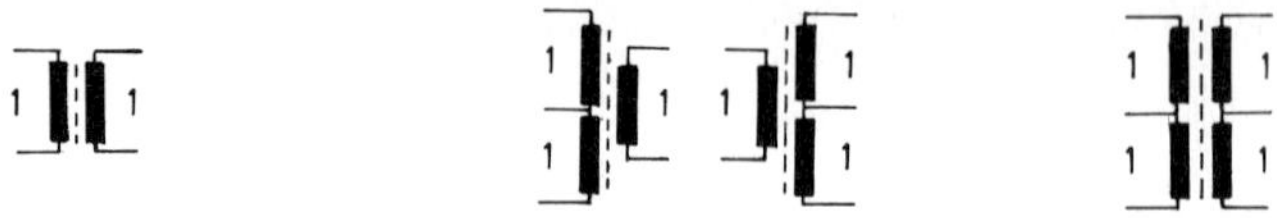

Normaler Wechselstrombetrieb (Halb- oder Vollbrücke)

Gegentaktbetrieb mit zwei Primär- und einer Sekundärwicklung bzw. umgekehrt

Gegentaktbetrieb mit zwei Primär- und zwei Sekundärwicklungen

Bild 4.148
Prinzipielle Anordnungen für die Primär- und Sekundärwicklung im Gegentaktbetrieb

festgelegt sind. Wird aber – wie meist der Fall – die Kerngröße für eine zu übertragende Leistung gesucht, dann empfiehlt es sich, Diagramme anzuwenden, die z.B. für die gewünschte Leistung bei einer Frequenz von etwa 25 kHz und einer Übertemperatur von etwa 30 K das umschriebene Bauteilevolumen ablesen lassen. Im Diagramm Bild 4.145 sind einige Kernbauformen eingetragen, sodaß die Wahl der Kerngröße sehr einfach ist. Soll aber bei anderen Frequenzen die Kerngröße für beliebige Leistungen und optimalen Induktionshub ermittelt werden, dann ist dieses Diagramm nicht ausreichend.

Das Rhombusdiagramm Bild 4.147 ermöglicht das Ermitteln der Kerngröße aufgrund des Kerngewichtes G_K in Abhängigkeit von der Leistung R_{max} und der Frequenz f, wobei auch die optimale Induktion ΔB_{opt} abzulesen ist. Dieses Diagramm gilt für eine Übertemperatur von etwa 30 K. Im Rhombusdiagramm wurde das Kerngewicht gewählt, welches in allen einschlägigen Ferritdaten stets mit angegeben ist, ggf. kann es leicht z.B. mit einer Briefwaage ermittelt werden.

Dadurch ist die gewünschte Kernform (RM, PM, E und U-Form) frei wählbar (Tab. 4.37). Obwohl eine Zusammenfassung unterschiedlicher Kernbauformen über das Gewicht erfolgte, gibt das Rhombusdiagramm ausreichende Auskunft für die Wahl der Kerngröße.

Bei Frequenzen bis ≈ 100 kHz kann das Material N 27 und bis 500 kHz soll das Material N 67 Verwendung finden.

Das Rhombusdiagramm gilt für zeitgleiche Rechteckspannung. Näherungsweise kann es jedoch auch für Trapez- bis Sinusspannungen angewandt werden. Im allgemeinen liefern zeitgleiche Rechteckspannungen die Halb- und Vollbrücke sowie die parallelgespeiste Gegentaktschaltung. Für die unterschiedlichen Gegentaktschaltungen ist entsprechend der Wicklungsbelegung nach Bild 4.148 ein Korrekturfaktor k_1 anzusetzen.

$\frac{A_{N1}}{A_{N2}}$	1:1	2:1	1:2	2:2
$k_1 \approx$	1	0,8	0,8	0,7

Die reduzierte übertragbare Leistung errechnet sich damit zu

$$P_{red(1)} = k_1 \cdot P_{max}.$$

Die maximal übertragbare Leistung gilt für einen „Modelltransformator", also einen Transformator mit einer Primär- und einer Sekundärwicklung mit einem Übersetzungsverhältnis 1:1.

Bei mehreren Sekundärwicklungen, welche zusätzliche Isolation und Platz für Herausführungen der Anschlußdrähte beanspruchen, reduziert sich der nutzbare Wickelraum und damit die übertragbare Leistung.

Die nachstehende Tabelle gibt Richtwerte für den Reduktionsfaktor k_2 zur maximal möglichen Leistung P_{max}.

Anzahl Sekundärwicklungen	1	2	3	4
Faktor k_2	1	0,9	0,8	0,7

$$P_{red(2)} = k_2 \cdot P_{max}.$$

Die gesamte Reduktion ergibt sich zu:

$$P_{red\,ges} = k_1 \cdot k_2 \cdot P_{max}.$$

Das Rhombusdiagramm Bild 4.147 kann auch für den Eintaktbetrieb herangezogen werden, wobei die Faktoren C entsprechend Kap. 4.10.6 anzusetzen sind und die begrenzte Induktion ΔB_{zul} zu berücksichtigen ist.

Beispiel 1

Brückenbetrieb bei einer Frequenz von 500 kHz mit einem Ferritkern RM 8 ($G_K = 13$ g), Material N 67. Welche Leistung ist übertragbar und welche Magnetisierung ΔB optimal?

Lösung

$P_{max} \approx 160$ W;
$\Delta B_{opt} \approx 85$ mT.

Beispiel 2

Mit einer Halbbrücke sollen 50 W bei 25 kHz übertragen werden. Welcher Kern kann gewählt werden?

Lösung

Kerngewicht etwa 16 g (EF 25) oder RM 10 (23 g);
$\Delta B_{opt} = 410$ mT.

Beispiel 3

Welche Leistung kann mit dem Kern ETD 49 ($G_K = 125$ g) bei einer Frequenz von 100 kHz übertragen werden?

Lösung

$P_{max} \approx 520$ W;
$\Delta B_{opt} \approx 120$ mT.

Bei z.B. zwei Sekundärwicklungen reduziert sich die übertragbare Leistung auf $0{,}9 \cdot 520 = 468$ W.

Beispiel 4

Mit welchem Kern kann im Brückenbetrieb eine Leistung von 1,8 kW übertragen werden, wobei die Frequenz zwischen 20 und 50 kHz liegen darf?

Lösung

Mindestkerngewicht 800 g $\triangleq$ Kern PM 87/70 mit $G_K = 770$ g; Frequenz $f = 50$ kHz, $\Delta B_{opt} \approx 120$ mT.

Beispiel 5

Welche Leistung kann mit dem Kern PM 87/70 mit der konventionellen parallelgespeisten Gegentaktschaltung und Doppelweggleichrichtung übertragen werden bei einer Frequenz von 50 kHz (siehe auch Beispiel 4)?

Lösung

$P_{max} = 0{,}7 \cdot 1{,}8$ kW $\approx 1{,}25$ kW.

Beispiel 6

Bei Eintaktdurchflußbetrieb soll die übertragbare Leistung für einen Ferrittrafo mit dem Kern EF 25 (Kerngewicht 15 g) bei 20 kHz ermittelt werden.

Lösung

Nach dem Rhombusdiagramm ergäbe sich eine opt. Magnetisierung von $\Delta B_{opt} = 460$ mT für eine Leistung von 45 W bei Brückenbetrieb. Nachdem eine Magnetisierung des Ferritkernes im Eintaktbetrieb mit 460 mT nicht zulässig ist, wird mit $\Delta B_{zul} = 250$ mT gerechnet. Über das Magnetisierungsverhältnis 250/460 ergibt sich die reduzierte Leistung $P_{Eint} = 45 \cdot 250/460 = 24{,}5$ W. Mit demselben Kern EF 25 ist bei Gegentakt-Brückenbetrieb und einer Frequenz von 50 kHz bei $\Delta B_{opt} = 280$ mT eine Leistung von 70 W übertragbar. Mit einer Frequenz von 200 kHz wäre eine Leistung von 120 W erzielbar bei der hierzu erforderlichen Induktion von $\Delta B_{opt} = 135$ mT.

Beispiel 7

Treibertransformator für Trägerfrequenz 2 MHz.

Mit einem Ringkern RK 10 mit 1 g ergibt sich aus dem Diagramm Bild 4.147 bei etwa 2 MHz (interpoliert) eine Magnetisierung von $\Delta B \approx 100$ mT. Mit diesem Kern ist eine Leistungsübertragung von etwa 20 W möglich, die für die vorliegende Anwendung erheblich zu groß ist.

Da aber kleinere Kerne als RK 10 sehr unhandlich sind, wird der RK 10 gewählt. Hierfür ergibt sich mit $A_E = 8\ \text{mm}^2$ nach Diagramm Bild 4.144 eine Windungsspannung u von 20 V/Wdg. cm²:

$$u_{RK\,10} = 20 \cdot \frac{8}{100} = 1{,}6\ \text{V/Wdg.}$$

Mit einer Betriebsspannung $U - 10$ V und der ermittelten Windungsspannung $u_{RK\,10}$ ergeben sich dann die entsprechenden Windungszahlen N

$$N = \frac{U}{U_{RK\,10}}, \text{ z.B. } \frac{10\ \text{V}}{1{,}6\ \text{V/Wdg}} = 6{,}25\ \text{Wdg, also 6 Wdg.}$$

Ermittlung der Kerngröße für Eintakt-Durchflußwandler

Der magnetische Arbeitsbereich kann bei niedrigen SNT-Frequenzen (um 25 kHz) mit $\Delta B = 0{,}3$ T ausgenutzt werden, da infolge des Restluftspaltes die Remanenzinduktion vernachlässigbar klein bleibt. Zusätzlich bewirken Kapazitäten am Transformator parallel zur Primärwicklung eine Magnetisierung in Gegenrichtung, welche die Remanenz aufhebt.

Das Rhombusdiagramm Bild 4.147 ist auch für Eintakt-Wandler anwendbar. Hierzu muß lediglich der Leistungsmaßstab korrigiert und die Magnetisierung ΔB_{opt} bei $\Delta B_{zul} = 300$ mT begrenzt werden (Bild 4.149). Demnach kann man nicht in jedem Fall die optimale Induktion wählen. Wird die optimale Induktion angestrebt, dann sind besonders bei kleinen Leistungen hohe Betriebsfrequenzen zu wählen. Um hierbei die Ummagnetisierungsverluste klein zu halten, ist das Ferrit-Material N 67 vorzuziehen. Damit können ggf. etwas größere Leistungen als angegeben übertragen werden. Das Diagramm 4.149 ist aus dem Rhombus-Diagramm abgeleitet.

Beispiel 1

Welche Leistung ist im Eintakt-Durchflußbetrieb bei 50 kHz mit dem Ferritkern ETD 49 mit dem Kerngewicht $G_K = 125$ g übertragbar?

Lösung

$P_D = 220$ W;
$\Delta B_{opt} \approx 175$ mT.

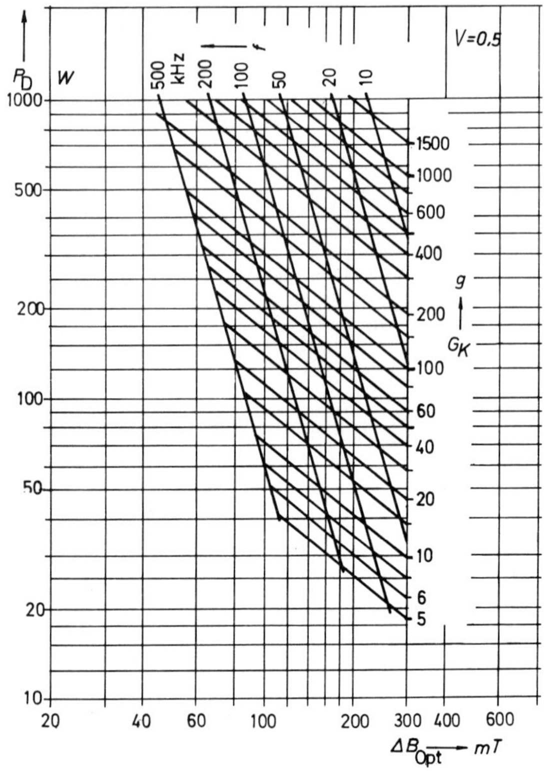

Bild 4.149
Übertragbare Leistung
$P_D = f(G_K, f, \Delta B, V=0{,}5)$
für Eintakt-Durchflußwandler

Beispiel 2

Welche Betriebsfrequenz ist bei optimaler Magnetisierung ≈ 250 mT zu wählen für eine zu übertragende Leistung von 30 W?

Lösung

$f = 100$ kHz;
Kerngewicht: $G_K \approx 7$ g $\triangleq$ EF 20.

Beispiel 3

Welche Leistung ist mit dem Kern EF 25 ($G_K = 16$ g) mit einer Betriebsfrequenz von 20 kHz erzielbar, wobei die zulässige Magnetisierung mit $B_{zul} = 250$ mT gewählt wird?

Lösung

Bei einer Betriebsfrequenz von 60 kHz wären 45 W erzielbar. Bei 20 kHz ergibt sich eine maximale Leistung von $P_D = 45 \cdot \sqrt{\frac{20}{60}}$ W $\approx 45 \cdot 0{,}58 \approx 26$ W.

Kernwahl für Eintakt-Sperrwandler

Für die Kernwahl bei Sperrwandlerbetrieb wurde ebenfalls aus dem Rhombusdiagramm ein Diagramm abgeleitet (Bild 4.150).

Die optimale bzw. zulässige Magnetisierung muß wegen des unipolaren Betriebes wie beim Durchflußwandler auf $\Delta B_{zul} = 300$ mT begrenzt werden. Wie aus dem Diagramm abzulesen ist, kann nicht in jedem Fall die optimale Induktion erreicht werden. Wird der Betrieb bei optimaler Induktion angestrebt, dann sind wie beim Durchflußwandler besonders bei kleinen Leistungen hohe Betriebsfrequenzen zu wählen.

Für Sperrwandler werden im Normalfall kaum Leistungen über 200 W gewählt.

Beispiel 1

Es sollen 60 W bei 35 kHz übertragen werden.

Lösung

Kerngewicht $G_K \approx 33$ g
$\Delta B_{opt} \approx 275$ mT
Gewählt wird der Kern EC 35.

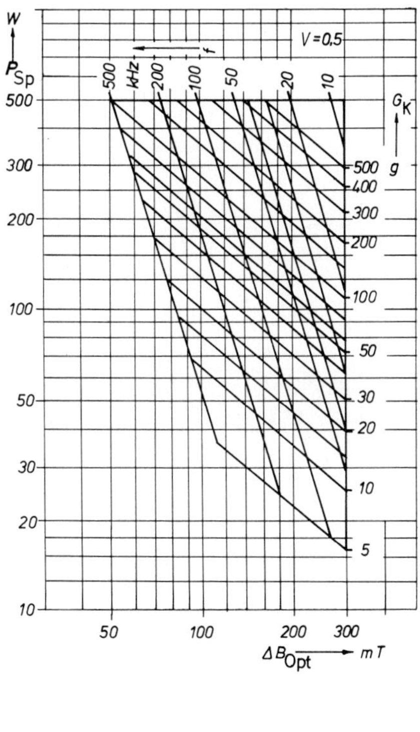

Bild 4.150
Übertragbare Leistung
$P_{Sp} = f(G_K, f, \Delta B)$ bei $V = 0{,}5$
Material N27 (N67) – Sperrwandler

Beispiel 2

Welche Leistung ist bei einer Frequenz 100 kHz mit dem Kern RM 14 ($G_K = 65$ g) übertragbar?

Lösung

155 W bei $\Delta B_{opt} \approx 140$ mT.

Kernwahl für Drosseln ohne Vormagnetisierung

Es gibt zahlreiche Anwendungen, bei denen Drosseln als Blindwiderstände wirken, so z.B. in Schwingkreisen oder zur Strombegrenzung für den Betrieb von Leuchtstoff- und Gas-Hochdrucklampen.

Das Diagramm (Bild 4.151) ermöglicht das schnelle Bestimmen der für eine bestimmte Blindleistung erforderlichen Kerngröße einer nicht vormagnetisierten Drossel. Auch dieses Diagramm wurde aus dem Rhombusdiagramm für Transformatoren abgeleitet.

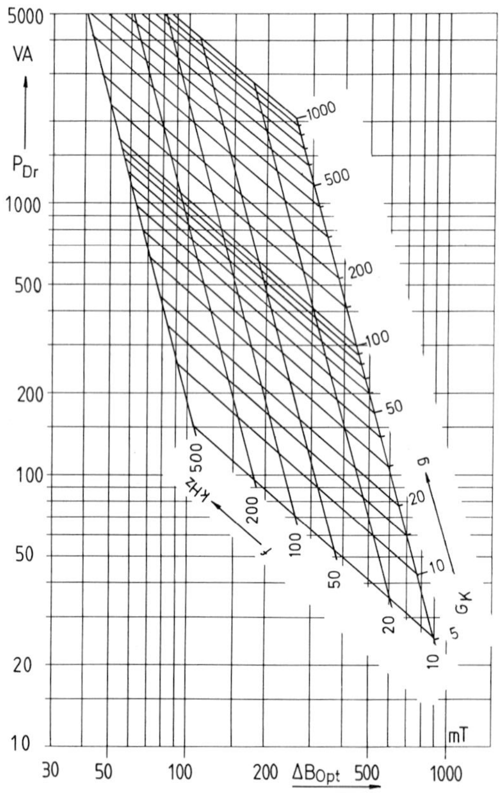

Bild 4.151
Scheinleistung P_S in VA einer nicht vormagnetisierten Drossel als Funktion des Kerngewichtes G_K, der Frequenz f und ΔB_{opt} und Rechteckspannung ($t_1 = t_2$)

Beispiel

Ermitteln eines Drosselkerns

Für eine Strombegrenzungsdrossel mit einer Blindleistung von 2 kVA ist für eine Betriebsfrequenz von 10 kHz ein Kerngewicht von 650 g erforderlich. Die Magnetisierung liegt optimal bei 280 mT. Der Kern PM 87 entspricht mit 770 g bei reichlichen Reserven Tabelle 4.37. Soll der nächstkleinere Kern PM 74 mit 460 g eingesetzt werden, so ist die Frequenz auf 25 kHz zu erhöhen bei einer optimalen Magnetisierung von etwa 200 mT.

Kernwahl für Speicherdrosseln mit Vormagnetisierung

Das Diagramm Bild 4.152 ermöglicht die Ermittlung der Kerngröße über das Kerngewicht G_K. Entsprechend dem Kerngewicht ist der Zusammenhang zwischen Vormagnetisierbarkeit $(I^2 L)_{max}$, Kupferverlustleistung $I^2 R$, effektiver Permeabilität μ_e (Scherung) und Übertemperatur $\vartheta_Ü$ zwischen 30 und 50 K dargestellt. Kernverluste infolge großer Stromwelligkeit besonders bei höheren Frequenzen sind nicht mit erfaßt; sie sind bei einer Stromwelligkeit $\Delta I_L \leqq 0{,}3\, I_{Lo}$ vernachlässigbar.

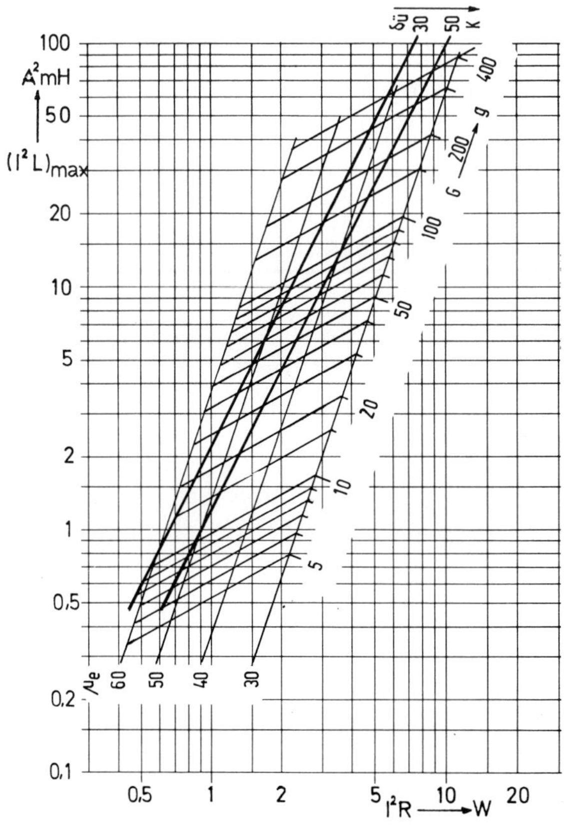

Bild 4.152
Ermittlung der Kerngröße von Speicherdrosseln ($\Delta \hat{I}_L \leqq 0{,}3\, I_{Lo}$)

Beispiel

$(I^2 L)_{max} = 10\ A^2\ mH$ und $\vartheta_Ü$ etwa 40 K.

Wie groß muß das Kerngewicht sein und wie groß ist die effektive Permeabilität?

Lösung

Aus dem Diagramm Bild 4.152 läßt sich für 10 A^2 mH in der Mitte des Temperaturbereiches 30 bis 50 K ein Kerngewicht von etwa 80 g ablesen und eine effektive Permeabilität $\mu_e = 45$. Dem Kerngewicht entspricht der Kern ER 42 bzw. E 42/15.

4.10.8 Wicklung

Anordnung

Bild 4.153 (a, b) zeigt einfache Wicklungsausführungen eines Transformators mit nur einer Primär- und Sekundärwicklung. Die Sekundärwicklung kann außen oder innen am Kern angeordnet werden. Bei großen Übersetzungsverhältnissen empfiehlt es sich, die Niedervoltwicklung außen anzuordnen (a), da die Streuinduktivität dabei etwas kleinere Werte erreicht.

Die Aufteilung z.B. der Primärwicklung (c) in zwei gleiche Teile mit Einbringung der Sekundärwicklung zwischen den beiden Teilen senkt die Streuinduktivität auf etwa $\frac{1}{4}$.

Nach VDE-Vorschrift muß bei Netzbetrieb zwischen der Primär- und Sekundärwicklung ein Kriechweg von 8 mm entsprechend einem Isolations-Überstand von 4 mm eingehalten werden (d). Hierbei kann man auch einen Wicklungsversatz wählen (e), wobei allerdings die Streuinduktivität steigt. Bei vergossenen Transformatoren können kleinere Abstände erreicht werden.

Die Anordnung der Wicklungen in zwei Kammern (f) ermöglicht größere Streuinduktivitäten als die Anordnung übereinander. Werden extrem kleine Streuinduktivitäten verlangt (z.B. im Eintaktwandler), dann sind die Primär-

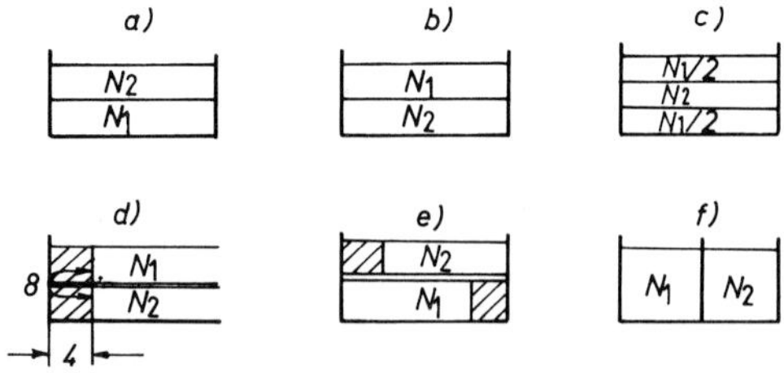

Bild 4.153 (a–f) Anordnung von Wicklungen

und die Entmagnetisierungs-Wicklung als Paralleldrahtwicklung auszuführen. Hierbei muß die Isolation der Drähte besonders gut sein (z.B. spezielle Drahtisolation, Tränkung oder Verguß des Transformators).

Die Sekundärwicklung besonders für große Ströme kann auch als Kupferfolienwicklung ausgeführt werden, solange die Betriebsfrequenz nicht zu hoch liegt (< 30 kHz). Die Isolierung zwischen den Bandleiter-Lagen muß entsprechend sicher sein; Die Bandkanten dürfen keinen Grat aufweisen, damit die Lagenisolierung nicht beschädigt wird.

Entstörschirmung

Mit einer Kupferfolie kann eine offene (!) Schirmwindung S zur wirksamen Verringerung der Y-Funkstörung eingesetzt werden. Die Schirmung wird mit dem Nullpotential der zu schirmenden Wicklung verbunden (Bild 4.154).

Bei kleiner Sekundärspannung reicht 1 Schirm, der auf Nullpotential der Primärseite angeschlossen wird (a). Bei größeren Sekundärspannungen können zwei Schirme S_1 und S_2 erforderlich werden (b).

Soll kein Schirm Anwendung finden, dann sollten sich die „kalten“ Wicklungslagen gegenüberliegen (c).

Isolation

Heute werden in den Wicklungen aufgrund der guten Lackisolation von Drähten auch bei höheren Temperaturen (Tab. 4.42) kaum Lagenisolationen eingebracht. Es verbleibt dann nur noch die sehr wichtige Primär-/Sekundär-Isolation, welche entsprechend den VDE-Vorschriften auszuführen ist (z.B. Isolationsspannung 4,5 kV).

Bei größeren Transformatoren ist je nach Lagen- oder Wicklungsspannung eine ausreichende Isolation vorzusehen. Striktive Effekte können im Lauf der Zeit die Drahtisolation beschädigen, besonders bei hohen Strömen.

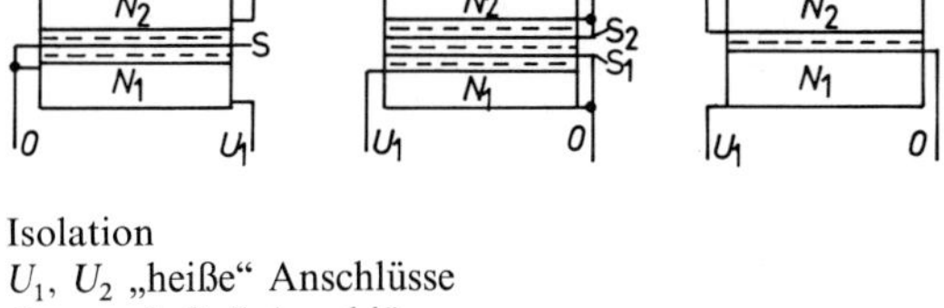

Isolation
U_1, U_2 „heiße“ Anschlüsse
O „kalte“ Anschlüsse

Bild 4.154 (a – c)
Schirm- und Wicklungsanordnung zur Verbesserung der Funkentstörung

Als Isoliermaterial werden vorwiegend Kunststoff-Folien verwendet. Diese zeichnen sich durch eine sehr hohe Durchschlagfestigkeit aus, wie z.B.:

Makrofol (Polycarbonat, 170 kV/mm, 130 °C Dauerwärmebeständigkeit)
Hostaphan (Polyterephtalsäureester, 160 kV/mm, 130 °C)
Triafol (Celluloseacetat, 80 kV/mm, 120 °C)
Teflon (Polytetrafluoräthylen, 50 kV/mm, 200 °C).

Für hohe Lagenspannungen ist bei Verwendung dünner Folien zu beachten, daß es nicht allein auf die Durchschlagfestigkeit ankommt. Bei zu dünner Isolation können Glimmeffekte auftreten, die die Isolation im Lauf der Zeit zerstören.

Stromdichte

Die zulässige Stromdichte S hängt ab von der zulässigen Wicklungstemperatur und damit von der Wicklungshöhe und der Wicklungsisolation. Beide bestimmen den thermischen Widerstand der Wicklung. Kleine Transformatoren erlauben höhere Stromdichten als große Transformatoren oder Drosseln. Tabelle 4.37 (Seite 251) gibt Richtwerte für die ansetzbaren Stromdichten S.

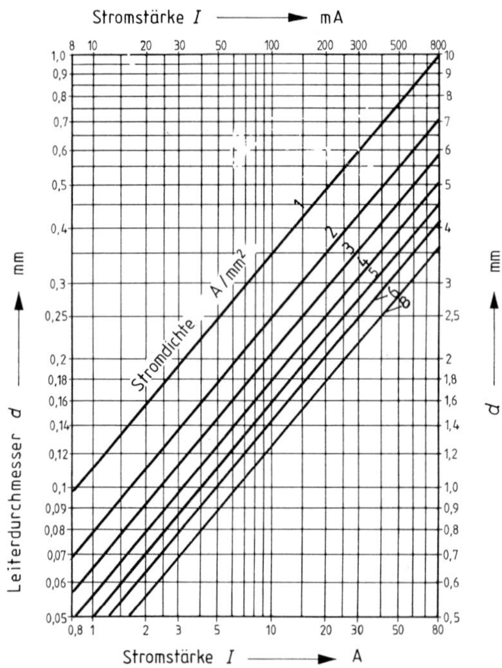

Bild 4.155
Leiterdurchmesser als Funktion der Stromdichte und Stromstärke

Für das Ermitteln des Drahtdurchmessers einer Wicklung aus dem effektiven Strom I und der zugelassenen Stromdichte S gilt

$$d = 1{,}13 \sqrt{\frac{I}{S}}.$$

Für eine vorgegebene effektive Stromstärke I und die zulässige Stromdichte S von 1 bis 8 A/mm^2 gibt das Diagramm Bild 4.155 die gesuchten Drahtdurchmesser α.

Das Diagramm gilt zwar für Netz- und Tonfrequenzen; die Praxis zeigt aber, daß es auch für Wandler mit kleinen Strömen und Frequenzen bis etwa 50 kHz angewendet werden kann.

Temperatur der Wicklung

Die Temperaturmessung über die Widerstandsänderung ergibt hier ausreichend sichere Werte (Mittelwerte).

In einer Transformator-Primärwicklung ergibt die Widerstandsmessung z.B. einen Faktor von $R_W/R_K = 3/2{,}5 = 1{,}2$ und damit eine Übertemperatur von $\Delta\vartheta = 52$ K (Bild 4.156).

Einfacher ist die Messung der Temperatur außen am Kern über dem Mittelschenkel. Diese Temperatur liegt aber etwa um 10 bis 20 K niedriger als die Drahttemperatur im Innern der Wicklung.

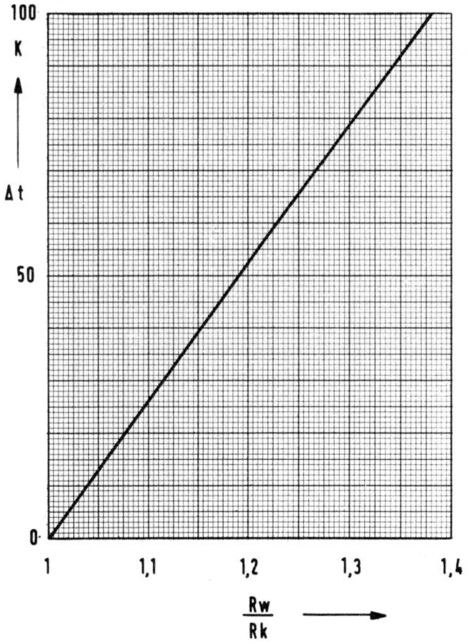

Bild 4.156
Übertemperatur $\Delta\vartheta$ als Funktion der Widerstandsänderung R_W/R_K

Wicklungswiderstand

Der Widerstand R_N einer Wicklung kann nach der Formel

$$R_N = N \cdot l_{mitt} \cdot r$$

bestimmt werden.

N Windungszahl
l_{mitt} mittlere Windungslänge betreffenden Wicklung
r spez. Widerstand des Drahtes in Ω/m bei 20 °C bzw. Betriebstemperatur.

Der höhere Warmwiderstand R_W bedeutet natürlich proportional höhere Kupferverluste gegenüber den Kaltwerten R_K:

$$R_W = R_K (1 + \alpha \, \Delta \vartheta).$$

Für Kupferdrähte und Litzen sind die wichtigsten Daten den Tabellen 4.40 bzw. 4.41 zu entnehmen. Die Tabelle 4.42 gibt zusätzlich wichtige Informationen über Grenztemperatur, Spannungsfestigkeit, Lötfähigkeit und Verhalten bei Einwirkung von Lösungsmitteln.

Beispiel

Für eine Stromdichte von 5 A/mm² soll die Drahtstärke ermittelt werden. Aus der Rubrik für 2,5 A/mm² in Tabelle 4.40 läßt sich für 0,4 A ein Drahtdurchmesser von 0,45 mm ablesen mit 0,11 Ω/m. Bei 5 A/mm² kann dieser Draht mit 0,8 A belastet werden. 100 Wdg im Kern RM 10 untergebracht, ergeben mit $l_W = 50$ mm eine Drahtlänge von 5 m und damit einen Widerstand von $R_N = 0{,}11 \cdot 5 = 0{,}55\ \Omega$. Bei einem Strom von 0,8 A ergibt sich eine Verlustleistung von $0{,}8^2 \cdot 0{,}55 = 0{,}44$ W.

Wiederstandsfaktor A_R

Der Widerstandsfaktor A_R ist der auf die Windungszahl $N = 1$ bezogene Gleichstromwiderstand R_{Cu}.

Sind A_R-Wert und Windungszahl N gegeben, so ist der Gleichstromwiderstand der Wicklung $R_{Cu} = A_R\, N^2$. Der A_R-Wert ist:

$$A_R = \frac{\rho l_N}{f_{Cu}\, A_N}.$$

Darin bedeuten:

ρ spezifischer Widerstand (für Kupfer = 17,2 μΩmm bzw. 23 μΩmm bei 100 °C), l_N mittlere Windungslänge in mm, A_N Wickelquerschnitt in mm² und f_{Cu} Kupferfüllfaktor. Werden diese Einheiten benutzt, dann erhält man den A_R-Wert in $\mu\Omega = 10^{-6}\ \Omega$.

Bei den Spulenkörpern sind neben A_N und l_N auch die A_R-Werte für einen Kupferfüllfaktor $f_{Cu} = 0,5$ angegeben. Daraus läßt sich auch für einen beliebigen Füllfaktor f_{Cu} der A_R-Wert berechnen nach der Formel

$$A_{R(f_{Cu})} = A_{R(0,5)} \frac{0,5}{f_{Cu}}.$$

Beispiel

Eine Drossel EF 25 mit 100 Wdg hat einen Wicklungswiderstand von etwa $R_{Cu} = A_R \cdot N^2 = 32 \cdot 10^{-6} \cdot 10^4 = 0,32\ \Omega$.

Die dazugehörige Drahtlänge beträgt $l_N \cdot N = 0,052 \cdot 100 = 5,2$ m. Der Widerstand je m ist $0,32/5,2 = 0,0615\ \Omega/\text{m}$; das entspricht einem Drahtdurchmesser von 0,6 mm nach Tabelle 4.40.

Drahtstärke

Vom gesamten Wickelquerschnitt $A_{N\text{ges}}$ eines Transformators mit z.B. einer Primär- und nur einer Sekundär-Wicklung entfällt je eine Hälfte auf die Primär- bzw. Sekundärwicklung. Die maximal aufbringbare Windungszahl je cm^2 kann nach Diagramm Bild 4.158 ermittelt werden.

Für Isolation und Herausführungen von Drähten muß mit einem Kupferfüllfaktor $f_{Cu} \approx 0,5$ gerechnet werden (Bild 4.157a). Damit ergibt sich ein Drahtquerschnitt von

$$q_{Dr} = f_{Cu} \cdot \frac{A_N}{N}.$$

Der Drahtdurchmesser ergibt sich mit

$$d_{Dr} = \sqrt{\frac{4}{\pi} q_{Dr}} \approx 1,1 \sqrt{q_{Dr}} = 1,1 \sqrt{f_{Cu} \cdot \frac{A_N}{N}}.$$

Bei Verwendung von HF-Litze ist mit einem Kupferfüllfaktor von $f_{Cu} \approx 0,3$ bis 0,4 zu rechnen (Bild 4.157b).

Beispiel

Transformator mit ETD 34 und $N_{prim} = 100$ Wdg, $A_{N\text{ges}} = 100\ \text{mm}^2$, $A_{N\text{prim}} = A_{N\text{sek}} = 50\ \text{mm}^2$. Wie groß ist der Drahtdurchmesser d_{Dr}?

Lösung

$$d_{\mathrm{Dr}} \approx 1{,}1 \cdot \sqrt{f_{\mathrm{Cu}} \cdot \frac{A_{\mathrm{N\,prim}}}{N_{\mathrm{prim}}}} = 1{,}1 \cdot \sqrt{0{,}5 \cdot \frac{50}{100}} \approx 0{,}55 \text{ mm } \varnothing.$$

Wird die Sekundärwicklung als Gegentaktwicklung ausgeführt, und sollen z.B. 2×25 Wdg aufgebracht werden, dann ist $A_{\mathrm{Nsek\,1}} = A_{\mathrm{Nsek\,2}} =$ je 25 mm^2. Der Drahtdurchmesser ist dann je Sekundärwicklung

$$d_{\mathrm{Dr\,sek}} = 1{,}1 \sqrt{\frac{0{,}5 \cdot 25}{25}} \approx 0{,}78 \text{ mm } \varnothing.$$

In der Praxis wird ein Draht mit 0,8 oder 0,75 mm ∅ gewählt.

Bei höheren Frequenzen macht sich der Skin-Effekt bemerkbar. Bei einer Arbeitsfrequenz von 30 kHz dringt der Strom von der Oberfläche aus nur etwa 0,4 mm ein. Drähte mit großem Durchmesser ergeben daher große Verluste.

Die günstig anzuwendenden Durchmesser von Volldrähten liegen bei $d_{\mathrm{Cu}} \leqq 0{,}5$ mm.

Besser verwendet man Hochfrequenzlitzen.

Die Erfahrung zeigt, daß man bis etwa 2 MHz mit einem Litzen-Drahtdurchmesser von 0,1 mm gut arbeiten kann, ohne daß Skin-Verluste von Bedeutung

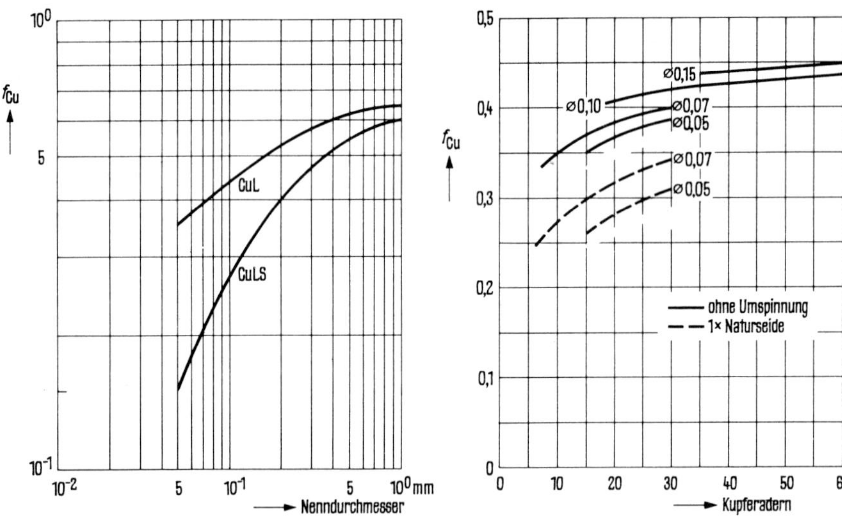

a) b)

Bild 4.157 Kupferfüllfaktoren für Drähte (a) und Litzen (b)

Tabelle 4.39 Strom je 0,1 mm ∅ Litzendraht

Stromdichte S	1	1,5	2	2,5	3	4	5	6	8	10	A/mm²
Strom pro Litzendraht 0,1 mm ∅	8	12	16	20	24	32	40	48	64	80	mA

werden. Für SNT-Anwendungen sind also kaum dünnere Litzen-Drähte als 0,1 mm erforderlich. Eine einfache Berechnung der erforderlichen HF-Litze ergibt sich mit Hilfe der Tabelle 4.39.

Beispiel 1

Für eine Stromdichte von 5 A/mm² ergibt sich für HF-Litze mit 105 × 0,1 mm eine zulässige effektive Strombelastung von 105 × 40 mA = 4,2 A. Diese Litze besitzt nach Tab. 4.41 bei 1 × Seideumspinnung einen Außendurchmesser von 1,36 mm; der gesamte Leiterquerschnitt wird mit 0,84 mm² abgelesen.

Beispiel 2

Für eine zu übertragende Leistung von 60 W bei 50 kHz mit dem Kern EF 25 ergibt sich aus dem Trafodiagramm Bild 4.144 bei 50 kHz und $\Delta B = 280$ mT eine Windungsspannung von $u = 2{,}8$ V/Wdg · 1 cm².

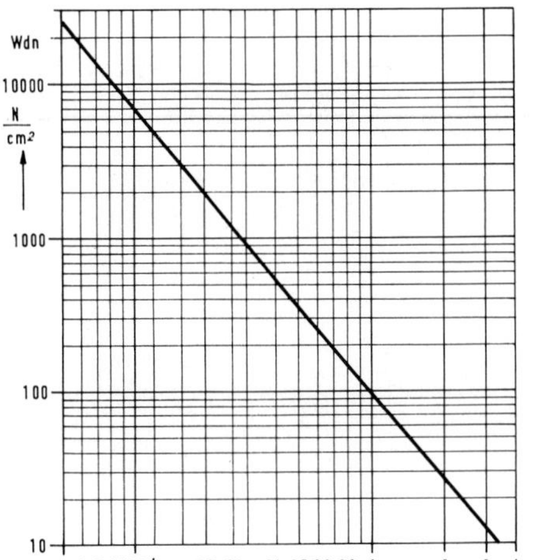

Bild 4.158
Maximale Windungszahl je 1 cm² bei Drähten mit Außendurchmesser d_A

Nenn-durchmesser (Leiter-∅) mm	Draht-querschnitt mm²	Außendurchmesser des isolierten Drahtes (Größtmaße) lackisoliert nach Grad 1 (L) mm	lackisoliert nach Grad 2 (2L) mm	lackisoliert nach Grad 1, einfach umsponnen (Seidengarn) (1 × 52) mm	lackisoliert nach Grad 1, zweifach umsponnen (Seidengarn) (2 × 52) mm	Gleichstrom-widerstand bei 20 °C für 1 Meter (Nennwert) r Ω/m
0,05	0,00196	0,062	0,068	0,097	0,132	8,781
0,06	0,00283	0,074	0,081	0,109	0,144	6,098
0,071	0,00385	0,088	0,095	0,123	0,158	4,355
0,08	0,00503	0,098	0,105	0,133	0,168	3,430
0,09	0,00636	0,110	0,117	0,145	0,180	2,710
0,1	0,00785	0,121	0,129	0,156	0,191	2,195
0,125	0,0113	0,149	0,159	0,184	0,219	1,405
0,14	0,0154	0,166	0,176	0,201	0,236	1,120
0,15	0,0177	0,177	0,187	0,212	0,247	0,9756
0,16	0,0201	0,187	0,199	0,222	0,257	0,8575
0,17	0,0227	0,198	0,210	0,233	0,268	0,7596
0,18	0,0254	0,209	0,222	0,244	0,279	0,6775
0,19	0,0284	0,220	0,233	0,255	0,290	0,6081
0,2	0,0314	0,230	0,245	0,265	0,300	0,5488
0,224	0,0380	0,256	0,272	0,296	0,326	0,4375
0,25	0,0491	0,284	0,301	0,324	0,354	0,3512
0,28	0,0616	0,315	0,334	0,355	0,385	0,2800
0,3	0,0707	0,336	0,355	0,375	0,405	0,2439
0,315	0,0804	0,352	0,371	0,392	0,422	0,2212
0,355	0,0962	0,395	0,414	0,435	0,465	0,1742
0,4	0,126	0,442	0,462	0,482	0,512	0,1372
0,45	0,159	0,495	0,516	0,535	0,565	0,1084
0,5	0,196	0,548	0,569	0,588	0,618	0,08781
0,56	0,238	0,611	0,632	0,651	0,691	0,07000
0,6	0,283	0,654	0,674	0,693	0,733	0,06098
0,65	0,332	0,69	0,73	0,749	0,79	
0,71	0,385	0,767	0,790	0,807	0,847	0,04355
0,75	0,442	0,81	0,832	0,849	0,889	0,03903
0,8	0,503	0,861	0,885	0,901	0,941	0,03430
0,9	0,636	0,965	0,990	–	1,065	0,02710
1	0,785	1,068	1,093	–	1,168	0,02195
1,5	1,77	1,57	1,62	–	–	0,00990
2	3,14	2,10	2,15	–	–	0,00555

[1)] Doppelte Ströme bei zweifacher Stromdichte

Tabelle 4.40
Isolierte Volldrähte, Stromdichten, spezifischer Widerstand
Drahttabelle (Auszug aus DIN 46435 und DIN 46436, Teil 2)

Ströme in mA für die Stromdichten S [1)] A/mm²				
1	1,5	2	2,5	3
2	3	4	5	6
3	4,5	6	7,5	9
4	6	8	10	12
5	7,5	10	13	15
6,4	9,6	13	16	19
8	12	16	19	24
11	17	22	28	33
15	23	30	38	45
18	27	36	45	54
20	30	40	50	60
23	34	45	57	68
25	38	50	63	75
28	43	57	71	85
31	47	62	78	93
38	57	76	95	114
49	74	100	123	147
62	93	123	154	185
71	106	142	177	212
80	120	161	201	241
96	144	192	240	288
126	189	252	315	378
159	238	318	397	477
196	294	392	490	588
238	357	475	595	715
283	425	566	707	850
332	498	664	830	996
385	578	770	963	1,16 A
442	0,663	884	1,10 A	1,33
503	755	1,01 A	1,26 A	1,51
636	955	1,27	1,59	1,91
785	1,18 A	1,57	1,96	2,36
1,77	2,65	3,54	4,42	5,3
3,14	4,70	6,27	7,85	9,4

Tabelle 4.41 Litzendrähte

Aufbau Kupferlackdrähte: Anzahl Nennwert	Aufbau Kupferlackdrähte: Nenndurchmesser mm	Aufbau Kupferlackdrähte: Bündelung	Außendurchmesser ohne Umspinnung Min. mm	Außendurchmesser ohne Umspinnung Max. mm	Außendurchmesser mit Umspinnung aus Naturseide, Einfach umsponnen (LS) Min. mm	Einfach umsponnen (LS) Max. mm	zweifach umsponnen (L2S) Min. mm	zweifach umsponnen (L2S) Max. mm	Gesamtleiterquerschnitt mm²	Gleichstromwiderstand 20 °C Nennwert Ω/km
6	0,05	1 × 6	0,162	0,179	0,192	0,214	0,222	0,249	0,01202	1480
8	0,05	1 × 8	0,186	0,206	0,216	0,241	0,246	0,276	0,01602	1100
10	0,05	1 × 10	0,209	0,231	0,244	0,271	0,269	0,301	0,02003	888
12	0,05	1 × 12	0,232	0,257	0,267	0,297	0,292	0,327	0,02403	740
15	0,05	1 × 15	0,256	0,283	0,291	0,323	0,316	0,353	0,03004	592
20	0,05	1 × 20	0,295	0,327	0,330	0,367	0,355	0,397	0,04006	444
25	0,05	1 × 25	0,330	0,366	0,365	0,406	0,390	0,436	0,05007	355
30	0,05	1 × 30	0,362	0,401	0,397	0,441	0,422	0,471	0,06008	296
35	0,05	1 × 35	0,391	0,433	0,426	0,473	0,451	0,503	0,07010	254
45	0,05	1 × 45	0,443	0,490	0,478	0,530	0,503	0,560	0,09012	197
60	0,05	3 × 20	0,515	0,570	0,550	0,610	0,585	0,650	0,12017	148
75	0,05	3 × 25	0,577	0,639	0,612	0,679	0,647	0,719	0,15021	118
90	0,05	3 × 30	0,633	0,701	0,668	0,741	0,703	0,781	0,18025	99
105	0,05	3 × 35	0,683	0,756	0,718	0,796	0,753	0,836	0,21029	85
120	0,05	3 × 40	0,728	0,806	0,763	0,846	0,798	0,886	0,24033	74
135	0,05	3 × 45	0,773	0,856	0,808	0,896	0,863	0,956	0,27037	66
180	0,05	3 × 3 × 20	0,918	1,017	0,953	1,057	1,008	1,117	0,36050	49,3
225	0,05	3 × 3 × 25	1,025	1,135	1,060	1,175	1,115	1,235	0,45062	39,5
270	0,05	3 × 3 × 30	1,126	1,246	1,161	1,286	1,216	1,346	0,54075	32,9
10	0,10	1 × 10	0,407	0,451	0,442	0,491	0,467	0,521	0,08011	222
12	0,10	1 × 12	0,452	0,502	0,487	0,542	0,512	0,572	0,09613	185
15	0,10	1 × 15	0,498	0,553	0,533	0,593	0,568	0,633	0,12017	148
20	0,10	1 × 20	0,574	0,638	0,609	0,678	0,644	0,718	0,16022	111
25	0,10	1 × 25	0,643	0,714	0,678	0,791	0,713	0,794	0,20028	89
30	0,10	1 × 30	0,704	0,782	0,739	0,822	0,774	0,862	0,24033	74
35	0,10	1 × 35	0,761	0,845	0,796	0,885	0,851	0,945	0,28039	63
45	0,10	1 × 45	0,862	0,957	0,897	0,997	0,952	1,057	0,36050	49,3
60	0,10	3 × 20	1,003	1,113	1,038	1,153	1,093	1,213	0,48066	37,0
75	0,10	3 × 25	1,123	1,246	1,158	1,286	1,213	1,346	0,60083	29,6
90	0,10	3 × 30	1,232	1,367	1,267	1,407	1,322	1,467	0,72100	24,7
105	0,10	3 × 35	1,330	1,476	1,365	1,516	1,420	1,576	0,84116	21,1
120	0,10	3 × 40	1,417	1,573	1,452	1,613	1,507	1,673	0,96133	18,5
135	0,10	3 × 45	1,504	1,670	1,539	1,710	1,594	1,770	1,08150	16,4

Damit ist die Windungsspannung für den EF 25/7 1,45 V. Bei einer Rechteckspannung (Halbbrücke) von z.B. 145 $\bar{V}$ beträgt die primäre Windungszahl $N_{Pr} = 100$ Wdg. Für eine Sekundärspannung von z.B. 29 V ist die Windungszahl mit 20 Wdg (ohne evtl. Korrektur) zu wählen.

Der nutzbare Cu-Belag für die Primärseite $f_{Cu} \cdot A_{\frac{N}{2}} = 0{,}5 \cdot \frac{56}{2} = 14\ \text{mm}^2$ für 100 Windungen. Je 1 cm^2 sind dies $\frac{100}{0{,}14} \approx 700$ Wdg laut Diagramm Bild 4.158. Hierfür ergibt sich ein Drahtdurchmesser mit Isolation von 0,35 mm (Cu-Leiterdurchmesser etwa 0,32 mm).

Bei einer Stromdichte von $S = 5\ \text{A/mm}^2$ ergibt sich ein zulässiger Primärstrom von etwa 400 mA. Bei einer effektiven Rechteckspannung von 145 V ist die übertragbare Leistung $145 \cdot 0{,}4 = 58$ W (bei 50 kHz).

Für die Sekundärseite (29 V mit 20 Wdg) resultiert nach gleichem Vorgehen eine Wicklung aus HF-Litze nach Tab. 4.41 von $45 \times 0{,}1$ mm $\varnothing$. Falls genügend Wickelraum vorhanden ist, kann mit Litze $60 \times 0{,}1$ mm $\varnothing$ gewickelt werden.

Feldbedingte Verluste

Neben dem Skin-Effekt ist von Bedeutung, daß bei eng aneinanderliegenden Drähten der Strom in einem Leiter auch die Stromverteilung im benachbarten Leiter beeinflußt (Nachbarschaftseffekt). Bei höheren Strömen ist dieser Effekt besonders deutlich.

Die Wechselfeldstärke ist in der Wicklung eines Transformators bei einer einfachen Unterteilung in Primär- und Sekundärwicklung an der Grenze zwischen den beiden Wicklungen am größten. Bei Aufteilung der Primärwicklung in zwei Hälften sinkt sie auch etwa auf die Hälfte.

Genauso wie für den Eisenkern eine Lamellierung zur Verminderung der Wirbelstromverluste erforderlich ist, ist dies auch für den Draht von Gültigkeit, vor allem bei höheren Frequenzen. So gesehen, verursachen Wirbelströme in den Voll-Drähten höhere Verluste als der Skineffekt. Daher ist es zwingend nötig, bei höheren Frequenzen und Strömen HF-Litzen im SNT-Transformator bzw. in der Drossel einzusetzen.

Beispiel

Mit dem Kern RM 8 und dem Material N27 wurden 1-mH-Drosseln mit unterschiedlichen Wicklungsausführungen aufgebaut.

Tabelle 4.43 gibt die unterschiedlichen Temperaturen bei einem Effektivstrom von 0,73 A und einer Frequenz von 30 kHz an. Es ergaben sich Unterschiede für die Cu-Über-Temperatur von 28 K bis 54 K!

Tabelle 4.42 Spezielle Eigenschaften von Lackdrähten

Lackbasis		Polyurethan		mod. Polyurethan	
Abmessungsbereich		0,015 bis 0,63 mm		0,03 bis 0,63 mm	
Spezifische Eigenschaften		Leicht lötbarer Lackdraht mit sehr guten Isolationseigenschaften; lötbar ohne vorherige Entfernung der Lackschicht; sehr gute dielektrische Eigenschaften; hohe Elastizität des Lackfilmes.		wie Typ V jedoch mit erhöhter thermischer Beständigkeit und Lösungsmittelbeständigkeit.	
Anwendungsgebiete		Fernmelde- und Unterhaltungselektronik, Kleinmotoren, Kleintransformatoren, Magnetspulen, getränkte und ungetränkte Wicklungen aller Art und Relais.		wie Typ V jedoch für höhere thermische Beanspruchung bis 150 °C	
Technische Daten, z.B. für d_{Dr}	in mm	0,10	0,50	0,10	0,50
Grenztemperatur	°C	100	130	150	150
Erweichungstemperatur	°C	220	220	230	230
Lackfilmhärte		4 H	4 H	4 H	4 H
Beständigkeit gegen Lösungsmittel:					
Standard nach DIN		4 H	4 H	3 H	3 H
Aceton bei Raumtemperatur		3 B	3 B	3 H	3 H
Methylenchlorid bei Raumtemperatur		H	H	3 H	3 H
Äthanol (Spiritus) bei Raumtemperatur		3 H	3 H	4 H	4 H
Äthanol (Spiritus)	bei 60 °C	3 B	3 B	2 H	2 H
Benzol	bei 60 °C	4 H	4 H	4 H	4 H
Benzin	bei 60 °C	4 H	4 H	4 H	4 H
Ester	bei 60 °C	3 H	3 H	3 H	3 H
Wasser	bei 60 °C	3 H	3 H	4 H	4 H
Trafoöl	bei 60 °C	4 H	4 H	4 H	4 H
Beständigkeit gegen Feuchte		gut	gut	gut	gut
Bruchdehnung	%	23	30	23	30
Isolationswiderstand nach Wärmealterung	MΩ·km	100	100	100	100
Durchschlagspannung					
bei Raumtemperatur	V	800	3000	800	3000
bei erhöhter Temperatur	V	600	2000	600	2000
Verzinnungstemperatur mit Lackschicht	°C	>360	>360	>360	>360

Theic-Polyesterimid	
0,05 bis 0,63 mm	
Hohe Wärmebeständigkeit bei sehr guten mechanischen und elektrischen Eigenschaften; hohe Überlastfestigkeit; frigenbeständig.	
Für hochbeanspruchte Wicklungen aller Art, getränkt und ungetränkt; Transformatoren, Motoren der Klassen F und H, Hermetic-Motoren.	
0,10	0,50
180	180
320	330
4 H	4 H
4 H 3 H H 4 H 3 H 4 H 4 H 4 H 4 H 4 H	4 H 3 H H 4 H 3 H 4 H 4 H 4 H 4 H 4 H
gut	gut
23	30
300 800 600	300 3000 2000
nicht verzinnbar	mit Lackschicht

Tabelle 4.43
Aufbaubedingte Temperaturunterschiede einer 1-mH-Drossel

$\Delta\vartheta_E$ Übertemperatur am Ferritkern über Mittelschenkel
$\Delta\vartheta_{Cu}$ Übertemperatur des Drahtes auf der Wicklung

Draht-∅ in mm	Lagen-isolation	Aufpolsterung über Luftspalt	Luftspalt	$\Delta\vartheta_E$ in K	$\Delta\vartheta_{Cu}$ in K
1 × 0,375 CuL	ohne	1 mm	innen	38	44
1 × 0,375 CuL	je 70 µm	1 mm	innen	31	38
4 × 0,2 CuL parallel	ohne	ohne	innen	43	54
	ohne	ohne	durchgehend	39	44
4 × 0,2 CuL parallel	je 70 µm	ohne	innen	28	31
4 × 0,2 CuL verseilt!	ohne	ohne	innen	26	29
Litze 15 × 0,1 ohne Umspinnung verseilt	ohne	ohne	innen	25	28

4.10.9 Induktivität

Beim Transformator oder bei einer Drossel errechnet sich die Induktivität einer Wicklung zu

$$L = A_L \cdot N^2.$$

Der Induktivitätsfaktor wird nach $A_L = \mu_0 \cdot \mu_e \cdot \frac{A_E}{l_E} \cdot 10^{-9} = \frac{L}{N^2}$ in nH ermittelt.

Der A_L-Wert kann bei fehlender Angabe für einen beliebigen Kern ggf. einfach ermittelt werden, indem man z.B. 25 Windungen aufbringt, die Induktivität mißt und daraus den A_L-Wert errechnet.

Die Induktivität eines luftspaltlosen Transformators interessiert in den meisten Anwendungen nur nebenbei. Anders ist dies bei Eintakt-Transformatoren (und Drosseln) mit Luftspalt, wobei die Induktivität einen bestimmten Wert haben muß. Bei Transformatoren muß jedoch die Streuinduktivität häufig einen extrem kleinen Wert aufweisen.

Die Windungszahl einer Drossel errechnet sich u.a. aus

$$N = \sqrt{\frac{L \cdot \frac{l}{A_E}}{\mu_e \cdot \mu_0}}.$$

Vormagnetisierung

Bringt man in einen magnetisch geschlossenen Kreis einen Luftspalt s ein, so reduziert sich die Permeabilität auf die effektive Permeabilität μ_e. Sie errechnet sich nach

$$\mu_e = \frac{1}{\mu_0} A_L \cdot \frac{\Sigma l_E}{A_E}.$$

Die Kurven $\mu_{rev} = f(H_-)$ dienen zur Ermittlung der Wechselfeldpermeabilität μ_{rev} bei Vormagnetisierung (Bild 4.132).

Die reversible Permeabilität entspricht der effektiven Permeabilität bis zum Beginn der Sättigungsmagnetisierung.

Die Gleichfeldstärke H_- läßt sich gemäß nachstehender Gleichung berechnen, wobei die effektive magnetische Weglänge l_E den Kerndaten zu entnehmen ist (siehe auch Tabelle 4.37).

$$H_- = \frac{I \cdot N}{l_E}.$$

Für eine überschlägige Ermittlung von μ_e kann die Beziehung

$$\mu_e \approx \frac{(1\ldots2)\cdot 10^5}{H} = \frac{(1\ldots2)\cdot 10^5}{\frac{\text{A}}{\text{m}}}.$$

herangezogen werden.

Der größere Faktor (2) ist bei großer Vormagnetisierung $\left(> 1000\,\frac{\text{A}}{\text{m}}\right)$ anzusetzen.

Beispiel

Gesucht: Gleichstromdurchflutung $I \cdot N$ und max. Aussteuerung.
Kern E 42/15 N27
s 0,5 mm, μ_e 200, l_E 97 mm

Lösung

Der Abfall der Permeabilität durch Vormagnetisierung tritt ab einer Gleichfeldstärke von etwa 600 A/m auf (siehe Bild 4.132). Dies entspricht einer Gleichstromdurchflutung von

$$I \cdot N = H \cdot l_E = 600 \cdot 97 \cdot 10^{-3} \approx 60 \text{ AW}.$$

Die maximale Gleichfeldstärke $H_{max} = 600$ A/m wird im Kern 42/15 bei 60 AW erreicht. Mit 100 Wdg. ergibt sich hierfür ein Strom von 0,6 A_-. Bei zusätzlicher Wechselmagnetisierung muß dieser entsprechend reduziert werden. Bei einseitiger Aussteuerung von 0 bis 100% ist z.B. die Vormagnetisierung auf 0,3 A und die Aussteuerung auf maximal $\pm 0{,}3$ A festzulegen. Bei ausschließlicher Wechselmagnetisierung steht der gesamte Bereich mit $I_{ss} = 2 \times 0{,}6 = 1{,}2$ A zur Verfügung.

Luftspalt

Durch einen Luftspalt lassen sich Nachwirkungsverluste, Temperaturbeiwert im Scherungsverhältnis und Hystereseverluste herabsetzen. Vor allem können enge A_L-Wert-Toleranzen erzielt werden.

Für kleine Luftspalte (< 0,5 mm) gilt $s = \mu_0 \cdot \frac{A_E}{A_L} - \frac{l_E}{\mu_i}$. Bei größeren Luftspalten ist l_E/μ_i vernachlässigbar, danach läßt sich der Luftspalt aus einem der nachstehenden Zusammenhänge bestimmen

$$s = \mu_0 \cdot \frac{H}{B_{max}} = \mu_0 \cdot \frac{N \cdot I_{L\,max}}{B_{max}} = \mu_0 \cdot \frac{A_E \cdot N^2}{L} = \mu_0 \cdot \frac{A_E}{A_L} = \mu_0 \cdot \frac{l_E}{\mu_e}.$$

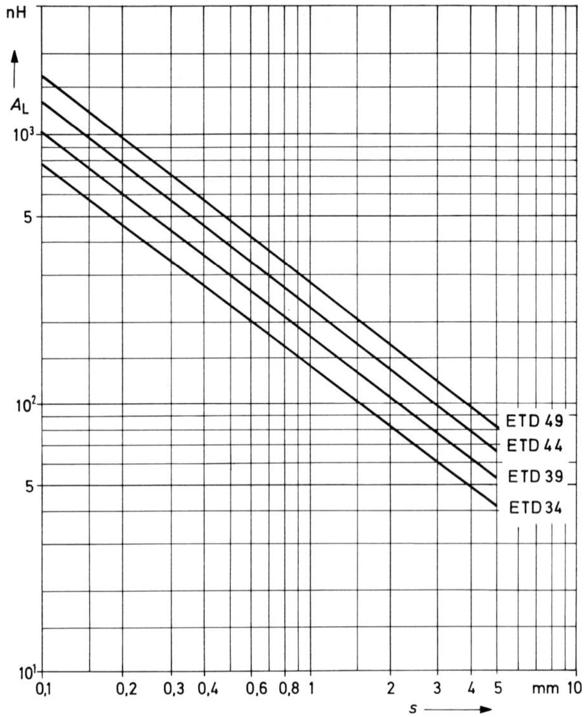
nH
A_L
10^3
5
10^2
5
10^1
0,1
0,2
0,3
0,4
0,6
0,8
1
2
3
4
5
mm
10
s
ETD 49
ETD 44
ETD 39
ETD 34

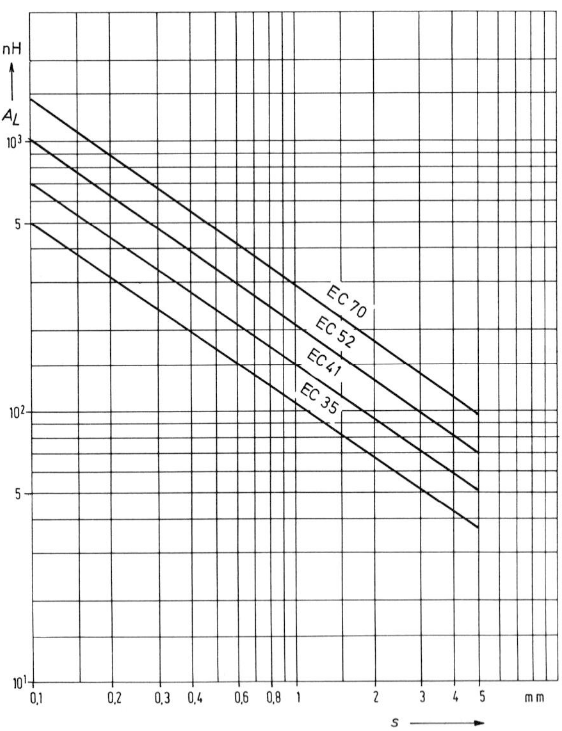
nH
A_L
10^3
5
10^2
5
10^1
0,1
0,2
0,3
0,4
0,6
0,8
1
2
3
4
5
mm
s
EC 70
EC 52
EC 41
EC 35

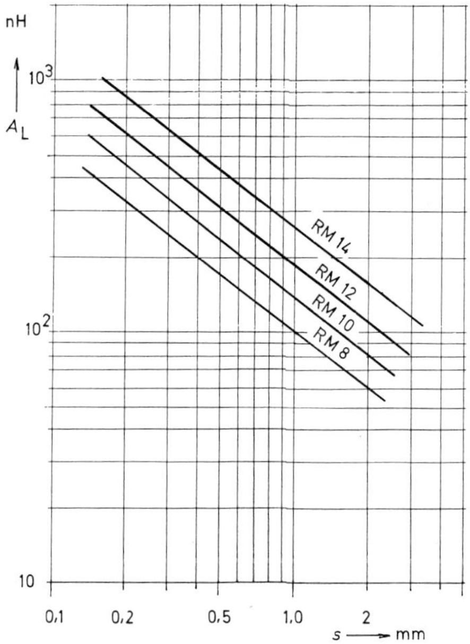

Bild 4.159
A_L-Wert in Abhängigkeit vom Luftspalt

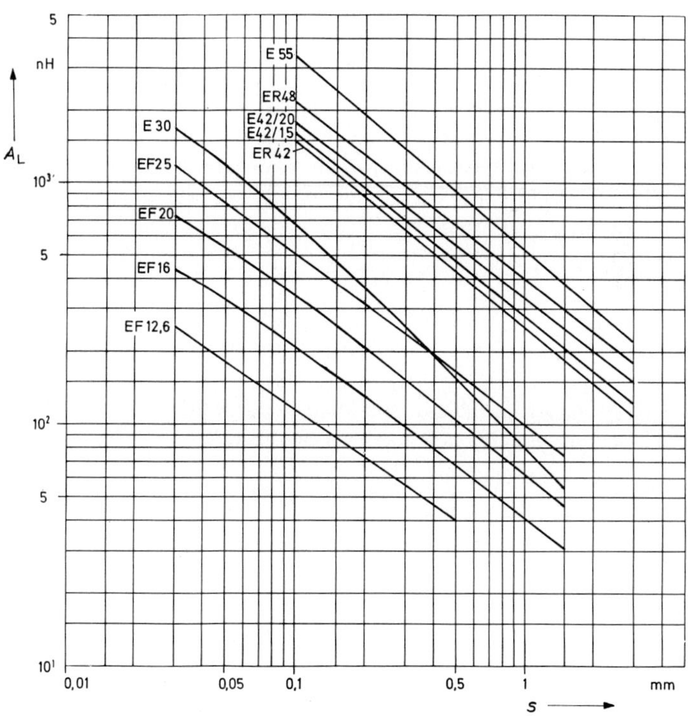

Wenn erforderlich, kann für größere Luftspalte nachstehende näherungsweise Umrechnung benutzt werden

$$s_1 \cdot A_{L1} = s_2 \, A_{L2}.$$

Bei Kernen mit größeren Luftspalten verursacht das Streufeld in unmittelbarer Nähe des Luftspalts zusätzliche Wirbelstromverluste in der Wicklung.

Hierbei ist es zweckmäßig, in der Nähe des Luftspalts einen gewissen Abstand (Aufpolsterung) zur Wicklung zu schaffen, oder besser HF-Litze zu verwenden.

Für einige gebräuchliche Ferritkerne sind in Bild 4.159 Diagramme angegeben, aus denen die Größe des Luftspalts s abhängig vom A_L-Wert abzulesen ist.

Bei Gegentaktwandlern kann auch aus folgenden Gründen ein Luftspalt im Transformator vorteilhaft sein:

▷ Wenn Vormagnetisierung im Kern auftreten kann, z.B. durch ungleiche Tastzeiten – verursacht durch unterschiedliche Speicherzeiten, unterschiedliche Diodenflußspannungen, unterschiedliche Kopplungen zu den Gegentakt-Sekundärwicklungen, unterschiedliche Steuerung oder Halbwellenlasten.
▷ Bei Lastsprüngen, welche Unsymmetrien in der Aussteuerung durch Regelschwingungen auslösen können.
▷ Bei Startimpulsen.

Für einen bestimmten Luftspalt in einem Transformator können die Amperewindungen für den Sättigungseinsatz folgendermaßen ermittelt werden:

Eine Wicklung mit bekannter Windungszahl wird in Reihe mit einem kleinen Widerstand an eine einstellbare Wechselspannung gelegt, der Strom bis zum Verzerrungseinsatz (am Oszillografen beobachtet) hochgeregelt und abgelesen und mit der Windungszahl multipliziert. Ggf. ist die Temperaturabhängigkeit der Sättigungsinduktion zu beachten.

Streuinduktivität

Die gebräuchlichen Sperr- und Durchflußwandler-Konzepte fordern vom Transformator eine sehr feste Kopplung der Primär- zur Sekundär-Wicklung, d.h. ein geringes Streufeld und damit eine kleine Streuinduktivität. Bild 4.160 zeigt hierzu ein vereinfachtes Transformator-Ersatzschema.

Der Koppelfaktor ist groß, wenn die Streuinduktivität gegen Null tendiert und die Transformator-(Parallel-)Induktivität L_{Tr} groß ist. Die wirksame Streuinduktivität L_S setzt sich aus dem primären und dem sekundären Anteil zusam-

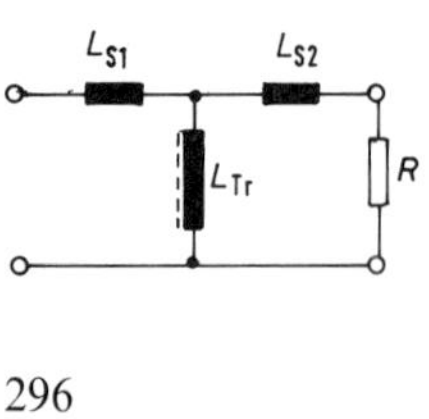

Bild 4.160
Transformator-Ersatzschaltung (vereinfacht)

men. Die gesamte primär wirksame Streuinduktivität wird bei Kurzschluß der Sekundärwicklung gemessen.

Die primäre bzw. sekundäre Streuinduktivität ist jeweils die Hälfte des gemessenen Wertes.

Die ohmschen Widerstände in der Primär- und Sekundärwicklung verursachen die Spannungsabfälle $I_1 \cdot R_1$ und $I_2 \cdot R_2$.

Außerdem entstehen Spannungsabfälle an den Streuinduktivitäten, die bei zunehmender Last und höheren Frequenzen bzw. kleinen Tastzeiten ansteigen.

$$I_1 \cdot \omega \cdot L_{S1} \text{ bzw. } I_2 \cdot \omega \cdot L_{S2}.$$

Die Streuinduktivität $L_{S\,ges}$ errechnet sich näherungsweise wie folgt:

$$L_{S\,ges} = 1{,}26 \cdot 10^{-8} \cdot N_1^2 \cdot \frac{h_W \cdot l_W}{3 \cdot b_W} \cdot \frac{1}{t^2} \cdot K,$$

Worin h_W die Höhe der Bewicklung, b_W die Wickelbreite und l_W die Windungslänge und t den Unterteilungsfaktor bedeuten.

K ist ein Korrekturfaktor, der bei der Einkammerspule mit 1 und bei der Zweikammerspule mit 10 einzusetzen ist. Die Näherungsformel gilt für relativ kleine E-Kernformen.

Aus der Gleichung ist abzuleiten, daß kleine Streuinduktivitäten mit großer Wickelbreite in Richtung der magnetischen Achse und bei geringer Wicklungshöhe erzielt werden.

Schalenförmige (kurze) Kerne haben ein geringes äußeres Streufeld, jedoch ein größeres inneres Streufeld gegenüber langschenkeligen Kernen.

Eine Verringerung der Streuinduktivität läßt sich durch eine Unterteilung der Wicklung (Verschachtelung) erreichen nach der Beziehung

$$L_{S(t)} = L_{S\,ges} \cdot \frac{1}{t^2}.$$

Der Unterteilungsfaktor ist durch die Anzahl der Trennflächen t zwischen der Primär- und Sekundärwicklung definiert. Für zwei Trennflächen ergibt sich eine Reduzierung der Streuinduktivität auf etwa $\frac{1}{4}$ des Wertes ohne Unterteilung. Die geringste erzielbare Streuinduktivität ermöglicht nur die Paralleldrahtausführung von Primär- und Sekundärwicklung.

Es gibt Anwendungen, welche einen Transformator mit großer Streuinduktivität zulassen bzw. fordern. Große Streuinduktivität erreicht man z.B. durch Zweikammerwicklungen, welche evtl. durch eine dritte Kammer zwischen den Wicklungen getrennt sind oder durch Anordnung der Primär- und Sekundär-Wicklung auf je einem Schenkel eines U-Kernes, wobei ein Luftspalt für einen größeren Streufaktor $S = L_S/L_{Tr}$ beträgt. Eine weitere Möglichkeit ist, entsprechend höhere Windungszahlen vorzusehen, als die Rechnung für einen normalen Transformator ergibt.

Hierbei kann ein größerer Transformatortyp erforderlich werden.

Beispiel

Wie groß ist die Streuinduktivität eines Transformators mit dem Kern EF 25 und Zweikammerwicklung?

$N_1 = 150$ Wdg (Kammer 1), $N_2 = 50$ Wdg (Kammer 2), $h_W = 0{,}35$ cm, $l_W = 5{,}2$ cm, $b_W = 1{,}5$ cm, $\mu_0 = 1{,}26 \cdot 10^{-8}\ \mathrm{H \cdot cm^{-1}}$, $t = 1$, $K = 10$

Lösung

$$L_S \approx \mu_0 \cdot N_1^2 \cdot \frac{l_W \cdot h_W}{3 \cdot b_W} \cdot 10 = 1{,}26 \cdot 10^{-8} \cdot 2{,}25 \cdot 10^4 \cdot \frac{5{,}2 \cdot 0{,}35}{3 \cdot 1{,}5} \cdot 10 = 1{,}15\ \mathrm{mH}.$$

Diese Streuinduktivität kann z.B. benutzt werden, um die Strombegrenzung für eine Leuchtstofflampe sicherzustellen.

4.10.10 Dimensionierung von Drosseln

Vormagnetisierte Drossel

Die drei wesentlichen Schaltreglervarianten sind Tiefsetzer, Inverter und Hochsetzer. Ihre Grundschaltungen sind in Kap. 3.1 kurz beschrieben. Es sind einfache Schaltnetzteile ohne Potentialtrennung.

Tabelle 4.44 zeigt die wichtigsten Kenngrößen.

Am gebräuchlichsten ist der Tiefsetzer (Tiefregler).

Der Verlauf von Spannungen und Strömen zeigt schematisch Bild 4.161. Darin bedeuten:

U_i	Eingangsspannung
U_0	Ausgangsgleichspannung
I_L	mittlerer Strom durch Induktivität
I_e	Kollektorstrom
ΔI_L	Stromwelligkeit durch Induktivität
$\Delta I'_L$	Stromänderung bei Lastsprung
ΔI_{LPer}	Stromänderung je Periode

Drosselspannung u_L und sägezahnförmiger Verlauf des Drosselstroms i_L entsprechen Bild 4.161. Die Drossel ist so zu bemessen, daß

▷ bis zu einem gegebenen maximalen Drosselstrom $I_{L\max}$ die Induktivität L hinreichend stabil bleibt,

Tabelle 4.44 Kenngrößen verschiedener Schaltregler mit Speicherdrosseln

	Kenngrößen		
	U_0	I_L	L
Tiefsetzer	$p_1 \; U_i$	I_0	$\dfrac{(U_i - U_0)\, U_0}{\Delta I_L \, f \, U_i}$
Inverter	$\dfrac{p_1}{p_2} U_i$	$\dfrac{1}{p_2} I_0$	$\dfrac{U_i \, U_0}{\Delta I_L \, f \, (U_i + U_0)}$
Hochregler	$\dfrac{1}{p_2} U_i$	$\dfrac{1}{p_2} I_0$	$\dfrac{(U_o - U_i)\, U_i}{\Delta I_L \, f \, U_0}$

$p_1 = \text{Schaltverhältnis } \dfrac{t}{T} = V$ $\qquad p_2 = \text{Ausschaltverhältnis } \dfrac{t_2}{T} = \dfrac{T - t_1}{T} = 1 - \dfrac{t_1}{T} = 1 - V$

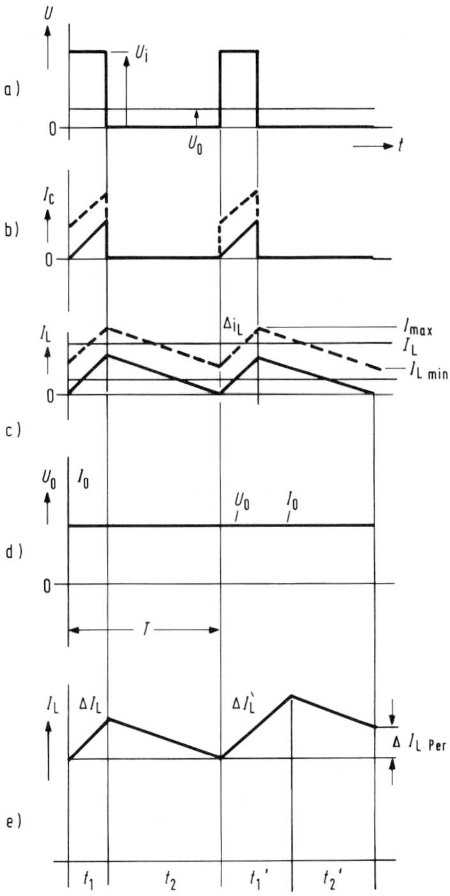

Bild 4.161
Verlauf von Spannungen und Strömen eines Tiefreglers

▷ eine gegebene Stromwelligkeit ΔI_L nicht überschritten wird,

▷ eine hinreichende Regelgeschwindigkeit bei Laständerungen erreicht wird und die Erwärmung der Drossel nicht zu hoch wird.

Eine Belastung mit dem Gleichstrom I bedeutet für den Drosselkern eine bestimmte Vormagnetisierung. Das Maß hierfür ist $I^2 L$.

Nachstehend wird als Vormagnetisierbarkeit die maximale Vormagnetisierung $I^2 L_{max}$ bezeichnet, bei der die reversible Induktivität L bei einer Betriebstemperatur von z.B. +100 °C um etwa 5% abgefallen ist.

Die Vormagnetisierbarkeit steigt mit zunehmendem Luftspalt s und abnehmender effektiver Permeabilität μ_e. Mit ihr steigen aber auch die zugehörige Kupferverlustleistung $I^2 R$ und damit die Übertemperatur $\vartheta_Ü$.

Für den maximalen Drosselstrom ergibt sich je nach Stromwelligkeit ΔI_L, die bei Tiefreglern im allgemeinen unter 0,3 I_L liegt,

$$I_{L\max} = I_L + 0{,}5\,\Delta I_L.$$

Bei optimaler Bemessung wird die maximale Vormagnetisierbarkeit des Kerns ausgenutzt.

Die Induktivität berechnet sich beim Tiefregler zu

$$L = \frac{(U_i - U_0)\,U_0}{\Delta I_L \cdot f \cdot U_i}.$$

Bei Speicherdrosseln mit Ferrit-Kernen bleiben die Kernverluste meist so niedrig, daß sie vernachlässigt werden können. Damit wird die Übertemperatur allein von der Kupferverlustleistung bestimmt.

Als Beispiel und Bemessungsunterlage zeigt Bild 4.152 in Kap. 4.10.7 die Vormagnetisierbarkeit $I^2 L$, die Kupferverlustleistung $I^2 R$ und die effektive Permeabilität μ_e bei Übertemperaturen ΔT von etwa 30 bis 50 K für verschiedene Kerne aus N27 und N67. Das Diagramm gilt bei vernachlässigbarer Stromwelligkeit.

Der Maximalwert bestimmt mit der reversiblen Induktivität die maximale Magnetisierung, der Effektivwert mit dem Widerstand der Wicklung die Kupferverlustleistung.

Bei einem sägezahnförmigen Drosselstrom mit dem Mittelwert I_L und der Welligkeit ΔI_L verhält sich der Maximalwert $I_{L\max}$ zum Effektivwert I wie

$$k = \frac{I_{L\max}}{I} = \frac{I_L + \dfrac{\Delta I_L}{2}}{\sqrt{I_L^2 + \dfrac{\Delta I_L^2}{12}}}.$$

Im Extremfall bei $\Delta I_L = 2 I_L$ ergibt sich ein maximales Verhältnis $k = \sqrt{3}$. Im Quadrat des Verhältnisses nach obiger Gleichung sind Kupferverlustleistung und Übertemperatur niedriger als in Bild 4.152 angegeben.

Bei einer Korrektur sind die Werte für $(I^2 L)_{max}$ mit k zu multiplizieren und die Werte für μ_e durch k zu teilen.

Wenn zur Bestimmung von $(I^2 L)_{max}$ der maximale Drosselstrom $I_{L\,max}$ nicht gegeben ist, dafür aber der Ausgangsstrom I_0, kann der Mittelwert I_L als Funktion von I_0 der Tabelle 4.44 entnommen, berechnet und um die halbe Stromwelligkeit ΔI_L auf $I_{L\,max}$ erhöht werden. Eine Drossel mit verlustarmem Ferrit-Kern (z.B. N67) wird als Energiezwischenspeicher am besten bei maximaler Stromwelligkeit $\Delta I_L = 2 I_L$ genutzt. Mit Rücksicht auf die Ausnutzung des Schalttransistors, der Diode und des Kondensators ist häufig eine erheblich niedrigere Stromwelligkeit vorgegeben, z.B. bei Tiefreglern $\Delta I_L \leqq 0{,}3\, I_L$.

Die Induktivität L ergibt sich als Mindestwert aus den in der Tabelle aufgeführten Funktionen u.a. mit der gegebenen Stromwelligkeit ΔI_L. Nachstehend wird mit diesem Mindestwert gerechnet, da die meist geforderte hohe Regelgeschwindigkeit bei Laständerungen eine möglichst niedrige Induktivität verlangt.

Bild 4.162 stellt den Zusammenhang zwischen effektiver Permeabilität μ_e, Gesamtluftspalt s und effektiver magnetischer Weglänge l_e für Kerne aus Ferrit mit einem $\mu_i \approx 2000$ dar. Wenn zwei Werte gegeben sind, läßt sich der dritte – μ_e oder s – mit dem Nomogramm ermitteln.

Bemessungsbeispiel Tiefregler

Gegeben

Eingangsspannung $U_i = 50$ V, Ausgangsspannung $U_0 = 10$ V, Drosselstrom (Mittelwert) $I_L = 3{,}6$ A, Stromwelligkeit $\Delta I_L = 0{,}8$ A und Schaltfrequenz $f = 20$ kHz.

Gesucht

Kerngröße, Luftspalt s, effektive Permeabilität μ_e, Induktivität L und die Windungszahl N.

Lösung

Nach Tabelle 4.44 ist bei einem Tiefregler

$$L = \frac{(U_i - U_0) \cdot U_0}{\Delta I_L f U_i} = \frac{(50-10)\,10}{0{,}8 \cdot 20 \cdot 10^3 \cdot 50}\ \mathrm{H} = 0{,}5\ \mathrm{mH}.$$

Der maximale Drosselstrom ist:

$$I_{L\,max} = I_L + 0{,}5\ \Delta I_L = 3{,}6\ \mathrm{A} + 0{,}5 \cdot 0{,}8\ \mathrm{A} = 4\ \mathrm{A}.$$

Damit wird die Vormagnetisierbarkeit $(I^2 L)_{max} = 4^2 \cdot 0{,}5 = 8\ A^2\ mH$.

Nach Bild 4.152 kann eine Vormagnetisierung von $8\ A^2\ mH$ mit einem Kern RM 14 aus N27 (Kerngewicht $G = 65$ g) $\mu_e \approx 42$ und $\Delta T \approx 45$ K erreicht werden. Auf eine Korrektur wird verzichtet, da $I_{L\,max}/I_L < 1{,}15$ ist.

Nach Bild 4.162 ergibt sich für den Kern RM 14 mit einer effektiven magnetischen Weglänge $l_e \approx 70$ mm die effektive Permeabilität $\mu_e \approx 42$ bei einem Gesamtluftspalt $s \approx 2{,}3$ mm.

Die Windungszahl N ergibt sich zu

$$N = \sqrt{\frac{L \Sigma l/A}{\mu_e \mu_0}}$$

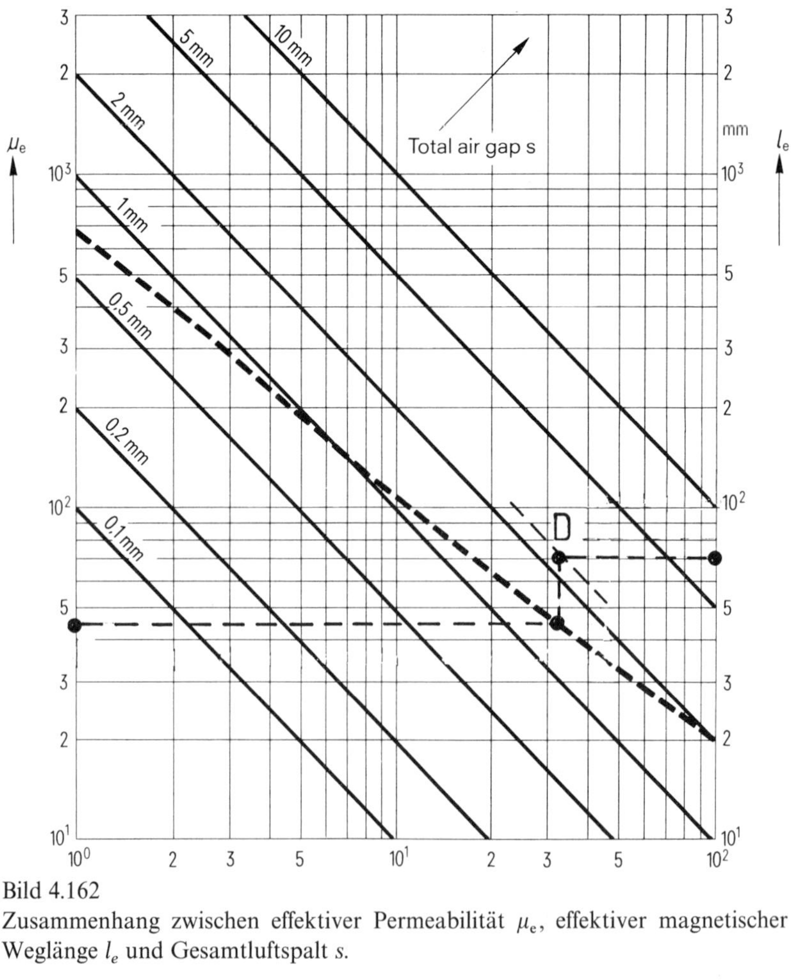

Bild 4.162
Zusammenhang zwischen effektiver Permeabilität μ_e, effektiver magnetischer Weglänge l_e und Gesamtluftspalt s.

mit der Induktionskonstanten $\mu_0 = 1{,}257 \cdot 10^{-9}$ H/mm und dem Formfaktor $\Sigma l/A$ des Kerns. Hier wird mit

$$\Sigma l/A = 0{,}4 \text{ mm}^{-1}$$

$$N = \sqrt{\frac{0{,}5 \cdot 10^{-3} \cdot 0{,}4}{42 \cdot 1{,}257 \cdot 10^{-9}}} \approx 61.$$

Gemeinsame Speicherdrossel

Es werden nur zwei Ausgangsspannungen betrachtet. Die Ausgangsspannung U_1 sei konstant geregelt.

a) Sperrphase

Während der Sperrzeit des Schalttransistors entlädt sich die Speicherdrossel über die Wicklungen $N_{1\,\mathrm{Dr}}$ und $N_{2\,\mathrm{Dr}}$. Da sie transformatorisch gekoppelt sind, übertragen sich die an den Wicklungen entstehenden Spannungen gemäß dem Windungszahlverhältnis. Nachdem die Spannung U_1 gut geregelt ist, entsteht auf die Spannung U_2 eine stabilisierende Wirkung, wenn untenstehendes Windungszahlverhältnis vorhanden ist.

Verhältnis der Drosselwindungszahlen $N_{1\,\mathrm{Dr}}$ und $N_{2\,\mathrm{Dr}}$.

$$U_{1\,\mathrm{Dr}} = U_1 + U_{\mathrm{D}1}$$
$$U_{2\,\mathrm{Dr}} = U_2 + U_{\mathrm{D}2}$$
$$\frac{N_{2\,\mathrm{Dr}}}{N_{1\,\mathrm{Dr}}} = \frac{U_2 + U_{\mathrm{D}2}}{U_1 + U_{\mathrm{D}1}}$$

b) Leitphase

Während der Leitphase soll durch die jeweiligen Drosselwicklungen ein von den Sekundärspannungen U_{10} und U_{20} induzierter Strom in Höhe des Ausgangsstroms fließen.

Aus dieser Bedingung lassen sich die erforderlichen Sekundärspannungen des Trafos ermitteln.

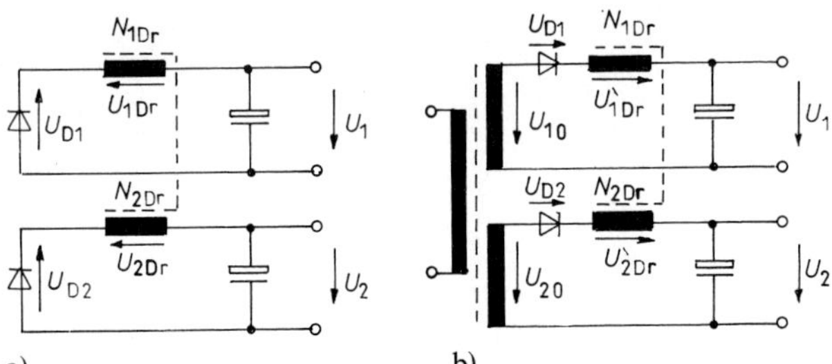

Bild 4.163 Sperr- (a) und Leitphase (b) für gemeinsame Speicherdrossel

Berechnung der Trafo-Sekundärspannung

$$U'_{1\,\mathrm{Dr}} = U_{10} - U_{\mathrm{D}1} - U_1$$
$$U'_{2\,\mathrm{Dr}} = U_{20} - U_{\mathrm{D}2} - U_2$$
$$\frac{U'_{1\,\mathrm{Dr}}}{U'_{2\,\mathrm{Dr}}} = \frac{N_{1\,\mathrm{Dr}}}{N_{2\,\mathrm{Dr}}}$$
$$U_{20} = \frac{N_{2\,\mathrm{Dr}}}{N_{1\,\mathrm{Dr}}} \cdot (U_{10} - U_{\mathrm{D}1} - U_1) + U_{\mathrm{D}2} + U_2 .$$

Man erhält:

$$U_{20} = \frac{U_2 + U_{\mathrm{D}2}}{U_1 + U_{\mathrm{D}1}} \cdot (U_{10} - U_{\mathrm{D}1} - U_1) + U_{\mathrm{D}2} + U_2 .$$

Nichtlineare Speicherdrossel

Während für ein gutes dynamisches Verhalten die Induktivität einer Speicherdrossel nicht sehr groß sein soll, verlangt der Betrieb bei geringer Belastung eine möglichst große Induktivität. Bei „lückendem" Betrieb (Bild 4.164) kann sich je nach Art der Regelung die Ausgangsspannung ändern, die Welligkeit zunehmen und sich eine Regelschwingung ausbilden. Die Ausgänge untereinander können unterschiedliche Spannungsänderungen erfahren.

Um den unerwünschten lückenden Betrieb zu vermeiden, verwendet man nichtlineare Speicherdrosseln, deren Induktivität zu kleinen Gleichströmen hin ansteigt. Dadurch nimmt die Welligkeit mit kleiner werdender Belastung ab, so daß der Strom durch die Drossel nicht bzw. erst bei sehr geringer Belastung „lücken" kann.

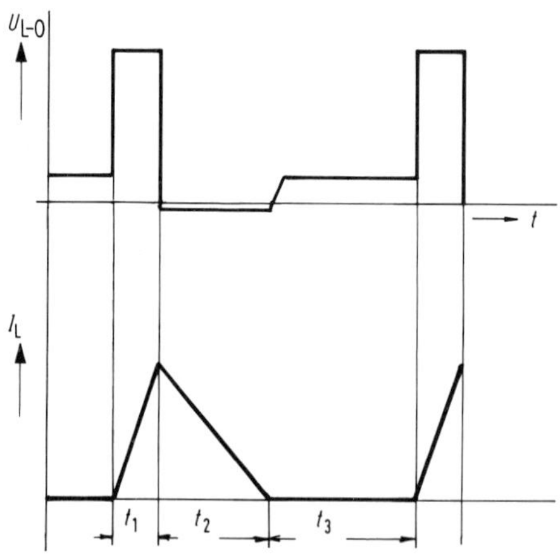

t_1 Stromanstiegszeit
t_2 Stromabstiegszeit
t_3 Zeit der Stromlücke

Bild 4.164 Lückender Strom I_L durch eine zu geringe Induktivität L

Der Induktivitäts-Stromverlauf ist aus der Kennlinie Bild 4.165 ersichtlich.

Für das überschlägige Auswerten des Diagramms kann man davon ausgehen, daß die bei Nennstrom I_N gespeicherte magnetische Energie einer Drossel linear von der Vormagnetisierung abhängt, wobei H bei I_N die Gleichfeldvorbelastung und μ bei I_N die Permeabilität des Drosselkernes bei Nennstrom I_N sind.

Ersetzt man z.B. den Kern einer linearen Drossel durch einen geometrisch gleichen Kern einer nichtlinearen Drossel, so ist die gespeicherte Energie der so entstandenen nichtlinearen Drossel bei gleichem Nennstrom I_N um einen Faktor

$$\alpha_L = \frac{L_{n\,lin}}{L_{(I_N)lin}}$$

kleiner als im Fall der linearen Kennlinie.

$L_{n\,lin}$ ist die Induktivität der nichtlinearen Drossel für einen beliebigen Strom I und α_I der auf den Nennstrom normierte Strom. Die Induktivitätswerte für andere Ströme ermittelt man aus dem Verlauf der Kennlinie.

Der Induktivitätsverlauf ist im nichtlinearen Bereich etwa um den Faktor 10 höher als bei Nennstrom. Bei einer Nennwelligkeit von $\Delta I/I_N = 0{,}3$ kann ein nichtlückender Betrieb bis herab um 5% des Nennstroms erreicht werden.

Für nichtlineare Speicherdrosseln sind die nachstehenden RM-Kerne mit gestuftem Innenbutzen entwickelt worden. Dazu gibt es Spulenkörper ohne Anschlußstifte

Kern		RM 8	RM 10	RM 12	RM 14
max. Draht-∅	in mm	0,8	1,5	2,0	2,5

Die Wickeldraht-Enden können ab 0,6 mm ∅ als Anschlußstifte verwendet werden.

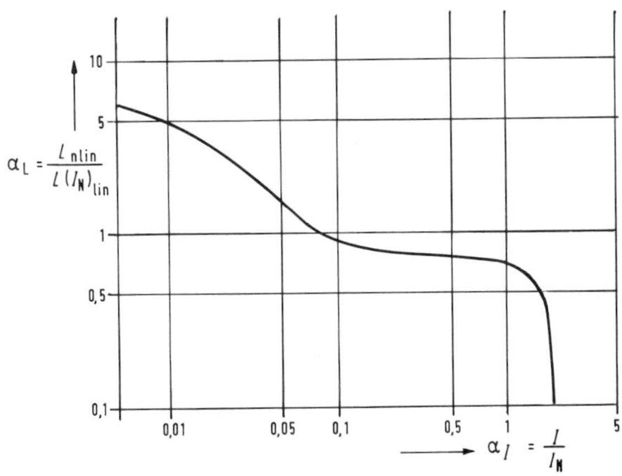

Bild 4.165 Induktivitäts-Strom-Verlauf für eine nichtlineare Speicherdrossel

Nichtvormagnetisierte Drossel

Drosseln werden als Blindwiderstände z.B. zur Strombegrenzung in Vorschaltgeräten für Leuchtstoff- oder Gashochdrucklampen verwendet; sie sind nicht vormagnetisiert. Ferner werden nicht vormagnetisierte Induktivitäten auch in Schwingkreisen eingesetzt. Ihre magnetische Aussteuerung erfolgt daher bipolar.

Beispiel 1

Über die nicht vormagnetisierte Induktivität eines Schwingkreises bei $f = 30$ kHz fließen z.B. I_{eff} 0,3 A, wobei die Kreisspannung $U_{eff} = 150$ V beträgt. Die Blindleistung ist 45 VA. Bei 30kHz ergibt sich ein Kern mit $G_K = 6$ g und nach Rhombusdiagramm (Bild 4.151) ein $\Delta B_{opt} = 480$ mT. Der nächstgrößere Kern EF 20 mit $G_K = 8{,}2$ entspricht dieser Forderung mit Reserven.

Die Induktivität errechnet sich aus

$$L = \frac{X_L}{\omega};\ L = \frac{U_{eff}/I_{eff}}{\omega} = \frac{150/0{,}3}{6{,}28 \cdot 30 \cdot 10^3} \approx 2{,}6 \cdot 10^{-3} = 2{,}6 \text{ mH}.$$

Die Windungszahl ergibt sich nach dem Trafodiagramm (Bild 4.144).

$$N = \frac{U_{eff}}{1{,}1 \cdot \mu} = \frac{150 \text{ V}}{1{,}1 \cdot 0{,}9} = 152 \text{ Wdn.}$$

Der A_L-Wert ist $A_L = \dfrac{L}{N^2} = \dfrac{2{,}6 \cdot 10^{-3}}{152^2} \approx 112 \cdot 10^{-9} = 112$ nH.

Der Luftspalt wird aus dem A_L-Diagramm Bild 4.159 mit $d \approx 0{,}45$ mm gewählt. Bei einem Wickelraum von 34 mm² ist für 152 Wdg. ein Drahtdurchmesser von 0,35 mm CuL möglich.

Beispiel 2

Eine Strombegrenzungsdrossel für eine 100-W-Leuchtstofflampe soll an einer Vollbrücke mit einer Rechteckspannung von 265 V_{ss} betrieben werden. Die Lampenspannung sei $U_{Leff} = 100$ V bei $I_{Leff} = 1$ A. Die Betriebsfrequenz $f = 25$ kHz.

Da die Spannungsversorgung Rechteckspannung liefert, und am Verbraucher Spannung und Strom Dreieck- bis Sinusform haben kann, stellt die folgende Rechnung eine Näherung dar.

Die Rechteckspannung ergibt eine effektive Sinusspannung von
$U_{\sim eff} = 1{,}11\,\bar{U} = 1{,}11 \cdot 265 = 294$ V abzüglich $U_{D(on)} = 10$ V. $U_\sim = 284$ V.

Die Drosselspannung ergibt sich aus dem Zeigerdiagramm Bild 4.166 mit

$$U_{Dr} = \sqrt{U_{Gen}^2 - U_{Dr}^2} = \sqrt{284^2 - 100^2} \text{ V} = 265 \text{ V}.$$

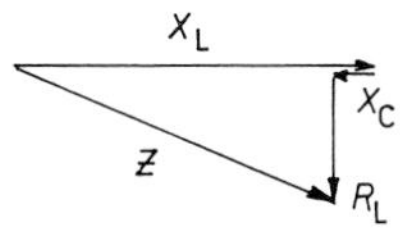

Bild 4.166 Zeigerdiagramm zur Ermittlung der Lampendrossel

Für die Verlustspannung an einem Koppelkondensator wären z.B. noch 5 bis 10 V hinzuzurechnen.

Bei $I_L = 1$ A wird der Blindwiderstand der Drossel $X_L = 265$ jΩ. Die Induktivität ermittelt sich aus

$$L = \frac{X_L}{2\pi f} = \frac{265}{6{,}28 \cdot 25 \cdot 10^3} \approx 1{,}7 \cdot 10^{-3}\ \mathrm{H} = 1{,}7\ \mathrm{mH}.$$

Die Scheinleistung der Drossel ist $U_{Dr} \cdot I_L = 265$ VA.

Nach dem Diagramm Bild 4.151 kann ein Kern mit $G \approx 53$ g gewählt werden. Hierzu kommt der Kern E 36/11 oder der Kern RM 12 in Frage, wenn bei letzterem eine etwas höhere Temperatur zugelassen wird.

Bei beiden Kernen ergibt sich etwa die gleiche Windungsspannung für $A_E = 1\ \mathrm{cm}^2$ nach Bild 4.144 mit 1,7 V/Wdg·cm². Für $A_E = 1{,}25\ \mathrm{cm}^2$ ist dann $u = 2{,}12$ V/Wdg. Die Windungszahl der Drossel ist damit $N = 265/2{,}12 = 125$ Wdg.

Für den Kern RM 12 ist bei $A_N = 73\ \mathrm{mm}^2$ und 125 Wdg ein Litzendraht von 30 × 0,1 mm ∅ CuL (nicht umsponnen) möglich. Der A_L-Wert ist

$$A_L = \frac{L}{N^2} = \frac{1{,}7 \cdot 10^{-3}}{125^2} = 109 \cdot 10^{-9} = 109\ \mathrm{nH}.$$

Der einzustellende Gesamt-Luftspalt ist nach Diagramm Bild 4.159 etwa 2 mm.

4.10.11 Dimensionierung eines Transformators für einen Sperrwandler mit Dreieckstrom

Der Sperrwandler mit Rechteckspannung besitzt die in Bild 3.5 gezeigten charakteristischen Kurvenformen. Seine Eigenschaften sind bereits im Kapitel 3.2.1 umrissen.

Nachstehend wird die Berechnung eines Sperrwandlertransformators durchgeführt.

Beispiel

Gegeben

$U_1 = 250$ V gleichgerichtete Betriebsspannung (-15%)
$U_1' = 250$ V Rückschlag-Nutzspannung primär ($v = 0{,}5$ bei U_{min})
Ausgangsleistung $P_2 = 100$ W
Eingangsleistung P_1 bei $\eta = 0{,}8 \mathrel{\hat{=}} 125$ W
$f = 50$ kHz ($t_1 = t_2 = 10$ µs)
$U_2 = 25$ V_/4 A

Gesucht

Transformatordaten
Luftspalt

Rechengang

$$I_1 = \frac{P_1}{U_1} = \frac{125}{250} = 0{,}5 \text{ A}$$

$$I_M = 4 I_1 \text{ (bei } v = 0{,}5 \text{ und Dreieckstrom)} = 2 \text{ A}$$

$$L_1 = \frac{U_1}{2f \cdot I_M} = \frac{250}{2 \cdot 50 \cdot 10^3 \cdot 2} \text{ H} = 1{,}25 \text{ mH}$$

Nach dem Rhombusdiagramm für Sperrwandler ergibt sich für 125 W und 50 kHz ein Kerngewicht von etwa 70 g und eine optimale Induktion $\Delta B = 200$ mT. Gewählt wird der nächstliegende Kern ER 42 mit dem Material N67 oder N27. Die weiteren Daten werden dem Datenblatt oder der Tabelle 4.37 entnommen.

Die primäre Windungszahl ergibt sich zu

$$N_1 = \frac{2 \cdot P_1 \cdot 10^4}{I_M \cdot f \cdot \Delta B \cdot A_E} = \frac{2 \cdot 125 \cdot 10^4}{2 \cdot 50 \cdot 10^3 \cdot 0{,}2 \cdot 1{,}7} \approx 74 \text{ Wdg.}$$

Der zu wählende A_L-Wert ist

$$A_L = \frac{I}{N_1^2} = \frac{1{,}25 \cdot 10^{-3}}{74^2} = 0{,}228 \cdot 10^{-6} = 228 \text{ nH.}$$

Der hierzu einzustellende Gesamtluftspalt ist

$$s = \mu_0 \cdot N_1^2 \cdot \frac{A_E}{L_1} = 1{,}26 \cdot 10^{-8} \cdot 74^2 \cdot \frac{1{,}7}{1{,}25 \cdot 10^{-3}} = 9{,}3 \cdot 10^{-2} \text{ cm} = 0{,}93 \text{ mm.}$$

Zur Ermittlung der Streuinduktivität gilt näherungsweise

$$L_S = \mu_0 \cdot N_1^2 \cdot \frac{h_W \cdot l_W}{3 \cdot b_W} = 1{,}26 \cdot 10^{-8} \cdot 74^2 \cdot \frac{0{,}55 \cdot 6{,}7}{3{,}5} = 17{,}2 \cdot 10^{-6} = 17\ \mu\text{H}.$$

Soll die Spannungsspitze beim Ausschalten nicht höher als $\Delta U = 100$ V über $U_1 + U_1'$ hinausragen, dann ist der Entlastungskondensator nach folgender Formel zu ermitteln.

$$C \approx L_S \cdot \left(\frac{I_M}{\Delta U}\right)^2;$$

$$C \approx 17{,}2 \cdot 10^{-6} \cdot \left(\frac{2}{100}\right)^2 = 17{,}2 \cdot 10^{-6} \cdot 4 \cdot 10^{-4} = 6{,}9 \cdot 10^{-9} \mathrel{\hat{=}} 6{,}8\ \text{nF}.$$

Der Begrenzungswiderstand nach Bild 4.170(c) ergibt sich aus

$$R \approx \frac{t_1}{3C} = \frac{10 \cdot 10^{-6}}{3 \cdot 6{,}8 \cdot 10^{-9}} = 490\ \Omega.$$

Nach der sekundären Gleichrichtung sollen 25 V bei 4 A zur Verfügung stehen, d.h., die Trafo-Sekundärspannung muß um die möglichen Spannungsverluste höher gewählt werden, z.B. um 2,5 V, also zu 27,5 V ($\mathrel{\hat{=}} U_2'$).

Das zu wählende Übersetzungsverhältnis ergibt sich dann zu

$$\ddot{u} = U_1' : U_2' = \frac{250}{27{,}5} = 9{,}09.$$

Die sekundäre Windungszahl ist damit

$$N_2 = \frac{N_1}{\ddot{u}} = \frac{74}{9{,}09} \approx 8\ \text{Wdg.}$$

Beim maximalen Tastverhältnis $v = 0{,}5$ ergibt sich der Dioden-Spitzenstrom zu $4 \cdot 4\ \text{A} = 16$ A. Der für die Drahtermittlung wichtige Effektivwert ist

$$I'_{2\,\text{eff}} = 16/2 \cdot \sqrt{3} = 4{,}6\ \text{A}.$$

Bei einer Stromdichte von 3,6 A (nach Tabelle 4.39) ergibt sich eine HF-Litze mit 29 mA/0,1 mm ∅ Litzendraht. Gewählt wird eine Litze entsprechend dem Strom $I'_{2\,\text{eff}}$, also $4{,}6/29 \cdot 10^{-3} = 158 \cdot 0{,}1$ ∅; also $160 \cdot 0{,}1$ ∅ oder $3 \times 50 \times 0{,}1$ ∅. Die Primärseite führt einen effektiven Strom von

$$I_1' = \frac{2}{2 \cdot \sqrt{3}} = 0{,}58\ \text{A};$$

dies ergibt eine Litze mit $0{,}58/29 \cdot 10^{-3} = 20 \cdot 0{,}1\ \varnothing$; es ist Litze zu wählen, damit die Wirbelstromverluste in den Drähten nahe am Luftspalt klein bleiben.

Die Primärwicklung wird innen am Kern angeordnet, weil hierbei die Streuinduktivität kleinere Werte erreicht als umgekehrt.

Will man eine kleinere Streuinduktivität erreichen, um das Entlastungsnetzwerk schwächer gestalten zu können, dann müssen die Sekundärwicklung in der Mitte und die Primärwicklung je zur Hälfte innen und außen angeordnet werden. Dabei reduziert sich die Streuinduktivität etwa auf 1/4 des o.a. Wertes. Für den betrachteten Sperrwandler kann man aber auch das Konzept nach Kap. 3.2.6 wählen, wobei die Anzapfung der Primärwicklung entsprechend $v = 0{,}5$ bei $0{,}5 \cdot 74 = 37$ Wdg. angebracht werden muß. Bei diesem Konzept wird die wegen der Streuinduktivität nicht nutzbare Rückschwingenergie an die Versorgungsspannung zurückgeliefert. Ein verbleibendes Entlastungsnetzwerk, besonders, wenn die beiden Wicklungshälften bifilar gewickelt werden können, ergibt minimale Verluste.

4.10.12 Dimensionierung von Transformator und Speicherdrossel für Eintakt-Durchflußwandler

Beim Durchflußwandler ist der Energiefluß über den Transformator während der Einschaltzeit t_1 des Transistors gegeben. Die charakteristischen Kurvenzüge der einzelnen wichtigen Größen zeigt Bild 3.12. Die Entmagnetisierung erfolgt wie beim Sperrwandler während der Sperrphase t_2 des Transistors. Weitere Eigenschaften sind bereits in den Kapiteln 3.2.7 und 4.10.10 angesprochen.

Beispiel 1

Die minimale Versorgungsgleichspannung ist z.B.

250 V.

Die maximale Versorgungsgleichsspannung sei z.B.

322 V.

Damit die periodische Entmagnetisierung gesichert ist, muß das Tastverhältnis entsprechend gewählt werden, z.B. muß bei Amplituden $U_1' \leqq U_1$ das Tastverhältnis $V_T \leqq 0{,}5$ bleiben. Wegen Speicher- oder Verzögerungszeiten wird daher häufig $V_{T\max} \leqq 0{,}45$ gewählt. Der maximale Magnetisierungsstrom des Transformators ist

$$I_{\text{Magn M}} = \frac{U_{1\min}}{L_1} \cdot t_{1\max}.$$

Die Rückschlag-Amplitude U_1' ist bei $V = 0{,}45$

$$U_1' = \frac{V}{1-V}\, U_{1\min} = \frac{0{,}45}{1-0{,}45} \cdot 250 \approx 205\ \text{V}.$$

Diese Spannung addiert sich zu $U_{1\,min}$ auf 250 + 205 = 455 V, und bei $U_{1\,max}$ auf 322 + 205 = 527 V. Werden Überschwinger von 100 V zugelassen, so bedeutet dies eine Drain-(oder Kollektor-)Spannung von 627 V. Mit etwas Sicherheitsabstand ist ein Transistor von mindestens 750 V zu wählen.

Will man mit 500-V-Spitzensperrspannung arbeiten, dann muß die Rückschlagamplitude mit Überschwinger 500 V − 322 ≦ 178 V betragen. Hierzu dürfen nur geringe Überschwinger zugelassen werden z.B. 58 V. Es verbleiben $U_1' = 120$ V.

Auch hier wird man bereits 600-V-Transistoren einsetzen müssen. Soll bei den dabei erforderlichen kleinen Tastverhältnissen eine größere Leistung übertragen werden, dann muß die Streuinduktivität extrem kleine Werte aufweisen, andernfalls ist die Leistungsübertragung begrenzt. Größere Tastverhältnisse verlangen hohe Sperrspannungen der Transistoren (siehe Bild 4.140). Im Schaltungsbeispiel Kap. 5.5.2 wurde aus den o.a. Gründen ein kleines Tastverhältnis gewählt.

Beispiel 2

Transformator

Für die maximale bzw. minimale Versorgungsgleichspannung U_1 ist die Netzwechselspannung mit z.B. +10% und −15% und ein Gleichrichtfaktor von 0,9 anzusetzen. Es ergeben sich:

$$U_{1\,max} = 1{,}1 \cdot 0{,}9 \cdot \sqrt{2} \cdot U_{eff} = 1{,}1 \cdot 0{,}9 \cdot 1{,}414 \cdot 230 = 322\text{ V};$$
$$U_{1\,min} = 0{,}85 \cdot 0{,}9 \cdot \sqrt{2} \cdot U_{eff} = 0{,}9 \cdot 0{,}9 \cdot 1{,}414 \cdot 230 = 250\text{ V}.$$
$$f = 100\text{ kHz}$$
$$P_{sek} = 200\text{ W } (U_0 = 20\text{ V}, I_0 = 10\text{ A})$$

Soll eine Sekundärleistung von 200 W zur Verfügung stehen, dann wird primär mit etwa $\frac{200}{0{,}85} = 235$ W zu rechnen sein. Die wesentliche Verlustleistung entsteht bei der sekundären Gleichrichtung. Im Transformator verbleiben nur etwa 1% der zu übertragenden Leistung.

Die Verluste im Netzgleichrichterteil entstehen vorwiegend im Begrenzungswiderstand vor dem Gleichrichter infolge der Pulsströme bei der periodischen Kondensatorladung.

Für die Rechnung wird eine Transformatorleistung von 235 W zugrunde gelegt. Für diese Leistung ergibt sich aus dem Diagramm 4.149 ein Kerngewicht von etwa 90 g, und eine Magnetisierung ΔB_{opt} mit etwa 130 mT bei 100 kHz. Hierfür kann der Typ ETD 44 gewählt werden.

Nach dem Diagramm 4.144 ist die Windungsspannung 2,2 V/Wdg. cm² für das Tastverhältnis $V \approx 0{,}5$; sie ist für den Kernquerschnitt $A_E = 1{,}7\text{ cm}^2$

$$u = 3{,}7\text{ V/Wdg.}$$

Bei Unterspannung – bei der $V = 0{,}45$ anzusetzen ist – bedeutet dies eine primäre Windungszahl von $N_1 = 250/3{,}7 = 68$ Wdg.

Das Ermitteln der Windungszahlen für Überspannung erübrigt sich, da bei zurückgeregeltem Tastverhältnis die gleichen Ergebnisse herauskommen.

Für das Ermitteln der Sekundärwindungszahl sind die Spannungsverluste der Dioden, der Speicherdrossel und der Sekundärwicklung abzuschätzen, z.B. $U_V = 3$ V. Die sekundäre Nutzamplitude ergibt sich über das Tastverhältnis zu

$$U_2 = \frac{U_0}{V} + U_V = \frac{20}{0{,}45} + 3 = 47 \text{ V}.$$

Die primäre Nutzamplitude ist gleich der minimalen Versorgungsspannung $U_{1\,\mathrm{min}} = 250$ V.

Das Übersetzungsverhältnis ist dann

$$\ddot{U} = \frac{250}{47} = 5{,}3.$$

Mit der Windungsspannung von 3,7 V/Wdg ergibt sich die Sekundärwindungszahl von

$$N_2 = \frac{47}{3{,}7} \approx 13 \text{ Wdg}.$$

Für die Wicklungen werden A_N je 90 mm² angesetzt, um genügend Raum für Isolation und Herausführungen zu haben. Der Drahtquerschnitt für die Primärwicklung ist

$$q_{Dr} = f_{Cu} \cdot \frac{A_N}{N_1} = 0{,}35 \cdot \frac{90}{68} = 0{,}46 \text{ mm}^2.$$

Dafür kommt Litze mit $60 \times 0{,}1$ mm ∅ CuL einfach umsponnen nach Tab. 4.41 zum Einsatz.

Für die Sekundärwicklung ergibt sich ein Drahtquerschnitt von

$$q_{Dr} = 0{,}35 \cdot \frac{90}{13} = 2{,}42 \text{ mm}^2.$$

Hierzu kann $3 \times 105 \times 0{,}1$, evtl. $3 \times 120 \times 0{,}1$ mm ∅ CuL-Litze ohne Umspinnung verwendet werden.

Speicherdrossel

Die Drossel führt zum Strom von 10 A den Welligkeitsstrom, welcher mit $I_{ss} = 2$ A angenommen wird. Der maximale Drosselspitzenstrom ist demnach $I_{L\,max} = 10 + 1 = 11$ A. Die Induktivität ergibt sich zu

$$L = \frac{(U_2 - U_0) \cdot t_1}{\Delta I_L} = \frac{(47 - 20) \cdot 4{,}5 \cdot 10^{-6}}{2} = 61\ \mu\text{H}.$$

Aus dem Produkt $I^2 \cdot L = 11^2 \cdot 61 \cdot 10^{-6} = 7{,}4\ \text{A}^2\ \text{mH}$ läßt sich aus dem Diagramm 4.152 für $\Delta\vartheta = 35$ K ein Kerngewicht von etwa 70 g ablesen bei $\mu_e = 45$. Hierzu wird der Kern RM 14 mit 65 g gewählt, wobei sich u.U. eine etwas höhere Temperatur bei Dauervollast einstellt.

Für den Luftspalt ergibt sich mit $l_E = 70$ mm und $\mu_e = 45$, $S = 2{,}2$ mm aus dem Diagramm 4.163. Der A_L-Wert läßt sich aus Diagramm 4.159 mit ≈ 150 nH ablesen. Die Windungszahl ermittelt sich aus

$$N = \sqrt{\frac{L}{A_L}} = \sqrt{\frac{61 \cdot 10^{-6}}{150 \cdot 10^{-9}}} = \sqrt{0{,}41 \cdot 10^3} \approx 20\ \text{Wdg.}$$

Bei einem Wickelquerschnitt von 107 mm² wird der Drahtquerschnitt

$$q_{Dr} = \frac{A_N}{N} \cdot f_{Cu} = \frac{107}{20} \cdot 0{,}4 = 2{,}14\ \text{mm}^2.$$

Als Draht kommt bei $S = 4{,}7/\text{mm}^2$ eine HF-Litze mit $4 \times 75 \times 0{,}1$ mm ∅ CuL (ohne Umspinnung) zur Anwendung.

Die ermittelte Speicherdrossel wird bis etwa 20% der Vollast einen nichtlückenden Betrieb ermöglichen.

Darüber besorgt die Steuer-IS eine entsprechende Zurücknahme des Tastverhältnisses, so daß die Ausgangsspannung dennoch konstant geregelt wird.

4.10.13 Dimensionierung eines Transformators mit Längsdrossel und Speicherdrossel für SNT mit sinusförmiger Betriebsspannung (100 kHz)

Eine wirksame Möglichkeit, die Funkstörungen besonders gering zu halten ist, den SNT-Transformator mit sinusförmiger Spannung zu betreiben. Der damit verbundene Mehraufwand gegenüber den mit Rechteckspannung betriebenem SNT sind lediglich eine Schwingdrossel und ein HF-Kondensator (s. auch Kap. 5.6).

Die Frequenz-Steuerung der Leistungstransistoren ist mit allen Steuer-IS der Familie TDA 47xx und den TDA 4918 möglich (siehe Kap. 5.1.9).

Die amplitudengleiche Rechteckspannung besitzt nur ungeradzahlige Oberwellen. Die Sinus-Amplitude der ersten Spektralfrequenz liegt bei 127% der Rechteckamplitude. Die 3. Spektralfrequenz besitzt eine Amplitude von 42%, die 5. 25%, die 7. 18% und die 9. 14% usw. Die Filterwirkung eines Schwingkreises nach Bild 2.23, Kap. 2 mit der Güte $Q=1$ an einer Rechteckspannung ergibt z.B. für die dritte Spektralfrequenz mit 42% eine Reduzierung durch die Resonanzkurve (Bild 2.18) auf $42\% \cdot 0{,}33 = 14\%$ der Rechteckamplitude und bezogen auf die 127% Sinusgrundwelle $14 \cdot 100/127 = 11\%$. Die fünfte Spektralfrequenz mit 25% von der Rechteckschwingung ergibt über den Resonanzkreis mit $Q=1$ bereits $25 \cdot 0{,}2 = 5\%$ bezogen auf die Rechteckschwingung und auf die Sinusgrundwelle bezogen etwa 4%.

Aufgrund dieser Betrachtung kann die Kreisgüte ohne weiteres bis herab zu $Q \approx 1$ gewählt werden. Mit einer Kreisgüte von $Q=2$ werden die vorgenannten Werte halbiert. Hierbei verdoppelt sich allerdings der Blindstrom, welcher einen größeren Kern für die Induktivität fordert.

Wird die ausgangsseitige Speicherdrossel (Bild 5.50) groß genug gewählt, so daß kein lückender Betrieb auftreten kann, dann entstehen keine zusätzlichen Verzerrungen am Schwingkreis.

Beispiel

Ersatzlastwiderstand R	100 Ω (100 V, 1 A)
Vollastfrequenz f_V	100 kHz
Betriebsgleichspannung ($U_{1\,min}$)	255 V
Ausgangsspannung U_2	12 V

Die Ströme und Spannungen der Anordnung nach Bild 4.167 verhalten sich bei der Betriebsgüte 1, d.h. $X_L = X_C = R$ entsprechend den Zeigerdiagrammen für I und U.

Da die Einspeisung über die Induktivität L erfolgt, fließt über sie ein Strom $I_{XL} = \sqrt{2} \cdot I_R$. Die Spannung an der Drossel ist $U_{XL} = \sqrt{2} \cdot U_R$.

Bei Betrieb ohne Last würde sich bei Resonanz ein Kurzschluß für den Generator ergeben. Die Betriebsfrequenz muß daher entsprechend erhöht werden (z.B.

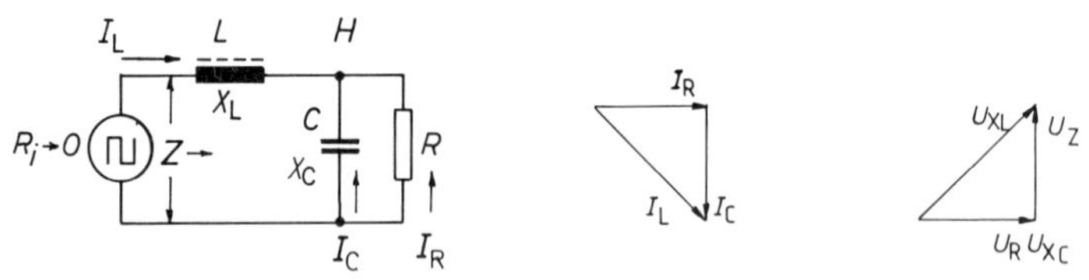

Bild 4.167
Ersatzschaltung und Zeigerdiagramme für den Leistungsschwingkreis $L-C-R$.

$\approx 1{,}5 f_V$), damit die Leerlaufspannung am Punkt H gleich der Lastspannung gehalten werden kann. Zusätzliche Schwankungen der Versorgungsspannung sind über eine weitere Frequenzänderung auszuregeln.

Der für die Transistoren anzusetzende Drain-Spitzenstrom ergibt sich aus

$$\hat{I}_D = \sqrt{2}(I_R + jI_{XC}).$$

Längsdrossel

Bei einer Rechteckgeneratorspannung (Halbbrücke) von $U_{ss} = 255$ V ist die entsprechende effektive Sinusspannung $U_{sin} = 1{,}11 \cdot 225/2 \cdot \sqrt{2} = 100$ V. Bei einem Lastwiderstand an C mit $R_L = 100\ \Omega$ ergibt sich ein effektiver Laststrom von $I_R = 1$ A. Bei der Betriebsgüte 1 ist der kapazitive Widerstand bei 100 kHz $X_C = -j\ 100\ \Omega$. Dies entspricht einer Kapazität von $C = 18$ nF. Der Strom durch die Parallelschaltung von C/R ist dann $\sqrt{2} \cdot I_R = 1{,}41\ A_{(eff)}$. Dieser Strom fließt auch über die Längsdrossel L. Ihr induktiver Widerstand beträgt ebenfalls 100 Ω. Die Induktivität hierzu errechnet sich nach

$$L = \frac{X_L}{2\pi \cdot f} = \frac{100}{6{,}28 \cdot 10^5} = 160\ \mu\text{H}.$$

Die Scheinleistung an der Drossel ist

$$P_{Sch} = U_L \cdot I_L = 141 \cdot 1{,}41 = 200\ \text{VA}.$$

Nach dem Rhombusdiagramm für Drosseln (Bild 4.151) ergibt sich ein Mindestkerngewicht von 19 g und $\Delta B = 200$ mT bei 100 kHz. Als Kern kommt ein RM 10 (oder ETD 29) zur Anwendung. Die Windungszahl für RM 10 ist

$$N = \frac{U \cdot 10^4}{4{,}44 \cdot f \cdot A_E \cdot \hat{B}} = \frac{100 \cdot 10^4}{4{,}44 \cdot 10^5 \cdot 0{,}9 \cdot 0{,}1} = 25\ \text{Wdg.}$$

Der Drahtquerschnitt ist

$$q_{Dr} = f_{Cu} \cdot A_N/N = 0{,}4 \cdot 40/25 = 0{,}64\ \text{mm}^2.$$

Aus der Litzentabelle 4.41 läßt sich eine Litze mit $75 \times 0{,}1$ mm $\varnothing - 1$ x, umsponnen, ablesen. Der A_L-Wert ergibt sich zu:

$$A_L = \frac{L}{N^2} = \frac{160 \cdot 10^{-6}}{25^2} = 0{,}250 \cdot 10^{-6} = 250\ \text{nH}.$$

Der einzustellende Luftspalt ist:

$$s = \mu_0 \cdot \frac{A_E}{L} \cdot N^2 = 1{,}26 \cdot 10^{-8} \cdot \frac{0{,}9}{160 \cdot 10^{-6}} \cdot 25^2 = 4{,}4 \cdot 10^{-2}\ \text{cm} = 0{,}45\ \text{mm}$$

Für den Leistungstrafo ergibt sich aus dem Rhombusdiagramm für 100 W und 100 kHz ein Kerngewicht von 19 g und eine optimale Induktion von $\Delta B = 200$ mT bzw. $B_{max} = 100$ mT. Gewählt wird der nächstliegende Kern RM 10 mit $G = 23$ g, $A_E = 0{,}90\ cm^2$ und $A_N = 0{,}41\ cm^2$ (evtl. ETD 29).

Für 200 mT ergibt sich nach dem Trafodiagramm eine Windungsspannung von 4 V/Wdg. Für einen Kernquerschnitt $A_E = 0{,}9$ wird 3,6 V/Wdg ermittelt. Der Formfaktor für $U_\sim/\bar{U} = 1{,}11$ und bedeutet eine entsprechende Erhöhung der Windungsspannung (V/Wdg). Die Windungszahlen für die Primärwicklung (100 V) ergeben sich demnach mit

$$N = 100/1{,}1 \cdot 3{,}6 = 25\ \text{Wdg.}$$

Läßt man für den Transformator einen Magnetisierungsstrom von $0{,}1 \cdot I_R$ zu, um geringe Unsymmetrien in der Magnetisierung abzufangen, dann wird $X_{L2} = 100/0{,}1 = 1000 \cdot j\Omega$. Die Induktivität wird dabei

$$L_2 = \frac{X_{L2}}{2\pi \cdot f} = \frac{1000}{6{,}3 \cdot 10^5} = 1{,}6\ \text{mH.}$$

Der dafür notwendige Luftspalt wird

$$s = 1{,}25 \cdot 10^{-8} \cdot \frac{0{,}9}{1{,}6 \cdot 10^{-3}} \cdot 25^2 = 439 \cdot 10^{-5} = 0{,}00439 \approx 0{,}045\ \text{mm,}$$

dies enstpricht einem A_L-Wert von etwa 1600.

Für die Primärwicklung N_1 mit $I_{eff} = 1{,}1$ A steht ein Wickelraum von $A_N = 0{,}4/2$ zur Verfügung. Damit ergibt sich ein Drahtdurchmesser von

$$d = 1{,}1 \cdot \sqrt{f_{Cu} \cdot \frac{A_N}{N}} = 1{,}1 \cdot \sqrt{0{,}4 \cdot \frac{20}{25}} = 0{,}62\ \text{mm}\ \varnothing\text{, mit } q_{Dr} = 0{,}3\ \text{mm}^2.$$

Bei der Betriebsfrequenz von 100 kHz muß HF-Litze verwendet werden. Zum Einsatz kann 35 bis 45 × 0,1 mm ∅ CuLS kommen mit einem Außendurchmesser von 0,8 bzw. 0,9 mm; dies ergibt zwei Lagen.

Soll die sekundäre Gegentaktwicklung für 12 V₋ dimensioniert werden, dann sind etwa 2 V hinzurechnen für Dioden- und sonstige Spannungsverluste; dies ergibt 14 V. Da eine Speicherdrossel zur Nachsiebung zum Einsatz kommen muß, stellt sich am Ausgang der Mittelwert der gleichgerichteten Spannung ein. Dies bedeutet eine effektive Sekundärspannung am Transformator von $1{,}11 \cdot 14\ V = 15{,}5$ V. Für diese Spannung ist das Übersetzungsverhältnis $\ddot{U} = 100\ V/15{,}5\ V = 6{,}45$ ausgeführt $\ddot{U} = 6$.

Die sekundäre Wicklung ergibt sich damit zu 2 × 4 Windungen, für die Gegentaktgleichrichtung. Der effektive Strom ist $1{,}11 \cdot 8\ A = 8{,}8$ A. Auf jede Teilwicklung entfällt daher 8,8 A/2, wenn die gleiche spezifische Volumenbelastung je Sekundärhälfte angesetzt wird. Bei einer Stromdichte von 5,2 A/mm²(RM 10) bedeutet dies eine HF-Litzenbelastung von 42 mA/0,1 mm ∅, was für die vorliegende Strombelastung eine HF-Litze mit $4400/42 \triangleq 105 \times 0{,}1$ mm ∅ CuLS ergibt.

Als Wickelraum steht für eine Sekundärhälfte 10 mm² zur Verfügung bei einer Kammerbreite von 12 mm. Die ermittelte Litze besitzt einen Außendurchmesser von 1,4 mm. Bei acht Windungen ergibt sich eine Belegung von 11,4 mm, was gerade reicht. In der Praxis wird man den nächstgrößeren Kern RM 12 wählen, der einen steckbaren Spulenkörper besitzt und zudem den Kriechstreckenforderungen des VDE enspricht.

Speicherdrossel

Der effektive Drosselstrom ist $I_{L3} = 1{,}11 \cdot 8 = 8{,}8$ A (Bild 5.50). Der Spitzenstrom hieraus ist $\sqrt{2} \cdot 8.8 = 12{,}4$ A. Dazu addiert sich der halbe Welligkeitsstrom von z.B. 1 A, so daß sich der Drosselspitzenstrom mit $I_M \approx 13$ A ergibt.

Wegen der Doppelweggleichrichtung an der Speicherdrossel ist die Welligkeit 0,47. Dies bedeutet, daß die Welligkeitsspannung $14 \cdot 0{,}47 = 6{,}6\ V_{eff}$ ist. Bei dem angenommenen Drosselwechselstrom von 1 A bei 200 kHz ergibt sich für die Drossel ein induktiver Widerstand von etwa 6,6 Ω. Hieraus ermittelt sich die Induktivität L_3 zu

$$L_3 = \frac{X_{L3}}{\omega} = \frac{6{,}6}{6{,}28 \cdot 2 \cdot 10^5} = 5{,}2\ \mu\text{H}.$$

Zur Ermittlung der Kerngröße wird das Diagramm 4.152 herangezogen. Es ergibt sich für

$$L_3 \cdot I_{L\max}^2 = 13^2 \cdot 5{,}2 \cdot 10^{-6} = 0{,}88\ \text{A}^2\ \text{mH}.$$

Diesem Wert entspricht bei etwa 30 K Übertemperatur der Kern RM 8 mit 13 g oder der Kern EF 25 mit 16 g.

Wird der Kern RM 8 gewählt, dann ist $\mu_e = 60$, $l_E = 38$. Das Diagramm Bild 4.163 läßt hierzu einen Luftspalt von etwa 0,85 ablesen.

Die Windungszahl für diese Speicherdrossel ergibt sich aus

$$N = \sqrt{\frac{L_3 \cdot l_E / A_E}{\mu_0 \cdot \mu_e}} = \sqrt{\frac{5{,}2 \cdot 10^{-6} \cdot 0{,}6}{1{,}26 \cdot 10^{-9} \cdot 60}} = \sqrt{0{,}041 \cdot 10^3} = 6{,}4\ \text{Wdg.}$$

Ausgeführt werden 6 oder 7 Windungen. Als Draht wird HF-Litze (nicht umsponnen) gewählt.

Nach Tabelle 4.39 ergibt sich mit $s \approx 5$ A/mm²: 8800 mA/40 mA entsprechend $220 \times 0{,}1$ mm ∅ CuL mit einem Cu-Querschnitt von 1,8 mm².

μ_0 wurde mit $1{,}26 \cdot 10^{-9}$ T mm A^{-1}, l_E/A_E in mm^{-1} aus Tabelle 4.37 und L_3 in µH eingesetzt. Als Verlustleistung in Längsdrossel und im Trafo ergibt sich etwa der Wert von je 1 W, in der Speicherdrossel 0,6 W und in den Dioden etwa 6,5 W, zusammen also etwa 9 W. Die primäre Ersatzleistung am Transformator wird daher nicht 100 W, wie vorerst angenommen, sondern 109 W sein. Eine geringfügige Korrektur von L_1 bzw. C_1 kann erforderlich werden.

4.10.14 Entlastungsnetzwerke

Entlastungsschaltungen sind bei allen Arten von Leistungstransistoren nahezu unerläßlich; sie dienen zur:

▷ Vermeidung hoher Spannungsspitzen am Schalt-Transistor,
▷ Reduzierung bzw. Vermeidung von Verlusten im Transistor während der Umschaltvorgänge (Ein- und Abschaltung),
▷ Energierückführung an die Versorgungsquelle – falls möglich.

Die Arbeitskennlinie des zu entlastenden Transistors muß immer innerhalb der SOAR-Grenzen liegen.

Zum besseren Verständnis der o.a. Vorgänge werden nachstehend einige wichtige Begriffe und Schutzschaltungen erläutert.

Spannungsspitzen

Entsteht beim periodischen Abschalten einer Induktivität ohne Schutzschaltung eine Spitzenspannung $\hat{U}_T$ von z.B. 1000 V am Transistor – wobei der Kollektorstrom momentan von z.B. 1 A auf 0 sinkt, dann ergibt sich eine hohe Spitzenleistung $\hat{P}_V$. Sie ist etwa:

$$\hat{P}_V \approx \frac{\hat{U}_T \cdot \hat{I}_T}{2} = \frac{1000\ \text{V} \cdot 1\ \text{A}}{2} = 500\ \text{W}.$$

Bei einer Frequenz von 25 kHz und einer Abschaltzeit $t_f = 1$ µs wird die Verlustleistung

$$P_V = \frac{1000 \cdot 1}{2} \cdot 10^{-6} \cdot 25 \cdot 10^3 = 12{,}5\ \text{W}$$

betragen.

Einfluß der Streuinduktivität

Während der Leitphase t_1 des Transistors steigt der Strom I_C von Null an bis zum Abschaltwert $\hat{I}_T$. Er fließt über die Streuinduktivität L_{S1} und die primär wirksame Speicherinduktivität L (Bild 4.168). Beim Abschalten des Transistors wird $\hat{I} \to 0$. Die Induktivität L „sieht“ bei idealem Abschalten ($t_{ab} = 0$) einen (nahezu) unendlichen Widerstand, welcher sich während der Ladung der

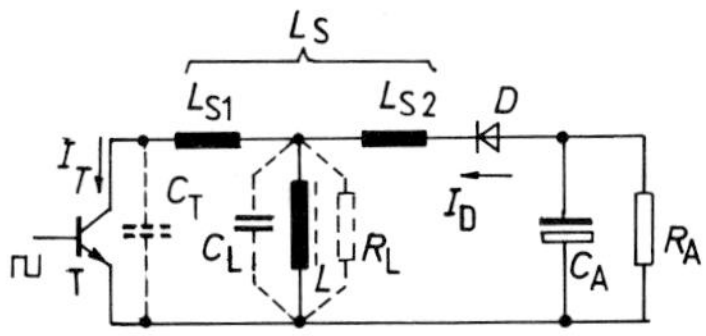

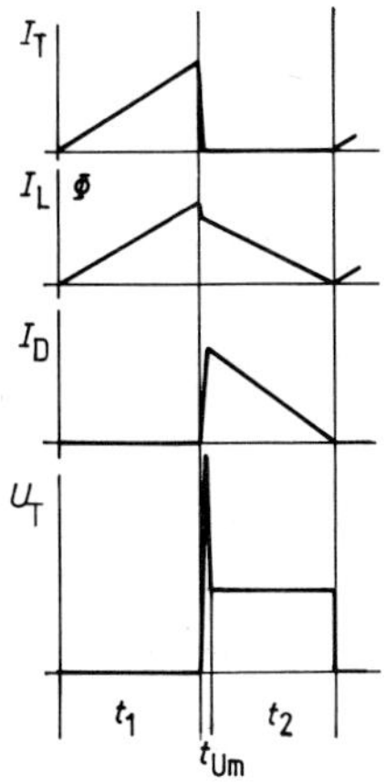

Bild 4.168
Transformator-Ersatzschaltung
mit Transistor und Last

Streuinduktivität L_{S2} durch die Speicherinduktivität L – über den einsetzenden Stromfluß zum Ausgang (Elko) hin – rasch auf Null abbaut. Die sofort entstehende sehr hohe Spitzenspannung wird zunächst nur durch den Verlustwiderstand (R_L) der Induktivität und deren parasitäre Kapazität C_L und C_T beeinflußt. Ohne Dämpfungsmaßnahmen entstehen ausklingende Schwingungen mit anfänglich sehr großen Amplituden (Bild 4.169). Anschließend fließt während t_2 der Entladestrom der Speicherinduktivität L über die Diode D an die Last (C_A und R_A) ab, wobei die Spannung an der Induktivität der Spannung am Kondensator und der Diode entspricht.

Dabei sinkt I_L während t_2 bis Null. Die Zeit, nach der die Begrenzung durch U_{CA} an L voll wirksam wird, ist wesentlich durch die Größe der Streuinduktivität bestimmt. Die Energieübernahme wird also verzögert. Um die Spitzenspannung während der „unbelasteten“ Umschaltzeit t_{Um} von $\hat{I}_{L(t_1)}$ auf $\hat{I}_{L(t_2)}$ zu bedämpfen,

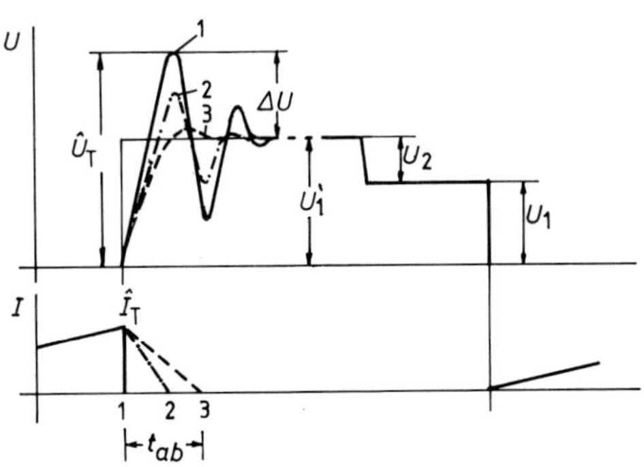

Bild 4.169 Schalten von Strom I_T und Spannung U_T

muß eine der Nutzlast entsprechende kurzzeitig wirkende Ersatzlast an der Induktivität L und dem Transistor wirksam werden. Sie verursacht eine gewisse Verlustleistung.

Selbst bei einem Transformator mit sehr kleiner Streuinduktivität ist eine Schutzbeschaltung für den Transistor erforderlich (C-, RC- oder RCD-Glied). Die Umschaltzeit ist ggf. um die Einschaltzeit t_{Dein} der Sekundärdiode zu vergrößern: $t_{\mathrm{Um}} \approx \frac{S}{f} + t_{\mathrm{Dein}}$.

Die durch den Streufaktor $S = \frac{L_{\mathrm{Sges}}}{L}$ bedingte Umschaltzeit liegt bei

$$t_{\mathrm{Um(S)}} \approx S \cdot T = \frac{S}{f}.$$

Ein ideales Abschalten (1) des Transistorstromes $\hat{I}_{\mathrm{T}}$ läßt die Spannung U entsprechend den LC-Werten auf die Spannung $\hat{U}_{\mathrm{T}}$ hochschwingen. Die durch L_σ verzögert wirkende Sekundärlast bestimmt primärseitig U_1', bis die Induktivität L ganz entladen ist; danach sinkt $U_1' \rightarrow U_1$.

Die Abschalt-Rückschlagspannung ΔU stützt sich bei $t_{\mathrm{ab}} = 0$ maximal auf U_1' ab; sie ist abhängig von Strom, Streuinduktivität und der Summe der wirksamen Kapazitäten.

Im ungünstigsten Fall ist die gesamte Spitzenspannung

$$\hat{U}_{\mathrm{T}} = U_1 + U_2 + \Delta U, \text{ wobei}$$

$$\Delta U = I_{\mathrm{Tmax}} \cdot \sqrt{\frac{L_{\mathrm{s}}}{C}} \text{ ist.}$$

Bei einer endlichen Abschaltzeit t_{ab} für $I_{\mathrm{T}} \rightarrow 0$ ergeben sich z.B. die Abschalt-Spannungen und Ströme entsprechend den Kurven 2 und 3 (Bild 4.169). Der sich ändernde Abschaltwiderstand des Transistors dämpft das Hochschwingen der Spannung, wobei Leistung im Transistor verbleibt. Je schneller der Transistor abschaltet, um so weniger Verlustleistung verbleibt in ihm, wobei allerdings die Abschaltspitzenspannung die höchsten Werte erreicht.

Schutzbeschaltungen

Schutzbeschaltung mit nur einem Kondensator

Bei der Schutzbeschaltung mit nur einem Kondensator (Bild 4.170 (a)) ist beim Abschalten des Transistors der Strom in der Induktivität während des Umschaltvorganges t_{Um} als konstant angenommen. Dabei wird für den Spannungshub von Null bis U_1 (bzw. U'_1) ein Kondensator von etwa

$$C \approx \hat{I}_{\mathrm{T}} \cdot \frac{t_{\mathrm{Um}}}{U_1}$$

ermittelt.

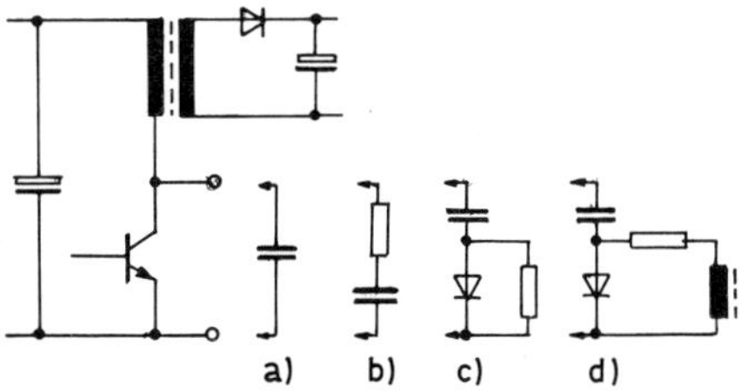

Bild 4.170
Schutzbeschaltungen

Beim periodischen Einschalten entstehen durch den Kondensator Stromspitzen, welche den Transistor ebenfalls belasten. Die Einschaltkennlinie im Transistor zeigt hohen Strom bei hohen Spannungen nach Bild 4.71 in Kapitel 4.6.5. Es zeigt sich, daß eine derartige Belastung nur jene Transistoren aushalten, für die gilt: $U_{CEO} > U_S$.

Schutzbeschaltung mit Kondensator und Widerstand

Der Kondensator C in Bild 4.170 (b) verzögert den steilen Anstieg der Spannung U_T so, daß der Kollektorstrom sinkt, bevor die Spannung hohe Werte erreicht. Für die Dämpfung der Abschalt-Spannungsspitze mit einem RC-Glied ergibt sich für den Widerstand

$$R \leqq \frac{U_1}{\hat{I}_T}, \text{ und für den Kondensator}$$

$$C \approx \hat{I}_T \frac{t_{Um}}{U_1}.$$

Die Dauer der Umschaltzeit t_{Um} ist, wie bereits ermittelt, vom Streufaktor, der Einschaltzeit der Diode und der Frequenz abhängig.

Beim periodischen Schalten des Transistors entstehen durch den Kondensator Einschaltstromspitzen, die durch den Reihenwiderstand zum Kondensator begrenzt werden.

Dabei sinken die Umschaltverluste im Transistor. Durch diese $R-C$-Beschaltung kann eine nahezu ohmsche Umschalt-Arbeitskennlinie erreicht werden, (Bild 4.71).

In (meist) freischwingenden Eintakt- oder Gegentaktwandlern mit ausreichender induktiver Rückschwingenergie, wodurch sich die Kollektorspannung von $U_{CE\,max}$ bis Null abbaut und entsprechend verzögerter Einschaltung des Transistors kann der Begrenzungswiderstand $R = 0$ gewählt werden, so daß nur der Kondensator wirksam bleibt. Hierbei ergeben sich nahezu ideale Umschalt-Kennlinen (Bild 4.176). Einige Anwendungen nach diesem Prinzip sind im Kapitel 5.2 zu finden.

Schutzbeschaltung mit RCD-Glied

Das RCD-Glied nach Bild 4.170 (c) ermöglicht ein Einschalten über einen verhältnismäßig großen Widerstand R so, daß nur geringe Einschaltstromspitzen entstehen. Der Widerstand besorgt ferner die Entladung des Kondensators während der gesamten Leitphase des Transistors; dabei soll der Kondensator ganz entladen werden, was in etwa 3τ geschehen ist. Beim Abschalten liegt über die Diode D der Kondensator C am Kollektor an.

Der Kondensator verzögert den Spannungsanstieg am Transistor, wobei sich der Kollektorstrom weitgehend abbaut, bevor die Spannung wesentlich angestiegen ist. Damit werden die Transistor-Ein- und Abschaltverluste stark gesenkt (Bild 4.71).

Besitzt der Transformator eine kleine Streuinduktivität, so ergeben sich hinsichtlich der Umschaltverlustleistung keine großen Werte. Bild 4.171 zeigt den stark gedehnten Abschalt- und Einschaltvorgang beim RCD-Glied.

Die beim Abschalten überschwingende Spannungsspitze ist $\Delta U \approx \hat{I}_T \cdot \sqrt{\frac{L_S}{C}}$; daraus ergibt sich die Schutzkapazität $C \approx L_S \left(\frac{\hat{I}_T}{\Delta U}\right)^2$. Die durch den Transformator bedingte Umschaltzeit t_{Um} ergibt sich wieder zu etwa $t_{Um} \approx \frac{L_S}{L} \cdot T + t_D$.

Beim Wandler mit Dreieckstrom wird der Transistor bei U_1 und beim Wandler mit Trapezstrom beim wesentlich höheren Wert U_1' periodisch eingeschaltet.

Für den Einschaltstrom ergibt sich ein Begrenzungswiderstand von

$$R \geqq \frac{U_1}{\hat{I}_T} \text{ (Dreieckstrom) und } \frac{U_1'}{\hat{I}_T} \text{ (Trapezstrom).}$$

Beim Trapezstromwandler ist der Anfangs-Trapezstrom für $\hat{I}_T$ einzusetzen. Da der Kondensator C während der folgenden Flußphase t_1 entladen werden muß, ist der Widerstand R nach hohen Werten hin begrenzt. Es gilt

$$R \approx \frac{t_1}{3C}.$$

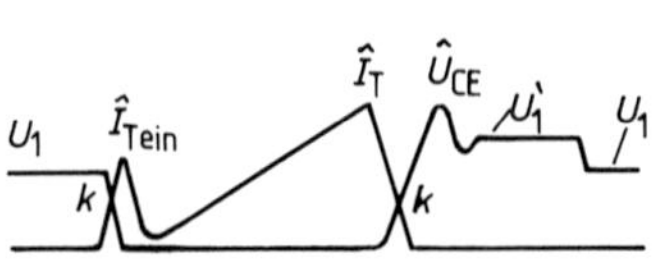

Bild 4.171 Transistor-Ein- und Ausschaltverhalten (gedehnt) mit RCD-Glied

Durch ein RCD-Glied kann die Umschaltspitzen-Verlustleistung auf $<\frac{1}{10}$ des Wertes $\hat{U}_T \cdot \hat{I}_T$ gesenkt werden. Die im Transistor verbleibende mittlere Verlustleistung ist dann angenähert

$$P_{VT} \approx \frac{2}{\pi} \cdot k^2 \cdot \hat{U}_T \cdot \hat{I}_T \cdot (t_{ein} + t_{aus}) \cdot f.$$

Der Faktor k ist das Verhältnis des (oszillografischen) Kreuzungspunktes zum Maximalwert von $\hat{I}_T$ und $\hat{U}_T$ $\left(\text{z.B. } k = \frac{1}{3}\right)$.

Beispiel

$\hat{U}_T = 600$ V, $\hat{I}_T = 1$ A, $f = 50$ kHz, $t_{ab} = 0{,}5$ µs, $t_{ein} = 0{,}2$ µs, $k = 1/3$,

$$P_{VT} \approx \frac{2}{\pi} \cdot \frac{1}{9} \cdot 600 \cdot 1 \cdot (0{,}5 + 0{,}2) \cdot 10^{-6} \cdot 50 \cdot 10^3 \approx 1{,}5 \text{ W}.$$

Bild 4.170 (d) zeigt eine weitere Variante eines Entlastungsnetzwerkes in Form einer RCDL-Schaltung.

Schutzbeschaltung mit Drossel

Ein wirksames Entlastungsnetzwerk zur Verringerung der Einschalt-Verluste besteht aus einer (kleinen) Drossel L mit Diode und Dämpfungswiderstand nach Bild 4.172.

Die Anstiegsgeschwindigkeit des Kollektorstromes wird durch die Induktivität begrenzt bzw. die Stromspitze stark verringert. Die Zeitkonstante L/r muß klein sein im Verhältnis zur Schaltperiode des Transistors. Der Entladestrom über die Diode muß noch vor erneutem Einschalten des Transistors Null werden.

Eine weitere Möglichkeit, die Einschaltverluste zu verringern, besteht darin, eine Sättigungsdrossel einzusetzen. Solange die Drossel nicht gesättigt ist, läßt

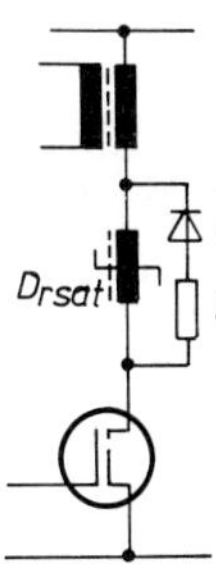

Bild 4.172
Schutzbeschaltung
und (Sättigungs-)Drossel

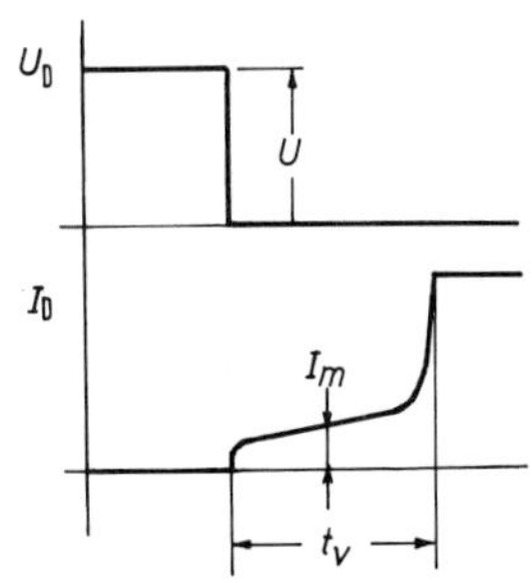

Bild 4.173
Funktionsverlauf
nach Bild 4.172

sie nur einen geringen Stromfluß zu; die Einschaltverluste im Transistor werden dadurch vernachlässigbar. Erreicht die Drossel die Sättigung, ist der Einschaltvorgang des Transistors beendet (Bild 4.173), und der induktive Spannungsabfall an der Drossel sehr klein.

Die durch Verwendung einer gesättigten Drossel erzielbare Verzögerungszeit ist etwa

$$t_v = 10^{-4} \frac{A_E \cdot N \cdot B_{sat}}{U_1}.$$

Die Verlustenergie mit Sättigungsdrossel erreicht Werte im Transistor von

$$E_{Trein} \approx \frac{U_1 \cdot I_m \cdot t_r}{27}.$$

Die Sättigungsdrossel erwärmt sich stärker als eine Drossel ohne Sättigung.

Beispiele weiterer Schutzbeschaltungen

Das Bild 4.174 zeigt eine sehr wirksame Begrenzungsmöglichkeit von Spannungsspitzen. Die Entlastung des Transistors ist hierbei jedoch mäßig. Die Kapazität darf bei dieser Methode größere Werte besitzen. Der Widerstand *R* besorgt je Periode die erforderliche Teilentladung des Kondensators. Die Klemmdiode muß sehr schnell sein.

Bild 3.12 veranschaulicht, wie mit Hilfe einer (Bifilar-)Wicklung eine wirksame Begrenzung der Rückschwingamplitude mit Energierückführung an die Spannungsquelle erreicht werden kann. Dies gilt für Durchluß- und auch für Sperrwandler. Die Transistorentlastung ist nicht optimal. Die gleiche Wirkung zeigt auch die Schaltung nach Bild 5.25, jedoch ohne Hilfswicklung. Querstromverlu-

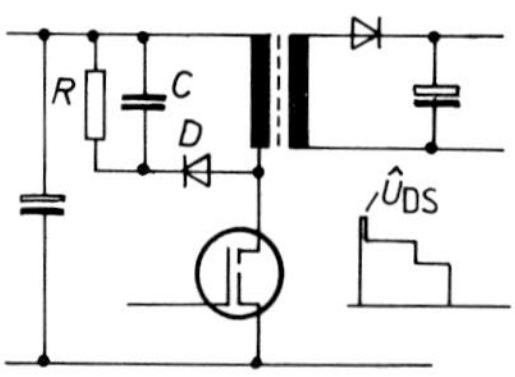

Bild 4.174
Spannungsbegrenzung mit RCD-Glied

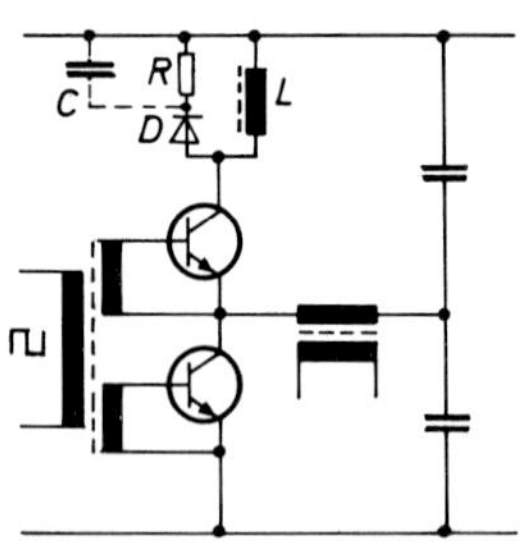

Bild 4.175
Querstromentlastung für Brückenschaltungen

ste in Brückenschaltungen können nach Bild 4.175 durch ein RCDL- bzw. RDL-Glied verhindert bzw. stark gesenkt werden, wobei auch Drosseln mit Sättigung Anwendung finden können.

Bei den Grundschaltungen in Kapitel 3 werden u.a. auch Hinweise für Entlastungsschaltungen gebracht.

Dimensionierungshinweis

In der Praxis wird man beim Dimensionieren von Entlastungsnetzwerken so vorgehen, daß man mit Hilfe eines Zweikanal-Analog-Speicheroszillografen die Umschaltkurven beobachtet, wobei die Verluste im Transistor auf ein Minimum eingestellt werden durch Variation der rechnerisch vorab ermittelten Werte für C und R. Den Kreuzungspunkt k findet man durch Einstellung gleicher Amplituden von U_{CE} und I_C.

Eine weitere Möglichkeit ist die Darstellung der Arbeitskennlinie am Oszillografen. Bild 4.176 zeigt eine verlustarme (ideale) Arbeitskennlinie. Auf eine Darstellung ohne Phasenverschiebung der horizontalen und vertikalen Ablenkung ist sehr zu achten.

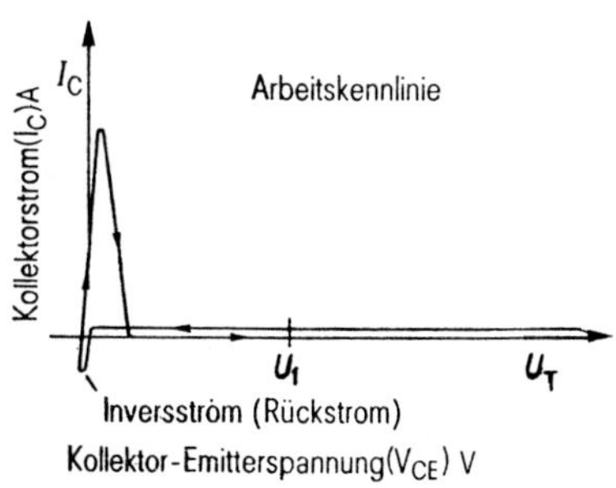

Bild 4.176
Verlustarme Schaltkennlinie eines Transistors

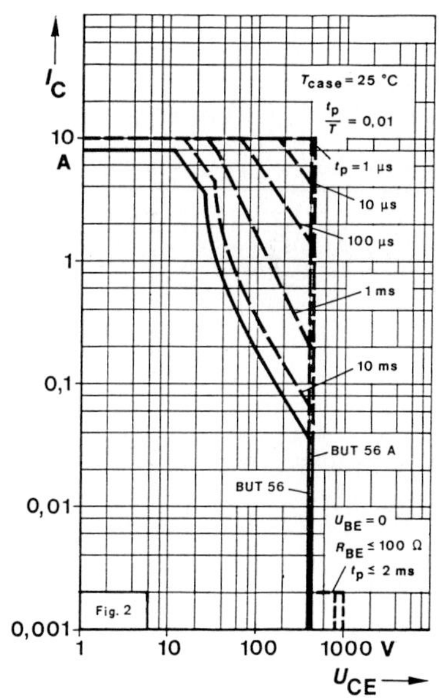

Bild 4.177
Beispiel SOAR-Diagramm BUT56A (Telefunken)

Alle Arbeitskennlinien müssen immer innerhalb der Soargrenzen eines Transistors liegen (z.B. Bild 4.177 und Bild 4.90).

Zur Entlastung dient letztlich auch die geeignete Ansteuerung (Bild 4.98) des Transistors.

Ebenso muß das Umschaltverhalten während des Netzein- und ausschaltens beobachtet werden, besonders bei SNT-Konzepten mit sinusförmiger Stromaufnahme und kleinem Ladekondensator. Funkentstördrosseln (vorwiegend *X*-Drosseln) verursachen Versorgungsspannungsspitzen bis zur doppelten Höhe der Netzspitzenamplitude (700 V), welche den Transistor gefährden können.

Den gleichen Effekt wie die *X*-Drossel kann auch ein Regeltrenntransformator verursachen.

4.11 Gleichrichtung höherfrequenter Rechteckspannungen

In Schaltnetzteilen werden Dioden zur Gleichrichtung von höherfrequenten Rechteckspannungen benötigt. Hierbei unterscheidet man zwischen primär angeordneten schnellen höhersperrenden Dioden und niedersperrenden sekundären sehr schnellen Dioden.

Schnelle Dioden haben Sperrverzögerungszeiten von 0,01 ns bis 0,2 µs und erlauben je nach Stromform und Diodentyp Betriebsfrequenzen von 20 bis über 500 kHz. Die üblichen schnellen Dioden für höhere Spannungen besitzen Durchlaßspannungen von etwa 1 bis 1,5 V. Zur Gleichrichtung kleiner Spannungen sind Schottky-Dioden mit Flußspannungen von 0,5 V von Vorteil.

Deren Schwerpunkteinsatz liegt bei 2 bis 24 V gleichgerichteten Spannungen.

Bild 4.178 zeigt als Beispiel eine sekundärseitige Mittelpunkt-Gleichrichterschaltung mit Speicherdrossel *L* und Freilaufdiode D_F.

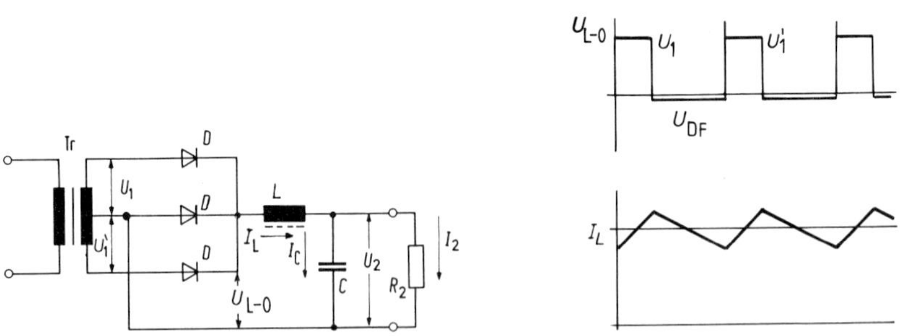

Bild 4.178 SNT-Gegentaktgleichrichtung mit Speicherdrossel

4.11.1 Schnelle Dioden

Die Eigenschaften der schnellen Dioden bestimmen ganz wesentlich den Wirkungsgrad und die mögliche höchste Schaltfrequenz für ein SNT. Von Bedeutung sind hierbei

- ▷ die Durchlaßspannung U_F
- ▷ die Sperrverzögerungszeit t_{RR}
- ▷ die Sperrspannung U_{RM}
- ▷ die Sperrschichtkapazität C_J

Als schnelle Dioden bieten sich die Schottky-, die Epitaxial- und die doppeldiffundierte Diode an.

Epitaxial- und doppeldiffundierte Dioden zeigen wie die üblichen Netzdioden beim Übergang vom leitenden Zustand in den Sperrzustand einen Rückstrom $-\frac{dI_R}{dt}$ gemäß Bild 4.179.

Dabei entsteht während des Abschaltens des Diodenstroms eine relativ hohe Verlustleistung. Die „Sperrverzögerungsladung Q_s" (im Bild schraffiert), bewirkt die „Sperrverzögerungszeit t_{rr}". Q_s und t_{rr} hängen ab von

- ▷ der Höhe des Durchlaßstroms I_F vor Anlegen einer Sperrspannung,
- ▷ der Höhe der angelegten Sperrspannung,
- ▷ der Steilheit des abnehmenden Durchlaßstromes di_F/dt und
- ▷ der Sperrschichttemperatur T_j.

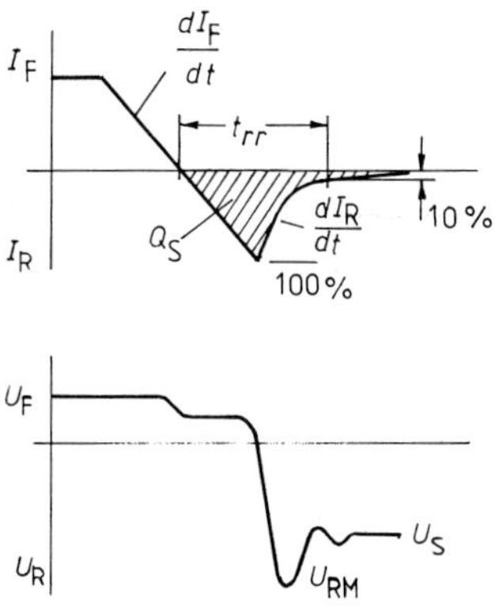

Bild 4.179
Verlauf von Strom und Spannung beim Umschalten vom Durchlaß- in den Sperrbereich

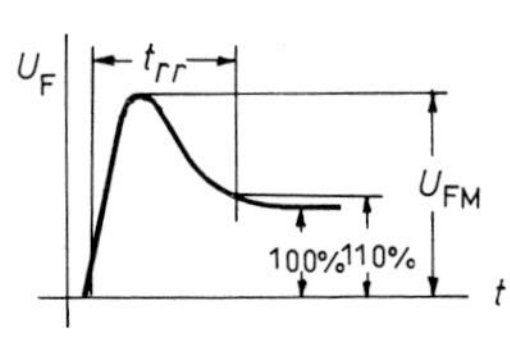

Bild 4.180
Flußspannung der Diode bei einem Stromsprung

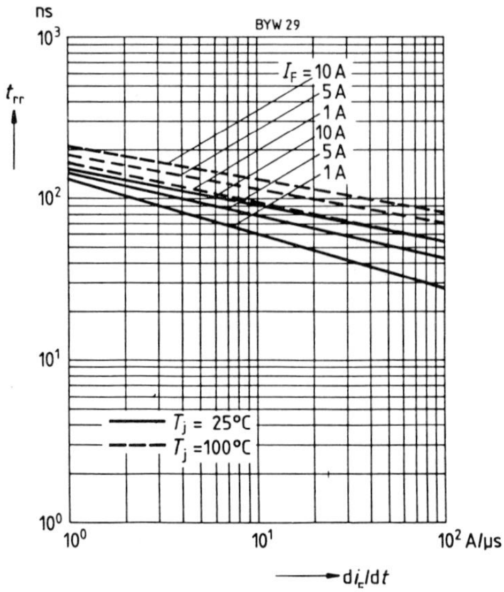

Bild 4.181
Sperrverzögerungszeit t_{rr}
(Obere Streubereichsgrenze)
Parameter: T_j,
Durchlaßstrom I_F

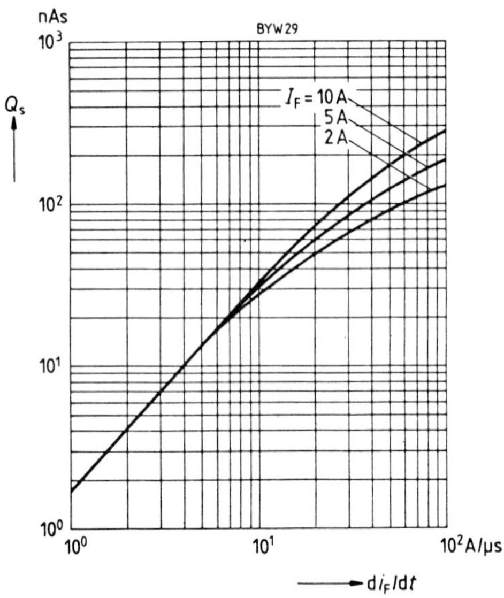

Bild 4.182
Sperrverzögerungsladung Q_s
(obere Streubereichsgrenze),
$T_j = 100$ °C
Parameter: Durchlaßstrom I_F

Wenn der Durchlaßstrom einer Diode sprungartig erhöht wird, z.B. beim Einschalten, tritt eine Überspannung (U_{FM}) auf und sinkt in der Vorwärtserholzeit t_{fr} auf den Nominalwert der Flußspannung ab (Bild 4.180). Diese Überspannung und die Vorwärtserholzeit können je nach Diodentyp in weiten Grenzen schwanken.

Die Einschaltverzögerung der Diode verursacht eine höhere Sperrspannungs-Belastung des Transistors.

Die Spannungsspitzen müssen ggf. auch im Brücken-SNT berücksichtigt werden.

Epitaxial-Dioden

Epitaxialdioden zeichnen sich durch eine sehr geringe Sperrverzögerungszeit aus. Vorteilhaft ist die Verwendung von Fast-Soft-Recovery-Dioden, die ein „weiches" Abschalten des Rückstroms aufweisen. Sie erzeugen im Gegensatz zu den abrupt abschaltenden Fast-Recovery-Dioden kaum Störschwingungen und nur geringe Spannungsspitzen an den Schaltungsinduktivitäten. Die Sperrspannungen dieser Dioden betragen prozeßbedingt 50 bis 200 V. Die Bilder 4.181 und 4.182 zeigen die Verläufe von t_{rr} und Q_s bei $T_j = 100\,°C$ in Abhängigkeit von d_{iF}/dt. Zwischen t_{rr} und Q_s gibt es keinen allgemein gültigen mathematischen Zusammenhang.

Schottky-Dioden

Schottky-Dioden besitzen im Gegensatz zu den üblichen Dioden keinen Halbleiter-Halbleiter-Übergang sondern einen Halbleiter-Metall-Übergang. Den Stromfluß übernehmen Majoritätsträger. Gegenüber Dioden mit PN-Übergang ergibt sich keine Trägheit beim Umschalten von Durchlaß- in Sperrichtung, so daß Schottky-Dioden für höchste Frequenzen geeignet sind. Nachteilig ist die relativ große Sperrschichtkapazität, die zu entsprechenden Ladeströmen führt. Ein großer Vorteil ist die niedrige Durchlaßspannung (etwa 0,5 bzw. 0,9 V), welche bei kleinen Ausgangsspannungen noch hohe Wirkungsgrade zuläßt. Die Verwendung von Schottky-Dioden ist jedoch begrenzt durch ihre verhältnismäßig kleine Sperrspannung von 45 V. Die 90-V-Schottky-Diode besitzt bereits Durchlaßspannungen von 0,9 V. Bei den Schottky-Dioden ist der Sperr-Strom höher als bei Epitaxial- und doppelt diffundierten Dioden. Die hohe Sperrschichtkapazität führt im Schalttransistor zu hohen Einschaltströmen und regt hochfrequente Schwingungen an, so daß fast immer Dämpfungsglieder an Diode und Transistor angebracht werden müssen.

Doppelt diffundierte Dioden

Doppelt diffundierte Dioden besitzen sehr gute Sperreigenschaften bis etwa 1500 V; sie sind mit hohen Durchlaßströmen belastbar.

Zwischen einer stark P- und einer stark N-dotierten Kristallschicht befindet sich eine schwach dotierte Schicht. Diese Zwischenschicht ermöglicht die hohe Sperrspannung; die stark dotierten Schichten bewirken die hohe Strombelastbarkeit.

Mit der Dicke der Zwischenschicht steigt die Sperrspannung an, und mit ihr aber auch die Durchlaßspannung; sie beträgt bis zu 1,5 V bei Dioden mit hohen Sperrspannungen. Die Sperrverzögerungszeit begrenzt die Schaltfrequenz auf Werte von meist unter 50 kHz.

Vergleich von Schottky-, Soft-Recovery- und doppelt diffundierten Dioden

Sperrspannung U_{RRM}

Die zulässige Sperrspannung (Bild 4.183) bestimmt sehr wesentlich die maximal erzielbare Ausgangsgleichspannung.

Für Durchflußwandler sind 45-V-Schottky-Dioden bis zu einer Ausgangsgleichspannung von ≈ 12 V sehr gut geeignet. Mit den 90-V-Schottky-Dioden können Ausgangsspannungen bis etwa 30 V gewonnen werden. Höhere Ausgangsspannungen erfordern den Einsatz von Epitaxial-Dioden.

Durchlaßspannung U_F

In einem Durchflußwandler mit 5 V Ausgangsspannung beträgt selbst bei Verwendung einer Schottky-Diode die Verlustleistung der Diode bereits $>10\%$ der Ausgangsleistung. Das Bild 4.184 zeigt die unterschiedlichen Durchlaß-Kennlinien der drei wichtigen schnellen Diodenarten.

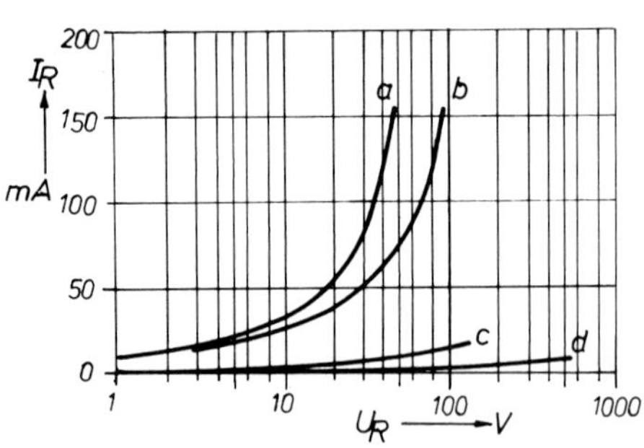

Bild 4.183
Sperrkennlinien ($T_j = 125$ °C) a) Schottky-Diode 45 V; b) Schottky-Diode 90 V; c) Epitaxial-Dioden; d) doppelt diffundierte Dioden

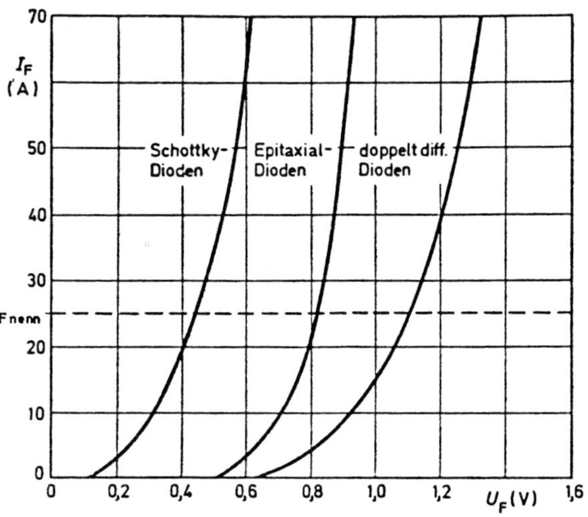

Bild 4.184 Durchlaßkennlinien der drei Diodenarten

Sperrschichtkapazität C_J

Im SNT muß die Sperrschichtkapazität vom Schalttransistor periodisch geladen und entladen werden. Dabei entstehen Verluste. Ferner bildet sich beim Abschalten des Transistors im Schwingkreis – bestehend aus der Trafo-Streuinduktivität L_S und der Diodensperrschichtkapazität C_J eine ausklingende Schwingung. Es entsteht besonders bei Schottky-Dioden infolge der sehr kleinen sekundären Streuinduktivität eine hochfrequente Schwingung, welche Funkstörungen verursacht und zu Überspannungen an der Diode führen kann. Ein den Dioden parallel zu schaltendes *RC*-Glied (Bild 4.185) dämpft die Schwingungen hinreichend. Für die Kapazität *C* sollte ein Wert von etwa 10 C_J gewählt werden. Die Größe *R* kann etwa nach der Gleichung

$$R \approx \frac{N_{sec}}{N_{prim}} \cdot \sqrt{\frac{L_S}{C_J}}$$

ermittelt werden.

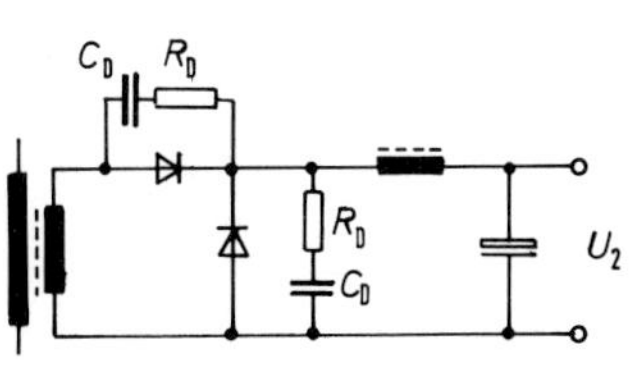

Bild 4.185
Dämpfungsbeschaltung
von Schottky-Dioden

Die nachstehende Übersicht vergleicht Daten der behandelten Dioden.

	U_F(V)[1] ($\vartheta_J = 125$ °C)	U_R(V) ($\vartheta_J = 125$ °C)	t_{rr}(ns)[2] ($\vartheta_J = 25$ °C)	C_J(pF)
Schottky-Dioden	0,5	45	0,01 bis 1	400 bis 1500
Epitaxial-Dioden, Soft Recovery	0,6 bis 0,85	50 bis 200	35 bis 50	30 bis 100
doppelt diffundierte Si-Dioden	1,0 bis 1,5	200 bis 800	100 bis 500	10 bis 50

[1] bei I_{Fnenn} [2] bei gleichen Umschalt-Bedingungen

Die Tabelle 4.45 gibt wichtige Kenndaten wieder für eine Schottky-Typenreihe, welche Ströme von 1,0 bis 80 A erfaßt. Tabelle 4.46 enthält Daten für Super-Fast-Recovery-Dioden.

Tabelle 4.45 Wichtige Kenndaten von Schottky-Dioden

Typ	V_{RRM} in V	I_{FAV} in A	I_{FSM} in A	V_F in V	$T_{j\,max}$ in °C	$R_{th\,JC}$ in K/W	$R_{th\,JA}$ in K/W	Abmessungen (Gehäuse) in mm
BYS 21-45	45	1,0	50	0,55	125	–	20	5 × 3 ∅
BYS 21-90	90	1,0	30	0,90	125	–	30	5 × 3 ∅
BYS 22-45	45	1,7	100	0,55	125	–	8	7,5 × 4 ∅
BYS 22-90	90	2,0	60	0,90	125	–	12	7,5 × 4 ∅
BYS 26-45	45	2,6	120	0,55	125	–	8	7,5 × 6,4 ∅
BYS 26-90	90	3,0	80	0,55	125	–	9	7,5 × 6,4 ∅
BYS 27-45	45	5,0	120	0,55	125	–	12	7,5 × 6,4 ∅
BYS 24-45	45	2 × 5	120	0,55	125	3,0	–	(TOP 220)
BYS 24-90	90	2 × 5	80	0,90	125	3,0	–	(TOP 220)
BYS 28-45	45	2 × 15	250	0,55	125	1,4	–	(TOP 3)
BYS 28-90	90	2 × 12,5	150	0,90	125	1,2	–	(TOP 3)
BYV 39-45	45	16	150	< 1	150	< 2,2	–	(TOP 220)
BYV 23-45	45	80	1500	< 0,95	150	< 0,6	–	(DO 5)

Tabelle 4.46 Super-Fast-Recovery-Dioden

Kenndaten Typ	$\hat{U}_M$ in V	I_{FAV} in A	 bei °C	$I_{Stoß}$ in A	I_R in µA/ 25 °C	U_{FM} bei I_{FM} in V	 in A	t_{rr} in µS	Bemerkungen		Gehäuse
FE 1 A bis D	50 bis 200	1	55	30	2	0,95	1	35	G.I.	Einzel-Diode	DO 204 AP
BYV 27-50 bis 200	50 bis 200	2	85	50	1	1,07	3	25	G.I. Siemens	Einzel-Diode	G 4
BYV 28-50 bis 200	50 bis 200	3,5	85	90	1	1,1	5	30	G.I. Siemens	Einzel-Diode	G 4
FE 6 A bis D	50 bis 200	6	55	150	5	1,0	6	35	G.I.	Einzel-Diode	G 4
UF 4001 bis 4005	50 bis 600	1	55	30	10	1,0	1	50	G.I.	Plastic	DO 41
UF 4006 bis 4007	800 bis 1000	1	55	30	10	1,2	1	75	G.I.	Plastic	DO 41
UF 5400 bis 5404	50 bis 400	3	55	150	10	1,0	3	50	G.I.	Plastic	DO 201 AD
BYW 29-100 bis 200	100/150/200	8	100	80	10	1,3	8	25	Siemens	Plastic	TO 220
BYV 29-400 bis 500	400/500	9	100	100	10	1,4	9	50	Siemens	Plastic	TO 220
FES 16 AT bis GT	50 bis 400	16	100	200	10	1,3	16	35/50	G.I.	Plastic	TO 220
BYW 92-200	200	40	100	500		1,3	40	40	Siemens	Einfach-Diode	DO 5
BYT 86	600/800/1000	8	100	90	10	1,8	8	80/150	TFK	Einzel-Diode	DO 220
BYT 87	600/800/1000	15	100	100	10	1,8	15	80/150	TFK	Einzel-Diode	DO 220
FEP 16 AT bis JT	50 bis 600	2 × 8	100	200	10	0,95	8	35/50	G.I.	Doppel-Diode	TO 220 AB
BYV 32-50 bis 200	50 bis 150	2 × 10	125	150	10	1,15	20	35	G.I. Siemens	Doppel-Diode	TO 220 AB
BYR 34-800	800	2 × 10	100	60	10	1,75	10	75	Siemens	Doppel-Diode	TO 220
FEP 30 AP/M bis JP/M	50 bis 600	2 × 15	100	300	10	0,95/1,3	15	35/50	G.I.	Doppel-Diode	TO 3 P/TO 3

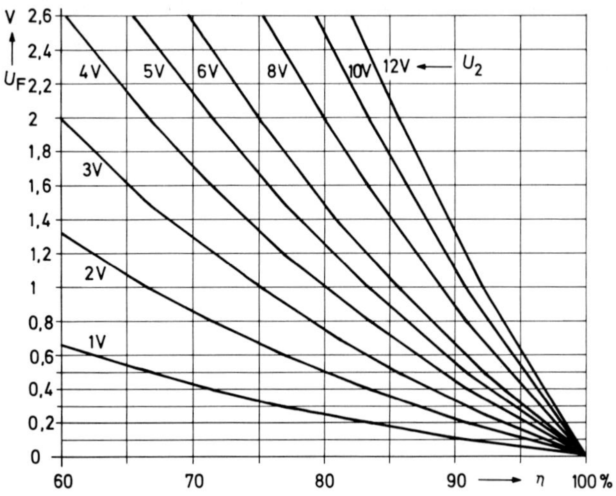

Bild 4.186
Spannungswirkungsgrad in Abhängigkeit von der Flußspannung U_F und der gewünschten Ausgangsspannung U_2 bei Rechteckwechselspannungen.

4.11.2 Gleichrichtung kleiner Wechselspannungen

Aus Bild 4.186 ist zu entnehmen, wie hoch der Gleichrichterwirkungsgrad bei einer bestimmten Ausgangsspannung und Dioden-Flußspannung ist.

Beispielsweise ist für eine Ausgangsspannung U_2 von 5 V und eine Flußspannung von 0,75 V/5 A ein Dioden-Wirkungsgrad von

$$\eta_u = \frac{U_2}{U_2 + U_F} = \frac{5}{5 + 0{,}75} \mathrel{\hat{=}} 87\%$$

erreichbar.

Als Gleichrichterschaltung für kleine Rechteckspannungen kommt im wesentlichen nur die Einweg- und die Mittelpunktschaltung in Frage.

4.11.3 Gleichrichtung sehr kleiner Wechselspannungen

Um sehr kleine Spannungen mit noch gutem Wirkungsgrad gleichrichten zu können, sind Gleichrichterstrecken mit extrem kleinen Flußspannungen erforderlich.

Die kleinsten bekannten Durchlaßspannungen haben übersteuerte Transistor-Kollektor-Emitter-Strecken. Dabei sind Werte von 200 bis < 50 mV bei 10 A durchaus erreichbar.

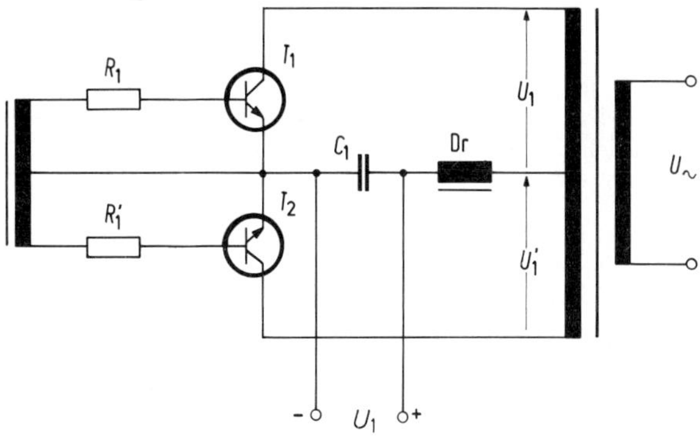

Bild 4.187 Gegentaktgleichrichtung mit Transistoren

Sollen Transistoren für Gegentaktgleichrichtung (Bild 4.187) verwendet werden, so sind sie im Takt der Frequenz abwechselnd durchzuschalten bzw. zu sperren. Die erforderliche Steuerung wird dem Transformator entnommen.

Diese Schaltung ist die Umkehrung eines Gegentaktwandlers. Aus Bild 4.186 kann der Gleichrichterwirkungsgrad für jede in Frage kommende Durchlaßspannung ermittelt werden.

4.11.4 Wechselspannungs-Kurvenformbewertung

Wenn man mit Wechselspannungen arbeitet, interessiert man sich für bestimmte Größen, die die Wirkung der Meßspannung für den betreffenden Anwendungsfall möglichst gut beschreiben.

Der *Spitze-Spitze-Wert* U_{ss} des Wechselspannungsanteils wird auch als Schwingungsbreite bezeichnet.

Als *Spitzen- oder Scheitelwert* $\hat{U} (= U_M)$ bezeichnet man den größten Wert des Betrags der Wechsel- oder Mischspannung innerhalb einer Periode.

Den *zeitlichen Mittelwert* einer Mischspannung bezeichnet man als Gleichspannungswert U_g.

Den zeitlichen Mittelwert des Betrages einer Spannung bezeichnet man als Gleichrichtwert $U_m (= U_{AV})$.

$$U_m = \frac{1}{T} \int_0^T |u| \, dt.$$

Bei gerichteten *Mischspannungen* sind Gleichrichtwert und Gleichspannungswert identisch.

Den *quadratischen Mittelwert* der Spannung bezeichnet man als Effektivwert $U_{\text{eff}}(=U_{\text{RMS}})$.

Der *Effektivwert* einer Wechsel- oder Mischspannung gibt denjenigen Ersatz-Gleichspannungswert an, der an einem Widerstand die gleiche Wärmeleistung bewirkt: $U_{\text{eff}}=\sqrt{\frac{1}{T}\int_0^T i^2 \cdot \mathrm{d}t}$.

Bei der Addition zweier Wechselspannungen ergibt sich der Effektivwert der Gesamtspannung durch quadratische Addition der Einzeleffektivwerte:

$$U_{\text{eff}}=\sqrt{U_{1\,\text{eff}}^2+U_{2\,\text{eff}}^2}.$$

Für Spannungen mit beliebiger Kurvenform gelten die Relationen:

$$U_{\text{g}} \leqq U_{\text{m}} \leqq U_{\text{eff}} \leqq \hat{U} \leqq U_{\text{ss}}.$$

Die wichtigsten Gleichrichtfaktoren sind:
Der *Scheitelfaktor S* bezeichnet das Verhältnis von Spitzenwert zu Effektivwert:

$$S=\hat{U}/U_{\text{eff}}.$$

Der *Formfaktor F* gibt das Verhältnis von Effektivwert zu Gleichrichtwert an:

$$F=U_{\text{eff}}/U_{\text{m}}.$$

Das Produkt von Scheitel- und Formfaktor bezeichnet das Verhältnis von Spitzenwert zu Gleichrichtwert. Es gelten:

$$S \geqq 1;\ F \geqq 1 \text{ und } F \leqq S.$$

Bei rechteckförmigen Schaltfunktionen, die nur die beiden Werte $+\bar{U}$ und $-\bar{U}$ annehmen, gilt $S=F=1$ und, wenn zusätzlich der Wert 0 auftritt, $S=F>1$.

In diesen Fällen ist der Effektivwert das geometrische Mittel von Spitzenwert und Gleichrichtwert:

$$U_{\text{eff}}=\sqrt{\hat{U} \cdot U_{\text{m}}}.$$

In Tabelle 4.47 werden für eine Reihe häufig vorkommender Kurvenformen, Wechselspannungen, gerichtete Mischspannungen und Gleichrichtfaktoren angegeben.

Tabelle 4.47 Gleichrichtfaktoren und Kurvenformen

Kurvenform		Gleichrichtfaktoren	
		Funktion	Betrag
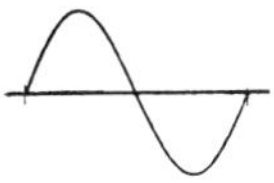	Sinus	$S=\sqrt{2},\ F=\pi/\sqrt{8}$	$S=1{,}414,\ F=1{,}111$
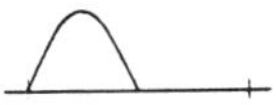	Sinushalbwelle	$S=2,\ F=\pi/2$	$S=2,\ F=1{,}571$
	Gerichteter Sinus	$S=\sqrt{2},\ F=\pi/2\sqrt{2}$	$S=1{,}414,\ F=1{,}111$
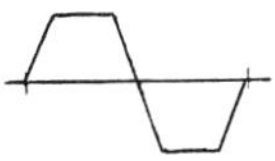	Trapez (sinusähnlich)	$S=\sqrt{2},\ F=8/5\sqrt{2}$	$S=1{,}414,\ F=1{,}13$
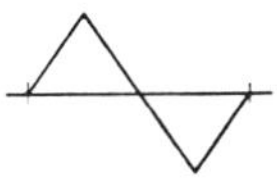	Dreieck bis Sägezahn	$S=\sqrt{3},\ F=2/\sqrt{3}$	$S=1{,}732,\ F=1{,}155$
	Gerichteter Sägezahn bis gleichseitiges Dreieck	$S=\sqrt{3},\ F=2/\sqrt{3}$	
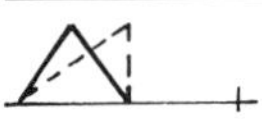	Dreieck-Halbwelle	$S=\sqrt{6},\ F=4/\sqrt{6}$	$S=2{,}45,\ F=1{,}63$
	Exponentialpuls Abklingzeitkonstante τ, $m=\tau/T$	$S=\sqrt{1/m},\ F=0{,}5\sqrt{1/m}$	für $m=1/16$: $S=4$, $F=2$
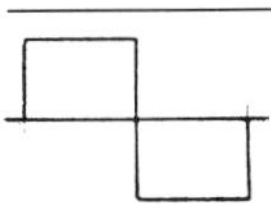	Rechteck (Umschaltfunktion)	$S=F=1$	$S=F=1$
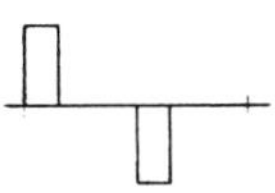	Wechsel-Rechteckpuls periodisch, Tastgrad $m=2\tau/T$	$S=F=1/\sqrt{m}$	für $m=1/4$: $S=F=2$
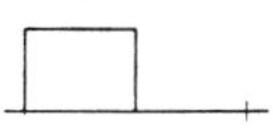	Gerichtetes Rechteck	$S=F=\sqrt{2}$	$S=F=1{,}414$
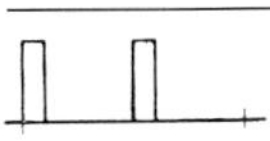	Positiver Rechteckpuls periodisch Tastgrad $m=2\tau/T$	$S=F=1\sqrt{m}$	für $m=1/4$: $S=F=2$

4.12 Sekundärseitige Siebung und Funkentstörung

Die Ausregelung der 100-Hz-Welligkeit am Elko wird im SNT z.B. durch eine schnelle Vorsteuerung, wie sie die Steuer-IS bieten (Kap. 4.8), vorweggenommen, und zwar so wirkungsvoll, daß am Ausgang nahezu keine 100-Hz-Welligkeit feststellbar ist.

Eine eventuelle Forderung nach Überbrückung einer oder mehrerer Netzhalbperioden ist netzseitig durch die Wahl einer ausreichenden Kapazität (Elko) zu berücksichtigen.

Die Siebung aller der Gleichspannung überlagerten HF-Störspannungen infolge der Schaltfrequenzen geschieht in üblicher Form durch *LC*-Filter. Die dabei wichtigsten Gesichtspunkte werden zusammen mit der Funkentstörung behandelt.

Für die Entstörung einer Ausgangsspannung eines SNT gelten die gleichen Grundlagen wie sie bei der netzseitigen Funkentstörung in Kapitel 4.2 ausführlich behandelt wurden.

Es empfiehlt sich, die maximale zulässige Störspannung festzulegen im Verhältnis zur gewonnenen Gleichspannung oder Nutzspannung. Auch auf der Sekundärseite unterscheidet man zwischen *X*- und *Y*-Störungen.

X-Störspannung am Ausgang

Die am Ausgang auftretende *X*-Störspannung ist gleichzusetzen mit der durch die Ausgangssiebung verbleibenden „Welligkeitsspannung". Diese Welligkeit enthält neben der Grundwelle alle störenden Oberwellen bis zu den höchsten „Flankenfrequenzen", welche im allgemeinen nur eine geringe Siebung erfahren, so daß die Ausgangsspannung oft beträchtliche „Spikes" (Nadelimpulse) enthält. Aus dieser Tatsache ist der Siebung höchster Frequenzen besondere Beachtung zu schenken.

Ähnlich wie am Netzeingang können die Ausgangs-Kondensatoren in Kombination mit einer Sieb-Drossel zur Reduzierung der *X*-Störspannung ausgenützt werden.

Y-Störungen über den Ausgang

Der ausgangsseitige *Y*-Störstrom hat im wesentlichen den gleichen Störgenerator wie der netzseitige Störstrom. Lediglich über zusätzliche Massemaßnahmen kann er unterschiedlich sein. Er kann nach Bild 4.188 durch extrem kapazitätsarme stromkompensierte Drosseln und große induktivitätsarme *Y*-Kondensatoren (C_3 und C'_3 auf Masse) reduziert werden.

Ein HF-Schluß von der Sekundär- zur Primärseite durch einen (hochsperrenden) Kondensator vermindert *Y*-Störungen meist beträchtlich.

Welligkeit, Siebfaktor

Die Höhe der Ausgangsspannung z.B. am Eintakt-Durchflußwandler entspricht dem Mittelwert der Impulsspannung U_i vor der Speicherdrossel. So z.B. ist $U_0 = \frac{1}{5}\,U_i$ bei dem Tastverhältnis $V = 0{,}2$ und $\frac{1}{2}\,U_i$ bei $V = 0{,}5$. Für die folgenden Betrachtungen wurde das größte Tastverhältnis mit 0,5 angenommen.

Bei Anlegen einer Rechteckspannung an die Speicherdrossel L_1 wird am Kondensator C_1 immer eine sinusähnliche, verschliffene Restwelligkeit, die Welligkeitsspannung u_{wss} der Taktfrequenz entstehen. Die Vielfachen der Taktfrequenz werden etwa mit 12 dB/Oktave abgesenkt, solange die Induktivität und die Kapazität im wesentlichen Blindwiderstände sind.

Die Welligkeitsspannung u_{wss} am Kondensator C_1 (Bild 4.188) hängt zunächst vom Teilungsverhältnis X_{C1}/X_{L1} bzw. vom daraus resultierenden Drosselstrom I_{Lss} ab:

$$u_{wss} = I_{Lss} \cdot Z_{C1}.$$

Soll z.B. $u_{wss} = 50$ mV am Kondensator C_1 bei einem Drosselstrom $I_{Lss} = 0{,}5$ A betragen, dann ergibt sich

$$Z_{C1} = \frac{u_{wss}}{I_{Lss}}\,\Omega = \frac{0{,}05}{0{,}5}\,\Omega = 0{,}1\,\Omega.$$

Bei einer Betriebsfrequenz von $f = 50$ kHz ergibt sich eine (ideale) Kapazität $C_1 = 32\,\mu$F. Ein solcher Elko mit $R_{ESR} = 6\,\Omega$ ist hierfür jedoch ungeeignet[1].

[1] Ein Elko müßte bei 50 kHz für $Z_{C1} = 0{,}1\,\Omega$ eine Kapazität von etwa 2000 µF besitzen.

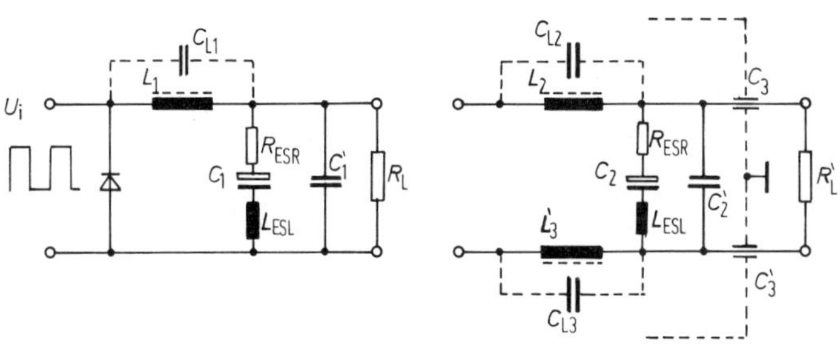

Übliche Werte für sekundärseitige Entstörkondensatoren:

C_1', C_2' = 1 bis 6,8 µF
C_3, C_3' = 2200 pF bis 6,8 µF

Bild 4.188 Ausgangssiebung und Funkentstörung

Ist die Bedingung $Z_{C1} \ll R_L \ll X_{L1}$ erfüllt, dann entpricht das Spannungsteilerverhältnis dem Siebfaktor $S \approx Z_{C1}/X_{L1}$ bzw. R_{ESR}/X_{L1}. Die Welligkeitsspannung der Grundfrequenz kann somit auch aus

$$u_{wss} \approx U_i \cdot \frac{Z_{C1}}{X_{L1}}$$

bestimmt werden.

Am ohmschen Serienwiderstand R_{ESR} entsteht eine Spannung entsprechend dem Welligkeitsstrom. Zu beachten ist, daß R_{ESR} mit niedrigen Temperaturen zunimmt.

Ferner besitzt C_1 eine Induktivität L_{ESL}, welche bei den Oberwellen verstärkt zur Wirkung kommt, so daß die Filterung der Oberwellen zunehmend schlechter wird.

Die Drossel L_1 besitzt eine Parallelkapazität C_{L1} die bei den höheren Oberwellen einen abnehmenden Widerstand darstellt und somit in der gleichen ungünstigen Richtung wirkt wie der zunehmende induktive Widerstand L_{ESL} des Elkos C_1. Somit wird die Filterung besonders der sehr hohen Frequenzen nahezu wirkungslos. Am Ausgang verbleiben vor allem die gefürchteten „Spikes"; sie treten als X- und als Y-Störung auf. „Spikes" werden aber auch magnetisch vom Transformator oder der Speicherdrossel in die Ausgangsleitungen eingekoppelt; sie können in empfindlichen Geräten Störungen und Fehlfunktionen auslösen.

Die gleichen Gesichtspunkte gelten auch für den Gegentaktwandler mit Zweiweggleichrichtung und anschließender Speicherdrossel. Lediglich die zu siebende Taktfrequenz ist verdoppelt gegenüber dem Eintaktwandler.

Für den Sperrwandler gilt, daß am Ladekondensator Bild 4.188 mit meist größeren Kapazitätswerten ein wesentlich höherer Ladestrom fließt, welcher die Amplitude der Grundfrequenzwelligkeit und die Oberwellen bestimmt.

„Spikes" kommen daher sehr stark zur Geltung und müssen durch weitere Filtermaßnahmen auf ein zulässiges Maß reduziert werden.

Bei der oszillografischen Brummspannungsmessung am Ausgang eines SNT zeigen sich neben der 100-Hz-Restbrummspannung und z.B. der verbliebenen 50-kHz-Welligkeit dünne Nadelimpulse als „Schleier" überlagert, welche z.T. sehr große Amplituden aufweisen.

Zum großen Teil werden allerdings mit normalen Tastköpfen weit höhere Werte gemessen als tatsächlich vorhanden, weil in die verbleibende Tastkopfschleife Spikes zusätzlich eingekoppelt werden. Um hierbei richtig (d.h. richtiger!) zu messen, darf kein normaler Tastkopf angeschlossen werden, sondern nur das geschirmte Tastkopfkabel ohne Tastkopf. Bei der Messung muß man jede Schleifenbildung vermeiden. Darüber hinaus können selbst in geschirmte Leitungen Störungen eingekoppelt werden.

Beispiel 1

Bestimmen der Grundwelligkeit für ein 5 V/5 A Sperrwandler-SNT sei der Ladestrom I_{ss} z.B. 10 A. Dieser bewirkt an einem 4700-µF-Kondensator mit einem R_{ESR} von z.B. = 0,05 Ω eine Grundwellenspannung von 500 mV_{ss}.

Beispiel 2

Abschätzung der zu erwartenden Höhe der Spikes bei einem einfachen Siebglied in einem Durchflußwandler mit $U_{iss} = 50$ V mit Schaltflanken von etwa 50 ns ($\hat{=}$ 10 MHz). Die Kapazität parallel zur Speicherdrossel ist mit 20 pF angenommen. Für einen Elko 4700 µF/25 V wird L_{ESL} + Leitungsinduktivität mit z.B. 30 nH angesetzt.

Der Teilungsfaktor $X_{CDr\,1}/X_{L\,ESL} = 800\ \Omega/1{,}9\ \Omega = 420$. Die Höhe der Spikes ermittelt sich mit $U_{Spss} = 50\ \text{V}/420 = 0{,}119$ V. Diese und höhere Werte werden bei 5 V/5 A SNT (ohne weitere Maßnahmen) tatsächlich gemessen. Dieses Beispiel zeigt, daß eine weitere Filterung vorgenommen werden muß.

Beispiel 3

Abschätzung der Höhe der Spikes für einen Sperrwandler 5 V/5 A, Flankensteilheit 100 ns ($\hat{=}$ 5 MHz). Der Ladeelko 4700 µF/25 V besitzt ein $L_{ESL} \hat{=} 20$ nH (0,65 jΩ). Der Elkostrom I_{ss} sei z.B. 5 A. Unter diesen Voraussetzungen ergeben sich Spikes von der Höhe $U_{Spss} = 5\ \text{A} \cdot 0{,}65\ \Omega = 3{,}25$ V! Eine passende Nachsiebung ist unerläßlich.

Spikes werden vermindert durch folgende Maßnahmen:

1. Die Speicherdrossel (oder auch sonstige Siebdrossel) muß eine sehr kleine Parallelkapazität C_{Dr} aufweisen.
2. Der Siebelko muß eine sehr geringe Serieninduktivität L_{ESL} aufweisen.
3. Die Stromführung auf der Platine zu und von Elkos muß induktivitäts- und schleifenarm ausgeführt werden.
4. Ausgangsleitungen und die Ausgangsklemmen müssen nahe beieinander liegen.
5. Zum Elko parallel einen induktivitätsarmen Kondensator C'_1, C'_2 schalten.
6. Über eine oder zwei sehr kapazitätsarme Stab- oder Ringkerndrosseln L_2, L und einen folgenden sehr induktivitätsarmen Kondensator zusätzlich sieben.
7. Auswahl der richtigen Gleichrichterdioden (Schottky-, Soft-recovery- oder Schnelle Dioden)
8. Schirmung mindestens der Primärwicklung (Reduzierung der Y-Störung).

Die zusätzliche Siebung mit einem LC-Glied ist wohl eine der wirkungsvollsten Maßnahmen, welche keine nennenswerten Kosten verursacht.

Lastsprünge

Lastsprünge bewirken am Ausgang Spannungsänderungen, welche innerhalb gegebener Grenzen z.B. $\pm 5\%$ bei $P_{max} \rightarrow 0$ bzw. $0 \rightarrow P_{max}$ bleiben müssen. Hierzu ist neben einer schnellen Ausregelung die Ausgangskapazität C_1 so groß zu wählen, daß die Regelzeit entsprechend überbrückt werden kann.

Eine um etwa 20% abgelaufene Zeit der Ausgangs-Zeitkonstante $\tau = C \cdot R_L$ (Bild 4.189) entspricht mit ausreichender Näherung der gleichen prozentualen Spannungsänderung (-20%), also:

$$\frac{\Delta u}{U_0} = \frac{\Delta \tau}{\tau}.$$

Wird bei Lastsprüngen vom Leerlauf in die Vollast mit einer Nachregelverzögerung von z.B. m Taktperioden, also mit $T' = m \cdot T = \Delta \tau$ gerechnet, dann ergibt sich die erforderliche Kapazität aus $\tau = R_{L\,min} \cdot C = \dfrac{U_0 \cdot \Delta \tau}{\Delta U}$ mit

$$C = \frac{U_0 \cdot m \cdot T}{\Delta U \cdot R_{L\,min}}.$$

Beispiel

$$C = \frac{5 \cdot 10 \cdot 40 \cdot 10^{-6}}{0{,}25 \cdot 1}\ \text{F} = 8000\ \mu\text{F}.$$

Die Forderung nach kleinen Lastsprüngen ergibt meist weit überdimensionierte Kapazitäten bezogen auf die erforderliche Welligkeit für die Taktfrequenz. Somit könnte der Welligkeitsstrom I_{Lss} in der Glättungsdrossel eines Drosselwandlers häufig größer angesetzt werden. Damit würden auch die Nachregelgeschwindigkeit verbessert und für die Drossel kleinere Abmessungen möglich.

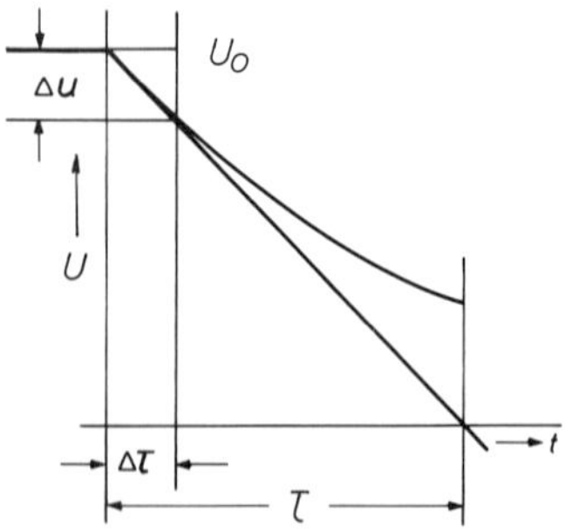

Bild 4.189
Spannungsänderung als Funktion der Teilzeitkonstante

4.13 Widerstände

Widerstände sind in der gesamten Elektronik äußerst wichtige Bauelemente, wenngleich ihnen häufig nur geringe Aufmerksamkeit gewidmet wird; sie bestimmen aber ganz wesentlich die Qualität und Lebensdauer der Geräte.

Neben dem Temperaturverhalten ist die Spannungs- und Impulsverträglichkeit von Widerständen von ganz besonderer Bedeutung.

4.13.1 Schicht- und Drahtwiderstände

Viele Widerstände besitzen eine Temperaturabhängigkeit, welche sich durch einen entsprechenden Temperaturkoeffzienten *TK* ausdrücken läßt. Bei der Entwicklung von Schichtwiderständen ist man bemüht, durch geeignete Zusammensetzung der Schichten stets kleine Temperaturkoeffizienten zu erreichen. Gelegentlich werden aber auch Widerstände gebraucht mit bestimmten positiven oder negativen Temperaturkoeffzienten, insbesondere dann, wenn Temperaturgänge zu kompensieren sind.

Die Temperaturabhängigkeit moderner Schichtwiderstände hängt ab von der Art der Widerstandsschicht. Das Maß für den Temperaturkoeffizienten α wird in 10^{-6}/K angegeben; er hat häufig keinen konstanten Wert, vielmehr hängt er selbst von der Temperatur und vom Widerstandswert ab (Bild 4.190).

Exakt läßt sich der Temperaturkoeffizient nur berechnen, wenn die Funktion $R(\vartheta)$ bekannt ist. Dies ist meist nicht der Fall; so verwendet man am besten die grafische Darstellung.

In Bild 4.190 ist der Verlauf des Temperaturkoeffizienten in Prozent für unterschiedliche Kohleschichtwiderstände gezeigt. Niederohmige Widerstände besitzen einen kleinen, hochohmige Widerstände einen großen Temperaturkoeffzizienten.

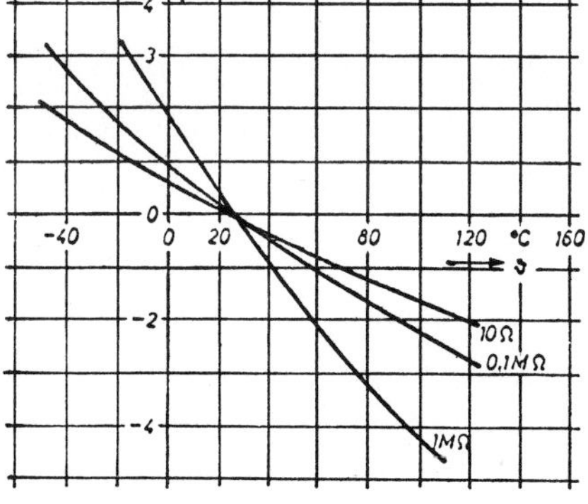

Bild 4.190
Temperaturgang der Widerstandsänderung bei Kohleschichtwiderständen (Vitrohm)

Kohleschichtwiderstände

Moderne Kohleschichtwiderstände sind nicht gewendelt aufgebaut und damit induktivitätsarm; sie besitzen daher gute HF- und Impuls-Eigenschaften. Die Anschlußdrähte erstrecken sich in das Innere des Schichtträgerröhrchens und ergeben daher eine besonders gute Belastbarkeit. Übliche Betriebsspannungen sind 150, 350 und 500 V.

Für hohe Betriebsspannungen gibt es spezielle Kohlegemischschichtwiderstände bis 10 kV bei verhältnismäßig kleinen Abmessungen.

Die Ausfallrate von Kohleschichtwiderständen liegt unter 10^{-8}/h. Die Durchschlagsfestigkeit der mehrfachen Isolationsschicht ist größer als 250 V_{eff}. Die Kapazität der Enden zueinander beträgt etwa 0,2 pF. Die Lötbarkeit der Anschlüsse ist gegeben etwa bei 2,5 s Umschließungszeit. Für Kohleschichtwiderstände sind folgende Meßtemperaturen festgelegt:

Tiefe Grenztemperatur −55 °C,
Raumtemperatur +25 °C,
übliche Betriebstemperatur +70 °C,
positive Grenztemperatur +125 °C.

Metallschicht-Widerstände

Bei den Metallschichtwiderständen besteht die Widerstandsschicht aus Chrom-Nickel-Dünnfilm, der im Hochvacuum auf spezielle Keramiksubstrate aufgedampft wird. Bild 4.191 zeigt den Temperaturgang der Widerstandsänderung (a, b, c). Diese Widerstände unterliegen scharfen Qualitätskontrollen hinsichtlich Toleranzen, *TK*, Langzeitkonstanz und Rauschen; sie eignen sich für die gesamte professionelle Elektronik. Die unterschiedlichen Größen sind von 0,33 bis 2 W bei 70 °C und Betriebsspannungen von 400 bis 1000 V am Markt. Die Widerstandswerte reichen von 0 Ω bis 10 MΩ.

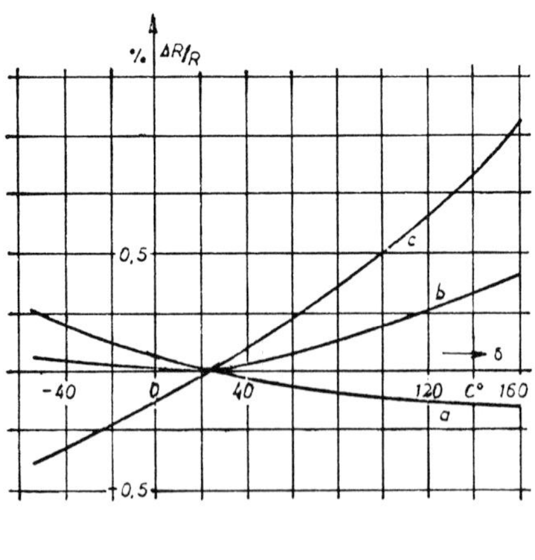

Bild 4.191
Temperaturgang der Widerstandsänderung bei Ni-Cr-Metallschichtwiderständen (Vitrohm)

Metalloxidschichtwiderstände

Metalloxidschichtwiderstände werden für 1,5, 4,5 und 6 W angeboten für Betriebsspannungen von 500 V. Die Langzeitkonstanz der Werte ist $<2\%$.

Chipwiderstände

Widerstände in Chip-Bauform werden in Werten von 0 Ω bis 10 MΩ gebaut und sind für Betriebsspannungen von 200 $V_\sim$ angegeben.

Metallglasur-Widerstände

Die Widerstandsschicht der Metallglasur-Widerstände besteht aus einer Glasur aus Metallen und Metallverbindungen. Sie wird bei etwa 1000 °C in Keramikkörper eingebrannt.

Diese Bauelemente sind vom Prinzip her robust und unempfindlich gegen mechanische und chemische Einflüsse. Sie haben eine hohe Stabilität auch unter extremen Umweltbedingungen.

Vollisolierte Miniatur-Drahtwiderstände

Bei diesen Hochlastdrahtwiderständen ist der Draht auf einen flexiblen Fiberglaskörper gewickelt. Die heiß aufgezogenen Kappen gewährleisten eine zuverlässige Kontaktierung. Widerstandselement und Kontaktierung werden durch eine dicke Umpressung aus Kunstharz geschützt; sie eignen sich besonders für den Einsatz in dichtgepackten Schaltungen.

Hochlast-Drahtwiderstände

Diese Widerstände besitzen einen Wickelkörper aus Fiberglasfäden, auf den der Widerstandsdraht gewickelt wird. Die verschiedenen Serien umfassen Bauformen für freitragende Montage, die durch einen hitzefesten Lack geschützt sind, sowie Bauformen, bei denen sich das Widerstandselement innerhalb eines Keramikgehäuses mit quadratischem oder rechteckigem Querschnitt befindet. Hochlastdrahtwiderstände können bei Temperaturen bis 300 °C betrieben werden; hierzu gibt der Hersteller Belastungs-Diagramme an. Sicherheitsausführungen besitzen eine Kontaktlötstelle welche bei 150 °C schmilzt; sie kann mit handelsüblichem Lot repariert werden.

Belastungs-Diagramm

Bei höheren Umgebungstemperaturen muß die Belastung der Widerstände reduziert werden.

Das Diagramm Bild 4.192 zeigt in allgemeiner Form die Reduktionsfaktoren K. Die Nennbelastbarkeit ist meist auf 70 °C Umgebungstemperatur bezogen.

Beispiel

$$P_{(100\,°C)} = k \cdot P_N = 0{,}7 \cdot P_{N(70\,°C)}.$$

Für einen Metallschichtwiderstand mit $P_N = 0{,}33$ W ergibt sich $0{,}7 \cdot 0{,}33$ W $= 0{,}23$ W bei $t_{Umg} = 100$ °C. Für einen Kohleschichtwiderstand mit $P_N = 0{,}5$ W ergibt sich $0{,}46 \cdot 0{,}5$ W $= 0{,}23$ W bei $t_{Umg} = 100$ °C.

Impulsbelastung

Für eine Belastung mit (z.B. rechteckigen) Impulsen gilt allgemein

$$\hat{P}_x = \frac{1}{V} \cdot P_{70} = \frac{T}{t_i} \cdot P_{(70)}$$

P_x Impulsspitzenleistung
V Tastverhältnis
P_{70} Nennbelastbarkeit bei 70 °C
t_i Impulsdauer
T Periodendauer

Zu berücksichtigen sind dabei die zulässigen Grenzbelastungen (z.B. $P_{70\,°C}$), Grenzspannungen und Ströme (auch auf Impulse bezogen), die maximal zulässigen Impulszeiten (von Größe und Art des Widerstandes abhängig) mit z.B. $t_i \leqq 0{,}1$ s und nicht zuletzt die angestrebte Lebensdauer (z.B. 10000 oder 200000 Stunden).

Hierzu sind die Hinweise und Diagramme für Impulsbelastungen der Herstellerfirmen zu beachten.

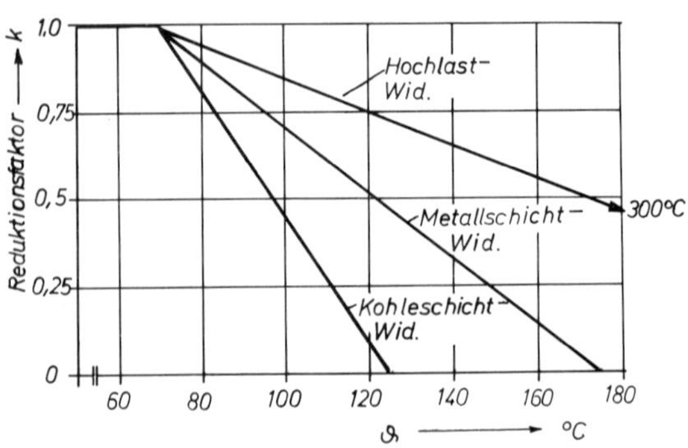

Bild 4.192 Reduktionsfaktoren (allgemein anwendbar)

4.13.2 Heißleiter

Heißleiter mit einem Temperaturkoeffizienten von 3 bis 6%/K werden häufig als Temperatursensoren verwendet.

Spezielle Heißleiterbauformen gibt es für Flüssigkeit, Luft, Gase, feste Körper oder auch als Tabletten.

Der Nennwiderstandswert ist der Widerstandswert bei Nenntemperatur 25 °C.

Die erzielbare Signalspannung ist um so höher, je höher die Spannung am Heißleiter und je höher seine Belastbarkeit ist. Die Eigenbelastung des Heißleiters erwärmt ihn und verfälscht die Meßtemperatur.

Der Wärmeleitwert G_{th} in mW/K gibt an, welche Eigenbelastung den Heißleiter um 1 K erwärmt.

Bild 4.193 zeigt für mehrere Heißleiter des Typs K 164 bei einer Eigenbelastung von 5 mW die zulässige Spannung am Bauteil.

Heißleiter zur Einschaltstrombegrenzung

Heißleiter zur Begrenzung von Einschaltströmen (Bild 4.194) werden zum Schutz der Elektronik vor Überspannung bzw. zu hohen Strömen im Einschaltmoment eingesetzt.

Damit der Heißleiter seine Schutzfunktion ausüben kann, ist er in Serie zum jeweiligen Verbraucher zu schalten. Im Einschaltmoment begrenzt der Heißleiter den Strom durch seinen relativ hohen Kaltwiderstand. Als Folge der Strombelastung erwärmt sich der Heißleiter und verringert seinen Widerstandswert (Bild 4.194).

Es stehen Heißleiter mit Dauerleistungen von 1,5 bis 4,5 W und Dauerströmen bis zu 16 A zur Verfügung (Tab. 4.48).

Der Verbraucher wird im Dauerbetrieb vom Heißleiter nur gering beeinflußt. Für die Funktion der Schaltung ist die richtige Auswahl des Heißleiters Voraus-

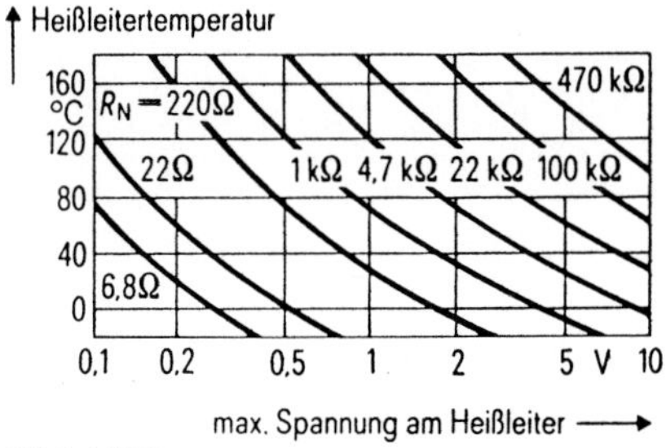

Bild 4.193
Zulässige Spannung an Heißleitern des Typs K 164 mit unterschiedlichen Nennwiderständen R_N bei konstanter Belastung mit 5 mV

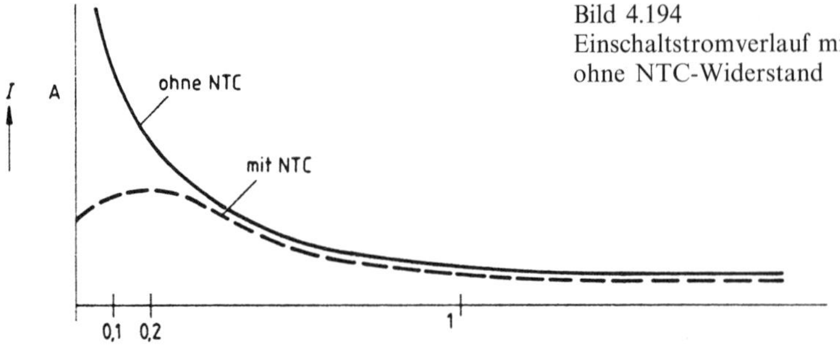

Bild 4.194
Einschaltstromverlauf mit bzw. ohne NTC-Widerstand

setzung. Wichtig ist zunächst der geforderte Dauerstrom, der durch den Verbraucher bestimmt wird. Daraus resultiert der Nennwiderstand des Heißleiters.

Bei Betrieb ist die Erwärmung des Heißleiters von der Höhe der zugeführten Leistung abhängig. Da gleichzeitig Wärme abgeführt wird, kann sich im Extremfall eine mittlere Heißleitertemperatur von bis zu 250 °C einstellen.

Tabelle 4.48 Wichtige Daten der Heißleiter S 231 und S 363

Typ	R_N (T_N=25 °C) in Ω	$I_{25\,max}$ in A	$I_{60\,max}$ in A	R_{min} in Ω	D in mm	B-Wert $B_{25/100}$ in K
S 231/ 1,0/M	1,0	6,3	5,5	0,06		2600
S 231/ 2,2/M	2,2	4,7	4,1	0,10		2800
S 231/ 4,7/M	4,7	3,4	3,0	0,19		2900
S 231/10,0/M	10,0	2,5	2,1	0,37	17	3000
S 231/15,0/M	15,0	2,0	1,7	0,56		3000
S 231/22,0/M	22,0	1,7	1,5	0,78		3050
S 231/33,0/M	33,0	1,6	1,4	0,90		3300

M: R_N-Toleranz ± 20%; P_{25} = 2,4 W

Typ	R_N (T_N=25 °C) in Ω	$I_{25\,max}$ in A	R_{min} in Ω	D in mm	B-Wert $B_{25/100}$ in K
S 363/ 1,0/M	1,0	16,0	0,017		2800
S 363/ 2,0/M	2,0	12,0	0,031		2900
S 363/ 2,5/M	2,5	11,0	0,037		2900
S 363/ 4,0/M	4,0	9,5	0,049	27	3060
S 363/ 5,0/M	5,0	8,5	0,062		3060
S 363/ 10,0/M	10,0	7,5	0,080		3300
S 363/120,0/M	120,0	3,5	0,36		3980

M: R_N-Toleranz ± 20% P_{25} = 4,5 W

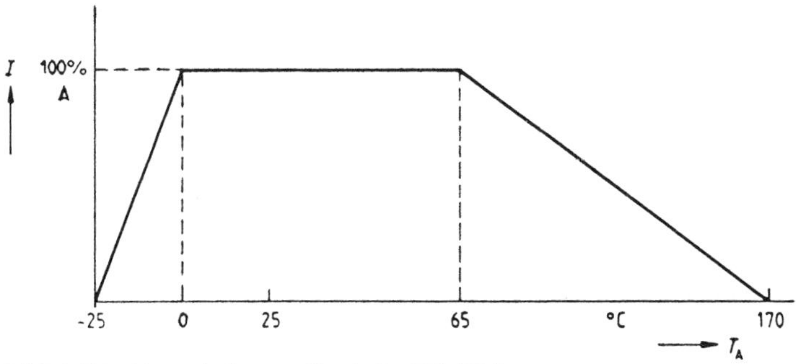

Bild 4.195 Lastminderung für Anlauf-Heißleiter

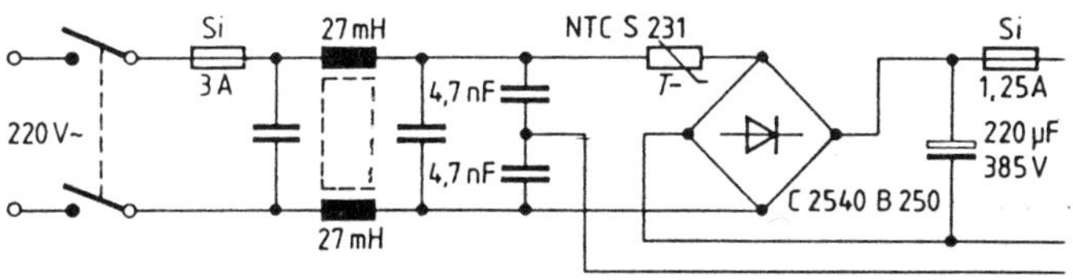

Bild 4.196 Schaltungsausschnitt Sperrwandler-Netzteil mit Heißleiter

Wärme wird auch über die Anschlußdrähte abgeführt: so ist beim Einbau zu berücksichtigen, daß bei max. Belastung des Heißleiters auch die Kontaktierstelle entsprechend heiß werden kann. Eine Klemmkontaktierung kann erforderlich werden.

Bei der Dimensionierung der Schaltung ist die „Lastminderungskurve" als Funktion des Stromes in Abhängigkeit von der Umgebungstemperatur T_A zu beachten (Bild 4.195).

Bei einigen Anwendungsfällen kann es sinnvoll sein, den Heißleiter nach dem Anlaufen zu „überbrücken". Damit wird die Wiedereinschaltbarkeit rascher wiederhergestellt. Bild 4.196 zeigt einen Schaltungsauszug mit Begrenzung des Einschaltstroms durch einen Heißleiter.

4.13.3 Kaltleiter

Der steile Anstieg der Widerstands-Temperatur-Kennlinie eines Kaltleiters läßt ihn als Temperatursensor besonders geeignet erscheinen für die Überwachung fest vorgegebener Grenztemperaturen z.B. in einem SNT.

Der Kaltleiter steht hierbei mit dem zu überwachenden Körper in thermischem Kontakt. Wird die vorgegebene Grenztemperatur überschritten, wird der Kaltleiter sprungartig hochohmig mit einem Widerstandsanstieg bis zu mehreren Zehnerpotenzen.

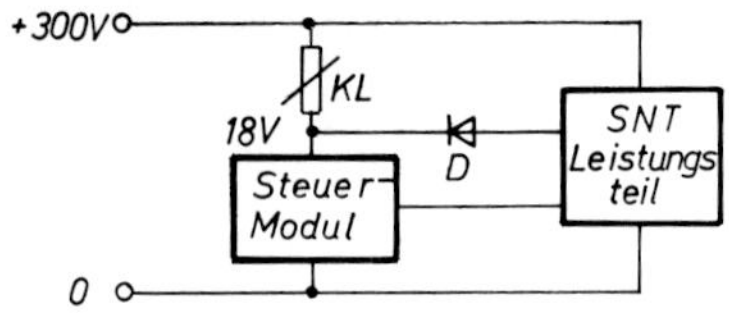

Bild 4.197
SNT-Startschaltung mit Kaltleiter

Wird ein Kaltleiter in Reihe mit einem zu schützenden Verbraucher geschaltet, so ist die Verlustleistung am Kaltleiter direkt abhängig von der Stromaufnahme des Verbrauchers.

Der Kaltleiter wird so dimensioniert, daß er sich bei Nennstrom nicht selbst erwärmt; er ist daher bei Nennbetrieb niederohmig. Im Störungsfall erwärmt sich der Kaltleiter über seine Bezugstemperatur hinaus. Gleichzeitig wird der durch den Verbraucher fließende Strom auf einige mA reduziert.

Der geringe Reststrom belastet das zu schützende Gerät nicht, reicht jedoch aus, den Kaltleiter hochohmig zu halten. Dieser Zustand bleibt so lange erhalten, bis die Spannung abgeschaltet wird und der Kaltleiter abkühlt.

Für ein Schaltnetzteil (Bild 4.197) fließt der zum Anlauf benötigte Strom nur einige Sekunden, bis der Kaltleiter seine Betriebstemperatur erreicht hat. Danach wird das Steuerteil vom SNT selbst versorgt.

Durch die kleine Wärmezeitkonstante des Kaltleiters ist die Schaltung nach wenigen Sekunden wieder voll funktionsfähig.

4.14 Platine

Thermische Belastung

Für das Abschätzen der thermischen Belastung von Leiterplatten, z.B. eines Steuermoduls eines SNT, kann mit 1 mW/cm² Platinenfläche gerechnet werden. Bis etwa 2 mW/cm² können angesetzt werden, wenn der Modul mit gering belasteten Bauelementen dicht bestückt ist, wodurch die wärmeabführende Oberfläche vergrößert wirkt.

Bei einem SNT-Steuermodul mit Platine $2{,}5 \cdot 6\ \text{cm}^2 = 15\ \text{cm}^2$ und dichter Belegung kann z.B. für eine Übertemperatur von $\Delta t = 30$ K eine Leistungsaufnahme von $\dfrac{2\ \text{mW}}{\text{K} \cdot \text{cm}^2} \cdot 15\ \text{cm}^2 \cdot 30\ \text{K} = 900\ \text{mW}$ zugelassen werden. Bei vollständigem Verguß des Steuermoduls wäre nochmals ein Faktor 1,5 möglich, so daß eine Belastung mit etwa 1,5 W zulässig wäre. Eine gute Wärmeverteilung auf der Platine erhält man, wenn die Platine so ausgeführt wird, daß wenig Kupfer abzuätzen ist, d.h. daß breite Leiterbahnen und Cu-Flächen verbleiben und nur die Abstände ausgeätzt werden. Störempfindliche Leiterbahnen sollen nach Möglichkeit zwischen Massebahnen bzw. Masseflächen liegen.

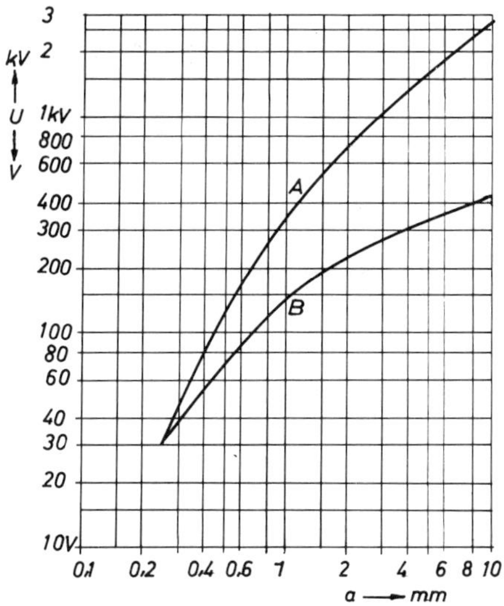

Bild 4.198
Zulässige Spannung $U_=$ zwischen Leitern in Abhängigkeit vom Abstand *a*.
Kurve A: Höhen bis 3000 m;
Kurve B: Höhen bis 15000 m
(unverbindliche Richtwerte)
(Platine mit Isolierlackierung)

Leiterbahnabstände

Die Mindestabstände von Leiterbahnen (Richtwerte) sind aus Bild 4.198 abhängig von der Arbeitsspannung zu entnehmen. Diese Abstände haben sich für Leiterbahnen auf der Sekundärseite bzw. nach dem Netzgleichrichter als ausreichend erwiesen, besonders dann, wenn, wie heute durchweg möglich, zusätzlich eine schützende Lackschicht nach Fertigstellung der Schaltung aufgebracht wird. Bei HF-Spannung führenden Leiterbahnen sollte der Abstand verdoppelt werden.

Leiterbahn-Strombelastung und Widerstände

Die Strombelastbarkeit für einzeln liegende stark belastete Leiterbahnen zeigt das Diagramm Bild 4.199.

Das Diagramm gilt für kupferkaschiertes Material der Stärken 1 bis 2 mm mit einem Kupferbelag von 35 bzw. 70 µm. Es wird angenommen, daß hierbei die mit Leitern bedeckte Fläche gegenüber der kupferlosen Fläche relativ klein ist.

Die sich nach dem Diagramm ergebende hohe Strombelastung sollte nur dann gewählt werden, wenn es notwendig ist, eine Leiterbahn maximal auszunutzen. Allgemein gesehen ist es sinnvoller, einen Korrekturfaktor von 0,3 festzusetzen, um alle Möglichkeiten zu erfassen, die ein Lösen des Leiters vom Basismaterial bei hohen Temperaturen bewirken könnten.

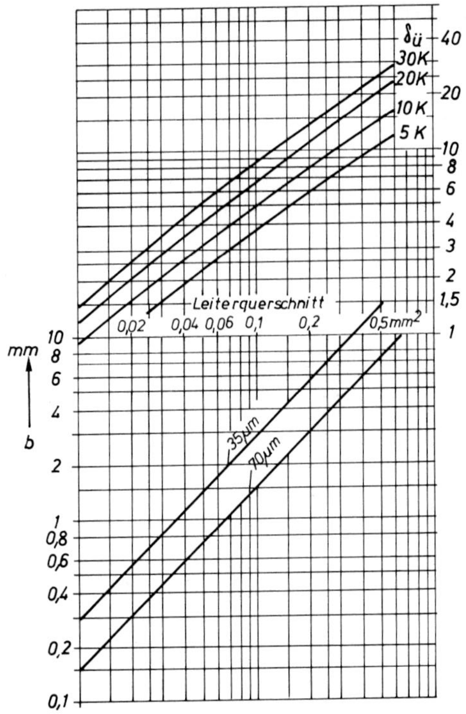

Bild 4.199
Maximale Strombelastung I abhängig von der Leiterbahnbreite b und der Kupferbelagstärke (35 bzw. 70 µm)

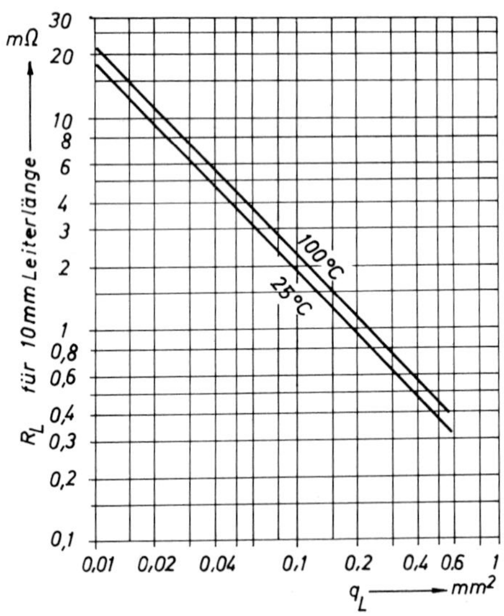

Bild 4.200
Leiterbahnwiderstand R_L abhängig vom Leiterquerschnitt q_L

Für eine Leiterbahnübertemperatur von 15 K wird in der Praxis häufig mit den nachstehenden Werten gerechnet:

Cu-Belag für 1 mm Leiterbahnbreite 35 μm = 1 A bzw. 70 μm = 1,5 A

Das Diagramm (Bild 4.200) zeigt den Widerstandswert für 10 mm Leitungslänge, abhängig vom Leiterquerschnitt q_L; es ist für Anwendungen bestimmt, bei denen der Spannungsabfall R_L von primärer Bedeutung ist, z.B. für das Dimensionieren einer Strombegrenzung oder einer Induktivität. Die dem Leiterquerschnitt entsprechenden Leiterbahnbreiten b können dem Diagramm Bild 4.200 entnommen werden.

Kriech- und Luftstrecken

Unter Kriech-Luftstrecken versteht man Abstände zwischen spannungsführenden Metallteilen und oder Leiterbahnen. Beim Ermitteln von Luftstrecken bleiben Spalte unter 1 mm unberücksichtigt.

Die Angaben beziehen sich auf elektronische Geräte, wie z.B. Schaltnetzteile, Lampen-Vorschaltgeräte u.ä.

Für die Entwicklung elektronischer Geräte sind einschlägige Vorschriften zu beachten (z.B. VDE 0712).

Beispiel

Ein elektronisches Gerät ist ringsum mit einem Blechgehäuse umhüllt; es besitzt ohne Werkzeug nicht zugängliche primäre und sekundäre Anschlußklemmen.

Im Inneren sind die Bauelemente auf der Printplatte aufgebaut; diese ist z.B. mit Schrauben oder Klemmung befestigt. Die Printplatte besitzt einen netzseitigen und einen sekundärseitigen Teil.

Das Gehäuse ist mit dem Schutzleiter verbunden und somit an Erde gelegt. Kriechstrecken zwischen spannungsführenden Teilen und metallischen Geräteteilen müssen Abstände haben, die mindestens der Kurve a im Diagramm

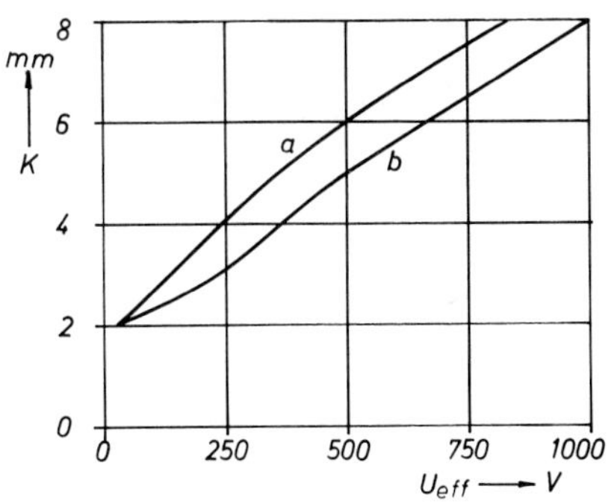

Bild 4.201
Kriech- und Luftstrecken in elektronischen Geräten
a) zwischen spannungsführenden und Gehäuseteilen
b) zwischen spannungsführenden Teilen unterschiedlicher Polarität

Bild 4.201 entsprechen. Kriechstrecken zwischen primären spannungsführenden Teilen und unterschiedlicher Polarität müssen Abstände einhalten, welche der Kurve b entsprechen.

Das Metallgehäuse muß im Innern eine Isolierauskleidung haben, wenn ohne diese Auskleidung die im Diagramm angegebenen Kriech- und Luftstrecken nicht eingehalten werden können.

Die Kriech- und Luftstrecken auf bestückten Leiterplatten sind jedoch nach VDE 0110 (Leiterbahnabstände) auszuführen; sie sind erheblich geringer (siehe auch Bild 4.198).

Bei vollisolierten Geräten müssen die Kriechstrecken auf der Platine und im Transformator zwischen der primären und der sekundären Seite mindestens 8 mm betragen. Diese Forderung führt besonders bei kleiner Bauweise und bei kleinen Transformatoren zu z.T. großen Problemen, wenn man nicht besondere Maßnahmen, wie Vergießen des Transformators bzw. spezielle Lackisolierung oder Spalte auf der Platine vorsieht. Hierbei muß die Spannungsprüfung mit z.B. 4500 V zwischen der Primärseite und der berührbaren Sekundärseite bestanden werden.

Leiterbahnsicherung

In Geräten oder Modulen, welche selbst keine Sicherung enthalten, kann z.B. in einer der netzstromführenden Leiterbahnen (35 μm) eine „Schwachstelle" eingefügt werden, welche als grobe Sicherung dient.

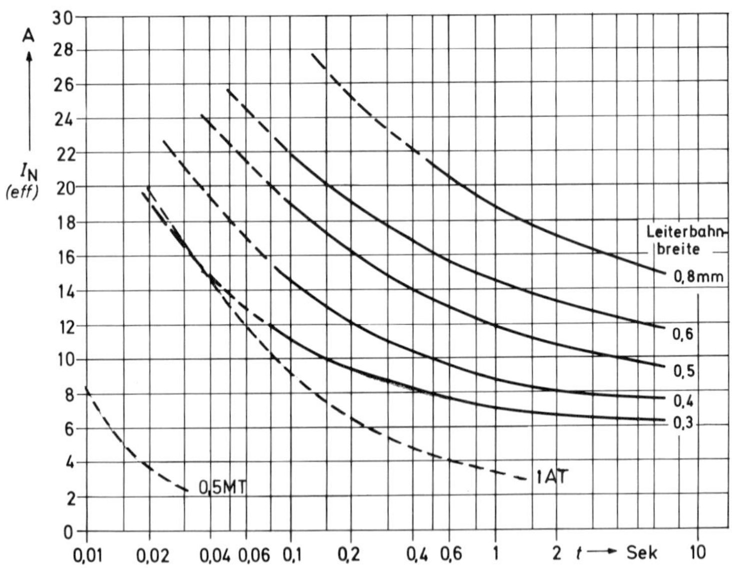

Bild 4.202 Leiterbahnen (35 μm) als Sicherung

Die Länge der Schwachstelle muß bei 220-V-Anschluß mindestens 15 mm betragen mit z.B. 0,3 mm Breite. Wichtig dabei ist, daß die Plazierung der Schwachstelle so liegt, daß beim Abbrand der Cu-Leiterbahn der Cu-Dampfbogen auf andere netzstromführende Bahnen oder Teile nicht überspringen kann.

Das Diagramm Bild 4.202 zeigt die Zusammenhänge für unterschiedliche Leiterbahnbreiten. Für eine 0,5-A-mittelträge Sicherung und eine 1-A-träge Sicherung sind die entsprechenden Werte zum Vergleich eingezeichnet.

4.15 Kühlung

Leistungstransistoren, aber auch sonstige Wärmequellen müssen häufig gekühlt werden, andernfalls werden zulässige Temperaturen überschritten. Zur Kühlung dienen Kühlkörper, die gerippt, aber auch als einfache Bleche ausgeführt sein können.

Konvektionskühlung

Bild 4.203 zeigt die Kühlkurven von Aluminium-Blechen mit Stärken von 0,5 bis 5 mm bei horizontaler Lage. Bei senkrechter Lage gelten die Korrekturfaktoren 0,5 bis 0,7 für den angegebenen Wärmewiderstand. Für geschwärztes Blech mit einer Blechstärke von 1 mm ist die gestrichelte Kurve gültig. Bild 4.204 zeigt die Kühlkurven für blanke Eisenbleche in waagrechter Lage. Für die senkrechte Lage gilt ein Korrekturfaktor von etwa 0,85 für den angegebenen Wärmewiderstand.

Merke: 1 dm^2 1-mm-Alublech (senkrecht) $\hat{=} R_{th} \sim 5$ K/W.

Durch Kühlung mit einem Ventilator verringert sich der Wärmewiderstand um den Kühlfaktor k abhängig von der Luftstromgeschwindigkeit V_L (Bild 4.205). Eine Luftstromgeschwindigkeit von nur 1,5 m/s halbiert den Wärmewiderstand, bzw. läßt die doppelte Belastung zu.

Einige wichtige spezifische Wärmekontaktwiderstände sind in nachstehender Tabelle angegeben.

Spezifischer Wärmekontaktwiderstand in $\frac{K \cdot cm^2}{W}$

	ohne Wärmeleitpaste	mit Wärmeleitpaste
Metall auf Metall	1,0	0,5
Eloxalschicht	2,0	0,5 bis 1,5
Glimmer 50 µm	3,5	1,9

Als Kühlkörper für Leistungstransistoren oder komplette Geräte kommen Alubleche oder stranggepreßte Kühlkörper in Frage. Der Kühlkörper gibt seine

Wärme teils durch Konvektion, teils durch Strahlung bzw. Ventilation ab. Bei höheren Temperaturen nehmen Konvektion und Strahlung zu. Transistoren werden meist nur durch konvektierende Luft gekühlt. Dabei kann es sich auch um die Innenluft in einem Gehäuse handeln. Hierbei ist der zusätzliche Wärmewiderstand zwischen Innen- und Außenraum zu berücksichtigen.

Für die Wärmeabgabe spielt die Oberflächenbeschaffenheit des Kühlkörpers eine Rolle. Oxidierte, gerauhte oder geätzte Flächen sind günstiger als glatte, besonders bei einfach geformten Kühlblechen.

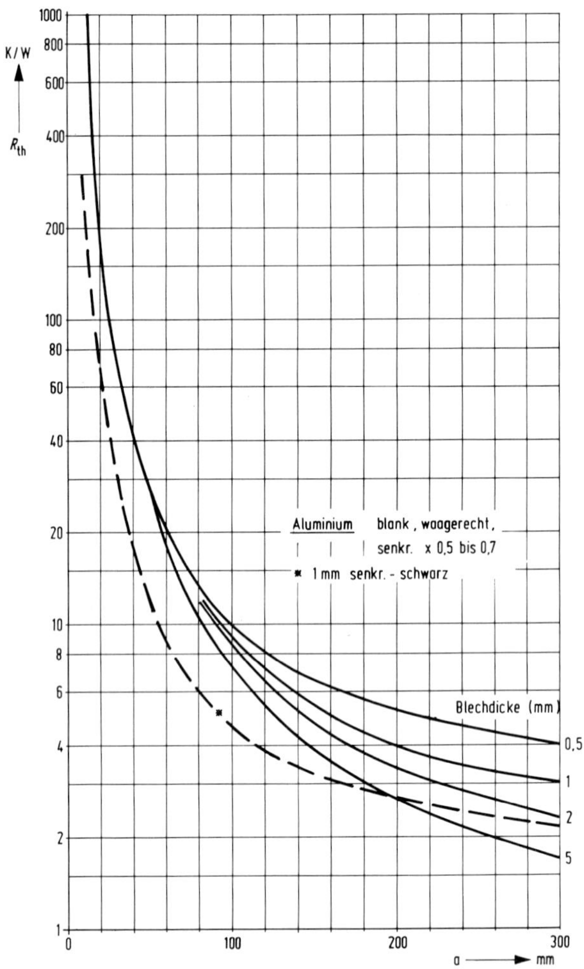

Bild 4.203
Wärmewiderstand als Funktion der Kantenlänge a von quadratischen Kühlblechen aus Aluminiumblech

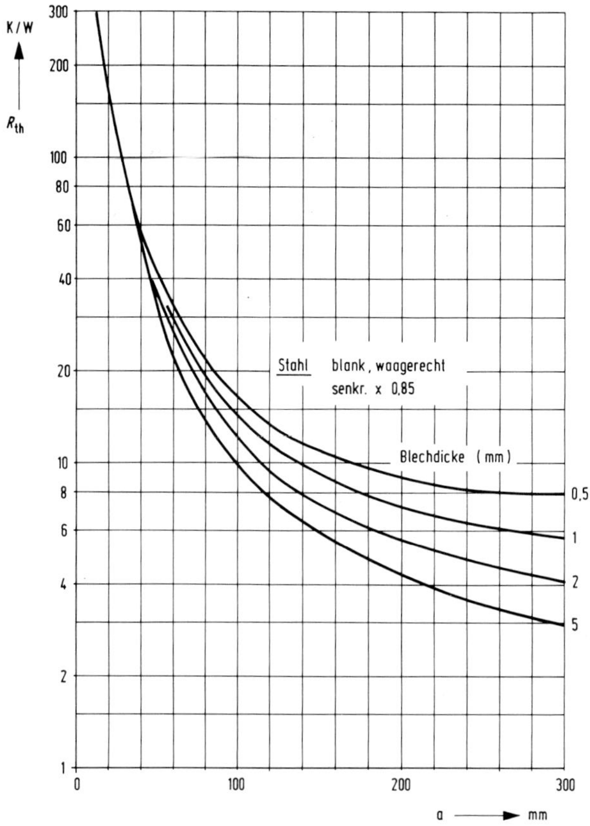

Bild 4.204
Wärmewiderstand als
Funktion der
Kantenlänge a
von quadratischen
Kühlblechen
aus Eisenblech

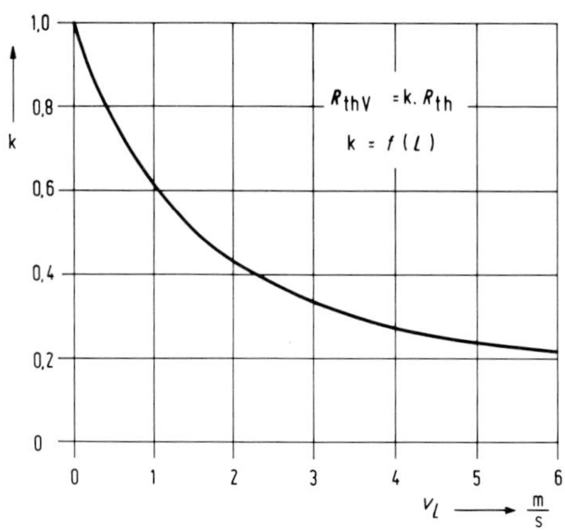

Bild 4.205
Kühlfaktor *k*
mit Ventilator

Im Normalfall erhält man den Wärmewiderstand für den Kühlkörper in $\frac{K}{W}$:

$$R_{th} = \frac{T_{Geh} - T_{Umg}}{P_{Tot}} - R_{th}.$$

Die thermische Impulswelligkeit ist wegen der hohen SNT-Frequenzen meist vernachlässigbar.

Beispiel 1

Für eine Transistor-Gehäusetemperatur von 75 °C ist die zulässige Dauerverlustleistung 7,5 W. Sie soll bei einer Umgebungstemperatur von 45 °C abgeführt werden. Der thermische Übergangswiderstand des Transistors zum Kühlkörper betrage $R_{th} = 1$ K/W.

Lösung

Der erforderliche Kühlkörper ergibt sich zu $R_{thK} = \frac{75-45}{7,5} - 1 = 3$ K/W.

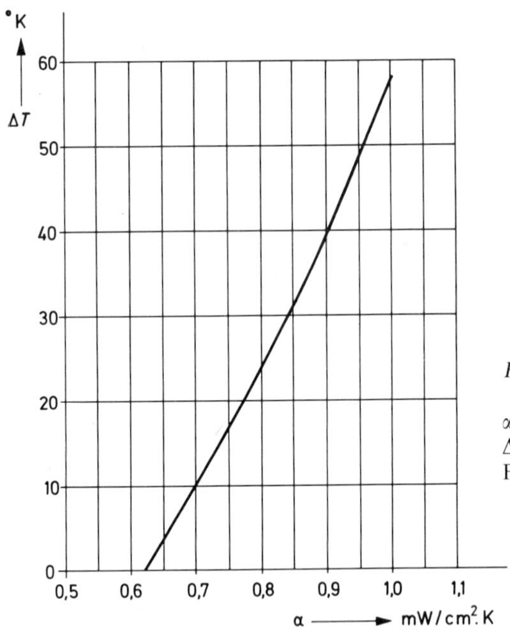

$P_V = \alpha \cdot \Delta T \cdot F$ (Verlustleistung in mW)
α = Koeffizient (mW/cm^2 · K)
$\Delta T = T_{Gerät(mittl.)} - T_{Umgebung(°K)}$
F = ges. Gehäuseoberfläche (cm^2)

Bild 4.206 Temperaturkoeffizient α als Funktion der Übertemperatur

Die sich als Gleichgewicht von im Gerät umgesetzter Leistung (in Watt) und abgeführter Wärme ergebende „stationäre“ Temperatur auf der Oberfläche des Geräts läßt auf die zugeführte Leistung als Verlustleistung schließen. Die Verlustleistung eines Geräts wird nach Bild 4.206 ermittelt.

Die Messung des Geräts muß etwa 10 cm über der Tischfläche frei gelagert und ohne Zugluft (z.B. in einem größeren oben offenen Karton) vorgenommen werden. Der Koeffizient α ist temperaturabhängig.

Beispiel 2

Schaltnetzteil im Gehäuse 10 cm × 6,5 cm × 3,5 cm also mit einer Oberfläche von

$$\begin{aligned} 2 \times 10 \times 6{,}5 &= 130 \text{ cm}^2 \\ 2 \times 6{,}5 \times 3{,}5 &= 45{,}5 \text{ cm}^2 \\ 2 \times 3{,}5 \times 10 &= \underline{70 \text{ cm}^2} \\ & 245{,}5 \text{ cm}^2. \end{aligned}$$

Lösung

Für eine zulässige Übertemperatur an der Geräteoberfläche (Mittelwert) von $\Delta t = 30$ K ergibt sich eine zulässige Verlustleistung von

$$P_V = 1{,}0 \cdot 30 \cdot 245{,}5 = 7365 \text{ mW} \approx 7{,}4 \text{ W}.$$

Soll das SNT für 5 V/5 A ausgelegt werden, so ist ein Mindestwirkungsgrad von $\eta = \frac{P_A}{P_{IN}} = \frac{25}{25 + 7{,}4} \mathrel{\widehat{=}} 77\%$ anzustreben.

Da sich aber der Koeffizient α mit der Temperatur ändert, liegt der genauere Wert der Verlustleistung bei $0{,}84 \cdot 30 \cdot 245{,}5 \mathrel{\widehat{=}} 6{,}2$ W (Bild 4.206). Hierfür wäre ein Wirkungsgrad von 80% erforderlich.

Reicht die Kühlung über die glatte Oberfläche eines Geräts nicht aus, d.h., daß die Übertemperatur zu hoch liegt, dann ist es zweckmäßig, das Gerät z.B. auf der Rückseite mit einem Rippenprofil-Kühlkörper auszustatten. Dabei kann ein Innenverguß im SNT zumindest bauelementeseitig erforderlich werden (Platine gegen Gehäuse).

Bild 4.207 veranschaulicht zwei Profil-Kühlkörper für die Außenwandkühlung von Geräten. Die Diagramme zeigen den Wärmewiderstand als Funktion der Kühlkörperlänge von 37,5 bis 150 mm bei senkrechter Lage der Rippen. Für horizontale Lage des gesamten Kühlkörpers ergibt sich ein Korrekturfaktor von 1,5 bis 2 für R_{th}.

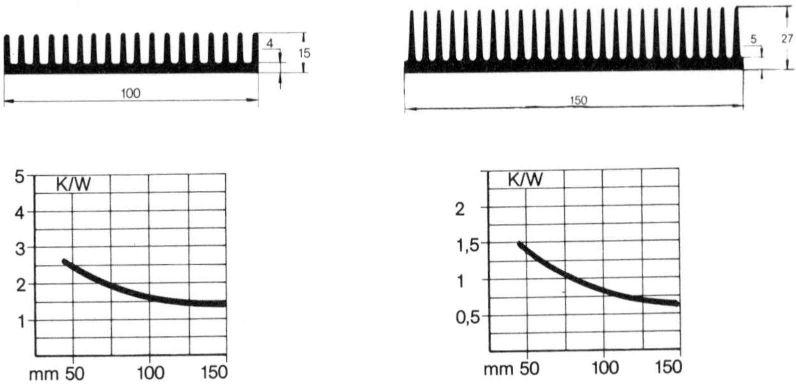

Bild 4.207
Profilkühlkörper für Gerätekühlung (Rückwand oder Seite) mit R_{th}-Verlauf

Flüssigkeitskühlung

Flüssigkeitskühlung ermöglicht bei gleichem Einbauvolumen wie luftgekühlte Alu-Profilkörper einen mehr als 10fachen Wärmetransport. Der Einsatz ist dann sinnvoll, wenn hohe Verlustleistungen abzuführen sind. Für flüssigkeitsgekühlte Leistungsbaugruppen (Bild 4.208) kann mit nachstehenden Rückkühlungen gearbeitet werden:

▷ Wasser aus Leitungsnetz; zu beachten ist, daß die Rohrleitungen des Kühlblocks durch Ablagerungen funktionsuntüchtig werden.
▷ Wasser im geschlossenen Kreislauf mit (geeigneten) Wärmetauschern; gewährleistet lange Lebensdauer ohne besondere Wartung.

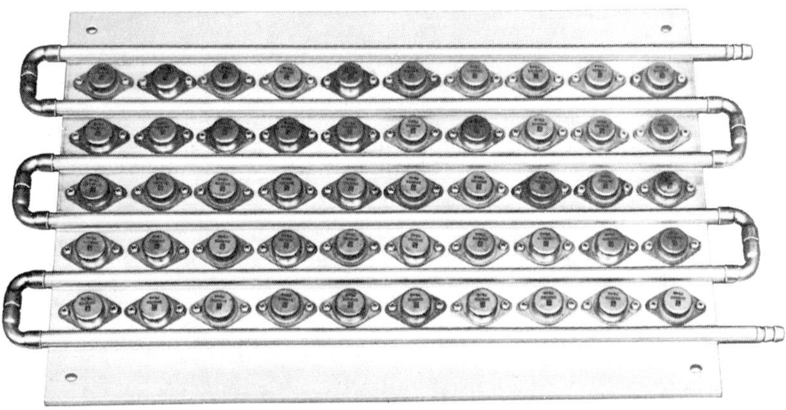

Bild 4.208 Leistungsbaugruppe flüssigkeitsgekühlt (Fa. Seifert)

Bei der Berechnung von Flüssigkeitskühlern kann bei Verwendung von Kupfer und sicher verlöteten Kühlschlangen und kleinen Wärmeflußstrecken die Temperaturdifferenz zwischen Kühlfläche und Flüssigkeit vernachlässigt werden.

Sind die abzuführende Verlustleistung und die Wasser-Temperatur-Differenz bekannt, dann sind nach Festlegung der Oberflächentemperatur des Kühlkörpers alle Größen zur Bestimmung der notwendigen Wassermenge bekannt. Im Diagramm Bild 4.209 sind die Verlustleistung in W(kW), die Temperaturdifferenz Δt aus Wasser-Zu- und Ablauftemperatur und die erforderliche Wassermenge in l/min in Beziehung gesetzt.

Werden für die Flüssigkeitsumwälzung Pumpen eingesetzt, dann muß ggf. der Druckverlust in den Kühlleitungen beachtet werden.

Für eine überschlägige Ermittlung der einzelnen Größen kann man sich folgende Kurzformel merken:

$$\frac{1\,\mathrm{K} \cdot 1\,\mathrm{l}}{1\,\mathrm{min}} \mathrel{\hat{=}} 70\ \mathrm{W}.$$

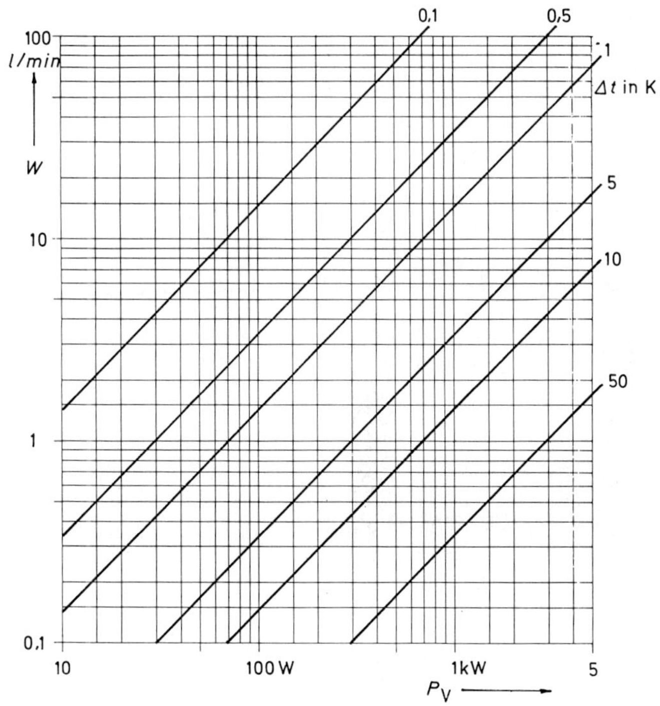

Bild 4.209
Abführbare Verlustleistung als Funktion von Wasserdurchflußmenge und Temperatur-Differenz

5 Anwendungen

Die folgenden Beispiele für Schaltnetzteile mit Power-MOS- bzw. bipolaren Transistoren sind sorgfältig ausgewählt; sie enthalten Hinweise und Vorschläge für Steuer- und Regelmodule mit entsprechenden Treiberschaltungen für Eintakt- und Gegentakt- bzw. Brückenschaltungen. Spezielle Konzepte sind angesprochen, wie z.B. solche mit sinusförmiger Trafospannung oder mit sinusförmiger Stromaufnahme. Außerdem sind Stromversorgungen für Treiber- und Leistungsteile angegeben, wie z.B. eine Drehstromgleichrichtung für SNT hoher Leistung mit nur 300 V Gleichspannung. U.a. ist der Anlauf von Steuer- und Leistungsteil mit vorteilhafter Schaltfolge beschrieben.

Alle im Buch angeführten Schaltungen sind als Vorschläge zu betrachten und müssen ggf. an spezielle Bedingungen angepaßt werden. Sie können daher keine fertigungsreifen Entwicklungen darstellen. Für die Freiheit von Patenten bzw. sonstigen Rechten kann keine Gewähr übernommen werden.

5.1 Steuer- und Treiberschaltungen

Mit integrierten Schaltungen für die Steuerung und Regelung von Schaltnetzteilen ist eine wesentliche Standardisierung von SNT und eine beträchtliche Vereinfachung der Schaltungstechnik möglich geworden. Die Geräte-Entwicklungskosten können dadurch stark gesenkt werden, so daß auch kleinere Serien wirtschaftlich sind. Mit IS im Steuermodul können sehr betriebssichere und genau arbeitende Eintakt- und Gegentaktwandler aufgebaut werden. Die wesentlichen Funktionen der IS-Familien TDA 46xx, TDA 47xx„ TDA 4814 und TDA 49xx sind im Kapitel 4.8 bereits ausführlich behandelt.

Neben der Tastzeitsteuerung ist auch eine Steuerung der Frequenz angesprochen, sowie die Übertragung potentialgetrennter Gleichstromsignale und von Signalen mit großer Tastvariation. Weiterhin ergänzen einige Schaltungen mit diskreten Transistoren den Überblick.

5.1.1 Steuermodul mit TDA 4700

Die im Steuermodul nach Bild 5.1 genutzten Funktionen der IS TDA 4700 sind: Tastzeitsteuerung, Oszillator, weicher Anlauf, Regelverstärker, Strombegrenzung, Überspannungsabschaltung, Gegentakt-Ausgang. Nicht genutzt in diesem Beispiel wurden die Symmetriereinrichtung und die Synchronisierung. Die IS ist sekundärseitig angesetzt. Ein Teiler führt von der Ausgangsspannung U_A die Regelinformation an den PIN 16. Der Wert des Widerstandes R_9 be-

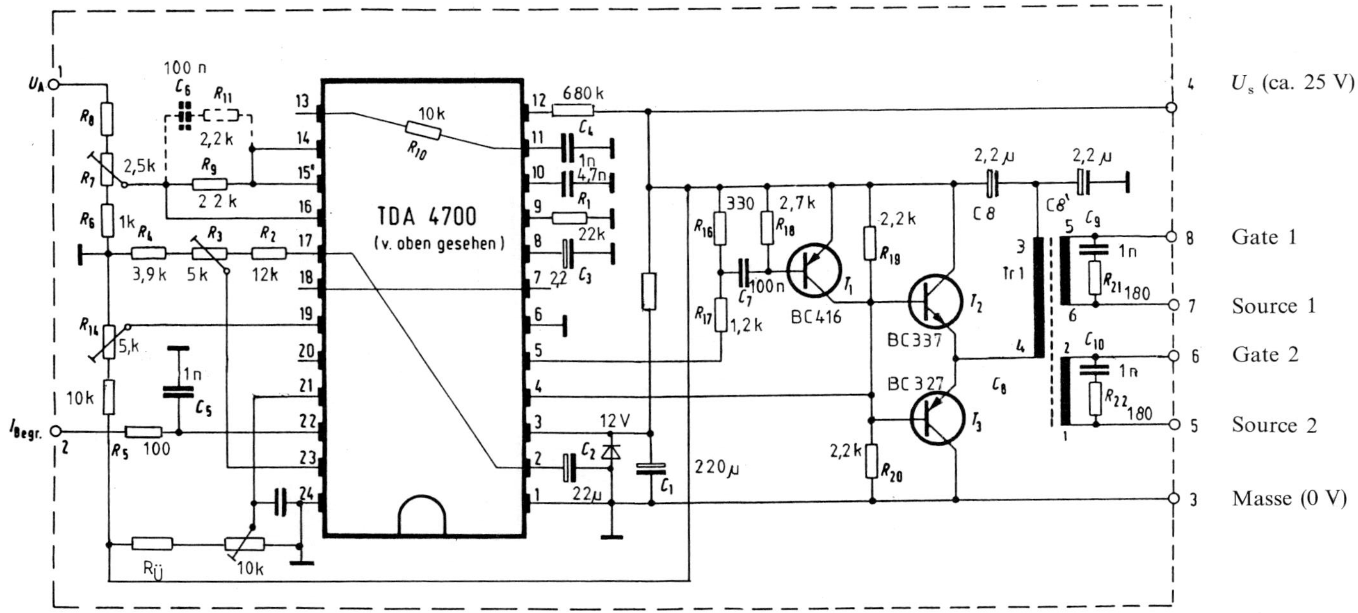

Bild 5.1 Steuermodul mit TDA 4700 und Treiberteil

stimmt die Verstärkung des Regelverstärkers. Im Interesse einer guten Regelstabilität sollte die Verstärkung nicht zu hoch eingestellt werden.

Die Oszillatorfrequenz liegt bei 50 kHz und damit die Arbeitsfrequenz im Gegentaktbetrieb bei 25 kHz.

Die Tastlücke muß bei Gegentaktstufen mindestens so groß sein wie die Summe der Schaltverzögerungen und Speicherzeiten der Treiber- und Schalttransistoren, um ein gleichzeitiges Leiten der Endstufen-Transistoren zu vermeiden. Die Totzeit t_{Tot} wird nach Bild 4.103 bestimmt.

Mit R_3 stellt man den Einsatzbeginn der dynamischen Strombegrenzung ein. Die Symmetriereingänge sind auf Masse gelegt.

Der Treibervorstufen-Transistor T 1 besorgt die Phasenumkehr der einen (lowaktiven) Steuerhalbwelle des TDA 4700. Die andere Steuerhalbwelle wird der Treiberstufe $T_2 - T_3$ direkt zugeführt. Die Widerstände R_{19}, R_{20} bewirken das Festhalten der Mittenspannung für die Transistoren T_2, T_3.

Dadurch werden die beim Schalten entstehenden Rückschlag-Spannungsspitzen des Transformators bedämpft.

Diese Art der Treiberschaltung (siehe auch Kap. 5.1.6 und 5.1.14) besitzt nur einen Transformator, wobei dennoch die Tastlücken gut übertragen werden. Geringe Überschwinger können weggedämpft werden.

Der Treibertransformator Tr 1 könnte wesentlich kleiner gewählt werden. Die Forderungen nach einer sehr kleinen Streuinduktivität und guten Isolation (VDE) stehen jedoch einer kleineren Bauform entgegen.

Tr 1: EF 25 N 27 o.L. für Power-MOS-Endstufen

f	25 kHz bis etwa 75 kHz
1 – 2	25 Wg 0,25 mm ∅ CuL Isolation 3 × 50 µm
3 – 4	25 Wg 0,25 mm ∅ CuL Isolation 3 × 50 µm
5 – 6	25 Wg 0,25 mm ∅ CuL

Der Steuer- und Regelmodul nach Bild 5.1 ist für die Halbbrücken-Schaltung Bild 5.55 einsetzbar.

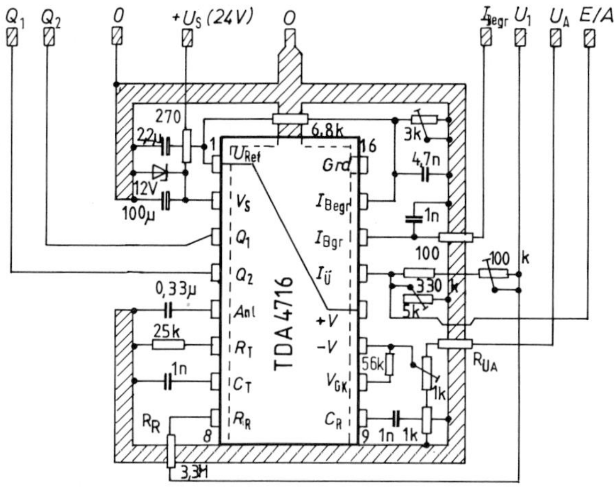

Bild 5.2 Steuerbaustein TDA 4716

5.1.2 Steuerbaustein TDA 4716

Eine vereinfachte Steuer-IS stellt der Baustein TDA 4716 dar; er ist einsetzbar, wenn keine Synchronisation und keine Symmetrierung der Magnetisierung im Leistungstransformator erforderlich ist und das Regelsignal unmittelbar vom Ausgang – also ohne Optokoppler – dem Regelverstärker in der IS zugeführt wird. Bild 5.2 zeigt einen Entwurf für die IS-Beschaltung; er kann für die Auslegung einer Platine richtunggebend verwendet werden.

5.1.3 Steuermodul TDA 4718 mit Optokoppler, Regelverstärker und C-MOS-Treiber

Der Steuermodul nach Bild 5.3 mit der IS TDA 4718 ist mit dem C-MOS-Treiberbaustein CD 4049 B für Gegentaktbetrieb geeignet. Für den Brückenbetrieb ist wegen der potentialgetrennten Steuerung ein Treiber entsprechend den Bildern 5.7 und 5.8 zu wählen.

Der C-MOS-Treiber wird über die beiden Ausgänge Q_1 und Q_2 angesteuert. Legt man Q_2 auf Masse und schaltet das C-MOS-Gatter um, dann ist dieser Modul für die Ansteuerung von Eintaktwandlern geeignet. Der Optokoppler CNY 17-F2 ermöglicht die Netztrennung. Der Operationsverstärker verstärkt die Änderung der Ausgangsspannung und steuert die IR-Diode im Optokoppler, dessen Fototransistor die Tastzeit über den PIN 4 beeinflußt.

Die sonstige Beschaltung ist dem Bild 5.3 zu entnehmen.

Sollen Sonderwünsche erfüllt werden, dann ist eine entsprechende Umdimensionierung vorzunehmen; siehe dazu Kapitel 4.8.

Eine Version des IS-Bausteins TDA 4718 ist der Baustein TDA 4714, welcher keine Synchronisation und keinen Regelverstärker besitzt. Das Bild 5.4 zeigt einen Steuermodul mit der IS TDA 4714, einem Optokoppler, einem Operationsverstärker und dem C-MOS-Treiber, geeignet für primär getaktete SNT.

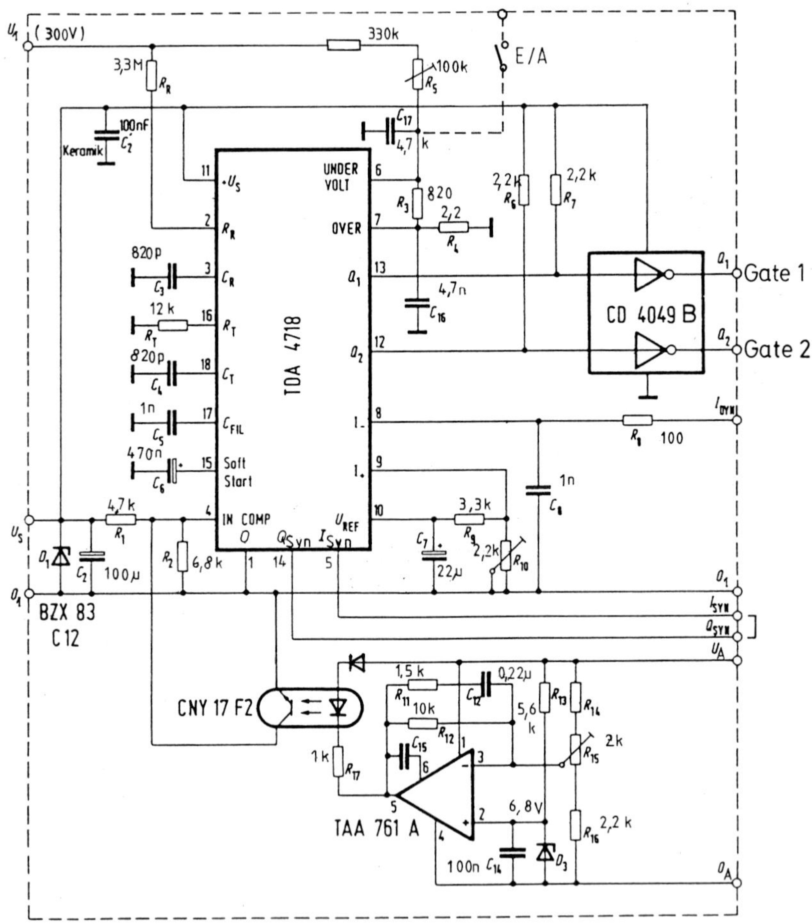

Bild 5.3 Steuermodul mit TDA 4718 für Gegentaktendstufen

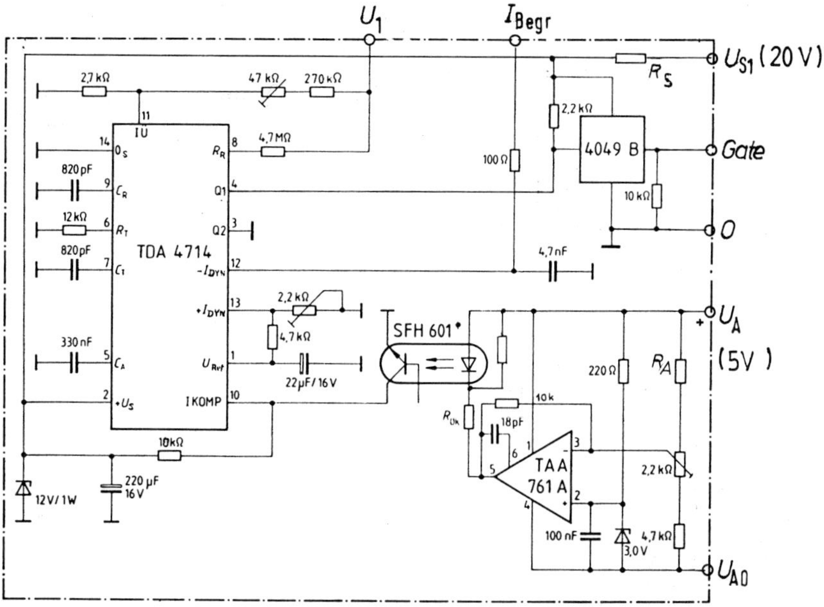

* bei Verwendung von SFH 601-1 $R_{OK} = 220\ \Omega$ SFH 601-3 $R_{OK} = 560\ \Omega$

SFH 601-2 $R_{OK} = 330\ \Omega$ SFH 601-4 $R_{OK} = 820\ \Omega$

Bild 5.4
Eintakt-Steuerteil mit TDA 4714, TAA 761 A, Optokoppler SFH 601 und HEX-Inverter 4049 B

5.1.4 Gegentakt-Steuermodul mit TDA 4714

Bild 5.5 zeigt das Beispiel eines Steuermodules mit der IS TDA 4714, geeignet für eine Halbbrücke.

Als Regelverstärker dient hier eine hochstabile Z-Diode TL 431 mit integriertem Verstärker; er speist die Infrarotdiode des Optokopplers. Der Transistor im Optokoppler steuert am PIN 10 die Tastzeit des TDA 4714.

Der an den Ausgängen Q_1 und Q_2 folgende Treiberteil mit T_1 und T_3 arbeitet niederohmig auf den Ausgangstrafo (siehe auch Kap. 5.1.14). Der Stabilisator 78L12A schafft für die IS eine stabile Spannung von 12 V.

Die Treiberstufen hingegen können mit 25 bis 30 V gespeist werden, wobei die Steueramplituden für die MOS-Transistoren bei 12 bis 14 V liegen. Interessant ist bei dieser Steuerung, daß über den Transformator die Amplitude von kleinen bis zu großen Tastzeiten annähernd konstant bleibt.

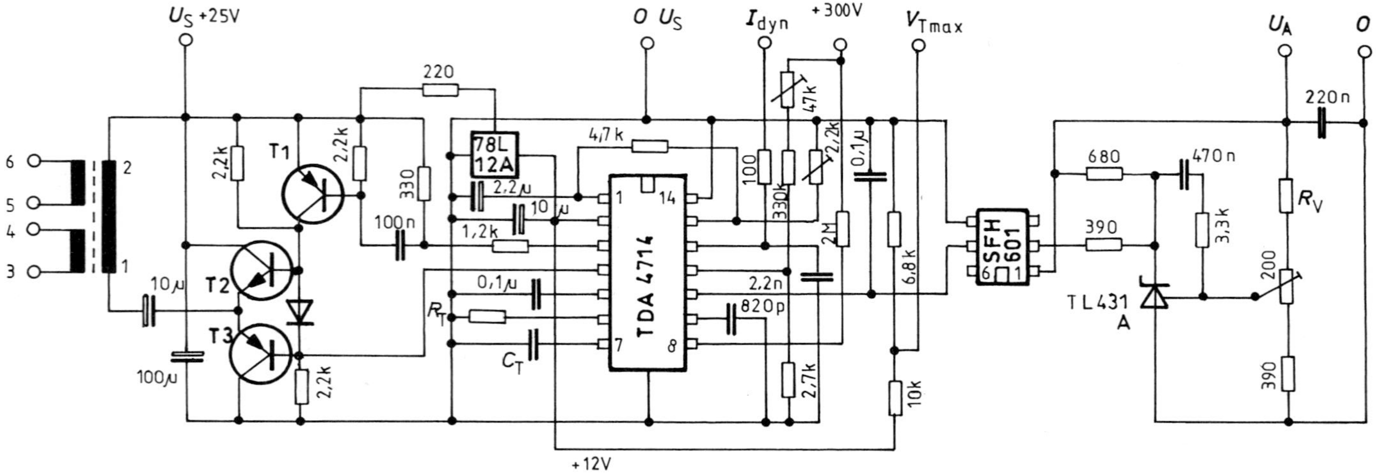

R_T = 12 kΩ
C_T = 820 pF für 50 kHz

T1 = BC 556
T2 = BC 337
T3 = BC 327
D1 = BAW 76

Bild 5.5 Gegentakt-Steuermodul mit TDA 4714

Die Frequenz kann im vorliegenden Fall auf etwa 50 kHz eingestellt werden (siehe auch Kap. 4.8.1). Die übrige Beschaltung richtet sich nach den speziellen Erfordernissen.

5.1.5 Eintakt-Treiber zu IS TDA 4714, 4716 und 4718 für Power-MOS-Endstufen

Wird eine IS der Familie 47xx zur Ansteuerung für eine Eintakt-Power-MOS-Endstufe angesetzt, dann sind eine Inverter- und eine Treiberstufe erforderlich (Bild 5.6). Die Treiberstufe T_1, T_2 besitzt extrem kleine Innenwiderstände im High- und Low-Zustand, so daß eventuelle rückwirkende Störimpulse keine Wirkung haben. Die für die Power-MOS-Ansteuerung günstige Versorgungsspannung liegt bei 12 bis 20 V. Für die Treiberschaltung wurden sehr schnelle Transistoren gewählt; damit können Impulse bis herab zu etwa 0,3 µs übertragen werden.

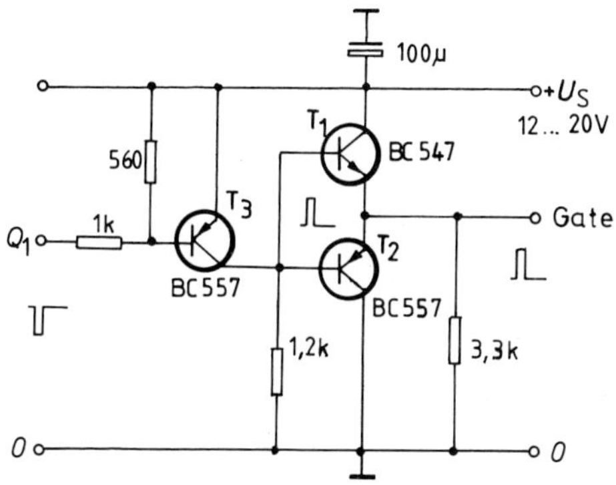

Bild 5.6
Eintakt-Treiber zu IS TDA 4714, 4716, 4718 für Power-MOS-Endstufen

5.1.6 Treiber zu IS-Familie TDA 47xx für Brücken-Endstufen

Power-MOS als auch bipolare Gegentaktendstufen müssen von einer geeigneten Treiberschaltung (Bild 5.7) angesteuert werden. Die Low-aktiven Signale aus der IS TDA 47xx werden über die Ausgänge Q_1 und Q_2 einmal den Treiberendstufen T_2 und T_3 unmittelbar zugeführt und zum andern einer invertierenden Vorstufe T_1. Die Ankopplung über C_1 bewirkt eine Verbesserung der Flankensteilheit. Während der Tastpausen von der Steuer-IS liegt an den Basen von T_1 und T_2 die über R_1 und R_2 geteilte Versorgungsspannung; sie bewirkt, daß beim jeweiligen Abschalten des positiven oder negativen Steuerimpulses keine nennenswerten Überschwinger auftreten, weil diese jeweils vom Transistor bedämpft werden.

Diese Schaltung ermöglicht die Übertragung einer „Treppenspannung" (Bild 5.23) so, daß mit nur einem Treibertransformator Gegentaktendstufen

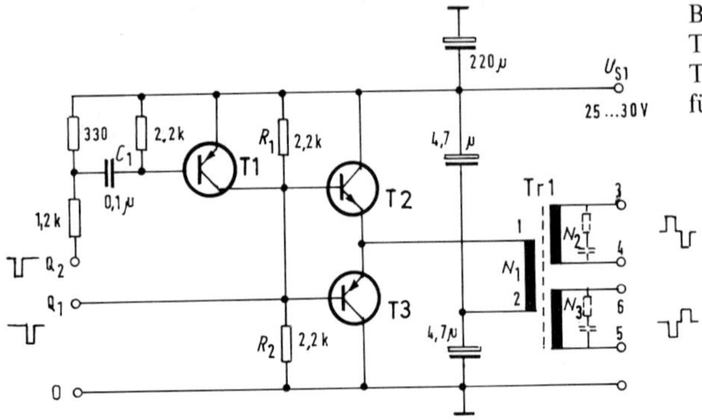

Bild 5.7
Treiber zu IS-Familie
TDA 47xx
für Brückenendstufen

angesteuert werden können, sofern keine zu großen Tastvariationen gefordert sind und Überschwinger in der Nullzone bedämpft werden.

	T_1	T_2	T_3	U_{S2}(V)	Trafo
Für Power-MOS-Gegentakt- bzw. Halbbrücke	BC 556	BC 337	BC 327	25 bis 40	Tr 1
Für Power-MOS-Vollbrücke	BC 556	BD 137	BD 138	25 bis 40	Tr 2 fünf gleiche Wicklungen
Für bipolare Gegentakt-endstufe bzw. Halbbrücke	BC 556	BD 137	BD 138	25 bis 40	Tr 3

Transformator 1: EF 20 o.L.

$N_1 = N_2 = N_3 = 40$ Wdg 0,25 mm ∅ CuLSS

Transformator 2: EF 25 o.L.

N_1 bis $N_5 = 30$ Wdg 0,25 mm ∅ CuLSS

Transformator 3: EF 25 o.L.

$N_1 = 40$ Wdg 0,3 mm ∅ CuL; Isolation $3 \times 0{,}05$ mm $N_2 = N_3 = 4$ Wdg 0,70 mm ∅ CuLS (N_2, N_3 gemeinsam gewickelt)
Tr_1 und Tr_2 sind in der angegebenen Form nicht für Netztrennung vorgesehen. Die Netztrennung übernimmt hierbei ein Optokoppler vom Ausgang her.

5.1.7 Doppeltreiber zu IS-Familie TDA 47xx für Leistungsvollbrücke

Die Treiberschaltung nach Bild 5.8 wird von einer IS TDA 47xx angesteuert und ist für eine Voll- oder Halbbrücke gedacht. Beide Transformatoren sind gleich aufgebaut.

Die Transistoren T_1 und T_2 werden durch die Low-Signale der IS von Q_1 und Q_2 angesteuert.

Die Ausgangssignale zur Ansteuerung der vier Gates haben einen sehr kleinen Innenwiderstand bei Low und High und sind daher nicht störempfindlich. Bei bipolaren Endstufen erleichtert der geringe Innenwiderstand die Ausräumung der Basen.

Transformator Tr 1 und Tr 2 Power-MOS-Ansteuerung: EF 25 A 600 Mat N 27

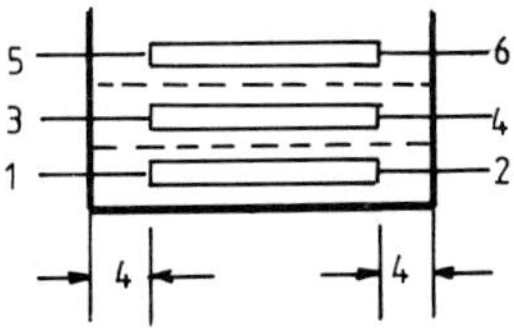

1 – 2 = 25 Wdg 0,22 mm ∅ CuL
3 – 4 = 25 Wdg 0,22 mm ∅ CuL
5 – 6 = 50 Wdg 0,15 mm ∅ CuL
Isolation je 3 × 0,05 mm

Transformator Tr 1 und Tr 2 für bipolare Endstufen: EF 25 A 600 Mat N 27

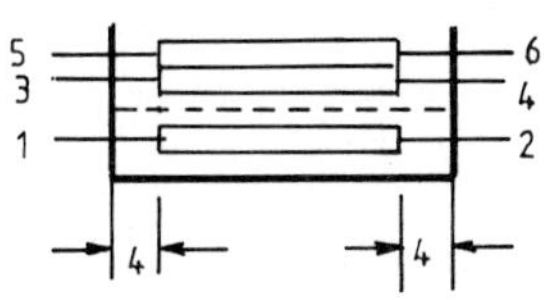

1 – 2 = 50 Wdg 0,15 mm ∅ CuL
Isolation 3 × 0,05 mm
3 – 4 = 8 Wdg 0,5 mm ∅ CuLS } gemeinsam
5 – 6 = 8 Wdg 0,5 mm ∅ CuLS } gewickelt

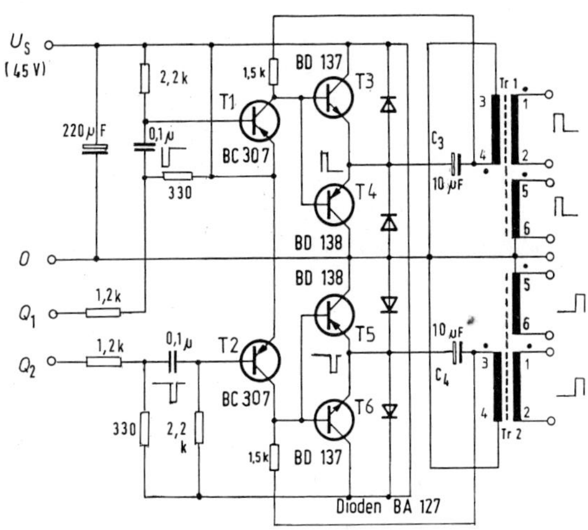

Bild 5.8 Treiber zu IS TDA 47xx für Leistungs-Vollbrücke

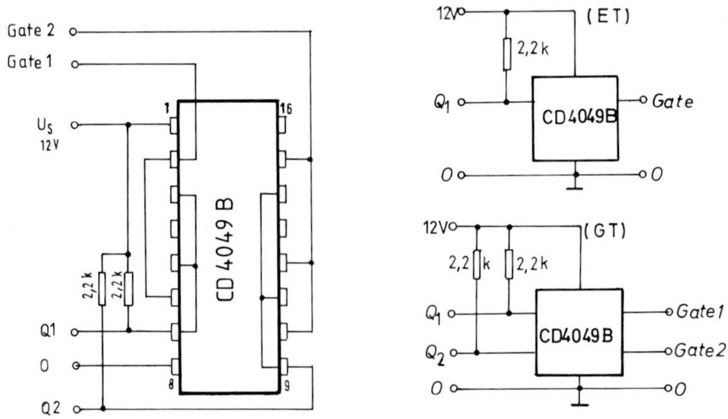

Bild 5.9 Ein- und Gegentakt-C-MOS-Treiberbaustein

5.1.8 Treiber mit HEX-C-MOS-Inverter

Als Treiber für Power-MOS-Eintakt- und Gegentakt-Endstufen läßt sich der Baustein C-MOS-HEX-Inverter CD-4049 B verwenden (Bild 5.9). Dieser Treiberbaustein besitzt 16 Anschlüsse und besteht aus sechs einzelnen C-MOS-Invertern, von denen jeweils drei parallel geschaltet werden.

Für den Brückenbetrieb ist dieser Baustein nicht geeignet. Dafür geeignete Treiber sind in den Kapiteln 5.1.6 und 5.1.10 beschrieben.

5.1.9 Steuerbausteine IS TDA 4918 und TDA 4919 (frequenzmodulierbar)

Die IS TDA 4918 ist für den Gegentaktbetrieb und die TDA 4919 für den Eintaktbetrieb konzipiert. Beide besitzen 20 Anschlüsse und darunter einen PIN (10) für Standby-Betrieb. Mit dieser Einrichtung kann die IS über einen Widerstand von der Versorgungsspannung (z.B. 300 V) gestartet werden. Eine mögliche Beschaltung des PIN 10 ergibt sich über den Teiler $R_1 - R_2 - R_3$ mit etwa 80/100/120 kΩ (Bild 5.10).

Wird die IS nicht in dieser Form gestartet, dann ist der PIN (10) über $R = 100$ kΩ an den PIN U_S(5) anzuschließen.

Bild 5.10 zeigt eine Ausführung für den getakteten Einsatz mit internem Regelverstärker (PIN 17, 18, 19).

Bild 5.11 zeigt die Beschaltung ohne internen Regelverstärker, also für Anwendungen, bei denen z.B. ein Optokoppler die Signalübertragung vom Ausgang an den PIN 19 besorgt.

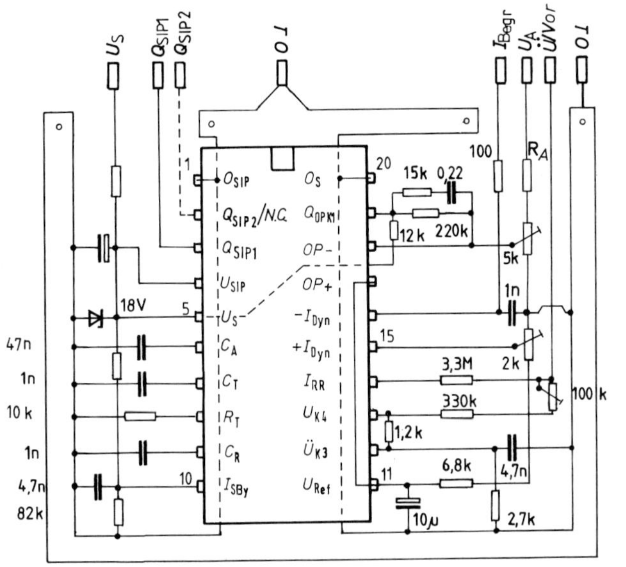

Bild 5.10 TDA 4918 bzw. 4919 mit beschaltetem Regelverstärker

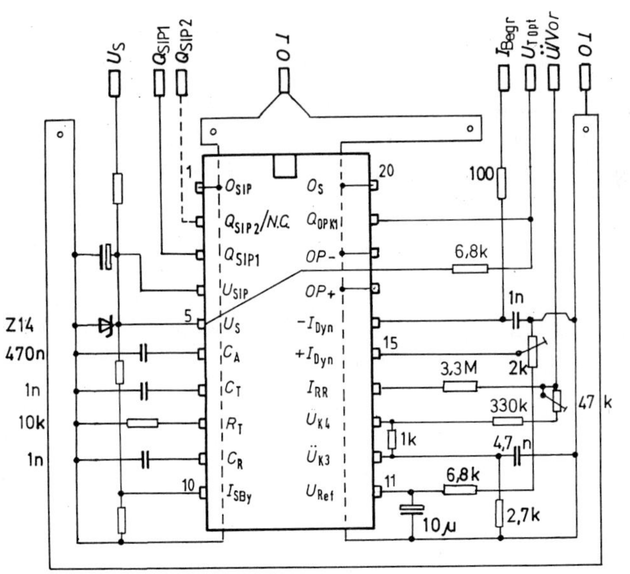

Bild 5.11 Beschaltung TDA 4918 bzw. 4919 für Steuerung über Optokoppler

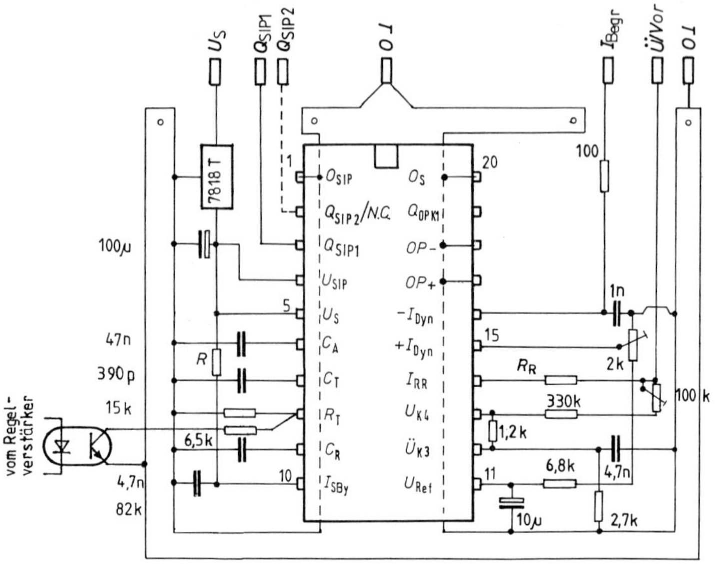

Bild 5.12
Steuer- und Regelmodul für frequenzgeregelte Sinus-Schaltnetzteile (SNTS) mit TDA 4918 bzw. TDA 4919

Bild 5.12 gibt eine Beschaltung wieder, bei der die IS frequenzgesteuert wird (siehe auch Kap. 4.10.13 und 5.6).

Die Beschaltung für Frequenzsteuerung kann im Prinzip ebenso bei den IS-Bausteinen TDA 47xx angewendet werden. Der interne OP (PIN 17, 18, 19) wird bei Frequenzsteuerung i.allg. stillgelegt. Im Prinzip könnte dabei zusätzlich das Tastverhältnis beeinflußt werden.

Die weitere Beschaltung ist etwa wie angegeben vorzunehmen, bzw. den Erfordernissen anzupassen (Kap. 4.8 bzw. Datenunterlagen). Beispielsweise ist mit $C_T = 390$ pF, $R_T = 15$ kΩ und $R'_T = 5{,}6$ kΩ eine Frequenzvariation von etwa 90 bis 180 kHz möglich.

Die Stromversorgung U_S bzw. U_{SIP} wird in Bild 5.12 mit 25 V über den Stabilisator TDB 7818 T vorgenommen. Die Standbysteuerung wird hier nicht genutzt. Die Bilder können bei der Konstruktion einer gedruckten Schaltung hilfreich sein.

5.1.10 Ankopplung der IS TDA 4918 an eine Halb- bzw. Vollbrücke

Die IS TDA 4918 erlaubt die direkte Ansteuerung einer Gegentakt-Endstufe ohne weitere Treiberelemente.

Die Ansteuerung einer Halb- oder Vollbrücke erfordert aber eine Potentialtrennung der Steuersignale. Hier ist die einfachste Lösung wohl die, einen kleinen Transformator Tr einzufügen mit einem Übersetzungsverhältnis von etwa 1:1 (Bild 5.13). Die Anordnung von C – R – D am Gate bewirkt die Klemmung der Impulse auf Source-Potential über eine sehr schnelle Diode, so daß sich eine gleichbleibende Steueramplitude über die Tastvariation ergibt.

Tr: EF 16-N 27 für eine Halbbrücken-Endstufe (25 bzw. 75 kHz)

N_1 = 35 Wdg 0,2 mm ∅ CuL
Isolation je Wicklung (1 Lage) 1 × 50 µm
N_2 = 35 Wdg 0,2 mm ∅ CuL

Tr: wie oben, jedoch für eine Vollbrücken-Endstufe

Es sind zwei Transformatoren nach obigen Daten erforderlich. Der zweite Trafo ist an $Q_1 - 0$ anzuschließen.

Bei höheren Betriebsfrequenzen empfiehlt sich, die Primärwicklung des Steuertransformators direkt zwischen die Ausgänge Q_1 und Q_2 zu legen; hierbei sind die Innenwiderstände der Ausgänge sowohl im High- als auch im Low-Zustand niederohmig; somit werden die Tastlücken ohne nennenswerte Überschwinger formgetreu übertragen (Bild 5.14).

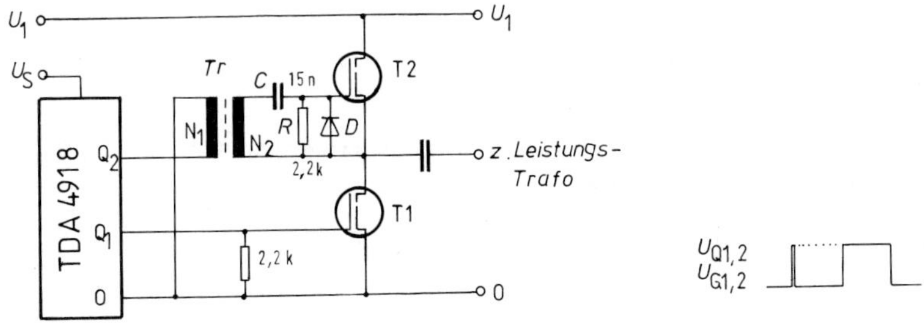

Bild 5.13
Ansteuerung einer Halbbrücke mit TDA 4918 mit konstanten Steueramplituden

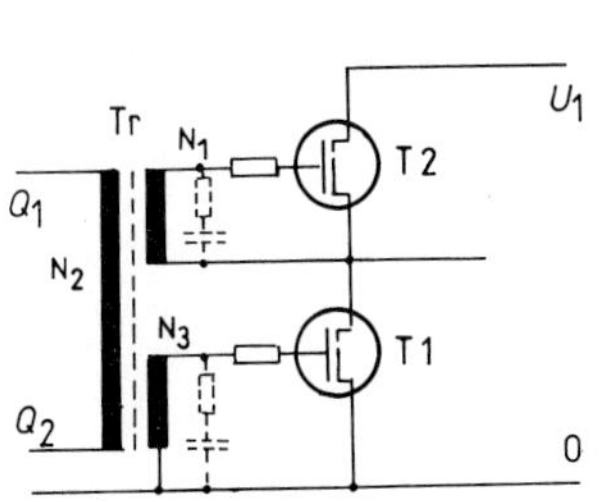

Bild 5.14 Normale Ansteuerung einer Halbbrücke

Da außerdem eine bipolare magnetische Aussteuerung vorliegt, ist praktisch kein Luftspalt im Trafokern erforderlich. Um eventuelle sekundäre Überschwinger wegzubringen, kann man geeignete *RC*-Glieder setzen (z.B. 560 pF, 180 Ω). Auch Gatewiderstände können Überschwinger verringern, z.B. 22 Ω. Ferner ist es möglich, gateseitig eine negative Vorspannung vorzusehen (s. Kap. 4.7.8).

Tr: EF 16 N27 (25 bis 75 kHz)

N_1 35 Wdg 0,2 CuL
Isolation 1 × 50 µm
N_2 35 Wdg 0,2 CuL
Isolation 1 × 50 µm
N_3 35 Wdg 0,2 CuL

5.1.10.1 Leistungstreiber für Vollbrücke

Soll eine Vollbrücke höherer Leistung (> 1 kW) von der Steuer-IS angesteuert werden, dann kann eine Treiberanordnung nach Bild 5.15 Verwendung finden. Hierbei werden Rückwirkungen von der Endstufe auf die IS vermieden bzw. stark reduziert. Außerdem kann man die IS mit z.B. 18 V und den Treiberteil mit 30 V betreiben. Diese Treiberstufe besitzt dabei wesentlich kleinere Restspannungen an den Transistoren gegenüber den Restspannungen in der IS selbst. Die vorgesehenen Transistoren ermöglichen primärseitig Spitzenströme bis etwa 2 A, welche besonders bei Parallelbetrieb mehrerer Power-MOS-Transistoren auftreten können. Über das Quadrat des Übersetzungsverhältnisses des Treibertransformators wird der Innenwiderstand des Treibers verringert und damit der mögliche Gate-Umladestrom weiter vergrößert.

Bei geeignetem Transformator-Übersetzungsverhältnis können auch bipolare Leistungsendstufen angesteuert werden.

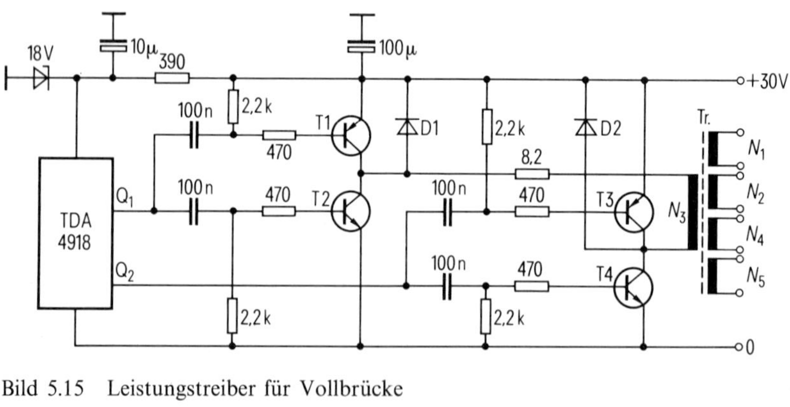

Bild 5.15 Leistungstreiber für Vollbrücke

Transformator für Power-MOS-Transistoren:

EF 25 Mat, N 27 o.L. (25 bis 50 kHz)

$N_1 = N_2 = N_4 = N_5 = 22$ Wdg $2 \times 0{,}30$ mm ∅ CuL
$N_3 = 40$ Wdg $1 \times 0{,}32$ mm ∅ CuL

Isolation zwischen jeder Wicklung = Lage.

5.1.10.2 Kollektortreiber für Vollbrücke

Wird die Steuer-IS mit z.B. 20 V betrieben und ist eine Power-MOS-Vollbrücke anzusteuern, dann kann auch eine Kollektor-Treiberstufe nach Bild 5.16(a) vorgesehen werden.

Die Treiber-Transistoren schalten dabei sehr schnell, weil sie nicht in die Sättigung gesteuert werden. Diese Lösung ist daher für hohe Betriebsfrequenzen, z.B. 100 kHz, geeignet.

Sollen die Transistoren bei niedrigeren Betriebsfrequenzen voll durchschalten, dann müssen (langsame) Dioden in Flußrichtung in alle vier Kollektorleitungen gelegt und eventuell vorhandene Widerstände an den Basen kurzgeschlossen werden. Damit erreicht man eine höhere Steuerspannung für die Transistoren, wobei diese bis zur Restspannung durchschalten können und der Ausgangswiderstand extrem niedrig wird.

Mit einer weiter abgewandelten Schaltung (Bild 5.16b) wird es möglich, für eine Vollbrücken-Endstufe die Übertragung einer niederohmigen Nullage mit Hilfe der 2 Transformatoren Tr 1, Tr 2 zu erreichen. Hiermit entstehen beim

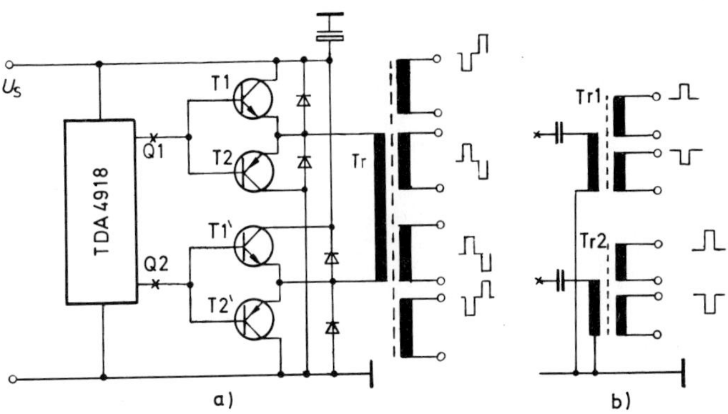

Bild 5.16
a) Leistungstreiber für höhere Betriebsfrequenzen (T_1, T_1': BD 135/16; T_2, T_2': BD 136/16)
b) Zwei Treibertrafos für die Übertragung der Null-Lage in der Ausgangspulsspannung der Endstufe

Umschalten an verbleibenden *LC*-Lasten keine Über- bzw. Ausschwinger, da diese während der Null-Zeit kurzgeschlossen sind. Die Ausgangsspannung U_a sieht dabei aus wie in Bild 5.23.

Für Leistungen unter etwa 300 W kann die Übertragung der Nullage auch direkt mit zwei Treibertransformatoren ohne die Transistoren T_1 bis T'_2 erreicht werden, wobei aber Trennkondensatoren nach Bild 5.16 (b) vorzusehen sind.

5.1.11 Treiber mit TDA 4918 für große Tastvariation

Mit einem Treibertrafo, der eine Gegentaktwicklung besitzt, kann mit Hilfe der schnellen Dioden D_1, D_2 eine große Tastvariation von etwa 5 bis 95% erreicht werden (Bild 5.17). Die Grenzwerte 0% und 100% sind nicht erreichbar, was jedoch in vielen Anwendungsfällen nicht notwendig ist (siehe hierzu Kap. 5.1.12). Als Steuerbaustein ist die IS TDA 4918 vorteilhaft, weil keine Treiberstufe erforderlich ist.

Bei Anordnung eines weiteren, aber gegenphasigen Ausgangs kann man eine Brückenschaltung so takten, daß Spannungen beliebiger Form erzeugt werden können, z.B. Sinus- oder Rechteckspannungen niedriger Frequenz. Diese Treiberart läßt sich ferner gut für Abwärts- oder Aufwärts/Abwärts-Regler und damit auch für Weitbereichs-SNT bzw. SNTS verwenden (siehe Kap. 6).

Transformator: z.B. wie bei Bild 5.14 angegeben.

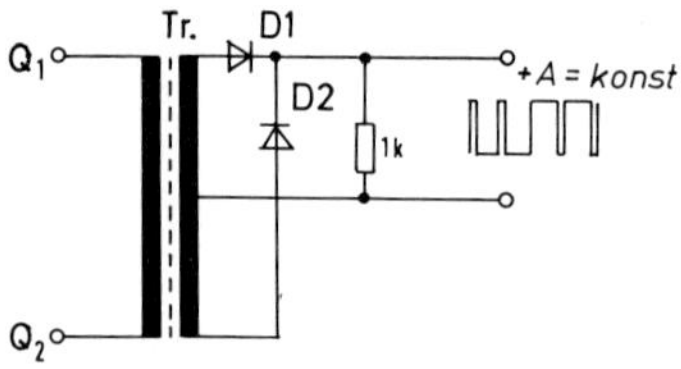

Bild 5.17
Treiber für große Tastvariation für die IS TDA 4918

5.1.12 Potentialgetrennte Trägerfrequenzsteuerung 0 bis *x* kHz

Die Schaltung nach Bild 5.18 ermöglicht die potentialgetrennte Steuerung eines Leistungstransistors mit Gleichstrom- oder getakteten Signalen bis zu extrem schmalen Impulsen. Hierzu dient eine Trägerfrequenz von z.B. 2 MHz.

Ein Schmitt-Trigger wird als Multivibrator geschaltet, welcher mit einer Frequenz von z.B. 2 MHz schwingt. Das möglichst rechteckige Signal wird durch MOS-Transistoren verstärkt und mit einem Ringkernübertrager R12–N47 transformiert. Zur Gleichrichtung des hochfrequenten Signals dienen zwei Schottky-Dioden in Gegentakt. Der Lastwiderstand bestimmt mit der am Gate wirkenden Kapazität die Abschaltflanke. Bei einer Versorgungsspannung von 12 V stellt sich am Gate des Leistungstransistors bei Dauersignal eine Gleichspannung von etwa 10 V ein.

Ein getaktetes Signal kann man gewinnen, wenn der Schmitt-Trigger an den Punkten A–B getaktet wird.

Wenn der hochfrequente „Trägerfrequenz-Generator" eine Steuerspannung mit kleinem Innenwiderstand liefert, kann auf die beiden Verstärker-Transistoren verzichtet und der Punkt 3 mit dem Koppelkondensator unmittelbar verbunden werden.

Für die Trafodimensionierung siehe auch Kap. 4.10.7 Beispiel 7.

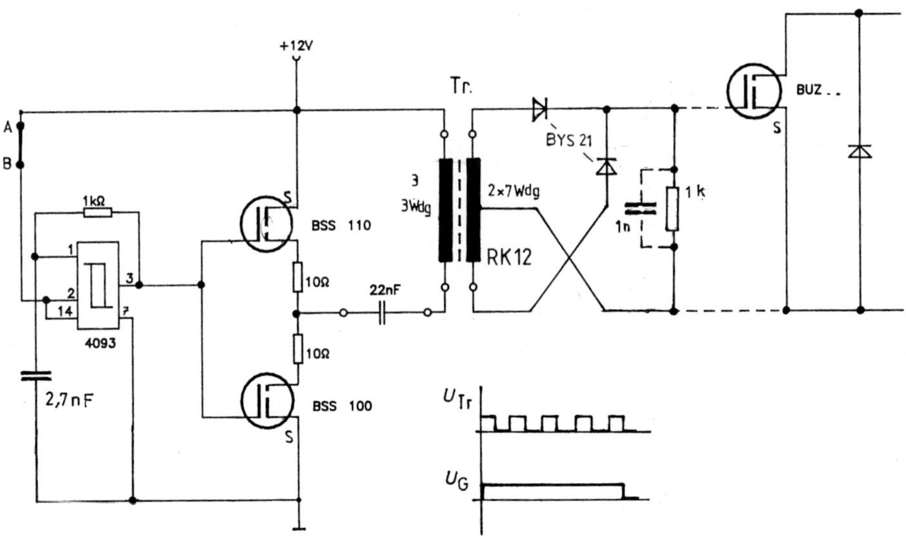

Bild 5.18 Potentialfreie Steuerung (0 bis *x* kHz)

5.1.13 Synchronisation von Steuer-IS

Einige der modernen Steuer-IS besitzen Eingänge für die Synchronisierung von SNT.

Synchron-Eingänge werden meist über Optokoppler angesteuert (Bild 5.19). Bei Fremdsynchronisierung ist C_{Sieb} an der IS TDA 4700 oder TDA 4718 (siehe Kap. 4.8.1) auszuschließen.

Für den freilaufenden Betrieb werden der Synchron-Ausgang und der Synchron-Eingang mit einem Widerstand R_K überbrückt ($R_K < 20\ k\Omega$). R_K bildet zusammen mit parasitären (Leitungs-)Kapazitäten am Synchron-Eingang einen Tiefpaß, dessen Grenzfrequenz f_g hinreichend groß sein muß ($f_g > 10 \cdot f_0$).

Eine einfache Möglichkeit für eine Synchronisierung ist in Bild 5.20 wiedergegeben. Für störungsfreies Arbeiten dieser Schaltung muß die Synchronfrequenz

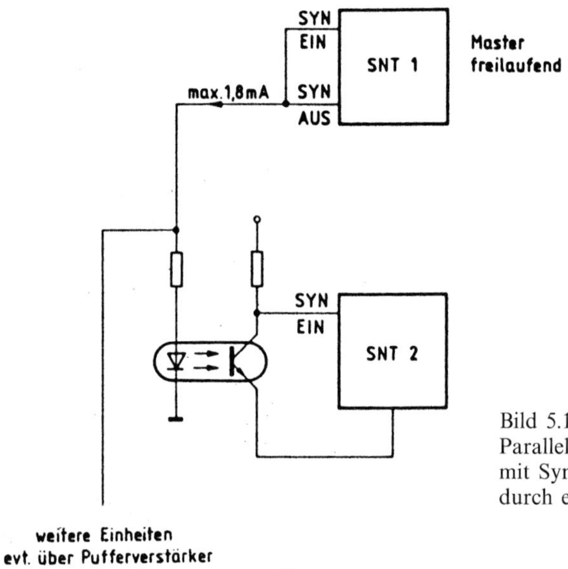

Bild 5.19
Parallelbetrieb von SNTs mit Synchronisierung durch ein Master-Gerät

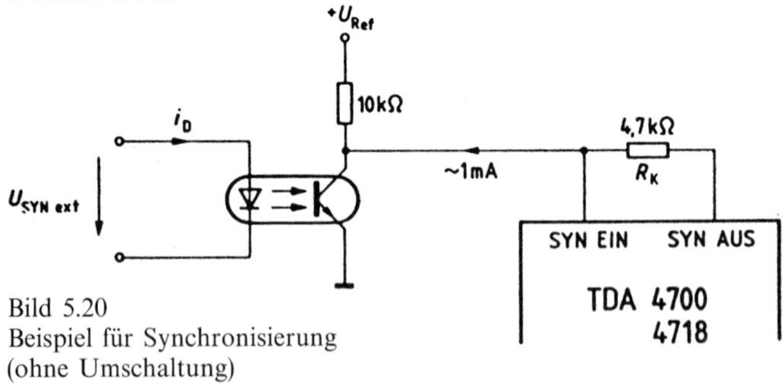

Bild 5.20
Beispiel für Synchronisierung (ohne Umschaltung)

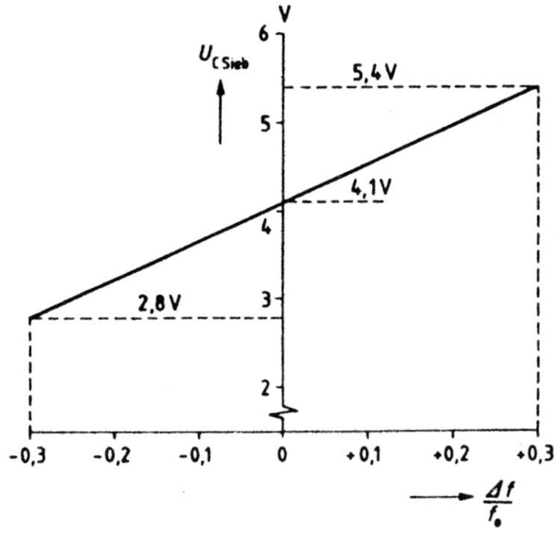

Bild 5.21
Zusammenhang zwischen der relativen Frequenzabweichung Δf mit der Spannung U_{Csieb}

höher als die Oszillator-Nennfrequenz sein. Die Größe des Fangbereiches hängt mit dem Tastverhältnis des Synchronisiersignals $U_{SYN\,ext}$ zusammen. Dieses sollte nicht kleiner als 50% sein, dann gilt

$$f_0 < f_{SYN\,ext} < 1{,}3 \cdot f_0 .$$

Bei Ausfall des Synchronisiersignals schwingt der Oszillator mit der Nennfrequenz f_0, es sei denn $U_{SYN\,ext}$ liegt ständig auf „High". Dann setzt der Oszillator aus, wenn nicht verhindert wird, daß die Spannung an C_{Sieb} unter 2,9 V sinkt.

Da die Oszillatorfrequenz proportional U_{CSieb} ist (Bild 5.21), stellt sich als minimale Oszillatorfrequenz etwa $0{,}7 \cdot f_0$ ein.

5.1.14 Gegentakt-Tastlückengenerator 25 bis 1000 kHz

Bild 5.22 zeigt eine einfache Steuerschaltung für Gegentakt-Endstufen, welche Signale mit Tastlücken erzeugt. Die Tastlücken werden dadurch gewonnen, daß der Schwingkreis LC_1C_2 mit seinen positiven und negativen Spannungskuppen über T, C_3 und C_4 die Transistoren T_1 und T_2 abwechselnd mit Tastpausen während der Signalschrägen steuert (Bild 5.23).

Während der Tastpausen liegt an den Basen von T_3 und T_4 die durch R_2 und R_3 geteilte (halbe) Versorgungsspannung. Sie bewirkt, daß beim Umschwingen der magnetischen Energie im Transformator abwechselnd die Transistoren dämpfen, so daß die Ausgangsspannung eine niederohmige Treppenspannung darstellt welche kaum Überschwinger enthält. Damit die Nullstellen nur eine kleine Spannungsdifferenz aufweisen, muß der Transformator einen geringen Magnetisierungsstrom und eine kleine Streuinduktivität haben. Ebenso verringert die Diode D die verbleibenden Nullstellen-Differenzspannungen. Der Schwingkreis schwingt in Phase mit der Ausgangstreppenspannung.

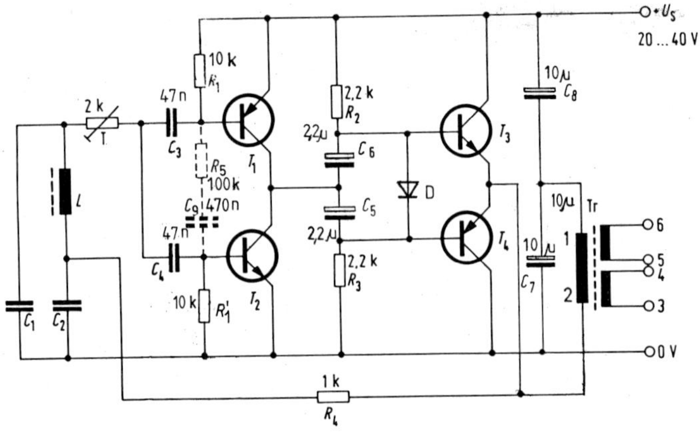

Bild 5.22 Tastlückengenerator

Für den Transformator kann der Kern EF 20 N27 Verwendung finden. Die Transformatorwindungszahlen sind entsprechend der gewünschten Betriebsfrequenz zu wählen. Sie verhalten sich etwa nach der Beziehung

$$N_x = N_{25} \cdot \sqrt{\frac{f_{25}}{f_x}}.$$

Die Bauteile für den Schwingkreis sind entsprechend der Tabelle 5.1 einzusetzen.

Als Transistoren kommen z.B. die nachstehend aufgeführten Typen in Frage. R_5 und C_9 erleichtern das Anschwingen der Schaltung.

Transistoren	T_1	T_2	T_3	T_4
für bipolare Endstufen für Power-MOS-Endstufen	BC 307 BC 557	BC 237 BC 550	BD 137 BC 337	BD 138 BC 327

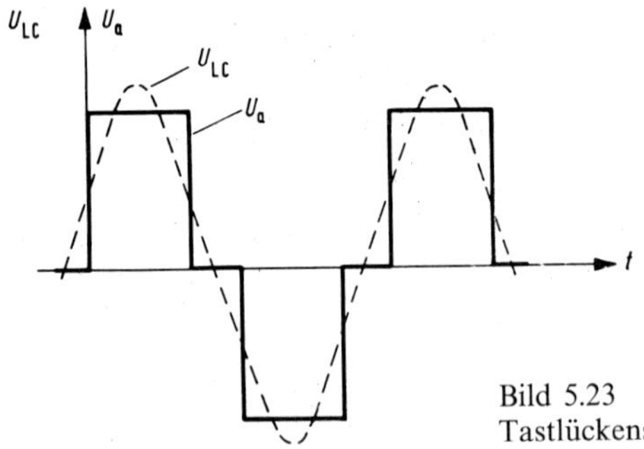

Bild 5.23
Tastlückenspannung U_a am Transformator Tr

Tabelle 5.1

C_1 in nF	C_2 in nF	L_{var}*) in µH	f in kHz
47	47	2000 bis 500	25 bis 50
22	22	1000 bis 250	50 bis 100
10	10	500 bis 125	100 bis 200
4,7	4,7	250 bis 60	220 bis 500
2,2	2,2	100 bis 25	500 bis 1000

*) z.B. Stiefelkörper 20 × 6 mm mit Gewindekern
Wicklung 0,15 mm ∅ CuL, Wickellänge etwa 10 mm

Transformator Tr: EF 20 – N 27 für bipolare Endstufe (25 bis 70 kHz)

1 – 2: 40 Wdg/0,25 CuL (1 Lage)
Isolation
2 – 4: 8 Wdg/0,55 CuLS
5 – 6: 8 Wdg/0,55 CuLS gemeinsam gewickelt (1 Lage)

für Power-MOS-Endstufen (25 bis 70 kHz)

3 – 4: 40 Wdg/0,25 mm CuL
Isolation
1 – 2: 40 Wdg/0,25 mm CuL
Isolation
5 – 6: 40 Wdg/0,25 mm CuL

5.1.15 Frequenzvariabler Tastlückengenerator mit zwei Treibertransformatoren

Mit Hilfe umsteuerbarer bzw. umschaltbarer Betriebsfrequenzen für ein SNT sind spezielle Aufgaben lösbar. So kann z.B. über eine induktive Last oder über einen induktiv/ohmschen Teiler der Arbeitsstrom nach einem Programm geändert werden. Den Einschaltstrom kann man z.B. um ein Vielfaches größer oder kleiner wählen als den Arbeitsstrom. An Stelle einer Tastzeitregelung ist auch eine Regelung oder Umschaltung der Frequenz möglich (Bild 5.24). Der astabile Multivibrator mit T_1 und T_2 erzeugt ein Rechtecksignal. Wegen der Signalverschleifung an den Kollektoren ist es möglich, über die Kondensatoren C_1 und C_2 und die Widerstände R_1 und R_2 Tastlücken für das Ausgangssignal zu erhalten. Die Transistoren T_3 und T_4 verstärken das Signal, jeweils versetzt um eine Halbperiode. Die nachfolgenden Transistoren T_5 und T_6 (sowie T_7 und T_8) arbeiten niederohmig über die Kondensatoren C_3, C_4 auf je einen Treibertransformator. Mit TL werden die Tastlücken verändert.

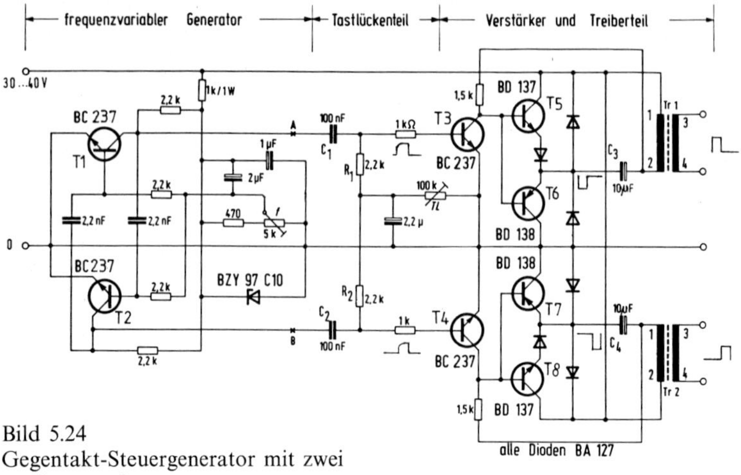

Bild 5.24
Gegentakt-Steuergenerator mit zwei Treibertransformatoren

Transformator Tr 1 und Tr 2 für bipolare Transistorendstufe (20 bis etwa 60 kHz)

Kern: EF 25 A 630, N27)
1 – 2 40 Wdg 0,3 mm ∅ CuL (1 Lage)
Isolation
3 – 4 8 Wdg 90 × 0,1 mm ∅ CuL ohne Isolation (1 Lage)

Transformator Tr 1 und Tr 2 für Power-MOS-Transistorendstufe (20 bis 75 kHz)

Kern: EF 25 – N 27
1 – 2 40 Wdg 0,3 mm ∅ CuL (1 Lage)
Isolation
3 – 4 27 Wdg 0,35 mm ∅ CuL (1 Lage)

5.1.16 Stromversorgung von SNT-Steuerbausteinen

Da die Steuerbausteine bzw. Steuermodule für das einwandfreie Funktionieren einen gewissen Strombedarf haben, ist die Stromversorgung – besonders beim Anlauf – problematisch.

Eine konventionelle Lösung ist, einen kleinen Netztransformator (1 bis 5 W) für z.B. 20 bis 25 V zu verwenden. Die IS wird dann, wie üblich, mit etwa 12 V von einer Z-Diode oder über einen kleinen Stabilisator versorgt. Nachteilig kann die große Einschaltzeitkonstante der Hilfsspannung sein. Der Wiederanlauf nach Überspannungsabschaltung ist gesichert.

Weitere Möglichkeiten sind in den Bildern 5.40 und 5.46 gezeigt.

Eine interessante Lösung ist im Beispiel Bild 5.44 (Klemmwandler ~220/5 V, 5 A) realisiert. Nach Anlauf ist für den Steuermodul direkt vom Netz her kein Stromverbrauch gegeben.

Nach dem Anschwingen wird der Steuermodul intern vom SNT selbst versorgt; dies geschieht über eine Hilfswicklung am Leistungstrafo und anschließende Gleichrichtung und evtl. Stabilisierung der U_S.

Eine weitere Möglichkeit ist, einen kleinen Leistungstransistor mit Anlaufwiderstand am Kollektor so zu takten, daß dieser nur während des Anlaufs Stromlieferung ermöglicht und abschaltet, wenn die interne Stromversorgung arbeitet. Diese Lösung hat den Vorteil, daß nach Überspannungsabschaltung die Steuer-IS wieder selbsttätig anläuft.

Automatischen Anlauf ermöglichen IS-Bausteine mit Hilfe einer Standby-Einrichtung, wobei allerdings ein gewisser Dauerstromverbrauch vom Netz her bestehen bleibt (TDA 4918 und TDA 4919).

Eine weitere sehr einfache Lösung ist, einen Kaltleiter zum Anlauf zu verwenden, der vom Netz her die IS versorgt und nach Anlauf seine Dauerverlustleistung z.B. auf nahe 0,5 W begrenzt (Bild 5.36). Nachteilig ist, daß bei Überspannungsabschaltung bzw. bei kurzer Netzunterbrechung das SNT nicht sofort starten kann, weil der Kaltleiter noch hochohmig ist. Erst bei Trennung vom Netz und abgekühltem Kaltleiter kann wieder gestartet werden. Hierzu sind einige Sekunden Wartezeit erforderlich.

5.2 Selbstschwingende SNT

Selbstschwingende Schaltnetzteile besitzen eine Rückkopplung, die meist nur über den Leistungstransistor eine Schwingung mit einer dem System entsprechenden Frequenz ermöglicht.

Derartige SNT sind sehr einfach aufgebaut und besitzen nur wenige Bauelemente; viele dieser Konzepte besitzen keine Regelung, was in jenen Anwendungen zulässig ist, bei denen stabile Netzspannungen und einigermaßen konstante Lasten vorhanden sind.

5.2.1 Klemmwandler

Das Prinzip des Klemmwandlers ist in Kap. 3.2.6 beschrieben; er kann sowohl als Durchfluß- als auch als Sperrwandler arbeiten. Für die selbstschwingende Anordnung nach Bild 5.25 wurde eine Art Durchflußwandler gewählt, wobei keine Speicherdrossel erforderlich ist, weil der Transformator eine gewisse Streuinduktivität besitzt.

In der Primärinduktivität muß mindestens so viel Energie gespeichert werden, daß über das Hochschwingen der Kollektorspannung wieder ein Zurückschwingen auf Null erreicht wird, so daß bei ausreichender Rückkopplung die Schwin-

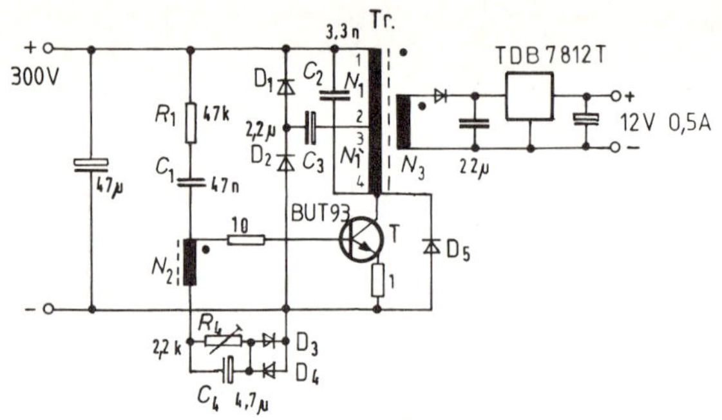

Bild 5.25
Klemmwandler

gung aufrecht bleibt. Der Anlauf wird über C_1, R_1, R_4 und D_3 ermöglicht. Die Schwingung setzt bereits bei etwa 50 V ein.

C_3 und die Dioden D_1 und D_2 besorgen eine feste Klemmung der Schwingung.

Trotz großer Streuinduktivität erzeugt diese Schaltung keine Überschwinger im Trapezbetrieb – also mit C_2 parallel zur Primärinduktivität. Die Teilwicklungen N_1 und N_1' müssen dabei sehr fest gekoppelt sein – am besten durch eine Paralleldrahtwicklung, die allerdings eine gute Drahtisolation aufweisen muß (z.B. CuLL oder CuLS). Die maximale Spannung zwischen den beiden Teilwicklungen liegt nur bei 150 V.

Bei einer Übersetzung der Teilwicklungen $N_1/N_1' = 1$ ist die Rückschlagspannung so groß wie die Speisespannung.

Die Klemmströme über die Dioden D_1 und D_2 überlagern sich im Transistor dem induktiven Ladestrom. Dies erfordert bereits beim periodischen Einschalten des Transistors eine gute Durchsteuerung, damit die Klemmströme nur geringe Restspannungen bewirken.

An C_4 baut sich eine negative Gleichvorspannung auf, die zur verlustarmen Steuerung des Transistors beiträgt.

Da der Transformator eine Zweikammerspule besitzt, ist die Streuinduktivität zwischen Primär- und Sekundärwicklung groß. Damit ist auch die Leistungsübertragung begrenzt. Der Kurzschlußstrom ist dabei aber verhältnismäßig klein. Am Ausgang kann ein Stabilisator (TDB 7812 T) ohne Vorwiderstand eingesetzt werden. Ggf. ist dabei die Sekundärwindungszahl für minimale Verlustleistung geringfügig zu ändern.

Transformator: EF 25 – N 27, S = 0,7 mm (durchgehend)

Kammer 1:
N_1, N_1' = 110 Wdg je 0,28 mm ∅ CuLL bifilar gewickelt und hintereinander geschaltet. N_2 = 5Wdg 0,28 mm ∅ CuLL

Kammer 2:
N_3 = 23 Wdg 45 × 0,1 mm ∅ CuL

5.2.2 Sinus-Trapez-Sperrwandler

Die Betriebsgleichspannung U_1 für den Schalttransistor liegt bei 300 V (Bild 5.26). Die Primärinduktivität L_1 des Transformators ergibt mit dem Kondensator C_6 einen Schwingkreis, der die Leerlauffrequenz bestimmt. Die Wicklung 1 – 2 liefert die Rückkopplungsspannung. Der Regelteil erhält seine Betriebsspannung über die Wicklung 3 – 4. Die Referenzdiode D_4 steuert den Regeltransistor BD 675 (evtl. BC 875).

Die Ausgangsspannung wird mit dem Potentiometer P_1 einjustiert. Die Schwingfrequenz ($\approx$ 30 kHz) hängt etwas von der Last und der Betriebsspannung ab. Bei Belastung ändert sich auch die Kurvenform von Sinus über Halbsinus bis zur Trapezform (Bild 5.27).

Die Steuerung an der Basis setzt erst dann ein, wenn die Kollektor-Spannung den Wert Null erreicht hat. Damit entfallen Einschaltstromspitzen. Danach steigt der Kollektorstrom von negativen (inversen) Werten stetig bis zum vom Regler vorgegebenen Spitzenwert. Beim folgenden Abschalten des Stromes sinkt dieser auf Null, bevor die Spannung am Kollektor wegen Vorhandenseins des Kondensators C_6 ansteigen kann. Das Schalten des Transistors im Kennlinienfeld erfolgt daher nahezu ideal (siehe auch Bild 4.176).

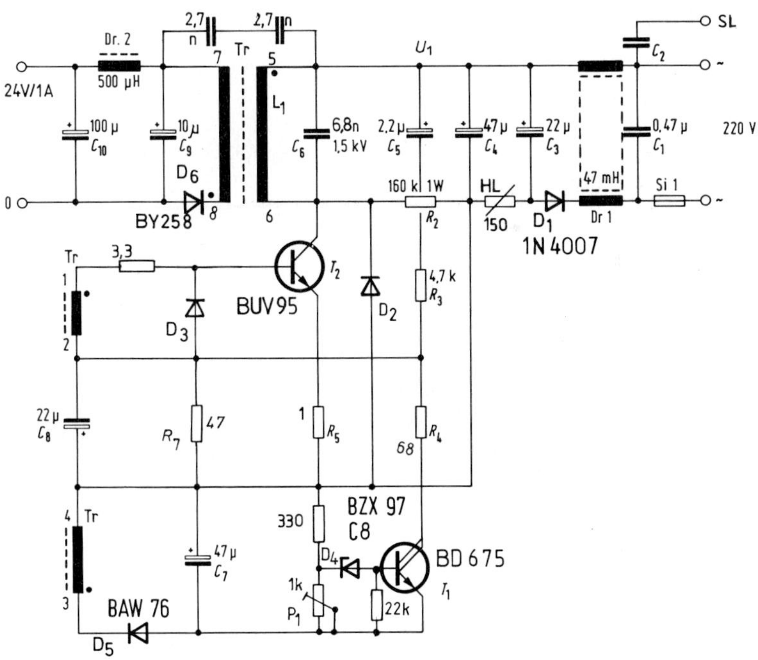

Bild 5.26 Sinus-Trapez-Sperrwandler ~220/24 V, 1 A

Die Einschwingzeitkonstante des Schwingsystems muß kleiner sein als die Einschaltzeitkonstante der gleichgerichteten Netzspannung, weil damit auch das Anschwingen im zulässigen Kennlinienbereich verbleibt. Der Heißleiter HL kommt dieser Forderung entgegen. Er bewirkt ferner eine starke Absenkung der X-Störungen zum Netz hin.

Bei Lastkurzschluß schaltet die Schaltung sofort ab. Die Wiedereinschaltung ist erst wieder nach Entladung der Netzkondensatoren möglich.

Ab einer gewissen Netzüberspannung wird die Sperramplitude kleiner als die Versorgungsspannung, d.h. das „Durchgreifen“ der zurückschwingenden Ampli-

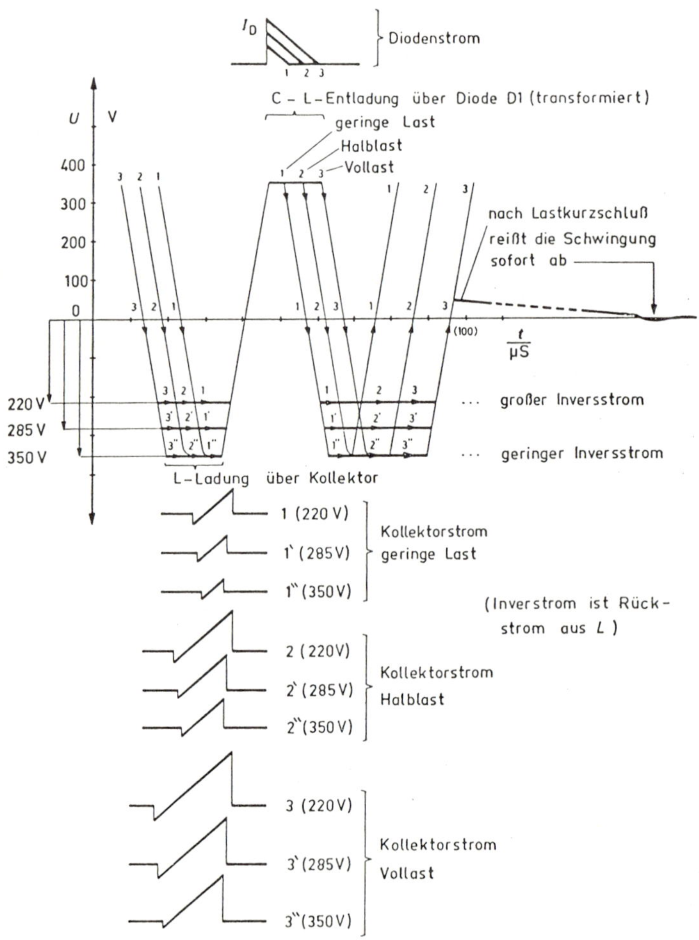

Bild 5.27
Schwingverhalten in Abhängigkeit von Last und Betriebsspannung

tude reicht nicht mehr aus, um die Schwingung aufrechtzuerhalten. Ein Einschalten des Netzteils bei Überspannung bewirkt nach kurzem Anschwingen sofortige Abschaltung. Die Sperramplitude muß daher so ausgelegt werden, daß eine Abschaltung nicht zu früh erfolgt. Sie wird etwa mit 10% höher als $U_{1\,max}$ auszulegen sein. U_{CER} des Schaltertransistors ist mit mindestens $2{,}2\,U_{1\,max}$ zu wählen.

Bei konstanter Belastung wird die Netzspannung von $\pm 10\%$ auf $< \pm 1\%$ ausgeregelt. Ist direkte Lastausregelung erwünscht, dann muß der Regelverstärker von der Sekundärseite her über einen Optokoppler gesteuert werden.

Da die HF-Wechselspannung Trapezform hat, ist die Funkstörung beachtlich geringer als bei Rechteckbetrieb.

Transformator:

EF 32 A 150 Mat. N 27 ($S \approx 1$ mm ges)

N_{1-2} = 2 Wdg 0,315 CuLL
N_{3-4} = 6 Wdg 0,315 CuLL
Isolation
N_{5-6} = 170 Wdg 0,315 CuLL
Isolation
N_{7-8} = 13 Wdg 1 × 90 × 0,1 CuLS

5.2.3 Brücken-SNT mit Eintaktgleichrichtung

Eine Besonderheit des SNT nach Bild 5.28 liegt darin, daß die Transistoren T 1 und T 2 im Gegentakt betrieben werden, wobei die Gleichrichtung wie beim Sperr- oder Durchflußwandler im Eintakt arbeitet.

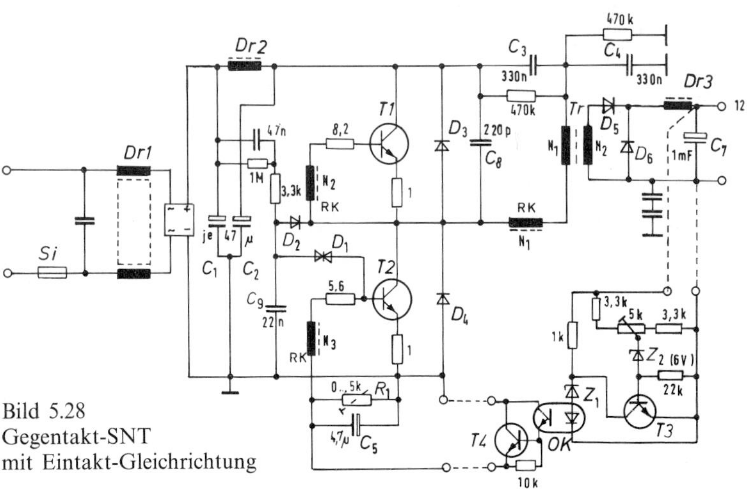

Bild 5.28
Gegentakt-SNT
mit Eintakt-Gleichrichtung

Die eigentliche Versorgungsspannung liegt bei 300 V aus dem ~220-V-Netz. Die primäre Arbeitsspannung ist daher auch nur 300 V_{ss} (Rechteck-Impulse).

Die Netzspannung kann in verhältnismäßig weiten Grenzen gewählt werden, ohne daß sich die Frequenz wesentlich ändert. Das Tastverhältnis kann mit Hilfe der Basisvorspannung direkt oder durch Variation des Widerstandes R_1 geändert werden. An C_3-C_4 stellt sich die dem Tastverhältnis entsprechende mittlere Spannung ein; sie entspricht einer verminderten Versorgungsspannung. Eine geringe Basis-Vorspannung ergibt breite, eine große Vorspannung schmale Impulse an T1. Die Tastbreite an T2 bleibt etwa konstant über einen verhältnismäßig großen Regelbereich.

Eine weitere Besonderheit dieser Schaltung ist, daß der Ausgang in Verdopplergleichrichtung mit Speicherdrossel arbeiten kann, oder, wie beim Durchflußwandler, mit Eintakt-Gleichrichter, Freilaufdiode und Speicherdrossel, oder, wie beim Sperrwandler, mit einfacher Eintaktgleichrichtung.

Bei Lastsprüngen von etwa 10 bis 100% ändert sich das Tastverhältnis nur gering.

Eine weitere interessante Eigenheit zeigt das Regelteil (Bild 5.28 unten rechts).

Erhöht sich die Ausgangsspannung, dann vermindert sich der Diodenstrom des Optokopplers; damit steigt über T4 die Spannung an C_5. Die Tastzeit wird kürzer und die Ausgangsspannung sinkt wieder auf den Sollwert.

Liegt am Ausgang ein Kurzschluß an, dann erhält die Diode des Optokopplers keinen Strom. An C_5 steigt die Spannung und steuert das Tastverhältnis herunter bis zum Aussetzbetrieb, wenn R_1 groß genug ist. Die Diode Z_1 bestimmt den Einsatz der Strombegrenzung.

Den Start der Schwingung bewirkt der Diac D_1, welcher einen Impuls an die Basis gibt, wenn der Kondensator $C9$ etwa 35 V erreicht hat. Hat die Schwingung eingesetzt, dann entlädt die Diode D2 über T2 den Kondensator $C9$, so daß keine weiteren (störenden) Startimpulse möglich sind.

Transformator Tr: EF 32/N 27 $S_L = 0{,}35$ *mm*
$N_1 = 85$ Wdg 0,42 mm ∅ CuL, $N_2 = 20$ Wdg 60 × 0,1 CuL

Ringkern RK:
13/7/5 Fi 323 (Vogt). N_1 7 Wdg, $N_2 = 2$ Wdg, $N_3 = 3$ Wdg
Draht 0,35 mm ∅ CuL

Transistoren:
T1, T2: BUT 93 je mit Kühlkörper 20 K/W
T3: BC 550; T4: BC 337; 0 K: CNY 17

5.2.4 H-Ablenkschaltung kombiniert mit Schaltnetzteil

Kleine Fernsehempfänger (Portables) können sowohl an Netzspannung als auch an einer Autobatterie 12 V betrieben werden.

Hierzu dient üblicherweise ein (schwerer) Netzfrequenztransformator und ein Längsregelteil, das auch bei Batteriebetrieb Verwendung finden kann.

Das Fernsehempfangsnetzteil nach Bild 5.29 benutzt den Zeilentransformator gleichzeitig als Netzteiltransformator.

Dadurch wird der sonst notwendige Netztransformator bzw. SNT-Transformator eingespart. Bevorzugt man Versorgungsspannungen von 18 bis 24 V und soll dennoch ein Batteriebetrieb an 12 V gesichert sein, dann muß zur Spannungshochsetzung die Boosterdiode D3 benutzt werden. Die interne Spannung von 18 V entsteht in dieser Schaltung automatisch. Die Anlaufspannung wird aus der Kondensatorteilung C_1, C_2 am Netzeingang über den Einschaltstromstoß gewonnen. Ist die Schaltung angelaufen, dann trennt die Diode D_1 die Versorgungsspannung von der jetzt niedrigeren geteilten Netzgleichspannung. Mit dem Potentiometer P stellt man die Impulsbreite des Steuerimpulses und damit die 18-V-Spannung ein. Auswirkungen von Streuungen der Bauelemente werden damit ausgeglichen.

Für größere Fernsehgeräte kann an der Basis des Transistors T_1 eine entsprechende Tastzeitsteuerung (z.B. mit TDA 4919) vorgenommen werden.

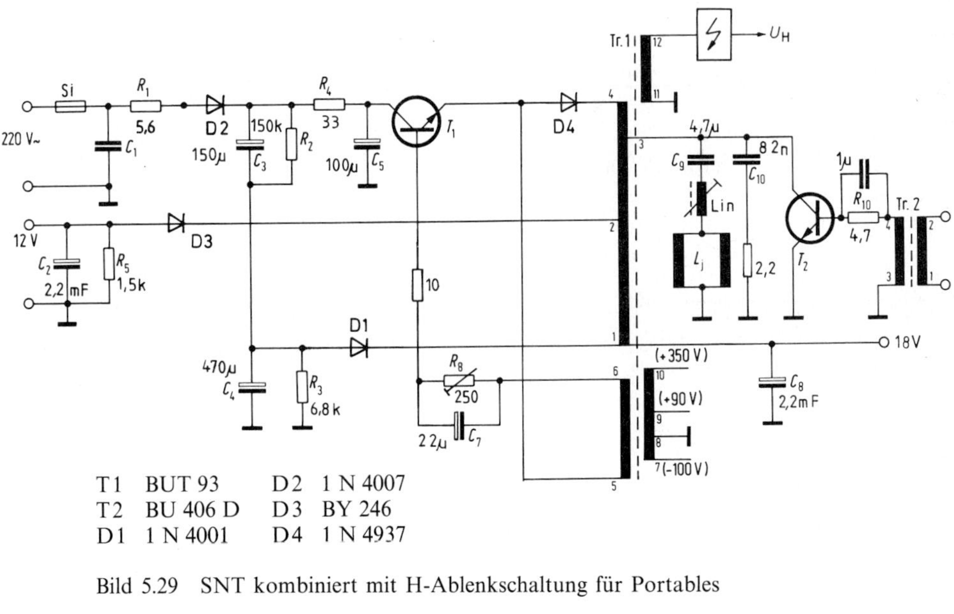

T1	BUT 93	D2	1 N 4007
T2	BU 406 D	D3	BY 246
D1	1 N 4001	D4	1 N 4937

Bild 5.29 SNT kombiniert mit H-Ablenkschaltung für Portables

5.2.5 Hilfsstromversorgung

Bild 5.30 zeigt eine ungeregelte, sehr einfache Hilfsstromversorgung für 25 V/ 0,5 A. Bei den normalerweise recht stabilen Netzspannungen ist die Ausgangsspannung für viele Anwendungen ausreichend stabil, besonders, wenn die Last nur in geringem Maße schwankt.

Die Schwingung ist über den Ringkerntrafo rückgekoppelt, wobei der Ringkern in die Sättigung gesteuert wird. Dadurch gewinnt man für die Basis impulsartige Steuerspannungen mit „Tastlücken". Während der Tastlücken entsteht mit Hilfe des Kondensators C_2 eine trapezförmige Spannung an den Transistoren, welche keine Überschwinger besitzt.

Der Diac bewirkt einen Startimpuls an der Basis. Danach ist die Diac-Schwingung über die Diode D2 stillgelegt. Das Beschleunigungsglied $R_1 - C_1$ ermöglicht ein Schwingen schon ab kleinen Versorgungsspannungen (> 35 V).

Transformator: Tr EF 20 N 27, s = 0,6 mm dghd
N_1 = 160 Wdg/0,22 mm ∅ CuL
Isolation 2 × 0,05 mm
N_2, N_3 = 32 Wdg/0,28 mm ∅ CuL

Ringkern RK:
RK 13/7/5 FI 323 (Vogt)
N_1 = 14 Wdg
N_2, N_3 = 1 Wdg (Widerstandsenden durchstecken)

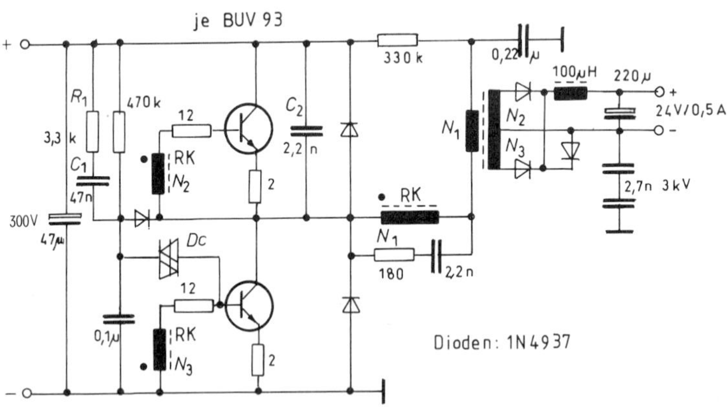

Bild 5.30 Hilfsstromversorgung 220 V~/24 V/0,5 A

5.2.6 Elektronisches Vorschaltgerät für Leuchtstofflampe

Das elektronische Vorschaltgerät nach Bild 5.31 arbeitet mit einer Schaltfrequenz von etwa 120 kHz, (vor Zündung mit 150 kHz). Der Wirkungsgrad liegt bei 95%. Die Leuchtstofflampe erhält über die Drossel CC 26 einen eingeprägten Strom von etwa 1,3 A_{ss}.

Vor der Zündung der Lampe fließt ein erhöhter Heizstrom, so daß die Lampe bereits bei 1500 V_{ss} zünden kann; danach bricht die Spannung auf die Brennspannung (320 V_{ss}) zusammen.

Die Schwingung wird über den Diac-Generator R_1, C_2, D_2 gestartet, welcher schmale Impulse an das Gate von T 1 liefert. Über den Ringkern-Rückkoppelübertrager wird dann die Schwingung aufrechterhalten, wobei der Diac-Generator über D 1 stillgelegt ist. Der Ringkernübertrager arbeitet vor der Zündung der Lampe im Sättigungsbetrieb und im Normalbetrieb mit nur geringer Sättigung. Die Gate-Spannungen werden mit je einer Z-Diode begrenzt. Die Signalformen zeigt Bild 5.32.

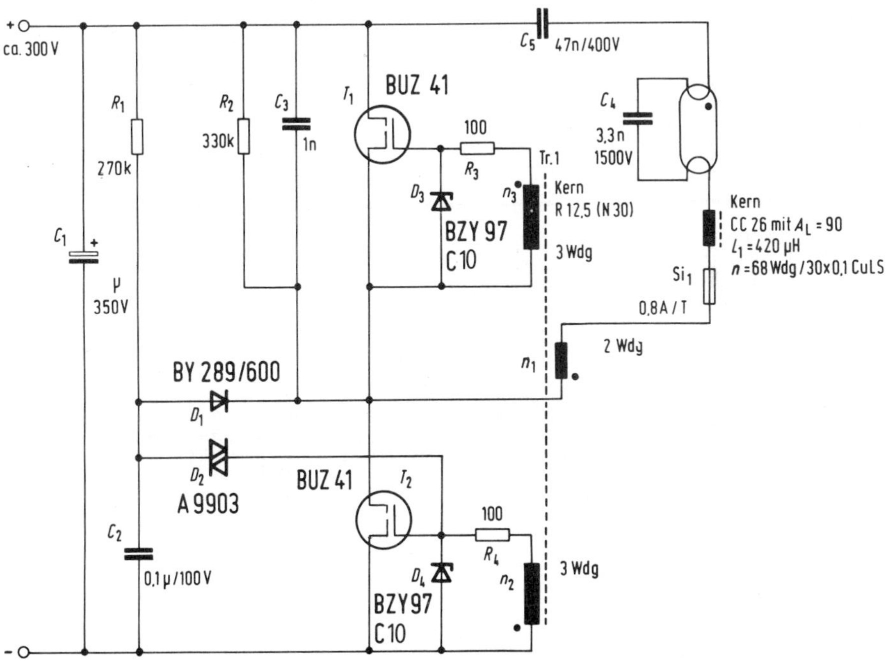

Bild 5.31 Elektronisches Vorschaltgerät für Leuchtstofflampe (50 W)

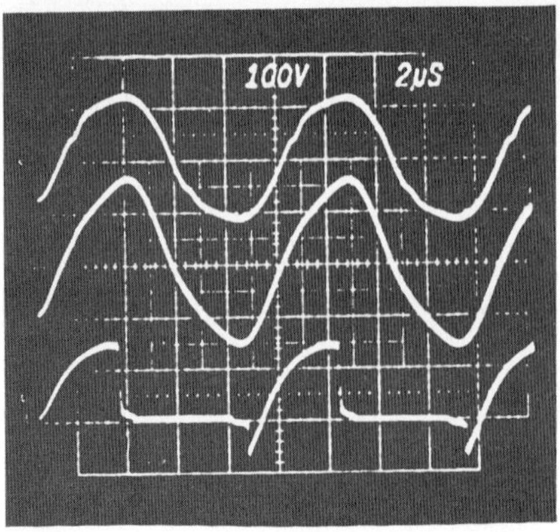

(Nennbetrieb)

—$I_{\text{Lampe}} = 0{,}5$ A/T

—$U_{\text{Lampe}} = 100$ V/T

—$I_{\text{DT2}} = 0{,}5$ A/T

Bild 5.32 Lampenspannung, Strom und Dauerstrom

5.2.7 Sinus-Trapez-Halbbrücke 220 V/25 V/4 A

Das SNT nach Bild 5.33 besitzt keine Regelung. Dennoch ist eine für viele Fälle ausreichende Spannungskonstanz erreichbar, wenn keine großen Laständerungen auftreten.

Die maximale Kollektorspannung entspricht der Versorgungsspannung U_1. Die Kurvenform der Spannung hat Sinus- bis Trapezform, wobei dennoch an den Transistoren keine Flankenverluste auftreten. Bild 5.34 zeigt die Spannungs- und Stromverhältnisse der Schwingung. Wird Sinusform bevorzugt, dann ist die Tastzeit entsprechend kurz zu wählen bei höherem Kollektorstrom. Die Steuerung übernimmt der Trafo Tr über beide Rückkopplungswicklungen. An R_3, C_7 und R_5, C_6 baut sich je eine Vorspannung auf, so daß die Steuerung an den Basen nur im oberen Teil der Halbwelle erfolgt. Damit erhält man

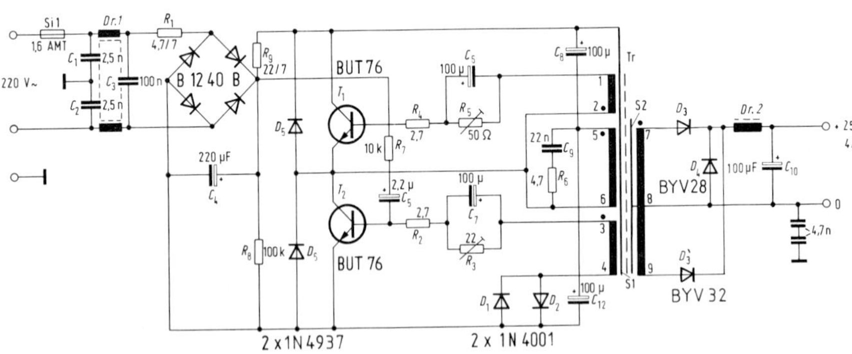

Bild 5.33 100-W-Trapez-Halbbrücke 220 V – 25 V/4 A

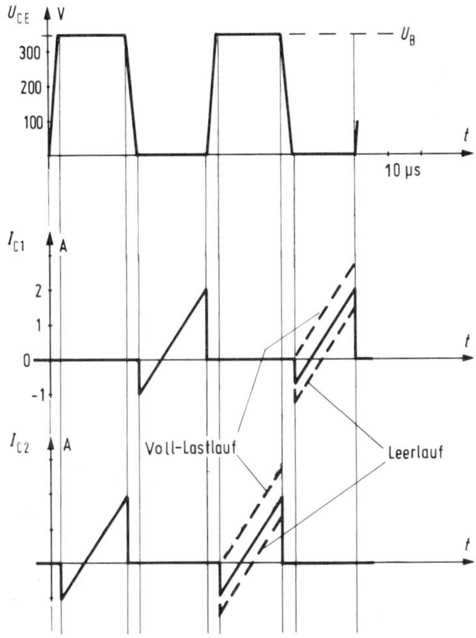

Bild 5.34
Spannung und Strom an den Transistoren

die notwendige Verzögerung beim periodischen Einschalten der Transistoren so, daß kein Querstrom während des Umschaltvorganges fließen kann.

Beim Ausschalten der Transistoren wird durch den Kondensator C_9 der Spannungsanstieg verzögert, wobei sich jeweils der Kollektorstrom abbaut, bevor die Spannung ansteigen kann. Die Transistoren werden im empfindlichen Teil des Kennlinienfeldes nicht beansprucht. Das Anschwingen wird durch einen Stromstoß über $R_7 - C_5$ ermöglicht; hierbei klemmt die Diode D_2 die Vorspannung auf etwa 0,7 V. Dabei beginnt der Generator bereits bei niedriger Versorgungsspannung zu schwingen. Die Drossel Dr begrenzt die Diodenstromspitzen. Momentane Kurzschlüsse an C_{10} lassen die Schwingung sofort abreißen. Für die Transistoren sind Kühlkörper vorzusehen.

Transformator: 25 kHz, Kern EE 42/15 – N 27 S = 1 mm dghd

$N_{1-2} = N_{3-4} =$ je 3 Wdg 0,4 mm CuL
Isolation
$N_{5-6} = 70$ Wdg $30 \times 0{,}1$ mm CuLS
Isolation
Schirmfolie Cu 0,05
Isolation
evtl. Schirmfolie Cu 0,05
N_{7-8}, $N_{8-9} = 16$ Wdg $75 \times 0{,}1$ mm CuLS (gemeinsam gewickelt)
Speicherdrossel Dr: RM 12, 100 µH – 4 A

5.2.8 Sinus-Trapez-Leistungsgenerator

Bild 5.35 zeigt einen Schaltungsentwurf für einen 1-kW-Gegentakt-Generator, bei dem die Endstufentransistoren mit Rechtecksignalen „hart" gesteuert werden. Die Ausgangsspannung besitzt Trapez- bis Sinusform. Die Transistoren T3, T4 ermöglichen eine niederohmige Speisung des Treibertransformators Tr1.

Die Transistoren T1 und T2 bilden einen astabilen Multivibrator, der über *C*1, *D*1 und *R*1 getriggert ist.

Die Triggerung wird vom Ausgangstrafo Tr2 über N_4, N_5 gewonnen. Die Triggerung ist immer nur am Beginn der Trapezkuppen möglich, weil sich an *C*1 eine entsprechend der Schwingamplitude hohe Vorspannung einstellt. Beim Triggereinsatz sperrt T2 und gibt ein Rechtecksignal über den Trafo Tr1 an die Basis T5.

Nach Ablauf der Sperrzeit an T2 schaltet der positive Steuerimpuls an der Basis auf Minusamplitude, so daß die Basis gut ausgeräumt wird.

Nach Sperrung von T5 schwingt entsprechend der Trapezflanke die Transformatorspannung hoch auf etwa den doppelten Wert der Versorgungsspannung *U*1. Dabei geht die Spannung an T5 gegen Null. Hierbei erst ist eine Triggerung von T1′ über N_5 möglich, und damit die Steuerung von T5.

Während der Trapezflanken ist keine Steuerung gegeben, so daß die Endstufen fast ideal schalten (s. Bild 5.34). Hierzu sei bemerkt, daß diese Art des Schaltens nur möglich ist, wenn ein im Verhältnis zum Laststrom ausreichender induktiver Strom über den Transformator Tr3 fließen kann (Luftspalt-Trafo mit Dreieckstrom). Ferner müssen die Wicklungen N_1 und N_2 des Transformators Tr2 fest gekoppelt sein, damit die verbleibenden Überschwinger gering bleiben.

Die Versorgungsspannung muß bei allen Konzepten mit Kondensator im Kollektorkreis bzw. großen Ausgangsladeelkos langsam hochgeführt werden, damit die Schwingung bereits bei geringen Spannungen einsetzen kann. Die Diode D2 kann die 50-V-Spannung vorab an die Endstufe legen, um das Anschwingen sicherzustellen.

Ein langsames Hochführen der Versorgungsspannung bedeutet eine Zeit t_H von z.B. >100 Schwingungen der Betriebsfrequenz (beispielsweise bei 30 kHz $t_H = 100 \times 33\ \mu s = 3{,}3$ ms).

Zur Regelung der Impulsbreite (Tastzeit) dient eine Gleichspannung. Dabei ändert sich auch die Betriebsfrequenz.

Der Start der Schwingung ist über den Eingang möglich; er kann z.B. mit Hilfe eines Diac-Generators vorgenommen werden. Als Leistungsübertrager kommt der Kern PM 87 × 70 mit Luftspalt 1 bis 2 mm in Frage bei einer Betriebsfrequenz von 25 kHz.

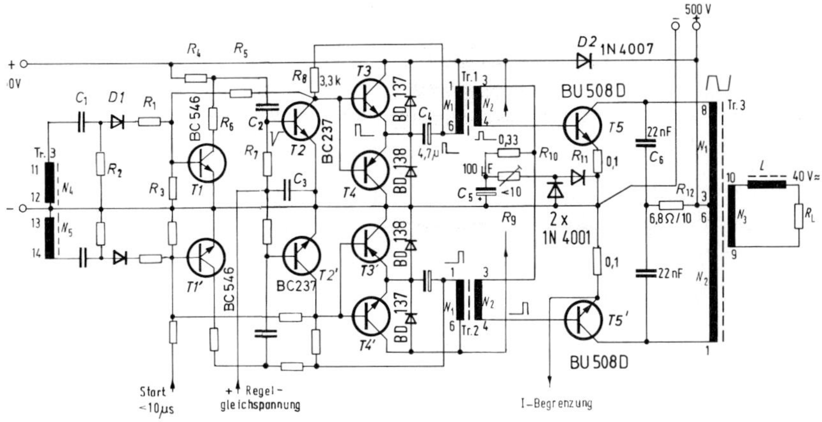

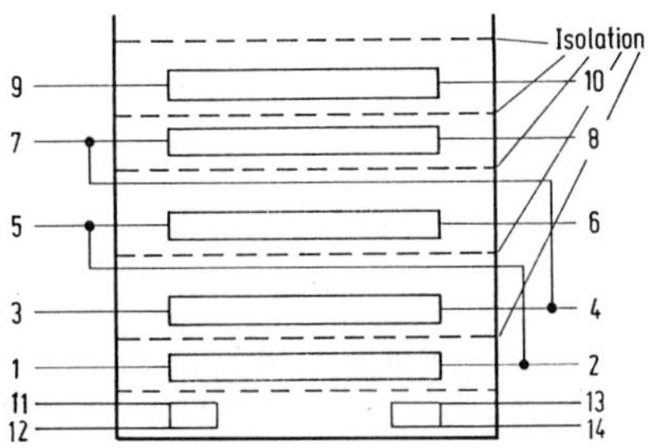

1–2	30 Wdg	HF-Litze	75 × 0,1 ∅ CuLL	
3–4	30 Wdg	HF-Litze	75 × 0,1 ∅ CuLL	
5–6	30 Wdg	HF-Litze	75 × 0,1 ∅ CuLL	
7–8	30 Wdg	HF-Litze	75 × 0,1 ∅ CuLL	
9–10	6 Wdg	HF-Litze	7 × (120 × 0,1 ∅ CuLL)	
11–12	3 Wdg	0,3 mm CuL		evtl. gemeinsam gewickelt
13–14	3 Wdg	0,3 mm CuL		

Bild 5.35 1-kW-Trapez-Generator

Treibertrafo Tr 1; Tr 2; EF 25 A 600

N 1(1/2) 30 Wdg 0,3 mm ∅ CuL
Isolation
N 2 10 Wdg 30 × 0,1 mm ∅ CuL
Isolation
N 1(1/2) 30 Wdg 0,3 mm ∅ CuL

Vorschlag für 25-kHz-Leistungsübertrager Tr 3:

PM 87 × 70 N 27 $\mu_e = 53$, *s* = 3,5 mm

5.3 Weitbereich-Schaltnetzteile

5.3.1 Weitbereich-Schaltnetzteil für Fernsehempfänger

Dieses SNT-Konzept arbeitet mit variabler Frequenz. Zusätzlich ist der Tastgrad veränderbar.

Hierdurch ergibt sich ein großer Regelumfang, so daß damit Schaltnetzteile für einen großen Netzspannungsumfang aufgebaut werden können. Die Stromform durch den Transistor und die Ausgangsdioden ist dreieckförmig.

Als Steuerbaustein wird die IS TDA 4601 verwendet (Siehe Kap. 4.8.6). Bild 5.36 zeigt eine Schaltung eines realisierten Weitbereich-Schaltnetzteiles.

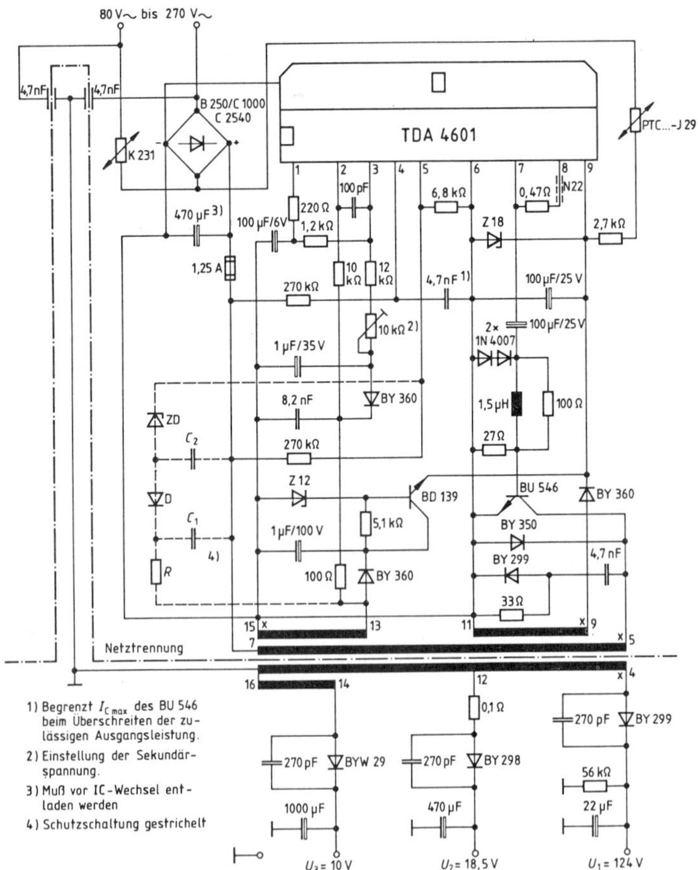

Bild 5.36
Weitbereich-Schaltnetzteil 80 V~ bis 270 V~
für Fernsehempfänger

Die Siebung der gleichgerichteten Wechselspannung wurde, um eine sichere, brummarme Versorgung bei $U_{Netz\sim} = 80$ V sicherzustellen, auf 470 µF erhöht. Die Versorgung des IC ist wie die Sekundärseite von der stabilisierten Phase abgegriffen. Um einen sicheren Anlauf des SNT bei der unteren Netzspannung zu gewährleisten, wurde von der Wicklung 13/15 die nichtstabilisierte Phase als Anlaufhilfe (BD 139) verwendet, die im eingeschwungenen Betrieb mit Hilfe der Z-Diode Z 12 ausgeschaltet wird.

Zur Verbesserung des Schaltverhaltens des BU 546 über den ganzen Spannungsbereich (~80 bis 270 V) war im Vergleich zur ~220-V-Standardschaltung eine Änderung der Kollektor-Emitter-Beschaltung notwendig. Um den BU 546 frei von Inversbetrieb zu halten, wurde die Diode BY 350 eingesetzt. Die Forderung nach Weitbereich-Schaltnetzteilen mit 120 W Sekundärleistung bei gleichbleibender Qualität wie die Standardschaltung ist ohne diesen Zusatzaufwand nicht realisierbar.

Die IS erhielt zusätzlich am Anschluß 5 einen Differenz-Verstärker-Eingang, der ein exaktes Abschalten des Anschluß-8-Ausganges mit Hysterese bewirkt.

Die Diode bewirkt mit C_2 die Gleichrichtung der Spannung im geregelten Teil. Mit der Z-Diode ZD wird der Spannungspegel auf den passenden Wert geschoben. Spannungsspitzen werden mit R und C_1 unterdrückt.

5.3.2 SNT mit asymmetrischer Power-MOS-Endstufe

Das Schaltnetzteil für ~220/5 V, 20 A nach Bild 5.37 arbeitet mit asymmetrischer Power-MOS-Endstufe. Hierfür können bereits 400- bis 500-V-Transistoren verwendet werden, was bei Eintaktlösungen mit nur einem Leistungstransistor nicht möglich ist.

Bei der asymmetrischen Lösung tritt nämlich nur eine Sperrspannung von 350 V auf.

Die Rückschlagphase wird über zwei schnelle Dioden auf die Versorgungsspannung geklemmt. Aufgrund der deutlich niedrigeren R_{DSon}-Werte der 500-V-Typen können geringere Verlustleistungen erreicht werden.

Die Arbeitsfrequenz liegt bei 50 kHz. Für den Transformator wurde das verlustarme Ferritmaterial N 67 gewählt, damit mit dem Kern ETD 34 eine Leistung von 100 W übertragen werden kann. Die Schaltung arbeitet nach dem Durchflußprinzip, jedoch ohne festfrequente Steuerung. Die Speicherdrossel wurde mit dem Kern RM 12 ausgestattet, weil diese speziell für eine nichtlineare Speicherdrossel einen Sonderschliff besitzt. Der IS-Baustein steuert über einen kleinen Hilfstransformator, galvanisch getrennt, die beiden Transistoren im Gleichtakt.

Der Optokoppler besorgt die Signalübertragung der Ausgangs- auf die Eingangsseite.

Die Entstörkondensatoren zwischen der Primär- und Sekundärseite mit 2 × 3,3 nF (nach VDE 0680) verringern im besonderen die Y-Funk-Störungen.

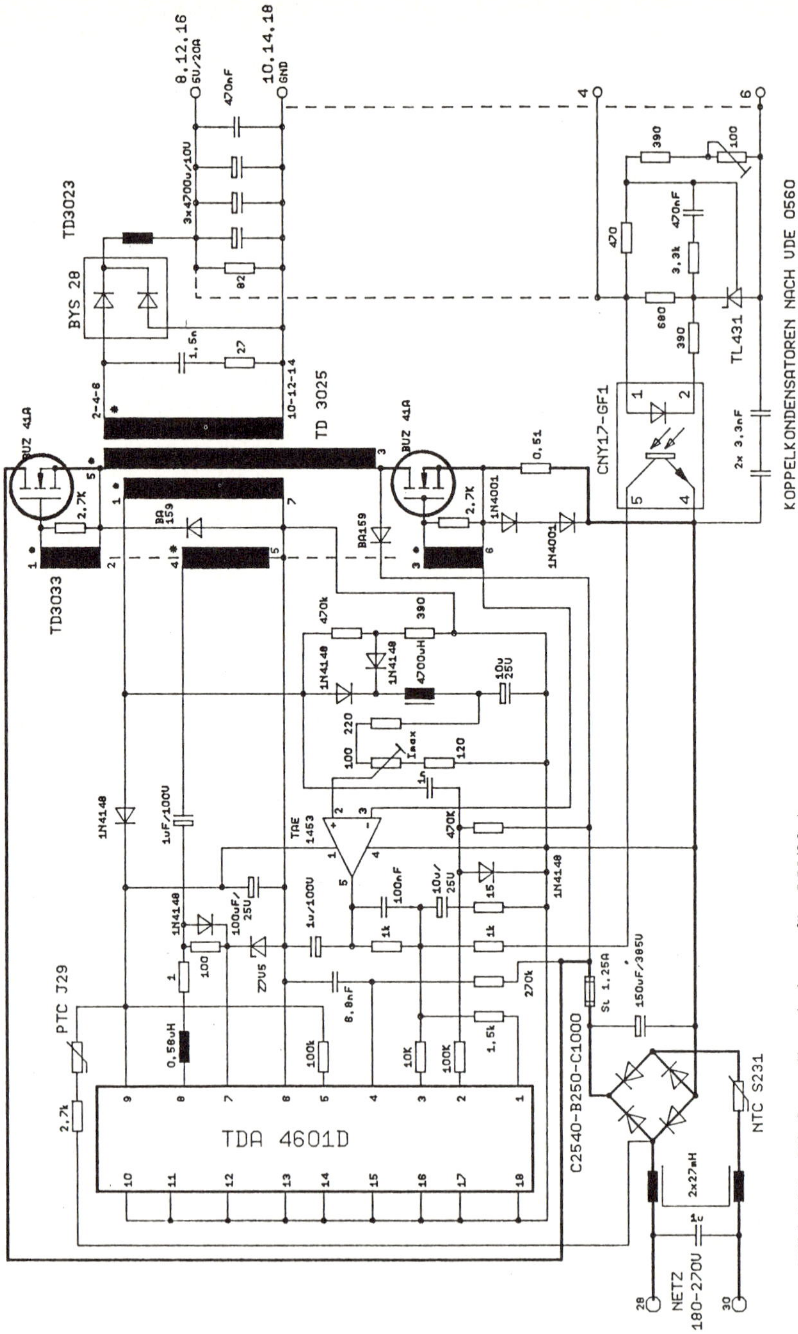

Bild 5.37 Flußwandlerschaltung für 5 V/20 A

5.3.3 Schaltnetzteil mit Steuerbaustein für Power-MOS-Transistor

Als Schaltertransistor wurde der neue Power-MOS-Typ BUZ 90G eingesetzt, der gegen Überschwingspannungen eine integrierte Begrenzer-Leistungs-Z-Diode besitzt.

Bild 5.38 zeigt einen Sperrwandler mit einer Gesamtleistung von 50 W. Die Schaltung (Bild 5.38) ist als Weitbereichsnetzteil für Netzspannungen von 90 bis 270 V ausgelegt. Der NTC begrenzt den Einschaltspitzenstrom.

Das Netzteil schwingt mit seiner Eigenfrequenz, typisch 100 kHz bis 200 kHz. Die Ausgangsspannung kann je nach Dimensionierung des Transformators etwas über den Sollwert ansteigen.

Die Schaltfrequenz nimmt mit zunehmender Last und abnehmender Netzspannung ab, das Tastverhältnis hängt in erster Linie von der Netzspannung ab.

Die Ausgangsspannung hat nur eine geringe Lastabhängigkeit.

Am Umkehrpunkt der Ausgangskennlinie ist die übertragene Leistung maximal.

Die je Arbeitszyklus übertragene Energie ist nach oben begrenzt. Deshalb sinkt bei sekundärer Überlastung die Ausgangsspannung ab.

Die Stromversorgung der IS erfolgt bis zum Erreichen der Einschaltschwelle über den Widerstand $R1$, während des Anlaufes aus der in $C2$ gespeicherten Energie und im eingeschwungenen Betrieb aus der Trafowicklung N1 über die Diode D1. Als Schalttransistor wurde der BUZ 90G gewählt. Der parallel liegende Kondensator $C3$ bestimmt zusammen mit der Induktivität der Primärwicklung N2 die Eigenfrequenz des Netzteiles, die $R2$-$C4$-D2-Beschaltung begrenzt die Spitzenspannung von Überschwingern. $R3$ verhindert statische Aufladung des Gates von T1.

Während der Leitphase von T1 wird der Stromanstieg in der Primärwicklung durch deren Induktivität und die Versorgungsspannung bestimmt. Eine Abbildung des sägezahnförmigen Anstiegs erscheint am $R4$-$C5$-Glied und wird PIN 2 der IS zugeführt. Die R-C-Zeitkonstante ist so zu dimensionieren, daß der Transformatorkern mit Sicherheit nicht bis in die Sättigung magnetisiert wird.

Mit dem Teiler $R10/R11$ wird die Schwelle festgelegt, unterhalb der das Netzteil wegen zu geringer Netzspannung nicht arbeiten soll. Die an PIN 3 anliegende Spannung bestimmt auch den Umkehrpunktkorrekturstrom, der zusätzlich zu dem über $R4$ fließenden Strom den Kondensator $C5$ auflädt und damit die Einschaltdauer von T1 verkürzt. Der Umkehrpunkt bleibt dadurch auch bei höherer Netzspannung stabil.

Die Regelung des Schaltnetzteiles erfolgt über PIN 1. Dazu wird während der Sperrphase von T1 die an der Regelwicklung N1 anliegende Spannung mit D3 gleichgerichtet, mit $C6$ geglättet und mit $R5$, $R6$ und $R7$ in einem einstellbaren Verhältnis heruntergeteilt. Das $R8$-$C7$-Glied siebt parasitäre Überschwinger

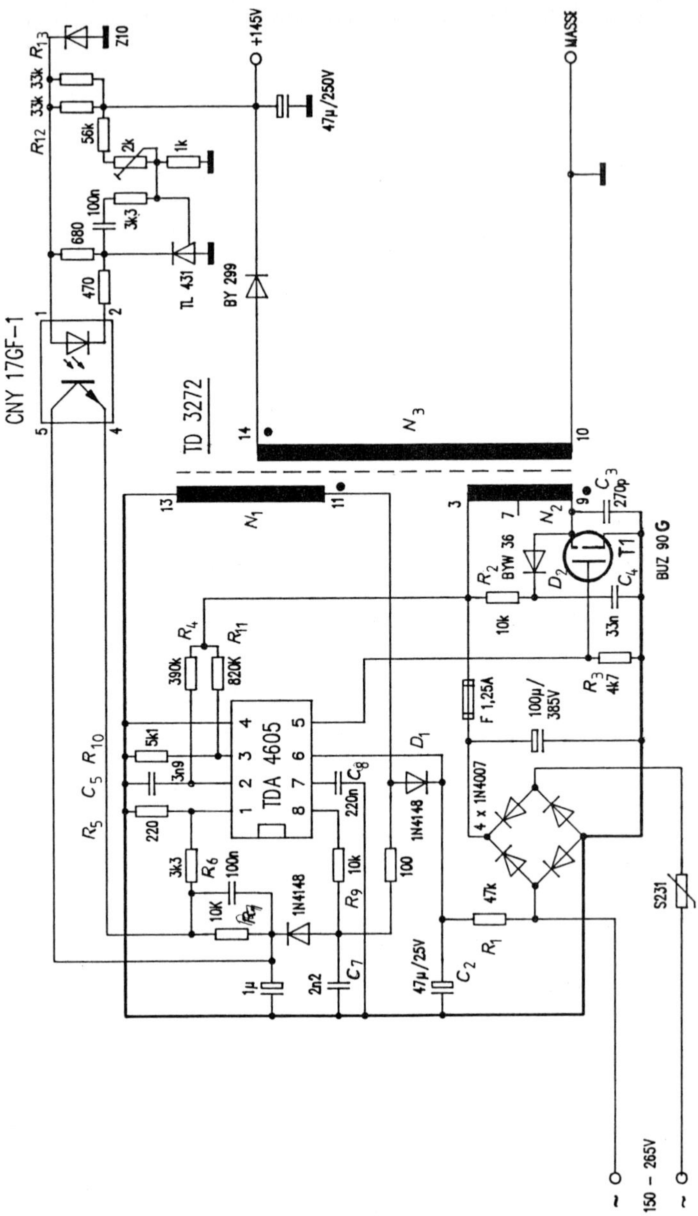

Bild 5.38 Schaltnetzteil mit TDA 4605 und BUZ 90G

aus. Den Spannungshub an PIN 2 und damit den Primärspitzenstrom regelt die IS so nach, daß die Spannung an der Regelwicklung und damit die Ausgangsspannungen dem Sollwert entsprechen.

Wenn der Transformator seine Energie an die Last abgegeben hat, geht die Spannung an der Regelwicklung durch Null. Die IS detektiert den Nulldurchgang über den Vorwiderstand *R*9 an PIN 8. Nulldurchgänge entstehen jedoch auch bei sekundärseitigem Kurzschluß kurz nach dem Abschalten des Transi-

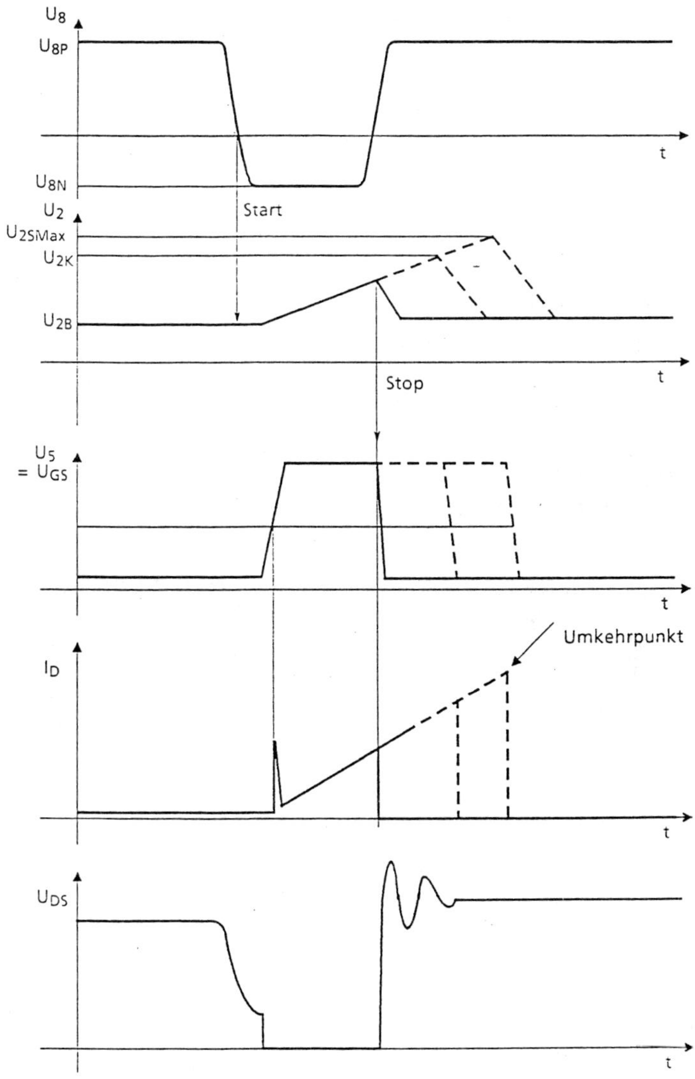

Bild 5.39 Diagramme der IS TDA 4605

stors T 1. Deshalb ignoriert die IS Nulldurchgänge innerhalb eines intern festgelegten Zeitintervalls nach dem Abschalten von T 1.

PIN 7 ist mit einem Kondensator *C* 8 beschaltet. Er bewirkt, daß das Netzteil mit verkürzten Impulsen anläuft, die Arbeitsfrequenz bleibt dadurch auch während des Anlaufes oberhalb des Hörbereichs.

Auf der Sekundärseite steht an der Wicklung N 3 eine Ausgangsspannung von z.B. 145 V zur Verfügung. Die Widerstände *R* 12, *R* 13 sind Grundlast. Bild 5.39 zeigt typische Diagramme zur Schaltung.

5.4 Sperrwandler-SNT mit mehreren Ausgangsspannungen (220 $V_{\sim}$/5 V/7 A; ±16 V/0,7A; −18 V/1,2 A)

Der Sperrwandler bietet bekanntlich ein verhältnismäßig einfaches Schaltnetzteil-Konzept, wenn die Ausgangsströme nicht zu groß gewählt werden.

Im nachstehenden Beispiel (Bild 5.40) wird als elektronischer Schalter der bis 1000 V sperrende Power-MOS-Transistor BUZ 50 B verwendet, der mit 50 kHz angesteuert ist. Die Ansteuerung übernimmt der CMOS-HEX-Inverter.

Das Ansteuer-Tastverhältnis des BUZ wird von der Steuer-IS eingestellt. Es ist durch die Verwendung nur eines Ausganges auf $V < 0{,}5$ begrenzt. Mit einem parallel zur Primärwicklung geschalteten RCD-Glied werden Spannungsspitzen, die durch die Streuinduktivität des Trafos bedingt sind, unterdrückt.

Die auf die Sekundärseite übertragenen Impulse werden von den Schottky-Dioden verlustarm gleichgerichtet. Ein parallel zu den Dioden liegendes *RC*-Glied unterdrückt die Spannungsspitzen im Sperrzustand. Geglättet werden die Sekundärspannungen mit Elkos, die einen geringen Ersatzserienwiderstand und eine geringe Induktivität besitzen.

Der Trafo wirkt als ein gemeinsamer Energiespeicher für alle fünf Ausgänge. Um eine prozentual gleiche Verteilung der Welligkeit der Ausgangsspannungen zu erhalten, sind die Zeitkonstanten der ungeregelten Ausgänge gleich groß gewählt. Die Stabilität der einzelnen Ausgangsspannungen wird auf Grund der kleinen Wicklungs- und Diodenwiderstände haupsächlich durch die Streuung des Transformators bestimmt.

Sämtliche Steuer-, Regel- und Überwachungsfunktionen werden von der Steuer-IS übernommen. Sie erzeugt die 50-kHz-Schaltfrequenz, führt die Impulsdauermodulation durch und übernimmt die dynamische Begrenzung des Sourcestromes.

Wird der Bereich der Eingangsnennspannung über- oder unterschritten, werden die beiden Ausgänge O 1/O 2 gesperrt. Ist die Über- bzw. Unterschreitung abgebaut, so nimmt der Baustein wieder mit weichem Anlauf den Betrieb auf.

Am Eingang I SYN kann eine Rechteckspannung zur Synchronisation des internen Oszillators eingespeist werden. Sind die Anschlüsse I SYN und O SYN miteinander verbunden, so schwingt der Oszillator mit seiner durch die Wahl von R_T und C_T bestimmten Frequenz.

Als Regelverstärker wird z.B. der Operationsverstärker verwendet, dessen Versorgung direkt durch die Ausgangsspannung U_1 erfolgt. Der Regelverstärker vergleicht die Ausgangsspannung U_1 mit der Referenzspannung; als Referenzelement wird eine 3,0-V-Z-Diode verwendet. Der Optokoppler hat einen sehr kleinen *TK* und hohe Langzeitstabilität. Er steuert an I KOMP das Tastverhältnis.

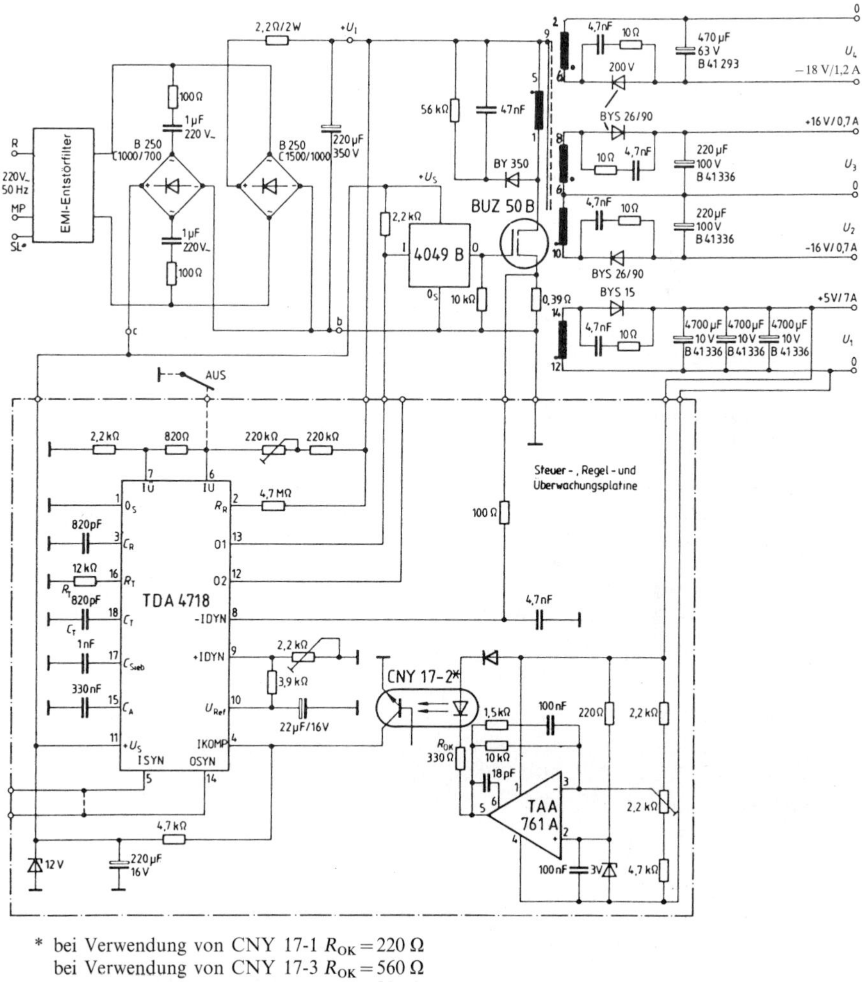

* bei Verwendung von CNY 17-1 $R_{OK} = 220\ \Omega$
bei Verwendung von CNY 17-3 $R_{OK} = 560\ \Omega$
bei Verwendung von CNY 17-4 $R_{OK} = 820\ \Omega$

Bild 5.40 Sperrwandler-SNT 220 V ~/5 V/7 A; ±16 V/0,7 A; −18 V/1,2 A

Die Spannung U_1 wird so ausgeregelt, daß sie über den gesamten Last- und Eingangsspannungsbereich um nicht mehr als 16 mV abweicht. Bild 5.41 zeigt die Ausgangsspannungen U_1 bis U_4 in Abhängigkeit vom Ausgangsstrom I_1.

Die Impulsdiagramme in Bild 5.42 zeigen die Ausgangsspannungen O1 der Steuer-IS sowie die Gatespannung, die Drainspannung und den Drainstrom des BUZ. Der Strom ist bereits bei geringer Belastung trapezförmig, so daß im Normalbetrieb der Übergangsbereich von trapez- in dreieckförmigen Strom vermieden wird, was Instabilitäten im Übergangsbereich verhindert.

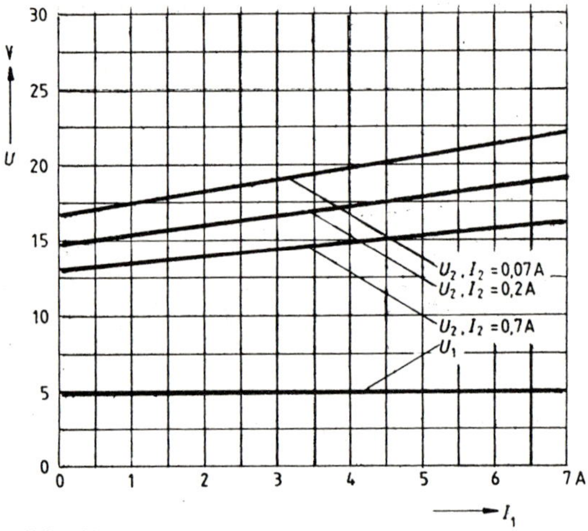

Bild 5.41
Ausgangsspannung in Abhängigkeit vom Ausgangsstrom I_1, $I_{2/3}$, I_4, I_5-Nennstrom; $U_1 = 220$ V

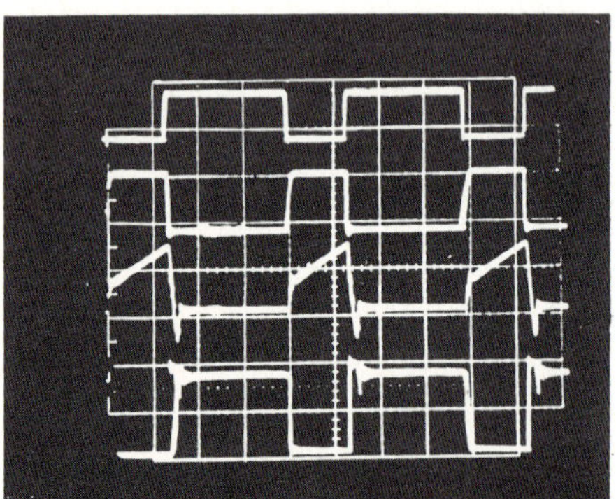

Bild 5.42
Impulsdiagramm 220 V ~/5 V/7 A; ±16 V/0,7 A; −18 V/1,2 A;

5.5 Durchflußwandler

5.5.1 Tiefsetzsteller

Manche Tiefsetzer erfordern Tastverhältnisse von 0 bis 100%. Damit können große Eingangsspannungsvariationen erreicht werden. Sind Tastvariationen von etwa 5 bis 90% zulässig, dann kann die prinzipielle Lösung nach Bild 5.43 mit einem kleinen Treibertrafo Tr angewendet werden. Mit Hilfe der Klemmschaltung C_1, D_1 und R_1 auf der Sekundärseite ist es möglich, im ganzen Tastbereich mit gleicher Amplitude zu arbeiten, was mit einer Sekundärwicklung ohne Klemmung nicht möglich ist, weil sich die Ausgangsimpulsspannung mittelt und damit über die Tastvariation unterschiedliche Steueramplituden ergibt. Die Größe des Kondensators C_1 richtet sich nach dem breitesten zu übertragenden Impuls. Bei Frequenzen von $f \approx 25$ kHz wird ein Wert von etwa 15 nF nötig sein, um keine zu großen Dachschrägen für die längsten Impulse zu bekommen.

Transformator TR: EF 20 N27 A 600

N_1 = 50 Wdg 0,2 mm ∅ CuL (1 Lage)
Isolation 1 × 0,05 mm
N_2 = 50 Wdg 0,2 mm ∅ CuL (1 Lage)

Soll das Tastverhältnis von 0 bis 100% variiert werden, dann kann die Steuerschaltung (Bild 5.18) Verwendung finden.

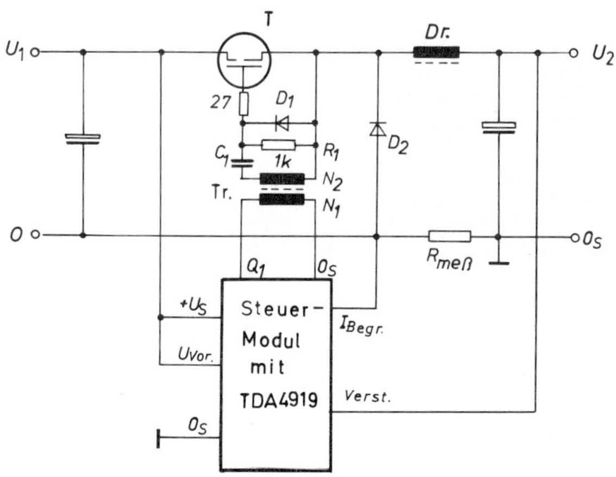

Bild 5.43 Tiefsetzer mit Steuermodul TDA 4919

5.5.2 Klemmwandler-SNT 220 V/5 V, 5 A

Das SNT nach Bild 5.44 und Bild 5.45 arbeitet im Leistungsteil mit einem Power-MOS-Transistor. Der Transformator ist entgegen allen Gepflogenheiten mit einem Zweikammerspulenkörper ausgestattet. Die damit höhere Streuinduktivität kann bei der neuen „Klemmschaltung" keine hohen Spannungsspitzen bewirken. Andererseits ist eine Erhöhung der Streuinduktivität erforderlich, um auch bei Leerlauf oder Kurzschluß am Ausgang genügend Energie für die interne Spannungsversorgung zu erhalten.

Die Schaltung wird über den Teiler C_1/C_2 gestartet. Die Stoßspannung beim Einschalten versorgt zunächst über den Stabilisator (78 L 12 A) die Steuerschaltung, welche mit kurzem weichen Anlauf anschwingt. Anschließend wird die Steuerschaltung vom Transformator aus N_2 über die Diode D_1 versorgt.

Bei Kurzschluß begrenzt die interne dynamische Strombegrenzung den Kurzschlußstrom auf etwa 7,5 A.

Die Betriebsfrequenz liegt bei 50 kHz. Die maximale Tastzeit bei Unterspannung (180 V) ist etwa 5 µs. Bei Leerlauf bzw. Kurzschluß geht die Tastzeit auf etwa 0,5 µs zurück. Bei Überspannung schaltet die IS bei dem eingestellten Wert von z.B. ~255 V ab. Das Gerät ist erst wieder nach Trennung vom Netz (etwa 10 s) startfähig.

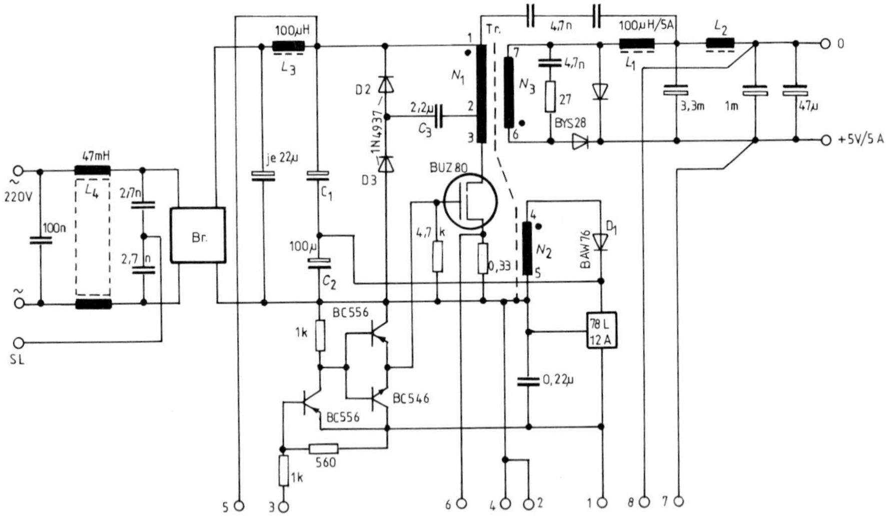

Bild 5.44
Schaltnetzteil 220 V/5 V, 5 A (Netz- und Leistungsteil)

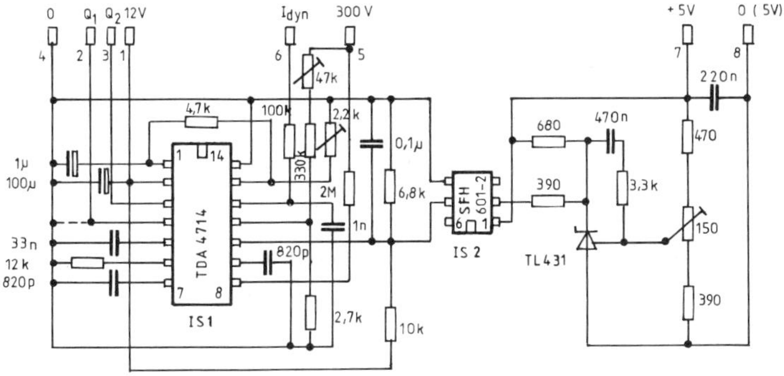

Bild 5.45 Steuer- und Regelteil zu Bild 5.44

Der Steuer- und Regelteil ist grundsätzlich für jede Eintakt-Power-MOS-Endstufe geeignet, egal ob Sperr- oder Durchflußwandler. Der Ausgang Q_1 muß hierbei auf Masse 0V gelegt werden.

Transformator Tr: EF 25 o.L. N 27 (evtl. N 67)

Kammer 1:
1 – 2 = 80 Wdg 0,28 mm CuLL
2 – 3 = 40 Wdg 0,28 mm CuLL
Isolation 2 × 0,05 mm
4 – 5 = 10 Wdg 0,2 CuLL

Kammer 2:
6 – 7 = 13 Wdg 90 × 0,1 mm ∅ CuL

Drossel L_2*: EF 25 A 165 – N 127*
N = 25 Wdg 90 × 0,1 mm ∅ CuL

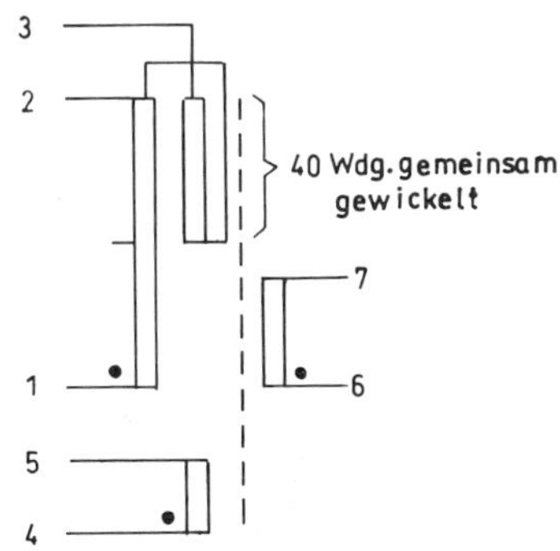

5.5.3 Durchflußwandler-SNT mit drei Ausgangsspannungen (220 V~; 5 V/10 A; ±12 V/2 A; 50 kHz)

Häufig benötigt man für die Gerätestromversorgung mehrere stabile Ausgangsspannungen, z.B. 5 V, 10 A und ±12 V, 2 A.

Mit Sperrwandlern können zwar mehrere Ausgangsspannungen relativ einfach gewonnen werden. Allerdings ist der max. Ausgangsstrom auf etwa 5 A wegen der hohen Spitzenströme durch die Diode und den Ausgangselko beschränkt. Die Vorteile des Flußwandlers mit gemeinsamem Drosselkern sind der hohe Ausgangsstrom, der geringe Bauelementeaufwand und eine gute Stabilität der indirekt geregelten Ausgangsspannungen (Bild 5.46).

Die Steuer-IS TDA 4718 erzeugt die Schaltfrequenz, führt die Impulsdauermodulation durch und übernimmt die dynamische Begrenzung des Sourcestromes. Ferner wird ein langsamer Anlauf sichergestellt und bei Eingangsüber- und Unterspannung der Schalttransistor gesperrt.

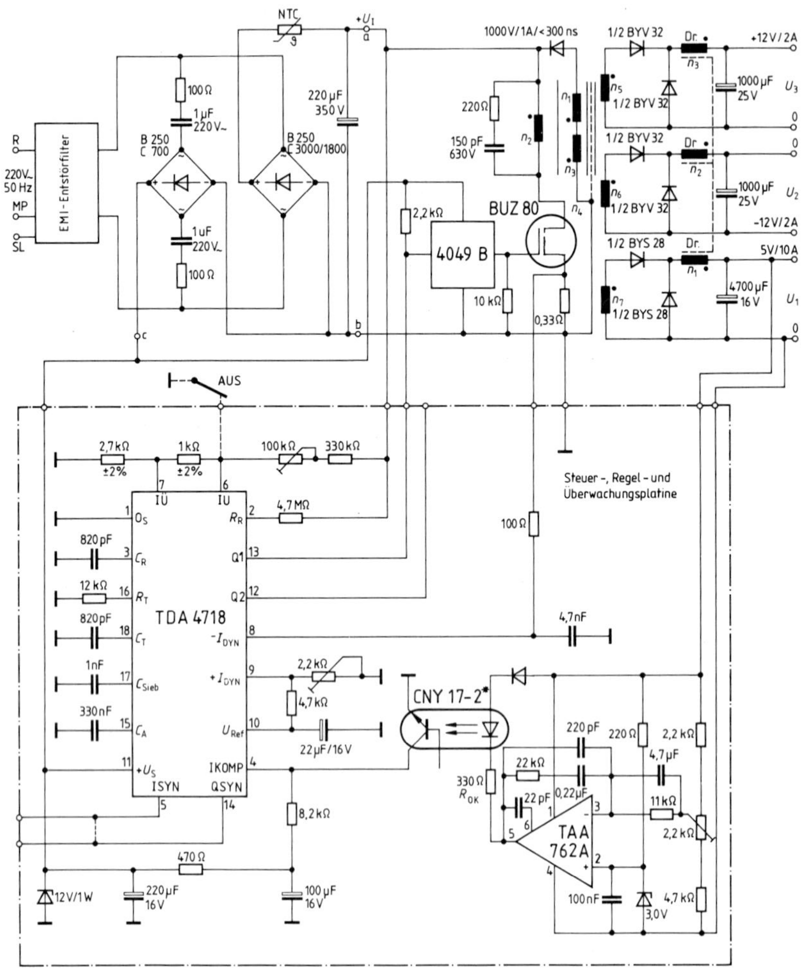

*) bei Verwendung von CNY 17-1 R_{OK} = 220Ω
CNY 17-3 R_{OK} = 560Ω
CNY 17-4 R_{OK} = 820Ω

Bild 5.46
Durchflußwandler-SNT mit drei Ausgangsspannungen
220 V ~; 5 V/10 A; ±12 V/2 A

Mit der Vorsteuerung wird der Einfluß von Eingangsspannungsänderungen und der Eingangsbrummspannung auf ein Minimum reduziert. Die Schaltung kann am Eingang I_{SYN} synchronisiert werden.

Ein Regelverstärker vergleicht die Ausgangsspannung U_1 mit der 3-V-Referenz-Spannung. Über den Optokoppler wird der Pulsdauermodulator der IS gesteuert.

Die Entmagnetisierung des Trafos geschieht in der Impulspause über eine Diode (1000 V, 1 A, 300 ns) auf den Siebelko. Da die Primär- und Entmagnetisierungs-wicklung gleiche Windungszahl haben, entsteht am Trafo eine Spannung von $2 \cdot U_I \approx 650$ V.

Die Ausgangsspannung U_1 wird mit dem Regelverstärker sehr genau auf $+5$ V stabilisiert. Die gemeinsame Topfkern-Drossel wirkt als Energiespeicher für alle drei Ausgänge. Durch geeignete Wahl der Drossel-Windungszahlen ergibt sich auch für die ungeregelten Ausgangsspannungen ± 12 V eine relativ gute Stabilität.

Bild 5.47 zeigt die Ausgangsspannungen, abhängig vom Ausgangsstrom I_1. Parameter ist der Ausgangsstrom der ungeregelten Spannung.

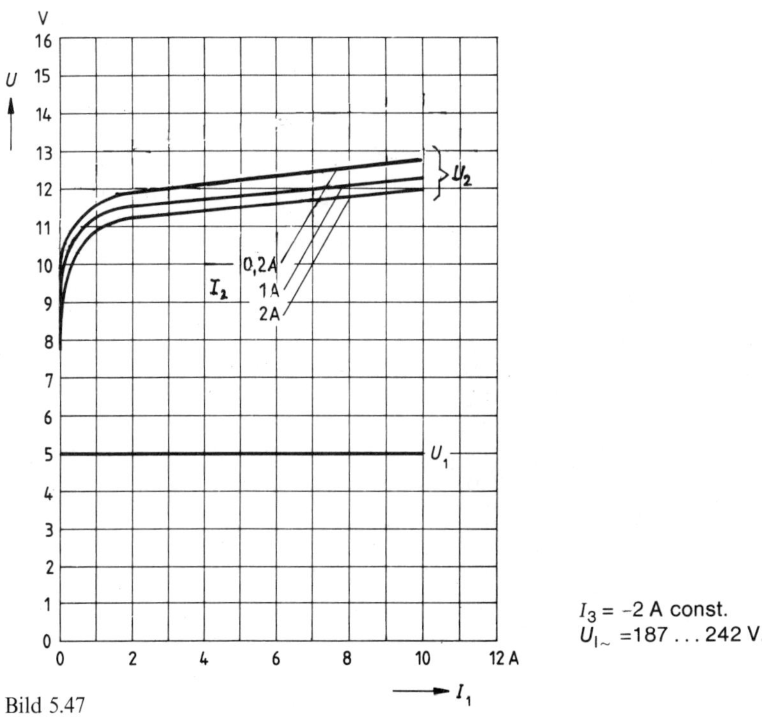

Bild 5.47
Ausgangsspannungen U_1 und U_2 in Abhängigkeit vom Ausgangsstrom I_1 (Parameter: I_2)

Im Bereich nichtlückenden Drosselstroms ($I_1 = 2$ bis 10 A) beträgt die Ausgangsspannungsänderung der nichtgeregelten Spannung $\pm 7\%$ bei $I_2 = 0{,}2$ bis 2 A. Die Kennlinien der Ausgangsspannungen sind nahezu unabhängig von Eingangsspannungsänderungen.

Eine Begrenzung der Spannung U_2 bei totaler Entlastung ist z.B. mit einer 13 V, 2 W-Z-Diode möglich.

Der Elko 4700 µF/16 V – mit sehr kleinem Ersatzserienwiderstand – sorgt für eine gute Siebung. Die überlagerte 50-kHz-Welligkeit beträgt weniger als 1% der Ausgangsgleichspannung U_1.

Die Schottky-Doppeldioden BYV 32 besorgen die Gleichrichtung für U_2 und U_3.

Die dynamische Strombegrenzung des Sourcestromes ist so einzustellen, daß die Ansprechschwelle erreicht wird, wenn an allen Ausgängen die Nennströme fließen.

Das führt dazu, daß bei Entlastungen der Ausgänge U_2 und U_3 ein relativ hoher Kurzschlußstrom I_1 fließen kann. Kurzzeitig führt dies zu keiner Überlastung von Trafo, Drossel und der Doppeldiode. Bei länger anhaltendem Kurzschluß sollte eine zusätzliche thermische Sicherung in Verbindung mit dem Kühlkörper des Gleichrichters BYS 28 das Netzteil abschalten.

Die Spannungen U_2 und U_3 sind nicht kurzschlußsicher. Bei Bedarf müssen daher Schmelzsicherungen angebracht werden.

Das Schaltverhalten des Power-MOS-Transistors zeigt Bild 5.48.

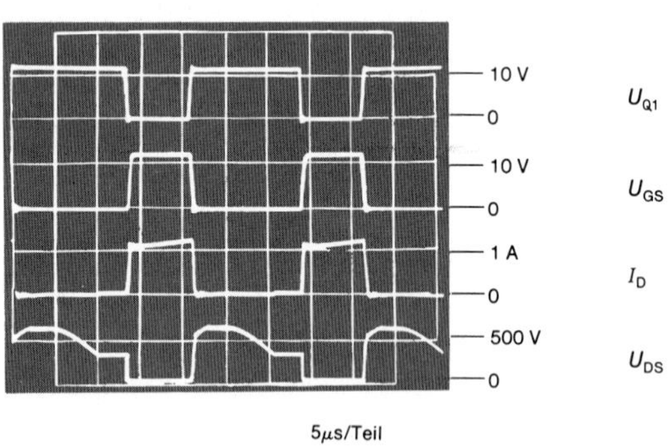

Bild 5.48
Schaltverhalten des Power-MOS-Transistors
($U_{1\sim} = 220$ V; $I_1 = 10$ A; $I_{2/3} = \pm 2$ A)

Transformator: AZV 2138

Drossel Dr mit Kern CC 36:

N_3 = 32 Wdg 2 × 0,5 mm CuL
N_2 = 32 Wdg 2 × 0,5 mm CuL
N_1 = 14 Wdg 2 × 1 mm CuL

5.5.4 Eintakt-Durchflußwandler 150 kHz

Die Schaltung Bild 5.49 zeigt einen Durchflußwandler mit einer Betriebsfrequenz von etwa 150 kHz. Als Steuerbaustein ist der Typ TDA 4919 eingesetzt, welcher einen Start der Schaltung ermöglicht, ohne separate Hilfsstromversorgung. Nach dem Start übernimmt eine Hilfswicklung am Wandlertransformator die interne Versorgung der IS.

Der Steuerausgang (3) ermöglicht wegen seines niederohmigen Ausgangs die unmittelbare Steuerung des Power-MOS-Leistungstransistors.

Transformator TR: ETD 39 o.L. N 67
w_1 = 52 Wdg
w_2 = 52 Wdg
w_3 = 3 Wdg
w_4 = 3 Wdg

Speicherdrossel: ETD 39 N 27 – A 340
N = 6 Wdg
L = 12 µH

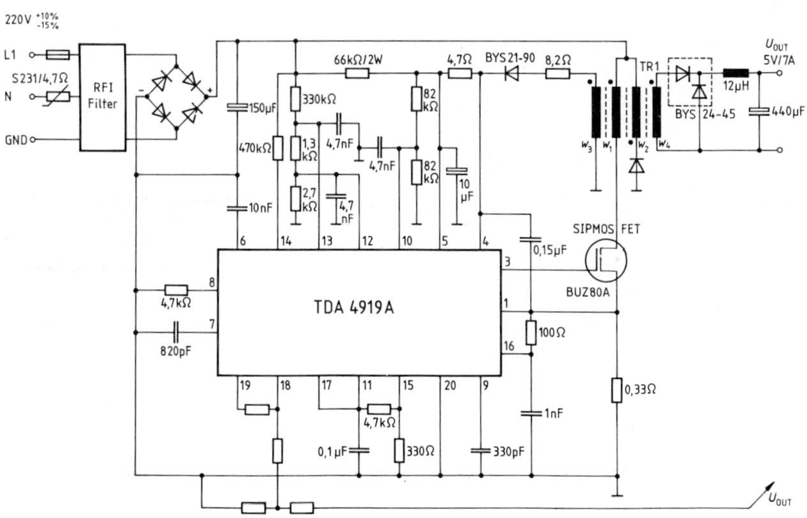

Bild 5.49 Durchflußwandler mit TDA 4919 A

5.6 Halbbrücke mit sinusförmiger Transformatorspannung 220 V/12 V/8 A

Bei dem vorliegenden Endstufen-Konzept (Bild 5.50) ist die Spannung am SNT-Transformator sinusförmig; sie besitzt daher nur geringe Oberwellenanteile. Die ansonsten schwierige Entstörung wird dadurch erleichtert.

Parallel zur Primärwicklung des Transformators Tr 1 liegt der Kondensator C_1; er bildet zusammen mit der Längsinduktivität L_1 einen Serien-Schwingkreis, welcher als Tiefpaß wirkt und bei Vollast eine Betriebsgüte von $Q \approx 1$ bis 1,5 erreicht (s. auch Kap. 2.4.2 und 4.10.13). C_8 und C'_8 wirken als Trennkondensatoren. Die Arbeitsfrequenzen liegen zwischen zwei Grenzwerten, die obere für volle Entlastung bei Überspannung, die untere für Vollast bei Unterspannung. Die Resonanzfrequenz des Serienkreises liegt unterhalb der Arbeitsfrequenzen. An den Brückentransistoren entsteht die übliche Rechteckspannung, am Transformator jedoch (über L_1, C_1) Sinusspannung, Bild 5.51. Über die Transistoren fließt Strom mit induktiver Komponente, d.h., die Transistoren schalten abwechselnd immer mit Inversstrom ein. Danach steigt der Strom linear bis halbsinusförmig an, bis er abschaltet (Bild 5.52). Die Ströme über die Dioden D_1 und D_2 sind ebenfalls halbsinusförmig; dabei haben die Dioden D_1 und D_2 nahezu keine Sperrverzugsverluste.

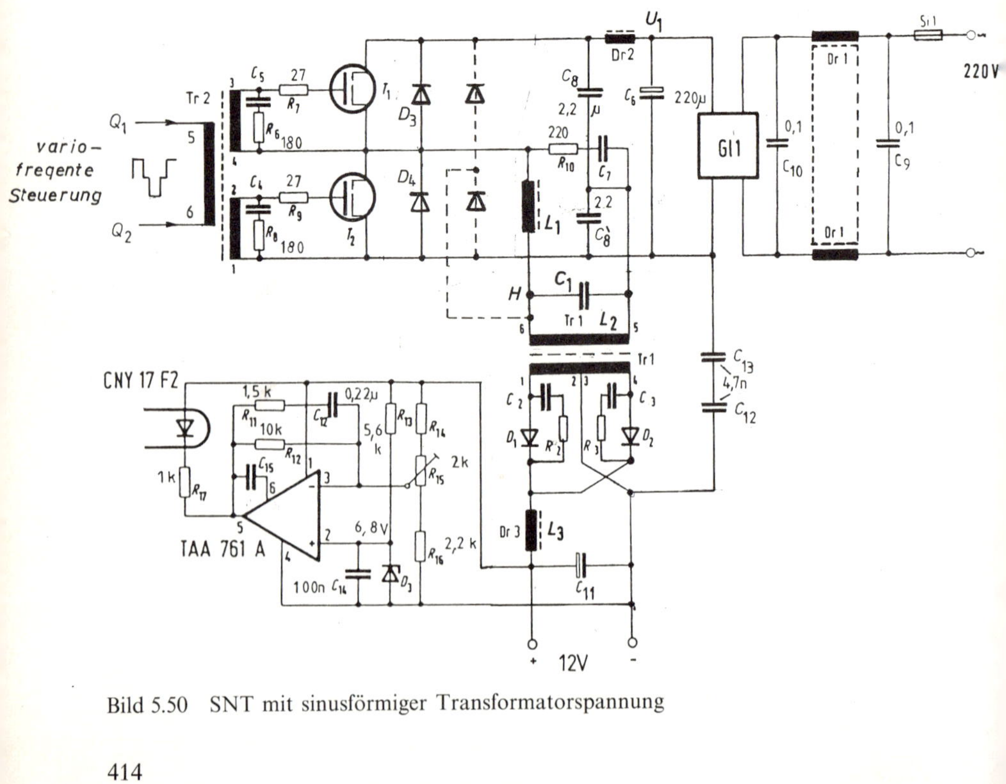

Bild 5.50 SNT mit sinusförmiger Transformatorspannung

Die Last liegt über L_3, D_1 und D_2 am Transformator und dämpft damit den Reihenschwingkreis $L_1 C_1$.

Wird bei Entlastung nahe der Resonanzfrequenz gesteuert, so kann der Kreishochpunkt (H) je Halbwelle mit je einer schnellen Diode (gestrichelt) an die Versorgungsspannung geklemmt werden (Bild 5.50). Die Spannung am Transformator wird dann allerdings Trapezform (mit $U_{ss} = U_1$) zeigen; eine Spannungsüberhöhung durch Resonanz wird dabei verhindert.

Für die Ansteuerung der Halbbrücke kommt ein etwas abzuwandelnder Steuermodul mit Optokoppler und Verstärker in Frage, ähnlich wie Bild 5.12 zeigt. Die maximale Oszillatorfrequenz der Steuer-IS ist 300 kHz.

Eine sinusförmige Transformatorspannung ist auch mit Tastvariation erreichbar, wobei die Frequenz stabil bleibt. Wird die Schaltung nach Bild 5.50 mit einem Tastverhältnis $V = 0{,}45$ gesteuert, dann entsteht während der Tastlücken ein höherfrequentes Ausschwingen nach Bild 2.21 und 2.22. Beim Einschalten der nächsten Halbperiode kann im Moment einer hochgeschwungenen Amplitude ein hoher Spike-Strom auftreten, wobei hohe Verlustleistungen entstehen. Eine meist kräftige *RC*-Dämpfung schafft Abhilfe. Eine weitere Lösung, mit Tastzeitsteuerung arbeiten zu können, ist mit Hilfe einer Vollbrücken-Endstufe möglich. Dies gilt aber nur, wenn die Vollbrücke eine Ausgangsspannung liefert, welche auch die Nullage der Spannung niederohmig überträgt, und damit höherfrequente Schwingungen unterdrückt. Eine hierfür geeignete Steuerung ist mit der IS TDA 4918 möglich, wenn diese mit zwei Treibertransformatoren – je an Q_1 bzw. Q_2 gegen Null – die Vollbrücke steuert.

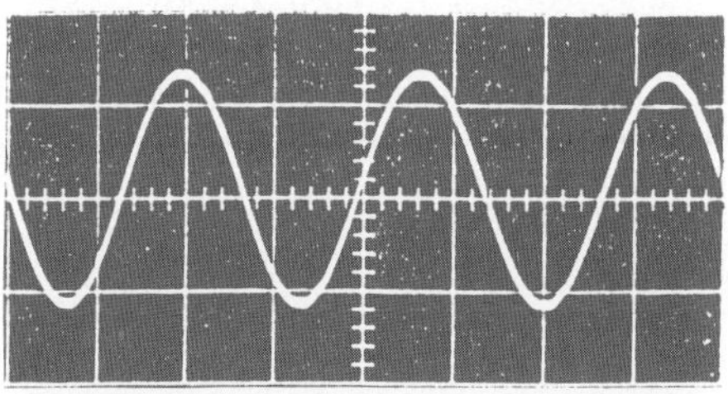

Bild 5.51
Spannung am Transformator Tr 1

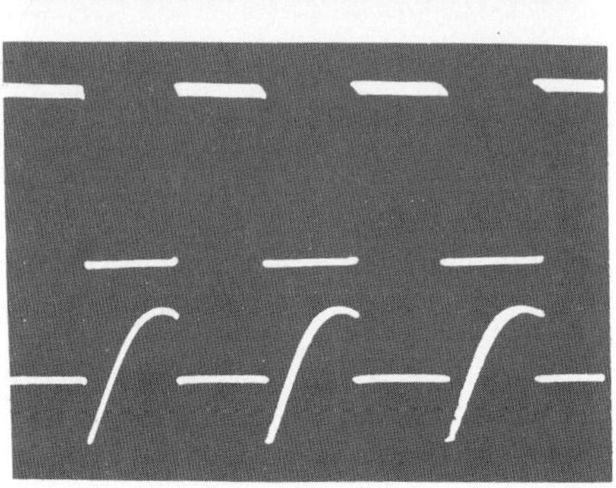

Bild 5.52
Rechteckspannung an T_1/T_2 und Drainströme

5.7 Gegentakt-SNT 110 V/12 V/8 A

Bild 5.54 zeigt das ~110-V-Gegentakt-Schaltnetzteil. Als Schalter sind Power-MOS-Transistoren mit 500 V Sperrspannung und 1.5 Ω Einschaltwiderstand vorgesehen.

Nach dem Brückengleichrichter wird die geglättete Halbwellenspannung von ≈150 V zerhackt und vom Trafo auf 23 V heraufgesetzt. Über die Schottky-Doppeldiode und die Glättungsdrossel entsteht an dem Siebkondensator 2200 μF die Ausgangsgleichspannung von 12 V.

Die Steuer-IS und die Treiberstufe werden über den Vorwiderstand R_V versorgt. Eine nahezu verlustlose Stromversorgung wäre mit einem kapazitiven Vorwiderstand, ähnlich wie in der Schaltung Bild 5.46, möglich.

Die Treiberstufe besteht aus dem 6fach-CMOS-Inverter, von dem jeweils 3 Inverter parallelgeschaltet sind.

Der Oszillator der Steuer-IS schwingt mit 120 kHz. Über den Widerstand R_R erfolgt eine Vorsteuerung zur Netzbrummunterdrückung. Die Eingangsgleichspannung $+U_I$ wird auf Unter- und Überspannung überwacht. In beiden Fällen wird das SNT abgeschaltet, so daß die Leistungstransistoren vor unzureichender Ansteuerung bzw. Überspannung geschützt sind.

Mit der dynamischen Strombegrenzung der Steuer-IS wird der Spannungsabfall am gemeinsamen Sourcewiderstand R_I begrenzt. Damit wird das SNT kurzschlußfest. Die Strom-Spannungs-Charakteristik zeigt das Bild 5.53.

Die Regelschaltung wird von der Ausgangsspannung versorgt. Der Operationsverstärker verstärkt die Regelabweichung, die der Optokoppler mit einer Isolationsspannung von 4,4 kV auf den Eingang des Pulsbreitenmodulators überträgt.

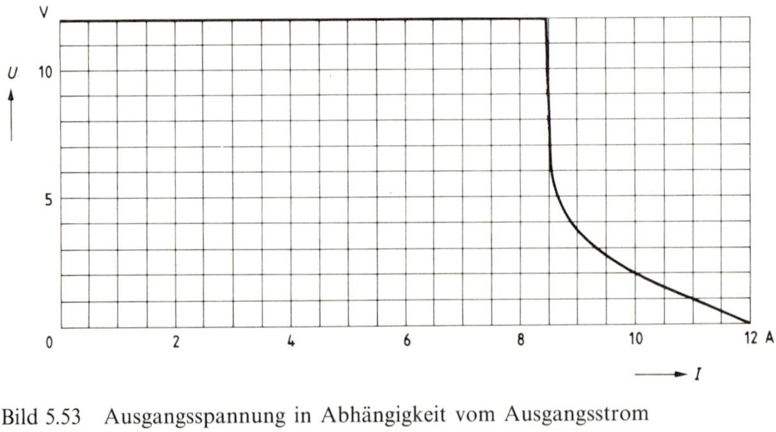

Bild 5.53 Ausgangsspannung in Abhängigkeit vom Ausgangsstrom

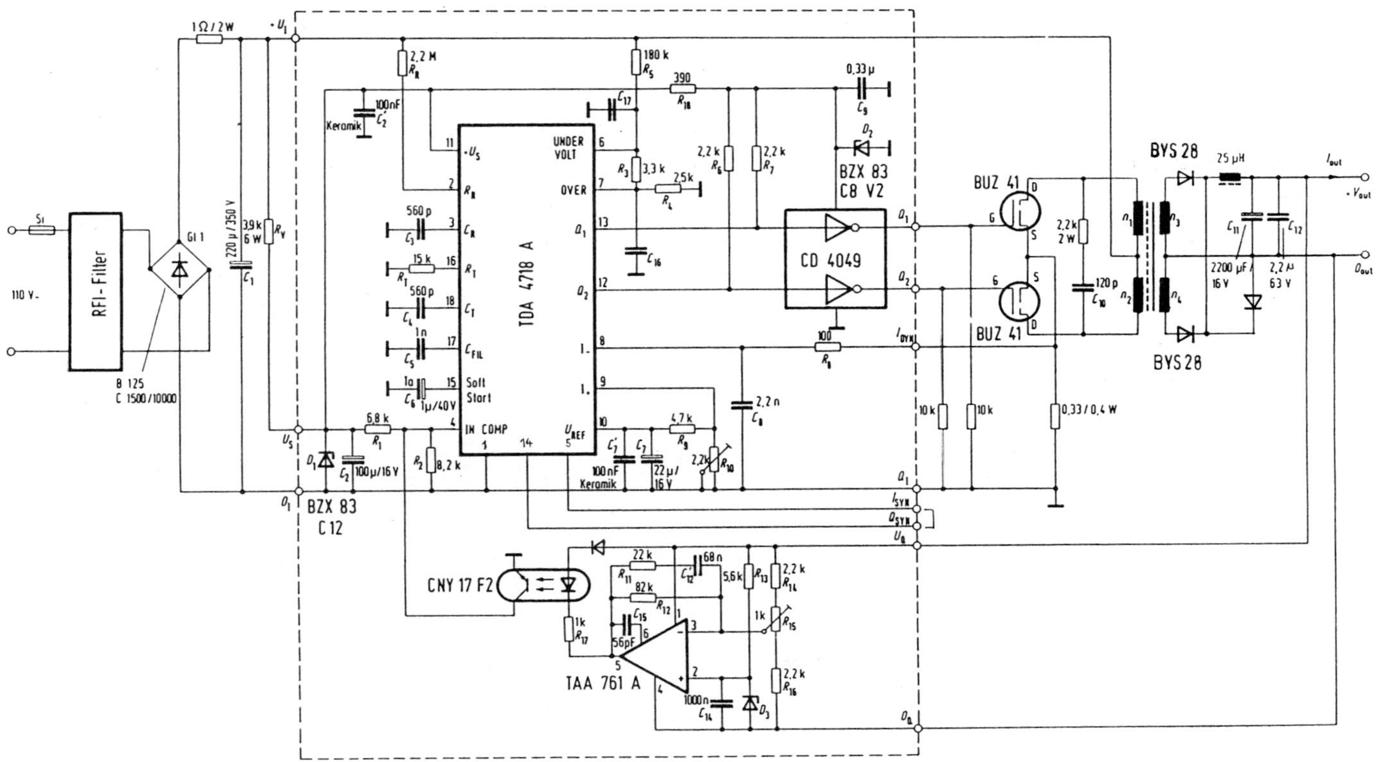

Bild 5.54 Gegentakt-SNT ~110 V/12 V/8 A, 60 kHz

Trafo EC 41, N 27
$n_1 = n_2$: 59 Wdg., Litze 30 × 0,1 mm CuLS
(parallel gewickelt) Isolation
n_3 : Abschirmfolie 1 Wdg. Isolation
$n_4 = n_5$: 9 Wdg., Litze 2 × 60 × 0,1 mm CuL
(parallel gewickelt)

Drossel RM 10, N 41

10 Wdg., Litze 4 × 30 × 0,1 mm CuL

5.8 Brücken-SNT

Brücken-SNT sind für größere Ausgangsleistungen gut geeignet. Die Leistungstransistoren arbeiten mit Spannungen, die der Versorgungsspannung (300 V) entsprechen, so daß Typen mit 500 V Sperrspannung bereits voll ausreichende Reserven besitzen.

Für Ausgangsleistungen über 1 kW kann eine 6pulsige Drehstromgleichrichtung gewählt werden, wobei auch hierbei die Möglichkeit besteht, eine Versorgungsgleichspannung von nur 300 V zu gewinnen.

Der Leistungstransformator sollte bei allen Gegentaktschaltungen immer einen kleinen Luftspalt besitzen, um bei möglichen Magnetisierungs-Unsymmetrien keine Sättigungserscheinungen zu bekommen.

5.8.1 Halbbrücke für drei Ausgangsspannungen (220 V; 5 V/20 A; ±12 V/1 A)

Das Halbbrücken-SNT nach Bild 5.55 ist mit Power-MOS-Transistoren und einer Gegentakt-Steuer-IS aufgebaut. Die spezielle Treiberschaltung ermöglicht eine Tastlückensteuerung der Endstufe mit nur einem Transformator. Die Arbeitsfrequenz beträgt etwa 30 kHz.

Die Halbbrückenschaltung wurde gewählt, weil diese selbst ohne Regelung bereits sehr geringe Innenwiderstände der Ausgangsspannung ermöglicht. Die Ausgangsspannungen werden im Gegentakt gewonnen. In der Praxis schwankt die direkt geregelte Spannung (5 V) um $< \pm 1\%$, die ungeregelten Hilfsspannungen um etwa $\pm 5\%$ im Normalbetrieb und etwa $\pm 10\%$ im Extrembetrieb.

Der Elko C_1 mit C_2 übernimmt die Glättung der Gleichspannung (Bild 5.55). C_2 liefert die Startspannung für den Steuer- und Regelmodul. An den Kondensatoren C_3 und C_4 baut sich die halbe Versorgungsspannung auf, die für die symmetrisch angesteuerte Halbbrücke charakteristisch ist. Die Drainströme erreichen eine angenäherte Rechteckform, weshalb eine gute Stromausnutzung für die Transistoren gegeben ist (Bild 5.56). Das SNT arbeitet mit Tastzeitregelung, wobei Versorgungsspannungsänderungen gut ausgeregelt werden. Am

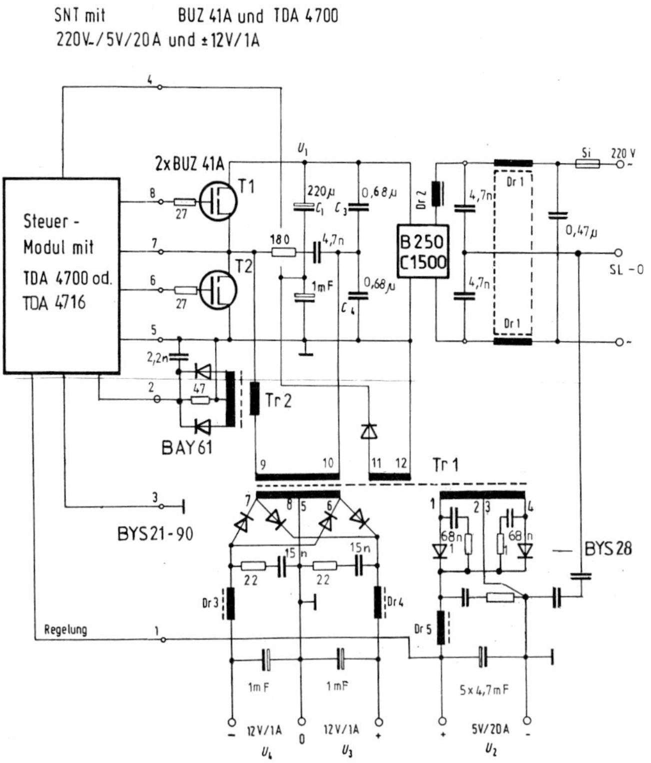

Bild 5.55
SNT mit BUZ 41 A und TDA 4700 (od. TDA 4716)
220 V~; 5 V/20 A und ±12 V/1 A

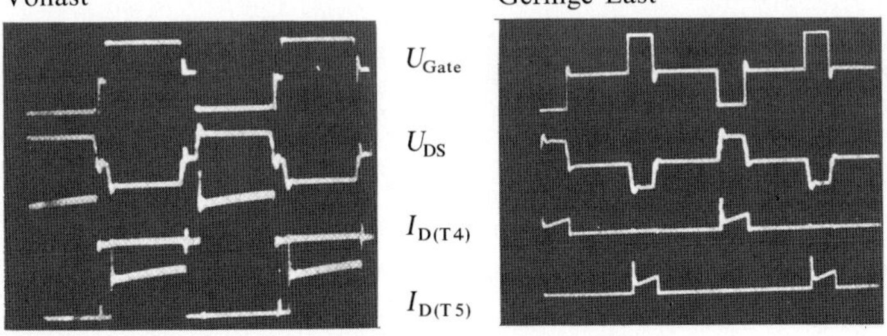

Bild 5.56 Signale bei unterschiedlicher Last

Ausgang U_2 liegt die Hauptlast; die Spannung (5 V) ist gut geregelt ($\pm 1\%$). Die Hilfsausgänge U_3 und U_4 sind indirekt geregelt; sie erreichen für viele Anwendungen eine akzeptable Konstanz, besonders, wenn die Lasten nicht stark schwanken. Bei höheren Konstanzforderungen an die Hilfsspannungen sind einfache Längsnachregler vorzusehen, wobei die betreffenden Bezugsspannungen um 2 bis 3 V zu erhöhen sind. Die Steuerung und Regelung, sowie die Strombegrenzung usw. sind in einem getrennten Steuermodul zusammengefaßt.

Der Transformator Tr 1 übersetzt die Primärspannung auf die gewünschten Ausgangsspannungen, die im Doppelweg gleichgerichtet sind. Die *RC*-Schutzglieder am Ausgang der Endstufe reduzieren hochfrequente Schwingungen während der Tastlücken.

Bild 5.57 zeigt das Verhalten der Schaltung bei Last- und Spannungsänderung.

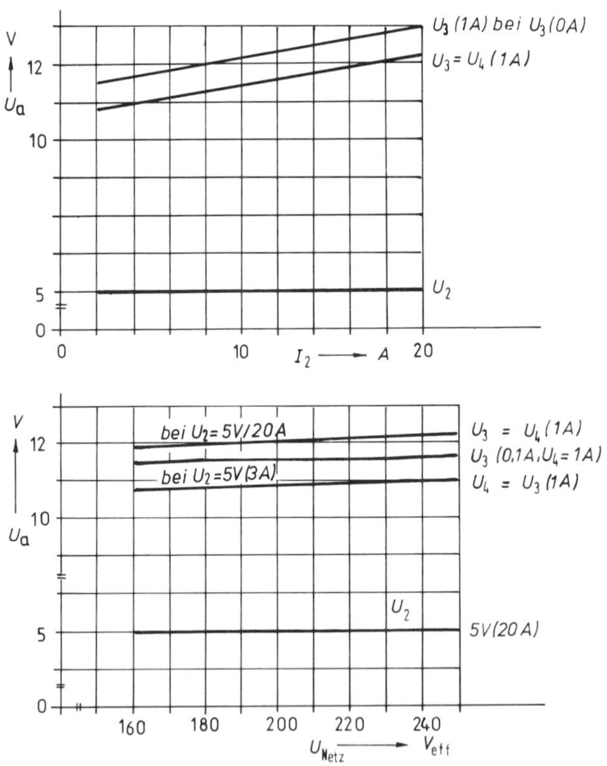

Bild 5.57 Ausgangsspannungen bei unterschiedlichen Belastungen

Transformator Tr 1 EE 42/20 N 27 0,2 mm L dghd

$N_{1-2, 3-4}$ je 3 Wdg/4 × 100 × 0,1 CuL (gemeinsam gewickelt)
Isolation 1 × 0,5 mm
$N_{5-6, 7-8}$ je 7 Wdg 45 × 0,1 CuLS (gemeinsam gewickelt)
Isolation 3 × 0,1 mm
N_{9-10} 45 Wdg 45 × 0,1 CuLS
N_{11-12} 10 Wdg 0,3 mm ∅ CuL

Transformator Tr 2 Dimensionierung entsprechend der dynamischen Strombegrenzung

Funkentstördrossel Dr 1 10 mHy 2 × 1 A

Netzdrossel Dr 2 EI 38 Dyn Bl IV; S: 0,5 mm dghd

N = vollgewickelt mit 0,55 mm ∅ CuL

Ausgangsdrosseln Dr 3, Dr 4 EE 30 N 27; S = 0,5 dghd

$N \approx 100$ Wdg/0,65 CuL

Ausgangsdrossel Dr 5 ER 42/15 N 27; S = 1 mm dghd

$N = 10$ Wdg 7 × 100 × 0,1 CuL

5.8.2 Halbbrücke 220 V/±45 V/5 A

Wird die Halbbrücke nach dem Konzept Bild 5.58 aufgebaut, so ist eine Leistung von etwa 450 W erzielbar. Bei einer Betriebsfrequenz von 50 kHz kann ein Transformator (Tr 1) mit dem Kern ETD 49 oder PM 50/39 gewählt werden.

Der Transformator Tr 3 dient zur dynamischen Strombegrenzung. Seine Primärseite wird auf der „kalten" Seite mit kleinem HF-Potential angeschlossen. Hierdurch werden kapazitive Störströme zur Steuer-IS hin klein gehalten. Die Schaltung ermöglicht den Anlauf ohne Hilfs-Netztransformator. Nach dem Anlauf übernimmt das SNT selbst die Versorgung des Steuermoduls.

Der Treibertrafo Tr 2 ist direkt an die IS-Ausgänge Q 1 und Q 2 angeschlossen. Seine Daten entsprechen Tr 1 in Kap. 5.1.6.

Über den Trennkondensator 10 µF fließen hohe Impulsströme; dies ist bei der Auswahl zu berücksichtigen. Sein verhältnismäßig kleiner Wert ermöglicht schnelle Anpassung der „Mittenspannung" bei magnetischen Unsymmetrien – welche durch ungleiche Lasten bzw. durch Lastsprünge hervorgerufen werden können.

Dr 1 ist eine stromkompensierte Drossel und Dr 2 eine (Netz-)Strombegrenzungsdrossel, welche außerdem X-Funkstörungen reduziert. Dr 3 und Dr 4 sind

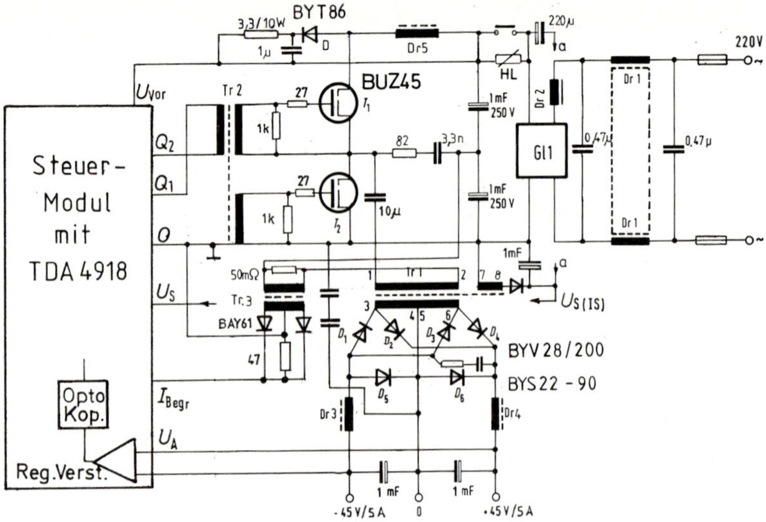

Bild 5.58 Halbbrücken-SNT 450 W

Speicherdrosseln und dienen zur Verringerung der Ausgangswelligkeit. Das RLCD-Glied mit Dr 5 und der schnellen Leistungsdiode reduziert bei eventuellen Querströmen die Verlustleistung an den Transistoren. Die Drossel wird etwa mit EF 25 ($S = 1{,}5$ mm) und 50 µH zu wählen sein. Die Netzgleichrichterbrücke ist für mindestens 2 $A_=$ und Kondensatorbelastung zu dimensionieren. Der Heißleiter HL verzögert den Anstieg der Versorgungsspannung. Hierzu siehe auch Kap. 5.9.

5.8.3 Vollbrücke 220 V ~ ; 60 V/16 A

Bild 5.59 zeigt ein Vollbrücken-Konzept für eine Ausgangsleistung von etwa 1 kW.

Der Steuertrafo Tr 1 entspricht in seiner Ausführung etwa den Daten, welche im Kap. 5.1.6 für den Kern EF 25 angegeben sind; er kann direkt an die Steuer-IS oder aber über einen geeigneten Treiberteil angeschlossen werden.

Für die Gates ist eine negative Sperrspannung wichtig, um Überschwinger in der Nullage unter der Ansprechschwelle der Transistoren zu halten – besonders bei hohen Betriebstemperaturen (siehe auch Kap. 4.7.8). Für den Leistungstransformator Tr 2 ist bei einer Betriebsfrequenz von 50 kHz der Kern PM 74/50 oder der Kern E 65/27 ausreichend. Der Transformator Tr 3 dient zur Übertragung der Drainströme für die dynamische Strombegrenzung.

Der Koppelkondensator mit nur 10 µF bewirkt, daß ggf. magnetische Unsymmetrien rasch ausgeglichen werden.

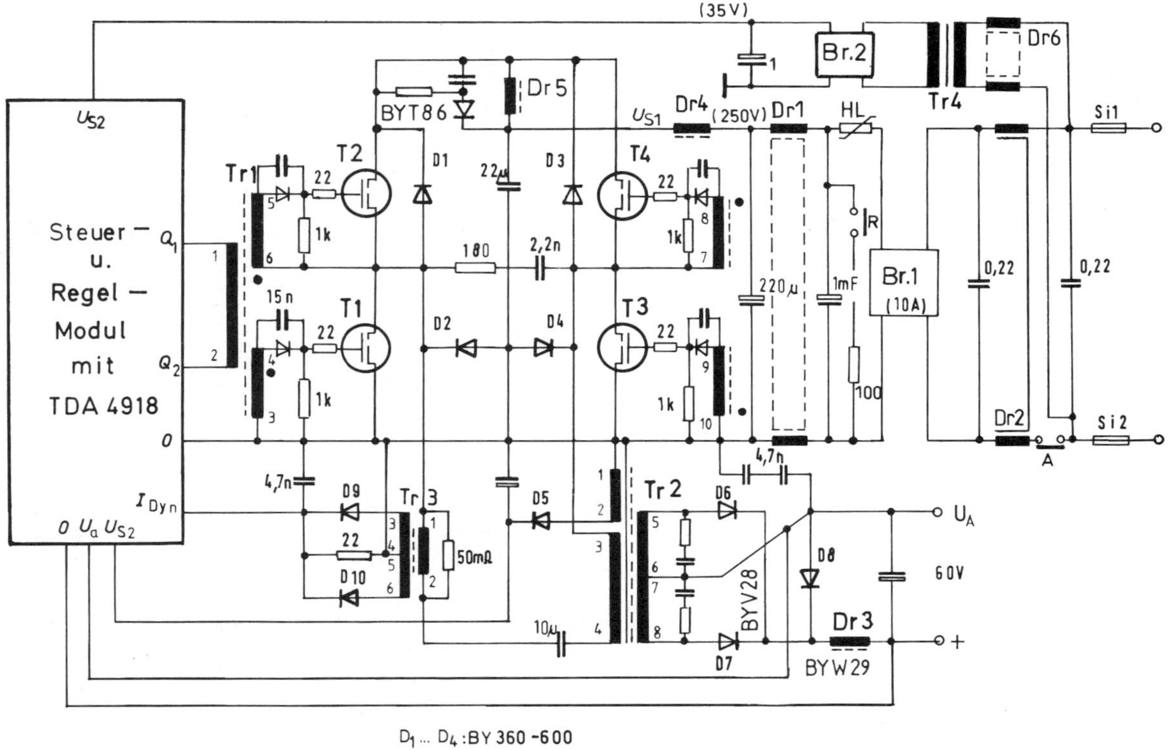

Bild 5.59
Vollbrücke 220 V ~; 60 V/16 A mit FRED-FET BUZ 85 (ohne) oder BUZ 330 mit Rückstromdioden D1 bis D4

Über den Transformator Tr 4 wird die Versorgungsspannung U_{S2} für den Steuerteil gewonnen.

Bei Schaltungen mit mehreren Endstufentransistoren können über den weichen Anlauf mit Tastzeithochsteuerung die Gatekapazitäten nicht schnell genug hochgesteuert werden. Es entsteht eine sich langsam aufbauende Steueramplitude, welche während der Anlaufzeit innerhalb des aktiven Kennlinienfeldes unzulässige Belastungen der Transistoren bewirkt, besonders dann, wenn bereits die hohe Versorgungsspannung U_{S1} anliegt. Somit ist es vorteilhaft, wenn der Steuergenerator rasch anschwingt und die Versorgungsspannung U_{S1} danach langsam hochgeführt wird. Ferner wird auch der Ausgangskondensator keine zu großen Ladeströme bewirken (siehe auch Schaltfolge Bild 5.63).

Die Drossel Dr 1 ist eine stromkompensierte Drossel, welche zwischen beide Netzelkos (220 µF/1 mF) gelegt ist. Sie kann entfallen, wenn Dr 2 aus zwei getrennten Drosseln besteht und die *Y*-Störungen ausreichend zu senken vermag. Die Drossel Dr 2 dient als Netzstrombegrenzungsdrossel; sie reduziert den Einschaltstromstoß und die periodischen Ladeströme für den Netzelko. Damit wird auch der Leistungsfaktor merklich verbessert. Diese Netzdrossel verlangsamt außerdem den Anstieg der Versorgungsgleichspannung. Eine erwünschte weitere Verlangsamung bewirkt der Heißleiter HL; er begrenzt dabei den Einschaltstromstoß für den Netzgleichrichter beträchtlich.

Die Drossel Dr 4 senkt vor allem die *X*-Funkstörungen.

Die Drossel Dr 3 dient als sekundäre Speicherdrossel.

Werden FREDFET-Transistoren eingesetzt, dann entfallen die schnellen Rückstromdioden D 1 bis D 4. Die in diesen Transistoren schnellen integrierten Rückstromdioden reduzieren verbleibende Überschwinger besonders bei induktiver Belastung. (Transformator mit Luftspalt).

Das RLCD-Glied mit der Drossel Dr 5 reduziert eventuelle Querstrom-Verluste in den Transistoren, bzw. in den Rückstromdioden D 1 bis D 4. Die Querstrom-Verluste-Begrenzung ist hierbei über kurze Spannungseinbrüche der Versorgungsspannung U_{S1} realisiert. Die Drossel wird etwa mit 35 mH (EF 25/11 mit Luftspalt) zu wählen sein.

5.8.4 Duo-Durchflußwandler für Schweißgeräte

Für große Leistungen, wie z.B. für das Lichtbogenschweißen (z.B. 10 kW) kann eine Schaltung nach Bild 5.60 mit zwei in Gegentakt arbeitenden Durchflußwandlern mit je zwei Transistoren Verwendung finden, wobei jeweils mehrere Transistoren zur Leistungserhöhung parallelzuschalten sind. Die Ausgangsleistung wird über die Taktfrequenz, z.B. 20 kHz, gesteuert.

Die Gleichstrom-Versorgung kann vom Drehstromnetz erfolgen, wobei eine Spannung von etwa 550 V mit einer geringen Welligkeit (300 Hz) zur Verfügung steht.

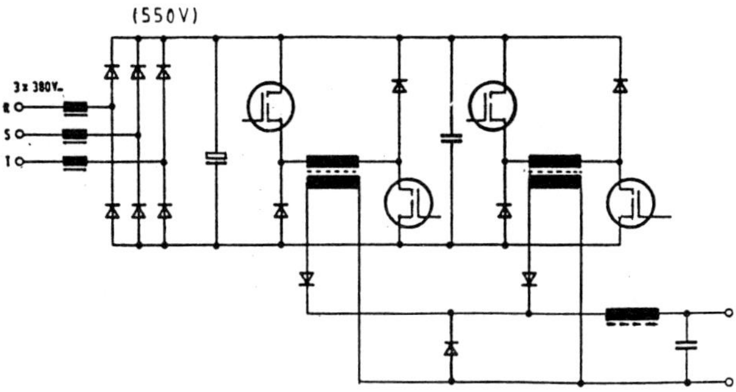

Bild 5.60 Gegentakt-Duo-Durchflußwandler

Bei Schweißgeräten kann so das Gewicht von 300 kg in 50-Hz-Technik auf 30 kg in 20-kHz-Technik gesenkt werden.

5.8.5 Frequenz-Umrichter für drehzahlgesteuerten Dreiphasenmotor

Der Umrichter nach dem Prinzip-Bild 5.61 erzeugt aus einer Gleichspannung von etwa 300 V eine Dreiphasen-Wechselspannung für einen üblichen Drehstrommotor. Die Frequenz läßt sich variieren, so daß Motordrehzahlen von z.B. < 10 bis $> 10000\ \text{min}^{-1}$ eingestellt werden können.

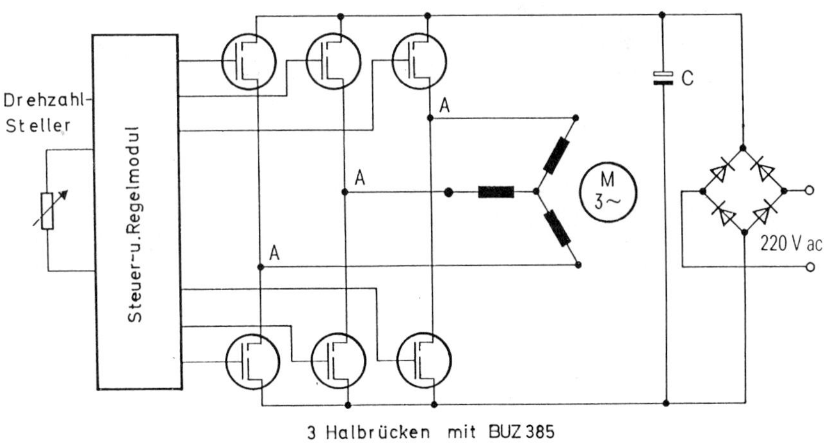

Bild 5.61 Frequenzumrichter für drehzahlgesteuerten Dreiphasenmotor

Der Umrichter ist durch eine „intelligente“ Steuereinheit mit Microcontroller und Pulsweitenmodulator überlastsicher und kurzschlußfest [1].

Die Vorteile eines drehzahlgesteuerten Drehstrommotors sind:

▷ Robuste einfache Motorkonstruktion
▷ weiter Drehzahlbereich
▷ Besonders hohe Lebensdauer
▷ Hohes Anzugsmoment
▷ Überlastschutz
▷ Hohes Leistungsgewicht-Verhältnis
▷ keine überhöhten Anlaufströme
▷ hoher Wirkungsgrad
▷ Sichere Funktion unter erschwerten Umweltbedingungen,
▷ für explosionsgefährdete Atmosphäre geeignet.

Neuerdings stehen für diese und ähnliche Leistungsanwendungen auch IGBT-Leistungstransistoren bzw. -Module zur Verfügung.

5.9 Interne Stromversorgung für SNT höherer Leistung

Die Stromversorgung mit Gleichspannung (etwa 300 V) von Schaltnetzteilen erfordert besonders bei höheren Leistungen eine Reduzierung des Einschaltstromstoßes und der periodischen Gleichrichtpulsströme (siehe auch Kap. 4.3 und Kap. 6). Während bei kleinen Leistungen (< 200 W) ein entsprechender Vorwiderstand zum Gleichrichter ausreicht, kann man für größere Leistungen den Einschaltstromstoß mit einem Leistungswiderstand wirksam begrenzen, welcher anschließend z.B. mit einem Relais kurzgeschlossen wird (Bild 5.62). Anstelle des Widerstands kann man vorteilhaft einen Leistungs-Heißleiter HL einsetzen (s. auch Kap. 4.13.2).

Der Heißleiter bewirkt außerdem ein langsameres Hochlaufen der Versorgungsspannung, was bei einigen SNT-Konzepten wichtig ist. Bei kurzzeitiger Netzunterbrechung bleibt er jedoch wirkungslos.

Die periodischen Pulsströme können mit einer zusätzlichen Blechkerndrossel (Bild 5.62b) reduziert werden. Dies gilt auch bei der langsamen Hochführung der Versorgungsspannung mit Hilfe einer phasenanschnittgesteuerten Gleichrichterschaltung (Bild 5.62c) oder eines Tiefsetzers. Die o.a. Drossel reduziert auch den Einschaltstromstoß, wenn sie nicht zu früh in Sättigung kommt.

In Kapitel 6 sind Gleichrichterschaltungen [1] beschrieben, welche am Einphasennetz eine sinusförmige Stromaufnahme ermöglichen. So kann z.B. auch die Schaltung Bild 6.6 bei entsprechender Steuerung ein langsames Hochführen der Versorgungsgleichspannung bewirken.

---

[1] Nähere Informationen sind über Siemens AG – HL München zu erhalten.

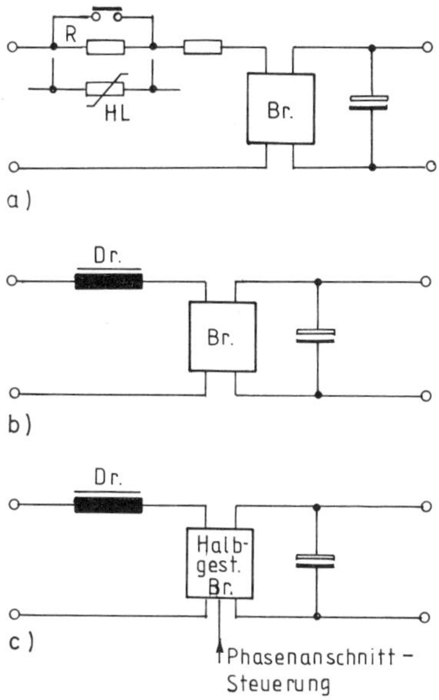

Bild 5.62
Einschaltstrombegrenzung
a) mit Widerstand od. Heißleiter
b) mit Drossel
c) mit Drossel und Phasenanschnitt-Steuerung

5.9.1 SNT-Schaltfolge

Wie bereits weiter oben erwähnt (s. auch Kap. 5.2.8 und 5.8.3), ist es wichtig, für Schaltnetzteile höherer Leistung eine geeignete Schaltfolge für den Steuer- bzw. Leistungsteil einzuhalten. Hierdurch werden die Entstufentransistoren verlustarm auf volle Leistungsabgabe des SNT hochgeführt. Es tritt kein unzulässiger Betrieb im Kennlinienfeld auf.

Bild 5.63 zeigt ein Blockschema eines Steuer- und Leistungsteils. S ist der Hauptschalter Ein/Aus. Das Relais, ein Schütz- oder Halbleiter-Relais, wird von der Versorgungsspannung des Steuerteiles geschaltet. Der Arbeitskontakt 1–1 schaltet die Netzspannung und damit die Versorgungsspannung U_{S2} erst dann an die Leistungsstufe, wenn die Steuerspannung die volle Amplitude erreicht hat. Beim Ausschalten wird die Versorgungsspannung der Leistungsstufe abgeschaltet, bevor die Steuerspannung nennenswert abgesunken ist. Der Ruhekontakt 2–2 sorgt dabei für eine rasche Entladung des Elkos der Versorgung der Leistungsstufe über R_E. Die einzelnen Funktionen veranschaulicht das Schaltfolge-Diagramm in Bild 5.63. Einen weiteren Vorschlag, die Ein/Aus-Schaltfolgen günstig zu gestalten, zeigt Bild 5.64.

Beim Anschluß ans Netz werden die Kondensatoren C_1, C_2 rasch hochgeladen, z.B. innerhalb von 2 ms. Der Steuerteil beginnt unverzüglich zu schwingen und liefert schon volle Amplitude, wenn die Versorgungsspannung U_1 – verzögert (z.B. 10 ms) durch einen Heißleiter HL – mit C_3 hochkommt.

Ein zu C_1 parallel liegender Kaltleiter KL hilft, die Spannung U_2 ausreichend lange bestehen zu lassen, bis die Versorgung U_2 vom SNT selbst übernommen wird, und zwar über den Trafo Tr und die Diode D2. Der Heißleiter (oder auch ein bestimmter Widerstand) wird nach Erreichen der vollen Versorgungs-

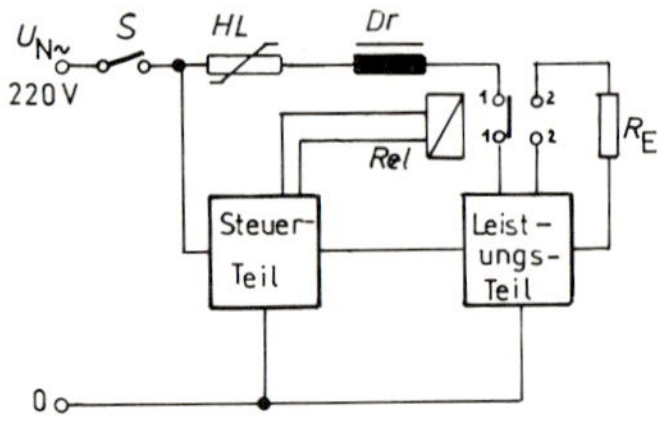

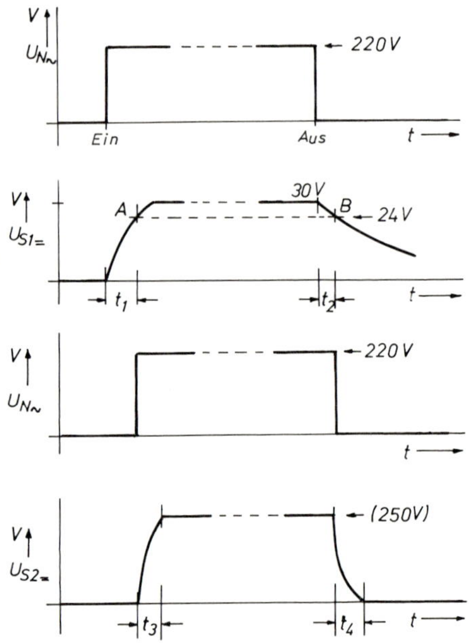

$U_{N\sim}$ Netzspannung 220 V (Ein/Aus)
U_{S1} Versorgungsspannung für Steuerteil z.B. 30 $V_=$
U_{S2} Versorgungsspannung für Leistungs-Endstufe z.B. 250 $V_=$
t_1 Anstiegszeit von $U_{S1=}$ (z.B. 10 bis 100 ms)
t_2 Abklingzeit von $U_{S1=}$ bis Relais-Abfall (z.B. 20 ms)
t_3 Anstiegszeit von $U_{S2=}$ (z.B. 4 ms entspricht bei 25 kHz einer Hochführung in 100 Schwingungen).
t_4 Abklingzeit von $U_{S2=}$ (Abhängig von Entladewiderstand und Elko – geschaltet über Relais-Ruhekontakt, z.B. 50 ms) $\tau_{(t4)} < \tau_{(t2)}$
A Relais-Anzug bei $> 24\ V_= (U_{S1})$
B Relais-Abfall bei $< 24\ V_= (U_{S1})$

Bild 5.63 Blockschema für SNT-Schaltfolge und Schaltfolgediagramm

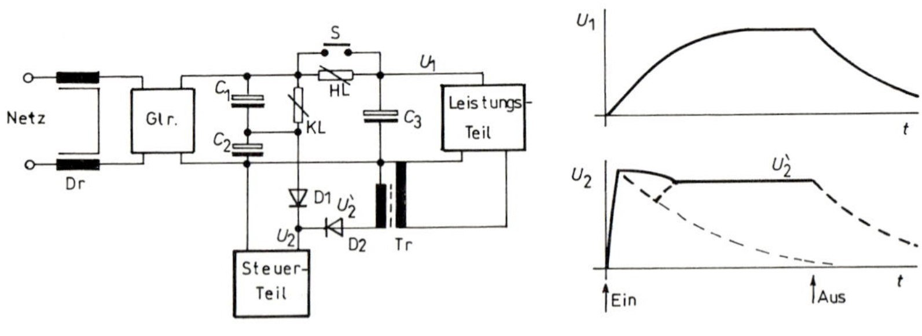

Bild 5.64 Variante der Anordnung nach Bild 5.63

spannung U_1 kurzgeschlossen, damit bei Wiederanlauf die erforderliche Zeitkonstante HL/C_3 wieder wirksam wird. Beim Ausschalten unter Lastbetrieb sinkt die Versorgungsspannung U_1 gleichermaßen mit U_2, so daß eine gesicherte Aussteuerung der Transistoren auch bis zum Aussetzen der Schwingung gegeben ist. Beim Ausschalten ohne Last sinkt die Spannung U_1 langsam und ebenso die Spannung U_2. Die Entladezeitkonstante des Ausganges muß dabei größer sein als die Entladezeitkonstante der Spannung U_1, andernfalls ziehen beim Wiedereinschalten während dieser Phase die sekundären Elkos einen hohen Ladestrom und belasten die Transistoren höher.

Beim Einschalten des noch heißen Kaltleiters kann es sein, daß die Zeit, bis die Versorgung vom Schaltnetzteil funktioniert, nicht ausreicht, weil die Versorgungsspannung U_1 noch zu niedrig ist und der Generator aussetzt, wenn die Zeitkonstanten ungünstig liegen.

Wird auf der Steuerseite der Tastzeit-Softstart verwendet, dann ist seine Aufsteuerzeit den Ladezeitkonstanten im Leistungsteil (am Ausgang) anzupassen.

Sehr günstiges Einschalten der Netzspannung ermöglichen moderne Halbleiter-Relais, welche stets beim Nullpunkt der Spannung einschalten und somit die Spannung am Ladeelko innerhalb von 5 ms (langsam) hochführen. Die Steueramplitude für die Gates muß auch hierbei bereits vorher vorhanden sein.

5.9.2 300-V-Gleichstromversorgung aus dem Drehstrom-Netz

Die übliche Drehstrom-Brückengleichrichtung liefert eine Leerlauf-Gleichspannung von $U_{\sim} \cdot \sqrt{3} \cdot \sqrt{2} = 538$ V, und bei Überspannung (+15%) 620 V. Diese Spannung erfordert Transistoren mit einer Sperrspannung von mindestens 800 V, wobei bei bipolaren Transistoren U_{CEO} mindestens 650V betragen muß.

Die Einweg-Drehstromgleichrichtung ergäbe nur 311 V bzw. 357 V, wie auch die Einphasen-Brückenschaltung für Leistungsanwendungen ist die alleinige Drehstrom-EW-Gleichrichtung nicht zulässig, da sie eine starke Vormagnetisierung für Netztransformatoren und eine hohe Nulleiterbelastung ergibt.

Die in Bild 5.65 gezeigte Schaltung vermeidet diesen Nachteil und ermöglicht mit einer ausreichenden Netzdrossel Dr (300 Hz!) einen Stromflußwinkel von 60°. Diese „doppelte" Drehstromgleichrichtung ergibt eine positive Spannung +300 V und eine negative Spannung −300 V mit dem Mittelpunkt Null (0).

Wird nun an jede Versorgungsspannung je ein Transistorbrücken-SNT (symmetrische, asymmetrische oder Vollbrücke) angeschlossen und werden die primären oder sekundären Spannungen geeignet zusammengeschaltet, dann ist die doppelte Leistung übertragbar (Bild 5.66). Bei Aufteilung der Primärwicklung in zwei Wicklungen wird die eine Wicklung von der Brücke Br 1 und die andere von der Brücke Br 2 gespeist (a). Die Welligkeit der beiden Versorgungsspannungen muß über die Drossel Dr, C_1 und C_2 gering gehalten werden. Auch eine entsprechende Steuerung der SNT kann einen Ausgleich schaffen. Die Reihen-

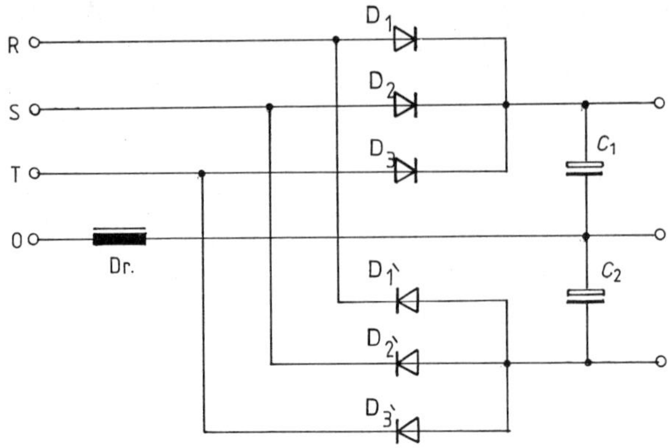

Bild 5.65 Sechspulsige Drehstromgleichrichtung (±300 V_).

schaltung der sekundären Wicklungen (c) oder die Zusammenführung der sekundären Gleichstromleistungen (b) scheint wenig problematisch.

Mit den o.a. Kombinationen der Drehstromversorgung mit zwei Transistor-Brücken-SNT sind bereits Transistoren mit Sperrspannungen von 400 V einsetzbar. Bild 5.66 zeigt prinzipielle Anordnungen.

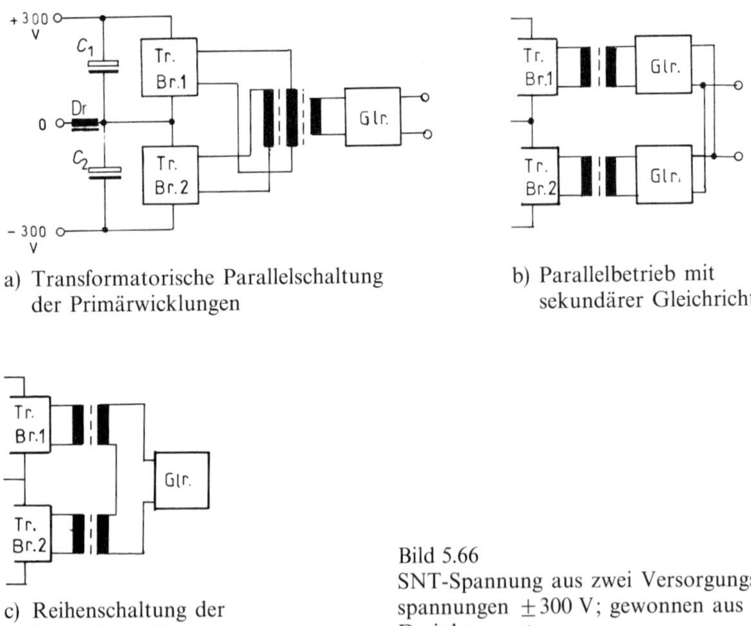

a) Transformatorische Parallelschaltung der Primärwicklungen

b) Parallelbetrieb mit sekundärer Gleichrichtung

c) Reihenschaltung der Sekundärwicklungen

Bild 5.66
SNT-Spannung aus zwei Versorgungsspannungen ±300 V; gewonnen aus dem Dreiphasennetz.

5.9.3 Thyristor-Stromrichter

Alle netzgeführten Stromrichterschaltungen haben eine Wechselspannung als Speisespannung, um mit der natürlichen Kommutierung durch das Wechselstromnetz arbeiten zu können. Höherpulsige Schaltungen sind nur am Drehstromnetz möglich. Ihre Vorteile sind die höhere Frequenz und kleinere Amplitude der überlagerten Wechselspannung auf der Gleichstromseite und der Oberschwingungen auf der Wechselstromseite sowie die geringere Leistungspulsation. Sie werden für das Umformen großer Leistungen bevorzugt.

Mit der Thyristor-Stromrichtertechnik ist das langsame Hochführen der Versorgungsspannung in SNT realisierbar.

Gleichrichtung mit halbgesteuerter Brückenschaltung (HB)

Bei der Wahl der Schaltung spielt die Art des Verbrauchers eine wesentliche Rolle. Arbeitet der Stromrichter auf eine große Induktivität, so erreicht man auch mit einer Schaltung geringer Pulszahl einen oberschwingungsarmen Gleichstrom. Hat der Verbraucher aber eine geringe Induktivität, so muß der Strom entweder durch eine zusätzliche Drossel geglättet oder durch Erhöhung der Pulszahl des Stromrichters eine ähnliche Wirkung erreicht werden. Erwähnt sei, daß vollgesteuerte Schaltungen im Gleich- und Wechselrichterbetrieb arbeiten können.

Bei der symmetrischen halbgesteuerten Brückenschaltung nach Bild 5.67(a) wird nur eine Brückenseite gesteuert. Bei der halbgesteuerten unsymmetrischen Brücke wird hingegen auf beiden Brückenseiten je ein Brückenzweig gesteuert (b).

Die unsymmetrische Brückenschaltung hat den Vorteil, daß bei induktiver Last der Laststrom nach dem Abschalten durch die Thyristoren über die beiden ungesteuerten Gleichrichter weiterfließen kann, bis die in der Induktivität gespeicherte Energie verbraucht ist. Eine Freilaufdiode parallel zur Induktivität ist überflüssig.

Die halbgesteuerte Brücke wird aus wirtschaftlichen Gründen und wegen der Bestimmungen der örtlichen EVU-Betriebe für Leistungen <5 kW angewandt. Es darf aber die Anforderung an den Oberschwingungsgehalt der Gleichspannung nicht zu groß sein.

Die Schaltung einer halbgesteuerten symmetrischen Gleichrichterbrücke mit den beiden Thyristoren auf der Plusseite zeigt Bild 5.67. In der einen Netzhalbwelle fließt der Strom über den Thyristor Th 1, Gleichstrom-Lastwiderstand R_L und Diode D 1, in der anderen Halbwelle über Th 2, R_L und D 2.

Man erhält damit 100 angeschnittene Sinushalbwellen je Sekunde.

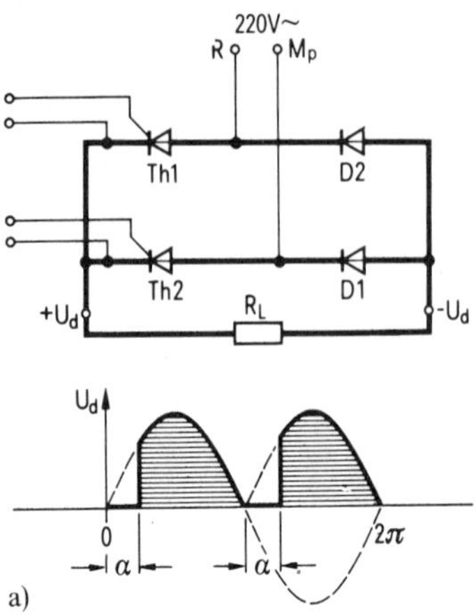

a)

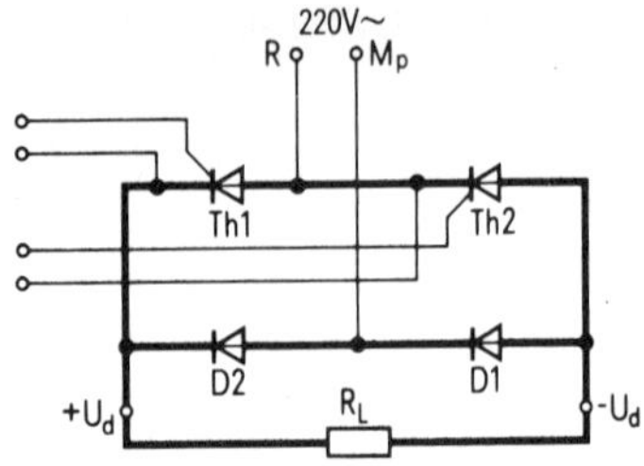

b)

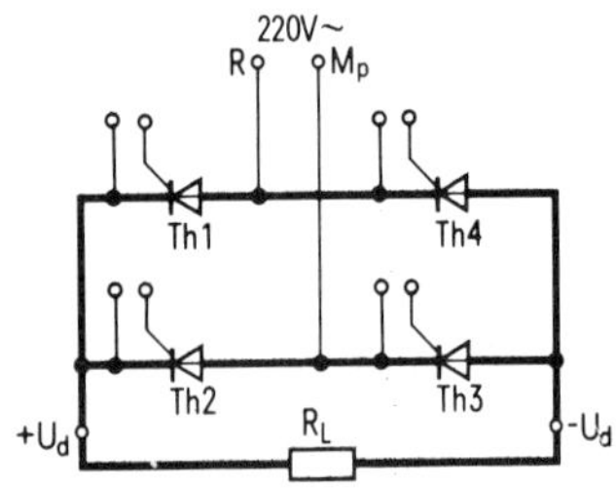

c)

a) Halbgesteuerte symmetrische Gleichrichterbrücke mit den Thyristoren auf der Pulsseite (gemeinsame Kathode) Spannungsverlauf und Phasenwinkel bei einer steuerbaren Brückenschaltung mit 2 Thyristoren und 2 Dioden an ohmscher Last
b) Halbgesteuerte unsymmetrische Brückenschaltung
c) Vollgesteuerte Einphasenbrückenschaltung mit vier Thyristoren

Bild 5.67 Thyristor-Brückenschaltung

Bild 5.67(b) zeigt das Schaltbild einer halbgesteuerten unsymmetrischen Einphasenbrückenschaltung mit zwei Thyristoren und den beiden Dioden parallel zum Lastwiderstand.

Bild 5.67(c) veranschaulicht eine vollgesteuerte Einphasenbrückenschaltung.

Im Bild 5.68 wird die Möglichkeit gezeigt, wie mit einer IS zwei Thyristoren (mit einem Zündstrom $I_G < 250$ mA) in einer halbgesteuerten Einphasen-Brükkenschaltung gezündet werden. Mit Hilfe des Potentiometers P1 lassen sich die Zündimpulse kontinuierlich zwischen 0° und 180° verschieben.

Während der positiven Netzhalbwelle kann das Gate des Thyristors Th2 auch direkt (ohne Übertrager) über die Diode und den Widerstand 220 Ω vom IS-Ausgang Pin 15 angesteuert werden. Der Netzhalbwellenstrom fließt über die Gleichrichterdiode D2, den Lastwiderstand und den Thyristor Th2. Nach Bild 5.68 werden die Thyristoren Th1 und Th2 unmittelbar über je einen Zündübertrager gesteuert.

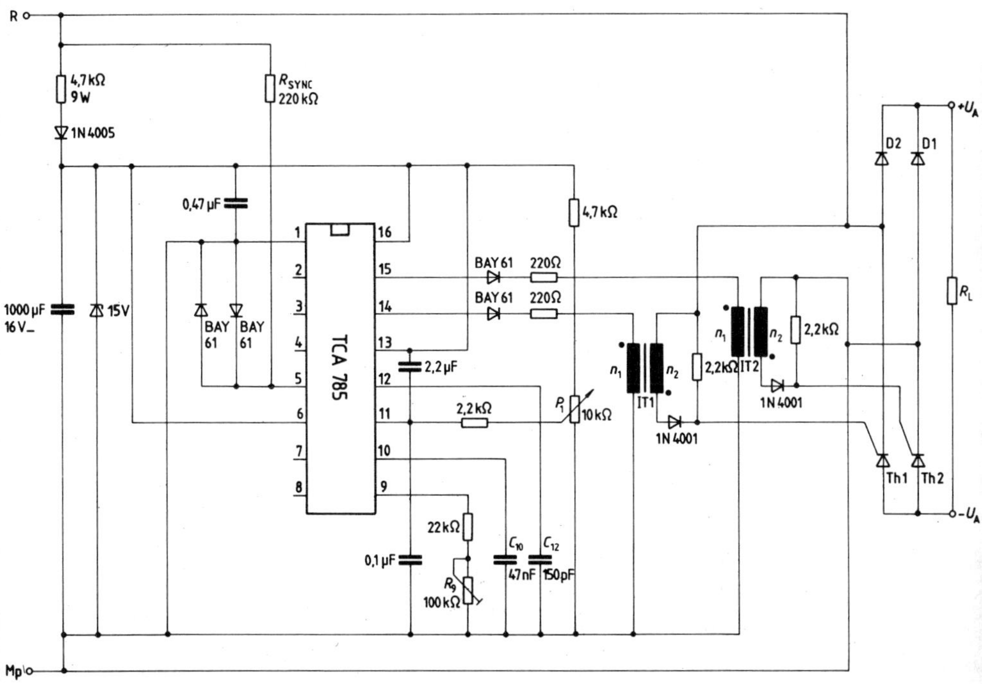

Bild 5.68
Halbgesteuerte Einphasenbrückenschaltung für Kleinthyristoren mit zwei Zündübertragern

Anstelle des Potentiometers P_1 kann man beim Einschalten der Netzspannung – mit Hilfe eines Transistors und eines Kondensators – eine automatische Zündzeitänderung von 180 bis 90° z.B. zum langsamen Hochführen der Gleichspannung installieren.

Gleichrichterschaltung in Doppelstern (DS)

Eine Verbesserung der Verbrauchergleichspannung in der Pulsfrequenz und in der Welligkeit bringt die Doppelsternschaltung (DS).

Es werden die positive und die negative Halbwelle zur Gleichrichtung herangezogen.

Je Gleichrichterzweig liegt ein elektrisches Ventil in Reihe zur Last. Die Schaltung wird vorwiegend eingesetzt, wenn große Gleichströme bei niedriger Versorgungsspannung gesteuert werden sollen.

Bei der Doppelsternschaltung (Bild 5.69) besteht die Sekundärseite des Drehstromtransformators aus drei Sekundärwicklungen mit Mittelanzapfung. Die Mittelanzapfungen ergeben das gemeinsame Minuspotential.

Die Kathodenanschlüsse der Thyristoren liegen auf einem gemeinsamen Potential.

Zur elektronischen Steuerung der Gleichstromleistung dient ein 6pulsiger Steuersatz mit z.B. drei TCA 785. Bild 5.69(a) zeigt den gesteuerten Gleichstrom bei nichtlückendem Betrieb und Bild 5.69(b) bei lückendem Betrieb.

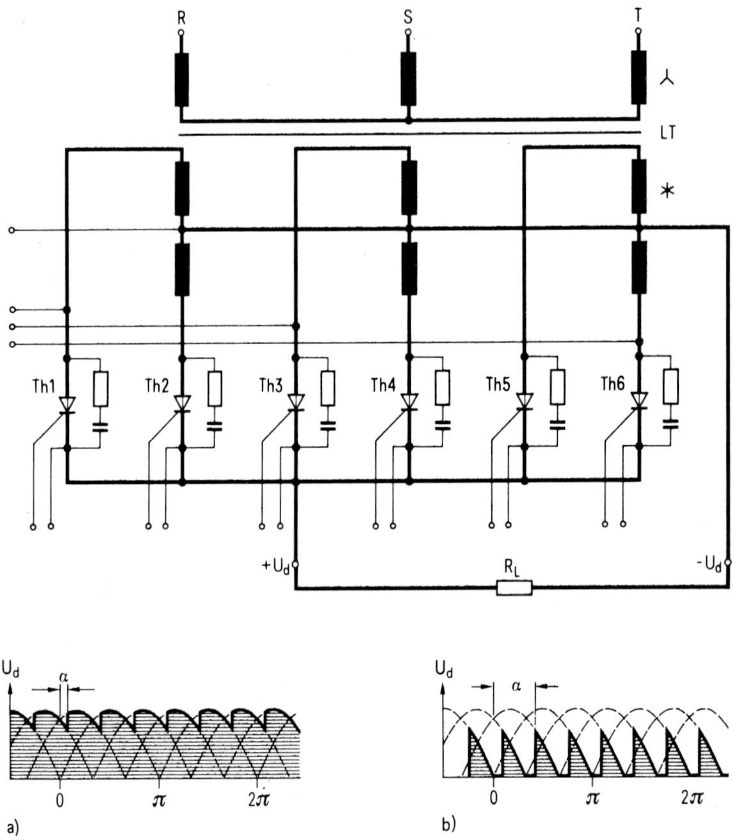

Bild 5.69
Doppelsternschaltung. Spannungsverlauf an einer ohmschen Last bei einer steuerbaren Sternschaltung mit 6 Thyristoren:

a) bei nichtlückendem Betrieb b) bei lückendem Betrieb

5.9.4 Sechspulsige Dreiphasengleichrichtung für Brücken-SNT

Die in Schaltung Bild 5.70a wirksame 50-Hz-Drehstrom-Brückengleichrichtung ergibt bei 230 V Netzspannung eine maximale Gleichspannung von etwa 560 V mit einer Welligkeitsfrequenz von 300 Hz. Für diese Spannung müßten selbst im Brücken-SNT 800-V-Transistoren zum Einsatz kommen.

Die gezeigte Anordnung vermeidet derart hohe Spannungen für die Transistoren. Die beiden übereinanderliegenden Halbbrücken halbieren die Betriebsspannung für jede Halbbrücke auf 280 V. Theoretisch reichen dafür bereits 300-V-Transistoren.

Die beiden Schaltznetzteile werden synchron getaktet und arbeiten auf den Transformator ähnlich wie bei einer Vollbrücke. Die Amplituden der Transformatorspannung betragen ebenfalls 280 V. An den beiden Koppelkondensatoren C_3, C_4 bildet sich je eine Gleichspannung von $^1/_4$ des Wertes der gesamten Versorgungsgleichspannung.

Bild 5.70b stellt für größere Leistungen eine Variante mit zwei Vollbrücken-SNT dar. Die beiden hierbei getrennten Primärwicklungen arbeiten elektromagnetisch phasenparallel.

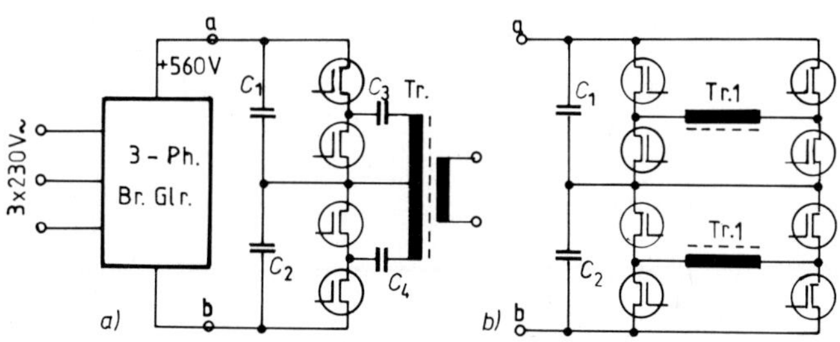

Bild 5.70
Sechspulsige Dreiphasengleichrichtung für Brücken-SNT.
a) für zwei Halbbrücken b) für zwei Vollbrücken

6 Sinusförmige Netzstromaufnahme

6.1 Netzrückwirkungen

Unter Netzrückwirkungen versteht man die Wirkung von einem Verbraucher in das Netz zurück; sie machen sich vorwiegend als Spannungsverzerrung im Netz bemerkbar und belasten Generator und Leitungen pulsförmig.

Verbraucher mit impulsförmiger Stromaufnahme, wie Fernsehempfänger, HiFi-Geräte, Computer, Meß-, Steuer- und Regelgeräte, Kompakt-Leuchtstofflampen u.a. sind am Gesamtstromverbrauch mit etwa 5% beteiligt. Der Rest sind sinusförmige Stromverbraucher, wie Motoren, Heiz-Koch-Warmwassergeräte und Glühlampen. Bei der Annahme, daß der gesamte Spannungsabfall bei sinusförmiger Stromaufnahme in den Leitungen bis zum Verbraucher 3% beträgt, ist mit einem Puls-Spannungsabfall von nur einem zusätzlichen Prozent zu rechnen. Da dieser Wert nur während zwei Millisekunden vorhanden ist, ergibt sich, verteilt über die Periode, ein unbedeutender Energieverlust.

Bei massiert auftretenden Impulslasten wird der Nulleiter stärker als die Phasenleiter beansprucht, so daß dieser ggf. im Querschnitt stärker zu wählen ist.

Es erhebt sich die Frage, welche Höhe der Pulslast dem Netz zugemutet werden kann, oder welche Verzerrung der Netzspannung zulässig ist und welche Verbraucher wirklich gestört werden.

Impulsströme in gleicher Höhe wie das Sinusstrommaximum erscheinen als zulässig, d.h., daß bei einem Energieverbrauch von etwa 25% pulsförmiger Stromverbraucher eine mögliche Grenze gesetzt werden kann.

Dieser Fall dürfte aber kaum erreicht werden, weil auch mit einer stetigen Zunahme des „Sinus“-Strombedarfs zu rechnen ist.

Ohne bedeutsamen Mehraufwand ist es möglich, für die meisten pulsförmigen Stromverbraucher Schaltnetzteile einzusetzen, die sinusförmigen Strom aus dem Netz entnehmen.

Das Umrüsten von Kompakt-Leuchtstofflampen würde hingegen einen größeren Aufwand erfordern, der wegen der geringen Stromaufnahme nicht gerechtfertigt erscheint.

Tabelle 6.1 Oberwellenspektrum bei Phasenanschnitt und Pulsstrom

Stromoberwellen / Art der Belastung		Spektralfrequenz							Bemerkung
		1.	3.	5.	7.	9.	11.	13.	
		Amplitude in %							
Phasen-anschnitt	1 ms	100	4	3,2	2,1	2,0	1,7	–	gedimmte 60-W-Glühlampe
	2 ms	100	11,7	9,1	6,8	4,5	2,9	–	
	3 ms	100	24	15	8,0	6,0	5,8	4,6	
	4 ms	100	38	16	11,0	10,0	6,8	6,6	
	5 ms	100	54	20	13	11	10	8,2	
	6 ms	100	70	36	20,5	20	13,7	12,5	
Gleichrichtung mit Ladekondensator		100	92	77	57	37	20	14	Fernsehempfänger, elektron. Geräte Kompakt-Leuchtstofflampen
VDE 0712 (Teil 2) bzw. VDE 0838		100	25	7	4	3	2	1	z.Zt. zulässige Ober-Wellenwerte

6.2 Oberwellen bei Phasenanschnitt und Pulslast

Phasenanschnittsteuerungen ergeben Netzbelastungen, bei denen Stromoberwellen wirksam werden. In Tabelle 6.1 ist ein Überblick gegeben über Oberwellenspektren bei unterschiedlichen Phasenanschnitten, welche an einer 60-W-Glühlampe ermittelt wurden. Der Beginn des Phasenanschnitts ist als Verzögerung (in Millisekunden) ab dem Spannungs-Nulldurchgang angegeben. Außerdem sind Werte genannt, welche mit Pulsstrombelastung (Kondensatorgleichrichtung) an einem Fernsehempfänger bzw. einer Kompaktleuchtstofflampe ermittelt wurden. In der letzten Zeile sind zum Vergleich die z.Zt. gültigen Oberwellenwerte des VDE (VDE 0712, Teil 2 bzw. VDE 0838) eingetragen.

6.3 Wandler für sinusförmige Netzstromaufnahme

Unabhängig von Vorschriften über den zulässigen Oberwellengehalt des Netzstroms spielt bei der Beurteilung eines Geräts der Leistungsfaktor eine Rolle. Neben geringen Oberwellen ($A \rightarrow 0$) ist ein Leistungsfaktor $\lambda = 1$ anzustreben. Beides kann mit herkömmlichen Schaltnetzteilen – welche pulsförmige Ströme aufnehmen – nicht erreicht werden.

Mit einer neuen Generation von Schaltnetzteilen (SNTS) erreicht man eine sinusförmige Stromaufnahme bei einem Leistungsfaktor von etwa 1, wobei häufig der Mehraufwand gegenüber einem gewöhnlichen SNT gering ist.

Für diese Schaltnetzteile benötigt man einen Wandlertyp, der in einem weiten Bereich eine gleitende Transformation der Eingangsspannung ermöglicht.

Während für die Wandler nach Bild 6.1 a) und c) Transistoren mit >800 V Sperrspannung notwendig sind, bieten die Schaltungen b) und d) den Vorzug, daß Transistoren mit 500 V Spannung ausreichen.

Alle vier Wandlertypen haben eine Drossel, welche in der Sperrphase des Transistors Energie an den Ausgang liefert. Da sich beim Hochsetzer b) die Drossel-Nutzspannung gegen die Eingangs-Sinushalbwellenspannung abstützt, ist nur die Differenzspannung zur Ausgangsspannung zu liefern. Dadurch liegt der Wirkungsgrad dieser Schaltung besonders hoch und erreicht Werte über 95%. Ferner sind bei diesem Prinzip die Wandlerdrosseln am kleinsten.

Der Hochsetzer erscheint hiermit für die Gewinnung sinusförmiger Ströme am besten geeignet (aktive Oberwellenfilter). Beim Hochsetzen (Bild 6.2) kommen zwei Betriebsweisen in Betracht:

1. Die Speicherdrossel wird periodisch festfrequent oder freilaufend ganz entladen, bevor der Transistor wieder einschaltet; dabei entstehen dreieckförmige Drossel- bzw. Transistorströme mit bzw. ohne Lücken.

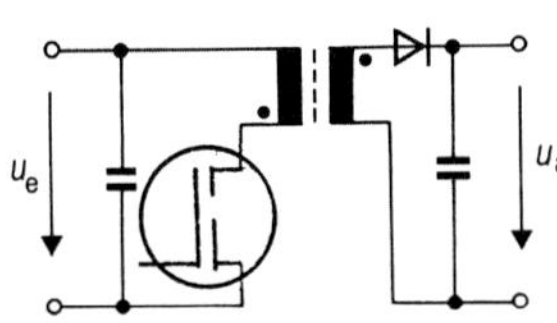

a) Sperrwandler

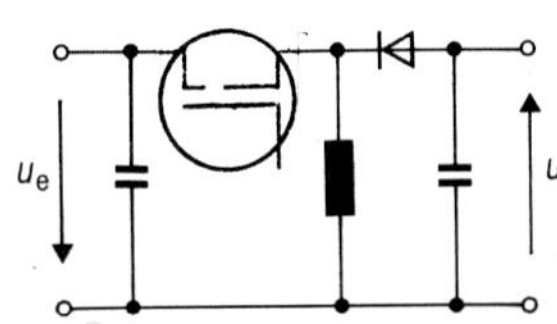

c) Wandler mit umgekehrter Polarität der Ausgangsspannung

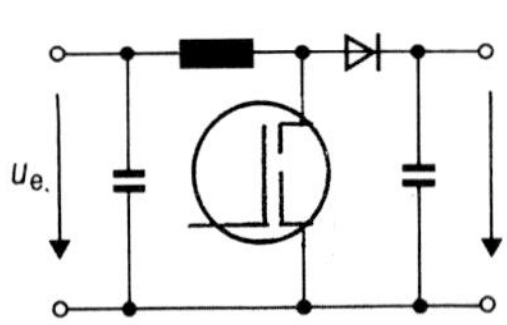

b) Hochsetzer

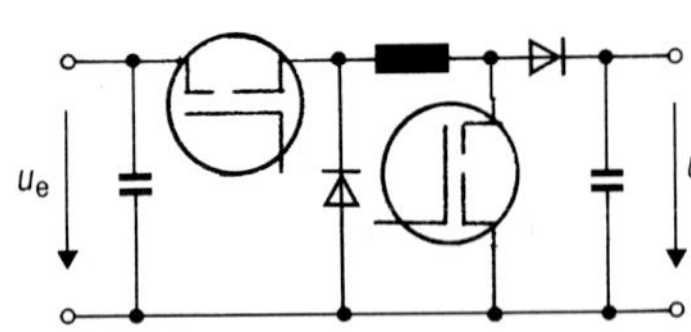

d) Wandler mit gleicher Polarität der Ausgangsspannung

Bild 6.1 Wandlertypen für Weitbereichstransformation

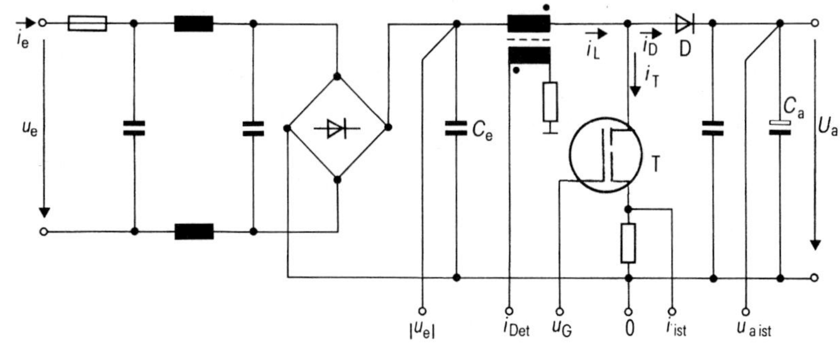

Bild 6.2 Als aktives Oberwellenfilter eingesetzter Hochsetzer

2. Die Speicherdrossel wird periodisch nur gering entladen; hierbei entstehen trapezförmige Dioden- und Transistorströme, wobei die Stromwelligkeit und damit die Funkstörung gering bleibt.

Die nach Betriebsart 1 auftretenden Strom- und Spannungsverläufe zeigen die Bilder 6.3 und 6.4.

In Tabelle 6.2 sind die Grundgleichungen hierzu angegeben. Liegen die Stromscheitelwerte auf einer Kurve, die proportional zur Eingangsspannung verläuft, so verhält sich der Eingangswiderstand des Wandlers gegenüber dem Netz wie ein ohmscher Widerstand.

Die Steuerung des Hochsetzers wird mit Hilfe der in Kapitel 4.8.5 ausführlich beschriebenen Sinus-IS vorgenommen.

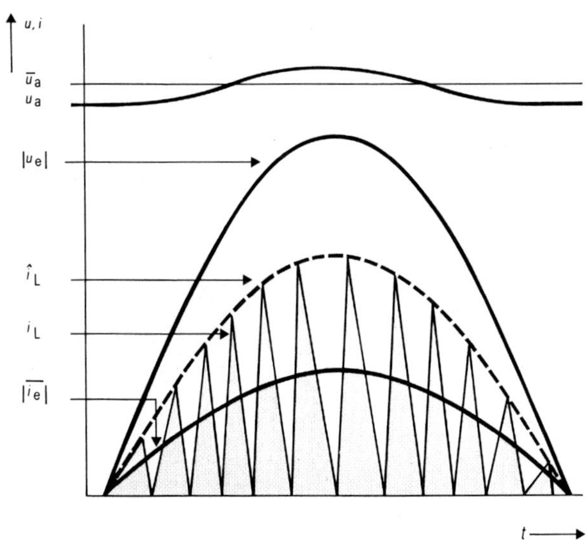

Bild 6.3 Wirkungsweise des aktiven Oberwellenfilters über eine Netzhalbperiode

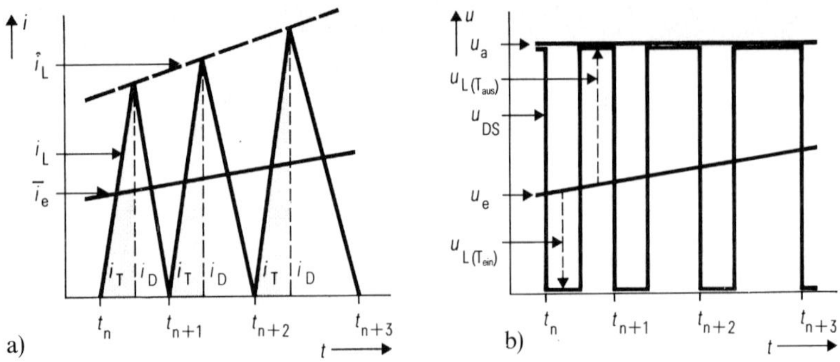

u_e	Eingangsspannung	L	Induktivität der Drossel
u_a	Ausgangsspannung	T	Periodendauer (variabel)
$\bar{i}_e$	mittlerer Eingangsstrom, zeitabhängig	T_{ein}	Einschaltdauer
$\hat{i}_L$	Scheitelwert des Drosselstromes, zeitabhängig	T_{aus}	Ausschaltdauer

Bild 6.4
Stromverlauf (a) und Spannungsverlauf (b) über einige Taktperioden (U_L = Spannung an der Drossel)

Zur Erkennung des Nullwertes des Stroms durch die Drossel wird der Polaritätswechsel an der Drossel durch eine Hilfswicklung potentialfrei erfaßt und der Steuer-IS zugeführt.

Der Ausgangsspannung ist eine sinusförmige Brummspannung mit doppelter Netzfrequenz überlagert. Diese kann nicht ausgeregelt werden, wenn der aufgenommene Strom von der Sinusform nicht abweichen darf. Da aber die Stromoberwellen bestimmte Werte haben dürfen (Tab. 6.1), kann auch die Stromform

Tabelle 6.2 Grundgleichungen

$\hat{i}_L = u_e \cdot \frac{1}{L} \cdot T_{ein}$	$u_a = u_e \cdot \frac{T}{T - T_{ein}}$
$T_{aus} = \frac{\hat{i}_L \cdot L}{u_a - u_e}$	$\bar{i}_e = \frac{1}{T}\left(\frac{\hat{i}_L \cdot T_{ein}}{2} + \frac{\hat{i}_L \cdot T_{aus}}{2}\right)$
$T = T_{ein} + T_{aus}$	$\bar{i}_e = \frac{1}{2}\,\hat{i}_L$

von der Sinusform etwas abweichen, was bedeutet, daß auch die Brummspannung ausregelbar ist.

Eine typische Anwendung für den Hochsetzer ist der Einsatz in elektronischen Vorschaltgeräten für Leuchtstoff-Stablampen (nicht Leuchtstoff-Kompaktlampen!).

6.4 Hochsetzer mit sinusförmiger Stromaufnahme (1,5 kW)

Herkömmliche Gleichrichterschaltungen verursachen durch die Glättungskondensatoren im Bereich der Netzspannungsamplitude Ladestromspitzen (Bild 6.5a).

Zur Verminderung von Ladestromamplituden wird häufig eine Drossel in die Netzzuleitung geschaltet. Eine solche Strombegrenzungsdrossel erweist sich für Leistungen bis etwa 500 W als zweckdienlich (Bild 6.5b).

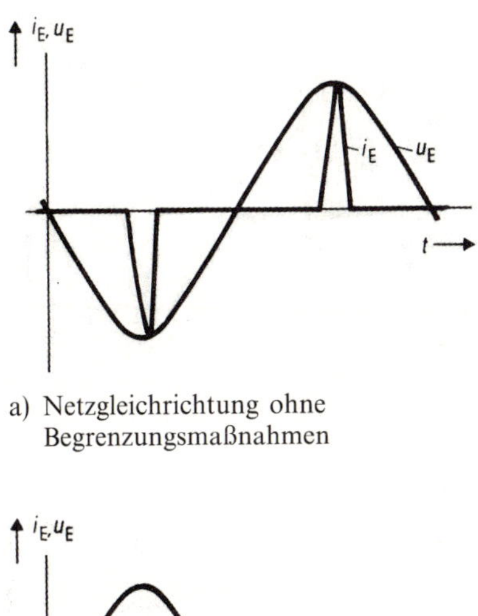

a) Netzgleichrichtung ohne Begrenzungsmaßnahmen

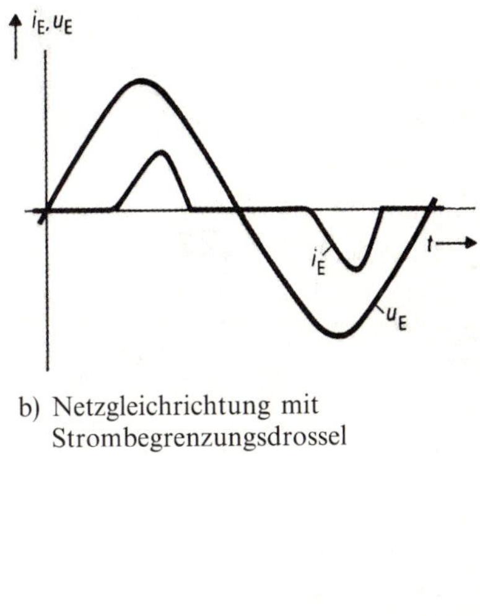

b) Netzgleichrichtung mit Strombegrenzungsdrossel

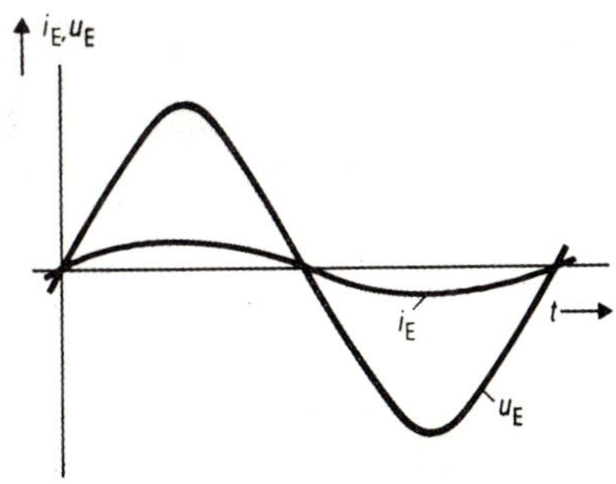

c) Netzgleichrichtung mit aktivem Oberwellenfilter

Bild 6.5
Netzstromverlauf bei Gleichrichtung und Spannungsglättung durch einen Kondensator

Tabelle 6.3 Eigenschaften verschiedener Methoden der Netzgleichrichtung

Kenndaten	a) Netzgleichrichtung ohne Begrenzungsmaßnahmen	b) Netzgleichrichtung mit Strombegrenzungsdrossel	c) Netzgleichrichtung mit aktivem Oberwellenfilter
Eingangswechselspannung (effektiv)	220 V	220 V	220 V
Ausgangsspannung	297 V	275 V	338 V
Belastung am Ausgang	400 W	400 W	400 W
Kapazität des Glättungskondensators	790 µF	790 µF	790 µF
100-Hz-Brummspannung (Spitze-Spitze)	15 V	10 V	5 V
Wirkungsgrad	0,99	0,984	0,955
Leistungsfaktor	0,5	0,755	0,998

Wird in Verbindung mit einer Gleichrichteranordnung ein getakteter Wandler eingesetzt, so lassen sich damit Eigenschaften nach Bild 6.5c und Tabelle 6.3 erzielen.

Bei der Realisierung eines aktiven Oberwellenfilters nach Bild 6.6 können für die Drossel bei hinreichend kleinem hochfrequenten Induktionshub auch Eisenblechkerne eingesetzt werden.

Bei für höhere Frequenz geeigneten Materialien verringert sich die Sättigungsinduktion, weshalb letztendlich die Kernmasse kaum zu verringern ist. Dies gelingt nur mit Ferritkernen und höherer Betriebsfrequenz, wobei dann eine Entlastungsschaltung für die Diode notwendig wird.

Als Halbleiterschalter wurden zwei parallelgeschaltete Power-MOS-Transistoren (500 V, 7,8 A, 0,6 Ω) eingesetzt. In Verbindung mit einer sehr schnellen Diode (800 V, 12 A, 60 ns) gelingt die Realisierung des aktiven Oberwellenfilters mit minimalem Aufwand und den Daten nach Tabelle 6.4.

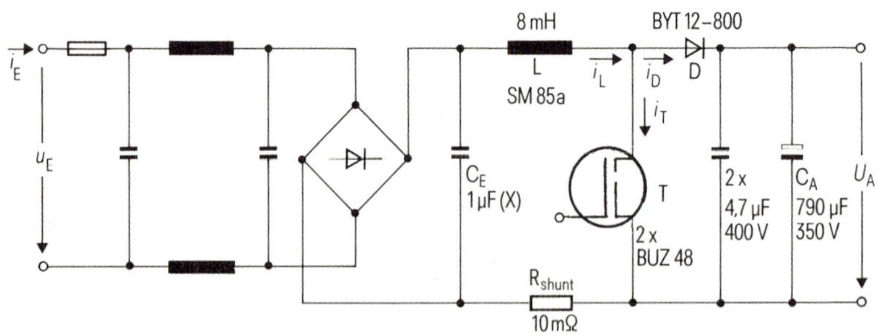

Bild 6.6 Hochsetzer (40 kHz) als aktives Oberwellenfilter für 1500 W

Tabelle 6.4 Kenndaten des aktiven Oberwellenfilters

Ausgangsnennleistung	1500 W
Ausgangsgleichspannung	338 V
Eingangsspannungsbereich	180 bis 240 V (eff)
Taktfrequenz	40 kHz
100-Hz-Brummspannung	8,8 V (eff)
Leistungsfaktor	0,99
Wirkungsgrad	0,94

Als Glättungskondensator wurde ein Elko 790 µF/350 V eingesetzt. Bei Nennausgangsleistung tritt eine 100-Hz-Brummspannung mit etwa 20 V_{ss} auf. Deshalb sollte der Mittelwert der geregelten Ausgangsspannung bei 338 V liegen, damit die Nennspannung des Elkos nicht überschritten wird. Daraus ergibt sich eine maximale Netzeingangsspannung von 338 V: $\sqrt{2} = 239$ V (effektiv) entsprechend 8,5% Überspannung, bei der noch keine Beeinträchtigung der Kurvenform des aufgenommenen Stromes auftritt. Die Ansteuerung der Transistoren wird bei einer Ausgangsspannung größer 360 V durch die Überspannungsüberwachung sofort gesperrt.

Parallel zum Glättungskondensator sind mit kürzestmöglicher Leitung metallisierte Kunststoffkondensatoren (400 V) mit ≈10 µF angeordnet.

Zur Begrenzung des Kondensatorladestroms beim Einschalten bietet sich die Überbrückung der Ladewiderstände durch einen Thyristor oder besser eine gesteuerte Gleichrichtung mit Thyristoren an.

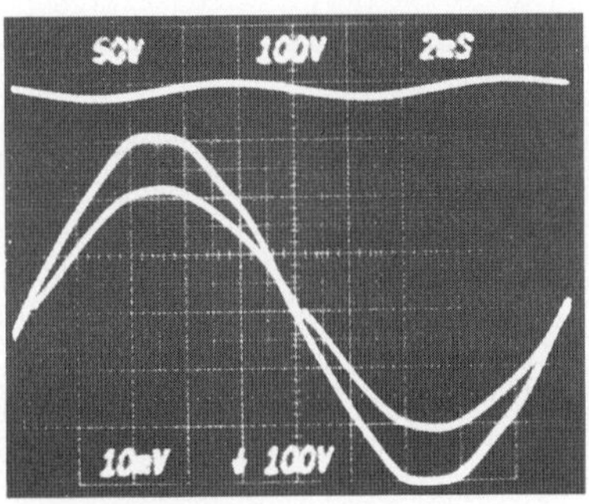

Nennlastbetrieb
abgegebene Leistung 1500 W
Ausgangsspannung 50 V/T
Eingangsspannung 100 V/T
(höhere Amplitude)
Eingangsstrom 5 A/T
Zeitmaßstab 2 ms/T

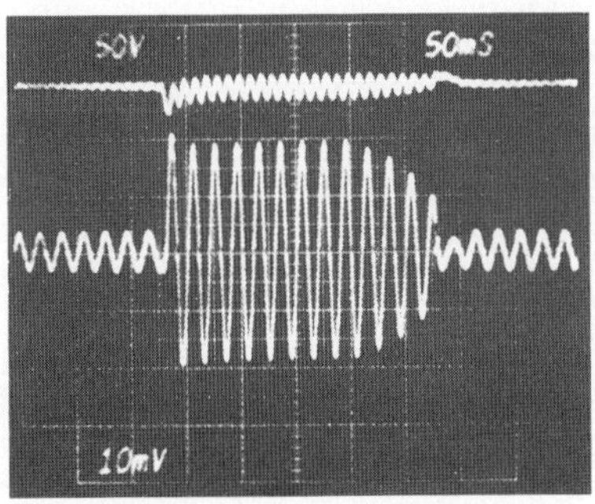

Lastsprung
abgegebene Leistung
235 W – 1400 W – 235 W
Ausgangsspannung 50 V/T
Eingangsstrom 5 A/T
Zeitmaßstab 50 ms/T

Bild 6.7 Verhalten des aktiven Oberwellenfilters

Die Regeldynamik des aktiven Oberwellenfilters ist so groß, daß auch bei einem 100-%-Lastabwurf die Überspannungsüberwachung nicht aktiv wird (Bild 6.7).

Die stationäre Abweichung der Ausgangsgleichspannung vom Sollwert in Abhängigkeit von der Belastung und von Netzspannungsänderungen beträgt weniger als 1%.

Der Oberwellengehalt des Netzstromes bei Gleichrichtung mit aktivem Oberwellenfilter ist, wie aus den Kurvenverläufen (Bild 6.7) erkennbar, sehr gering. Meßwerte liegen bei 1,5% für die 3. Oberwelle und kleiner 0,5% für alle Oberwellen höherer Ordnung.

Einsatzmöglichkeiten

Das vorgestellte Konzept ermöglicht mit geringem Mehraufwand eine beachtliche Qualitätssteigerung der Brückengleichrichtung aus dem Einphasennetz. Dazu wird lediglich ein SIPMOS-Schalter und eine Freilaufdiode in eine konventionelle Gleichrichteranordnung, welche bereits mit einer Strombegrenzungsdrossel ausgestattet sein muß, eingefügt.

Der Aufwand für das aktive Oberwellenfilter wird bei einer Leistung von etwa 500 W aufgewogen durch eine kleinere Glättungskapazität, hochohmigere Transistoren, bessere Ausnutzung des Übertragers im nachgeschalteten Wandler.

Mit zunehmender Ausgangsleistung entsteht für den Wandler mit aktivem Oberwellenfilter ein deutlicher Kostenvorteil gegenüber dem Wandler ohne Oberwellenfilter.

6.5 Schaltnetzteil mit sinusförmiger Stromaufnahme (SNTS)

Bild 6.8 zeigt einen Entwurf für ein indirekt geregeltes SNTS nach dem Sperrwandler-Prinzip mit einem Schalttransistor. Der Aufwand gegenüber einem SNT mit pulsförmiger Stromaufnahme ist nahezu gleich. Die positive Rückschwingamplitude (Bild 6.9) ist konstant geregelt und ergibt sekundär drei Ausgangsspannungen.

Einen ähnlichen Spannungs- und Strombedarf hat z.B. ein Fernsehempfänger. Die Ladeamplituden entsprechen den gleichgerichteten Halbwellen der Netzspannung. Die Spannungstransformation gleicht dem normalen Sperrwandlerprinzip; sein Arbeitsverhalten zeigt Bild 6.10.

Die Steuer- und Regel-IS arbeitet mit einem maximalen Tastverhältnis von etwa 0,45. Wird dieses auf 0,3 begrenzt, dann könnte ein 600-V-Transistor ausreichen.

Der in der IS vorhandene Sanftanlauf ist bei diesem Prinzip wichtig zur problemlosen Hochführung der Ausgangsspannungen mit deren entsprechenden Ladekondensatoren.

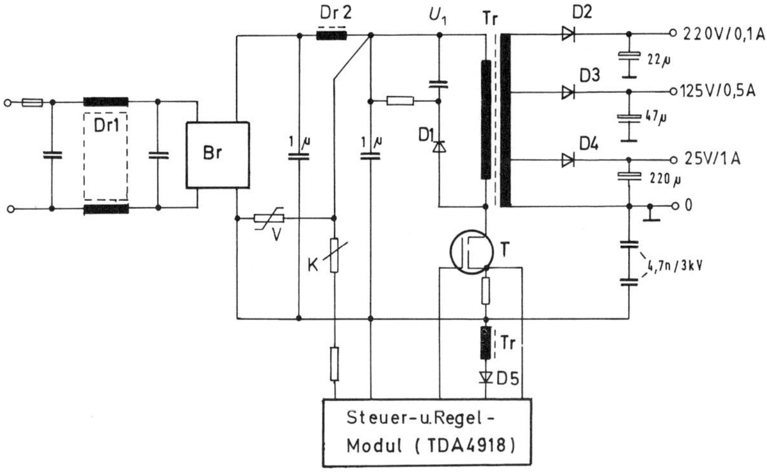

Bild 6.8
Sperrwandler (100 W) mit sinusförmiger Netzstromaufnahme (SNTS)

Der Varistor V begrenzt die Spannungsüberschwinger, welche bei Geräten mit kleinen Ladekondensatoren beim Netzeinschalten auftreten können. Diese können ohne Varistor die doppelte Netzspitzenspannung erreichen. Der Kaltleiter K ermöglicht einen sicheren Start der IS-Schwingung, wobei nach Anlauf seine Dauerverlustleistung auf etwa 0,5 W sinkt.

Die dynamische Strombegrenzung reduziert eventuelle Ladestromspitzen, wenn die Netzspannung zu kleine Werte erreicht und das Tastverhältnis begrenzt bleibt.

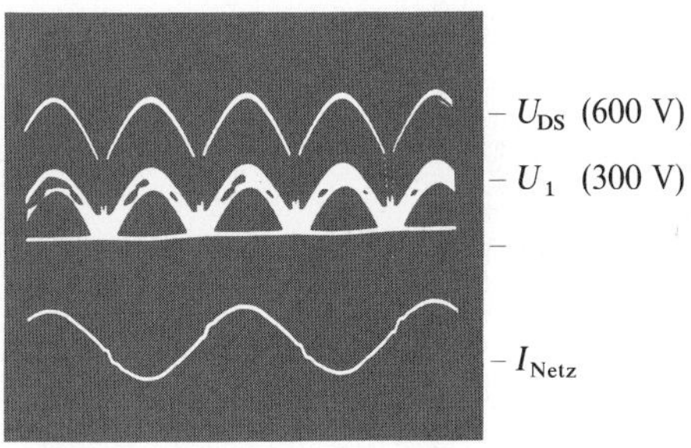

Bild 6.9
Drain-Source-Spannung U_{DS}/U_1 und Netzstrom I_{Netz} zu Schaltung nach Bild 6.5

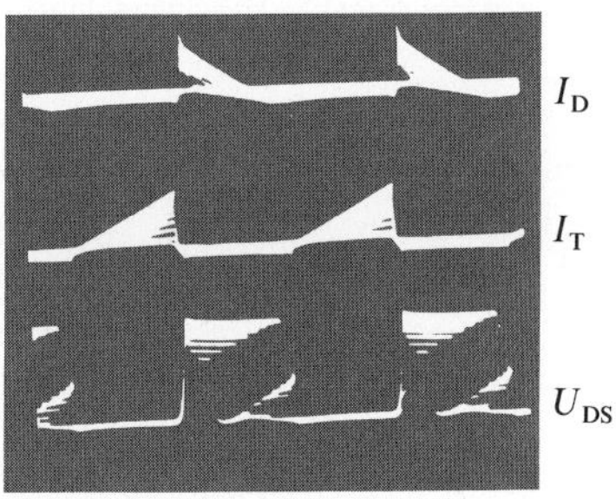

Bild 6.10
Arbeitsspannung U_{DS} und Strom $I_T/I_{D1,2,3}$

Transformator:

Kern ER 42 oder ER 48 (50 kHz) $ü = 2{,}5\ V/Wg \cdot cm^2$)

Halbleiter:

BUZ 90 (600 V, 4 A) evtl. BUZ 220 (800 V, 6 A, FREDFET)
D1, D2, D3, D5   1N4937
D4   BYW 298

6.6 SNTS mit zwei Transistoren

Bild 6.11 zeigt einen SNTS-Vorschlag mit zwei Transistoren. Vorteil dieser Anordnung ist, daß Transistoren mit nur 350-V-Sperrspannung (theoretisch) ausreichen. Die Transistoren werden im Gleichtakt betrieben. Der Sinusstrom wird durch die IS gesteuert.

Der Trafo Tr 1 überträgt die Steuerimpulse direkt an die Gates der Transistoren. Trafo Tr 2 dient als Leistungsübertrager und könnte bei gleichem Spannungs- und Strombedarf derselbe sein wie unter 6.5.

Die Diode D 1 dient als Klemmdiode; mit ihr stützt sich die Rückschlagspannung auf Null ab; damit können hohe Betriebsspannungen am Transistor vermieden werden. Soll das SNTS von einer sekundären Ausgangsspannung geregelt werden, dann sind wie üblich ein Regelverstärker und ein Optokoppler vorzusehen (Bild 5.40).

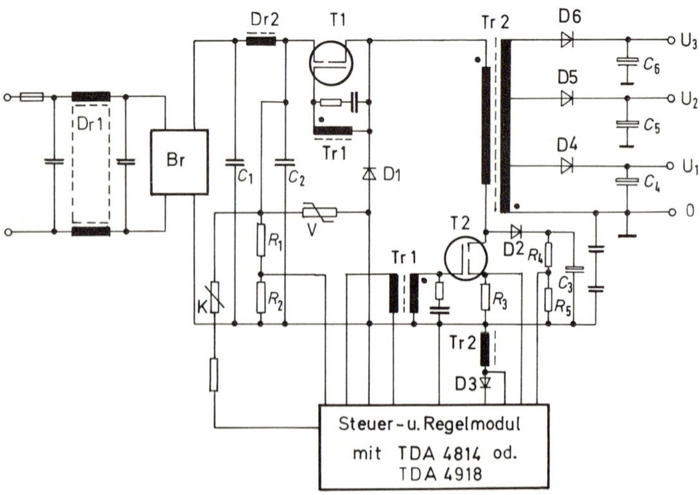

Bild 6.11 SNTS mit zwei FREDFET-Transistoren

Der Kaltleiter K ermöglicht (wie unter 6.5) einen sicheren Start der IS-Schwingung.

Transformator: *ETD 44 od. ER 42 bei 50 kHz*

T1, T2: BUZ 41A (500 V, 4,5 A) oder FREDFET BUZ 215 (500 V, 5 A) oder BUZ 90G. D1: RGP 30J

6.7 SNTS-Halbbrücke mit sinusförmiger Stromaufnahme

Die Schaltung nach Bild 6.12 nimmt vom Netz her sinusförmigen Strom auf, wenn die Bedingung erfüllt ist, daß der Tastgrad zu

$$T_{Gr} = \frac{t_1}{t_2} \leqq \frac{U_{C1} - U_{1M}}{U_{1M}}$$

gewählt wird.

Am Mittelpunkt M stellt sich eine Rechteckspannung ein, deren Form vom Tastgrad abhängt.

Über die Transistoren entsteht ein Vorwärts-Rückwärts-Strom, der entsprechend dem Netzsinusstrom variiert (Bild 6.13).

Während der Ladephase (a) wird die Induktivität L_1 (mit Luftspalt) über T_1 geladen und wie bei einem normalen Sperrwandler in der Sperrphase (c) des Transistors T_1 über die Diode D_2 an den Elko C_1 entladen. Bei dabei einsetzender Steuerung des Transistors T_2 bleibt aber die Rechteckspannung an U_{C1}

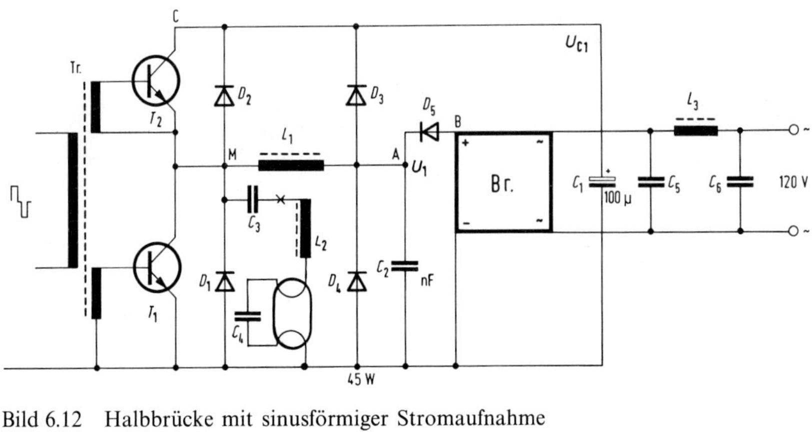

Bild 6.12 Halbbrücke mit sinusförmiger Stromaufnahme

so lange geklemmt (d) bis T_2 wieder sperrt und M über T_1 auf Null (a) geschaltet wird. Bei einem Tastgrad von $T_{Gr} = 1$, ($V = 0{,}5$) entsteht somit eine zeitgleiche Rechteckspannung an M wie an einer Halbbrücke und an C_1 eine Gleichspannung in Höhe der doppelten Netzspannungs-Amplitude ($2\hat{U}_1$). Bei Überlastung erhält der Netzstrom wieder Ladestromspitzen.

Am Punkt M kann über C_3 ein Transformator mit anschließender Gleichrichtung angeschlossen werden oder eine Strombegrenzungsdrossel L_2 für eine Leuchtstofflampe.

Als Steuerung kommt eine Tastlückensteuerung in Frage, wie u.a. in Kap. 5.1 angegeben oder eine Rückkopplungsschaltung mit gesättigtem Ringkern.

Die schnellen Dioden D_1, D_2 wirken als Rückstromdioden und die schnellen Dioden D_3 und D_4 als Stützdioden. D_5 ist eine schnelle Diode, die den Brückengleichrichter schützt. Der netzseitige „Ladekondensator" C_2 muß so bemessen sein, daß die Halbwellenform der Sinusspannung noch gut erhalten bleibt.

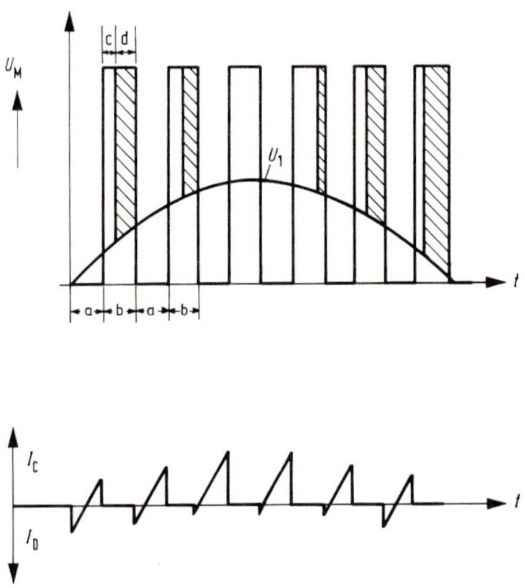

Bild 6.13 Spannung U_M und Strom I_C/I_D zu Schaltung 6.7

Größen, Formelzeichen und Einheiten

(Siehe auch DIN 1304)

Größe, Formelzeichen		Einheit
A	Oberfläche, Querschnitt	mm^2, cm^2, m^2
a	Temperaturbeiwert	K^{-1}, $°C^{-1}$
A_E	magnetischer Querschnitt (eff)	mm^2, cm^2
A_L	Induktivitätsfaktor	nH, µH
A_N	Wickelquerschnitt	mm^2, cm^2
A_R	Widerstandsfaktor	µΩ
AQL	annehmbare Qualität	1
B	Stromverstärkung	
B	magnetische Flußdichte (Induktion)	T, $Vs \cdot m^{-2}$
ΔB	Induktionshub	T, $Vs \cdot m^{-2}$
B_{opt}	optimale Induktion	T, $Vs \cdot m^{-2}$
B_{zul}	zulässige Induktion	T, $Vs \cdot m^{-2}$
B_s	Sättigungsinduktion	T, $Vs \cdot m^{-2}$
C	Kapazität	F
d	Dämpfungsfaktor	1
D, d, d_{Dr}	Drahtdurchmesser	mm^2
ϑ	Temperatur	K, °C
$\Delta\vartheta$	Temperaturänderung	K
E	Energie	Ws
ε	Dielektrizitätskonstante	$F \cdot m^{-1}$
η	Wirkungsgrad	1
F	Formfaktor, Faktor	1
f	Frequenz	s^{-1}, Hz
f_{Cu}	Kupferfüllfaktor	1
f_T	Transitfrequenz	s^{-1}, Hz
Φ	magnetischer Fluß	$Vs \cdot m^2$
φ	Phasenwinkel	°
G_K	Gewicht eines Ferritkernes	g

H	magnetische Feldstärke	$A \cdot m^{-1}$
ΔH	magnetischer Feldstärkehub	$A \cdot m^{-1}$
I, I_{eff}, I_{RMS}	Effektiver Strom	A
I_F	Durchlaßstrom einer Gleichrichterdiode	A
I_{FAV}	arithmetischer Mittelwert des Durchlaßstromes	A
I_{FM}	periodischer Spitzenwert des Durchlaßstromes	A
I_{FRMS}	Effektivwert des Durchlaßstromes	A
$i_{F\,stoß}$	Stroßstrom	A
I_R	Sperrstrom einer Diode	A
I_0,I_2	Ausgangssrom	A
I_1	Eingangsstrom	A
I_{0AV}, I_{2AV}	arithmetischer Mittelwert des Ausgangsstroms	A
$I_{0,RMS}$, I_{2RMS}	Effektivwert des Ausgangsstromes	A
ΔI, I_{ss}	Stromwelligkeit	A
I_N	Nennstrom	A
I_-	Gleichstrom	A
$\bar{I}$, $\hat{J}$	Strom-Dachwert, Scheitelwert	A
i, J	Stromdichte	$A \cdot mm^{-2}$
I_C	Kollektorstrom	A
I_{CAV}	Kollektorstrom, arithm. Mittelwert	A
I_{CM}	Kollektorstrom, Scheitelwert	A
I_{Csat}	Kollektorsättigungsstrom	A
I_{CBO}	Kollektorreststrom bei offenem Emitter	µA
I_{CES}	Kollektorreststrom bei Basis-Emitter-Kurzschluß	µA
I_{CEO}	Kollektorreststrom bei offener Basis	µA
I_{CEV}	Kollektorreststrom bei Vorspannung an der Basis	µA
I_D	Drainstrom	A
I_{DSS}	Drain-Source-Kurzschlußstrom	A
I_G	Gatestrom	µA
I_B	Basisstrom	A
I_{B1}	Basiseinschaltstrom	A
I_{B2}	Basisausschaltstrom	A
K, k	Faktor	
κ	elektrische Leitfähigkeit	$s \cdot m^{-1}$
L	Induktivität	H, $Vs \cdot A^{-1}$, nH
l_E	magnetische Weglänge	mm, cm, m

L_S	Serieninduktivität, Streuinduktivität	H, mH, μH
L_{rev}	reversible Induktivität	H, mH, μH
λ	Leistungsfaktor	P_{eff}/P_S
L_X	Lebensdauer (Erwartung)	h, a
μ_a	Amplitudenpermeabilität	1
μ_e	effektive Permeabilität	1
μ_i	Anfangspermeabilität	1
μ_0	magnetische Feldkonstante ($= 1{,}257 \cdot 10^{-6}$ H/m)	
μ_{rev}	reversible Permeabilität	1
N	Windungszahl	1
N_{Tr}	Transformator-Nutzungsgrad	1
O	Oberfläche	cm^2
ω	Kreisfrequenz	s^{-1}
P	Leistung	W
p	Schalt- bzw. Tastverhältnis	1
P_A, P_a, P_2	Ausgangsleistung	W
P_F	Durchlaßverlustleistung (Diode)	W
P_i, P_1	Eingangsleistung	W
$P_{N(G)}$	Nennleistung bei Gegentaktbetrieb	W
$P_{N(E)}$	Nennleistung bei Eintaktbetrieb	W
P_S, P_{Sch}	Scheinleistung	VA
P_{tot}	Gesamtverlustleistung	W
P_{Tr}	Transformator-Scheinleistung	VA
$P_{Ü}$, $P_{ü}$	übertragbare Leistung	W
P_V	Verlustleistung	W
p_V	bezogene Verlustleistung	$mW \cdot g^{-1}$
P_{VCu}	Verluste in der Kupferwicklung	W
P_{VE}	Verluste im Eisenkern	W
Q	Gütefaktor	1
Q	elektrische Ladung	C, A·s
q, q_{Dr}	Drahtquerschnitt	mm^2
R	Widerstand	Ω
ρ	spezifischer Gleichstromwiderstand	Ω·m
r_{Cu}	Kupferwiderstand	Ω
r_{DSon}	Durchlaßwiderstand eines MOS-Transistors	Ω

R_L	Lastwiderstand	Ω
R_P	Parallelverlustwiderstand	Ω
r_S	Serienverlustwiderstand	Ω
R_S, R_V	Strombegrenzungswiderstand (vor Diode)	Ω
R_{thG}	Wärmewiderstand zwischen Sperrschicht und Gehäuseboden	$K \cdot W^{-1}$
$R_{thG/K}$	Wärmewiderstand zwischen Sperrschicht und Kühlkörper	$K \cdot W^{-1}$
$R_{thG/U}$	Wärmewiderstand zwischen Sperrschicht und Umgebung	$K \cdot W^{-1}$
S, s	Gesamtluftspalt	mm, cm
S, i	Stromdichte	$A \cdot mm^{-2}$
S	Siebfaktor	1
σ	Streufaktor, Streugrad	1
$SOAR$	sicherer Arbeitsbereich eines Transistors	
T, ϑ	Temperatur	K, °C
T	Periodendauer	s
t	Zeit	s
ΔT, $\Delta\vartheta$	Temperaturdifferenz	K
τ	Zeitkonstante	s
t_1, t_i	Tastzeit, Impulszeit	s
t_2	Tastpause	s
t_d	Verzögerungszeit	s, µs
t_f	Fallzeit	s, µs
T_G, ϑ_G	Gehäusetemperatur	°C
T_J, ϑ_J	Sperrschichttemperatur	°C
t_{off}, t_{aus}	Ausschaltzeit	s, µs
t_{on}, t_{ein}	Einschaltzeit	s, µs
t_p	Impulsdauer	s, µs
t_r	Anstiegszeit	s, µs
t_{rr}	Sperrverzögerungszeit, Rückwärtserholzeit	s, ns
t_s	Speicherzeit	s, µs
T_U, ϑ_U	Umgebungstemperatur	°C
$t_Ü$	Übergangszeit	s, µs
U, U_{eff}	Spannung	V
$\bar{U}$, $\hat{U}$	Spannung (Dachwert), Spitzenwert	V
u	Spannung je Windung	$V \cdot Wdg^{-1}$
U_0, U_{0AV}, U_2, U_{2AV}	Ausgangsspannung (arithmetischer Mittelwert)	V
U_{0M}, U_{2M}	Ausgangsspannung (Scheitelwert)	V

$U_{0\,RMS}$, $U_{2\,RMS}$	Spannung (effektiv)	V
$\ddot{U}$, $\ddot{u}$	Übersetzungsverhältnis	1
U_{BE}	Basis-Emitter-Spannung	V
U_{CBO}	Maximalspannung zwischen Kollektor und Basis (Emitter offen)	V
U_{CE}	Kollektor-Emitter-Spannung	V
U_{CEO}	Maximalspannung zwischen Kollektor und Emitter (Basis offen)	V
U_{CER}	Maximalspannung zwischen Kollektor und Emitter (B – E mit R abgeschlossen)	V
U_{CES}	Maximalspannung zwischen Kollektor und Emitter (B – E kurzgeschlossen)	V
$U_{CE\,sat}$	Kollcktor-Emitter-Sättigungsspannung	V
U_{CEV}	Maximalspannung zwischen Kollektor und Emitter (Basis negativ gegen Emitter vorgespannt)	V
U_{DS}	Drain-Source-Spannung	V
U_{GS}	Gatespannung gegen Source	V
U_F	Durchlaßspannung einer Diode	V
U_I, U_i	Impulsspannung	V
U_R	Sperrspannung	V
U_{RM}	periodischer Spitzenwert der Sperrspannung	V
U_{RWM}	Scheitelwert einer sinusförmigen Sperrspannung	V
$U_{R\,stoß}$	Stoßspitzensperrspannung	V
U_S	Versorgungsspannung, Schleusenspannung	V
U_{SS}	Spitze-Spitze-Spannung	V
U_{Tr}	Transformatorspannung	V
U_W, u_w	Welligkeitsspannung	V
ΔU_W	Spitze-Spitze-Welligkeitsspannung	V
U_Z	Zenerspannung (Z-Spannung)	V
V_e	eff. magnetisches Volumen	cm^3, mm^3
V	Volumen	cm^3
V, v	Tastverhältnis	
W	Energie	J, W·s
X_C	kapazitiver Blindstrom	A
X_L	induktiver Blindstrom	A
Z	Impedanz, komplexer Widerstand	Ω

Literaturverzeichnis

Die Literaturhinweise sind den einzelnen Kapiteln zugeordnet. Die in Klammer angegebenen Buchstaben haben folgende Bedeutung:

(*B*) Buch, Broschüre
(*Fi*) Firmenliteratur/Datenbücher etc.
(*T*) Tagungsberichte
(*V*) Vorschriften, Normen, Einheiten, Patentschriften
(*Z*) Zeitschriften

Kapitel 1

Datenbücher, Technische Informationen, Lieferübersichten etc. erhältlich bei einschlägigen Firmen wie z.B. Siemens AG, Philips/Valvo, Telefunken, Texas Instruments, Motorola, General Instruments, Röderstein, Wima, Beyschlag, Vitrohm, Vogt u.a. (*Fi*)

Kapitel 2

Möller, F.: Grundlagen der Elektrotechnik, Teubner Verlag Stuttgart (*B*)
Rümker, B.: Gesetzliche Einheiten, WEKA-Verlag (*V*)
Allgemeine Formelzeichen: DIN 1304 (*V*)

Kapitel 3

Ackermann, W.; Hirschmann, W.: Bauelemente und deren Auswahl- und Einsatzkriterien, Technische Mitteilungen; Siemens AG (Bauelemente) (*Fi*)
Macek, O.: Schaltnetzteile und Motorsteuerungen; Hüthig Vlg (1982) (*B*)
Wüstehube, J.: Schaltnetzteile; expert verlag (1979) (*B*)

Kapitel 4.1

Datenbuch: SIOV Metalloxid-Varistoren; Siemens AG (Bauelemente) (*Fi*)
Popp, E.: Überspannungen durch Blitzeinwirkungen in Nachrichtenkabeln und Freileitungen; (*B*)
Schmid: Bauteilereport 17/79 H 4; Siemens AG (Bauelemente) (*Z*)
Hasse; Wiesinger: Handbuch für Blitzschutz und Erdung; Richard Pflaum Verlag KG, München und VDE-Verlag GmbH, Berlin (1982) (*B*)

Kapitel 4.2

C.I.S.P.R. Publikation 17: Methods of measurements of the suppression characteristics of passive radio interference filters and suppression components, 1981 (*Z*)
Datenbuch, Funkentstörbauteile; Siemens AG (Bauelemente) (*Fi*)

Kaiserswerth, H.-P.; Schaller, R.: Bedämpfte UKW-Drossel (R-L-Glied) – ein Bauelement für die UKW-Entstörung. Siemens-Bauteile-Information 1972, Heft 4. (*Fi*, *Z*)

Normen und Bestimmungen DIN 44110, VDE 0560, VDE 0871, VDE 0872, VDE 0875, VDE 0874, VDE 0876, DIN 40046, VDE 0730, VDE 0877, VDE 0879, VDE 0838, VDE 0730 FCC 79-555/79-556 (*V*)

Schaller, R.: Funk-Entstörung, Schaltnetzteile 3, Technische Mitteilung, Siemens (Bauelemente) (*Fi*)

Schulz, H.-W.: Funk-Entstörung mit stromkompensierten Drosseln. Siemens-Bauteile-Information 1972, Heft 2. (*Fi*)

Schulz, H.-W.; Schaller, R.: Funkstörungen im Radio- und Fernsehfrequenzbereich. Technische Rundschau August/September 1974 (*Z*)

Warner, A.: Taschenbuch der Funk-Entstörung. Berlin. VDE-Verlag GmbH. (*B*)

Kapitel 4.3

Datenbücher über Gleichrichter, Thyristoren: Siemens AG (Bauelemente) (*Fi*)

Gleichrichterschaltungen mit Siliziumzellen: Valvo GmbH Hamburg 1 (*Fi*)

Paul, R.: Halbleiterdioden; Dr. Alfred Hüthig Verlag, Heidelberg (1976) (*B*)

Kapitel 4.4

Deutsch, E.: Aluminium electrolytic capacitors and their application in switch mode power supplies. Powerconversion International. May/June 6 (1980) H.3. (*T*)

Macek, O.: Aluminium-Elektrolytkondensatoren für Schaltnetzteile. Elektronik (1981) H.20. (*Z*)

Sprague: Schaltnetzteile und ihre Aluminium-Elkos. 1979 (*Fi*)

Datenbuch: Aluminium-Elektrolytkondensatoren; Siemens AG (Bauelemente) (*Fi*)

Kapitel 4.5

Datenbuch: Metallisierte Kunststoffkondensatoren; Siemens AG (Bauelemente) (*Fi*)

Petric, P.: Die Beanspruchung von Impulskondensatoren, Funkschau 1976, H.9. (*Z*)

Capacitors. Schaltnetzteile und Polypropylen-Kondensatoren. Application Note. TRW (*Fi*)

Kapitel 4.6

Macek, O.: Leistungs-Schalttransistoren. Teil I. elektronik-industrie, e.i. 10 (1980) Folge 1, H. 2, Folge 2, H. 3, Folge 3, H. 4, 29 (*Z*)

Ranfft, R.: Schaltnetzteile mit schnellen Transistoren hoher Sperrspannung; Valvo GmbH, Hamburg 1. Berichte, XVIII (1974), S. 143 – 154 (*Fi*)

Rischmüller, K.: Basisansteuerung von Hochvolttransistoren, Elektronik 11/1977, S. 55–58 (*Fi*)

SOAR: Sicherer Arbeitsbereich für Transistoren. Valvo-Berichte, Bd. 19, H. 5, S. 171 – 178 (*Fi*)

Schrenk: Der dreifachdiffundierte Transistor, Siemens AG (Bauelemente) (*Fi*)

Thomson-CSF: Leistungstransistoren im Schaltbereich, Anwendungsberichte (*Fi*)

Hnatek, E.R.: Avoid Secondary Breakdown in Switching Power Supplies, Proceeding Powercon III, June, 1976, p. C1-1 (*T*)

Kapitel 4.7

Rabl, H.: SIPMOS-Leistungsschalter mit galvanisch getrennter Ansteuerung. Siemens Components 18 (1980), H. 4. (*Fi*)

VMOS-Transistoren: Eigenschaften und Schaltungsbeispiele, ITT (Intermetall), 1979 (*Fi*)

Oxner, E.: Vom Feldeffektprinzip zum VMOS-Leistungstransistor. Elektronik 11/1982 (*Z*)

Kapitel 4.8

Datenbuch, Technische Mitteilungen, Informationsschriften, Components, Siemens AG (Bauelemente) München (*Fi*)

Dendinger, St.: The integration of switching power supply circuitry. Silicon General. Electro 26. Apr. 1979 (*Z*)

Herfurth, M.: Ansteuerschaltungen für SIPMOS-Transistoren im Schaltbetrieb. Siemens Components, 18. 4/80, S. 218–224 (*Z*)

Blöckl, R.; Hauenstein, A.: Neue Halbleiterbauelemente vereinfachen und verbessern. Schaltnetzteile. Siemens Components, 18. 4/80, S. 181–186 (*Z*)

Blöckl, R.: Design von Netzteil-Regelkreisen, Elektronik Applikation 1988 (*Z*)

Hauenstein, A.; Blöckl, R.: Integrierte Schaltnetzteil-Steuerschaltungen TDA 4700 4718. Funktion und Anwendung. Siemens, Technische Mitteilung aus dem Bereich Bauelemente (*Fi*)

Pichler, H.; Hauenstein, A.: TDA 4700 – eine integrierte Steuer- und Regelschaltung für professionelle Schalt-Netzteile. Siemens Components 18 (1980) H. 2, S. 82–88 (*Z*)

Ranfft, R.: Die Regelung von Schaltnetzteilen. Valvo, Technische Informationen für die Industrie (*Fi*)

Steuer- und Regelschaltung TDA 1060 für Schaltnetzteile. Valvo, Technische Informationen für die Industrie. April 1977 (*Fi*)

Kapitel 4.9

Datenbuch Optokoppler, Siemens AG (Bauelemente) 1988 (*Fi*)

Haas, H.; Karsten. W.; Schellhorn, F.: Optische Signalübertragung mit neuen Lichtwellenleiterbauelementen, Siemens Components 2/1987 (*Z*)

Hirschmann, G.: Schneller Lichtwellenleiter-Optokoppler. Elektronik-Entwicklung Nr. 5/1987 (*Z*)

Kapitel 4.10

Boll, R.: Weichmagnetische Werkstoffe, Vacuumschmelze Hanau (*Fi*)

Grätzner, D.: Ummagnetisierungsverluste weichmagnetischer Werkstoffe bei nichtsinusförmiger Aussteuerung. Z. f. angew. Phys. 32 (1971) S. 241 bis 246 (*Z*)

Roespel, G.: Design of Power Transformers with SIFERRIT-Cores. Special application in switched power supplies, components report vol. X (1985) No. 1 (*Fi*)

Roespel, G.: Bemessen von Speicherdrosseln mit Siferriternen in Schaltnetzteilen. Siemens Bauteile Report. 15 (1977). H. 6, S. 237–240 (*Fi*)

Friedrich, R. und Roespel, G.: Ferritkern-Leistungsübertrager für Schaltnetzteile. Siemens Bauteile Report. 15 (1977). H. 1, S. 1–5 (*Fi*)

Schweitzer, H.: Die Speicherdrossel in tastgeregelten Netzteilen. Funkschau. (1972) H. 7, S. 217–219 (*Fi*)

McMurray, W.: Selection of snubbers and clamps to optimize the design of transistor switching converters. IEEE Transactions on industry applications. No. 4, July/Aug. 1980, S. 513 – 523 (*Z*)
Valvo-Handbuch. Ferroxcube; Valvo GmbH, Hamburg 1 (*Fi*)
Roespel, G. und Zenger, M.: Ferritkernformen für die Leistungselektronik. Siemens Bauteile Report, 17 (1979), H.5, S. 209 – 214 (*Fi*)
Datenbuch Ferrite, Siemens AG (Bauelemente) (*Fi*)
Leckky, E.: Induktive Bauelemente mit Eisenpulverwerkstoffen (1988) Vogt elektronic AG Passau (*Fi*)
Datenbuch Bauelemente Components (1988) Vogt AG Passau (*Fi*)
Zenger, M.; Schostek, S.: Ferritkerne aus dem verlustarmen Werkstoff N67 für die Leistungselektronik, Siemens AG (Bauelemente) 1988 (*Fi*)

Kapitel 4.11

Blatt, F.M.: Application of High-Voltage, High-Speed Power Rectifiers, Solid State Conversion, March/April, 1976, p. 10 (*Z*)
Datenbücher, Gleichrichter, Dioden, Thyristoren: Siemens AG (Bauelemente) (*Fi*)
Lipo, T.A.; Krause, P.C.: Stability analysis of a rectifier-inverter induction motor drive. IEEE Transactions on Power Apparatus and Systems. vol. PAS-88. No. 1, Jan. 1969 (*Z*)

Kapitel 4.12

Schaller, R.: Funkentstörung Technische Mitteilung Schaltnetzteile 3, Siemens AG (Bauelemente) München (*Fi*)
Jansson: Radio frequency interference suppression in switched-mode power supplies, Mullard Technical Communications 1973, Nr. 120 (*Z*)
Macomber, L.L.: Optimizing Ripple and EMI Suppression Performance, Solid-State Power Conversion, Nov./Dec., 1978, p. 16 (*T*)

Kapitel 4.13

Datenbuch, Technische Informationen, Beyschlag GMBH D-2240 Heide (*Fi*)
Datenbuch, Technische Informationen, Vithrohm GmbH, D-2080 Pinneberg (*Fi*)
Datenbücher Heißleiter, Kaltleiter, Siemens AG (Bauelemente) (*Fi*)

Kapitel 5

Dangschat, R.; Haas, H.: Transistor-H-Ablenksschaltung und Sperrwandler-Netzteil für 110°-Farbfernsehempfänger, Siemens-Bauteile-Informationen 1971, 5, S. 135 – 140 (*Fi*)
Palz, G.: Dimensionierung von Transistor-Gleichspannungswandlern im Kilowattbereich, Siemens Bauteile Report 13, Heft 5, 1975, S. 157 (*Fi*)
Wahnfried, S.: Getaktete Stromversorgung mit Gegentakt-Leistungsübertragern. Elektronik 1976, H. 6, S. 55–60
Siebert, H.-P.: Pulsdauerstabilisierter Netzteil 5 V/1000 W. Elektronik 1977, H. 6, S. 94 – 98 (*Z*)
Wustehube, J.: Gleichspannungswandler für Schaltnetzteile. Elektronik, 1978, H. 4, S. 102 – 107 (*Z*)
Thomson-CSF: Schaltnetzteil-Grundlagen. Technische Informationen Nr. 38 (*Fi*)
Patel, R.: Reduced size and cost of buck regulators by running at over 100 kHz frequencies. Electronic Design 23. Nov. 8, 1979, S. 82 – 86 (*Z*)

Ranfft, R.: Der Sperrwandler im Schaltnetzteil. Valvo – Technische Informationen für die Industrie (*Fi*)

van Velthooven, C. und Hetterscheid, W.: Dimensionierung von Durchflußwandler-Schaltnetzteilen. Technische Informationen für die Industrie. Valvo. Nov. 1978 (*Fi*)

Houldsworth, J.A.; Burgum, F.J.: Induction motor drive using new digital sinewave p.w.m. system. 2nd International Conference on Electrical Variable Speed Drives. London, 25–27. Sept. 1979. Conference Publication, S. 11–14, IEE 179 (*Z*)

Burgum, F.J.; Nijhof E.B.: Inverter circuit for a PWM motor speed control system. Electronic Components and Applications (Philips). Vol. 12, No. 3, May 1980, S. 130–142 (*Fi*)

Houldsworth, J.A.; Rosink, W.B.: Introduction to PWM speed control system for 3-phase a c motors. Electronic Components and Applications (Philips), Vol. 2, No. 2. Feb. 1980, S. 66–79 (*Fi*)

Kraus: 50- bis 200-W-DC/DC-Wandler mit 1 MHz Schaltfrequenz. Elektronik Informationen 7/1987 (*Z*)

Aufwärts-/Abwärts-Schaltregler. Elektronik 26/27.12.1985 (*Z*)

Hirschmann, W.: 270-W-Schaltnetzteil mit SIPMOS-Transistoren. Elektronik 11/1982 (*Z*)

Paulik, E.; Peruth, G.: Spannungen von 90 bis 270 V. elektronikpraxis 6/1981 (*Z*)

Schwarz, F.C.; Klaassens, J.B.: A 95% Efficient 1 kW DC converter with an Internal Frequency of 50 kHz, Proc. IEEE Power Electronics Specialists Conference, 1977, p. 125 (*Z*)

Stuart, K.L.: Reducing switching stress in high power high voltage DC-DC converters, Solidstate Power Conversion, July/Aug., 1978, p. 42 (*T*)

Kapitel 6

Blümner, Chr.: PA-Auslegeschrift 2801391 v. 5.7.79 (*V*)

Kerscher, M.; Klein, E.: Elektronik in der Beleuchtungstechnik ETZ

Haberzeth, W.: VPA 1093 BRD Schaltungsanordnung zum Verringern von Oberwellen im Netzwechselstrom (*V*)

Hirschmann, W.: DE-PS-3025421 (*V*)

Hirschmann, W.: Gleichrichterschaltung für elektronische Vorschaltgeräte mit sinusförmiger Stromaufnahme, Technisch-wissenschaftliche Abhandlungen Bd. 12/1986, Osram GmbH (*Fi*)

IEC Publikation 82 (*V*)

VDE 0712 (*V*)

Sinusförmige Netzstromaufnahme, div. Druckschriften Siemens AG (UBB) (*Fi*)

Bowes, S.R.: New sinusoidal pulse width modulated inverter. Proc. IEEE, Vol. 122, No. 11, Nov. 1975, S. 1279–1285 (*Z*)

Buchanan, E.E.; Miller, E.J.: Resonant Switching Power Conversion Technique, Proc. IEEE Power Electronics Specialists Conference, 1975, p. 188 (*Z*)

Lütjens, H.W.: Frequency converter with sinusoidal pulse width modulation for the control of 3-phase induction motors from 0...200 Hz. Technical Paper, Power Conversion Conference, Munich 1979 (*T*)

Schwarz, F.C.: An improved method of Resonant Current Pulse Modulation for power converters, Proc. IEEE PESC, 1975, p. 194 (*Z*)

Stichwortverzeichnis

Alteneder, Andreas

BASIC-Praktikum

8. Auflage, 1987, 208 Seiten Lernprogramm, 104 Seiten Katalog, über 250 Abbildungen, Tafeln und Struktogramme, 17 cm × 24 cm, kartoniert
ISBN 3-8009-6539-9 51,– DM

Alletsee, Rainer; Schmidt, Klaus-Dieter; Zeller, Monika

PASCAL-Praktikum

Lernprogramm · Katalog

2., wesentlich überarbeitete und ergänzte Auflage, 1989, Lernprogramm 431 Seiten, Katalog 203 Seiten, 158 Bilder, 18 cm × 25 cm kartoniert
ISBN 3-8009-6548-8 162,– DM

Stöcklein, Hans

COBOL-Praktikum

Lernprogramm · Katalog

6., überarbeitete Auflage, 1989, 350 Seiten Lernprogramm, 118 Seiten Katalog, 18 cm × 25 cm, kartoniert
ISBN 3-8009-6549-6 94,– DM

Alteneder, Andreas

Bürografik mit CHART

Praktische Beispiele für PC-Anwendungen

Teil 1: Lernprogramm Teil 2: Katalog

1987, 376 Seiten Lernprogramm, 122 Seiten Katalog, 18 cm × 25 cm, Spiralbindung, kartoniert
ISBN 3-8009-6546-1 128,– DM

Gisbert, Ralf; Mattes, Andreas

Personal Computer im Büro

Arbeitsweise · Kommunikationsfähigkeit · Auswahlkriterien

1987, 308 Seiten, 18 cm × 25 cm, Spiralbindung, kartoniert
ISBN 3-8009-1491-3 94,– DM

Grätz, Joachim-F.

Handbuch der 3D-CAD-Technik

Modellierung mit 3D-Volumensystemen

1989, 384 Seiten, 379 Abbildungen, 18 cm × 24,5 cm, laminierter Pappband
ISBN 3-8009-1529-4 344,– DM

Vollnhals, Otto

Wörterbuch Desktop Publishing

3000 Begriffe mit Definitionen und kurzgefaßten Erklärungen
Englisch/Deutsch Deutsch/Englisch

1989, 266 Seiten, Taschenbuch, kartoniert
ISBN 3-8009-1532-4 88,– DM